U0288828

中 国 动 物 学 会
成立大会发起人及到会人照片

庆祝中国动物学会成立 90 周年

发起人

郑章成
（1885—1953 年）

胡经甫
（1896—1972 年）

秉志
（1886—1965 年）

陈桢
（1894—1957 年）

辛树帜
（1894—1977 年）

薛德焴
（1887—1970 年）

发起人

陈子英
（1896—1966 年）

蔡堡
（1897—1986 年）

经利彬
（1895—1958）

刘崇乐
（1901—1969 年）

曾省
（1899—1968 年）

陈纳逊
（1894—1997 年）

发起人

武兆发

（1904—1957 年）

陈心陶

（1904—1977 年）

孙宗彭

（1895—1972 年）

寿振黄

（1899—1964 年）

郑作新

（1906—1998 年）

雍克昌

（1897—1968 年）

发起人

张作人
（1900—1991 年）

卢于道
（1906—1985 年）

朱洗
（1900—1962 年）

刘咸
（1902—1987 年）

徐荫祺
（1905—1986 年）

戴立生
（1897—1968 年）

发起人

伍献文

（1900—1985 年）

任国荣

（1907—1987 年）

张春霖

（1897—1963 年）

张真衡

（1899—1985 年）

喻兆琦

（1898—1941 年）

王家楫

（1898—1976 年）

到会人

卢于道
（1906—1985 年）

陈纳逊
（1894—1997 年）

伊礼克

寿振黄
（1899—1964 年）

张真衡
（1899—1985 年）

到会人

朱鹤年
（1906—1993 年）

刘廷蔚
（1903—1994 年）

伍献文
（1900—1985 年）

张孟闻
（1903—1995 年）

秉志
（1886—1965 年）

贝时璋
（1903—2009 年）

到会人

董聿茂
（1897—1990 年）

孙宗彭
（1895—1972 年）

崔之兰
（1902—1971 年）

武兆发
（1904—1957 年）

辛树帜
（1894—1977 年）

王家楫
（1898—1976 年）

中 国 动 物 学 会
重 要 历 史 性 照 片

庆祝中国动物学会成立 90 周年

1915年，科学社成立时合影
（第二排右四为秉志）

1925年，秉志先生与东南大学生物系师生合影
（前排左起：胡先骕、秉志、陈焕镛）

1928 年 10 月，静生生物调查所成立时人员合影
（前排左起：何琦、秉志、胡先骕、寿振黄，
后排左起：沈嘉瑞、冯澄如、唐进）

1933 年，参与暑期厦门海产生物调查工作的学者合影
（第一排左起：王家楫、邓叔伟、王以康、武兆发、陈子英，
第二排左起：唐世凤、曾呈奎、倪达书、刘崇乐、戴立生，
第三排左起：王凤振、洪君、史德威、朱树屏、伍献文）

1934 年 8 月，庐山森林植物园成立留念
（前排左起：胡先骕、秉志、秦仁昌）

1934 年 7 月，青岛海产生物研究所成立时合影

1934 年 8 月，中国科学社第十九次年会代表合影（中国动物学会在此次会议期间成立）

中國動物學雜誌

第一卷　二十四年五月

目　錄

中國動物學會印行

每年一次

國內魯價每卷國幣五元；國外每卷美金三元郵費在內

通訊處：幹事編輯部

THE CHINESE JOURNAL OF ZOOLOGY

VOLUME I.　MAY 1935

CONTENTS

PUBLISHED ANNUALLY BY
THE ZOOLOGICAL SOCIETY OF CHINA
[Address to the managing editor]
Price: $5.00 per Volume, Domestic; U. S. $3.00 per Volume, Foreign Countries; Postpaid.

1935 年 5 月，中国动物学会创办的《中国动物学杂志》第一卷封面和封底

1943 年 4 月 9 日，中英科学合作馆馆长李约瑟在中国科学社生物研究所所长钱崇澍
陪同下访问迁至重庆北碚的中央研究院动植物研究所
（第一排左起王家楫、钱崇澍、陈世骧、饶钦止、刘建康，第二排左起倪达书、李约瑟、
杨平澜，第三排左起伍献文、单人骅、王致平、贺云鸾，第四排左起张孝威、吴颐元、
徐凤早，第五排左起黎尚豪、张灵江）

1948 年 9 月，中央研究院第一次院士会议参会人员合影
（第三排左四秉志、第四排左三伍献文、第五排右二贝时璋）

1984 年 4 月，中国动物学会第 12 届会员代表大会
3 位学会发起人合影
（左起：郑作新、陈纳逊，张作人）

张作人、朱洗、董秉秋在厦门实习时合影

1986 年 4 月 9 日，秉志先生诞辰 100 周年纪念会
（左起：郑作新、汤佩松、贝时璋）

中国动物学会
院士名单和照片

庆祝中国动物学会成立 90 周年

秉志

（1886—1965 年）

陈桢

（1894—1957 年）

胡经甫

（1896—1972 年）

蔡翘

（1897—1990 年）

林可胜

（1897—1969 年）

王家楫

（1898—1976 年）

伍献文
（1900—1985 年）

刘承钊
（1900—1976 年）

朱洗
（1900—1962 年）

钟惠澜
（1901—1987 年）

刘崇乐
（1901—1969 年）

童第周
（1902—1979 年）

贝时璋

（1903—2009 年）

汤佩松

（1903—2001 年）

陈世骧

（1905—1988 年）

冯兰洲

（1903—1972 年）

唐仲璋

（1905—1993 年）

郑作新

（1906—1998 年）

谈家桢

（1909—2008 年）

汪堃仁

（1912—1993 年）

庄孝僡

（1913—1995 年）

张致一

（1914—1990 年）

马世骏

（1915—1991 年）

陆宝麟

（1916—2004 年）

刘建康
（1917—2017 年）

钦俊德
（1916—2008 年）

唐崇惕
（1929—　　）

翟中和
（1930—2023 年）

施立明
（1939—1994 年）

陈宜瑜
（1944—　　）

孙儒泳

（1927—2020 年）

沈韫芬

（1933—2006 年）

马建章

（1937—2022 年）

旭日干

（1940—2015 年）

刘瑞玉

（1922—2012 年）

曹文宣

（1934—　　）

朱作言
（1941—　　）

林浩然
（1934—　　）

宋大祥
（1935—2008 年）

刘以训
（1936—　　）

张福绥
（1927—2016 年）

赵尔宓
（1930—2016 年）

郑守仪

（1931—　）

张永莲

（1935—　）

郑光美

（1932—2023 年）

张亚平

（1965—　）

孟安明

（1963—　）

桂建芳

（1956—　）

宋微波

（1958—　　）

周琪

（1970—　　）

季维智

（1950—　　）

魏辅文

（1964—　　）

包振民

（1961—　　）

李劲松

（1971—　　）

陈松林

（1960—　　）

高绍荣

（1970—　　）

1996年，中国科学院第8次院士大会生物学部院士合影

2006年，中国科学院院士大会生物学部院士合影

中 国 动 物 学 会
历届理事长简介及照片

庆祝中国动物学会成立 90 周年

秉志
第一届会长，第九、十届理事长

1886 年 4 月 9 日生于河南开封，满族。1902 年考入河南大学堂，1903 年考中举人。1904 年由河南省政府选送入京师大学堂。1909 年考取第一届官费留学生，赴美国留学。他进入康奈尔大学农学院，在著名昆虫学家倪达姆指导下学习和研究昆虫学。1913 年获学士学位，1918 年获哲学博士学位，是第一位获得美国博士学位的中国学者。1914 年秉志在美国与留美同学共同发起组织中国科学社，这是我国最早的群众性自然科学学术团体。1915 年 10 月 25 日中国科学社在美国正式成立，秉志被选为董事之一，并集资刊行我国最早的学术刊物《科学》杂志。1921 年他在南京高等师范（次年改为东南大学，后改为中央大学）创建我国第一个生物系，1922 年在南京创办我国第一个生物学研究机构——中国科学社生物研究所，1928 年创办北平静生生物调查所。1920—1937 年，秉志历任南京高等师范、东南大学、厦门大学、中央大学生物系主任、教授，同时担任中国科学社生物研究所和静生生物调查所所长兼研究员。这期间，他为我国生物学界培养了大批人才，其中不少人后来成为有重要贡献的科学家。抗战胜利后，秉志在南京中央大学和上海复旦大学任教，同时在上海中国科学社做研究工作，1948 年当选为中央研究院院士。

中华人民共和国成立后，秉志继任复旦大学教授至 1952 年。中国科学院成立后，他先后在水生生物研究所和动物研究所任室主任和研究员，1955 年当选中国科学院学部委员。

秉志是中国动物学会的发起人和组织者，1934 年中国动物学会成立时他被选为会长，1956—1965 年任理事长。他曾是中国科联常委、中国科协委员、多个全国性学会的理事和委员。1949—1965 年，秉志曾任全国政协第一次会议特邀代表，华东军政委员会文教委员，河南省人民政府委员和人民代表大会代表，一、二、三届全国人民代表大会代表。

作为我国近代动物学的开拓者和主要奠基人，秉志的学识极为广博，他在脊椎动物形态学、神经生理学、动物区系分类学、古生物学等领域进行了大量开拓性的研究。他共发表学术论文 65 篇。20 世纪 50 年代以后，他系统全面地研究鲤鱼的实验形态学，充实和提高了鱼类生物学的理论基础。他还培养出一批不同分支领域的早期动物学家。他毕生为开创和发展我国的生物学事业作出了历史性的贡献。

1965 年 2 月 21 日，秉志病逝于北京。

胡经甫

第二届会长

1896 年 11 月 21 日出生于上海。1917 年毕业于东吴大学生物系，获理学学士学位，留校任助教兼读研究生。1919 年毕业，获硕士学位。他在东吴大学生物系受到全面的专业训练，常野营露宿采集各类生物标本，并专修了动物学、植物学、藻类学、昆虫学、生物技术及拉丁文、德文等课程，均取得优异成绩。他曾在上海圣约翰大学担任讲师，不久通过清华大学公费留学美国的考试，并于 1920 年秋进入美国康奈尔大学深造，以 20 个月时间修完博士生课程，撰写了当时世界最高水平的襀翅目形态解剖及生活史的研究论文，获得博士学位，并获得自然科学 Sigmaxi 金钥匙奖。1922 年 9 月至 1949 年 6 月，先后任东南大学农学院、东吴大学生物系和燕京大学生物系教授。20 世纪 20 年代和 30 年代，他曾被选任中国动物学会会长（1935—1936 年），美国寄生虫学会中国分会会员，中华教育文化基金会科学会员，中华海产生物学会会员、会长，中央研究院第一届评议会评议员等职。他以其卓越的教育和科研成就，成为享誉中外的生物学家和生物学教育家。1941 年出国讲学途中，遇珍珠港战事发生而羁留于菲律宾的马尼拉，此时他已 45 岁，就读于菲律宾大学医学院，4 年读完了医学课程。1945 年回国后完成了医生的实习期，取得了湘雅医学院的毕业证书，这是他第二次大学毕业。由于胡经甫兼具生物学和医学两门学科的坚实基础，因而在任燕京大学生物系教授的同时，还兼任清华大学和燕京大学的校医，并先后为东吴大学、燕京大学开设的培养高级医学人才的医学预修系执教，因此有不少名医曾是他的学生。1951 年以后，胡经甫被军事医学科学院聘为研究员，从事医学昆虫学的研究工作。1954 年被中国科学院聘为中国动物图谱编辑委员会委员，1955 年被推选为上海市政协第一届委员会委员，同年当选为中国科学院学部委员。

胡经甫以研究水生昆虫著称，20 世纪 40 年代完成的《中国昆虫名录》在中国昆虫研究史上树立了一块丰碑。晚年投身于医学昆虫学和军事医学的教学和科研工作，参与完成了第一部《中国重要医学动物鉴定手册》，为填补我国医学昆虫学的一些空白领域作出了贡献。为国家培养了一大批生物学和医学人才。

1972 年 2 月 1 日，胡经甫病逝于北京。

辛树帜
第三届会长

1894 年 8 月 8 日出生在湖南省临澧县东乡辛家嘴。1915 年考入武昌高等师范学校（武汉大学前身）生物系。1924 年赴英国伦敦大学学习生物学，一年后又转入德国柏林大学攻读。1927 年冬回国，被中山大学聘为生物系教授兼主任。1932 年出任国民政府教育部编审处处长。1933 年教育部编审处扩充为国立编译馆后任馆长。1932—1936 年他提议并参与筹建西北农林专科学校，1936 年 7 月任校长。1936—1942 年任中国动物学会会长。1938 年，北平大学农学院由汉中迁至陕西武功，河南农学院畜牧系由郑州迁到陕西，与西北农林专科学校合并，改称西北农学院，辛树帜任院长。1939 年先后任行政院经济部农本局高等顾问、中央大学生物系教授兼主任导师、川西考察团团长、湖南省参议、湘鄂赣三省特派员等职。1945 年任湖南省教育会会长。1946 年创办兰州大学，并任校长。1949 年以后重回西北农学院任院长。在此期间曾任中国人民赴朝鲜慰问团副团长兼西北分团团长、中国科学院西北分院筹委会第一副主任、九三学社西安分社副主委暨宣传部部长。曾担任第二、三、四届全国政协委员。

1928—1931 年辛树帜率领中山大学师生三次对广西瑶山的动植物资源、历史、语言、民俗进行了深入细致的考察。瑶山考察开国内大规模科学考察和生物采集之先河，其考察和采集范围已远远超出瑶山地区，涉及贵州苗岭山脉的云雾山、斗蓬山和东部的梵净山，湖南南部的金童山，广东的北江、永昌、瑶山及海南岛等地。共采集标本 6 万余号，其中植物近千种 3 万号，哺乳类动物 40 余种 100 余号，鸟类 210 种 400 余号，爬虫类 40 余种 500 余号，两栖类 20 余种 300 余号，昆虫类 600 余种 2000 余号，鸟类中有 60 多种是首次发现，揭示了中国南部的动植物宝藏。发掘出许多新属新种，其中最突出的是辛氏鳄蜥、鳄蜥亚科、辛氏美丽鸟、辛氏木、辛氏寄生百合、辛氏铠兰等 20 多种以辛氏命名的动植物新属新种。

辛树帜用 20 年时间在西农古农学研究室与石声汉等人共同整理出版了 20 多种 500 多万字的著作，受到国内外许多著名科学家的赞扬，在国内外产生了极大影响。晚年整理古代农书及古籍中的农事部分，整理栽培技术和农谚、时令等，出版的著作有《禹贡新解》《易传分析》《中国果树历史的研究》《我国水土保持历史的研究》《农政全书 159 种栽培植物的初步探讨》等，对我国农史学科的发展起了重要的指导作用。他还是教育家，献身于西北教育科教事业，为我国培养了大批人才。

1977 年 10 月 24 日，辛树帜病逝于西安。

陈桢
第四届会长，第七届理事长

　　1894 年 3 月 14 日出生于江苏省邗江县瓜州镇。1914 年考入金陵大学农林科，1918 年获得农学士学位，并留校任育种学助教。1919 年考取清华学校专科，公费赴美留学。先在康奈尔大学农学系进修，1920 年转入哥伦比亚大学动物学系学习。1921 年获硕士学位后，师从著名遗传学家摩尔根专攻遗传学。

　　1922 年回国后，任南京东南大学生物系教授。1923 年开始从事金鱼遗传的研究工作。他编著的《普通生物学》于 1924 年由上海商务印书馆出版。1925 年，他发表了《金鱼外形的变异》的著名论文。1926 年在清华大学生物系任教授，并担任系主任。此后除继续进行金鱼遗传的实验外，还对蚂蚁的筑巢行为进行了深入研究。1928 年发表了《透明和五花，一例金鱼的孟德尔遗传》，1933 年编著了影响深远的复兴高级中学教科书《生物学》，1934 年又发表了《金鱼蓝色和紫色的遗传》一文。1937 年七七事变后到昆明西南联合大学任教，直至抗战胜利。1946 年复任清华大学生物系主任，经他亲自认真组织和妥善安排，生物系的教学和科研工作在短期内取得显著成绩。1948 年当选为中央研究院院士和北平研究院评议员。曾任中国动物学会会长（1943—1944 年）、理事长（1949—1951 年）。陈桢于十几年中对金鱼遗传所进行的系统性、开拓性的研究工作，使人们对金鱼的变异、遗传和进化有了深入的了解。

　　1952 年，我国高等院校调整时，清华大学生物系与北京大学生物系合并，陈桢在生物系从事生物学史的教学与研究，相继发表了一些有创见的论文。1953 年，陈桢继兼任中国科学院动物标本整理委员会和动物标本工作委员会主任委员之后，出任中国科学院动物研究室主任，并主持《中国动物图谱》和《动物学报》的编辑工作。他先后聘请寿振黄、张春霖、沈嘉瑞等著名动物学家到动物研究室工作，使该研究室取得了重要的研究成果。1955 年他当选为中国科学院学部委员。1957 年，动物研究室改为动物研究所，陈桢任所长，他带病主持了动物研究所第一届学术委员会会议，按"百家争鸣"的方针提出了动物遗传学研究的规划设想。陈桢多年在大学任教，培养了许多著名的生物学家，对发展我国生物学事业作出了重要贡献。

　　1957 年 11 月 15 日，陈桢病逝于北京。

王家楫

第五届会长

1898年5月5日出生于江苏省奉贤县。1917年7月进入南京高等师范学校专攻农学，毕业后任南京国立东南大学附属中学自然和生物学教员。1922年7月到1924年11月，师从秉志门下钻研和学习，1923年6月获国立东南大学农学学士学位。1925年1月赴美国宾夕法尼亚大学动物系深造，1928年获哲学博士学位，同时被授予优秀生物工作者金质奖章。留学深造期间，相继被聘为美国韦斯特生物研究所访问学者和林穴海洋生物研究所客座研究员。1928年9月，应美国耶鲁大学邀请，被高薪聘为斯特林研究员。

1929年7月回国后被聘为中国科学社生物研究所动物学部研究教授兼任中央大学生物系教授。1934年7月任国立中央研究院动植物研究所所长，创刊 Sinensia，结束了我国的研究论文只有寄到国外才能发表的历史，同时还使研究所迅速与国内外多个研究机构和单位建立了广泛的业务联系。1934年，在江西庐山与其他动物学家一起发起成立中国动物学会。1944—1948年曾担任中国动物学会会长。1944年5月动植物研究所分建为动物研究所和植物研究所，王家楫任动物研究所所长。抗战胜利后，随研究所迁到上海。1948年，他当选为中央研究院院士。1949年以后，他参加了改组中央研究院和筹备中国科学院的工作。1950年组建中国科学院水生生物研究所，王家楫任所长。1955年当选为中国科学院学部委员。1959年起兼任中国科学院武汉分院（中南分院）副院长。1960年12月到1961年2月，代表我国赴河内为越南规划设立中央水产研究所。他连续当选为第一、二、三届全国人民代表大会代表，全国政协第一、二、三届委员，武汉市政协副主席。他一直是《水生生物学集刊》《海洋与湖沼》学报的主编、编委和《中国动物志》的编委。

王家楫是我国原生动物学的开创人和轮虫学的奠基者，共发现原生动物3个新属、58个新种、4个新变种、8个新亚种，其成就得到国际原生动物学界的高度评价。1960年发表了《中国淡水轮虫志》，该专著首次对分布在我国沼泽、池塘、湖泊及水库中常见轮虫种类进行了详细的分类和描述。王家楫生前共完成论著39篇。

王家楫不仅是一位杰出的科学家，还是一位具有组织才能的科学领导人。1954年，为了我国淡水水生生物研究事业的发展，他积极支持科学院领导将所址由上海迁往武汉的决定。自1934年担任中央研究院动植物研究所所长起到1976年生命最后一息，王家楫40多年来一直肩负所长重任，为我国淡水生物学研究事业辛勤操劳一生。他在动物学领域锲而不舍地开拓和耕耘，对中国水生生物学的发展和研究所的建设作出了重要贡献。

1976年12月19日，王家楫病逝于武汉。

朱元鼎
第六届会长

　　1896 年 10 月 2 日出生于浙江省鄞县。1920 年东吴大学毕业后，受聘于上海圣约翰大学生物系，1925 年因学业优异被学校选送美国康奈尔大学研究院进修昆虫学，1925 年获理学硕士学位。回国后继续在圣约翰大学任教，并晋升为副教授。1930 年发表了他的第一篇鱼类学论文《中国鱼类学文献》。1931 年出版了中国第一部系统的鱼类学专著《中国鱼类索引》。1932 年被选送美国密歇根大学，在该校动物博物馆著名鱼类学家赫伯斯指导下攻读博士学位，1934 年 2 月获哲学博士学位，同年被圣约翰大学聘为教授。1935 年发表论文《中国鲤科鱼类之鳞片、咽骨与其牙齿之比较研究》，在国内外获得广泛的重视，为鲤科鱼类分类提供了重要的科学依据。1963 年和他的学生共同发表《中国石首鱼类分类系统的研究和新属新种的叙述》，以鳔的分支和耳石形态变化、结合外部形态特征作为分类依据，使中国石首鱼类的分类系统趋于自然化。1979 年他和助手合著《中国软骨鱼类的侧线管系统以及罗伦瓮和罗伦管系统》，提出了新的中国软骨鱼类分类系统。此外，他还著有《中国软骨鱼类志》（1960）及论文 40 余篇。1952 年，中国第一所水产高等院校上海水产学院成立，朱元鼎担任海洋渔业研究室主任。曾任第二届全国政协委员，上海市第一至五届人民代表大会代表，第二、五届全国人民代表大会代表，上海水产学院院长、名誉院长，东海水产研究所所长，中国动物学会理事长（1948—1949 年），中国水产学会副理事长、名誉理事长，中国海洋湖沼学会名誉理事长，《水产学报》主编。他是《中国大百科全书》（第一版）农业卷编委会副主任兼水产学科编写组主编，《南海鱼类志》（1962）和《东海鱼类志》（1963）的主编之一，《南海诸岛海域鱼类志》（1979）的编写人之一，《中国水产学报》主编和《福建鱼类志》的主编等。

　　1986 年 12 月 17 日，朱元鼎病逝于上海。

李汝祺
第八届理事长

1895 年 3 月 2 日出生于天津市。早年就学于清华学校，1919—1923 年在美国普渡大学就读，毕业后进入美国哥伦比亚大学动物学系研究院，师从摩尔根教授，1926 年以优异的成绩获得博士学位，当年回国任教。历任上海复旦大学副教授、燕京大学生物学系教授、北京大学医学院教授、北京大学动物学系主任兼医预科主任、北京大学生物系教授兼遗传教研室主任。先后任中国动物学会理事长（1951—1956 年）、北京博物学会会长、中国遗传学会理事长兼《遗传学报》主编以及中国科学院动物研究所学术委员、中国科学院遗传研究所兼任研究员和《中国大百科全书》遗传学编委会主编等。

李汝祺是中国遗传学开拓者之一。1926 年在 Genetics 上发表了他的博士论文《果蝇染色体结构畸变在其发育上的效应》，这是摩尔根实验室发表的有关果蝇发育遗传的第一篇论文。1936 年在 Genetics 上又发表了《果蝇残翅在高温下的发育》，对拟实变（Phenocopy）提供了重要的科学例证。1930 年在 Peking Natural History Bulletin 上发表了《巨大蝈蝈的精子发生和其染色体的研究》，这是我国首篇研究昆虫染色体的论文。1933 年与谈家桢教授共同发表了《瓢虫鞘翅色斑的变异》，首次指出色斑的遗传都是由独立孟德尔因子负责传递的，为后来研究瓢虫色斑遗传打下了基础。1934 年发表了《发现在中国马中的一种六个染色体的马蛔虫》。20 世纪 30—50 年代开展了北方狭口蛙个体发育及其对环境变化的适应性研究，发表了 11 篇论文。1955—1966 年做了大量的科研工作：为开展小鼠发育遗传学研究培育了一个小鼠纯系；用 X-辐射线及 60Co 的低剂量照射雌鼠发育的不同阶段，研究其对卵巢发育的影响，摇蚊唾腺染色体在个体发育中的结构可逆性变化及其超微结构、组织化学的研究，以及黑斑蛙、金线蛙及北方大蟾蜍的染色体组型及其斑带染色等研究。

1977 年，李汝祺重建北京大学遗传专业，开展了教学和真核细胞基因表达的科研工作。1978 年中国遗传学会成立，当选为第一任理事长。他大力提倡开展基础遗传学及分子遗传学研究，设立了"李汝祺动物遗传学优秀论文"奖金。

李汝祺早期在北京大学出版了《人类生物学》，1962 年发表了题为《细胞遗传学的现状和展望》，1981 年出版了《细胞遗传的基本原理》，1982 年出版了《遗传学若干问题的探讨》，1983 年出版了由他主编的《中国大百科全书·生物学·遗传学》，1985 年出版了《实验动物论文选集》。此外，他还出版了 60 万字的《发生遗传学》，该书被誉为我国遗传学经典著作。除专著外，共发表论文 50 余篇。

1991 年 4 月 4 日，李汝祺病逝于北京。

贝时璋
第十届理事长

　　1903 年 10 月 10 日出生于浙江省镇海县（今宁波市镇海区）。1921 年毕业于上海同济医工专门学校（同济大学前身）医学预科。后到德国福莱堡、慕尼黑和土滨根三所大学学习，1928 年获土滨根大学自然科学博士学位。1929 年秋回国，1930 年任浙江大学副教授并筹建生物系，1934 年任浙江大学生物系教授兼系主任。1949 年任浙江大学理学院院长。1950 年任上海中国科学院实验生物研究所首任所长。1958 年创建中国科学技术大学生物系并任首任系主任。

　　1958 年创建了中国科学院生物物理研究所并任首任所长，为开创我国生物物理学研究作出了卓越贡献。第一至六届全国人民代表大会代表、第三至六届全国人民代表大会常务委员会委员。1948 年被选为中央研究院第一届院士，1955 年当选中国科学院学部委员。1958 年任《中国科学》编委会副主任。1978 年任中国动物学会第十届理事会理事长，1980 年任中国生物物理学会首任理事长。1979 年任《中国大百科全书》总编委会副主任，《中国大百科全书·生物卷》编委会主任。1985 年任《中国生物物理学报》编委会主编。

　　贝时璋在学术研究上作出了杰出贡献。他提出了细胞重建（Cell reformation）学说，这是对"细胞分裂为产生细胞之唯一途径"学说的挑战。1932 年他在浙江大学从事丰年虫中间性（intersex）研究时，发现其生殖腺转变过程中生殖细胞有重新形成的现象。20 世纪 70 年代后，他运用最新的实验技术和方法对这一发现进行了广泛深入的研究，取得了大量有意义、有说服力的实验结果。

　　鉴于贝时璋在科学研究中取得的卓越成就，1978 年和 1988 年土滨根大学两次授予他自然科学博士学位（金博士）。2003 年在他百岁华诞时，德国驻华大使馆代表土滨根大学授予他"钻石博士"和唯一的学术公民。

　　贝时璋重视交叉学科，致力于我国生物物理学的发展，先后组织开拓了放射生物学、宇宙生物学、仿生学、生物工程技术、生物控制论等分支领域和相关技术，并培养出一批生物物理学骨干人才。

　　2009 年 10 月 29 日，贝时璋病逝于北京。

郑作新
第十一届理事长

1906 年 11 月 18 日出生于福建省福州市。1926 年考入美国密歇根大学研究院生物系，1930 年获科学博士学位。1930 年回国后任福建协和大学动物学教授兼系主任，1938 年兼任教务长，后调任理学院院长等职。1945 年赴美讲学和访问，次年回国，继续在福建协和大学任教。1947 年到南京国立编译馆任自然科学编纂，主持自然科学名词的审订工作，兼任中央大学生物系教授。1950 年调入中国科学院动物标本整理委员会，后任动物研究所研究员。

经过 50 多年的钻研，郑作新发现鸟类新亚种 16 个，先后出版 15 部研究专著、33 本专著、80 余篇研究论文和 250 多篇科普作品。他还主持了《中国动物志—鸟纲》第一、二、四、六、十、十一、十二卷的编写工作。

1980 年当选中国科学院学部委员。还被推选为日本、德国、英国鸟类学会通讯会员，美国鸟类学会荣誉会员，世界雉类协会会长，国际鹤类基金会顾问。

郑作新是中国动物学会发起人之一，历任秘书长、副理事长、理事长、名誉理事长等职。他也是中国动物学会鸟类学分会的发起人之一（1980 年），并被推选为第一任理事长。

曾获全国科学大会重大科学奖三项（1978 年），中国科学院科学技术进步奖二等奖（1979 年、1985 年）、图书出版特等奖（1986 年），中国科学院自然科学奖二等奖（1987 年）及一等奖（1989 年）、国家自然科学奖二等奖（1989 年）、美国密歇根大学科学荣誉奖（1981 年）及美国国家动物协会的国际特殊科学成就奖（1988 年）。此外，他还荣获中国野生动物保护终身荣誉奖和香港求是科技基金会杰出科技成就集体奖。担任第 23 届国际鸟类学大会的名誉主席。他将自己所获奖金设立了"鸟类科学青年奖基金"，鼓励年轻的鸟类学家成长。

1998 年 6 月 27 日，郑作新病逝于北京。

张致一
第十二届理事长

1914 年 11 月 17 日出生于山东省泗水市。1940 年毕业于武汉大学生物系。曾先后在原中央大学医学院解剖系和同济大学生物系任助教，生理心理研究所助理研究员。1947 年赴美留学，获美国 IOWA 大学动物系硕士（1948 年）和博士（1952 年）学位，后又任该系副研究员。1957 年回国，历任中国科学院海洋研究所副研究员、室主任，中国科学院动物研究所研究员、室主任、副所长，中国生理学会副理事长等职。1959 年被评为"全国先进生产者"。曾任第三届全国人民代表大会代表，第五、六、七届全国政协委员，中国科学院生物学部委员、代理主任，中国动物学会理事长、生殖生物学分会理事长，国际比较内分泌学会理事，国际生物学联合会中国委员会顾问，亚太地区比较内分泌学会荣誉会员。

张致一在美国以两栖类为材料从事比较内分泌学的理论研究，获得重大突破。回国后根据国家建设的需要，将研究方向转到更能密切联系实际的哺乳类生殖生物学研究领域。几十年来培养了大批研究骨干。为了生殖生物学科的长远发展，在培养科研骨干力量上做了全面布局，有计划分批分期选派科研人员到国外对口单位深造。

张致一在胚胎学、内分泌学、生殖生物学等领域都有很多创造性的成就。他从事的两栖类胚胎纤毛运动轴性决定和金鱼胚胎发育能力的研究思维新颖。他首次应用激素、性腺移植和半联体技术成功地诱发了两栖类性反转，提出同配染色体组合与激素反应关系的学说，这在性别决定和性别分化研究领域是一项重要的突破。在比较内分泌学和生殖内分泌进化的理论研究方面也有不少建树。最早提出两栖类垂体中促肾上腺素和促黑色细胞扩张激素并非同一种肽类激素的论点，提出孕酮是两栖类主要的排卵激素，首次证实脊索动物文昌鱼的哈氏窝为脊椎动物垂体的前身，并证明在原始脊索动物中已出现生殖内分泌的调节系统。

张致一首先提出利用激素进行家鱼催情、家畜与军马的保胎、促发情等，取得了显著的经济效益，也解决了鱼苗长途运输的困难。这些成果得到国际学术界的高度评价，被列为激素对人类的六大贡献之一。张致一对人类生育的控制和我国的计划生育研究极为重视，主持了该项研究，在着床信息物质的纯化和分子克隆以及围着床期神经肽、神经递质和特异因子的存在、分离和功能等方面都取得了一系列创新而有价值的进展。他还十分关心濒危动物的繁殖研究。他任生物学部副主任和代主任时，对我国生物科学的发展有着长远的设想，在我国学科发展规划的制定中作出了重要贡献。先后发表论文 100 余篇，共获 20 多项科研成果奖。

1990 年 10 月 8 日，张致一病逝于北京。

钱燕文
第十二届理事长

1923 年 6 月 16 日出生于北京。1948 年毕业于复旦大学生物系。1948—1950 年任农林部水产实验所技师。1951—1987 年历任中国科学院动物研究所助理研究员、副研究员、研究员、业务处处长、副所长。曾兼任《动物学杂志》副主编、主编（1967—1999）、《生物史》编写组组长（1971—1974）（撰写家养动物部分）、《中国大百科全书》生物卷动物学副主编、《中国野生动物资源》主持动物部分（撰写鸟类部分）、《当代中国》中国科学院卷动物学部分、《张孟闻教授 90 寿诞纪念论文集》主编、《中国动物学会成立 60 周年纪念论文集》副主编（1994 年）、《中国鸟类图鉴》主编，并编写其中潜鸟科、画眉亚科等 21 科 451 种（1995 年），参加《中国生物多样性国家报告》动物部分的编写工作（1995 年）、《中国动物学发展史》鸟类学部分（2000 年）等。

钱燕文在中国科学院动物研究所期间从事鸟类学研究。曾进行河北昌黎果区食虫鸟类的研究、湖南林区鸟类的研究、秦岭地区的鸟类研究、新疆南部鸟类的研究、珠穆朗玛峰的鸟类研究等。在鸟类调查中与同事共同采集鸟类标本数千号，并参与撰写调查报告。还参加了 1987 年中国科学院组织的基础学科调研专家组的调研工作，并撰写调查报告。

钱燕文自 1984 年担任中国动物学会第十一届理事会秘书长以来，长期具体负责中国动物学会的日常领导工作；1989 年担任第十二届理事会副理事长一职；1990 年 10 月，中国动物学会第十二届理事会理事长张致一去世，1991 年 11 月在宁波召开的理事会扩大会上，钱燕文被推举继任理事长一职，多年来为中国动物学会的发展壮大作出了积极的贡献。

2012 年 1 月 29 日，钱燕文病逝于北京。

宋大祥
第十三届理事长

1935年5月9日出生于浙江省绍兴市。1953年毕业于东吴大学生物系。1953—1955年在华东师范大学动物学研究班学习，毕业后分配到哈尔滨师范学院任教。1957—1961年考入中国科学院动物研究所攻读甲壳动物学副博士研究生。毕业后留所工作，历任室主任、副所长等职。1995年调到河北师范大学工作。1999年起任河北大学教授，南京师范大学等校兼职教授等。曾任中国动物学会第十二、十三、十四届理事会秘书长、副理事长和理事长，国际动物学会理事，国际动物命名委员会委员，国际蛛形学会理事，《中国动物志》编委会副主任，全国自然科学名词审定委员会委员，中国动物学会蛛形学专业委员会副主任，《蛛形学报》和《生物学通报》副主编、《动物学杂志》编委等职。1999年当选为中国科学院院士。

宋大祥早期师从我国甲壳动物学奠基人沈嘉瑞教授，研究甲壳动物桡足类、枝角类及环节动物蛭类的分类区系和生物学。他参编的《中国桡足类志》是我国最早的无脊椎动物志之一，被译成日文出版。20世纪70年代末开始从事蛛形学动物的系统学研究，编有专著多部，论文约300篇。他积极推动中国动物学会蛛形学专业委员会的成立及《蛛形学报》的创刊，并促使日本将"东亚蜘蛛学会"改名为"日本蜘蛛学会"。1988—1990年，他主持中国科学院"七五"重大项目"西南武陵山地区动物资源和评价"，该课题组被评为科学院先进研究集体。"八五"期间，他参与主持"三志"中的《中国动物志》，"三志"被评为1997年中国十大科技进展之一及国家基金特优重大项目。

作为中国动物学会领导人之一，宋大祥积极参与和推动学会的各项工作。他先后组织我国广大动物学工作者，出色完成了国家自然科学基金委员会交办的"动物学科发展战略研究"，以及《动物学名词》的审定工作。在任学会理事长和《动物学报》主编期间，他代表中国动物学家积极支持希腊和以色列动物学家联合发起的关于恢复国际动物学会活动的倡议。2000年他受中国动物学会的委托，率领我国动物学家代表团赴希腊雅典参加第18届国际动物学大会，取得了2004年在中国北京举办第19届国际动物学大会的权利，为进一步提高我国动物学研究和中国动物学会在国际上的地位创造了有利的条件。

2008年1月25日，宋大祥病逝于河北省保定市。

陈大元
第十四届理事长

1933 年 4 月 14 日出生，江苏省吴县（已撤销）甪直镇人。1957 年毕业于山东大学生物系胚胎学专业，中国科学院动物研究所首席研究员、博士生导师、生殖生物学国家重点实验室副主任和受精生物学学科带头人，著名的发育、生殖和受精生物学家。1981—1984 年在美国 IOWA 大学医学院深造，回国后建立了受精机理、显微受精和动物克隆研究三个平台。曾任科技部攀登专项首席科学家，主持国家自然科学基金委员会重点项目，承担中国科学院知识创新工程重大项目和"863""973"课题。发表论文 312 篇，主编专著《受精生物学》、合著科普读物《克隆》、合译《小鼠胚胎操作实验手册》。获国家、院和省部委级一、二等奖 15 项，其中 2003 年获新疆科技进步奖一等奖，2005 年荣获国家自然科学奖二等奖，2006 年获国家人口和计划生育委员会科技成果奖一等奖。2008 年中国科学院研究生院授予"杰出贡献教师"称号，2009 年获台湾吴大猷学术基金会科普及著作金奖，2009 年荣获中国动物学会"杰出贡献奖"，2010 年荣获中国科学院动物研究所首届"杰出贡献奖"；2020 年荣获首届中国动物学会长隆奖成就奖。曾任中国科学院研究生院、清华大学等高校兼职教授和《动物学报》《生殖与避孕》等刊物的编委或顾问。1992 年开始享受国务院特殊津贴，1996 年获国家计划生育委员会先进科技工作者，2001 年获中国科协全国优秀科技工作者称号。

20 世纪 50—60 年代从事神经末梢和组织再生研究。70 年代，开展了生殖轴系的细胞超微结构研究，并对水貂、母马、奶牛等进行了促发情和保胎的应用研究。80—90 年代，在受精机理与显微受精研究领域作出了重要贡献。此外，与成都大熊猫繁育研究基地和福州大熊猫研究中心合作，创建了"双控"技术，繁殖大熊猫（双胞胎和单胎）23 只，改变了大熊猫有性繁殖难的局面，创造了社会效益与经济效益。1999 年在世界上最早用大熊猫体细胞克隆出了一批大熊猫－兔异种早期重构胚，首次证明异种间核质具有相容性，该科研成果被评为 1999 年中国十大科技进展。

2001 年与山东曹县五里墩奶牛胚胎工程公司合作，实现了我国首批成年牛体细胞克隆成活群体零的突破。为此，中国科学院召开了新闻发布会。

1981—1995 年担任中国动物学会显微与亚显微形态科学分会秘书长，1995—2004 年担任分会理事长。1994—1999 年担任中国动物学会秘书长，1999—2004 年担任中国动物学会第十四届理事会理事长，在任理事长期间，2000 年派代表团赴雅典参加第 18 届国际动物学大会，成功申办到 2004 年第 19 届国际动物学大会在中国北京的举办权，并领导学会筹备第 19 届国际动物学大会，在大会召开时成立了国际动物学会，秘书处设在中国科学院动物研究所。倡导区域性联合性学术会议。

陈宜瑜
第十五、十六届理事长

 1944 年 4 月 22 日出生，福建省仙游县人。1964 年毕业于厦门大学生物系。历任中国科学院水生生物研究所助理研究员、副研究员、研究员、副所长、所长，淡水生态与生物技术国家重点实验室主任。1991 年当选中国科学院院士，1991—1995 年任中国科学院水生生物研究所所长，1995—2003 年任中国科学院副院长，2004 年 1 月至 2013 年 2 月任国家自然科学基金委员会主任。现任中华人民共和国濒危物种科学委员会主任。曾兼任国家自然科学基金委员会第四届监督委员会主任、中国科学院生命科学和医学学部主任、中国海洋湖沼学会副理事长，《中国科学》《科学通报》《动物学报》《生态学报》《水生生物学报》《中国农业科学技术》《动物学研究》和《地理科学》等学术刊物编委。曾任中国科学院学部科学道德建设委员会主任，国际生物多样性计划科学指导委员会委员，国际生物多样性计划中国委员会主席，国务院三峡工程建设委员会委员、国务院学位委员学科评议组成员等职。先后当选第六、七、十、十一届全国人民代表大会代表，第十、十一届全国人民代表大会常务委员会委员，第十、十一届全国人民代表大会环境与资源委员会委员；中国共产党第十四、十五、十七、十八次全国代表大会代表。

 主要从事淡水鱼类分类和系统进化的研究。对鲤科和平鳍鳅科鱼类进行过深入的研究，发现了 5 个新属 30 多个新种，倡导并应用分支系统学的原理和方法，对鲤形目科间和平鳍鳅科科下类群提出了新的分类系统，被国内外同行所引用。在对鱼类系统发育研究的基础上，强调生物进化与地球进化同步；与他人合作通过对裂腹鱼类的起源和演化的分析，探讨了青藏高原隆起的时代、幅度和形式，证明青藏高原在第三纪晚期以后曾经历过三次急剧上升和相对稳定的交替阶段，并推测了三次隆升的幅度，推动了我国生物地理学从描述向解释发展。研究了泸沽湖和程湖的鱼类区系形成历史，提出了可用以解释云贵高原特定湖泊区系起源的同域成种进化模式及边域快速成种的实例，在实践中丰富了进化理论。开创了珍稀濒危动物白鳍豚的研究，推动并组织了我国生物多样性研究的开展。呼吁开展我国淡水渔业结构性调整的研究工作，运用生态学原理进行了渔业—环境优化对策分析，在湖北洪湖连续 10 年组织开展了一系列科学示范研究，减缓了沼泽化进程，取得了明显的经济效益和环境效益。积极参与中国生态网络研究的组织工作，是淡水和海洋水域生态系统联网研究的主要学术带头人。曾发表学术论文 150 余篇，主编和参加编写专著 16 部，《鲤形目鱼类系统发育的研究》等 11 项成果曾获国家或中国科学院自然科学奖和科技进步奖。2009 年获爱丁堡公爵环境保护奖，2020 年获首届中国动物学会长隆奖功勋奖（现称卓越奖）。

孟安明
第十七、十八届理事长

1963年7月22日出生于四川省大竹县。2007年当选中国科学院院士，2008年当选世界科学院院士。1983年本科毕业于西南农业大学（后更名为西南大学）农学系，获学士学位；1987—1990年在英国诺丁汉大学遗传学系攻读博士，1991年7月获博士学位；1990—1996年在北京农业大学（后更名为中国农业大学）生物学院从事博士后研究，之后任副教授；1996—1998年在美国佐治亚医学院分子医学与遗传学研究所做访问学者；2002—2008年任清华大学生物科学与技术系副主任；2008—2012年兼任中国科学院动物研究所所长。先后任中国科协中国生命科学学会联合体第四任轮值主席；亚太发育生物学会主席；中国动物学会第十四届理事会理事、第十五届和第十六届理事会副理事长、第十七届和第十八届理事会理事长；中国遗传学会第九届和第十届理事会副理事长；科技部"发育编程及其代谢调节"重点研发专项"十三五"和"十四五"专家组组长；科技部实验动物专家委员会主任；*National Science Open*、*National Science Reviews*、*Development*、*Journal of Molecular Cell Biology*、*Open Biology*、*BMC Developmental Biology*、*Journal of Cell Science*等学术期刊编委会或顾问委员会成员；等等。当选第十一、十二、十三届全国政协委员，九三学社第十三、十四、十五届中央委员，九三学社第十二届和第十三届北京市委员会副主委。

攻读博士学位期间，利用 DNA 指纹技术研究了天鹅不同种群的遗传变异性。1990年回国后，首次将 DNA 指纹技术用于研究畜禽品种间的遗传变异性，寻找家禽产蛋性能的分子标记。1996年以来，主要利用斑马鱼模式系统，研究胚胎卵裂期和早期囊胚的细胞命运决定机制、胚层诱导和分化的调控机制、背－腹轴和头－尾轴的形成机制等，发现了决定胚胎背部组织中心和体轴形成的关键母源因子 Huluwa，提出了核孔复合体成熟度调控胚胎合子基因组激活的时钟模型，鉴定出多个调控胚胎背腹分化的重要因子并阐明其发挥作用的分子机制。相关研究成果发表在 *Cell*、*Science*、*Developmental Cell*、*Nature Cell Biology*、*National Science Review*、*Science Advances*、*Development*、*Nature Communications*等国际学术期刊上，"调控动物胚胎中胚层形成的一种新机理"入选2004年度"中国高校十大科技进展"，"母源因子 Huluwa 诱导脊椎动物胚胎体轴形成"入选2018年度"中国生命科学十大进展"，"核孔复合体成熟度调控合子基因组激活"入选2023年度"中国生命科学十大进展"。曾获何梁何利基金科学与技术进步奖、谈家桢生命科学成就奖、国家杰出青年科学基金等奖项。

中国动物学会
历届会员代表大会照片

庆祝中国动物学会成立 90 周年

1951 年 8 月，中国动物学会召开第一届全国会员代表大会，会后代表参观北京动物园并合影

1956 年 8 月，中国动物学会第二届全国会员代表大会代表合影

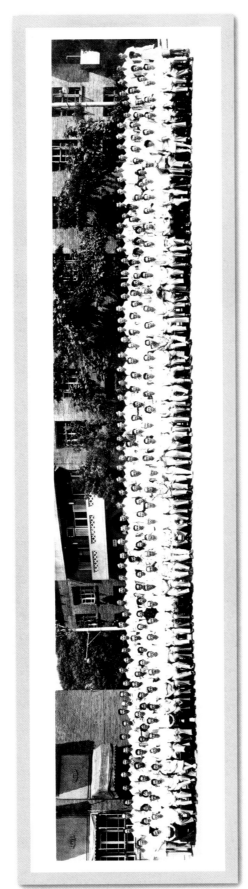

1964 年 7 月，中国动物学会 30 周年学术年会全体代表合影

1978 年 10 月，中国动物学会学术讨论会当选理事合影

1984 年 4 月，中国动物学会成立五十周年年会暨第十一届会员代表大会全体代表合影

1989 年 3 月，中国动物学会第十二届会员代表大会暨成立 55 周年学术年会全体代表合影

1994年9月，中国动物学会第十三届会员代表大会暨成立60周年学术讨论会全体代表合影

1999 年 4 月，中国动物学会第十四届会员代表大会暨学术讨论会全体代表合影

2004 年 8 月，中国动物学会第十五届会员代表大会暨中国动物学会成立七十周年纪念会全体代表合影

2009 年 10 月，中国动物学会第十六届会员代表大会暨学术讨论会全体代表合影

2014 年 11 月，中国动物学会第十七届全国会员代表大会暨学术讨论会代表合影

2019 年 8 月，第十八届全国会员代表大会暨第二十四届学术年会代表合影

中 国 动 物 学 会
重要活动照片

庆祝中国动物学会成立 90 周年

1962 年 11 月 15 日，中国动物学会生态分类区系专业学术会议代表合影

1973 年，第一届中国三志编写工作会议《中国动物志》代表合影

1979 年 10 月，中国动物学会首届全国人体和动物
组织与细胞超微结构学术讨论会代表合影

1982 年 11 月，中国动物学会各省、自治区、直辖
市秘书长会议代表合影

1982 年 5 月，中国动物学会第十届理事扩大会议代表合影

1984 年 12 月，中国动物学会动物学教学研究讨论会代表合影

1989 年 3 月，中国动物学会第十二届理事会第一次全体会议代表合影

1992 年 8 月，首届全国中学生生物学竞赛参与代表合影

1995 年 2 月，中国动物学会第十三届常务理事扩大会代表合影

2002 年 4 月，第 19 届国际动物学大会筹备委员会
第一次中方全体委员会议代表合影

2004 年 10 月，海峡两岸动物学名词对照学术研讨会代表合影

2011 年 12 月，全国自然科学类场馆（动物学科）科普培训班全体合影

2013 年 10 月，"世界动物日"系列活动照片（浙江自然博物馆）

2014 年 5 月，第二届中国动物标本大赛代表合影

2006 年 10 月 19 日，中国动物学会第一届青年科技奖获奖者合影

2007 年 10 月，全国中学生生物学竞赛管理工作会议现场

2021 年 5 月，陈宜瑜院士获得首届中国动物学会长隆奖功勋奖

2021 年 5 月，首届中国动物学会长隆奖新星奖获得者

中 国 动 物 学 会
分会活动照片

庆祝中国动物学会成立 90 周年

1979 年 10 月，中国海洋湖沼学会鱼类学分会成立大会代表合影

1980 年 11 月，首届全国生殖生物学学术研讨会代表合影

1981 年 5 月，中国动物学会原生动物学分会成立大会暨第一次学术研讨会代表合影

1981 年 9 月，中国动物学会贝类学分会成立大会暨学术研讨会全体代表合影

1981 年 9 月，中国动物学会全国显微与亚显微形态科学学术讨论会暨成立大会代表合影

1982 年 12 月，中国动物学会两栖爬行学分会首次学术会议暨成立大会代表合影

1982 年 12 月，中国动物学会甲壳动物学分会成立大会代表合影

1985 年 1 月，中国动物学会寄生虫学专业委员会成立大会代表合影

1985 年 11 月，中国动物学会鸟类学分会第三次学术讨论会代表合影

1986 年 7 月，中国动物学会蛛形学专业委员会成立大会暨学术讨论会代表合影

1992 年 1 月，中国动物学会比较内分泌专业委员会成立大会暨学术会议代表合影

2000 年，全国生物进化研讨会会场

2009 年 4 月，中国动物学会兽类学分会第七届会员代表大会暨第五届全国野
生动物生态与资源保护学术研讨会代表合影

2011 年 10 月，中国动物学会北方七省、自治区、直辖市动物学学术研讨会代表合影

2010 年 10 月，中国动物学会兽类学分会、鸟类学分会成立 30 周年纪念会代表合影

2012 年 10 月，全国发育生物学大会代表合影

2012 年 11 月，中国动物学会寄生虫学专业委员会第八次寄生虫学青年工作者学术研讨会代表合影

2012 年 10 月，中国动物学会细胞与分子显微技术学分会第十六次学术年会
暨庆祝陈大元先生从事科研工作 55 周年学术研讨会代表合影

2015 年 10 月，中国动物学会动物行为学分会成立大会代表合影

2016 年 9 月，第三届全国斑马鱼 PI 大会暨中国动物学会斑马鱼分会成立大会代表合影

2017 年 8 月，中国动物学会灵长类学分会成立大会代表合影

2018 年 10 月，中国动物学会生理生态学分会成立大会代表合影

2020 年 9 月，中国动物学会生物地理学分会成立大会暨第二届中国动物地理学术
研讨会代表合影

2021 年 12 月，中国动物学会保护生物学分会成立大会代表合影

国际会议及国际生物学奥林匹克竞赛照片

庆祝中国动物学会成立 90 周年

2004 年 8 月，第 19 届国际动物学大会开幕式

2004 年 8 月，国际动物学会
在北京成立，领导成员合影

2004 年 8 月，（前排左起）唐崇惕院士、尹文英院士、
沈韫芬院士、郑守仪院士参加第 19 届国际动物学大会

2004 年 8 月，（前排左起）刘以训院士、林浩然院士、孙儒泳院士、刘瑞玉院士参加第 19 届国际动物学大会

2002 年 8 月，第 23 届国际鸟类学大会现场

2002 年 8 月，第 23 届国际鸟类学大会开幕式现场

2002 年 8 月，第 19 届国际灵长类学大会现场

2004 年，我国代表队赴澳大利亚参加第 15 届国际生物奥林匹克竞赛
并获得优异成绩

2010 年 6 月，第七届国际甲壳动物学大会开幕式

2011 年 4 月，第十八届国际扇贝研讨会代表合影

2012 年 11 月，第八届世界华人虾蟹养殖学术研讨会合代表合影

2016 年 8 月，第八届世界两栖爬行动物学大会现场

2018 年 7 月，中国代表队赴伊朗参加第 29 届国际生物学奥林匹克竞赛并获得优异成绩

2019 年 6 月，第十四届国际斑马鱼大会代表合影

2020 年 8 月，我国参加第 31 届国际生物学奥林匹克竞赛线上挑战赛选手与中国科协
项目负责人及考务人员等合影

2023 年 9 月，第五届世界生殖生物学大会现场

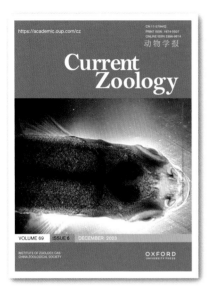

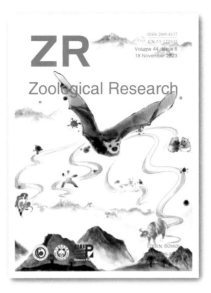

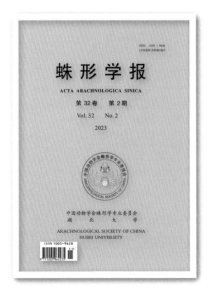

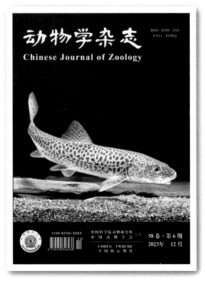

全国自然科学名词审定委员会
公 布
动 物 学 名 词
1996
科学出版社

全国科学技术名词审定委员会
公 布
动 物 学 名 词
（第二版）
CHINESE TERMS IN ZOOLOGY
（Second Edition）
2021
科学出版社

全国科学技术名词审定委员会
海峡两岸动物学名词
科学出版社

中国科学技术协会 主编
中国动物学学科史
中国学科史研究报告系列
中国动物学会／编著
中国科学技术出版社
CHINA SCIENCE AND TECHNOLOGY PRESS

中国动物学会九十年

中国动物学会　编著

中国科学技术出版社
·北　京·

图书在版编目（CIP）数据

中国动物学会九十年 / 中国动物学会编著 . -- 北京：
中国科学技术出版社，2024.8. --ISBN 978-7-5236
-0898-2

Ⅰ. Q95-26

中国国家版本馆 CIP 数据核字第 2024ZX3150 号

责任编辑	何红哲	
封面设计	孙雪骊	
正文设计	中文天地	
责任校对	焦　宁　邓雪梅　吕传新　张晓莉	
责任印制	徐　飞	

出　　版	中国科学技术出版社
发　　行	中国科学技术出版社有限公司
地　　址	北京市海淀区中关村南大街 16 号
邮　　编	100081
发行电话	010-62173865
传　　真	010-62173081
网　　址	http://www.cspbooks.com.cn

开　　本	889mm×1194mm　1/16
字　　数	800 千字
印　　张	30
彩　　插	5.5
版　　次	2024 年 8 月第 1 版
印　　次	2024 年 8 月第 1 次印刷
印　　刷	北京博海升彩色印刷有限公司
书　　号	ISBN 978-7-5236-0898-2 / Q·278
定　　价	128.00 元

《中国动物学会九十年》
编辑委员会

序

中国动物学会于 1934 年 8 月 23 日在江西庐山莲花谷成立，迄今已经走过了 90 年的历程。

90 年来，中国动物学会的发展与国家的命运和经济社会的发展息息相关。20 世纪 80 年代，随着改革开放后国家经济的迅速发展，中国动物学会也得到快速发展。在秉志、胡经甫、辛树帜、陈桢、王家楫、朱元鼎、李汝祺、贝时璋、郑作新、张致一、钱燕文、宋大祥、陈大元等历届理事长的领导下，经过几代动物学家坚持不懈的努力，中国动物学会如今已经发展成为具有 20 个分会和专业委员会的学会，全国 29 个省、自治区、直辖市也都成立了动物学会。

90 年来，中国动物学各个学科领域逐渐发展和壮大起来，在科学研究水平和人才队伍建设等方面都有了翻天覆地的变化。中国动物学家在动物资源调查和动物志编撰、濒危动物保护和自然保护区建设、动物演化与适应、动物生殖与发育、有害动物成灾规律与防控、野生动物疫源疫病等方面都有重要的成果和突破性进展。

90 年来，中国动物学家在国际学术界的影响日益增强。主办了第 23 届国际鸟类学大会、第 19 届国际动物学大会、第 19 届国际灵长类学大会、第 12 届国际原生动物学大会、第 7 届国际甲壳动物学大会、第 18 届国际扇贝研讨会、第 8 届世界两栖爬行动物学大会、第 14 届国际斑马鱼大会、第 5 届世界生殖生物学大会等国际学术会议，国内外学术交流日益频繁。主办的学术期刊 Current Zoology、Zoological Research、Zoological Systematics、Avian Research、《兽类学报》等在国内外学术界的影响力逐渐提高。

在世界科学日新月异的今天，中国动物学会进入了一个新的历史发展时期。面对全球气候变化和人类活动的影响，野生动物疫病和人畜共患病、人与野生动物冲突等新问题出现，基因编辑技术和人工智能等新技术的迅速发展等，中国动物学家面临新的挑战和新的责任。中国动物学会将团结广大动物学工作者，进一步推动中国动物学事业的发展和人才队伍建设，为建设美丽中国、实现人与自然和谐共生的现代化作出新的贡献。

《中国动物学会九十年》梳理了中国动物学会 90 年的发展历程。写数言，以为序。

陈宜瑜

中国动物学会第十五、十六届理事长

中国科学院院士

2024 年 3 月

目　录

第一篇

创立和早期发展（1934—1949）

中国动物学会（China Zoological Society）成立于1934年，是我国成立较早的学会之一，迄今已有90年的历史，在国际学术界具有重要地位。90年来，中国动物学会在促进中国动物学相关领域的研究与发展，促进动物学知识的普及，促进动物学的教学改革以及人才队伍建设方面作出了重要贡献。

第一章　创立和早期发展时期（1934—1936）

第一节　发起与创立

一、成立背景与经过

1914 年夏天，欧洲大战爆发前夕，在美国康奈尔大学校园里，几位早期留美且又学有所成的中国爱国青年学者胡明复、赵元任、周仁、秉志（字农山）、章元善、过探先、金邦正、杨铨（字杏佛）、任鸿隽（字叔永）等在某日晚餐后聚集在一起闲谈，谈到世界形势风云变幻，谈到欧美有些国家提倡科学、发展实业效果显著。于是，有人提出，中国所缺乏的莫过于科学，我们为什么不能通过研究科学技术，借鉴外国科技成果，以振兴祖国的教育和实业等事业呢？为什么不能刊行一种杂志来向祖国介绍科学呢？这个提议立刻得到大家的赞同，并很快就拟订了一个"缘起"（相当于倡议书），开始募集资金，做好发行《科学》（月刊）的准备工作。1915 年 1 月，《科学》杂志创刊版在上海问世。该杂志是国内出版最早的一种科学刊物（1915 年创刊，1950 年停刊，1957 年又以季刊形式继续刊行，1960 年中国科学社终结时改由上海科学技术协会接办）。

《科学》杂志发行后不久，有关学者感到单凭发行一种杂志以期达到传播科学知识并以科学技术拯救中国的目的还远远不够，故于 1915 年 10 月 25 日，在美国伊萨卡城（Ithaca）组织成立了中国科学社，主要发起人为任鸿隽、秉志、周仁、胡明复、赵元任、杨铨、过探先、章元善、金邦正，任鸿隽任社长、赵元任任书记，胡明复任会计，联系人为过探先。这是中国第一个由国人自办、自管的民间学术团体。赵元任、周仁、秉志、任鸿隽、胡明复五位为董事。中国科学社的成立在鼓励和支持中国科学工作者的研究，特别是基础理论研究方面起到了积极的作用。

在中国各门科学中，虽然生物学研究起步稍晚，但在 20 世纪 20—30 年代，陆续建立了一些生物学研究机构，大学也陆续建立生物系，如 1922 年 8 月中国科学社生物研究所建立，1928 年 2 月静生生物调查所成立，1929 年 9 月北平研究院动物研究所成立，1930 年 1 月在南京成立国立中央研究院自然历史博物馆（1934 年 7 月改组为中央研究院动植物研究所），1921 年南京高等师范学校建立了中国第一个生物系，1922 年武汉大学、厦门大学建立了生物系，1923 年北京师范大学建立了生物系，1924 年成都大学（后改名为四川大学）、广东大学（后改名为中山大学）建立了生物系，1926 年北京大学、复旦大学建立了生物系，1929 年浙江大学建立了生物系，生物学研究者众多，发展也很快。与中国生物学相关的学术共同体不同专业学会相继成立，并搭建了学术交流平台。如

1925 年北京博物学会成立（北京），出版了英文版《北京博物学会通报》；1926 年中国生理学会成立（北京），创办了英文版《中国生理学杂志》；1928 年微生物学会成立（北京）；1929 年中国古生物学会成立（北京）；1930 年中华海产生物学会成立（厦门）；1933 年中国植物学会成立（重庆），出版了《中国植物学杂志》；1934 年 3 月中国地理学会成立（南京），创办了《地理学报》。在这一时期，动物学研究的进展较为迅速。当时国内已拥有一定数量的动物学专业人才，但他们大多分散在各省的中学和大学任教，亦有少数在国立或民办研究机构从事科学研究工作，彼此间很少沟通、联系，这一弊端无疑会阻碍尚处于起步阶段的中国动物学的发展。在此期间，恰逢留学欧洲、美国、日本的中国动物学家陆续学成回国，使得动物学研究的发展如虎添翼。动物学界一些有识之士秉志、陈桢（字席山）、胡经甫、辛树帜、经利彬、王家楫、伍献文等有感于国内各种专门学会的相继成立，因而斗室聚谈，倡议发起组织中国动物学会，以联络国内动物学研究者共谋动物学知识的促进与普及。遂于 1934 年在《科学》杂志第十八卷第七期上发表了《中国动物学会缘起》一文，指出"……近年以来，国内习动物学者，不乏其人矣。而散在四方，彼此莫知。山河阻绝，音讯疏阔；或累年瞁索，或平生未展，江湖寥落，雁影参差。潜修所得，既苦于偏菀；精心所作，又失之重叠。且以幅员之广袤，物藏之宏多，不有信会，何以博洽。尝思仰邀高轩，共集胜举；阻于事会，辄以中止，徒有所怀，未毕斯愿。……"倡议一经提出，便得到动物学界的纷纷响应，并募集资金。发起人有郑章成、陈子英、武兆发、张作人、伍献文、胡经甫、蔡堡、陈心陶、卢于道、任国荣、秉志、经利彬、孙宗彭、朱洗、张春霖、陈桢、刘崇乐、寿振黄、刘咸、张真衡、辛树帜、曾省、郑作新、徐荫祺、喻兆琦、薛德焴、陈纳逊、雍克昌、戴立生、王家楫 30 位动物学家（表 1-1）。由秉志、辛树帜、经利彬、伍献文、王家楫、薛德焴、陈桢、卢于道、陈纳逊、孙宗彭等人组成了中国动物学会筹备委员会，拟订《中国动物学会简章》（草案），并为成立大会做好相关筹备事宜。1934 年 6 月 2 日，中国动物学会筹备委员会在南京益州饭店召开了第一次临时会议，会议决定 1934 年 8 月下旬借中国科学社 19 届年会之便，在江西庐山举行中国动物学会成立大会。

1934 年 8 月 23 日，中国动物学会在江西庐山莲花谷正式宣告成立。

表 1-1 中国动物学会发起人一览表

序号	姓名	当时年龄	专业和职务	求学经历
1	陈子英	38	我国遗传学先驱之一。1934 年任厦门大学理学院院长、教授	1921 年毕业于东吴大学，1926 年获美国哥伦比亚大学博士学位
2	武兆发	30	我国组织胚胎和细胞生物学权威学者。长期从事动物细胞学、生物制片学研究，曾创办前进生物标本馆。1934 年任北平师范大学、辅仁大学教授	1913 年毕业于上海沪江大学，1929 年获美国威斯康星大学动物学博士学位
3	张作人	34	中国原生动物细胞学、实验原生动物的开拓者。1934 年任中山大学生物系教授	1921 年毕业于北京高等师范学校博物部，1930 年获比利时布鲁塞尔大学动物研究所科学博士学位，1932 年获法国自然科学博士学位
4	伍献文	34	中国鱼类分类学、形态学和生理学的奠基人之一。1934 年任国立中央研究院动植物研究所研究员兼中央大学生物系教授	1921 年毕业于南京高等师范学校，1927 年获厦门大学理学学士学位，1932 年获法国巴黎大学理学博士学位

序号	姓名	当时年龄	专业和职务	求学经历
5	胡经甫	38	中国昆虫学的奠基人之一。1934年任美国康奈尔大学研究生院客座教授	1917年毕业于东吴大学生物系，获学士学位，1919年获硕士学位；1922年获美国康奈尔大学博士学位
6	蔡堡	37	我国著名生物学家、医学教育家。1934年任浙江大学生物系教授兼系主任，文理学院院长	1923年毕业于北京大学地质系，1923—1926年先后美国耶鲁大学和哥伦比亚大学攻读生物系，获硕士学位
7	陈心陶	30	我国著名寄生虫学家。1934年任广州岭南大学生物系主任，理科研究所所长	1925年毕业于福建协和大学生物学系，1929年获美国明尼苏达大学理学硕士学位，1931年获美国哈佛大学医学院哲学博士学位
8	卢于道	28	中国近现代神经解剖学领域的开拓者。1934年任国立中央研究院心理学研究所研究员	1926年毕业于东南大学，1930年获美国芝加哥大学解剖学哲学博士学位
9	秉志	48	中国近代生物学的主要奠基人。1934年任中国科学社生物研究所所长和北平静生生物调查所所长兼研究员	1908年毕业于京师大学堂，1913年获美国康奈尔大学学士学位，1918年获美国康奈尔大学哲学博士学位，是第一位获得美国博士学位的中国学者
10	经利彬	39	1934年任北平研究生院生物部部长兼研究室主任	获法国里昂大学理学、医学博士学位
11	孙宗彭	39	我国著名生理学和药理学家。1934年任中央大学（今南京大学）教授兼生物系主任	1922年毕业于东南大学，1928年获美国宾夕法尼亚大学哲学博士学位
12	朱洗	34	中国细胞学、实验胚胎学开拓者之一。1934年任中山大学生物系教授	1931年获法国国家博士学位
13	张春霖	37	中国现代鱼类学的主要开拓者之一。1934年任北平静生生物调查所动物部技师、动物标本室主任	1926年毕业于东南大学，获农学学士学位，1930年获法国巴黎大学研究院理学博士学位
14	陈桢	40	中国动物遗传学的创始人和动物行为学、生物学史研究的开拓者。1934年任清华大学生物系教授兼系主任	1918年毕业于金陵大学农林科，获农学学士学位，1921年获美国哥伦比亚大学硕士学位
15	刘崇乐	33	中国害虫生物防治的奠基人之一。1934年任北平师范大学生物学系教授兼系主任，后任清华大学农业研究所昆虫学组负责人	1922年获美国康奈尔大学农学学士学位，1926年获哲学博士学位
16	寿振黄	35	中国脊椎动物学研究的开拓者之一。1934年任北平静生生物调查所动物部技师兼清华大学生物系教授	1925年毕业于东南大学生物系，1926年获美国斯坦福大学研究院硕士学位
17	辛树帜	40	我国近现代著名生物学家、古农史学家和教育家。1934年任国立编译馆馆长	1919年毕业于武昌高等师范学校。1924年赴英国伦敦大学学习生物学，又转入德国柏林大学攻读
18	曾省	35	我国著名昆虫学家、生物防治最早的倡导者和实行者。1934年筹建济南农学院，并任院长	1924年毕业于东吴大学生物系，并获学士学位，1931年获法国里昂大学生物学博士学位
19	郑作新	28	中国现代鸟类学奠基人之一，中国鸟类地理学的开拓者。1934年任福建协和大学生物系教授兼系主任	1926年毕业于福建协和大学生物系，1930年获美国密歇根大学研究院科学博士学位
20	徐荫祺	29	我国研究昆虫学的先驱之一。1934年任东吴大学教授、生物系主任	1926年毕业于东吴大学生物系，1929年获燕京大学理学硕士，1932年获美国康奈尔大学研究院昆虫学系哲学博士学位
21	喻兆琦	36	我国著名动物分类专家。第一个从事虾类分类和鱼类寄生虫分类研究的科学家。1934年任北平静生生物调查所动物部技师兼北平师范大学生物系教授	1921年毕业于南京高等师范学校，1927年毕业于国立东南大学生物系
22	陈纳逊	40	我国著名生物学家。1934年任金陵大学教授兼动物学系主任	1918年毕业于东吴大学生物系，1928年获美国宾夕法尼亚大学动物系硕士学位
23	王家楫	36	中国原生动物学的开创人和轮虫学的奠基者。1934年任国立中央研究院动植物研究所研究员兼所长	1923年获国立东南大学农学学士学位，1928年获美国宾夕法尼亚大学哲学博士学位

序号	姓名	当时年龄	专业和职务	求学经历
24	任国荣	27	我国研究鸟类学的先驱。1934年任广东大学生物系教授	1926年毕业于广东大学，1933年获巴黎大学科学博士学位
25	雍克昌*	37	我国著名组织细胞学家。四川大学生物系教授兼主任	1919年毕业于北京高等师范学校博物学部，1930年获法国巴黎大学动物学博士学位
26	戴立生*	37	我国著名无脊椎动物学家。南开大学生物系教授。1941年任国立中正大学农学院生物系教授，1947年任山东大学水产系教授	1921年毕业于南京高等师范农业专修科。1921—1925年从美国斯丹佛大学生物学院动物系毕业。1928—1932年在美国加州大学及斯丹佛大学学习并获得博士学位
27	郑章成*	49	曾任沪江大学教授、副校长、理学院院长和生物学主任等	1913年毕业于上海沪江大学，1919年获美国耶鲁大学哲学博士学位
28	刘咸*	32	我国著名人类学家。1934年任山东大学生物系教授，并兼任系主任	1925年毕业于南京国立东南大学生物系，1928年入牛津大学研究人类学，先后获得人类学专业文凭及科学硕士学位
29	张真衡*	35	上海医学院和中国科学社生物研究所	1933年毕业于美国芝加哥大学医学院
30	薛德焴*	47	我国著名比较解剖学、生理学家。上海华东大学教授	1909—1913年在日本东京文理大学动物系学习

*部分材料收集不完整。

二、学会组织建设

中国动物学会作为一个群众组织的学术团体，会章中规定"该会以联络国内研究动物学者共谋各种动物学知识的促进与普及"为宗旨。后来会章虽屡经修改，但学会宗旨未曾作过变动。初创时期，它的重要组织形式可分为会员、会务、办事机构三项。

（一）会员

会员分六类：①普通会员。凡对于动物学有独立研究之志趣能力与成绩者，由中国动物学会会员二人介绍，提交其著作，并经理事会通过者为中国动物学会普通会员。②特种会员。凡在科学研究上有特殊成绩的普通会员，经中国动物学会会员十人以上推举，并经理事会通过者为中国动物学会特种会员。③机关会员。凡赞助中国动物学会事业的机关，由中国动物学会会员三人介绍，并经理事会通过者为中国动物学会机关会员。④名誉会员。对中国动物学会事业有相当贡献及扶助的国外著名动物学家，经中国动物学会会员五人以上提议，并经理事会一致通过者，则被选为中国动物学会名誉会员。⑤赞助会员。凡赞助或捐助中国动物学会经费在伍佰元以上，经中国动物学会会员五人以上提议，并经理事会通过者，则被选为中国动物学会赞助会员。⑥永久会员。凡普通会员一次纳费一百元者，为永久会员。

以上六类会员中，普通会员为该会的基本组织成员，吸收普通会员极为慎重。从1934年的50余人到1936年的185人之多，绝大多数是国内从事科学研究与技术工作以及在教学工作中作出成绩的人员。

（二）会务

中国动物学会初创时期会章中暂定会务为下列三项：①举行常年大会，宣读论文，讨论关于动物学的研究与应用知识及教学方法等；②出版动物学杂志及其他刊物，传播科学，提倡研究；③参加国际间学术工作。

（三）办事机构

（1）理事会　理事会为中国动物学会重要会务的决议机关，由理事七人组成，除会长、副会长、书记、会计为当然理事外，其他三人在开常年大会时选举出，任期一年，连选连任，理事会开会时以会长或副会长为主席，遇正副会长均缺席时再临时选定。

（2）编辑会　编辑会审阅投寄中国动物学会所刊行杂志的论文稿件，由总编辑一人，干事编辑一人，编辑六人组成，由理事会通过，任期五年，连选连任。

（3）委员会　在必要时分别组织各种委员会，以应付特别事件。

（4）分会　在各地有会员五人以上者可设立分会。

三、学会活动

1934 年 8 月 23 日，中国动物学会在江西庐山莲花谷正式宣告成立，当时有会员 50 余人。出席成立大会的有卢于道、陈纳逊、伊礼克、寿振黄、张真衡、朱鹤年、刘廷蔚、伍献文、张孟闻、秉志、贝时璋、董聿茂、孙宗彭、崔芝兰、武兆发、辛树帜、王家楫共 17 人。推选辛树帜为临时主席，王家楫为临时书记。大会通过了中国动物学会章程，选举秉志、伍献文、胡经甫、武兆发、孙宗彭、辛树帜、经利彬、王家楫、陈纳逊 9 人为中国动物学会首届理事会理事。推选秉志为会长，胡经甫为副会长，书记（相当于秘书长）王家楫，会计陈纳逊。会址暂设在国立中央研究院动植物研究所内，通讯处设在南京。

中国动物学会的成立标志着中国动物学工作者已经团结起来，开始有组织、有目标、有计划地从事我国的动物学研究工作；标志着中国动物学在教育、科研、学术交流各环节以及组织和制度方面的日趋完善；标志着中国动物学的发展已经进入了一个新阶段。

1934 年 8 月 24 日，中国动物学会召开第一届第一次理事会议，会议决定创办《中国动物学杂志》（*The Chinese Journal of Zoology*），并推举秉志（总编辑）、卢于道（干事编辑）、陈桢、胡经甫、寿振黄、贝时璋、董聿茂、朱洗为编辑部编委。辛树帜捐大洋贰佰元作为出版刊物的印刷费。

1934 年 9 月 10 日，在南京中央饭店召开第二次理事会，会议通过了唐仲璋等 25 人为新会员（其中 3 人为外籍人士）；编委陈桢出国期间由陈纳逊暂代编辑部编委。10 月 4 日，第三次理事会在南京益州饭店召开，会议有两项议题：一是决定向政府要求在南京拨给官地一块，以备将来设立中国动物学会的永久性会址；二是通过国立编译馆和中央大学为机关会员。

1935 年 3 月 8 日，中国动物学会理事会在南京国立中央研究院动植物研究所召开第四次理事会，会议讨论并通过了中华海产生物学会归并于中国动物学会的议案，并决定将中国动物学会与中华海产生物学会两会财产合计壹万余元作为筹建海滨动物研究所的经费。

1935 年 12 月 10 日，中国动物学会选举产生第二届理事会。秉志、王家楫、辛树帜、伍献文、经利彬、胡经甫、陈桢、寿振黄、徐荫祺 9 人当选为理事；推选胡经甫为会长，陈桢为副会长，寿振黄为书记，徐荫祺为会计。学会会址由国立中央研究院动植物研究所改为北平西安门内文津街三号静生生物调查所内。

1936年8月17—20日，中国动物学会在北平清华大学生物学馆召开第三次常年大会，选举产生中国动物学会第三届理事会，辛树帜、王家楫、张春霖、伍献文、林可胜、朱元鼎、卢于道、刘咸、陈子英9人当选为理事，选举辛树帜为会长，王家楫为副会长，伍献文为书记，卢于道为会计。会议决定下届学会年会于1937年8月21—25日在浙江大学与中国科学社联合举行，后因抗日战争爆发，学会活动被迫暂停。

四、学术活动与学术刊物

中国动物学会成立之后，秉持"该会以联络国内研究动物学者共谋各种动物学知识的促进与普及"的宗旨，首要任务就是在各学科之间架起桥梁，促进分散于各方面的动物学工作者的学术交流，鼓励学术争鸣和学术创新，以其达到互相借鉴、共同提高的目的。

（一）学术活动

举办学术年会可以说是学会一项深受会员重视的定期活动。往往选择交通便利的风景名胜地区，如庐山、南宁、北京、青岛、杭州等地举行。年会的主要内容是宣读论文、专题讨论、商议会务、选举理事等，使地处各地的新、老会员可以进行学术交流，互相熟悉、增进了解。

中国动物学会从成立到抗战前夕，先后举行了三次学术年会。

第一次，1934年8月，在中国动物学会成立大会期间，便参加了中国科学社在江西庐山发起并举行的第十九届学术年会（中国地理学会和中国植物学会也参加了该年会），并宣读论文40余篇。

第二次，1935年8月12—15日，受广西政府之邀，中国科学社联合中国工程师学会、中国化学会、中国地理学会、中国动物学会、中国植物学会在广西南宁举行第二十次年会（中国动物学会第二次常年大会），规模之大，盛况空前。中国动物学会收到论文90余篇（当时有会员107人），宣读论文62篇，是6个学术团体中宣读论文最多的学会（植物学会24篇、地理学会21篇、化学会15篇、工程师学会12篇）。辛树帜、卢于道、刘咸、F. Y. Wallace、C. D. Rllubs、陈心陶、陈炳湘、吴亮如、王家楫等出席会议，并宣读了论文。卢于道、刘咸代表中国动物学会参与会议筹备委员会工作。

第三次，1936年8月17—21日，中国科学社与中国数学会、中国物理学会、中国化学会、中国动物学会、中国植物学会、中国地理学会6个学术团体在清华大学生物学馆召开第二十一次年会（中国动物学会第三次常年大会）。出席会议代表400余人，征集论文300余篇，其中中国动物学会收到论文120篇（当时有会员185人），由年会将论文提要印成论文专集。所提交的论文质量都很高，足以表现出国内动物学工作者研究工作的进展和国内学者对于科学年会宣读论文的重视程度。

会议期间，《大公报》《北平晨报》《世界日报》《天津益世报》等报纸皆在头版详载了大会的盛况和各学会概况及发表的论文与取得的成绩，这足以说明当时社会上重视科学的程度。

（二）创办《中国动物学杂志》

1935年，中国动物学会组建成立了以秉志任总编辑，陈桢、朱洗、贝时璋、董聿茂、寿振黄、胡经甫任编委、卢于道任干事编辑的编辑委员会，并创办了《中国动物学杂志》。该刊专载动物学方面有贡献、有价值的研究论文（发表者均系西文稿件），当时定为年刊，中华人民共和国成立前仅出3卷。1935年5月首卷出版，刊登论文11篇，计133页。

1936年8月，在中国动物学会第三届学术年会上通过了《中国动物学杂志》编辑委员会第二届编委，陈桢为主任编辑，胡经甫为干事编辑，编辑有李汝祺、经利彬、彭光钦、寿振黄、张玺、贝时璋。《中国动物学杂志》第二卷于1936年10月出版，刊登论文15篇，计201页。鉴于陈桢再度致函理事会，要求辞去《中国动物学杂志》总编辑职务，其余编辑亦未就职，而《中国动物学杂志》第三卷尚未开始，1937年4月17日，中国动物学会第三届理事会第三次会议研究议决，暂推卢于道、王家楫、张春霖负责第三卷的出版事宜。

五、筹建青岛海滨生物研究所

1935年3月，中国动物学会理事召开第四次会议，决定接收中华海产生物学会原有财产6500元，并与国立中央研究院、国立北平研究院、太平洋科学协会中国分会、青岛市政府、国立山东大学等10个机构合资筹建青岛海滨生物研究所。1936年12月25日，青岛海滨生物研究所落成。该所地址在青岛海滨公园水族馆偏东，为中国古式建筑，背山面海，风景清幽。

青岛海滨生物研究所是当时中国唯一的海产生物研究所，以发展中国海洋学及海洋生物学为主要宗旨。研究工作有海洋理化研究和海洋生物研究。推广工作有渔业及渔场的调查与改进、采集各种标本、举行暑期海洋科学演讲、创办海洋学及海洋生物学暑期讲习班。

1937年年初，中国动物学会向青岛海关购得一艘旧轮船，将其进行改造，并装配小型拖网及海底采集器等用具。1937年，抗日战争爆发后，沿海沦陷。青岛海滨生物研究所的研究工作就此停顿。日本投降后由青岛市教育局接收，经伍献文、王树屏一再交涉，青岛市教育局来函承认中国动物学会拥有青岛海滨生物研究所主权。1950年2月4日，中国动物学会理事会研究决定："将青岛海滨实验所（即青岛海滨生物研究所）之产权让给中国科学院"。中国科学院在1950年2月24日复函给中国动物学会："你会第一次全体理事会议议决将青岛海滨实验所之产权让予本院，足见你会爱护科学之热诚，自当照办。至你会会员在本院将来所设之海滨实验所内从事动物学研究时，当必予以便利，特复致谢。"

第二节　学科发展

1926年以后，留学欧美的学生归国数量大增，大学的师资迅速得到充实，设立生物系的大学不断增加。到1930年，经教育部核准立案的普通大学中（包括国立、省立、私立以及教会大学），除中央大学、厦门大学、金陵大学分设动物学系外，还有28所大学（或独立学院）设立了生物学系，形成了一支初具规模的动物学研究队伍，且学科分布相当广泛，在昆虫学、寄生虫学、生理学和生物化学、脊椎动物学、无脊椎动物学、胚胎学、遗传学、解剖学、原生动物学、实验动物学、细胞学、神经生理学等领域开展研究，现代动物学研究体系在中国逐渐扎根，从而为中国现代动物学的建设与发展奠定了初步基础。中国动物学会的一批动物学家在学术研究领域崭露头角，他们代表着中华民族的智慧，并得到了世界公认。

在中国现代动物学的早期发展中，调查采集活动十分活跃，成果也非常显著。这一方面是社会需求的产物，另一方面也顺应了学科发展的必然。中国动物学会的动物学工作者将调查和采集动物资源作为工作重点，从 1922 年中国科学社生物研究所建立后，到 1949 年中华人民共和国成立以前，在我国大部分地区（西藏除外）都进行过较为系统的调查和采集。例如：1928—1931年，以中国动物学会第三届理事会会长辛树帜为团长的考察团（中山大学和两广地质调查所给予了经费资助）三次对广西瑶山的动植物资源进行深入细致的考察，开国内大规模科学考察和生物采集之先河，其考察和采集范围已远远超出瑶山地区，涉及贵州苗岭山脉的云雾山、斗篷山和东部的梵净山，湖南南部的金童山，广东的北江、永昌、瑶山及海南岛等地，共采集标本 6 万余号。其中哺乳类 40 余种 100 余号、爬行类 40 余种 500 余号、两栖类 20 余种 300 余号、昆虫类 600 余种2000 余号；鸟类 210 种 4000 余号，鸟类中有 60 余种是首次发现，揭示了中国南部丰富的动物资源。发掘出许多新属新种，其中最突出的是辛氏鳄蜥、辛氏美丽鸟等 20 多种以辛氏命名的动植物新属新种。

1934 年 1 月，由秉志发起，并联合北平静生生物调查所、国立中央研究院自然历史博物馆、山东大学、北京大学、清华大学 6 所生物研究机构和大学有关专家组成海南生物采集团赴海南采集，足迹遍及全岛，1935 年 10 月采集结束。

采集团由秉志总负责，分海陆两队同时采集，王以康、伍献文负责海队，带领 8 名队员在沿海地带以采集海产生物为主；左景烈、何琦负责陆队，带领 6 名队员深入黎族、苗族境内，以采集陆生生物为主。此次采集，两队共采获昆虫 1.5 万号，棘皮动物、环节动物、贝类、节肢动物、海绵、珊瑚等无脊椎动物 1 万余号，鱼类、两栖类、爬虫类等脊椎动物 5000 号，涉及大量珍贵的热带和亚热带动物。此次考察采集是 1949 年以前规模最大、参与机构最多的一次联合生物考察。

1935—1936 年，由中国动物学会第七届理事会常务理事张玺领导的胶州湾海产动物采集团，不仅对胶州湾海洋动物的分类、形态、生态、发生等方面进行了研究，还对其附近的海洋环境和各类动物分布做了详细研究。此次调查共采集动物标本 1600 号。其中以软体动物最多，计 500 号；其次是节肢动物，以蟹类为最多，计 300 号；鱼类标本 200 号；其他动物标本 600 号。共获棘皮动物 20余种，其中海参类 8 种、海星类 4 种、海胆类 5 种、蛇尾类 5 种及海洋齿 1 种，内有新种新属。特别是在黄岛西岸沙滩中发掘到当时国内动物学家极为重视的原索动物肠鳃类的新种黄岛柱头虫（*Dolichoglossus Hwangtauensis* Tchang et，Koo）与在沧口沙滩中找到的另一属柱头虫（*Balanoglossus* sp.），这是介于无脊椎动物与脊椎动物之间的一类动物，对研究动物演化有很重要的作用。调查中还发掘到青岛文昌鱼新变种（*Branchiostoma belcheri Var.tsingtauensis* Tchang and Koo.）以及节肢动物海蜘蛛，这些研究成果为研究中国海洋动物资源变动和环境污染对比提供了极为宝贵的最早的本底资料，为海洋动物学的研究建立了基础，也为中国动物学界作出了重要贡献。

20 世纪初期，中国动物学会会员中涌现出了一批现代动物学方面学有专长的科学家。他们先后从欧洲、美国、日本留学学成回国。在五四运动科学与民主精神的影响下，投身到开拓中国动物学事业的工作中，筹建研究机构、开设动物学课程、创办学术刊物、普及科学知识。尽管在这段历史时期中国社会动荡不安，民族灾难深重，科学教育事业发展所需的物质条件很差，但经过一代科学家的艰苦奋斗，在人才培养、动物学的教育和动物学的研究诸方面都为后来中国动物学相关学科或研究领域的进一步发展奠定了较好的基础。1935 年 6 月，国立中央研究院第一届评议会成立，共有 41 位评议员，王家楫、秉志、林可胜、胡经甫当选。

第二章 艰难发展时期（1937—1949）

1937年7月，日本帝国主义向华北、华东大举进攻，北京、天津、上海、南京等地相继沦陷，国内大部分科研机关和大学相继被迫向西南、西北内迁。所有科学研究机构几乎处于与世隔绝状态。中国科学社生物研究所内迁到重庆北碚，其在南京刚刚建造的动植物标本大楼毁于日军的炮火之中。1937年8月下旬，国立中央研究院动植物研究所奉命西迁，几经辗转，最后在重庆北碚安顿下来。国立北平研究院动物学研究所随院南迁至昆明。北平静生生物调查所"因限于标本、图书无法移动，故未南迁，最后为日本军队占领"。

1937年8月28日，奉国民政府教育部令，国立清华大学、国立北京大学和私立天津南开大学在长沙组成国立长沙临时大学，同年11月1日开学上课。年底，南京陷落，武汉震动。1938年2月，长沙临时大学西迁入滇，4月抵昆明，奉国民政府教育部令更名为国立西南联合大学。

抗战时期的沦陷地区几乎所有的研究机构和大学都备尝过颠沛流离之苦。在抗战期间，中国动物学会与其他学术团体一样，经过了敌人炮火的摧残和流离迁徙的痛苦。

第一节 组织建设与学会活动

一、组织建设

在抗战初期，中国动物学会的活动被迫中止，直至1942年7月7日，才在重庆北碚召开理事会，推举陈世骧、薛芬、欧阳翥3人为中国动物学会第四届职员及理事司选委员，负责更选工作。当时有会员218人。

1943年1月31日，司选委员公布中国动物学会第四届理事会通讯选举结果：会长陈桢，副会长经利彬，书记杜增瑞，会计崔之兰。理事：蔡堡、刘崇乐、沈嘉瑞、汤佩松、贝时璋。联系地址：云南昆明国立西南联合大学生物系。同年4月15日，中国动物学会在昆明国立云南大学生物系召开第四届第一次理事会，会议决定：①通过沈同、陈阅增、潘清华等新会员31名；②暂定该年度会费为战时会费；③通过参加1943年7月中国科学社在重庆北碚召集的联合年会，请辛树帜、卢于道、王家楫、伍献文、欧阳翥5人负责，并就近筹备。

1943年8月12日，中国动物学会在昆明国立云南大学生物系召开第四届第二次理事会，会议议决：①由经利彬按照社会部人民社团组织法审查、修改中国动物学会章程，并向社会部人民社团组织司申报备案，会址设在国立中央研究院动植物研究所内；②《中国动物学杂志》继续刊行，并推定出第三届编委会编委如下：总编辑王家楫，干事编辑伍献文，编辑有欧阳翥、陈世骧、陈义、贝时璋、陈纳逊、赵以炳；③通过李震修等新会员 17 人，云南大学等机关会员 7 个。

中国动物学会自成立至 1944 年止，按照会长制选举职员，处理会务。从 1945 年第五届理事会起，改为理监事制。

1944 年 8 月 5 日，在中国动物学会第四届第五次理事会会议上，由中国动物学会理事、监事司选委员吴素萱、陆近仁、沈同通报了第五届理事会选举结果。1945 年年初，中国动物学会布了第五届理事会理事、监事成员组成情况。理事长王家楫，副理事长蔡堡，书记陈世骧，会计伍献文。理事：王家楫、蔡堡、陈世骧、伍献文、欧阳翥、卢于道、童第周、吴福祯、陈义、邹钟琳、林绍文、蔡翘、薛芬、刘承钊、倪达书；常务理事：王家楫、伍献文、童第周、陈世骧、卢于道。监事：陈桢、辛树帜、刘崇乐、崔之兰、经利彬；常务监事：陈桢、刘崇乐、崔之兰。

1945 年 8 月 15 日，日本被迫宣布无条件投降，中国人民取得了伟大胜利。抗战胜利后，中国动物学会开始把从前的学术事业重新整顿起来。集合新旧会员，凝聚力量，共谋将来的科学发展。然而好景不长，国民党当局悍然撕毁和平协定，单方挑起全面内战。在国民党统治区内，货币贬值、物价飞涨、民不聊生，科技人员和广大师生的生活和工作条件极其艰难，我国的动物学研究工作受到严重的摧残，也给中国动物学会学术活动的开展带来了很大的困难。直至 1947 年下半年，中国动物学会才恢复了活动。

1947 年 5 月 18 日，中国动物学会在上海岳阳路 320 号国立中央研究院动物研究所召开在沪会员座谈会。自抗战胜利以来，理事会届满近两年，会务须推进。出席会议的会员有王有琪、陈世骧、薛芬、张孟闻、王家楫、陈子英、伍献文、徐荫祺、周蔚成、王进英、王凤振、陈则湍等 20 余人。王家楫任主席，除报告中国动物学会简史外，决定成立中国动物学会上海分会及召开上海区年会，公推张孟闻、徐荫祺、伍献文、朱元鼎、陈世骧为筹备委员，并决定积极恢复《中国动物学杂志》的出版。此外，有关改选理监事及会费诸事宜，则交理事会统筹办理。该会总会会址暂设上海岳阳路 320 号国立中央研究院动物研究所，各地来沪会员可经往或去函联络。

1947 年 6 月 19 日，中国动物学会常务理事会在上海岳阳路 320 号国立中央研究院动物研究所举行，贝时璋、卢于道、陈世骧、伍献文、王家楫等出席了会议。王家楫任主席，会议议决事项有 7 项：①该会复员后会所暂设于国立中央研究院动物研究所；②该会第六次年会定于 1947 年 8 月 30 日—9 月 1 日与中国科学社年会在上海共同举行，并推选陈子英、朱元鼎、徐荫祺、张孟闻、伍献文为第五届年会筹备委员；③该会受复员影响，原有理监事早已超过任期，应改选，推选卢于道、张孟闻、薛芬为司选委员，由司选委员提名用通讯方法投票；④该会在抗战前出版的《中国动物学杂志》应向各方请求补助或捐助出版用费，以便续刊；⑤该会会员会费暂定每年国币 1 万元，团体会员费每年至少 30 万元国币，最多 100 万元国币；⑥常务理事负责改编该会会员录；⑦为推进会务起见，该会是否有一永久秘书的必要，拟提交本年年会讨论。会议还通过姚鑫等 20 人为该会会员。

1947 年 8 月 30 日—9 月 1 日，中国科学社与中华自然科学社、中国动物学会、中国解剖学会、中国地理学会、中国气象学会、中国天文学会7个研究科学团体联合年会在上海举行，年会期间，中国动物学会主席王家楫报告学会近况后，薛芬代表司选委员会报告选举结果，伍献文报告会计收支情况。随即议决各案如下："①《中国动物学杂志》印刷费的筹募法，由本届常务理事统筹办理；②永久会址将设在南京各团体联合会址；③请本届新任常务理事编印会员名录。"

1948年6月，中国动物学会司选委员会公布了第六届理事会选举结果，理事长朱元鼎，书记徐荫祺，会计陈世骧；理事：伍献文、欧阳翥、贝时璋、朱洗、王以康、刘咸、童第周、沈嘉瑞、陈义、郑作新、何琦、崔之兰；监事：秉志、王家楫、胡经甫、陈桢、林可胜。会址设在上海岳阳路320号国立中央研究院动物研究所。到1949年10月以前，会员人数增加到348人。1949年10月，中国动物学会会址由上海移到北京。

二、学术年会恢复与学术刊物的刊行

（一）学术年会恢复

自1936年8月，中国动物学会与中国科学社等7个学术团体在北平召开第二十一次年会（中国动物学会第三次常年大会），此后6年未曾举行过任何学术年会。抗战期间，由于会员分散在全国各地，交通不便，加之经费、印刷等方面的困难，学会的学术活动大大减少。直至1943年7月，适逢中国科学社、中国植物学会、中国数学会、中国地理学会、中国气象学会5个学术团体在重庆北碚举行联合年会之际，中国动物学会北碚会员提议参加联合年会，该项提议当即得到理事会的批准，并委派辛树帜、卢于道、伍献文、欧阳翥、徐凤早5人负责筹备此次年会。

1943年7月18—20日，中国科学社与中国动物学会、中国植物学会、中国数学会、中国地理学会、中国气象学会6个学术团联合年会在北碚重庆师范学校举行，此次年会是中国动物学会第四届学术年会。到会会员31人，收到论文156篇，会议宣读论文20篇，并进行了"如何发展中国之科学"和"国际间科学合作问题"两个专题的讨论。

1944年，因抗战时期交通不便，经中国科学社理事会议决，中国科学社成立30周年纪念会暨第二十四届年会12个科学团体联合年会在各地分区分别举行（主要在成都、昆明、重庆、湄潭举办），并以成都举办的年会作为中国科学社总社全国性年会。此次会议由12个科学团体联合召开。中国动物学会第五届学术年会也分别在昆明、成都、重庆举办。

1944年10月14—15日，中国科学社昆明分会联合中国动物学会昆明分会等7个科学团体在云南大学共同举行年会，到会者268人，会议收到论文110篇，动物学组宣读论文28篇。

1944年11月4—6日，纪念会和学术联合年会在成都举行。与会代表300余人，会议收到论文167篇，按普通、数理化、地教、动物、植物、遗传、生理、心理、牙医9个组依次排序宣读论文。11月5日上午，动物组在华西大学生物馆宣读论文43篇，其中刘承钊提交两栖类论文摘要7篇。

1944年12月25日，中国科学社北碚区年会与中国西部科学博物馆开馆典礼联合举行，清晨借中央地质调查所礼堂进行论文宣读，听众200人，由伍献文主持。上午10时举行三十周年大会及开馆典礼，中国科学社董事长翁文灏博士、理事长任鸿隽教授、总干事卢于道博士、国立中央研究院各所长及附近学术机构的社友三四百人赴会。

1947 年 8 月 30 日—9 月 1 日，中国科学社与中华自然科学社、中国动物学会、中国解剖学会、中国地理学会、中国气象学会、中国天文学会 7 个研究科学团体联合年会在上海举行。到会社友 400 余人，收到论文 185 篇，其中中国动物学会论文有 60 篇。本次会议也是中国动物学会第六届学术年会，本届学术年会同时在北平举办。中国动物学会主席王家楫报告了学会近况后，薛芬代表司选委员会报告选举结果，伍献文报告会计收支情况。随即议决各案如下：①《中国动物学杂志》印刷费的筹募法由本届常务理事统筹办理；②永久会址将设在南京各团体联合会址；③请本届新任常务理事编印会员名录。

1947 年 10 月 10—11 日，中国物理学会、中国化学会、中国动物学会、中国植物学会、中国数学会、中国地质学会在北平协和大礼堂举行联合年会。到会会员 340 余人，由梅贻琦任主席，胡适和李书华讲演。

1948 年中国动物学会第七届学术年会分别在北京、南京、广州、上海举行。1948 年 10 月 9—11 日，由中国科学社发起，中华自然科学社、中国科学工作者协会、中国动物学会、中国植物学会、中国昆虫学会等平津 12 个科学团体联合年会在中法大学礼堂举行，与会人员 542 人。会议宣读论文 147 篇，其中中国动物学会宣读论文 21 篇、中国昆虫学会宣读论文 21 篇、中国植物学会宣读论文 14 篇。

1948 年 10 月 9—11 日，中华自然科学社、中国科学社、中国天文学会、中国地球物理学会、中国地理学会、中国气象学会、中国动物学会、中国物理学会、新中国数学会、中国遗传学会在南京召开联合年会。

在北京、南京、广州召开的年会均与当地其他科学团体联合举行，上海年会由中国动物学会单独召开。1948 年 10 月 31 日，中国动物学会在沪会员假军工路中央水产实验所举行年会，到会会员 40 余人，宣读论文 18 篇。秉志作了题为《生物学家当前之问题》的报告，在报告中秉志提出"生命之起源"引起与会人员的热烈讨论。

1949 年 2 月 11—12 日，由北京区自然科学、数学、物理、化学、地质、动物、植物、药物、昆虫、海洋湖沼、心理学会等 12 个团体在中法大学召开联合年会。出席 599 人。选举李四光、竺可桢、严济慈等 10 余人为主席团成员。

（二）《中国动物学杂志》复刊

中国动物学会创办的《中国动物学杂志》第三卷由于当时战局动荡、经济困难、纸张匮乏、印刷经费无着落不得不暂停出版。

1948—1949 年，中国动物学会决定恢复设立《中国动物学杂志》编辑委员会，聘请伍献文为主任委员，张宗汉、陈世骧、贝时璋、史若兰、王家楫、吴光为委员，负责《中国动物学杂志》复刊编辑工作。决定设立出版委员会，聘请费鸿年为主任委员，王以康、薛德焴、张孟闻为委员，负责《中国动物学杂志》的复刊出版事宜。1949 年 3 月复刊出版，刊登论文 8 篇，计 68 页，共印 500 册。此次印刷费由费鸿年捐助金圆一万五千元（注：稍有欠缺由国立中央研究院动物研究所补助），纸张则由伍献文向江南造纸公司募得道林纸十二小令。

第二节　学科发展

中国的动物学经过十几年的发展，正在期望开花结果。然而，由于日本的侵华战争，社会环境极其不安定，艰难的跋涉、困苦的生活，加之物价上涨，科研经费捉襟见肘，仪器设备极为短缺，很多科研机构处于奄奄一息状态，中国的动物科学发展受到了重创。然而，这并没有动摇中国动物学家继续进行科学研究的决心，他们坚持学术研究为抗战需要服务，在曲折困难的道路上拼搏前进。即便在内迁时长途跋涉、颠沛流离进程中，他们仍旧沿途采集动植物标本，并很快结合当地实情与特点开展动物学研究。当时的科学研究主要集中在分类学，另外在形态、生态、生理、胚胎发育等方面也有部分研究。在此期间，他们还与当地有关机构合作开展了许多战时应用的动物学问题研究，并取得了一些成绩。

抗战胜利以后，中国动物学会把从前的学术事业重新整合起来。集合新旧会员，凝聚力量，共谋未来科学发展。在抗战期间内迁的研究机构和大学也都陆续迁回原址，逐渐完成或扩充科研机构与院校建制、重新调整教学与研究方向，继续完成抗战期间未完成的研究工作，并取得了一定成绩。

从 1945 年到 1949 年中华人民共和国成立之前，由于国民党的腐朽统治，加之不重视科学研究，科技人员以及科学教育工作者经济窘迫，工作环境和生活条件极差。有关我国动物资源调查工作几乎陷于停顿，仅有极其零星的一些报道。虽然在极端艰苦的岁月里，不甘落后的中国动物学工作者还是自发地坚持科学研究并取得了一些成果。

1948 年 4 月，国立中央研究院第一届院士诞生，共计 81 位，其中生物学组 25 位，中国动物学会动物学、动物生理学家专家王家楫、伍献文、贝时璋、秉志、陈桢、童第周、林可胜、蔡翘当选。

第二篇

完善和充实发展（1949—1977）

第三章 调整和充实发展时期（1949—1977）

学会是学术共同体的典型代表，在促进学术交流、制定学术范式，对学科发展方向和学术思想、研究方法有着重大影响。中国动物学会在推动动物科学在我国的发展和引导学术方向上发挥了重要作用。因此，保障与提高学会在学术界的地位有助于学科的健康发展。中华人民共和国成立后，党和政府十分重视学会工作。1950年8月18日，中华全国自然科学工作者代表会议在清华大学召开，毛泽东主席会见了与会代表，朱德、周恩来等党和国家领导人到会祝贺并发表了重要讲话。在这次会上，成立了以促进国家经济建设、文化建设与国防建设为宗旨的中华全国自然科学专门学会联合会（简称全国科联）和以普及自然科学知识、提高人民群众科学技术水平为宗旨的中华全国科学技术普及协会（简称全国科普）。从此，中国科学技术团体的历史上诞生了两个在中国共产党领导下的新型的全国性科技团体，开始了新中国科技团体发展的新篇章。两会成立联合办事处，办公地点在北京市东城区乾面胡同31号。1951年3月11日，在全国科联的协助下，中国动物学会完成了向中央人民政府内务部申请登记的手续。同年5月8日，中央人民政府内务部批准中国动物学会成立登记并颁发登记证，正式成为全国科联领导下的社会团体组织。1958年9月，经党中央批准，全国科联和全国科普合并，正式成立全国科技工作者的统一组织——中国科学技术协会（简称科协），中国动物学会成为科协的重要组成部分，并在其直接领导下进行了全面整顿和改革，学会性质有了根本性变化。中国动物学会在整顿、调整的基础上，各项工作均取得了突出成绩。

第一节 学会活动

1949年10月25日，中国动物学会第七届理事司选委员会公布第七届理事会通讯选举结果。陈桢、伍献文、沈嘉瑞、童第周、王家楫、李汝祺、沈同、崔之兰、贝时璋、陆近仁、熊大仕、刘崇乐、张玺、武兆发、赵以炳15人当选，并推选陈桢（兼理事长）、沈同（兼书记）、张玺（兼会计）、李汝祺、刘崇乐为常务理事。1950年2月4日，中国动物学会第七届理事会在北京召开第一次理事会议，决定将青岛海滨生物研究所的产权转让给中国科学院。

1949年12月11—12日，中国动物学会参加由中华自然科学会南京分会、南京药学会和中国天文学会、中国化学会、中国地理学会、中国气象学会、中国地球物理学会、中国植物学会、中国土壤学会的南京分会10个科学团体在南京国立中央研究院礼堂召开的联合年会。出席599人，到会会员 210 余人，高济宇为大会主席。选举李四光、竺可桢、严济慈等 10 余人为主席团成员。

1950 年 8 月 17—26 日，中华全国自然科学工作者代表会议在北京清华园召开，来自全国各地的代表 451 人聚首一堂共商今后中国科学建设的大计，这是中国科学界一件划时代的盛事。会议上成立了全国科联、全国科普。秉志当选全国科联常务委员，王家楫当选委员；卢于道、张孟闻当选全国科普委员。中国动物学会向大会提出"请增设动物分类学研究所提案"。联合提案人为王以康、张孟闻、何琦、杨钟健、汪德耀、刘承钊、秉志、费鸿年、王家楫、童第周、陈桢等 34 位专家。

1951 年 8 月 22—26 日，中国动物学会在北京大学理学院召开中华人民共和国成立后的第一届全国会员代表大会。出席会议的代表有 29 人，全国科联与中央教育部曾昭抡、中国科学院副院长竺可桢、中央农业部崔步青、中华全国科学技术普及协会陈凤桐等领导出席开幕式并发表了重要讲话。竺可桢副院长向动物学工作者提出要求："……动物学工作者应注意害虫防治、家畜品种改良等工作。要去除士大夫阶级的学者气味和少数人包办的学会作风，学会要为工农开门，扩大学会的基础，要重视科学普及工作……"。沈同、张作人、陈义、张孝威、郑重、谈家桢等分别代表中国动物学会总会、京津分会、上海分会、南京分会、青岛分会、厦门分会、杭州分会作了会务报告。会议通过了四大任务和七项工作计划，其中最主要的任务是：整顿组织，发行刊物，编订《中国动物图谱》。会议还通过了设立自然历史博物馆、水族馆以及调查全国动物资源和家禽家畜品种等 15 项提案；会议通过了修改后的会章；选举陈桢、沈同、刘崇乐、费鸿年、李汝祺、郑作新、林昌善、陈德明、王家楫、谈家桢、汪德耀、傅桐生、辛树帜、周太玄、戴笠 15 人为第八届理事会理事，李汝祺、陈德明、林昌善、沈同、郑作新为常务理事。推举李汝祺为理事长（李汝祺参加土地改革离京期间，由沈同代理常务理事长职务），陈德明任秘书，林昌善任会计。会议作出了编辑出版《中国动物图谱》《动物学杂志》《通俗杂志》（即《中国动物学会通讯》）的决定。

1956 年 8 月 23—28 日，中国动物学会在青岛举行第二届全国会员代表大会。大会修改并通过了新会章，选出第九届理事会理事 35 人，伍献文、李汝祺、沈嘉瑞、武兆发、张玺、张孟闻、费鸿年 7 人任常务理事；推选秉志为理事长，辛树帜、陈阅增为副理事长，郑作新为秘书长。

1964 年 7 月 8—18 日，中国动物学会成立 30 周年庆祝大会在北京举行。此次年会是纪念盛会，全国 27 个省、自治区、直辖市的代表共 344 人参加。大会开幕式与中国昆虫学会 20 周年学术讨论会联合举行。中国动物学会理事长秉志对中国动物学和昆虫学以及学会的发展历史作了全面总结。全国科协副主席竺可桢作了当前科学工作大好形势的报告。会议通过了新会章，改选了新的理事会，选出第十届理事会理事 55 人，刘承钊、刘崇乐、刘矫非、李汝祺、沈嘉瑞、汪德耀、秉志、陈心陶、陈阅增、吴征鉴、林昌善、郑作新、马世骏、夏武平、张作人、张玺 16 人为常务理事，选举秉志为理事长，陈阅增、刘承钊为副理事长，郑作新为秘书长。

第二节　组织建设

1951 年 3 月 11 日，在全国科联的协助下，中国动物学会完成了向中央人民政府内务部申请登记的手续，同年 5 月 8 日，中央人民政府内务部批准中国动物学会成立登记并颁发登记证（社学字第 00316 号），正式成为全国科联领导下的社会团体组织。

1951 年 8 月，中国动物学会第一届全国代表大会交给总会的任务很多，其中最重要的是整顿组织。为加强领导，健全组织，有计划地开展各种学术活动。自 1952 年起，中国动物学会便着手进行会员的重新登记（据档案记载当时有会员 462 名），1954 年遵照全国科联的指示，再次对会员进行重新登记，并就两次登记结果先后编印了会员名录。根据 1954 年 10 月刊印的会员名录可知，分布在全国各地的中国动物学会会员总计有 715 人。1956 年年底前，在会员较多的地区，如北京（占 10.7%）、昆明（占 1.1%）、重庆、南京（占 8.3%）、上海（占 16.0%）、青岛（占 3.4%）、兰州（占 2.0%）、杭州（占 5.3%）、广州（占 7.3%）、福州（占 12.0%）、长沙（占 3.0%）、武功、济南（占 6.3%）、旅大（占 3.7%）、天津（占 3.0%）、厦门（占 5.3%）、西安（占 1.4%）、南昌（占 1.0%）、成都、苏州、无锡、武汉等地分别先后设立了分会，并承担动物学研究和经济建设的光荣任务。其中，以上海分会为最大，福州与北京两个分会次之。

1961 年以前，中国动物学会设有无脊椎动物学组、脊椎动物学组、形态学组、动物生态学组、寄生虫学组和实验动物学组 6 个专业组，随着学会会员的发展专业组已不能适应学术交流的需要，学术讨论更加趋于专业化。1961 年 6 月 26 日，中国动物学会理事会扩大会议研究决定，成立动物生态学、实验动物学、动物区系学三个专业委员会，并推选各专业委员会筹备委员人选，各筹备委员的任务是根据理论与实际相结合、当前与长远相结合、普及与提高相结合的精神，积极贯彻"百花齐放、百家争鸣"的"双百"方针，开展各专业学术活动，并通过学术活动促进科学工作者的自我思想改造，同时吸收相当数量的中国科协会员作为会员和组员，共同参加活动。

1964 年 1 月 8 日，中国动物学会理事会在北京科学会堂举行扩大会议。出席会议的有理事长秉志、副理事长陈阅增、秘书长郑作新等在京理事和中国动物学会 30 周年年会筹备委员等 27 人。会议讨论并通过中国动物学会 30 周年年会筹备工作方案、会章修订、理事会改选及成立专业委员会 4 个问题。会议决定，在 1961 年成立的动物区系学、动物生态学、实验动物学 3 个专业委员会的筹备基础上，再设立形态学、生态学、无脊椎动物区系分类学、脊椎动物区系分类学、寄生虫学、实验动物学 6 个专业委员会，并通过各专业委员会的委员名单。专业委员会负责筹划本领域各方面的学术活动。截至 1964 年年底，中国动物学会的会员人数从 1949 年年初的 300 余人增至到千人以上，全国各地已经建立动物学会二级分会的地区有北京、昆明（1943 年 4 月）、重庆（1944 年 1 月）、广东（1946 年 7 月）、南京（1949 年 12 月）、青岛（1951 年 3 月）、甘肃（1951 年 6 月）、杭州（1951 年 6 月）、兰州（1951 年 6 月）、广州（1951 年 9 月）、上海（1951 年 10 月）、福州（1951 年 10 月）、旅大（1951 年 11 月）、济南（1951 年 11 月）、长沙（1951 年 12 月）、武功（1952 年 8 月）、西安（1956 年 8 月）、湖北（暨武汉）（1956 年 12 月）、天津（1956 年 12 月）、太原（1957 年 3 月）、成都（1957 年 4 月）、长春（1957 年 6 月）、江西（1957 年 7 月）、山东（1960 年）、云南（1960 年 9 月）、新疆（1963 年 8 月）等；有些地区的动物学与其他生物学科联合组成了生物学会，如天津、石家庄、厦门、福建、山西、陕西、安徽、湖南、吉林、内蒙古等。此外，青海省则设有动植物学会，浙江省设有动物水产学会等。

第三节　国内学术交流

开展学会的学术活动，协助推动科学研究是学会的中心任务，办好刊物是学会重要学术活动之一。此外，定期举行学术会议，特别是专题综合讨论会，使动物学工作者能够进行接触，相互了解、相互帮助，使研究工作协调起来，避免不必要的重复，从而进一步导向研究工作的合作，是一个更为有效的办法。

一、会员代表大会暨学术讨论会

1956 年 8 月 23—28 日，中国动物学会在青岛举行第二届全国会员代表大会。出席会议的正式代表 28 人，特邀代表 13 人。大会听取了上届理事会常务委员会理事长李汝祺的《中国动物学会总会理事会工作报告》、童第周的《中国动物学工作者的当前任务》的报告以及苏联科学院动物研究所伊万诺夫教授的《苏联动物学方面的工作》的报告。大会着重讨论和研究了中国动物学在《十二年科技规划》下的主要发展方向和中国动物学会的基本任务以及如何发挥动物学工作者的潜在力量等问题。大会确定了今后几年动物学的研究方向，即在进行动物区系调查研究与资源调查基础上，结合形态、生态与地理分布等进行综合性研究。同时，有关农林、渔牧、选种、养殖、医药等问题的动物学的研究工作以及动物学本身的基础理论工作也应着手进行。大会收到论文 48 篇，其中包括生态学、肿瘤、发生与再生、细胞学、寄生虫学、鼠类、鸟类、爬行类、棘皮动物、昆虫学、甲壳类、软体动物、腔肠动物、原生动物等学科，宣读论文 23 篇。从这些论文的内容来看，反映了中国动物学在当时已有一定的发展，证明了中国动物科学水平正在不断提高。但是从另一方面也反映了中国动物学的研究还有许多亟待解决的问题。就论文的性质而言，包括生产实践以及基本理论的问题。但总的来说，中国动物学研究无论在数量上还是质量上都有待加倍的努力和逐步的提高。会议还通过了《致中国动物学工作者号召书》。

1960 年 1 月 17 日，中国动物学会在北京南河沿科协文化俱乐部召开北京地区动物学会会员"十二年科学技术发展远景规划座谈会"。参加会议的有十几个单位的人员，共 43 人，其中包括中国动物学界著名人士及诸多年轻的动物学工作者。会议总结了国内近年来动物学各个学科的研究工作，包括狩猎驯养、益害鸟兽的利用与防除、动物区系学、动物地理区划、自然保护、家畜寄生虫病研究、水域生物综合利用、胚胎学与遗传学、老年学研究、功能形态学、个体发育与系统发育、毒蛇毒蛋白的提取、痒气治疗和马血清注射引起多胎等，以及当时动物学界的国际现状及其发展趋势。会议明确指出，当前首要任务是抓重点、补空白，以任务带学科，迅速发展中国的科学事业。此次会议是结合当时国家科委研究制订的中国科学技术 3 年和 8 年发展远景规划，为争取在 1962 年基本上提前实现十二年科学技术发展远景规划，力争在第三个五年计划期间赶上世界先进科学水平、实现科学的现代化而召开的。

1964 年 7 月 8—18 日，中国动物学会 30 周年学术年会（与中国昆虫学会共同举办）在北京举行。

来自全国 27 个省、自治区、直辖市的代表 344 人参加了活动，规模宏大，盛况空前。此次学术年会收到近千篇论文，按不同学科分为 6 个专业组开展学术活动，共宣读论文 214 篇，其中无脊椎动物区系分类组宣读论文 36 篇、脊椎动物区系分类组宣读论文 31 篇、形态学组宣读论文 44 篇、动物生态学组宣读论文 25 篇、寄生虫学组宣读论文 35 篇、实验动物学组宣读论文 43 篇。大会进行 32 个专题讨论和座谈会，提出 12 项有关建议。全部论文反映出多方面的进展。在实验方法上，如生化分析、同位素应用、射线、移植、杂交、细胞核分离技术、薄层色谱分析、微电极技术等都有了显著进步；家畜、家鱼的人工繁殖取得了实际效果；有关癌细胞、机体的辐射效应及肌肉再生等实验也取得了一定的研究成果。各专业组除分组活动外，动物区系分类、寄生虫及昆虫区系分类等组还联合举办了"形态特征的分类原理""中国第四纪动物区系的演变"和"国际命名法规"等专题的大型报告会，澄清了不少问题，同时提出了不少新的资料、解释和看法，极富启发性。庆祝会以学术活动为主，同时兼有学会历史、科学成就及科普工作等方面的小型展览会。

二、专业学术研讨会

中华人民共和国成立以前，中国动物学会召开的学术会议都是综合性的，中华人民共和国成立以后除大型会议外，各种专业性极强的学术会议就达 20 余次，涉及的学科领域也从分类学、生理学、形态学扩展到动物学研究的所有门类和各个研究领域。1962—1963 年曾先后召开了四次专业学术研讨会。

1. 细胞学学术研讨会

1962 年 8 月，中国动物学会与中国植物学会在北京联合召开了细胞学学术研讨会，全国 43 个单位的细胞学工作者共 67 人参加，征集论文 50 篇，宣读论文 39 篇。会议对细胞化学和组织化学、组织培养、细胞亚显微结构及核质关系 4 个中心问题进行了专题讨论。此外，会议还对中国细胞学发展和教学等问题进行了深入讨论。

2. 动物生态及分类区系专业学术研讨会

1962 年 11 月 14—21 日，中国动物学会在广州召开全国动物生态及分类区系专业学术研讨会。来自全国各地的代表 83 人及列席和旁听 200 余人参加讨论。会议收到论文 295 篇，按动物生态、脊椎动物、无脊椎动物三个小组进行论文宣读和讨论。各组除检阅成果外，还对如何发展和利用水生和陆地动物资源、除害保健、开展土壤动物研究进行了专题讨论，并提出了建设性意见。

3. 实验动物学专业学术研讨会

1963 年 10 月 21—28 日，中国动物学会在上海召开了全国实验动物学专业学术讨论会。来自全国各地的 43 个单位代表 69 人，列席和旁听 200 余人参加了讨论。会议征集论文 229 篇，其中 176 篇论文印成摘要汇编，所涉及的学科范围广泛，包括细胞遗传学、放射生物学、实验细胞学、实验组织学、实验医学、细胞化学、细胞生理学、比较生理学、生物化学、实验胚胎学以及原生动物的生物学等各个方面，既有较深理论问题的研究，又有联系生产实际的探讨，很多论文的质量相当高，有些已达到国际水平。会议宣读论文 118 篇。李汝祺、贝时璋、谈家桢、庄孝僡分别作了《从动物的遗传谈有关发育的问题》《从分子生物学看实验动物学的发展》《自然进化与人工进化》《实验胚胎学的新进展》四个专题报告，并参加了畜牧、水产、人才培养三个专题座谈会。

此次会议提交的论文题材广泛，数量和质量都反映了中国实验动物学当时的进展和发展趋势。提交的有关实验胚胎学方面的论文与1959年的全国胚胎学学术会议作对比，数量并不比1959年少，质量也有所提高，研究面更广，使用的材料从文昌鱼、鱼、两栖类到鸟类、兽类；研究问题包括受精、杂交、细胞核移植、诱导、器官发生和再生。在一些薄弱和空白领域，如形态发生、核质关系、性状发育和遗传以及细胞器生化、比较生理生化等基本问题进行了初步研究。另外，在国内首次应用电子显微技术、细胞电泳、细胞光谱吸收等新技术和新方法。实验所需的细胞电泳仪、细胞光谱吸收仪、细胞核移植操作仪等仪器设备也是自行设计并试制的。

本次讨论会是中国实验动物学界首次举行的大型学术会议，对检阅研究成果、交流学术经验、探讨发展方向和活跃学术气氛作出了贡献。

4. 寄生虫学专业学术研讨会

1963年11月24日—12月1日，中国动物学会在北京召开了全国寄生虫学专业讨论会。这是中国人体寄生虫学与家畜寄生虫学的首次全国性学术讨论会。出席会议的代表来自全国各地科研、教学、医学及部队等56个单位66人，列席和旁听120人。会议征集论文244篇，内容包括人体、家畜、鱼类以及野生动物等方面的寄生原虫、蠕虫和医学昆虫等研究。涉及学科包括区系分类、生态、病理、诊断治疗、免疫学等各方面。会议宣读论文82篇，从宣读的论文表明：①家畜血孢子虫病的研究不但在流行病学上积累了大量资料，而且在传播媒介和防治方法上也有了新的成就；②家畜寄生虫的区系调查已在各地普遍开展，新疆绵羊寄生虫的流行区域已调查清楚，为全区合理控制绵羊寄生虫病打下了良好的基础；③非人体血吸虫尾蚴引起的皮炎问题、在流行范围、发生季节、发生机制以及防护措施等方面均获得不同程度的成果；④新技术在寄生虫研究领域中的应用也有了一定的进展，如用电子显微镜、连续灌注及显微分离培养方法对阴道毛滴虫、莫氏阿米巴及寄生原虫等方面的研究报告引起与会者的极大兴趣。会议表明全国寄生虫学工作者在结合生产实践，为发展农业、牧业、渔业和保障人体健康作出了突出的贡献。

会议期间，毛泽东主席及中共中央负责同志接见了全国科协工作会议及中国电子学会、中国计量学会、中国动物学会、中国微生物学会、中国地质学会、中国建筑学会学术会议代表并合影留念。

上述四个专业学术讨论会都是中国动物学各学术领域内首次举行的学术会议，更有助于检阅研究成果、交流学术经验、探讨学科发展方向、活跃学术气氛以及增进专家学者的相互了解和学习，并为今后的合作研究创造了条件。

三、科学普及和学术报告会

除上述全国性会议外，中国动物学会的学术活动还发展到与北京地区及地方学会协作，举办了一系列科学普及和学术报告会、学术讲座或座谈会等，深化了学术内容，扩大了社会影响，提高了学会的社会地位。

1957—1962年，中国动物学会共举行大小科学普及和学术报告会（森林与动物）、学术讲座（如内分泌讲座）、座谈会（如麻雀益害问题座谈会）等40余次，参加人数9600余人。

1960 年 6—9 月，中国动物学会协助林业部培训全国狩猎事业经营管理干部。寿振黄、郑作新、夏武平、朱靖分别进行了"野生动物的生活习性（包括栖息地、食物、行为、繁殖等）""野生动物资源调查的现状与方法及当前我国动物科学研究问题""自然保护区、鸟兽保护及鸟兽的益害问题""狩猎事业的经营管理（包括狩猎期、猎取量、猎取场及猎民组织等）"等讲座。

1960 年，举办科学普及和学术报告会 9 次，听众人数 2160 余人，其中由郑作新、童第周分别作的《动物地理区划问题》《生物学的现状和我们努力的方面》两个报告均有 700 人参加。

1961 年，与北京动物学会、北京昆虫学会等合办科学普及和学术报告会 20 次，报告人包括科研单位、高等院校的研究人员和教师，也有留苏归国学生，中国动物学会郑作新、沈嘉瑞、夏武平、张致一等理事长或理事都作了精彩的学术报告。听众来自 30 多个单位，共计 3280 余人，并印发了报告提纲。为使学术活动多样化，提高听众兴趣，配合报告会放映了几次动物学方面的科学教育电影、幻灯以及组织参观等。从学术报告性质看，有综合性的、基础性的，也有对某一学科做较深入探讨的。但无论哪一方面，均具有系统性，对中国动物学的发展起到了积极的推动作用。

1962 年以后，这些地方性学术活动悉归北京市动物学会负责，而其他地方性学会的活动也都各自负责开展。

第四节　国际学术交流

1956—1957 年，中国动物学会先后与北京分会、微生物学会联合邀请了民主德国柏林大学的齐莫曼教授、奥地利维也纳大学动物系威廉·马里耐利教授、巴基斯坦喀喇蚩大学寄生虫学家阿莫德博士，他们分别作了《动物园与自然保护区在科学与教育上的意义》《形态学的目标与任务》《巴基斯坦寄生虫学现状》学术报告，听讲人数 300 余人。

1900 年"庚子国变"后，我国特有物种麋鹿在南海子覆灭，该物种在中国消逝。当时全世界只剩下 18 头生活在英国贝福特公爵的乌邦寺别墅中，直到第二次世界大战以后才有少数由乌邦寺别墅陆续转让给外国一些国家动物园。对于这种一度被称为世界上"最珍稀的鹿"，有两大问题是世界动物学界最为关心的，一是大力繁殖，彻底保种问题；二是回归祖国，复兴种群的问题。对前一个问题，由于各国动物园与动物学界的协力合作，业已克服了麋鹿在繁殖上的种种困难，在各国动物园中的麋鹿数量达到 1000 头，可确保该物种的安全。对于第二个问题，怎样让这种"历史名产"重新在它的发源地开花结果，恢复旧时盛况，仍然是一项尚未摆上议事日程的课题。首先需要呼吁，然后才是研究、实施。

早在 1954 年 6 月，英国伦敦动物学会会长马索斯即来信给中国动物学会理事长李汝祺接洽这件事情。1956 年 4 月，英国伦敦动物学会决定赠送中国动物学会 2 对幼年麋鹿，并派人亲自将麋鹿送到北京。中国动物学会将 2 对麋鹿寄养在北京动物园。就这样，中国人民时隔 50 余年又重新见到久闻其名但无缘相见的"四不像"——麋鹿。

1958—1959 年，中国动物学会邀请苏联专家库加金、库契罗克分别作了《景观动物地理学》《医学动物学》学术报告，有近 500 人听取了报告。该学会还与中国医学科学院共同邀请苏联专家库契罗克、加路林、邱特金娜合办自然疫源地讲习班。他们分别讲授了"自然疫源地存在的基本生物学规律""自然疫源地概念的定义""疫源地的构成及其分类的原则""鼠疫自然疫源地的特征"等。来自全国各地的 200 余位学员参加了讲习班，学期 10 天，为今后开展自然疫源地的研究工作打下基础。此外，还邀请匈牙利专家谢盖斯·维尔莫斯作了题为《冰河川期对于动物分布的例证》、寄生虫学专家柯布列基巴尔作了题为《匈牙利寄生虫学的发展及其成就》和《鸡兔球虫病、猪蛔虫病及与其斗争的方法》的学术报告。

1960 年，中国动物学会与中国科学院动物研究所、北京市解剖学会联合邀请来华访问的苏联古生物学家 Г.Г.马廷生、细胞学家 А.В.日尔蒙斯基以及海洋生物学家 Е.Ф.古丽亚诺娃等分别作了《亚洲化石软体动物及贝加尔湖动物群的起源问题》《苏联细胞学的研究近况》和《海南岛调查工作报告》的学术报告。

第五节　主办刊物

一、《中国动物学杂志》更名为《动物学报》

1953 年，《中国动物学杂志》第五卷出版，同年更名为《动物学报》，它是由中国动物学会主办，中国科学院动物研究室承办的综合性学术期刊。《动物学报》是在原有《中国动物学杂志》基础上编印的，自 1954 年起恢复每年一卷，每卷两期（即半年刊），编辑部设在中国科学院动物研究室。自 1957 年起，该刊由半年刊改为季刊。

二、《生物学通报》创刊

中华人民共和国成立后不久，为满足中等学校自然科学教师的需要，以帮助教学为目的，提高教学质量。1952 年 5 月，全国科联根据当时政务院文化教育委员会的指示，召集物理、数学、化学、植物、动物几个专门学会的负责人，商讨编行数学、物理、化学、生物学四种基本科学期刊问题。大家一致同意统一编行，决定将各学会原出版的《物理通报》《中国数学杂志》《化学》三个刊物加以调整，并将中国植物学会的《中国植物学杂志》与中国动物学会正在筹备出版的通俗动物学刊物合并改名为《生物学通报》，由中国动物学会与中国植物学会共同负责编辑工作。根据这一决定，在中国动物学会与中国植物学会理事会的指导下成立了《生物学通报》编辑委员会，主任编辑汪振儒，副主任编辑沈同，编辑委员费鸿年、方宗熙、王伏雄、钦俊德、贾祖璋、马毓泉、李培寶、孟庆哲、刘次元、徐晋铭、莊之模、秦祝洞、王书颖、黄宗甄（兼干事编辑）。编委会地址设在北京市东城区马市大街 35 号。经过两个月的筹备，《生物学通报》（暂定双月刊）第一卷第一期于 1952 年 8 月 30 日问世，1953 年 5 月改为月刊。

三、《中国动物学会通讯》创刊

1956 年 3 月 1 日，《中国动物学会通讯》创刊，该刊的宗旨是报道中国动物学会会务，加强会员联系，交流经验和开展学术上自由争论的园地。这份内部刊物属于年刊，由中国动物学会编辑，出版地点在北京市文津街 3 号。《中国动物学会通讯》创刊后仅在 1956 年 3 月、6 月和 10 月出版了三期便停刊，直至 1981 年才恢复出版。

四、《动物学杂志》创刊

1956 年 12 月 25 日，为适应动物科学研究工作发展的需要，中国动物学会决定创办中级学术刊物《动物学杂志》，由丁汉波、秉志、刘咸、张作人、朱洗、庄孝僡、姚鑫、高哲生、陈义、谈家桢、张孟闻、朱元鼎、周本湘、雍克昌、董聿茂、杨浪明、徐荫祺、忻介六、傅桐生、刘建康、郑重、薛德焴、潘清华、王有琪、张奎、嵇联晋、戴辛皆、沈嘉瑞、夏武平、崔友桂 30 人担任编辑委员会委员，刘咸（干事编辑）、徐荫祺、朱洗、张作人、谈家桢、张孟闻、薛德焴 7 人任常务编委会编委。该杂志于 1957 年 5 月创刊，创刊时为季刊，属于中国自然科学核心刊物之一。该刊是一份以普及与提高相结合、基础性和应用性并重为宗旨的综合性学术刊物。《动物学杂志》最初在上海出版，编辑部设在上海复旦大学生物系，由中国动物学会上海分会主办。自 1959 年第 3 卷起，移至北京编辑出版，并改为月刊，由中国动物学会主办，中国科学院动物研究所承办。该刊的首届主编为郑作新。

五、《动物分类学报》创刊

随着科学技术的迅速发展，动物学各个领域的研究成果日益增多，尤其在动物分类学和寄生虫学等方面更为显著。《动物学报》和《昆虫学报》等学术刊物的稿源日益丰富，逐渐不能满足广大动物学工作者及时交流经验的愿望。为了适应日益繁荣的学术研究工作的需要，1964 年 7 月，由中国动物学会和中国昆虫学会合办、中国科学院动物研究所承办的《动物分类学报》创刊。该刊为季刊，属于中国自然科学核心刊物之一，该刊以有关动物分类学的创作性论文为主要内容，主要报道有关动物分类学、形态学、系统发育和动物地理学等领域的最新研究成果。刊登的论文还包括有关动物系统进化及分类理论研究，区系渊源探讨，新技术、新方法在分类学上的应用和重要学科发展综述等。首届主编为陈世骧，1966 年该刊停刊，1978 年 8 月复刊。

六、《寄生虫学报》创刊

1964 年 8 月，由中国动物学会主办的《寄生虫学报》创刊。该刊为季刊，是一种综合性刊物，内容包括寄生虫学各方面的研究论文和简报。该刊至 1966 年仅出版了三期便停刊了。"文化大革命"以后该刊的承办权转交给中国医学科学院微生物流行病研究所（1994 年该刊更名为《寄生虫与医学昆虫学报》，由中国动物学会、中国昆虫学会和军事医学科学院微生物流行病研究所联合主办，是定期学术性刊物，属于中国科技文献统计源期刊、中国基础医学类核心期刊）。

中国动物学会在 1966 年以前创办的刊物除《寄生虫学报》外，《动物学报》（季刊）、《动物分类学报》（季刊）、《动物学杂志》（双月刊）、《生物学通报》（双月刊）均已复刊。

第六节　编撰《中国动物图谱》

为适应国家经济建设和文化建设的需要，1951 年 8 月，中国动物学会第一次全国会员代表大会作出了编辑《中国动物图谱》的决定，并成立了由张春霖等 11 人组成的《中国动物图谱》编辑筹备委员会进行筹备工作。

1951 年 11 月 8 日，《中国动物图谱》编辑筹备委员会在中国科学院动物标本工作委员会内召开工作会议，讨论各位委员担任编辑工作的分工方案，由郑思竞担任哺乳类、郑作新和寿振黄担任鸟类、刘承钊担任两栖爬行类、张春霖担任鱼类、陆近仁担任昆虫、王鳳振担任蜘蛛类、沈嘉瑞担任甲壳类、张玺担任软体类、陈义担任环节动物、陈阅增担任原生动物方面的工作。会议还讨论了图谱取材标准、版本的格式、绘图办法等相关事宜。

1953 年 8 月 3 日，《中国动物图谱》编辑筹备委员会召开第二次工作会议。议决事项如下：

（1）关于《中国动物图谱》编辑委员会的组织：建议《中国动物图谱》编辑筹备委员会委员仍为《中国动物图谱》编辑委员会委员；中国动物学会理事长为当然委员；增推陈桢、陈世骧、朱弘复、费鸿年、周太玄、朱元鼎、秉志为委员，并由陈桢任委员会主任，由中国动物学会函聘。

（2）推选编委负责组织各组的编辑工作：① 哺乳类组：寿振黄；② 鸟类组：郑作新；③ 爬行类组：张孟闻；④ 两栖类组：刘承钊；⑤ 鱼类组：张春霖；⑥ 原索动物类组：张玺；⑦ 软体动物组：张玺；⑧ 棘皮动物组：张凤瀛；⑨ 昆虫组：陈世骧；⑩ 甲壳类组：沈嘉瑞；⑪ 蜘蛛及多足类组：王凤振；⑫ 环节动物组：陈义；⑬ 圆虫类组：陈心陶；⑭ 毛颚类组：徐凤早；⑮ 吸虫类绦虫类组：吴光；⑯ 涡虫类纽虫类组：杜增瑞；⑰ 轮虫类腹毛类组：李洛英；⑱ 拟软体动物组：薛德焴；⑲ 腔肠动物组：高哲生；⑳ 海绵动物组：秉志；㉑ 原生动物组：陈阅增。

（3）关于图谱的编辑意见：①将图谱编辑工作列入各编委工作计划；②编委所用标本应由中国科学院动物研究室提供；③绘图由各编委自行解决，必要时请编委会协助解决；④各组负责人应提出各组的编辑人员名单由委员会聘任；⑤图谱格式应统一；⑥图谱编辑时间从 1954 年开始，三年内完成；⑦图谱以分册方式陆续出版。

当时，中国动物学会在决定编印《中国动物图谱》，并将其作为学会的重点工作之一时，并没有考虑到人力、物力方面可能发生的问题，因此在实际推动编辑工作时遇到了很多困难，例如：怎样把全国的动物学家，包括昆虫学家在内发动、组织起来进行工作；再如，在工作期间所需要的采集费用和绘图人员从何而来；等等。这些问题仅凭中国动物学会自身的力量是无法完全解决的。经中国动物学会在京理事多次认真研究，最后决定向中国科学院请求帮助。1954 年春，中国科学院接受了理事会的请求，指定动物研究室负责图谱的组织筹备工作，并通知海洋生物研究室、昆虫研究所、水生生物研究所协助，在适当时期召开会议，制订出较详细的方案。1954 年 6 月，在动物研究室主任陈桢教授的领导下召集了全国知名的动物学专家，包括中国昆虫学会会员在内，在北京开了一周的会议，把人力组织起来并拟订了一套具体的工作计划，同时附上《中国动物图谱编辑委员会筹备草案》和筹备委员会主任、副主任、秘书人选的推荐名单，报送给中国科学院秘书处。同年 8 月 17—21 日，《中国动物图谱》编撰会在院部召开，院内外 40 余位动物学专家出席了会议。会议对动物图谱的性质、目的、要求、编写方法、组织等问题进行了讨论，推举了编委会人选，通过了图谱的编辑方案和组织办法草案。

1954 年 10 月 16 日，中国科学院第 36 次院务常务会议通过了《中国科学院中国动物图谱编辑委员会组织办法》及委员会委员名单。编委会由陈桢、李汝祺、周太玄、秉志、胡经甫、陈世骧、王家楫、张玺等组成，委员会以陈桢为主任委员，周太玄为副主任委员，张春霖为秘书。同时又从编辑委员会中推选了常务委员会负责组织推动有关动物图谱的各项工作。

1954 年 11 月 15 日，《中国动物图谱》编辑委员会召开常设委员会议，会议决定分设无脊椎动物、脊椎动物、昆虫 3 个编辑组。聘请张玺为无脊椎动物组组长，王家楫、沈嘉瑞为副组长；聘请刘崇乐为昆虫组组长，蔡邦华、朱弘复、陈世骧为副组长；聘请寿振黄为脊椎动物组组长，郑作新、张春霖为副组长。

1958 年，张春霖和施白南所著的《中国动物图谱 鱼类》首先问世。1959 年，郑作新、王希成合著的《中国动物图谱 鸟类》（第一、二册）、陈义的《中国动物图谱 环节动物》、成庆泰的《中国动物图谱 鱼类》（第四册）以及刘承钊的《中国动物图谱 两栖动物》相继问世。到"文化大革命"前夕，由科学出版社出版的《中国动物图谱》系列丛书已达 21 册。

第七节 学科发展

1950—1965 年，中国动物学研究获得了快速发展。随着国家对科研机构和高等院校的调整与充实，动物学科的研究机构和高等院校生物系也相应得到了充实和扩大。1956 年制定的《生物学十二年科学技术发展远景规划》，初步确立了生物学发展的主要方向及其在国民经济建设中的任务，从而将生物学研究机构纳入有组织、有计划的轨道。

中华人民共和国成立以后，老一代动物学家绝大多数留在国内。20 世纪 50 年代前期很多留学欧美的科学家相继学成回国，50 年代中期，中国向苏联、东欧派出大批留学生，加之中国动物学科研机构的逐渐增多与高等院校生物学系的不断增加，培养出很多年轻的动物学人才。1955 年 6 月 3 日，周恩来总理签发了国务院令，公布中国科学院首批学部委员名单，其中生物学与地学部 60 位，秉志、陈桢、胡经甫、蔡翘、王家楫、伍献文、刘承钊、朱洗、钟惠澜、刘崇乐、童第周、蔡邦华、贝时璋、陈世骧 14 位动物学家、昆虫学家当选。1957 年 5 月 23 日，中国科学院遴选增补了 18 位学部委员，其中生物学部增补了 5 位，冯兰洲当选。

在国家的统一规划下，通过几代动物学家的共同努力，完成了根据国家建设需要提出的许多重大任务，如摸清动物资源，为动物资源的利用和珍稀濒危种类的保护积累基本资料；参加国家动物资源的开发工作，研究有害动物种类的防除和有益动物种类的利用。在短短的十几年中，不但扩大了原有的动物学分类研究的成果，提高了分类学研究水平，而且建立了过去几乎是空白的浮游动物学、兽类学和动物地理学等分支学科，并在原生动物学、组织学、细胞学、解剖学、生理学、细胞核质关系以及结合生产，特别是配合水产动物的养殖等方面做了大量的研究工作，取得了重要进展，并在某些领域达到了较高水平。另外，某些重大发现和理论创新也蜚声中外，如童第周完成的鱼类核移植研究工作。同时，在《中国地方志》《中国经济动物志》《中国动物图谱》等专著的编撰与出版，以及增加创办学术刊物的种类、积极开展国内外学术交流、通过教学和科研尤其是教学培育了一大批动物科学工作者等诸多方面取得了丰硕的成果。

第八节　停滞时期

　　1966—1976 年，"文化大革命"席卷全国，动物科学与其他科技事业一样受到严重摧残，动物学工作停滞不前。中国动物学会和全国所有的学会团体受到严重破坏，所有会务及学术活动被迫停滞，学会主办的学术刊物停刊。在此期间，中国动物学会的一些理事和会员，其中包括著名生物学家刘崇乐、崔之兰、张玺等遭受冲击，被迫害致死。值得一提的是，青海生物研究所（现中国科学院西北高原生物研究所）在夏武平的布局下，编辑出版了《灭鼠和鼠类生物学研究报告》（共四集），分别于 1973 年 3 月、1975 年 6 月、1978 年 4 月、1981 年 8 月由科学出版社出版。

　　"文化大革命"结束后，为使学会在实现新时期的总任务中发挥应有的作用，1977 年 12 月 10—17 日，中国动物学会、中国地理学会、中国航空学会、中国金属学会和中国林学会在天津市联合召开了全国科协五个专业学会的学术会议，首次恢复了学会活动。来自全国 29 个省市 76 个单位的 90 名代表参加了由中国动物学会主持的全国寄生虫学（蠕虫、原虫）学术讨论会的研讨。会议收到学术论文 150 余篇，为 1978 年全国科学大会的召开奠定了基础。

第三篇

拓展和稳步发展（1978—1999）

第四章 改革发展时期（1978—1999）

1978 年，随着全国科学大会的召开，中国迎来了科学的春天，中国动物学界气象更新，中国动物学会也迅速恢复了生机，重新登记会员、发展组织、开展学术活动。

中国动物学会自 1977 年恢复活动以来，学术活动领域不断扩大，水平日益提高，活动内容逐渐丰富，组织队伍不断壮大。在党的尊重知识、尊重人才、科技兴国方针政策的指引下，中国动物学会在动物学科研、教学、人才培养、动物资源考察、自然保护区建设、农田牧场虫鼠害综合防治、自然疫源地调查、环境生态保护、科技咨询服务以及科普教育等诸多方面发挥了良好作用，为我国的经济建设作出了应有的贡献。

第一节 学会活动

为贯彻落实全国科学大会各项方针政策和中国科协关于积极开展学术活动、整顿学会组织的精神，中国动物学会恢复学会活动的步伐逐步加快。

1978 年 10 月 21—29 日，在昆明市召开了中国动物学会学术讨论会。来自全国 29 个省、自治区、直辖市 99 个单位的代表、列席代表 183 人参加了此次会议。此次会议的任务之一是增补中国动物学会理事，健全学会的组织机构。"文化大革命"前中国动物学会选举产生的 55 位理事，到 1978 年，理事长秉志及其他 19 名理事相继去世，两名理事退休离任。本次会议增补新理事 22 名，并推选贝时璋任理事长，副理事长除陈阅增外，又增补了张作人、郑作新、宋如栋，张致一任秘书长，任命夏武平、钱燕文为副秘书长。根据当时与会代表的提议，并征得在昆明参加会议的动物学会理事的意见和在京理事的同意，又在内蒙古、辽宁、安徽、黑龙江四个没有理事的省、自治区理事各增补了一名，至此，中国动物学会的理事会成员共有 59 名。

此次会议是中国动物学界在拨乱反正后举行的重要的全国性学术会议之一，是中国动物学会恢复活动后的第一次规模较大的学术活动，历经沧桑和磨难的动物学界的广大科技工作者会聚一堂。会议收到学术论文 700 多篇，宣读论文 120 余篇。这些论文充分反映了当时中国动物学研究的水平。

在脊椎动物和无脊椎动物分类区系方面，开展了一些系统分类和实验分类的工作。如《中国画眉属演化的初探》一文，通过对该属全面的系统分类，提出了该属鸟类的演化趋向和分布规律；有的结合物种的形态、生态、生活史、地理分布等方面资料加以综合、分析，这样就提高了种类鉴定的准确性，并提炼出一些理论性的分析和认识，无论从广度和深度上都较过去有长足的进步。

在生态学方面，开展了寄生虫的实验生态学以及结合环境保护的水生生态学的研究等，结合数学、化学、形态等学科进行了深入探讨，取得了新进展，如《天山北麓农业带小家鼠的预测预报研究》将数十年的资料用数理公式来测报鼠类数量变动的趋势，这种方法用于脊椎动物的测报在国际上还不多见。另外，中国特产动物大熊猫不仅人工授精成功，同时也取得了珍贵的生态资料。

在形态、实验动物学方面，在亚显微结构、染色体组型分析以及某些新技术的应用和推广上也有一定的提高，如马王堆古尸的神经和肌肉的显微与亚显微结构的研究表明，早在汉代中国对尸体的保存方法即使发展到今天也是先进的。通过对涡鞭毛虫染色体碱性蛋白的研究，对于染色体的起源问题有了进一步的了解，在理论上也有所创新。上述研究，其中一部分已经达到或接近国际水平，充分说明动物学研究工作者蕴藏着巨大的潜力。

在充分酝酿的基础上，会议还就高等院校生物系教学的改革，学会的组织与活动，动物资源的保护，国家博物馆、实验中心的建设，科技图书的出版等问题提出了很多积极的倡议，供有关部门领导参考。会议还讨论了当时动物学研究的重点课题及动物学科的发展远景。本次会议除进行了广泛的学术交流外，更重要的是解放了思想，调动了广大科技人员的积极性，为以后的国内外学术交流起到了极大的推动作用。

1984年4月23—27日，中国动物学会成立五十周年暨第十一届会员代表大会在南京市华东饭店召开，与会代表297人。会议收到论文及摘要728篇，从中选出506篇编印成摘要汇编（上、下二册），会议分兽类学、鸟类学、两栖爬行动物学、鱼类学、无脊椎动物学、寄生虫学、形态学和实验动物学8个专业组进行学术交流，宣读论文228篇。有些论文具有较高学术水平，将一些新技术和手段广泛应用于各个研究领域，从而推动了学科的发展，例如超显微结构和同工酶的研究已应用于动物分类学，数学手段已经深入到生态学的领域，行为的研究已经联系到生产实际，濒危物种的研究已有较大的进展。这些新技术的广泛应用和学科之间的相互渗透已初步显示出20世纪80年代信息科学的特征。

会议以无记名投票方式选出新的理事会，共64名理事，选举丁汉波、马勇、王平、史瀛仙、江希明、许维枢、宋大祥、陈阅增、张致一、郑作新、周本湘、夏武平、钱燕文、廖翔华、潘清华15人为常务理事，郑作新为第十一届理事会理事长，张致一、陈阅增、潘清华、江希明为副理事长，钱燕文为秘书长。会议向从事动物学工作50年以上并作出突出贡献的58位老科学家赠送了纪念品。

1989年3月16—21日，在北京市召开了中国动物学会第十二届会员代表大会暨学术讨论会，也是庆祝中国动物学会成立55周年的纪念会。会议有253位代表参加，收到论文摘要1148篇，超过了以前历次代表大会，充分说明动物学研究工作在不断发展，科研成果日益丰硕。

本届学术研讨会涉及寄生虫学、动物流行病学、病理学、农业虫鼠害与生物防治、环境保护、动物资源保护与合理利用以及珍稀动物驯养繁殖等方面的论文共158篇，占论文总数的13.8%，其中有关华支睾吸虫、并殖吸虫、日本血吸虫、肝片形吸虫、姜片虫和钩虫等方面的致病机理、药物疗效及防治对策的研究均直接关系到人类的健康，还有其他许多工作也关系到动物驯养业的发展。

与20世纪80年代以前的历届学术会议相比，本届会议在组织形态学的研究方面，超微结构的论文明显增多。在水体污染的监测方面，我国学者提出了建立原生动物群落和微宇宙的监测系统，实践证明这种技术方法在国际上也是先进的。在水产养殖方面，国内专家经过渔场试验，提出放养密度是决定鱼种生长规格和产量的重要技术措施，而精心喂养和鱼病预防是提高成活率的关键，为鱼类的大面积养殖并增加经济效益提供了科学依据。

从会议收录的论文可以看出，在生理生化的研究上，利用聚丙烯酰胺凝胶电泳和等电点聚焦电泳技术分析同工酶的方法得到广泛的应用，此类论文近100篇，这是往届从未有过的。同工酶的研究是分子水平的，有的作者还通过电泳分析结果对物种的亲缘关系和分类地位作了探讨，为传统分类学的研究工作增添了新的手段。

本届学术讨论会的另一特点就是分类区系以及生态方面的论文最多，占总论文数的28.9%，说明当时从事这些领域的科研力量还是相当雄厚的。在分类区系的研究方法上，多以形态特征为主，而在生态学的研究方面基本上沿用了过去的技术路线与方法，这是美中不足之处。在同一时期内，数值分类学、支序分类学、数学生态学、分子系统学和生物多样性的研究已在国际上兴起，其新的概念、新的理论、技术与方法已得到国人的高度重视。事实证明，在后来几届的学术活动中，国内的研究水平正随着时光的推移而迅速提高。

会议上，代表们还对大家共同关心的"动物科学向何处去"等问题进行了热烈的讨论，共同的认识是动物科学研究必须与兄弟学科渗透，要引进新概念和新技术，要改进和更新动物学的教学内容。

1994年9月20—25日，在北京市召开了中国动物学会第十三届会员代表大会暨学术讨论会，也是庆祝中国动物学会成立60周年的纪念大会，有320多位代表出席会议。会议共收到论文与摘要475篇，出版了《纪念陈桢教授诞辰100周年论文集》和《中国动物学会成立60周年纪念论文集》（均由中国科学技术出版社出版），共刊载论文198篇。此外，还有一本论文摘要集，载有摘要277篇。

本次会议上，在涉及动物群落多样性、种群结构与数量变动以及种群繁殖力与生命表等生态学方面的论文数量居首位，而且研究目标除以鼠类和鸟类为主外，还有蜘蛛和近海软体动物的研究。动物行为研究兴起于20世纪80年代，它是生态学的一个分支学科，但在我国起步较晚，然而值得一提的是，与会专家学者已就某类动物的社会行为及其各类行为的时间安排等进行了学术交流和探讨，类似行为学的研究工作在过去少见，本次会议是个良好的开端，值得关注和鼓励。

在动物分类区系和地理分布等方面的论文也较多，约占论文总数的17%。和以往一样，动物分类的研究多以形态特征为主，并发现了若干新科、一批新种和新记录，从而极大地提升了中国的物种多样性。而从另一个角度看，有关系统分类及其演化方面的研究工作却显不足，需予加强。在这次的诸多考察报告中，有不少工作是在自然保护区进行的，虽然当时只限于某个类群的专项调查，但是作为保护区的本底调查仍是十分必要的，其有助于自然保护区的建设和科学管理工作。

在组织学和形态学方面，本次会议反映出的最大特点是在研究方法和技术上，除采用宏观的形态比较及光镜外，其多数还结合采用透射电镜和扫描电镜技术，所研究的类群包括原生动物、甲壳类、鱼类、爬行类、鸟类和小型兽类的组织器官。其中有的研究显示，基于电镜技术而观察到的某种组织或器官的种间形态差异，其参数可供作分类研究和系谱关系探讨。

在细胞生物学和分子生物学的研究方面，有多篇报告涉及鱼类、两栖类和昆虫的染色体组型与核型进化，关于这方面的研究成果大多是原创性的，因为用作实验的研究对象都是国内外未曾报道过的；而有关智力低下儿的染色体研究，经核型分析也有新的发现。与会专家还探讨了几种蜱类基因组 DNA 多态性、家蚕半胱氨酸蛋白酶的 cDNA 克隆、细胞因子在日本血吸虫卵肉芽肿形成中的作用、黄鳝 SRY 盒基因研究以及国内钉螺分子遗传学研究等。

参加此次会议的代表还就生殖发育、内分泌、生理生化、寄生虫病与动物流行病、动物驯养、动物资源与保护利用、动物营养和教学等领域进行了交流和讨论。总的来看，会议上的论文与报告共涉及 20 多个学科，特别是有关分子生物学（或分子系统学）的理论、技术与方法的应用，在这次会议上已有所体现。

值得一提的是，在这次会议上，有 183 位代表一致认为"邱氏鼠药案"应及早得到公正的裁决，呼吁"尊重知识、维护真理"能成为全社会的共识。同时，代表们对我国高考不考生物所带来的社会影响表示忧虑，强烈呼吁高校招生应恢复生物学考试。1999 年，我国部分地区试行"3+X"的高考模式。考生除必须统一考语文、数学、外语 3 科外，还可选择物理、化学、生物、历史、地理、政治 6 科中任何一门或多门参加考试，有限地恢复了生物学高考。2002 年，全国基本上都施行了"3+X"方案。

1999 年 4 月 25—29 日，在河南省郑州市召开了中国动物学会第十四届会员代表大会暨学术讨论会，由河南师范大学生命科学学院、河南省动物学会承办，416 位代表出席，收到论文及摘要 400 余篇，编辑出版了《中国动物科学研究》一书，收录论文 220 篇、摘要 103 篇。本次大会邀请 13 位院士、教授作了大会报告，分组会议分 9 个主题进行交流，有 84 位代表作了分组报告。这次讨论会与往届相比，其主要特点是：

（1）在生态学方面，除历届都有的种群动态和繁殖习性等报告外，此次有不少新的研究内容，如环境污染、生境选择、种间关系、种群迁徙原因分析等。在行为学方面，论文数量明显多于上届，既有鸟类的鸣唱行为和求偶炫耀行为，也有小型兽类行为的主要成分、行为序以及性激素对行为关系的影响等研究。这些项目现在仍然是国际上的研究热点。另需提到的是，在生态与行为学的研究中，目标动物多是中国珍稀濒危特有、甚至属于世界濒危的重点保护动物，如鸟类中的黑嘴鸥、黑颈长尾雉、白颈长尾雉、海南山鹧鸪、红腹锦鸡、丹顶鹤；兽类有濒临灭绝的海南黑长臂猿（当时种群数仅 10 只）、处于濒危状态的白头叶猴、野生双峰驼和普氏原羚（数量不足 500 只）等。这些反映出我国广大科研人员对珍稀物种保护的重视程度越来越高。

（2）在系统分类学的学术报告中，有涉及鸟类的数值分类，虽然这种分类方法在国外见于 20 世纪 70 年代，然在国内尚不多见。另有采用同工酶和免疫学相结合的分析技术，并运用数量遗传方法先作聚类分析，最后进行数值分类的研究，这种多学科交叉的研究方法和技术是这次会议值得关注的一个亮点。

（3）在发育、遗传及分子生物学报告中，显示该领域进展较快，有许多新的成果涌现。如在发育生物学研究中，成功地由胎儿成纤维细胞克隆出 2 只山羊胎儿，建立了我国利用体细胞克隆动物的体系；在分子生物学方面，用 RT — PCR 法成功地克隆出中国家蚕蚕茧抗菌肽 CBM_1 和 CBM_2 两个基因等。

（4）大会的 13 个特邀报告令代表们瞩目，这种报告形式也属首次。报告内容包括生物进化、生物多样性、动物区系、内分泌学、生殖与发育生物学、动物克隆和蛛形类的捕食策略等，这些报告均具有很强的综合性、理论性与实践性，有的还具有一定的指导意义。

总体上说，中国动物学会会议的所有报告和论文，不仅仅在广度上，还在深度上都比以往有了进一步的提高，这与 10 多年来已经涌现一批高水平的年轻学者密切相关。

自 1984 年以来，中国科协曾就全国一级学会在今后的工作方向明确提出："学术活动内容应当紧密结合现代化的需要，活动计划要力求与国民经济和科学技术发展计划衔接。"中国动物学会正是本着这种精神开展学术活动，国内动物学工作者的许多研究课题都与经济建设和科学技术的发展紧密相关。从 1978 年到 1999 年举行过 5 次大型的国内学术会议，专业分会、专业委员会召开了众多专业性学术会议。回顾这几次跨世纪的学术活动，我们清楚地看到中国动物学发展的良好态势，中国动物学的研究工作也正在一步一个脚印地向前迈进。

第二节　组织建设

中国动物学会在经历了创办期、发展期、调整和充实发展期、停滞期、恢复期后进入了改革发展期。在调整、充实理事会的基础上，根据动物学分支学科发展的需要，逐步加强了专业组织的建设，1979—1999 年，先后成立了鱼类学分会、鸟类学分会、兽类学分会、原生动物学分会、贝类学分会、显微与亚显微形态科学学分会（2002 年更名为细胞及分子显微技术学分会）、生殖生物学分会、甲壳动物学分会、两栖爬行动物学分会、寄生虫学专业委员会、蛛形学专业委员会、发育生物学专业委员会、比较内分泌学专业委员会 13 个二级学会及 7 个工作委员会（表4-1）。1979 年 10 月在湖北省武昌市成立的鱼类学会（隶属中国海洋湖沼学会），经中国海洋湖沼学会与中国动物学会协商，同意自 1986 年起鱼类学分会作为两个学会的二级学会，实行双重领导。1987 年，中国动物学会与中国海洋湖沼学会协商，将贝类学分会、甲壳动物学分会作为两个学会共同领导的二级学会。除西藏、台湾地区外，全国各省、自治区、直辖市均成立了分会或专业委员会。

表 4-1　中国动物学会组织机构成立一览表

序号	机构名称	成立时间	成立地点	参会人数	挂靠单位	备注
1	鱼类学分会	1979 年 10 月 16 日	湖北武昌	75	中国科学院水生生物研究所	1986 年 6 月 15 日由中国海洋湖沼学会、中国动物学会双重领导
2	兽类学分会	1980 年 10 月 12 日	辽宁大连	124	中国科学院动物研究所	
3	鸟类学分会	1980 年 10 月 12 日	辽宁大连	60	中国科学院动物研究所	1995 年以后挂靠单位变更为北京师范大学生命科学学院

续表

序号	机构名称	成立时间	成立地点	参会人数	挂靠单位	备注
4	原生动物学分会	1981年5月29日	湖北武汉	77	中国科学院水生生物研究所	
5	贝类学分会	1981年9月14日	广东广州	88	中国科学院海洋研究所	1987年由中国动物学会、中国海洋湖沼学会双重领导
6	显微与亚显微形态科学学会	1981年9月27日	河北石家庄	109	中国科学院动物研究所	2002年更名为细胞及分子显微技术学分会
7	生殖生物学分会	1982年9月16日	山东济南	86	中国科学院动物研究所	
8	甲壳动物学分会	1982年12月17日	浙江杭州	112	中国科学院海洋研究所	1987年由中国动物学会、中国海洋湖沼学会双重领导
9	两栖爬行动物学分会	1982年12月20日	四川成都	96	中国科学院成都生物研究所	
10	寄生虫学专业委员会	1985年1月17日	福建厦门	183	中国科学院动物研究所	
11	蛛形学专业委员会	1986年7月14日	福建崇安	88	白求恩医科大学	
12	发育生物学专业委员会	1986年10月	北京		中国科学院发育生物学研究所	
13	比较内分泌学专业委员会	1992年1月15日	广州	40	中山大学	
14	普及工作委员会	1978年10月	北京		中国动物学会	
15	组织工作委员会	1984年7月	北京		中国动物学会	
16	国际交流工作委员会	1984年7月	北京		中国动物学会	
17	教学工作委员会	1984年8月	北京		中国动物学会	
18	国际交流工作委员会	1984年9月	北京		中国动物学会	
19	名词审定小组	1986年8月6日—9日	北京		中国动物学会	1986年8月名称改为动物学名词审定委员会
20	两院院士及青年科技奖奖励推荐工作委员会	1995年2月	北京		中国动物学会	
21	动物学史工作委员会	1995年2月	北京		中国动物学会	

1984年7月26—28日，中国动物学会第十一届理事会第一次常务理事会在北京市潭柘寺召开。会议通过宋大祥、许维枢、史瀛仙为副秘书长。会议决定设立以下工作委员会：①组织工作委员会，由钱燕文负责；②国际交流工作委员会，由张致一、夏武平负责；③动物学咨询开发委员会，由周本湘、许维枢负责；④名词审定委员会，由宋大祥负责；⑤科学普及工作委员会，由马勇、卿建华负责；⑥教学委员会，由江希明、陈阅增负责。

1995年2月11—13日，中国动物学会第十三届第一次常务理事会扩大会议在昆明市召开，决定成立两院院士及青年科技奖奖励推荐工作委员会，由宋大祥、陈大元负责。

1999年11月29日至12月1日，中国动物学会第十四届常务理事扩大会议在海南省海口市召开，决定将中学生生物学竞赛工作从科普委员会的工作中独立出来，单独成立中学生生物学竞赛委员会并由张洁负责；成立动物学史工作委员会，由马逸清、胡锦矗、赵铁桥负责。

学会重视会员的发展。学会成立之初有会员50余人，"文化大革命"前中国动物学会有会员千余人，到 1984 年年底发展到 5960 人，而且会员素质不断提高，会员中 70% 以上是中高级科技教学人员。二级学会有会员 1578 人，其中生殖生物学分会 133 人、显微与亚显微形态科学分会 229 人、原生动物学分会 150 人、贝类学分会 190 人、甲壳动物学分会 160 人、两栖爬行动物学分会 119 人、鸟类学分会 300 人、兽类学分会 297 人。

随着学科的发展和科技队伍的日益增加，学会有必要更进一步地发展会员。从 1989 年开始，学会为发展会员采取了以下几项措施：

1. 修订会员入会标准

1986 年以前，会员多是具有中级职称（助理研究员、讲师、工程师等）以上，或取得硕士学位以上的科技和教学人员；另有部分会员具有高等学历并从事动物学工作达五年以上。在 1989 年第十二届会员代表大会通过的会章中，就会员标准作了适当调整，如第二章（会员）第六条第 1 款规定：①具有相当于中级职称以上水平的科技和教学人员，高等院校本科毕业或自学成才，从事本科工作三年以上，工作突出者，获得硕士学位者；②热心和积极支持学会工作有一定成绩的社会人士，从事有关动物学管理工作的领导干部；③在高等院校学习的二年级以上学生，学习成绩优异，会员推荐可申请为学生会员。

2. 亲临高校发展会员

为了贯彻第十二届理事会关于发展高校学生为会员的会议精神，由总会副理事长组成工作组，分期分批赴往京区高校、科研院所发展科技工作者及在读二年级以上的学生入会，效果明显。

3. 委托分会和专业委员会发展会员

随着学会分支学科组织机构的建立，中国动物学会委托各分会及专业委员会发展会员。1984 年年底学会 9 个分会有会员 1578 名，后来通过 13 个分会与专业委员会多年的共同努力，截至 1999 年 12 月底已有会员 5528 人，会员人数增加了 3950 名。

4. 由省学会发展会员

自 20 世纪 80 年代以后，省学会在行政上虽属各省科协领导，但在业务上仍由中国动物学会指导，而且省学会的会员亦是中国动物学会会员。根据 1984 年年底的统计结果，全国 28 个省学会（尚有少数省区未设动物学会）共有会员 4382 人，每省平均 156.5 名，这对各省学会工作的开展是不利的。为此，中国动物学会借每两年召开理事会议、常务理事会议及秘书长工作会议之际，专门提出各省动物学会要重视会员发展工作。截至 1999 年年底，全国各省动物学会共有会员 7571 名，增加会员 3189 名，平均每省会员数额达到 270 名。

第三节　学术交流

开展学术活动是学会工作的一个重要方面，通过交流，不仅可以使广大会员间互相学习、取长补短、加强团结、提高业务水平，更好地解决国计民生的有关问题，还能充分发挥广大会员的主动性和创造性，使广大科技工作者更好地为国民经济发展服务，为祖国的四个现代化建设服务。

一、国内学术交流

自 1934 年中国动物学会成立以来，据不完全统计，曾先后主办（含参加）重要的学术年会 16 次，征集学术论文 4000 余篇（表 4-2）。"文化大革命"结束之后，随着中国动物学会各类学科分会及专业委员会的先后成立，专业性学术活动一般由分会或专业委员会组织并召开。

从 1977 年学会恢复活动到 1999 年，学科分会或专业委员会先后组织了近百次不同规模的国内学术讨论会和海峡两岸学术研讨会。主要包括全国寄生虫学（蠕虫、原虫）学术讨论会（7 次）、免疫核糖核酸学术座谈会、人体和动物组织与细胞超微结构学术讨论会、无脊椎动物区系分类学术讨论会、全国脊椎动物（鸟、兽）学术讨论会、兽类学学术研讨会（8 次）、鸟类学会学术研讨会（6 次）、全国生殖生物学学术讨论会（8 次）、原生动物学学术讨论会（10 次）、贝类学学术讨论会（9 次）、全国显微与亚显微形态科学学术讨论会（9 次）、甲壳动物学学术研讨会（6 次）、鱼类学学术研讨会（13 次）、灵长类学术座谈会、两栖爬行动物学术讨论会（6 次）、蛛形学学术讨论会（7 次），共 8618 人次参加。论文所涉及的范围十分广泛，包括动物区系分类、系统发育、生理、生态、形态、生化、细胞生物学、生物医学、环境科学、地学和古生物学等。有些研究填补了国内空白，有些研究开创了新的领域，有些研究达到了世界先进水平，不少的研究成果获得了国家、省、部委的重大成果奖。1981 年，中国动物学会还召开了自学会成立以来的第一次动物科学画学术交流会，通过交流、观摩，对科学绘画队伍的成长、发展和提高起到了积极作用。鸟类学分会与台北野鸟协会等单位从 1994 年 1 月 14—24 日在台北市开展首届海峡两岸鸟类学术研讨会，1996 年 8 月 1—4 日在呼和浩特市举办第二届海峡两岸鸟类学术研讨会，1998 年 11 月 20—28 日在台北召开第三届海峡两岸鸟类学术研讨会。兽类学分会于 1997 年 10 月 26—30 日召开了第一届海峡两岸兽类学学术研讨会。

表 4-2　中国动物学会学术年会（专业会议）一览表

次数	时间	地点	论文数量	备注
第 1 次	1934 年 8 月	江西庐山	宣读 40 余篇	中国科学社发起（学术年会）
第 2 次	1935 年 8 月	广西南宁	90 余篇（宣读 62 篇）	六科学团体联合（学术年会）
第 3 次	1936 年 8 月	北京	120 篇	七科学团体联合（学术年会）
第 4 次	1943 年 7 月	重庆北碚	156 篇（宣读 20 篇）	六科学团体联合（学术年会）
第 5 次	1944 年 11 月	四川成都	43 篇（其中刘承钊提交 7 篇）	十二科学团体联合（学术年会），本会年会分别在成都、昆明、重庆三处举办
第 6 次	1947 年 8 月	上海	60 余篇	七科学团体联合（学术年会），本会年会分别在上海和北平举办
第 7 次	1948 年 10 月	上海	动物学会宣读 39 篇	本会年会分别在北京、南京、广州、上海举办，上海为单独举办年会，其他三处均与其他科学团体联合举办
第 8 次	1949 年 12 月	江苏南京	数据不详	十科学团体联合年会（学术年会），本会年会分别在北平、南京举办
第 9 次	1956 年 8 月	山东青岛	48 篇（宣读 23 篇）	会员代表大会暨学术年会
第 10 次	1962 年 8 月	北京	50 篇（宣读 39 篇）	与中国植物学会联合（专业会）

续表

次数	时间	地点	论文数量	备注
第 11 次	1962 年 11 月	广东广州	295 篇	中国动物学会（专业会）
第 12 次	1963 年 10 月	上海	229 篇（宣读 118 篇）	中国动物学会（专业会）
第 13 次	1963 年 11 月	北京	244 篇（宣读 82 篇）	中国动物学会（专业会）
第 14 次	1964 年 7 月	北京	900 余篇（宣读 212 篇）	与中国昆虫学会共同举办
第 15 次	1977 年 12 月	天津	150 余篇	五个学会联合（专业会）
第 16 次	1978 年 10 月	云南昆明	700 余篇（宣读 120 篇）	学术年会
第 17 次	1984 年 4 月	江苏南京	728 篇（宣读 228 篇）	学术年会
第 18 次	1989 年 3 月	北京	1148 篇	学术年会
第 19 次	1994 年 9 月	北京	475 篇	学术年会
第 20 次	1999 年 4 月	河南郑州	400（宣读 97 篇）	学术年会

二、国际学术交流

积极开展国际间的学术交流是学会工作的一项重要内容。1996 年，学会理事长宋大祥教授和中国动物学会与其他 6 个国家的动物学家和动物学会联合发起恢复召开国际动物学大会。在此期间，该学会国际学术交流活动主要采取三种交流形式。

（一）主办

中国动物学会主动邀请一些国外专家来华访问、讲学。1981 年，中国动物学会接待了澳大利亚西澳大学动物系主任布雷德肯教授，组织了报告会和座谈会，并接受了代表团送给中国动物学会的礼品——袋鼠和黑天鹅各两只（已由北京动物园接管），并在同年派员随同中国科学技术协会代表团回访了澳大利亚。

（二）联办或参加

在实施对外开放政策以后，1980 年 4 月 25 日，中国动物学会与美国动物学会所属的发育生物学部在北京市联合举办了第二次国际核糖核酸在发育和生殖中的作用学术讨论会，49 名中外科学工作者（中国 11 人）作了 8 个方面的学术报告。美国、德国、法国等国家的科学家参加。1983 年 10 月 30 日至 11 月 3 日，中国动物学会兽类学分会与日本兽类学会联合举办的中日兽类学学术讨论会在合肥市召开。中方代表 40 人，日方代表 16 人，会议收到论文 56 篇，并出版了论文集（英文）。此次会议打开了中日科学工作者在兽类学研究方面交流的大门，特别是会后在灵长类、鹿类、啮齿类方面的研究取得了较好的进展。1983 年，中国动物学会与中国生物物理学会等单位联合举办科学报告会，邀请英国剑桥大学生理实验室教授、国际生物物理联合会主席凯恩斯作了题为《达尔文与贝格尔号航行》的报告。1985 年 8 月，由中国动物学会两栖爬行学分会倡议，与日本爬虫两栖类学会共同主持召开的中日两栖爬行动物学学术研讨会在广州华南师范大学举行。出席会议的中国代表 50 人，日本、美国、瑞士等国代表 23 人。会议收到论文 70 篇。1988 年 7 月 26—30 日，由中国动物学会兽类学分会和美国兽类学会联合举办的亚洲及太平洋地区兽类学学术讨论会在北京市怀柔温阳宾馆召开。与会代表 334 人，其中中方代表 190 人，来自美国、日本、加拿大、苏联、澳大利亚、新西兰、韩国、以色列及欧洲 19 个国家的兽类学家 144 人。会议收到论文 308 篇，其中中国 226 篇，国外 82 篇，并出版了论文集（英文）。会议期间有 5 人作了大会报告，135 人次进行了小组交流，板报展示 100 余篇，并组织了四个专题讨论会。1989 年，中国动物学会鸟类学分会在北京市承办了第四届国际雉类学术研讨会，郑作新、郑光美、许维枢、谭耀匡、刘小如等国内著名学者参加了会议。1990 年 10 月 23—26 日，中国动物学会生殖生物学分会与中国科学院动物研究所生殖生物学开放实验室在北京市组织召开了北京国际生殖生物学学术研讨会，注册代表 181 位，其中有来自 13 个国家和地区的外宾 31 位，收到论文摘要 137 篇。9 位生殖生物学领域中的著名专家作了大会报告，还有 17 位中外科学家在中型专题会上作了报告。1991 年 8 月 4—8 日，第二届东亚熊类学术讨论会在哈尔滨市召开，由中国动物学会兽类学分会与日本熊类研究会联合举办。中国代表和来自美国、日本、韩国等国家的代表 86 人出席了会议。会议收到论文 116 篇，并出版了论文集。1992 年 11 月 20—30 日，中日鹿类动物国际学术讨论会在上海华东师范大学召开。由中国动物学会兽类学分会主办，来自中国、日本、美国、加拿大、英国、法国、德国、奥地利、俄罗斯和新西兰等 16 个国家的 81 位专家出席了会议。会议收到论文 77 篇，分别从形态和分类、系统和进化、栖息地及分布、行为、生态、保护和管理以及生理等方面进行了讨论。并出版了论文集。1993 年 6 月 1—4 日，白鳍豚保护评估研讨会在南京市召开，由中国动物学会兽类学分会联合世界自然保护联盟物种生存委员会主持，农业部渔港渔政监督管理局和南京师范大学承办。来自国内外的 40 位专家参加。会议重点讨论了白鳍豚的种群、栖息地生存的分析等问题，以制定保护白鳍豚的对策和措施。1995 年 8 月 7—11 日，第二届中国灵长类学术会议（国际）在广西壮族自治区南宁市召开，会议由中国动物学会兽类学分会和中国科学院动物研究所主办，广西林业厅协办。有 80 位代表参加，其中 16 位来自美国、加拿大、日本等国家。会议采取大会报告及分组报告的形式进行学术交流。收到论文 75 篇，选录 69 篇在会前正式出版了论文集《灵长类研究与保护》。会议重点讨论了由灵长类专家张荣祖研究员起草的《中国灵长类自然保护行动计划》。

1986 年，中国动物学会选派两名代表参加在澳大利亚召开的世界第六届寄生虫学学术讨论会，同年 7 月邀请德国洪堡热带医学研究所萨克斯教授到中国作非洲野生动物寄生虫调查报告。1995 年 5 月 10 日接待了由中华医学会组织的美国、加拿大、日本等国组成的医学寄生虫学术交流访华团一行 50 余人。1981 年，中国动物学会派史新柏参加了在波兰召开的第六届国际原生动物学学术研讨会，派沈韫芬参加了美国原生动物学会年会。1982 年以中国动物学会兽类学会 * 的名义派夏武平、杨安峰两位专家参加了赫尔辛基的第三届国际兽类学大会，这是中国动物学会首次派员出国参加国际兽类学术会议。1985 年 6 月，沈韫芬率领中国动物学会原生动物学分会的 6 位专家出席了第七届国际原生动物学学术研讨会，会议期间，国际委员会正式批准原生动物学分会以团体会员的资格加入国际原生动物学委员会，并批准陈阅增补为该国际委员会委员中的第一位中国委员。1985 年 8 月，中国动物学会有 7 名专家应邀出席了在加拿大埃德蒙顿大学召开的第四届国际兽类学学术讨论会，并提交了论文。1986 年以来，中国动物学会鸟类学分会多次派代表团赴国外参加国际学术交流会议。

---

* 兽类学分会是中国动物学会的二级学会，当时对外称中国动物学会兽类学会。

1986 年 1 月 26—28 日在泰国清迈召开的第三届国际雉类学术会议上，郑光美教授作了黄腹角雉生态学研究的大会报告，本学会理事长郑作新教授当选为世界雉类协会理事长。中国动物学会原生动物学分会分别派代表团参加了 1989 年 7 月 10—17 日在日本驻波、1992 年 7 月 25 日至 8 月 1 日在德国柏林、1997 在澳大利亚悉尼举办的第八到第十届国际原生动物学大会。在 1989 年 7 月的第八届国际原生动物学术会议上，沈韫芬教授和庞延斌教授当选为国际原生动物学委员会委员。1993 年，中国动物学会比较内分泌学专业委员会分别派员出国参加第十二届国际比较内分泌学术大会和第二次亚洲及大洋洲比较内分泌学术大会。1998 年 8 月 11—16 日，第 22 届世界鸟类学大会在南非共和国德班市举办，中国动物学会鸟类学分会郑光美教授带团参加，代表我国成功申办到 2002 年第 23 届世界鸟类学大会的举办权；国际鸟类学委员会的中国成员也由原来 2 名增加到了 5 名。1998 年 8 月，中国动物学会兽类学分会专家张树义研究员参加了第 18 届国际灵长类学大会，并成功申办到 2002 年第 19 届国际灵长类学大会在北京的举办权。

（三）"搭便车"进行学术交流

中国动物学会还借外国专家、学者来华访问之机，邀请他们作学术报告或举行座谈会，进行学术交流，从而扩大了中国科技工作者的受益面。例如：1981 年 9 月，借在石家庄举行的形态科学学术讨论会之便，邀请了正在河北医学院讲学的日本东京大学医学部解剖学主任士山田英智博士作了《生物学和医学上的电镜应用》报告。1985 年 5 月，美国华盛顿大学寄生虫学专家罗斯（R. J. Rausch）教授应厦门大学邀请来华讲学、调查与访问，在北京逗留期间，中国动物学会寄生虫专业委员会邀请他作了题为《棘球蚴病》的学术报告，内容包括棘球绦虫属的分类、形态、生态、流行病学的细粒棘球蚴病和多房棘球蚴病的诊断和防治方法等，受到与会者的好评。

虽然以学会名义派员出国考察、访问、参加国际学术会议，以及邀请外国学者来华访问的次数不多，但中国动物学会的会员利用各种渠道、采取多种途径出国访问，参加国际学术会议或到国外进行短期考察或讲学，从而活跃了国际间的学术交流。通过学术交流，不但可以使国内的学者了解、掌握某些学科在国际上的最新动态和进展及新技术的应用，而且对于科技工作者开拓科研视野、启迪思想、增强创新能力、相互沟通、汲取营养、增进友谊都有重要意义。这样提高了会员们的研究工作水平，扩大了他们的受益面，从而推动动物科学研究的深入发展，为学会作出更大贡献。

第四节　科学普及与中学生生物学学科竞赛

科学普及工作是开发智力资源，提高全民科学文化素质的一项战略性任务，学会责无旁贷。中国动物学会自成立以来，始终把科普宣传作为学会的重要工作来抓，使学会科普宣传内容逐渐丰富，宣传形式不断改善，宣传效果日益显著，受到有关部门的重视和广大受益者的欢迎。历年来，中国动物学会会员通过向各报刊、广播电台及电视台等宣传媒体发稿，已有数以千计的文稿被及时进行了报道并与群众见面，不但普及了动物科学知识，而且增强了科普的宣传效果。

1981 年，中国动物学会科普工作委员会进行了调整和充实，科普宣传工作的质量不断提高。例如：1981 年，与中国植物学会联合举办了青少年爱好生物宣传活动；与北京动物园等单位联合绘制了一组珍稀动物彩画，并与有关单位联合举办了自然保护展览。1982 年 5 月，与中国科学院动物研究所联合设计制作的《中国珍稀鸟类》科普画橱窗在北京市西长安街展出，使广大观众受到了一次直观化、形象化、保护益鸟的教育，提高了广大观众保护益鸟的积极性，以新颖的构思、形象的介绍和优美的造型向观众普及了鸟类的科学知识，科学内容丰富、主题明确、选题好，起到了良好的宣传效果。该科普画荣获北京市科学技术协会画廊奖二等奖。

此外，中国动物学会科学普及委员会与北京市动物学会等单位联合举办了动物学讲座，参加听课学习的对象是本市部分中学的生物教师，80 多人参加了学习。1982 年暑期，学会委托青海省动物学会在兰州市兴隆山举办了一期丰富多彩的"青少年夏令营"活动。活动的内容有参观、讲座、座谈、野外考察、标本的采集与制作、动物生活习性的观察、撰写短论文与短报告，并举办小型报告会和生物标本展览等，通过活动，培养了学生们对学习生物的兴趣，增强了热爱自然、保护生物资源的意识，更重要的是得到了生物学特别是动物学的感性认识。

自 1982 年开始，每年"爱鸟周"活动几乎遍及全国各地。据中国动物学会鸟类学分会不完全统计，仅 1982 年，在国内主要城市共做了大型报告 48 次；在报纸、杂志及电台发表有关鸟类保护的各类型的文章 224 篇。大多数地区则利用博物馆、动物园、学校的标本室组织形式多样、内容丰富的座谈会、动员会百余次。

1980—1985 年，围绕野生动物资源保护与利用、动物行为学、生物多样性、细胞学、寄生虫学、分子生物学、新技术发展等内容先后组织了数十次科普报告，听众达千余人次。

根据国内学科发展的需要，中国动物学会所属的二级分会充分发挥了专业学会的特长和优势，1982—1983 年先后举办了六期形式多样、内容各异的讲习班或培训班，分别是冰冻复型与冰冻蚀刻技术讲习班、组织与细胞培养学习班、贝类学基础知识培训班、动物标本制作短训班（兽类）、动物学讲座、生殖生物学基础理论和技术培训班等，参加培训和学习的学员 250 多人。形式多样的培训班和科普知识讲座，既传授了知识，又传播了最新的科学技术，为更新学科队伍人员的技术、培养专业技术人才作出了贡献。

在 20 世纪 90 年代至 21 世纪初，学会的宣传重点是物种及其栖息环境的保护，以及动物资源的科学合理利用。学会刻制的保护动物铜质纪念章大熊猫、白鳍豚和丹顶鹤等都是国内的 I 级重点保护野生动物，每次在科普宣传活动中均无偿发放给参与活动的广大观众。

1991 年，中国动物学会向中国科协申请开展全国中学生生物学竞赛，1992 年获得国家教委、中国科协的同意。中国科协负责组织全国中学生生物竞赛委员会，中国动物学会和中国植物学会各推荐五名学科专家组成全国中学生生物学竞赛委员会。该委员会作为中国科协五学科竞赛管理下的成员，委员会的主任和副主任由中国科协青少年科普活动中心聘任。首任委员会主任为中国植物学会的高信增教授，副主任为中国动物学会的张洁研究员。在学会成立中学生生物学竞赛工作委员会之前，中学生生物学竞赛的组织工作由学会科普工作委员会负责。1992 年 8 月 15—19 日，在北京陈经纶中学举办了首届全国中学生生物学竞赛，截至 1999 年共举办了 8 届，参加的省、自治区、直辖市、由 1992 年的 14 个发展为 1999 年的 23 个，在全国的影响力越来越大。为了加强学会中学生生物学竞赛的组织和管理工作，1999 年 11 月 29 日至 12 月 1 日，在海南省海口市召开的学会第十四届常务理事扩大会议上，决定将中学生生物学竞赛工作从科普委员会的工作中独立出来，单独成立中学生生物学竞赛委员会。

在此应予以指出的是，北京师范大学生物系（现为生命科学学院）、北京大学生物系（现为生命科学学院）、清华大学生物与技术系（现为生命科学学院）、首都师范大学生命科学学院、北京农业大学生物学院、中国科学院动物研究所、北京林业大学等单位及教师和科技工作者在历届中学生生物学竞赛中给予了大力支持和帮助，并作出了突出贡献。

第五节　人才举荐

中国动物学会及所属分会和专业委员会十分重视国家级人才的推荐工作。

1979 年春，经党中央和国务院批准，中国科学院正式恢复"文化大革命"时期停止的学部活动，并立即着手增补学部委员工作。1980 年 11 月，中国科学院增选了 283 位学部委员，中国动物学会的马世骏、庄孝僡、刘建康、汪堃仁、张致一、陆宝麟、郑作新、唐仲璋、谈家桢 9 位专家当选。

1991 年 11 月，中国科学院选出 210 名新的学部委员，中国动物学会的陈宜瑜、钦俊德、施立明、唐崇惕、翟中和 5 位会员当选。

1993 年 10 月 19 日，国务院第十一次常务会议将中国科学院学部委员改称中国科学院院士，宣布成立中国工程院。中国科学院于 11 月选出 59 名新院士，中国动物学会专家孙儒泳当选。

1995 年 10 月，中国科学院学部增选产生了 59 名院士，中国动物学会会员沈韫芬当选。中国工程院首次增选出 216 名院士，中国动物学会会员旭日干、马建章当选。

1997 年 10 月，中国科学院学部增选产生了 58 名院士，中国动物学会会员刘瑞玉、曹文宣、朱作言当选。中国工程院增选产生了 116 名院士，中国动物学会会员林浩然当选。

1999 年 10 月，中国科学院增选 55 位院士，中国动物学会会员宋大祥、刘以训当选。中国工程院院士新增 113 名院士，中国动物学会会员张福绥当选。

1995 年中国动物学会第十三届一次常务理事会扩大会议决定成立两院院士及青年科技奖励推荐委员会，1986 年以后至 1999 年多次进行了两院院士候选人的评选、推荐工作，1997 年中国动物学会推荐了刘瑞玉研究员，1999 年中国动物学会推荐了张福绥研究员。

此外，学会组织召开的学术讨论会大多设置了青年科技工作者或者研究生优秀学术报告奖，以促进青年科技工作者成长，同时吸引更多的青年人投身于本学科的研究、教学等行列。

第六节　学术期刊

1966 年，中国动物学会主办编辑的几种学术期刊全部停刊。1972 年，由于科研和生产的需要，中国动物学会响应毛泽东主席关于"学术刊物还是要办好"的号召，分别于1972年、1973年、1978年、1980年恢复了《动物学报》《动物学杂志》《动物分类学报》和《生物学通报》等全国性学术刊物。

中国动物学会于1964年创办《寄生虫学报》，只在1964—1966年出版了3卷，"文化大革命"期间停刊。20世纪90年代，中国动物学会和中国昆虫学会决定由两会的寄生虫学专业委员会和医学昆虫学专业委员会联合，恢复《寄生虫学报》的出版，刊名变更为《寄生虫与医学昆虫学报》，于1993年2月获得北京市新闻出版局批准。

1980年12月20日，中国科协正式批准创办《兽类学报》。1981年6月，中国动物学会兽类学分会与中国科学院西北高原生物研究所合办的《兽类学报》（半年刊）正式问世。该刊是中国唯一报道野生哺乳动物基础理论研究及其应用基础研究成果的学术性刊物。首届主编为夏武平研究员。

1991年，由中国动物学会蛛形学专业委员会和湖北大学联合创办的学术类刊物《蛛形学报》作为内部刊物创刊试发行，每卷2期。1994年该刊获得国家科委批准，《蛛形学报》正式面向国内外公开发行。

上述刊物都定期召开全国编委会，就如何办好刊物、提高刊物质量和知识更新、采访、组稿以及影响刊物质量等问题进行了认真研究。

第七节　学科发展

由于"文化大革命"的影响，使中国的动物学研究工作基本处于停顿状态，粉碎"四人帮"、拨乱反正以来，党的各项政策深入人心，科研秩序得到整顿，调动了中国动物学会广大研究技术人员渴望工作的积极性，动物学研究工作也得以迅速恢复和发展，各个分支学科研究工作也得到了恢复和加强。多年来积累的研究资料及研究成果得到整理并出版，为国民经济建设服务的力度不断加大，中国动物科学研究出现了迅速恢复和健康发展的良好势头。其中，分类学研究在原有的系统发育和形态解剖基础上，进一步开展了细胞分类学、数值分类学的工作。生物系统学也开始受到中国分类学家的注意。鸟类学、兽类学和两栖爬行动物研究在野外生态学研究的基础上，更加重视新技术手段的应用，在行为生态学、保护生物学领域进行了新的拓展。《中国动物志》的编写与出版速度也加快了步伐。

动物学的学科建设在已有的基础上追踪世界生物学发展的大趋势。在微观方面，发展了生殖生物学、分子生物学、细胞生物学；在宏观方面，发展了生态学、环境生物学；在学科交叉渗透的综合方面，发展了神经生物学、发育生物学等，形成了学科门类较为齐全的动物科学体系，并取得了一系列研究成果。随着中国科技体制改革的深入发展，中国动物科学有更多的创新和发现，并以更快的速度向前发展。

第四篇

创新和快速发展（2000—2023）

第五章 创新和发展时期（2000—2023）

第一节 组织建设

为加强党对学会的全面领导，中国动物学会在理事会层面成立了功能型党委。2016年10月29日，中国动物学会在武汉市召开了党员常务理事会议，通过无记名投票方式选举了9位功能型党委委员，张知彬、桂建芳、宋微波、魏辅文、孙青原、陈广文、冯江、李枢强、张永文当选。召开了学会党委委员第一次会议，并进行了工作分工，张知彬任党委书记。

2019年8月24日，召开了中国动物学会第十八届会员代表大会，会员代表一致表决通过新的会章，将建立党的组织，开展党的活动，坚持党对学会的全面领导写入中国动物学会章程第四条。2019年8月24日召开理事党员大会，通过无记名投票方式选举冯江、孙青原、李枢强、宋微波、张永文（女）、张知彬、陈广文、桂建芳、魏辅文9位为新一届理事会党委委员。9位党委委员召开会议，并进行了分工，张知彬任党委书记，桂建芳、宋微波任党委副书记，魏辅文任组织委员，孙青原任纪委委员，陈广文任宣传委员，张永文任党委办公室主任。党委委员会讨论了学会党委今后的工作。2020年，中国动物学会理事会党委制定了《中国动物学会理事会党委工作制度、议事规则（试行）》，共计5章17条，规范了议事规则，对促进学会党委发挥政治核心、思想引领起到保障作用。2019年8月24日建立了监事会，对学会各项工作、理事会履职等进行监督。

随着学会学术活动的开展，对动物学科技工作者的吸引力增加，为了厘清会员数量，更有针对性地开展对会员的服务、管理和统计工作等，学会开展规范个人会员登记号（简称会员号）工作，使用中国科协会员管理系统。

随着动物学科的发展，充分发挥学会组织优势，逐步成立了一些专业分支学科分会，以促进动物学分支学科人才队伍的建设。

一、会员发展

根据中国科协科协文件精神，在2005年2月2日召开的学会第十四届理事会在京常务理事会会议和2005年5月23—26日在河南省新乡市河南师范大学召开的学会第十四届理事会常务理事会扩大会及秘书长工作会上，决定开展规范学会会员号工作，启用中国科协分配学会的会员编号，会员均在省、自治区、直辖市动物学会登记，将委托分会发展的会员，按照其工作所在地分配到省动物学会。2007 年开始启用中国科协的会员系统，并将已有的会员信息导入系统。通过会员系统发展会员。从 2018 年 9 月 16 日起，学会第十七届理事会第六次会议和秘书长工作会议暨党建会议决议，学会所属分会（专业委员会）可直接在学会会员系统审批会员入会申请，并分配会员编号。

学会每年定期出版《中国动物学会通讯》并寄给会员，借以加强与会员的联系，使会员及时了解学会的工作动态，同时广泛听取会员们的意见和建议，旨在进一步改进学会工作。学会还通过网络、学术活动等多种活动形式密切联系广大会员和动物科学工作者；为会员提供国内外学术会议的有关信息，帮助会员优惠订阅学会主办的各种期刊等。

学会会员在 20 世纪学会成立之初有 50 余人，到 2023 年 12 月 31 日，在会员系统注册会员有13832 名。

二、会员代表大会和理事会换届

2004 年 8 月 27 日，中国动物学会第十五届会员代表大会在北京召开，通过会员代表选举产生了 99 位理事，再由理事选举产生了 33 位常务理事，选举陈宜瑜为理事长，王小明、冯祚建、张亚平、张知彬（常务）、孟安明、段恩奎、徐存拴为副理事长，魏辅文为秘书长。

2009 年 10 月 19—20 日，中国动物学会第十六届会员代表大会在重庆市召开，来自全国 29 个省、自治区、直辖市及香港地区的近 500 位代表参加了大会。通过会员代表选举产生了 118 位理事会理事，再由理事选举产生了 39 位常务理事，选举陈宜瑜为理事长，王小明、王德华、许崇任、孙青原、刘迺发、孟安明、张亚平、宋微波、徐存拴为副理事长，魏辅文为秘书长。

2014 年 11 月 17—20 日，中国动物学会第十七届全国会员代表大会在广州市中山大学召开，700 余位会员代表、学者及研究生参加。通过会员代表选举产生了 123 位理事会理事，再由理事选举产生了 41 位常务理事，选举孟安明为理事长，王德华、冯江、孙青原、李保国、宋微波、张正旺、张希武、张知彬（常务）、桂建芳、魏辅文为副理事长，王德华兼任秘书长。

2019 年 8 月 23—25 日，中国动物学会第十八届全国会员代表大会在陕西省西安市召开，700 余位代表参加会议。会员代表通过无记名投票方式选举产生了 136 位理事会理事、3 位监事会监事，再由理事选举产生了 43 位常务理事，孟安明为理事长，包振民、冯江、李保国、张正旺、张知彬（常务）、陈广文、杨光、桂建芳、董贵信、魏辅文为副理事长，聘任魏辅文为秘书长。另外，还召开了理事会党员大会，选举了 9 位理事会党委委员，张知彬任党委书记。会员代表通过了学会第十七届理事会工作报告、财务报告、章程修改报告、新的章程，以无记名投票方式通过了会员会费标准。

三、新增分会与专业委员会

2000 年以前，学会设有 9 个分会和 4 个专业委员会。2000 年以后，随着动物学科的发展，动物学分支学科的建立和蓬勃发展，学会又增设了生物进化理论专业委员会、动物行为学分会、斑马鱼分会、灵长类学分会、动物生理生态学分会、生物地理学分会、保护生物学分会 7 个分会和专业分会，制定了学会分支机构管理办法。

（一）生物进化理论专业委员会

1995 年 2 月，在昆明市召开的中国动物学会常务理事会上，北京大学陈阅增教授建议成立生物进化研究小组，开展生物进化理论研究和进化论的普及宣传，常务理事会批准并委托陈阅增教授筹备。1996 年 11 月 15 日，在武夷山召开的中国动物学会第十三届常务理事会会议上决定成立中国动物学会进化论小组筹备组。1999 年第二次全国生物进化理论学术研讨会在河南省郑州市召开。2003 年 7 月 4 日生物进化理论专业委员会在民政部登记注册，2003 年 7 月召开并选举了第一届专业委员会，主任委员程红，副主任委员周开亚、顾红雅、樊启昶、杨继，秘书长姚锦仙。2007 年第四次全国生物进化理论学术研讨会在北京大学召开。2011 年第五次全国生物进化理论学术研讨会在南京师范大学召开。2022 年 1 月，生物进化理论专业委员会在江苏省南京市召开第四次换届会，会上选举产生了第四届生物进化理论专业委员会委员。

（二）动物行为学分会

从 2007 年开始，在中国科学院教育局以及地方协办单位的资助下，每两年组织一次全国范围的有关动物行为学理论和技术培训班，由中国科学院动物研究所蒋志刚和张健旭负责每次的中国科学院项目申请，并在不同地区由地方单位承担协办。2007 年 12 月 11—14 日，在北京市组织举办了首次动物行为学高级培训班暨首届动物行为学学术研讨会；2009 年、2011 年 11 月、2013 年 11 月 3—7 日分别在安徽省、西安市、上海市组织了第二、三、四次动物行为学研讨会暨动物行为学研究方法与技术培训班。2009 年 11 月，由中国科学院北京生命科学研究院牵头，与中国科学院动物研究所、美国 MONELL 化学感受研究中心、北京生命科学研究所和恒源祥等合作召开了首次味觉和嗅觉研究国际会议（北京市）。蒋志刚研究员、张健旭研究员等发起成立动物行为学分会的倡议，并向中国动物学会理事会提出申请。

2015 年 1 月 18 日，学会第十七理事会第一次常务理事审批同意成立中国动物学会行为学专业委员会。2015 年 10 月 11—15 日，在中国科学院动物研究所召开了第五次全国动物行为学研讨会、培训班暨中国动物学会动物行为学专业委员会成立大会。来自包括内地及台湾地区在内的 58 家高等院校和科研单位以及法国、英国、新加坡、荷兰和日本的动物行为学者专家 150 多名科研人员参加了本次会议。动物行为学专业委员会及秘书处挂靠在中国科学院动物研究所。推选出了 68 名动物行为学专业委员会委员，并进一步推选出常务委员，确定了委员会会徽。

（三）斑马鱼分会

朱作言院士和孟安明院士等发出成立斑马鱼分会的倡议，并向中国动物学会理事会提出成立申请。2016 年 6 月 17—19 日，在中国动物学会召开的第十七届理事会第五次常务理事会上审批通过成立中国动物学会斑马鱼分会。2016 年 9 月 23 日，在湖北省武汉市召开的第三届全国斑马鱼 PI 大会上正式成立中国动物学会斑马鱼分会，分会的挂靠单位为中国科学院水生生物研究所，朱作言院士和孟安明院士担任分会第一届委员会名誉主任委员，中国科学院动物研究所刘峰研究员担任分会第一届委员会主任委员，中国科学院水生生物研究所孙永华研究员担任分会第一届委员会秘书长。

斑马鱼分会的前身可以追溯至其正式成立以前的中国斑马鱼研究联盟，截至 2023 年 9 月，分会共组织召开了 8 届全国斑马鱼研究大会、5 届全国暨全球华人斑马鱼 PI 大会和 2 次国际（亚洲大洋洲）

斑马鱼研究大会。召开委员会全体会议 2 次，常务委员会会议 7 次，通过民主推选产生了 2 届委员会。

（四）灵长类学分会

随着中国灵长类学研究在国际影响力和竞争力的不断提升，2014 年 8 月在越南河内市召开的第 25 届国际灵长类学大会上，国际灵长类学会主席 Tetsuro Matsuzawa 教授签署了同意中国灵长类专家群体以"China Primatological Society（CPS）"形式正式成为国际灵长类学会成员的证明信函（西北大学李保国教授任 CPS 主席），自此中国作为一个新会员单位加入国际灵长类学会的大家庭中，并正式成为国际灵长类学会第 13 个执行委员国（李保国教授选为国际灵长类学会执委），从而能直接参与国际灵长类学会的决策工作，这意味着中国在该领域中已拥有了重要的话语权。

为适应新的历史阶段对中国灵长类学界提出的新要求，进一步促进中国灵长类学研究的普及、推广和发展，加快我国灵长类学研究人才的培养和成长，加强中国灵长类研究的国际交流，进一步提升我国灵长学研究的国际影响力，经中国灵长类专家群体讨论通过由西北大学牵头、李保国教授等人作为发起人，向中国动物学会理事会提出成立灵长类学分会申请。2016 年 6 月 17—19 日，中国动物学会第十七届理事会第五次常务理事会审批通过成立中国动物学会灵长类学分会申请。经过一系列筹备之后，2017 年 8 月 19—22 日，中国动物学会灵长类学分会成立大会暨 2017 年学术年会在西安市召开，标志着中国灵长类研究群体在世界灵长类学术研究的舞台上迈入了新纪元，首届主任委员为西北大学李保国教授。随着灵长类研究队伍的不断壮大和研究成果的不断涌现，2022 年 7 月在安徽省黄山市召开分会换届大会，合肥师范学院李进华教授当选为第二届中国动物学会灵长类分会主任委员。2023 年，在马来西亚召开的第 29 届国际灵长类学大会上，经过我国灵长类学工作者的共同努力，成功获得第 31 届国际灵长类学大会承办权，大会将于 2027 年在我国西安市召开，彰显了我国灵长类研究事业在国际舞台的重要地位。

（五）动物生理生态学分会

2011 年 6 月 24—27 日，由柳劲松教授倡议，中国生态学学会动物生态专业委员会、温州大学生命与环境科学学院和浙江省自然科学基金委员会联合主办了首届全国动物生理生态学学术研讨会。2012 年 11 月 23—25 日在广州市召开的第二届全国动物生理生态学学术研讨会上，成立了以计翔教授为组长的动物生理生态学专家组。2017 年，由计翔教授、王德华研究员、边疆晖研究员、牛翠娟教授等 19 位专家组成筹备组，倡导成立中国动物学会动物生理生态学分会，经筹备组向中国动物学会提出成立申请。2017 年 11 月 18 日，中国动物学会第十七届第六次常务理事会讨论同意成立中国动物学会动物生理生态学分会。2018 年 10 月 19—22 日，在沈阳师范大学举行了第八届全国动物生理生态学学术研讨会暨中国动物学会动物生理生态学分会成立大会。

自 2011 年开始，分别在温州大学、华南师范大学、云南师范大学、重庆师范大学、南京师范大学、中国科学院西北高原生物研究所、北京师范大学、沈阳师范大学、河北师范大学和广西师范大学等地举办了 11 届全国动物生理生态学学术研讨会议，研究工作横跨无脊椎动物、鱼类、两栖和爬行动物、鸟类和哺乳动物等各主要动物类群，覆盖分子、细胞、个体、种群各层次。经过这些年的发展，国内动物生理生态学研究队伍不断壮大、新人辈出，在国内外的学术影响日益凸显。

（六）生物地理学分会

为了应对国际研究的新形势，推动我国生物地理学的研究，2018 年 10 月 20 日，由中国科学院动物研究所牵头，联合了 10 所大学和研究单位的 15 名专家，向中国动物学会提出成立中国动物学会动物地理学分会的倡议及申请。中国科学院动物研究所李义明、雷富民和乔格侠研究员随即组织和成立了动物地理学分会筹备组，中国动物学会第十八届理事会第一次会议一致同意成立动物地理学分会的申请。2019 年 6 月 15 日，在北京市成功举办了首届中国动物地理学术研讨会，30 多家研究单位的 150 名师生参加了会议。2019 年 9 月 16 日，中国动物学会签发了关于组建"中国动物学会动物地理学专业委员会"的批复函。2020 年，根据陈宜瑜院士建议，分会秘书处向总会提交了将"动物地理学分会"更名为"生物地理学分会"的申请。2020 年 9 月 26 日，中国动物学会回复了批复函，同意"中国动物学会动物地理学分会"更名为"中国动物学会生物地理学分会"。2020 年 9 月 28—29 日，中国动物学会生物地理学分会成立大会暨第二届学术研讨会在中国科学院动物研究所召开，产生了首届委员会，生物地理学分会挂靠单位是中国科学院动物研究所。

（七）保护生物学分会

国际保护生物学会中国委员会（SCB China Chapter）于 2014 年 4 月在中国科学院动物研究所举办了第一届中国保护生物学论坛，随后又分别在北京师范大学、北京大学、清华大学、北京林业大学、中国科学院生态环境研究中心连续召开了学术论坛。中国保护生物学论坛的设置与举办为我国广大从事保护生物学研究的科研人员提供了重要的学术交流平台，吸引了来自全国各地的专家学者和研究生积极参与。论坛规模持续增长，由最初的 100 余人增加至 300 余人，为保护生物学分会的成立奠定了良好基础。2021 年 12 月 21 日，在中国科学院动物研究所召开第七届中国保护生物学论坛，会议期间成立了中国动物学会保护生物学分会，此分会是由魏辅文、李保国、张正旺、杨光、吕植、聂永刚等人倡议发起成立的。2023 年 11 月 23—27 日，联合中国植物学会、中国野生动物保护协会、中华人民共和国濒危物种科学委员会在广州长隆召开了第一届中国保护生物学大会，来自全国各大科研院校、国家公园和自然保护地、林业主管部门、非政府组织等 208 家单位，从事保护生物学研究和生物多样性保护事业的科技与管理工作者，共计 920 余人参加了本次大会。

四、根据工作需要增设工作组

随着学会工作面拓展和学会工作发展需要，学会 2000 年后增设了动物学史工作组、中学生生物学竞赛工作组、学术与期刊工作组、学术道德诚信工作组等。

为统筹学会的各方面工作，经常务理事会讨论通过，中国动物学会 2019 年设置组织工作组、人才工作组、学术活动工作组、期刊工作组、学科发展与规划工作组、科普工作组、教育工作组、中学生生物学竞赛工作组、外事工作组、学术道德诚信工作组、科技转化工作组、科技咨询与服务工作组共 12 个工作组。

第二节 国内学术交流

学会的宗旨是，定期开展学术年会，为动物学科技工作者搭建学术交流平台，促进动物学科发展。2015 年 9 月 18—20 日，在西北大学秦岭金丝猴野外研究基地（佛坪）召开的中国动物学会第十七届第二次常务理事会决定，从 2016 年开始在学会 2 次会员代表大会暨学术年会之间增加一次学术年会，召开专题性综合学术会议，召开专业学术讨论会，承办中国科协学术年会分会场等，为动物学工作者搭建了相互交流、相互了解、相互促进的平台，进一步促进动物学研究工作的融合、合作。另外，通过学术活动、学术期刊，为促进动物学科的发展作出重要贡献。2007 年，中国动物学会获得中国科协学术交流先进学会称号。

一、学术年会和研讨会

（一）西部大开发项目研讨会

为响应中共中央关于实施西部大开发的号召，2000 年 7 月 7—11 日，中国动物学会西部大开发项目研讨会在乌鲁木齐市召开，共有 104 位专家、学者及企业家参加。会议收到各类开发项目 50 余项，19 位专家作了项目报告。此次会议以西部大开发为主题，更好地发挥广大动物科学工作者及生命科学工作者在促进西部科技经济与社会发展的作用。

（二）中国科协学术年会

2003 年 9 月 12—16 日，中国科协学术年会在沈阳市举办，大会的主题是"全面建设小康社会——中国科技工作者的历史责任"。中国动物学会承办的分会场主题为"动物资源的保护、持续利用及人畜共患病的防治"。学会理事长陈大元研究员、副理事长宋大祥院士、秘书长冯祚建研究员，马建章院士、赵尔宓院士、方永强研究员、刘明玉教授等 200 余位专家学者参加，19 位专家、学者作了学术报告。

2006 年 9 月 15—17 日，中国科协学术年会在北京市举行，会议的主题是"提高全民科学素质，建设创新型国家"。中国动物学会组织的分会场主题是"动物疾病与人类健康"。会议由冯祚建副理事长、魏辅文秘书长，索勋教授、彭景梗研究员分别主持，共有 36 位专家、学者出席了会议，其中张知彬研究员作了《全球气候变化对鼠疫发生的影响》的学术报告，另有 11 位专家、学者围绕"动物疾病与人类健康"这一主题在会上作了专题报告。

（三）第十六届会员代表大会暨学术讨论会

2009 年 10 月 19—22 日，中国动物学会第十六届会员代表大会暨学术讨论会在重庆市召开，由西南师范大学生命科学学院、重庆动物学会和淡水鱼类资源与生殖发育教育部重点实验室共同承办。与会代表近 500 名，收到论文摘要 292 篇，并出版了《论文摘要汇编》。

此次会议的亮点之一，是交叉学科的研究成果比往届显著增多。例如将形态分类学、生态学与分子系统学相结合的方法对海洋原生动物进行深入研究；通过动物行为和生理指标来探讨某种幼鱼的社群等级地位及其临界游泳能力；采用宏观形态、微观结构（显微与亚显微结构）、生态（栖息环境）与行为（觅食行为）及系统发育相结合的手段，研究某种蝌蚪的形态多样性、生态适应和物种演化。又如应用遗传多样性与生物地理学结合的方法，探讨高原湖泊鱼类分布格局的隔离效应等。

会议的亮点之二是分子生物学技术已在生态学、分类学、动物地理学、生殖生物学、发育生物学、内分泌学、生理学和寄生虫学等各个基础研究领域中得到越来越广泛的应用，几乎占全部论文总数（295篇）的1/4左右，这是从未有过的热点现象。

会议的亮点之三是处于科学前沿研究的生殖生物学和发育生物学的论文有88篇之多（含博士生论文），超过以往任何一届，反映出该领域的科技队伍正日益壮大和蓬勃发展。从其研究课题上看，内容包括精子发生相关基因克隆、性腺分化、生殖细胞减数分离、受精调控分子机理、参与胚胎着床的关键分子、胚胎干细胞发育、肌卫星细胞移植与肌肉损伤修复功能等，这些多是当前国际上非常受重视的热点课题。

本次大会首次设置了全国博士生学术论坛（动物学），为年轻学者展示研究成果与才华提供了一个极好的平台。

（四）技术与野生动物生境评价沙龙

2011年7月20—23日，3S技术与野生动物生境评价沙龙在北京蟹岛度假村召开，主题为"3S技术与野生动物生境评价的结合——优势、问题和未来"。沙龙由中国科协主办，中国动物学会承办。21位专家与会，围绕3S技术所涉及的数据问题、尺度问题、知识普及问题、物种保护应用问题、模型问题、气候变化影响问题展开了探讨。

（五）第二版动物学名词审定委员会

2013年11月26—27日，第二版动物学名词审定委员会会议在长沙召开，30余位代表参加。会议由郑光美院士主持。全国科技名词审定委员会副主任刘青首先介绍了全国科技名词审定工作的意义、现状和任务等，宣读了第二届动物学名词审定委员会委员名单并向委员颁发了聘书。名词审定室主任邬江向与会专家介绍了科技名词的审定原则和方法，对审定工作中可能出现的问题做了完整、宏观、简明的指导。

第二版动物学名词审定委员会主任周开亚教授简要介绍了动物学名词审定工作筹备情况，并提出了审定学科框架及分工、编写进度安排、选词范围的讨论稿供大家讨论。与会专家就学科框架、编审小组分工、选词范围、时间进度安排等展开了讨论，并达成共识。

本会组织专家在第一版动物学名词学科框架的基础上根据动物学的发展做一些微调，对部分遗漏进行增补，对一些定名不合适名词进行修订，对归属不合适的名词进行调整，对所有选定的词条进行释义。《动物学名词释义》（第二版）一书于2021年11月由科学出版社出版。

（六）中国动物学会第十七届全国会员代表大会暨学术讨论会、中国动物学会成立八十周年纪念会

2014年11月17—20日，中国动物学会第十七届全国会员代表大会暨学术讨论会、中国动物学会成立八十周年纪念会在广州市中山大学举行。会议由中国动物学会主办，广东省动物学会、中山大学、华南濒危动物研究所（广东省昆虫研究所）、有害生物控制与资源利用国家重点实验室（中山大学）和广州动物园共同承办，近700位代表参加。中国动物学会理事长陈宜瑜院士，中山大学党委书记郑德涛，中山大学副校长黎孟枫，中国科协学会学术部巡视员颜利民，广东省科协党委书记何真，中山大学生命科学大学院副院长郑利民，广东省动物学会理事长、中山大学海洋学院院长何建国，广东省科协学会学术部部长钱春，中国科学院广州分院、广东省科学院副院长李定强，中国科学院院士郑光美、朱作言、孟安明、金力、桂建芳，中国工程院院士林浩然、马建章等，95岁高

龄的老理事王所安先生、中国动物学会的第十四届理事会理事长陈大元，以及部分老专家如马逸清、周开亚、曹玉萍、杨竹舫、袁喜才等到会。会议分为中国动物学会成立80周年纪念、会员代表大会和专题学术交流三部分，共收到论文摘要398篇。

在纪念会上，陈宜瑜理事长与到会的王所安先生、陈大元先生等共同为《中国动物学会八十周年》纪念册揭幕。陈宜瑜理事长代表理事会为32名老一辈动物学家颁发了中国动物学会重要贡献奖。学会负责人为获得中国动物学会第五届青年科技奖的5名青年科技工作者颁发了证书和奖牌。

本次大会邀请了8位国内知名专家作大会特邀报告。中国动物学会理事、中国科学院动物研究所研究员王祖望作了《中国动物学会成立80周年回顾》的大会报告，回顾了学会八十年走过的历程。复旦大学金力院士作了《流动的基因》、中国科学院水生生物研究所桂建芳院士作了《多倍体银鲫的故事——从进化起源、分布格局、生殖方式、发育遗传和育种实践谈起》，清华大学李蓬教授作了《脂肪代谢调控与肥胖发生》，中国科学院动物研究所魏辅文研究员作了《大熊猫保护生物学研究：生态、行为、遗传与基因组》，中国科学院海洋研究所张国范研究员作了《中国的牡蛎研究》、中山大学何建国教授作了《对虾白斑综合症生态防控理论与技术》，湖北大学李代芹教授作了 *UV coloration in jumping spiders*：*Mechanisms*，*function and evolution* 等大会报告。在11个专题讨论会上，共有204位学者和研究生作学术报告。

在闭幕式会议上，新当选的常务副理事长张知彬研究员代表新一届理事会发言，并对大会进行了总结。

（七）《中国动物学学科史研究》开题会

2014年8月30日，《中国动物学学科史》研究开题会在中国科学院动物研究所召开，共有17位专家参会，中国科协学会学术部刘兴平部长、黄珏处长莅临指导。会议由项目负责人、学会副理事长王德华研究员主持。中国科协学会学术部刘兴平部长、黄珏处长介绍了中国科协推动的几个学科史研究项目开展经验及学科史研究情况、规范、中国科协的想法等。王德华研究员详细介绍了《中国动物学学科史》研究提纲、实施进度安排及实施方案。会上，与会的编写组专家集中讨论了《中国动物学学科史》研究提纲及分工，还对提纲的体例提出了很好的建议。

经过专家的编写和不断修改，《中国动物学学科史》一书于2022年11月由中国科学技术出版社出版。

（八）西北珍稀动物保护利用学术论坛及平台建设

2015年9月20—23日，西北珍稀动物保护利用学术论坛及平台建设在青海省西宁市召开。由中国科协资助，中国动物学会主办，青海、甘肃、新疆三省区动物学会及三省区科协协办，全国26个科研院所、高等院校和野生动物保护管理部门220多名代表参加。

桂建芳院士、蒋志刚研究员、李保国教授、王德华研究员、张明海教授、雷富民研究员、李玉春教授、施鹏研究员、杜卫国研究员、杨其恩研究员分别作特邀报告。在此期间还组织了西北珍稀动物保护利用专家座谈会，由林浩然院士主持，与会专家学者围绕西北珍稀动物生存状况和保护对策、野生动物保护与畜牧业发展矛盾冲突、未来西北动物学学科发展重点和高层次人才培养三个议题展开了深入的讨论和交流。

（九）中国科协第 302 次青年科学家论坛

2016 年 10 月 26—27 日，中国科协第 302 次青年科学家论坛在武汉市召开，论坛由中国科协主办、中国动物学会和华中农业大学承办，来自全国 35 家科研院所及企业单位的 100 余位原生动物学领域的优秀青年专家学者、科研技术人员及在校研究生参加了本次论坛。论坛以"原生动物基因资源发掘和利用"为主题，有 28 位青年学者作了报告。

（十）中国动物学会第 23 届学术年会暨鱼类学分会学术讨论会

2016 年 10 月 30—31 日，中国动物学会第 23 届学术年会暨鱼类学分会学术讨论会在武汉市召开。会议由中国动物学会主办，中国科学院水生生物研究所、中国动物学会鱼类学分会、湖北省动物学会、武汉市动物学会承办。出席会议的有中国动物学会名誉理事长、国家自然科学基金委员会原主任陈宜瑜院士，学会理事、国家自然科学基金委员会原副主任朱作言院士，学会常务理事、中国科学院副院长张亚平院士，中国动物学会理事长孟安明院士，常务副理事长张知彬，副理事长桂建芳院士、李保国、张正旺、魏辅文，副理事长兼秘书长王德华，中国科学院水生生物研究所副所长解绶启，曹文宣院士、康乐院士、陈晔光教授、季维智教授等出席会议。共有 600 余名代表参会。

在会议开幕式上，颁发了中国动物学会第六届青年科技奖，共有 5 名青年工作者获得该荣誉。邀请了 12 名科学家作大会报告，国家自然科学基金委员会原主任陈宜瑜院士作了《加强诚信建设促进科技创新》报告，国家自然科学基金委员会原副主任、中国科学院水生生物研究所、北京大学朱作言院士作了《坚持科学精神——感悟我的良师益友》报告，中国科学院张亚平院士作了《微进化中的动物高原适应遗传机制》报告，中国昆虫学会理事长、中国科学院动物研究所康乐院士作了《发育的同步性奠定了群聚和迁移的基础：飞蝗卵同步孵化的分子调控》报告，中国细胞生物学会理事长、清华大学生命科学学院陈晔光教授作了 *BMP restricts the self—renewal of intestinal Lgr5+ stem cells* 报告，中国科学院水生生物研究所何舜平研究员作了《中国淡水鱼类多样性历史的系统发育重建：格局、过程和机理》报告，中国科学院动物研究所杜卫国研究员作了《爬行动物对温度变化的行为和生理响应》报告，中国科学院动物研究所魏辅文研究员作了《野生动物保护基因组学与宏基因组学研究进展与展望》报告，中国科学院水生生物研究所缪炜研究员作了《对原生动物适应性进化的思考》报告，南京师范大学生命科学学院杨光教授作了《鲸类基因组与次生性水生适应》报告，昆明理工大学季维智研究员作了《非人灵长类靶向基因编辑与干细胞在生物医学中的重要作用》报告，中国科学院水生生物研究所桂建芳院士作了《鱼类及水产动物研究的科学前沿与热点问题》报告。

会议设置了 9 个分会场报告和一个鱼类青年研究生论坛。

（十一）中国动物学会第十八届全国会员代表大会暨第 24 届学术年会

2019 年 8 月 23—25 日，中国动物学会第十八届全国会员代表大会暨第 24 届学术年会在陕西省西安市曲江国际会议中心和陕西师范大学举行。会议由中国动物学会主办，陕西动物学会、陕西师范大学、西北大学承办。

本次大会邀请了 10 位国内外知名专家作大会特邀报告。西北大学舒德干院士作了《动物界早期关键创新事件及广义人类由来假说》报告、日本东京大学 Prof. Hiroyuki Takeda 作了 *Medaka, Japanese killifish*，*as a vertebrate model for genome and epigenome* 报告、法国人类遗传研究所的 Prof. Kazufumi Mochizuki 作了 *Small RNA—directed programmed DNA elimination in Tetrahymena* 报告、中国海洋大学海洋生命学院包振民院士作了《从扇贝基因组一窥早期动物的发育与进化》报告、中国科学院动物研究所张知彬研究员作了《探索森林鼠类与植物种子之间合作与对抗的奥秘》报告、同济大学生命科学与技术学院高绍荣教授作了《早期胚胎发育与体细胞重编程的表观遗传调控》报告、沈阳农业大学陈启军教授作了《疟疾的免疫学问题与防治》报告、中山大学宋尔卫教授作了 *Treat the cancer soil：Turn foes to friends* 报告、中国科学院动物研究所陈大华研究员作了 *LC Domain—Mediated Coalescence Is Essential for Otu Enzymatic Activity to Extend Drosophila Lifespan* 报告、中国科学院西安分院 / 西北大学李保国教授作了《人类活动影响下的金丝猴种群维持机制的研究》报告。会议还邀请了 6 位青年报告人，即中国海洋大学海洋生物多样性与进化研究所高珊教授、中国科学院昆明动物研究所车静研究员、中国科学院动物研究所胡义波研究员、中国科学院神经科学研究所孙强研究员、中国科学院西双版纳热带植物园陈占起研究员、浙江大学生命科学学院周琦教授分别作了《四膜虫 N6- 腺嘌呤甲基化酶 AMT1 的功能研究》《两栖爬行动物的多样性与进化研究》《大熊猫保护遗传学和基因组学研究》《基于体细胞核移植的非人灵长类模式动物构建》《蜘蛛哺乳发现过程及研究展望》、*Sex chromosome evolution in birds and bird—like mammals* 报告。共有 209 位学者和研究生在 18 个专题讨论会上作学术报告。

（十二）野生动物疫病与生态安全战略研讨会

2020 年 6 月 29 日，野生动物疫病与生态安全战略研讨会举行，通过腾讯会议平台召开。此次会议在中国科协指导下，由中国动物学会和中华人民共和国濒危物种科学委员会主办，东北师范大学、吉林农业大学和军事医学研究院军事兽医研究所承办。

会议由中国动物学会副理事长兼秘书长魏辅文院士主持，介绍了会议背景、目标及安排。中国动物学会理事长孟安明院士和军事医学研究院夏咸柱院士分别致辞。会议有 11 个有关野生动物疫源疫病的主题报告和 4 个专题讨论，与会专家针对野生动物疫源疫病与溯源相关科学问题、动物疫源疫病与野生动物健康及人类健康、如何实现"医学—生物学—动物学—生态学—环境科学—信息科学"多学科交叉融合，以及如何减少或者杜绝未来野生动物疫病的大范围传播展开讨论。

经过深入广泛的讨论，专家一致认为，应以此次会议和重大科学问题入选为契机，在更大尺度做长远规划；重视动物生态学、行为学、保护生物学、宿主和媒介生物学、抗病原免疫反应机制等基础研究工作，建立常态化沟通和跨领域研究团队，推动野生动物疫病与生态安全研究的多学科交叉；加强国际合作，完善并强化野生动物研究和监测体系；推动重大专项立项，促进中国野生动物疫病防控的深入发展；今后要加强本底调查和基础研究、解决重大科学问题、筹划平台建设与管理机制、做好未来规划。

中国动物学会相关专家整理形成冠状病毒跨种传播的生态学机制和野生动物疫病战略调研报告，撰写重点研发专项的立项建议并呈报相关部门。

（十三）中国科技峰会系列活动青年科学家沙龙

2020 年 8 月 17—18 日，中国科技峰会系列活动青年科学家沙龙第一期"生物安全与生物多样性科学研究青年科学家沙龙"在山东省青岛市举行。该期沙龙是由中国科协主办、中国动物学会承办，本期也是中国科技峰会系列活动青年科学家沙龙首场活动。活动聚焦于生物安全与防治、生物多样性与保护、生态系统服务科学领域，针对人类命运与生态安全、生态系统互作与服务功能等重要科学问题进行深入讨论。中国科协学会学术部部长刘兴平、中国动物学会副理事长兼秘书长、中国科学院院士魏辅文院士通过线上出席论坛并致辞。

沙龙会聚了来自中国科学院动物研究所、中国科学院微生物研究所、北京航空航天大学、浙江大学、中国海洋大学等单位的 21 名青年学者参加，13 位专题报告内容涵盖了生物安全与防治、生物多样性与保护、生态系统服务 3 个主要领域。中国科学院微生物研究所施一研究员作了关于《病毒进化与人类健康》的精彩主题报告。一系列新冠肺炎病毒相关的最新研究进展让大家感受到中国科研力量的日益壮大。专题报告展现了中国青年科学家在生物安全领域积极向上的科研热情与家国情怀。沙龙现场受到线上广泛关注，在科创中国和中国科讯平台收看人数累计达到 26500 人次。

本次沙龙还以圆桌会议的形式展开充分的讨论交流。与会青年学者特别关注到中国科协发布的 2020 重大科学问题和工程技术问题，"新冠病毒跨种传播的生态学机制是什么？"被列入 10 个重大科学问题之一，并围绕这一问题展开了热烈的讨论。多位学者表示，作为党和国家培养的青年科研工作者应勇挑重担，敢于担当，聚焦面向世界前沿、国家重大战略需求的科研方向，用科研成果为国家发展贡献力量。

（十四）动物科学大家谈———动物保护与生态安全

2020 年 11 月 27 日，"动物科学大家谈———动物保护与生态安全"会议在中国科学院动物研究所成功举办。由中国科学院动物研究所主办，中华人民共和国濒危物种科学委员会、中国动物学会、中国昆虫学会、中国科学院《中国动物志》编辑委员会、国际动物学会和中国科学院文献情报中心联合承办。

康乐院士以"蝗灾的秘密：苯乙腈（PAN）和 4—乙烯基苯甲醚（4VA）两种信息素的平衡"为题，在介绍蝗灾的巨大危害、蝗虫及蝗灾研究历史的基础上，深入浅出地介绍了研究组从化学分析、行为验证、神经电生理记录、嗅觉受体鉴定、基因敲除和野外验证等多个层面对飞蝗群居信息素进行了全面而充分的鉴定和验证，发现和确立了 4VA 是飞蝗群聚信息素，被认为人类对蝗虫聚群成灾认识的重大突破。

魏辅文院士以"野生动物保护基因组学研究"为题，在介绍物种灭绝历史、全球生物多样性和受威胁现状、国家生态文明建设，以及中国保护基因组学研究现状的基础上，以大熊猫和小熊猫的研究为例，重点介绍了基因组学研究在野生动物种群历史、趋同演化、协同演化、能量代谢，以及濒危过程及原因等方面的重要应用。这些研究结果对揭示野生动物的进化历史和濒危机制，以及濒危物种的保护和管理具有重要的理论和应用价值。

在疫情防控常态化的情况下，此次活动采用线上直播与线下相结合的方式，现场有 100 余位师生参加，有 13 万人通过中国科讯的直播平台观看了两位院士的精彩报告。

（十五）第二期"动物科学大家谈"

第二期"动物科学大家谈"于 2021 年 6 月 23 日在中国科学院动物研究所举办，由中国科学院动物研究所主办，中华人民共和国濒危物种科学委员会、中国动物学会、中国昆虫学会、中国科学院《中国动物志》编辑委员会、国际动物学会和中国科学院文献情报中心联合承办。

吴孔明院士以"草地贪叶蛾的监测预警与控制策略"为题，在介绍该物种的基础生物学知识后，从种群监测预警、应急防控技术、可持续治理技术和区域性监测治理四个方面，深入浅出地介绍了草地贪叶蛾入侵中国的具体时间和潜在重大危害，我国及时有效的应对措施，包括雷达监测防控系统、开放的数据库系统、新型农药抗药性和转基因玉米抗性研究等，以及国际合作情况，为全球粮食安全贡献出中国智慧。

陈晔光院士以"类器官技术及其应用"为题，在介绍癌症发病率和死亡率持续增加、新药研发周期长、投入大，以及新药研发瓶颈的背景下从活的、可扩增和可复苏、传代过程中的高度遗传稳定性、高度组织相似性和描述每例样本的特异性等多个方面，介绍类器官这一新概念在疾病模型、药物研发、药敏测试和精准医疗上的巨大优势，也提及了目前尚缺少国际国内标准，以及可能的商业和伦理等问题。

现场的青年学者高度赞扬了两位院士的精彩报告，并结合自身的科研实践，提出了包括草地贪叶蛾的入侵机制、监测系统智能化识别手段、天敌引入，以及类器官的应用范围、科学规则制定及治疗的广泛性等多个问题，与两位院士进行了深入热切地交流。

本次活动得到了社会各界的广泛关注和积极参与，3.3万人通过中国科讯的直播平台参与观看。

（十六）中国动物学会第25届学术年会

2023年4月10—12日，在沈阳市组织召开了中国动物学会第25届学术年会。会议由中国动物学会主办、沈阳农业大学和辽宁省动物学会承办、中国科学院动物研究所协办。来自全国各地450位专家、学者和研究生参加，收到论文摘要265篇，并出版了论文摘要集。会议邀请10位中青年知名专家作大会报告，就相关领域的前沿研究进行了精彩的报告和交流。分为10个分会场进行学术交流，共有103位学者作了专题学术报告。

2018—2020年，中国动物学会获得中国科协世界一流学会建设项目C类支持。

2021—2023年，中国动物学会获得中国科协特色一流学会建设项目C类支持。

二、开展专业性学术研讨会，促进学科发展

充分发挥分会（专业委员会）专业特点，开展专业性国内学术交流和海峡两岸学术交流活动。专业性学术会议从20世纪80年代每场的规模60~100人，扩大到2023年的300~1000人，学会的专业性学术会议对本领域的科技工作者的吸引力越来越大，引领着学科发展。其中各年度代表性的专业性学术会议有以下内容。

2000年举办了6次国内专业性学术会议，分别是：微卫星技术在珍稀动物保护遗传学中的应用青年研讨会，兽类学分会成立20周年大会暨学术讨论会，第六届全国青年寄生虫学工作者学术讨论会，第五届会员代表大会暨第四届亚洲两栖爬行动物学学术会议，中国动物学会甲壳动物学分会、中国海洋湖沼学会甲壳动物学分会、生态学分会2000年学术研讨会，以及第二次全国生物进化论学术讨论会。共494人参加，其中外宾86人，共交流学术论文476篇。

2001 年举办了 10 次国内专业性学术会议，分别是：第八次全国生殖生物学学术讨论会、第八次全国寄生虫学学术讨论会及教学研讨会、原生动物学分会第十一次学术讨论会、第十次贝类学学术研讨会、第八次蛛形学学术讨论会、鱼类学分会第六届会员代表大会暨学术研讨会、野生动物生态与管理学术研讨会、两栖爬行学分会毒蛇与蛇伤防治学术研讨会、寄生虫学专业委员会举行的全国囊虫病学术研讨会和全国第四届弓形虫病学术讨论会。共 777 人参加，交流学术论文 694 篇，编辑出版论文集 1 本，论文摘要集 5 本。

2002 年举办了 9 次国内专业性学术会议及学术报告会，分别是：第七次全国青年寄生虫学工作者学术讨论会、细胞及分子显微技术第十一次学术研讨会、两栖爬行动物学学术讨论会、庆祝甲壳动物学分会成立 20 周年暨刘瑞玉院士从事海洋科教工作 55 周年学术报告会、鱼类学青年学术研讨会、生殖生物学学术报告会（2 次）、贝类学学术报告会、绿色奥运与生物多样性学术研讨会。国内 1120 位学者、研究生参加，交流学术论文 246 篇，编辑出版摘要集 3 本。

2003 年组织召开了 7 次国内专业性学术会议，分别是：第一届野生动物生态与资源保护学术研讨会、第八次动物学教学研讨会、原生动物学分会第十二次学术讨论会、第九次全国生殖生物学学术研讨会、贝类学第十一次学术讨论会、两栖爬行动物保护生物学学术讨论会和第九次全国寄生虫学科研与教学学术研讨会。共有 776 位专家、学者及研究生参加，交流学术论文 622 篇，编辑出版论文集、摘要集 7 本。

2004 年组织召开了 5 次国内专业性学术研讨会，分别是：第九次甲壳动物学学术研讨会、兽类学分会第六届委员会换届会议暨学术讨论会、细胞及分子显微技术分会第 12 次学术研讨会、鱼类学分会 2004 年学术研讨会、第四届世界华人虾类养殖研讨会。共有 620 位专家、学者及研究生参加，交流学术论文 466 篇，编辑出版论文集、摘要集 5 本。

2005 组织召开了 7 次国内专业性学术研讨会，分别是：中国动物学会北方七省、自治区、直辖市动物学学术研讨会、第十次全国生殖生物学学术研讨会、两栖爬行学分会 2005 年学术研讨会暨换届会议、全国首届鸟类学研究生论坛、贝类学分会第十二次学术讨论会、第二届比较内分泌学专业委员会和发育生物学专业委员会联合学术讨论会、蛛形学专业委员会第 9 次国内专业性学术讨论会。共有 728 人参加，交流学术论文 537 篇，编辑出版论文集、摘要集 9 本。

2006 年召开了 6 次国内专业性学术会议或学术报告会，分别是：中国青年鸟类学家研讨会、第三届全国野生动物生态与资源保护学术研讨会、两栖爬行学分会 2006 年学术研讨会、细胞及分子显微技术分会第十三次学术研讨会、鱼类学分会第七届会员代表大会暨朱元鼎教授诞辰 110 周年庆学术研讨会、第五届世界华人虾蟹类养殖研讨会。共有 943 人参加，交流学术论文 648 篇，编辑出版论文集、摘要集 3 本。

2007 年召开了 13 次国内专业性学术会议（其中 3 次会议与兄弟学会联合举办），分别是：兽类分子系统地理学青年学术研讨会、2007 年两栖爬行动物学学术研讨会、第三届青年鸟类学家研讨会（翠鸟论坛）、鸟类学分会第九届学术研讨会、生殖生物学分会与中华医学会生殖医学分会第一届联合年会、比较内分泌学专业委员会第七次学术讨论会、第四届生物进化理论研讨会、寄生虫学专业委员会第六次全国会员代表大会暨第十一次全国学术会议、原生动物学分会第十四次学术讨论会、蛛形学专业委员会第五届代表大会暨第十次学术研讨会、贝类学分会第八次会员代表大会暨第十三次学术研讨会、中国灵长类绿色生态旅游与可持续自然保护暨中国灵长类专家组 2007 年工作会、第四届全国野生动物生态与资源保护学术研讨会。共有 1933 人参加，交流学术论文 1220 篇，编辑出版论文集、摘要集 10 本。

2008 年组织召开了 5 次国内专业性学术研讨会（其中 2 次会议与兄弟学会联合举办），分别是：全国鸟类系统分类与演化学术研讨会、2008 年两栖爬行动物学分会学术研讨会、中国青年鸟类学家研讨会暨第四届北师大翠鸟论坛、鱼类学分会 2008 年学术研讨会、第六届世界华人虾蟹类养殖研讨会。共有 935 人参加，交流学术论文 520 篇，编辑出版论文集、摘要集 4 本。

2009 年组织召开了 10 次国内专业性学术研讨会（其中 2 次会议与兄弟学会联合举办），分别是：细胞与分子显微技术学分会第十四次学术研讨会、第五届野生动物生态与资源保护学术研讨会、原生动物学分会第八次会员代表大会暨十五次学术讨论会、中国青年鸟类学家研讨会暨第五届翠鸟论坛、蛛形学专业委员会第十一次学术研讨会、比较内分泌学专业委员会第八次学术研讨会、2009 年发育生物学学术研讨会、两栖爬行动物学分会 2009 年学术研讨会暨会员代表大会、甲壳动物学分会第十次学术研讨会、贝类学分会第十四次全国学术研讨会。共有 1291 人参加，交流学术论文 930 篇，编辑出版论文集、摘要集 8 本。

2010 年组织召开了 9 次国内专业性学术研讨会（其中 4 次会议与兄弟学会联合举办），分别是：第六届全国野生动物生态与资源保护学术研讨会暨中国动物学会鸟类学分会、兽类学分会成立三十周年纪念会，中国青年鸟类学家研讨会暨第六届翠鸟论坛，第十五次全国细胞与分子显微技术学术研讨会，鱼类学分会 2010 年学术研讨会，纪念伍献文教授诞辰 110 周年暨第八届会员代表大会，第二届全国现代生态渔业可持续发展交流研讨会，2010 年中国发育生物学研讨会，第七届世界华人虾蟹养殖研讨会，两栖爬行动物学分会 2010 年学术研讨会。共有 1594 人参加，交流学术论文 950 篇，编辑出版论文集、摘要集 7 本。

2011 年组织召开了 12 次专业性国内学术会议（其中 1 次会议与兄弟学会联合举办），分别是：甲壳动物学分会第十一届年会暨学术研讨会、蛛形学专业委员会第六届会员代表大会暨第十二次学术研讨会、中国青年鸟类学家研讨会暨第七届翠鸟论坛、第十一届全国鸟类学术研讨会、比较内分泌学专业委员会第九届学术会议、生物进化理论委员会全国会员代表大会暨第五届学术研讨会、2011 年发育生物学专题研讨会、中国动物学会第五届北方七省、自治区、直辖市动物学学术研讨会、原生动物学分会第十六次学术讨论会、生殖生物学分会第十三次学术交流会、贝类学分会第九次会员代表大会暨第十五次学术讨论会、第七届全国野生动物生态与资源保护学术研讨会。共有 2206 位代表参加，交流学术论文 1237 篇，编辑出版论文集、摘要集 10 本。

2012 年组织召开了 8 次专业性国内学术会议，分别是：科学观鸟与生态旅游研讨会、第二届全国鸟类系统分类与演化学术研讨会、"生物多样性保护"全国研究生暑期学校暨第八届翠鸟论坛、鱼类学分会 2012 年学术研讨会、第八届全国野生动物生态与资源保护学术研讨会、2012 年全国发育生物学大会、细胞与分子显微技术学分会第十六次学术年会暨庆祝陈大元先生从事科研工作 55 周年学术研讨会、第八次全国寄生虫学青年工作者学术研讨会。共有 1324 人参加，交流学术论文 792 篇。

编辑出版论文集、摘要集6本。另外，甲壳动物学分会、贝类学分会与其他兄弟分会联合在第十次中国海洋湖沼学会全国会员代表大会上主持召开了"全球变化下的水产养殖"专题分会场会议。

2013年组织召开了11次专业性国内学术会议（其中1次会议与兄弟学会联合举办），分别是：原生动物学分会第十七次学术讨论会、比较内分泌学专业委员会第十届学术会议、贝类学分会第十六次学术讨论会、蛛形学专业委员会第六届会员代表大会暨第十三次学术研讨会、鱼类学分会第四届全国青年鱼类学工作者学术研讨会暨水生生物学类博士生论坛、中国青年鸟类学家研讨会暨第九届翠鸟论坛、第十二届全国鸟类学术研讨会暨第十届海峡两岸鸟类学术研讨会、第九届全国野生动物生态与资源保护学术研讨会暨中国动物学会兽类学分会第八次会员代表大会、生殖生物学分会第十四次学术交流会暨第七届会员代表大会、甲壳动物学分会第六届会员代表大会暨第十二次学术研讨会、两栖爬行动物学分会2013年学术研讨会。共有2745人参加，交流学术论文1611篇，编辑出版论文集、摘要集9本。

2014年组织召开了7次专业性国内学术会议（其中1次与兄弟学会联合举办），分别是：中国青年鸟类学家研讨会暨第十届翠鸟论坛、鱼类学分会第九届会员代表大会暨2014年学术研讨会、细胞与分子显微技术学分会第十七次学术研讨会、第二届全国发育生物学大会、两栖爬行动物学分会2014年新乡学术研讨会、第十届全国野生动物生态及资源保护研讨会、第九届世界华人虾蟹养殖研讨会。共有2011人参加，交流学术论文1005篇，编辑出版论文集、摘要集7本。

2015年组织召开了13次专业性国内学术会议、讲座（其中1次与兄弟学会联合举办），分别是：中国青年鸟类学家研讨会暨第十一届翠鸟论坛、第十三届全国鸟类学术研讨会、第十一届全国野生动物生态与资源保护学术研讨会、蛛形学专业委员会第七届代表大会暨学术研讨会、寄生虫学专业委员会第八届全国会员代表大会暨第十五次全国学术研讨会、两栖爬行学分会2015年学术研讨会、原生动物学分会第十八次学术讨论会、第十七次全国贝类学术讨论会暨贝类学分会第十次会员代表大会、贝类产业可持续发展高层论坛、生殖生物学分会第十五次学术交流会、甲壳动物学分会第十三次学术研讨会、动物行为学专业委员会成立大会暨第五届中国动物行为学研讨会和培训班、2015年第七届中国发育生物学研讨会。共有3411人参加，交流学术论文1739篇，编辑出版论文集、摘要集9本。

2016年组织召开了12次专业性国内学术会议、讲座，分别是：中国青年鸟类学家研讨会暨第十二届翠鸟论坛、细胞与分子显微技术学分会第十八次学术研讨会、原生动物学分会第二届青年学者研讨会、第三届全国斑马鱼PI大会暨中国动物学会斑马鱼分会成立大会、动物行为学系统理论培训暨教材教学研讨会、第十届全国寄生虫学青年工作者学术研讨会、第十二届全国野生动物生态与资源保护学术研讨会暨广东省动物学会成立70周年纪念会、第三届全国发育生物学大会、比较内分泌学专业委员会第十一次学术研讨会、第二届野生动物多样性监测学术研讨会暨红外相机技术培训班、第十届世界华人虾蟹养殖研讨会、纪念郑作新院士诞辰110周年纪念活动暨鸟类学系列讲座。共有3111人参加，交流学术论文1347篇，编辑出版论文集、摘要集9本。

2017年分会组织召开了12次专业性国内学术会议、讲座，分别是：中国两栖爬行动物监测研究暨中国大鲵保护研讨会、动物行为学分会2017年学术年会暨全国动物行为学第六届研讨会、灵长类学分会成立大会暨2017年学术年会、生殖生物学分会第十六次学术交流会、中国青年鸟类学家研讨会暨第十三届翠鸟论坛、贝类学分会第十八次学术讨论会、第十三届全国野生动物生态与资源保护学术研讨会、甲壳动物学分会第十四次学术研讨会、原生动物学分会第十次会员代表大会暨第十九次学术讨论会、2017 年遗传发育与疾病模型国际论坛暨第五届中国斑马鱼科学研究大会、两栖爬行学分会 2017 年昆明学术研讨会、第七届全国动物生理生态学学术研讨会。共有 4143 人参加，交流学术论文 2093 篇，编辑出版论文集、摘要集 10 本。

2018 年分会组织召开了 17 次专业性国内学术会议、讲座、学术报告会，分别是：比较内分泌学专业委员会第十二次（2018 年）学术研讨、第七届中国西部动物学学术研讨会、鱼类学分会 2018 年学术研讨会、寄生虫学专业委员会第十一届全国寄生虫学青年工作者学术研讨会、两栖爬行动物学分会 2018 年学术研讨会、中国青年鸟类学家研讨会暨第十四届翠鸟论坛、细胞与分子显微技术学分会第十九次学术研讨会、原生动物学分会委员会会议暨第一届原生动物生物多样性研讨会、第四届水生动物行为学学术研讨会、第四届全国发育生物学大会、动物生理生态学分会成立大会暨第八届学术研讨会、2018 年生物学教育研讨会、第十四届全国野生动物生态与资源保护学术研讨会暨第九届兽类学分会全国会员代表大会、第十一届世界华人虾蟹养殖研讨会、世界整合动物学大讲堂学术报告会、第三届原生动物学分会青年学者研讨会、第四届全国暨全球华人斑马鱼 PI 大会。共有 5194 位参加，交流学术论文 1706 篇，编辑出版论文摘要集 10 本。

2019 年分会组织召开了 15 次专业性国内学术会议、讲座、学术报告会，分别是：蛛形学专业委员会第八届换届会暨第十六次学术讨论会，甲壳动物学分会换届大会暨第十五次学术讨论会，动物行为学分会第三届学术年会暨全国动物行为学第七次研讨会，贝类学分会换届会暨第十九次学术讨论会，中国青年鸟类学家研讨会暨第十五届翠鸟论坛，第十五届中国鸟类学大会，中国动物学会生殖生物学分会和中国生理学会生殖科学专业委员会第三次联合学术年会暨生殖生物学分会第十七次学术年会和生殖科学专业委员会第三届学术会议，原生动物学分会第二十次学术讨论会，表型可塑性与个体变异——从生理生态到种群生态全国学术研讨会，两栖爬行学分会 2019 年南充学术研讨会，第九届全国动物生理生态学术研讨会，灵长类学分会第十六届学术年会，第十五届全国野生动物生态与资源保护学术研讨会，第一届动物遗传、演化与保护学术研讨会，第二届水产经济动物良种繁育与产业化青年科技论坛。共有 4305 位参加，交流学术论文 1745 篇，编辑出版论文摘要集 12 本。

2020 年分会组织召开或承办了 9 次专业性国内学术研讨会、学术报告会，分别是：中国青年鸟类学家研讨会暨第十六届翠鸟论坛、中国动物学会生物地理学分会成立大会暨第二届学术研讨会、兽类学分会及《兽类学报》成立 40 周年学术研讨会、第五届全国发育生物学大会、动物行为学分会首届青年学者论坛、第五届全国暨全球华人斑马鱼 PI 大会、第十届全国动物生理生态学术研讨会、第十二届全国寄生虫学青年工作者学术研讨会、比较内分泌学专业委员会第十三次（2020 年）学术研讨会，其中 1 次线上交流，8 次线下交流（其中 2 次线下与线上交流结合方式）。共有 29453 位专家、学者参加，交流学术论文 1784 篇，编辑出版论文摘要集 12 本。

2021 年分会组织召开或承办了 9 次专业性国内学术研讨会、学术报告会，分别是：第七届全国斑马鱼研究大会、细胞与分子显微技术学分会第二十次学术研讨会、鱼类学分会 2021 年学术研讨会、原生动物学分会第十一次换届会暨第二十一次学术讨论会、行为学分会第四届学术年会（2021）

暨全国动物行为学第八次研讨会、中国青年鸟类学家研讨会暨第十七届翠鸟论坛、亚欧两栖爬行动物多样性与保护国际学术大会暨中国动物学会两栖爬行学分会换届会、保护生物学分会成立大会暨第七届中国保护生物学论坛、飞鱼论坛3期（2次线上会议，5次线下结合线上交流形式）。共有38743位专家、学者和爱好者参加，共84位专家作大会学术报告，621个口头分组报告，提交摘要1008篇。

2022年分会组织召开或承办了10次国内专业性学术研讨会、学术论坛、学术讲座（系列），分别是：生物进化理论专业委员会学术研讨会、第十六届中国鸟类学大会、灵长类学分会第十七届学术年会、青年鸟类学家研讨会暨第十八届翠鸟论坛、甲壳动物学分会第十六次学术研讨会、第二十次全国贝类学术研讨会、8期飞鱼论坛、11期寄生虫学专业委员会"线上系列专题讲座"、黄土高原生态环境与生物多样性保护学术研讨会、首届承钩青年学术论坛，其中2次线下会议，4次线下与线上结合形式举办，其余均为线上交流形式。共有15561位专家、学者等参加，有125位专家作大会学术报告，494位代表作专题学术报告。

2023年分会组织召开或承办了20次国内专业性学术研讨会、学术论坛，分别是：寄生虫学专业委员会第十八次全国学术会议、第十届中国发育生物学PI会议、动物行为学分会常务委员会议暨动物行为学前沿进展学术研讨会、第六届全国发育生物学大会、蛛形学专业委员会第十七次学术讨论会、原生动物学分会第二十二次学术讨论会、2023年第八届全国斑马鱼研究大会、比较内分泌学专业委员会第十四次学术研讨会、第十一届全国动物生理生态学学术研讨会、两栖爬行学分会2023年大连学术研讨会、细胞与分子显微技术学分会第二十一次学术研讨会、第十六届全国野生动物生态与资源保护学术研讨会、动物行为学分会第五届学术年会暨全国动物行为学第九次学术研讨会、第十九届中国鸟类学研究生研讨会暨翠鸟论坛、第十七届中国鸟类学大会、第十二届华人虾蟹养殖研讨会、第一届中国保护生物学大会、生物地理学分会第三届学术研讨会、鱼类学分会2023年学术研讨会、9期飞鱼论坛。共有10205位专家、学者及研究生等参加，收到论文摘要2807篇，有277位专家作大会学术报告，1759位代表作专题学术报告，展示墙报626张。

在中国动物学会倡议下，中国动物学会所属生殖生物学分会、发育生物学分会和比较内分泌学专业委员会联合召开了学术讨论会；河北、北京、天津、河南、山东、山西、内蒙古（北方七省、自治区、直辖市）动物学会联合，自1997年开始每2年召开一次中国动物学会北方七省、自治区、直辖市动物学学术研讨会（已召开了八次）；云南、贵州、四川、重庆等省（市）动物学会自1998开始联合召开了西南地区动物学学术研讨会，后扩展到西部10省市动物学会联合学术会议；广东、湖南、湖北、江西、广西、海南六省区动物学学术研讨会最早起源于2000年，在林浩然院士的倡导和支持下，第一届学术研讨会在广东省韶关市韶关学院召开，研讨会每2年召开一次；黑龙江、吉林、辽宁东北三省动物学会2010年首次联合举办野生动物保护学术论坛，目前已举办了12次学术论坛；这些会议为交叉学科及区域性动物学会的学术交流与合作提供了经验。

三、海峡两岸学术交流

中国动物学会重视海峡两岸的学术交流，从20世纪90年代初就开展海峡两岸鸟类学学术交流活动，促进了两岸学术交流。21世纪，学会海峡两岸交流更加广泛。2003—2004年开展了两岸动物学名词对照工作，成为两岸各学科名词对照的先导和典范，通过名词对照工作进一步推动两岸的学术交流。鱼类学分会开展了海峡两岸洄游性生物保护研讨会、鱼类学学术交流，促进了两岸学术交流。

（一）第四届海峡两岸鸟类学术研讨会

2000年8月15—18日在昆明市召开，由鸟类分会与台北市野鸟学会及中国野生动物保护协会共同主办。出席这次研讨会的代表有130人，提交的论文共74篇。此外，大会还出版了《第四届海峡两岸鸟类学术研讨会文集》，其学术研究领域广泛而深入。

（二）海峡两岸动物学名词对照研讨会

2003年9月23—30日先后在北京市和南京市两地召开。由中国动物学会、全国科技名词审定委员会和中国科学院动物研究所共同主办。共有21位全国各地的专家参加，其中有来自台北市科学出版事业基金会科学月刊社的董事长周延鑫，国立自然科学博物馆的谢丰国研究员、顾世红副研究员、施习德助研，"中央研究院"动物研究所的邵广昭、余玉林和巫文隆研究员，国立中兴大学生命科学系卢重成教授。

与会专家主要就《英汉动物学名词（海峡两岸对照）》一书的收词、增词、词条审定原则展开了讨论。与会专家按专业分为：动物生态学组，动物组织和动物胚胎学组，普通动物学、动物分类学、无脊椎动物学和脊椎动物学3个专业组，对专家已提供的词条和专家建议增加的词条逐一进行对照。

（三）第五届海峡两岸鸟类学学术研讨会

应台湾自然保育文教基金会邀请，中国动物学会15位鸟类学专家于2003年12月12—21日赴台湾地区参加了第五届海峡两岸鸟类学学术研讨会，共有100多位专家参加。

（四）海峡两岸动物学名词对照学术讨论会

2004年10月11—18日，应台北市科学出版事业基金会科学月刊社董事长周延鑫及"中央研究院"生物多样性研究中心邵广昭教授的邀请，中国动物学会以中国科学院院士、河北大学生命科学学院宋大祥教授为团长的12位代表赴台湾地区参加海峡两岸英汉动物学名词对照学术讨论会。参加会议的代表共50多人，共同探讨两岸动物学名词释义。

经过专家的共同努力，《海峡两岸动物学名词》于2005年11月由科学出版社出版。

（五）第六届海峡两岸鸟类学术研讨会暨第八届中国动物学会鸟类学分会代表大会

2005年11月13—14日在海口市召开。由中国动物学会鸟类学分会主办、海南师范大学承办，200多位代表参加了会议。本次会议的主题是"21世纪的中国鸟类学"。台湾地区的专家参加了此次会议，邀请了9位专家作了大会报告，55位代表作了分组报告。

（六）海峡两岸洄游性生物保护研讨会

2007年6月23—29日由中国动物学会鱼类分会组织的大陆代表团一行9人参加了由台湾地区鱼类学会组织召开的海峡两岸洄游性生物保护研讨会，台湾地区有150位学者参加。受台湾地区鱼类学会及曾晴贤先生的盛情邀请，台湾地区鱼类学会将此次研讨会与台湾地区鱼类学会2007年论文发表会合并举行，大陆专家作了1个大会报告和4个分组报告，两岸学者就两岸洄游性生物保护、系统分类及演化和生活史及洄游等进行了深入交流。参观了台湾的自然生态景观以及河川鱼类保育现状，拜访了台湾各地的相关生态保育组织，包括太鲁阁国家公园、国立海洋生物博物馆、行政院农业委员会特有生物研究保育中心、苗栗县河川生态保育协会、台东县农田水利会、联美环保科技股份有限公司等。台湾东部良好的自然生态状况、台湾农民良好的环境保护意识和对野生动植物的那份关爱给内地学者留下了深刻印象。

（七）第七届海峡两岸鸟类学术研讨会

2008年1月26—27日在台北市召开。由中国动物学会鸟类学分会和台湾地区自然保育文教基金会主办、台湾地区自然保育文教基金会和台湾师范大学生命科学系共同承办。200位代表参加了会议，其中大陆代表11位。专题演讲4个、研究报告30个，分成5个主题进行交流。本次会议收到墙报14张。会议期间，代表们就鸟类的分子演化、生态、行为、保护等问题进行了广泛而深入的探讨。

（八）第十届全国鸟类学术研讨会暨第八届海峡两岸鸟类学术研讨会

2009年8月7—9日在哈尔滨市召开。279位代表参加了会议，其中台湾地区专家33人。会议的主题是"鸟类进化与鸟类保护"。10位专家作了大会报告，57位专家在10场专题报告会作了报告。收到墙报20张、研究论文24篇、摘要112篇。此外，会议期间还组织了"自然之美——中国鸟类摄影展"，共展出作品150幅。

（九）2010年海峡两岸鱼类学术交流研讨会

2010年5月1—8日在台湾大学举行。中国动物学会鱼类学分会组成以唐文乔教授为团长的28人代表团赴台湾地区进行学术交流。台湾大学曾万年教授作了题为《鳗鱼生活史研究进展》的大会报告，18位大陆学者、5名台湾地区的学者以及12名台湾地区的博士生作了口头报告，另有墙报18张。大会出版的论文集包括论文和摘要共55篇。报告的内容涉及鱼类系统进化、形态、生态、多样性及其保护、发育生物学等研究方向。

（十）2011年海峡两岸鱼类学术交流研讨会

2011年5月6—14日在台湾地区举行。鱼类学分会组织了20人代表团赴台湾地区参加。台湾地区的张清风教授和莫显荞教授分别作了主题报告。大陆的15位学者和2名硕士研究生及台湾地区的10位学者和12名博士研究生作了口头报告，另有26张墙报。收到摘要70篇。报告的内容涉及鱼类系统进化、生物地理学、形态学、生态学、多样性及其保护、生理生化、发育生物学等研究方向，充分体现了鱼类学者取得的最新学术成果。同时就标本的合作采集、海水鱼类的分子系统地理学研究等方面达成了初步的合作意向。台湾地区鱼类学者在鱼类保护及大型水族馆建设方面所做的努力和实际成效，为大陆学者提供了很多有益的启示。

（十一）第九届海峡两岸鸟类学术研讨会

2011年12月16—24日在台北市召开。由台湾师范大学、台湾大学、中国动物学会鸟类学分会共同主办。来自大陆和台湾地区的近150位代表参加了会议，其中大陆代表共20位，来自13家单位。

本次研讨会的学术交流分为专题演讲、研究报告和墙报三种形式。北京师范大学张正旺教授和台湾大学袁孝维教授共同主持了本次研讨会的专题演讲。台湾大学丁宗苏副教授、北京林业大学丁长青教授、台湾师范大学李寿先教授、中国科学院动物研究所雷富民研究员、海南师范大学梁伟教授分别作了专题演讲。研究报告分为5个专题，内容包括城市化与外来入侵种对鸟类的影响、鸟类迁徙与疾病防控、鸟类鸣声与行为学研究、鸟类多样性与生物多样性保护、分子生物学与其他新技术在鸟类学的应用。研究报告共37个，其中包括中国动物学会代表的12个。另外，会议期间对10张墙报进行了交流，其中有来自大陆的3张墙报。本次研讨会还出版了论文摘要集，含论文摘要51篇，其中大陆学者投送摘要20篇。

12月17日晚上还举办了两岸鸟类保护与研究座谈会，部分专家就两岸鸟类学术交流与合作现状与未来发展趋势进行了讨论，并对深化今后的合作与交流提出了建设性的意见和建议。

本次学术研讨会具有以下四个突出特点。一是代表面广。其人数和单位均为历届学术研讨会之最。二是研究内容广。本次研讨会不仅有传统的鸟类种类、分布、数量调查、繁殖及越冬生态等研究内容，还涉及外来入侵种对鸟类的影响、大尺度生态学格局分析、鸣声、生理生态、病理学分析以及分子生物学等新技术的应用。鸟类学研究的进展也对当前自然保护相关政策的优化与完善提出了新的要求。三是进展显著。特别是在鸟类迁徙的巨观生态学研究、分子生物学技术的应用、巢寄生及寄主—宿主的协同进化等研究内容方面取得了显著的突破，一些研究成果已经接近或达到国际先进水平。四是潜能无限。本次研讨会表明当前两岸鸟类学研究中，中青年学者的人数在不断壮大，业务能力和水平在不断进步，为海峡两岸鸟类学研究的进一步发展提供了丰富的人力资源。

（十二）2013 年海峡两岸鱼类学术交流研讨会

2013 年 4 月 26 日至 5 月 4 日在台湾地区举行。会议由台湾鱼类学会主办。中国动物学会鱼类学分会组成 10 人代表团参加会议，由西南大学王志坚教授任团长。杨圣云教授作了《台湾海峡及邻近海域主要经济鱼类生态类型的转变及资源管理对策》的大会报告。王志坚教授等 4 位大陆专家作了会议交流发言，3 位专家提交了论文摘要。王志坚教授还与莫显荞教授共同主持了"多样性、生态、分类与演化"分会场的学术交流活动。通过参会大家了解了台湾地区学者在该领域最新研究动态，并与参会的学者进行学术交流，共同探讨研究经验，促进海峡两岸鱼类学、水产养殖、鱼类生态保育研究及农牧业工作。

（十三）第十二届全国鸟类学术研讨会暨第十届海峡两岸鸟类学术研讨会

2013 年 11 月 8—10 日在杭州召开。参会代表达 500 余人。本次大会的主题是"人类活动与鸟类多样性保护"。会议邀请陈水华研究员、台湾师范大学李寿先教授、美国杜克大学 John W. Terborgh 教授、法国巴黎第十一大学 Anders Pape Møller 教授、美国俄勒冈州立大学 Daniel D. Roby 教授、屈延华副研究员和张雁云教授分别作了大会报告。在开幕式上，刘迺发主任委员和 Marco Lambertini 博士分别代表中国动物学会鸟类学分会和国际鸟盟共同签署了合作谅解备忘录。大会组织了 10 个专题 60 个学术报告，内容涵盖鸟类区系与生物地理格局、鸟类群落生态学、鸟类迁徙、中国鹤类研究与保护、气候变化对鸟类的影响、鸟类行为进化、中国海鸟研究与保护、越冬水鸟研究、鸟类繁殖及生活史策略、城市鸟类生态等。展出了 109 张墙报。

（十四）第十一届海峡两岸鸟类学术研讨会

2016 年 4 月 23—24 日在台中市自然科学博物馆召开，海峡两岸鸟类学术研讨会自 1994 年起，每隔 2 年由大陆与台湾地区轮流举办。参加本次会议的台湾地区学者、专家、研究生有 90 名，大陆鸟类学者、专家、研究生有 48 名。本次会议主要包含鸟声学演习工作坊、专题演讲、论文口头报告和墙报展示。研讨会共设大会、专题报告 5 个，52 个口头报告，涉及鸟类行为生态、猛禽研究、水鸟研究、公民科学及长期检测、鸟类保育生物学及非政府组织等专题，墙报 14 个。

海峡两岸鸟类学术交流亮点：①提供海峡两岸鸟类基础研究的交流平台，促进对亚洲以及我国海峡两岸鸟类的认识，以作为公民科学教育及推动生态保育工作的科学基础；②借由海峡两岸鸟类学者专家研讨会相互切磋，以促进学术交流，提升彼此的学术研究水平，并提供未来海峡两岸鸟类学术研究与保育工作的合作根基；③鸟类生态的调查与研究将在传统调查方法之外，再发展创新并借助网络掌握分析的工具将成为未来研究发展的重要方向；④借由海峡两岸鸟类学术研讨会能够对鸟类行为、族群、群落、鸟类分子生态、演化生物学、猛禽研究、水鸟研究、公民科学及长期监测鸟类保育生物学及非营利事业组织，对鸟类生态的研究与关注等，共同努力建构出鸟类研究与保育的新里程。

（十五）第 14 届中国鸟类学大会暨第十二届海峡两岸鸟类学术研讨会

2017 年 9 月 21—24 日在陕西师范大学雁塔校区召开。会议由中国动物学会鸟类学分会主办，陕西师范大学生命科学学院、陕西省动物研究所承办。有 520 人参加了会议，收到论文摘要 259 篇。大会的主题是"鸟类的行为、生态适应与演化"，共安排了 7 个大会特邀报告、2 个大会特邀青年报告、60 个专题报告、64 个口头报告、19 个研究生英文报告、86 张墙报、1 个圆桌讨论会。会上颁发了第十一届郑作新鸟类科学青年奖、第十二届郑作新鸟类科学青年奖、第三届中国鸟类学研究生学术新人奖。

第三节 国际学术交流

中国动物学会非常重视国际学术交流，通过派团参会、申办国际会议在中国召开、举办或承办国际会议及专家争取在国际组织任职来提高我国在国际动物学界的影响力和话语权。通过国际的各种学术活动交流，研究学科发展趋势，找出我国与国际先进水平的差距，努力发展我国动物学科。

2003 年，中国动物学会获中国科协先进学会国际学术交流单项奖。

2018—2020 年，中国动物学会获得中国科协世界一流学会建设项目支持。

2021—2023 年，中国动物学会获得中国科协特色一流学会建设项目支持。

（一）组团参加第 18 届国际动物学大会并获得第 19 届国际动物学大会承办权

1996 年，由以色列耶路撒冷希伯尼大学进化、系统学和生态学 F. D. Por 博士和希腊雅典大学生物学系 R. M. Polymeni 博士联名发出关于召开新的国际动物学大会的倡议，并致函中国动物学会主办期刊《动物学报》，希望刊出该倡议，中国动物学会理事长宋大祥和翟启慧研究员翻译成英文登载在

《动物学报》和第 24 期《中国动物学会通讯》上，为国际动物学大会的恢复召开发挥了重要推动作用。2000 年 8 月 28 日至 9 月 2 日，学会派出以宋大祥副理事长为团长、沈韫芬副理事长、段恩奎副理事长为副团长，陈广文、刘保忠、洪水根以及中国国际科技会议中心张忠连副处长为团员的 7 人代表团参加了在希腊雅典召开的第 18 届国际动物学大会，并成功获得第 19 届国际动物学大会在北京召开的承办权。宋大祥教授当选为国际动物学委员会 7 人委员之一。此次参会不仅加强了与国外同行的交流与合作，更重要的是极大地提高了我国动物学研究的影响力和学术地位，使我国的动物学界在国际舞台上占有一席之地。

（二）第四届亚洲两栖爬行动物学学术会议

2000 年 7 月 16—20 日在四川省成都市举办。来自全国各地的代表、其他亚洲国家及美国、加拿大、英国、法国、瑞士、澳大利亚、南非等国的代表参加了会议。17 日 9 位知名专家作了大会报告，18—19 日与会代表就 DAPTF、系统学、分子和细胞生物学、生态学及保护生物学、形态和发育以及生物多样性等专题进行了分组交流。许多代表还以墙报的形式展示了他们的研究成果。

（三）第十一届国际原生动物学大会

2001 年 7 月 15—19 日在奥地利萨尔茨堡召开。40 余个国家的 400 余位代表参加。中国动物学会副理事长沈韫芬院士、分会主任委员李明教授率领原生动物学分会 11 名代表（其中台湾地区 1 名）参加并申办下一届国际大会的承办权，成功获得 2005 年在广州召开第十二届国际原生动物学大会的举办权。

（四）第 23 届国际鸟类学大会

2002 年 8 月 11—17 日在北京市举办。来自中国、美国、英国、法国、德国、日本等 50 多个国家和地区的近 1000 位专家学者参加了这次盛会。此次大会是国际鸟类学大会首次在亚洲举办。会议共安排涉及当前鸟类学研究热点和前沿的大会报告 10 个。分会报告 40 组，总计 200 个报告，涵盖了鸟类学基础理论与应用研究领域；圆桌讨论会 20 余次；墙报展示 600 多张。在大会召开前后相继召开了 3 个卫星会议：国际鹤类学术研讨会、国际雉类学术研讨会、第 9 届国际松鸡科研讨会。参加大会及 3 个卫星会议的代表共 1187 人，其中境外专家学者 873 人，收到论文及论文摘要 800 余篇。我国年轻的鸟类学家丁长青博士和丁平教授当选为新的国际委员，至此，中国代表已增至 7 人。

（五）第 19 届国际灵长类学大会

2002 年 8 月 4—9 日在北京市举办，由中国动物学会兽类学分会承办，来自中国、美国、英国、法国、日本、德国等 40 个国家的 427 位专家出席了大会。国际灵长类学大会首次在我国举办。本届大会的主题为"关爱灵长类——爱护它们，保护它们，善待它们"。大会共收集到论文摘要 483 篇，内容涉及灵长类学的各个研究领域，如系统进化、生态学、社会行为、遗传学、学习和认知、神经生物学、营养、繁殖、发育、饲养以及保护等方面。本次大会共分 8 个特邀大会报告、29 个专题讨论会、5 个分组报告会、3 个研讨会以及 70 张墙报。8 个大会报告分别从保护、化石、行为、分类、遗传、生理、认知等方面就灵长类学各领域以及我国灵长类学的研究现状和研究进展进行了充分交流，同时从行为生态学、保护生物学、系统分类及进化研究、饲养繁殖和认知生物学 5 个大的研究领域进行了分组报告会。

（六）第四届亚洲和大洋洲国际比较内分泌学学术研讨会

2002 年 10 月 8—11 日在广州中山大学举办，中国动物学会比较内分泌学专业委员会承办。来自日本、印度、马来西亚、新加坡、菲律宾、韩国、新西兰等国家和地区的科学家 120 多人参加了会议。会议收到论文 96 篇。

（七）第 19 届国际动物学大会

2004 年 8 月 23—27 日在北京国际会议中心举办，本次大会由中国动物学会、中国科学院动物研究所、中国野生动物保护协会、国际科技会议中心共同主办。来自 47 个国家和地区的 677 名动物学家出席了这次盛会。中国政府高度重视本次大会的召开，国务委员陈至立和国家自然科学基金委员会主任陈宜瑜（本届国际动物学大会主席）、中国科学院副院长陈竺、中国科协副主席曾庆存、国家林业局副局长赵学敏、国际动物学大会执委会主席 John Buckeridge 出席大会开幕式并讲话。

本次大会共邀请了 15 位国内外著名的动物学家作大会报告，安排了近 60 个专题讨论会。这些研讨会被分为 9 个部分：动物进化和系统分类，行为与社会生物学，动物生态学，环境影响，保护与生物多样性，生殖生物学，健康与疾病，动物学伦理、哲学和教育以及整合动物学。共有 510 个口头发言、100 多个海报和 694 篇论文摘要（中国代表 314 篇）。

会议期间召开成员大会，经成员投票表决，成立了国际动物学会，我国成功地争取到该国际组织的秘书处常设在中国科学院动物研究所，这是我国较早二级以上学科的国际组织落户中国。大会选举了 9 位国际动物学会执委会成员，我国的张知彬研究员、宋大祥院士当选，其中张知彬研究员还当选为国际动物学大会执委会副主席。

（八）第十二届国际原生动物学大会

2005 年 7 月 10—15 日在南方医科大学召开，本次大会由原生动物学分会主办。来自 25 个国家和地区的 250 多名代表出席了本次会议，其中国外代表 130 余人。

大会围绕"原生动物与环境和健康"这一主题，邀请 6 位国际上知名的原生动物学家作了主题报告，与此同时，大会又分 5 个专题进行了报告。大会共收到国内外论文摘要 342 篇，其中来自我国的有百余篇。

（九）2005 年寄生虫学国际研讨会暨中国动物学会寄生虫学专业委员会第十次全国寄生虫学学术讨论会

2005 年 10 月 25—29 日在云南省昆明市召开，本次大会由寄生虫学专业委员会主办。来自不同国家和地区的 137 位代表参加。交流论文 190 篇。会议邀请了 13 位国内外知名寄生虫学专家作了大会报告，后又分为原虫组和蠕虫组进行充分交流，本次研讨会内容涵盖传统寄生虫学和现代寄生虫学两大领域。

（十）秉志先生诞辰 120 周年暨整合动物学国际研讨会

2006 年 10 月 18—21 日在北京市召开，会议由国际动物学会、中国动物学会、中国科学院动物研究所主办。为了纪念秉志先生为我国生物学和动物学发展所作出的杰出贡献，会前出版了一套《秉志文存》（三册），120 多位代表参加了纪念会。来自 5 个国家的 8 位外国专家及约 50 名中国的动物学家和 30 多名研究生出席了国际研讨会。11 位国内外著名的动物学家作报告，内容涉及动物生态、医学生物学、环境、古生物学、生殖生物学、遗传和发育生物学、保护生物学等方面。

国际动物学会主席 John Buckeridge 和中国科学院动物研究所张知彬所长共同为由国际动物学会、中国科学院动物研究所和国际著名的 Blackwell 出版社合作出版的《整合动物学》杂志揭幕。

（十一）第九届医学贝类学和应用贝类学国际大会

2006 年 10 月 17—20 日在山东省青岛市召开。来自 14 个国家的 66 位专家学者和我国 85 位代表参加了会议。会议的主题是"贝类与人类健康"。大会共收到论文摘要 124 篇。张福绥院士、郑守仪院士、约翰·伯奇教授、朱福林教授、大卫·劳历森教授和周晓农教授分别作了大会报告。会议分 7 个专题进行交流，60 人次作了报告，收到墙报 40 张。此外，还针对"中国与世界各国的贝类学合作"以及"联合主办贝类学国际学术刊物"这两个议题召开了专题讨论会。

（十二）第七届亚洲纤毛虫生物学会议

2006 年 7 月 16—20 日在湖北省武汉市召开。出席会议的代表有 120 人。大会名誉主席刘建康院士和沈韫芬院士出席。世界著名纤毛虫生物学专家 Wilhelm Foissner、Eduardo Orias、宋微波教授等 7 人作了大会报告；会议又分为 3 个专题进行交流，有 50 余人或以口头报告，或以墙报、摘要的方式进行交流。

（十三）中国扶绥国际灵长类研讨会

2006 年 3 月 29—31 在广西壮族自治区崇左市扶绥县举办。主题为"灵长类资源的保护和合理利用"，57 名代表参加。

（十四）第四届国际鸡形目鸟类学术研讨会

2007 年 10 月 15—20 日在四川省成都市和卧龙自然保护区召开。共有 180 位代表参加。会议主题是"珍稀濒危雉类生态学与栖息地保护"。经世界雉类协会理事会投票，北京师范大学的郑光美院士被选为世界雉类协会理事长。

（十五）第 20 届国际动物学大会

2008 年 8 月 25—29 日在法国巴黎召开。来自世界 30 多个国家和地区的 450 位代表参加。大会选出了新一届国际动物学会执行委员会。中国动物学会副理事长张知彬博士再次当选为国际动物学会副主席，解焱博士当选为国际动物学会秘书长。

（十六）第 22 届国际灵长类学大会

2008 年 8 月在英国爱丁堡召开，中国动物学会兽类学分会组织 3 名专家参加。

（十七）纪念达尔文诞辰 200 周年暨第三届整合动物学国际研讨会

2009 年 7 月 8—10 日在北京市召开。本次会议由国际生物科学联合会和国际动物学会主办，中国科学院动物研究所和中国动物学会承办。130 多位专家、学者参加了大会，收到论文摘要 49 篇。会议主题为"全球气候变化的生物学效应"。

（十八）第十二次全国学术会议暨第三次国际寄生虫学学术研讨会

2009 年 10 月 23—27 日在陕西省西安市召开，267 代表参加，收到论文摘要 246 篇，80 余名学者作了口头汇报。与会者就寄生虫学及相关学科的最新研究成果展开了讨论。

（十九）第一届国际经济蟹类养殖学术研讨会

2009 年 11 月 8—12 日在上海海洋大学召开，121 位学者参加，收到论文摘要 102 篇，46 位中外学者作了报告。

（二十）第七届国际甲壳动物学大会

2010 年 6 月 20—25 日在山东省青岛市召开，这是国际甲壳动物学大会首次在中国召开。来自 40 个国家和地区的 348 位代表出席，收到论文摘要 369 篇。来自美国、英国、德国、以色列和中国（两位中国科学家）的 8 位著名甲壳动物学家作了大会特邀报告，206 位专家、学者分别在 5 个专题讨论会和 12 个分组讨论会上发言，另有 123 位学者以墙报形式展示自己的研究成果。

（二十一）第十八届国际扇贝研讨会

2011 年 4 月 20—26 日在山东省青岛市召开，这是我国首次主办该国际系列会。来自加拿大、美国、智利、澳大利亚、韩国、日本、英国等 13 个国家的 105 名代表参会。收到论文摘要 93 篇，会议安排 2 个大会报告、47 个专题报告、46 张墙报。

（二十二）第四次国际寄生虫学学术研讨会暨寄生虫学专业委员会第十三次全国学术会议

2011 年 11 月 5—9 日在广西壮族自治区南宁市召开。来自美国、澳大利亚、荷兰等国的 158 位代表参加。收到论文摘要 170 篇。有 34 人进行了大会发言，46 人进行了专题发言。

（二十三）第五届亚洲两栖爬行动物学大会暨中国动物学会两栖爬行动物学分会 2012 年学术研讨会

2012 年 6 月 1—4 日在四川省成都市召开。来自 23 个国家和地区的 309 人到会。中国科学院张亚平院士、赵尔宓院士，美国科学院院士 David M. Hillis，澳大利亚科学院院士 Richard Shine，俄罗斯科学院院士 Natalia B. Anajeva（女）也参加了本次会议。收到论文摘要 191 篇，会议报告 108 个，包括 12 个大会报告（分 3 场报告）、96 个分组报告（共分 9 个组报告），报告内容涉及系统学、生物多样性、生态、保护、行为、生理、遗传、进化、系统发育、生物地理、繁殖生物学、人工繁育。

（二十四）第三届鸟类巢寄生国际学术研讨会

2012 年 11 月 15—19 日在海南师范大学召开，由海南师范大学、挪威科技大学、中国动物学会鸟类学分会联合主办。来自中国、美国、英国、挪威、加拿大、法国等国家的 60 位专家学者出席了会议。本次国际学术研讨会安排了 5 个特邀大会报告、27 个专题报告。部分论文在期刊 *Chinese Birds* 的专辑中发表。

（二十五）寄生虫学专业委员会第十四次全国学术会议暨第五次国际寄生虫学学术研讨会

2013 年 7 月 31 日至 8 月 4 日在贵州省贵阳市举办。共有 190 位代表参会，收到摘要 209 篇。会议期间有 54 位专家学者就各自研究方向进行了学术报告，内容涉及病原生物学和免疫学、寄生虫病流行病学、寄生虫病诊断和治疗、临床案例分析等领域。

（二十六）第十四届国际原生动物学大会

2013 年 7 月 26 日至 8 月 2 日在加拿大温哥华市召开，来自全球 67 个国家 500 余位同行、学者参会。高珊博士因在纤毛虫模式动物（四膜虫）的功能基因等领域的突出成果获得了 Holz-Conner Award，这是我国学者在 ISOP 内首次获得此奖项。

（二十七）第十一届国际哺乳类大会

2013年8月11—16日在北爱尔兰的贝尔法斯召开，来自全球各国的600余位学者、专家参加。

（二十八）第26届国际鸟类学大会

2014年8月18—24日在日本召开。本次大会由国际鸟类学委员会主办，日本鸟类协会和日本立教大学承办。来自世界63个国家的1134位代表参会。我国的学者曹垒研究员作了大会报告，李寿先、孙悦华、马志军、刘阳等分别主持了分组报告会，陈水华、马志军、余日东、曹垒等主持了圆桌讨论会，其他代表分别通过分组报告会、口头报告会或墙报展示了自己的研究成果。屈延华、曹垒被增补为国际鸟类学委员会委员。

（二十九）第25届国际灵长类学大会

2014年8月11—16日在越南河内举办。来自全球50多个国家和地区近900位科学家出席了会议，我国有8位专家参加。本届大会的主题为 Meeting the Challenges of Conserving Primate Diversity。我国8位专家均参加了"中国的灵长类研究与保护探讨会"专场，并作了学术报告，介绍了我国灵长类研究的最新方法、进展和成果，同时介绍了SCI杂志《整合动物学》。

（三十）第三届世界生殖生物学大会

2014年9月1—8日在英国爱丁堡市举办。来自35个国家和地区的407位代表出席，中国动物学会派10位专家代表团参加。大会安排特邀报告6个，特邀专题报告24个，一般口头报告30个，此外还有展板交流。李劲松研究员作了大会特邀报告；孙青原研究员、李卫研究员、汤富酬教授作了特邀专题报告。孙青原研究员当选为世界生殖生物学大会执委。

（三十一）亚洲鱼类多样性会议暨中国动物学会鱼类学分会专题研讨会

2015年8月21—25日在广西壮族自治区桂林市召开。本次会议由亚洲鱼类学会和中国动物学会鱼类学分会主办，桂林理工大学、广西大学、广西动物学会承办。来自马来西亚、印度尼西亚、泰国、越南、柬埔寨、文莱、伊朗、新加坡、日本、美国、加拿大、中国12个国家的150位代表参加，其中有研究生48名。本次会议共收到论文摘要101篇，会议墙报32张。6位中外学者分别作了大会报告，此外还有39位代表作了口头报告。

（三十二）第八届世界两栖爬行动物学大会

2016年8月15—21日在浙江省杭州市桐庐县召开。会议由中国动物学会、南京师范大学、中国动物学会两栖爬行学分会、杭州师范大学主办，多家单位协办。来自全球60个国家和地区的683位代表注册参会。会议主题为"两栖爬行动物的适应、进化与全球生存危机"。大会有专题研讨会4个、专题30个和开放专题13个，9位专家作了大会报告、5位专家作了微大会报告，还有471个口头报告和180张墙报。收集摘要640余篇。执委会会议推举计翔教授接任大会秘书长，匈牙利国家自然博物馆 Judit Vörös 博士为大会候任秘书长，决定第九届世界两栖爬行动物学大会于2020年在新西兰达尼丁举办。

（三十三）第六届国际鸡形目鸟类学术研讨会

2016年10月21—23日在北京林业大学召开。近20个国家和地区的190余位代表参加了本次学术研讨会。会议主题是围绕全球珍稀雉类、鹑类、松鸡、珠鸡等鸡形目鸟类的科学研究、保护管理、人工繁育、可持续发展等开展学术交流，重点关注生存受威胁的珍稀濒危物种及其栖息地的保护与管理，并设有大会报告、专题报告、圆桌会议和墙报等环节。大会邀请了8位国内外知名专家和学者作了报告。

（三十四）2016北京国际干细胞及血液发育论坛

2016年10月29—31日在中国科学院动物研究所举行。会议由中国科学院动物研究所膜生物工程国家重点实验室主办，中国动物学会和中国科学院北京生命科学学院协办。多个国家和地区的代表参加了本次大会，会议主题为"干细胞与血液发育"。

（三十五）承办2016世界生命科学大会2个分会场

2016年11月1—3日，世界生命科学大会在北京国家会议中心举办。本次大会由中国科学技术协会主办，是中国举办的生命科学领域层次最高、覆盖面最广的一次国际学术盛会。大会主题是"健康、农业、环境"。邀请了13位诺贝尔奖得主、3位世界粮食奖得主、美国科学院院长、英国皇家科学院院长等众多享有国际声誉的顶级科学家参会，设置了60余场学术专题研讨会，得到生命科学领域多个国际重要学术组织的支持。本会承办了动物地理学和系统学、动物生态学：模式与机制2个分会场。

（三十六）亚洲蛛形学会第四次学术讨论会暨中国动物学会蛛形学专业委员会第十五次学术讨论会

2017年10月9—13日在西南大学桂园宾馆召开。会议由亚洲蛛形学会和中国动物学会蛛形学专业委员会主办，西南大学承办。来自18个国家的专家学者共153人参加。大会安排特邀报告5个，口头报告52个，展示19张墙报，收集摘要76篇。大会对学生报告和墙报进行了评比，评出报告一等奖2个、二等奖2个和一等奖墙报1张。本次会议是世界蛛形学领域首次在中国举办的国际会议。

（三十七）第七次国际寄生虫学学术研讨会

2017年10月13—17日在江西省九江市召开。实际注册参会421人（其中有正高职称90人、副高职称69人、研究生151人）。本次会议征集中英文论文摘要共237篇，36位海内外知名寄生虫学家作了特邀专题报告与交流。

（三十八）承办2018年世界生命科学大会分会场

2018年10月27—29日在北京国家会议中心召开。大会主题是"科学促进美好生活"。本会组织了3个分会场：全球变化生物学效应、野生动物肠道微生物与进化、动物适应性进化研究。19位国内知名专家作了学术报告。

（三十九）第四届野生动物疟原虫及血孢子虫国际学术研讨会

2018年11月1—6日在北京师范大学和北京动物园召开。来自中国、美国、瑞典、立陶宛、巴西、哥伦比亚、喀麦隆等20个国家的120名代表参加了本次大会，收到论文摘要65篇。

本次会议的主题是"野生动物疟原虫和血孢子虫的多样性、进化与动物健康"，3位专家作了大会主题报告，9位专家作了大会专题报告，还有49个口头报告，并举办了第2届全国鸟类血孢子虫培训班。会议围绕野生动物疟原虫及血孢子虫的多样性起源与维持机制、分子进化、与宿主的协同演化、谱系基因组学、致病机理与药物研发、媒介昆虫的影响机制以及气候变化、栖息地丧失等环

境变化对宿主 – 寄生虫关系的影响等丰富多样的主题进行了深入讨论。

（四十）2018 年亚洲鱼类学会学术年会

2018 年 11 月 30 日至 12 月 5 日在广西壮族自治区南宁市召开。来自 12 个国家 142 位代表参会。会议收到论文摘要 92 篇，8 位中外学者作了大会报告。吴志强教授当选为新一届亚洲鱼类学会主席，会议决定 2019 年亚洲鱼类学会学术年会在印度尼西亚班达亚齐举行。

（四十一）第十届亚洲纤毛虫生物学大会暨第三届亚洲原生生物学大会

2018 年 11 月 24—26 日在广东省广州市召开。来自英国、日本、新加坡、意大利、阿根廷、韩国等多个国家和地区的 62 人参加。会议设 4 个大会报告，共设 21 个口头报告，收到论文摘要 42 篇。会议期间召开了一次亚洲原生生物学家委员会会议，对学科和学会的发展等进行了讨论和安排。委员会讨论推选伦照荣教授担任新一届亚洲原生生物学家委员会主席，赖德华副教授担任学会秘书长。

（四十二）接待世界国际组织等重要高层官员及知名科学家来华访问

2018 年 6 月 24 日—26 日接待了世界卫生组织 John Reed、Maru Aregaw 和世卫组织西太区 Aya Yajima 等重要官员 21 人，通过接待专家参加高级别会议、访问交流等形式，提高中国全球卫生合作能力，加强与亚洲血吸虫病及其他人畜共患病区域网络（RNAS+）成员国的交流，发挥我国专家在血吸虫病、重要蠕虫病科研与防治工作中的引领作用，为该地区发展因地制宜的综合防控策略提供了理论依据和实践基础，为中国经验"走出去"提供了平台。会议由中国动物学会的寄生虫学专业委员会和贝类学分会主办，中国疾病预防控制中心寄生虫病预防控制所承办。

（四十三）第 51 届国际生殖生物学年会

2018 年 7 月 10—13 日在美国新奥尔良召开。877 人参会，中国动物学会组织国内 15 位专家、学者和研究生参会。共有 7 个大会报告。

（四十四）第 13 届国际水产遗传学大会

2018 年 7 月 15 日—21 日在澳大利亚凯恩斯召开。100 多人参会，共有 7 个大会报告。本次会议由澳大利亚詹姆斯·库克大学主办。专题内容涵盖遗传育种、性别控制、功能基因组、群体遗传学、基因组选择、表观遗传学、营养与环境等各个方面。

（四十五）第 27 届国际灵长类学大会

2018 年 8 月 19—25 日在非洲肯尼亚举行。参会人数超过 1000 人，中国动物学会组织国内 26 位专家参加。大会共组织 616 个报告、圆桌会议等，涉及灵长类各个学科，中国动物学会灵长类学分会组织了一个专场，题目是 Advances in Chinese Primate Behavioral Ecology and Conservation，11 位学者围绕灵长类生态、行为、分类、基因组、保护等方面进行了报告。

（四十六）第 27 届国际鸟类学大会

2018 年 8 月 19—26 日在加拿大温哥华市举行。来自世界各地的 1500 余人参会，其中中国代表 101 人。本次会议设置了 10 个大会报告、48 组 240 个专题报告、40 组 320 个口头报告、510 张墙报、22 个圆桌讨论会，涉及鸟类学的各个研究领域。中国代表团在本次会议上作了 1 个大会报告、23 个专题或口头报告，主持 2 个圆桌讨论会，提交 41 张墙报。雷富民研究员当选为国际鸟类学家联合会副主席。

（四十七）建立中非两地灵长类应对全球气候变化的长期监测标准规范

2018 年 8 月，中国动物学会派郭松涛、范朋飞赴乌干达马克雷雷大学 Kibale 野外研究基地、坦桑尼亚桑给巴尔岛赤疣猴保护区和肯尼亚萨瓦那草原狒狒研究基地，从生境类型、种群动态和生态监测等方面展开了详细的对比研究，在西方学者的研究项目运营模式、与当地人合作方式、数据采集和积累经验、数据分析和对比研究的可能性等多个方面开展了详细的调查。此次调研合作商议建立了中国和非洲叶猴和长臂猿种群与生境监测的规范。

（四十八）第十四届国际斑马鱼大会

2019 年 6 月 12—16 日在江苏省苏州市国际博览中心召开。会议由国际斑马鱼学会主办，苏州大学及本会斑马鱼分会承办。30 多个国家和地区的 1100 多位科研人员参会，诺贝尔生理学或医学奖获得者 Christiane Nüsslein-Volhard 教授、中国科学院院士蒲慕明教授和中国科学院院士李蓬教授作大会特邀报告。本届大会的内容涵盖了早期发育模式、造血发育、心血管发育、消化道发育和功能、神经发育及其功能、生理与代谢、生殖生物学、疾病模型、药物化学、基因组编辑、影像学技术及进化发育生物学等研究领域。

（四十九）第八次国际寄生虫学学术研讨会

2019 年 10 月 16—20 日在河北省石家庄市举行。429 位学者、研究生参会，收集论文摘要 269 篇，内容包括原生动物学、蠕虫学、节肢动物学及相关领域。大会邀请来自美国及捷克的 5 位国际专家以及国内的 11 位知名寄生虫专家围绕"动物寄生虫学——寄生虫与宿主的共进化"这一主题对组学及后组学时代寄生虫学进行报告。有 22 位学者就其取得的突破性进展在大会报告上进行了分享与讨论，48 位青年学者及研究生在原虫、蠕虫和外寄生虫 3 个分会场进行了报告，展示了 36 张墙报。会员选举产生了第九届委员会委员 119 位、常务委员及委员会负责人 48 位。选举中国农业大学索勋教授为主任委员，陈启军、王恒、诸欣平、陈晓光、朱兴全、张西臣、伦照荣、张龙现为副主任委员，邹洋主任医师为秘书长。

（五十）亚欧两栖爬行动物多样性与保护国际学术大会暨中国动物学会两栖爬行学分会换届会

2021 年 11 月 2—5 日在四川省成都市召开。来自全国 58 个单位的代表 270 人现场参会，另采用视频直播的方式汇集了来自 21 个国家和地区的 337 名线上参会者。本次会议由中国动物学会两栖爬行动物学分会、俄罗斯两栖爬行动物学会、亚洲两栖爬行动物学研究学会主办，中国科学院成都生物研究所、科技部中国 - 克罗地亚生物多样性和生态系统服务"一带一路"联合实验室、中国野生动物保护协会科学技术委员会联合承办。

会议设置了 13 个专题，13 位专家作了大会报告，136 位作了专题报告，其中国际报告 33 个、墙报交流 15 张。会议的主题为"'一带一路'绿色发展、两栖爬行动物保护先行"，议题为"两栖爬行动物多样性与保护"。收到论文摘要 240 篇。两栖爬行学分会组织召开了第九届委员会会议，推选中国科学院动物所杜卫国研究员担任中国动物学会两栖爬行学分会主任委员，副主任委员为车静（中国科学院昆明动物研究所）、陈晓虹（河南师范大学）、李家堂（中国科学院成都生物研究所）、聂刘旺（安徽师范大学）、吴华（华中师范大学）和武正军（广西师范大学），南京师范大学屈彦福副教授任分会秘书长。委员会讨论决定中国动物学会两栖爬行学分会 2022 年学术研讨会在新疆乌鲁木齐举办，由新疆大学主办。

（五十一）第一届亚洲鸟类学大会

2021 年 11 月 9—11 日在我国成功举办。会议原定在广东省珠海市举办，由于疫情防控需要，改在北京、上海和广州三地同时召开线下会议，另外设置了线上会议。来自 29 个国家的 300 余人参会，涉及 91 所大学和科研机构，其中 146 名从事鸟类学研究的代表正式注册参会，其余参会人员则采取线上听取报告或参与圆桌讨论会的形式。本次会议的主题是"亚洲鸟类共享同一片蓝天"。

在"亚洲鸟类学发展"讨论会上，来自中国、哈萨克斯坦、印度、印尼、日本、韩国、马来西亚、俄罗斯、新加坡、泰国、越南等国家的代表通过充分讨论，一致同意成立亚洲鸟类学联合会。筹备讨论会提名中国科学院动物研究所雷富民研究员和新加坡国立大学 Frank E. Rheindt 教授作为联合会的主席和副主席候选人，深入推进联合会构架、章程起草、会员发展、网站建设等各项事宜。联合会秘书处设在中国北京，同时在中国广州以及中亚、东南亚、南亚、西亚等国家或地区设立地区协调办公室，以推动亚洲各国之间鸟类学学术交流与协调。会议同意将亚洲鸟类学大会作为亚洲鸟类学家联合会的周期性会议，每 2 年举办一次，下一届亚洲鸟类学大会在 2023 年举行。

（五十二）第 28 届国际鸟类学大会

2022 年 8 月 15—19 日，会议原计划在南非德班举办，受疫情影响，改为线上会议。本次会议共有 10 个大会报告、44 个专题讨论会、39 个口头报告专题会和 16 个圆桌讨论会，报告人达 400 人次。

中国鸟类研究者积极参与本次大会，来自中国科学院动物研究所、北京师范大学、复旦大学、华东师范大学、中山大学、河北师范大学、南京师范大学等科研机构与大专院校的代表 58 人在线参加，华东师范大学斯幸峰教授作了 *Bird diversity and community dynamics on subtropical reservoir islands* 大会报告，屈延华研究员组织了 *A genomic perspective on Asian avian biodiversity* 的专题讨论会，26 位代表从鸟类的保护、多样性、进化、生态等多个角度作了专题与口头报告。亚洲鸟类工作组宋刚副研究员组织了"亚洲鸟类发展未来"的圆桌讨论，80 多位来自世界各地的代表参加了研讨，雷富民研究员、张正旺教授进行了主旨发言。

除学术交流外，会议完成了新一届执委会和委员会的换届工作，雷富民研究员当选为国际鸟类学家联合会主席。

（五十三）第 28 届国际灵长类学大会

2022 年 1 月 9—15 日在厄瓜多尔召开，有 900 多位代表参加，我国有 22 位学者在线参加。会议期间，世界自然保护联盟物种生存委员会召开了评选全球最濒危 25 种灵长类会议，中国动物学会灵长类学分会主任委员李保国、秘书长郭松涛、副主任周江在线参加，在中国动物学会灵长类学分会积极申请和推荐下，世界自然保护联盟通过讨论决定，将黔金丝猴列入世界自然保护联盟 2023—2024 全世界最濒危的 25 种灵长类（the 25—Most primate list）名录。

（五十四）刘峰当选国际斑马鱼学会候任主席

2023 年 6 月 2 日，国际斑马鱼学会正式宣布中国科学院动物研究所的刘峰研究员当选为该学会的候任主席。国际斑马鱼学会是全球斑马鱼研究领域中最具权威和影响力的学术组织之一，自 2015

年成立以来，致力于推动国际斑马鱼研究、促进信息及资源交流，加强斑马鱼研究人员的国际凝聚力和合作。

（五十五）第 29 届国际灵长类学大会

2023 年 8 月 19—25 日在马来西亚古晋召开。来自全球 60 个国家的灵长类研究者与保护者 600 多人参会，其中我国代表近 40 人，参加了不同专题讨论并作了报告。西北大学李保国、郭松涛教授参加了大会的理事会会议。郭松涛教授代表中国同行组织了"中国灵长类保护的新见解"的专题会场，共有 10 位国内外专家作了专题报告。大会期间开展了第 31 届（2027 年）国际灵长类学会举办权竞标演讲和答辩。中国动物学会灵长类学分会组织成立了以西北大学李保国教授为主席，郭松涛教授为秘书长，国内多家单位的专家及国际专家参与的承办组委会，以"促进人类与灵长类和谐共存"为大会主题，与法国为主的联合代表竞标团展开激烈竞标，最终我国成功获得了第 31 届国际灵长类学大会 2027 年在西安市召开的承办权。

（五十六）第五届世界生殖生物学大会

2023 年 9 月 13—15 日在北京市举行。会议由中国动物学会、中国科学院动物研究所干细胞与生殖生物学国家重点实验室、北京大学第三医院女性生育力促进全国重点实验室主办。世界生殖生物学大会组织由中国、美国、英国、日本、澳大利亚、韩国和泰国 7 个国家的生殖生物学会联合发起，每 3 年举办一次大会。中国科学技术协会副主席、北京大学常务副校长、大会主席乔杰院士和中国动物学会生殖生物学分会主任委员、大会主席王红梅研究员分别致开幕词。本次会议吸引了来自中国、美国、英国、日本、韩国、澳大利亚、泰国等国家的 889 位代表及 53 位志愿者参会，收到论文摘要 184 篇。7 位国际知名专家作大会报告，94 位代表在 7 个主题会场作分会场报告，对 132 张墙报进行了交流，覆盖"生殖医学""卵巢与卵泡""睾丸与精子""子宫植入与胎盘"等多个主题。组织了辉凌专题研讨会，以促进生殖科学基础研究成果转化。七国生殖生物学会召开了主席团会议，共同讨论世界生殖生物学大会的未来发展，希望建立世界生殖科学联盟。

（五十七）第八届国际鸡形目学术研讨会

2023 年 10 月 7—17 日在印度尼西亚泗水市召开。中国动物学会副理事长、世界雉类协会副会长张正旺教授率领 23 位代表组成中国代表团参加。来自英国、美国、德国、中国等 16 个国家的 130 多位代表参加。收到论文摘要 59 篇。本次研讨会的主题是"探讨全球鸡形目鸟类的研究和保护"，重点关注绿孔雀、孔雀雉、塚雉等珍稀濒危物种的保育。我国有 3 位教授主持了学术报告，11 位专家作了大会报告。

第四节　科学普及与中学生生物学学科竞赛

中国动物学会在中国科协和中国动物学会理事会的领导下，以中央关于科普工作的指示精神为指导，统一认识、明确目标，积极开展多种形式的科学普及活动，在弘扬科学精神，普及科学知识、科学思想和科学方法方面取得了良好的社会效益，起到科学普及主战场的作用。主要开展了中学生生物学学科竞赛、选拔培训选手参加国际生物学奥林匹克竞赛、大手拉小手、科普报告、科技活动周、爱鸟周、自然科学类场馆科普人员培训班、动物标本大赛等科普活动。

一、生物学学科竞赛

全国中学生生物学学科竞赛由中国动物学会与中国植物学会主办。全国中学生生物学学科竞赛是为学有余力并且爱好生物学的中学生提供的一项学科竞赛活动，目的是加强中学生物学教学，提高生物学教学水平，促进中学生生物学课外活动，向青少年普及生物学知识，提高青少年的生命科学素养，为参加国际生物学奥林匹克竞赛做准备，为国家经济建设培养生物学人才。

从 2000 年开始每年组织全国中学生生物学联赛，约 29 个省、自治区、直辖市竞赛分会组织学生参加每年 5 月第二周周日上午全国统一时间进行的全国中学生生物学联赛。2000—2011 年全国中学生生物学联赛实行纸质试卷方式。2011 年采取 A 卷和 B 卷，各省、自治区、直辖市采取不同试卷。2012年开始改为纸质试卷与电子试卷结合方式。2015 年开始，全部采用电子试卷，按照学生 T 值分数，评出一、二、三等奖。

2000—2023 年共组织了 24 次全国中学生生物学竞赛，全国竞赛的规模不断扩大，从 2000 年的78 位学生参赛，至 2023 年扩大到 555 位学生参赛，生物学科竞赛成为国内高中学生一项重要的学科竞赛活动，发现并为高校输送了未来生物学科技人才。1993—1999 年共组织 7 次选拔培训，参加了 7 次国际生物学奥林匹克竞赛。2000—2023 年共组织了 29 次冬令营国家集训队选拔（2020—2023 年由于新冠疫情未组织），并先后培训 92 名选手参加了 23 次国际生物学奥林匹克竞赛，均取得了优异成绩。1993—1999 年中国代表队参加国际生物学奥林匹克竞赛获奖情况见表 5-1。

表 5-1　1993—2023 年中国代表队参加国际生物学奥林匹克竞赛获奖情况

届次	年代	举办地	金牌数	银牌数	铜牌数	备注（个人）
第 4 届	1993	荷兰乌德勒	1	3		
第 5 届	1994	保加利亚	1	2	1	
第 6 届	1995	泰国	2	1		
第 7 届	1996	乌克兰克里米亚	1	3		
第 8 届	1997	土库曼斯坦阿什哈巴德	3	1		
第 9 届	1998	德国基尔	3	1		第一
第 10 届	1999	瑞典乌普萨拉	3	1		第一
第 11 届	2000	土耳其安塔利亚	2	2		第一
第 12 届	2001	比利时布鲁塞尔	3		1	
第 13 届	2002	拉脱维亚里加	3	1		第一
第 14 届	2003	白俄罗斯明斯克	3	1		
第 15 届	2004	澳大利亚布里斯班	2	2		
第 16 届	2005	中国北京	4			
第 17 届	2006	阿根廷里奥夸尔托	4			第二
第 18 届	2007	加拿大多伦多	4			第三
第 19 届	2008	印度孟买	2	2		第二

届数	年代	举办地	金牌数	银牌数	铜牌数	备注（个人）
第 20 届	2009	日本筑波	4			
第 21 届	2010	韩国昌原	3	1		第一
第 22 届	2011	中国台北	3	1		
第 23 届	2012	新加坡	3	1		
第 24 届	2013	瑞士伯尔尼大学	1	3		
第 25 届	2014	印度尼西亚巴厘岛	3	1		
第 26 届	2015	丹麦奥胡斯	4			
第 27 届	2016	越南河内	4			第二
第 28 届	2017	英国考文垂	3	1		第一
第 29 届	2018	伊朗德黑兰	4			第二
第 30 届	2019	匈牙利塞格德	4			第一、二、六、七名
第 31 届	2020	日本（线上挑战赛）	3	1		理论最优 2 位
第 32 届	2021	葡萄牙（线上挑战赛）	4			
第 33 届	2022	亚美尼亚埃里温				由于新冠疫情我国没有参赛
第 34 届	2023	阿联酋阿莱茵	3	1		
	合计		87	30	2	

二、科学普及

本会始终将传播动物学科普知识作为学会的一项重要工作。采用灵活多样、喜闻乐见的形式，以独特的视角向人们展示和传播动物科学问题、科学发现和科学常识。

（一）以东灵山生态站为依托，积极开展"大手拉小手"的系列科研活动

2000—2003 年，中国动物学会连续 4 年举办了暑期中学生"发现之旅——大手拉小手科技传播行动"，组织中国动物学会科技专家，依托中国科学院动物研究所在门头沟区的东灵山生物生态站，分别与北京第 65 中、11 中开展了科技夏令营活动，指导学生撰写科学小论文，获得"北京市青少年生物百项评比活动"、区级青少年科技创新大赛一、二、三等奖奖项多个。

与北京的多个中学合作开展"大手拉小手"活动，邀请专家到中学作科普报告、与学生座谈，在中学举办动物科普知识和科技期刊展览，组织学生参观中国科学院动物研究生动物标本馆和国家重点实验室，组织并辅导学生撰写科技论文。

（二）面向社会问题和社会关注问题，组织专家设计制作挂图和展板

1. 科普挂图

2003 年组织专家实施并完成了西部科普项目"西部主要人畜共患病危害及预防科普宣传活动"，印制了《猪带绦虫生活史与囊虫病的传播途径》《猪囊虫病预防》《棘球绦虫生活史与棘球蚴病的传播途径》《棘球蚴病预防》4 幅科普挂图，并寄发相关地方宣传防治知识。2004 年，《猪带绦虫生活史与囊虫病的传播途径》和《猪囊虫病预防》科普挂图被评为中国科协首届全国优秀科普挂图，中

国动物学会也获得中国科协首届全国优秀科普挂图征集评选活动优秀组织奖。

2005年7月中下旬，四川等地发生猪链球菌病疫情。中国动物学会与北京动物学会紧急申请"猪链球菌病的发生、传播途径与防治"科普挂图项目，获得中国科协科普部的支持，设计并制作了猪链球菌病的防治科普挂图6500余套，免费发放到全国30多个省、自治区科协及北京市郊区县和部分社区。通过此挂图的宣传，让广大公众获得了关于猪链球菌病的相关知识，增强了群众防范意识，自觉主动防范疫情。2006年，该套挂图被评为中国科协第二届全国优秀科普挂图奖。

2. 设计制作科普展板，开展展览活动

（1）2003年，中国动物学会获得中国科协科普部"动物疾病与人类健康"展览专项资助，2004年设计制作了科普展板33块，对禽流感、非典、艾滋病等10多种人畜共患病的来源、危害性及其正确的预防措施进行了介绍。展板于2004年4月开始在北京自然博物馆、北京市西城区青少年科技馆、"6.29"科普日活动期间在中国科技馆、北京北海公园等地进行巡回展览，观众达12余万人。

（2）2005年，中国动物学会获得了中国科协科普部"保护动物、和谐发展"展板展览专项资助，组织专家设计并制作了8个主题共计34块展板，在科技周、科普日期间展出。

（3）举办"人类亲缘——灵长类多样性与人类起源"特别展。2012年7月21日至12月15日在国家动物博物馆展出。本次展出由中国科学院动物研究所、中国动物学会、中国生态学学会动物生态专业委员会和北京动物学会共同主办。著名节目主持人海霞主持开幕式。展览讲述了"灵长类与人类"的故事。展览包括展板展示、视频展示、标本展示和互动性展品四部分。展板分为"什么是灵长类""形形色色的灵长类"等八大板块内容。在展出期间，邀请灵长类研究专家、动物保护专家及野生动物摄影师举办了6场关于人类起源、灵长类研究和保护等方面的讲座。7月28日还举办了一次"户外行——观猴活动"。这一系列活动有21504人参观。本展览还在浙江自然博物馆等其他科普场馆巡回展出。

（4）参加"2014年夏季科技展"活动。由中国动物学会推荐，中国科学院动物研究所周琪研究员领导的团队将处于国际领先水平的"干细胞多能性调控机理与转化研究"成果在夏季科技展期间与广大公众见面，同时将研究组日常科研活动拍摄成宣传短片展示给公众。他们还自行开发设计制作了克隆科普动画游戏和真实的小鼠胚胎发育过程模型等，这些展览、展示吸引了参观者的眼球。周琪研究员作了《拨动生命的时钟——体细胞重编程》科普报告。

（5）举办让"梦想在天空中飞翔"珍稀鸟类标本展。2015年4月19日在国家动物博物馆展出，中国动物学会科普工作组与中国科学院科学传播局、国家动物博物馆共同主办。该展旨在普及鸟类知识、传播爱鸟文化、宣传鸟类保护等，产生了良好的社会影响。本次展览由八个部分组成，分别是"爱鸟周与爱鸟月""鸟类大家族""适应飞翔的特征""鸟类的迁徙""鸟类的婚配制度""中国近代鸟类学的发展""中国特有鸟类"和"国家动物博物馆鸟类标本收藏"。

3. 开发"人与动物之关系"科普活动资源包

2011年，中国动物学会开发的资源包共有2773个单独页面，采用图画、FLASH动画和文字的形式，动静结合。制作完成的资源包在中国数字科技馆展出，供网上浏览者免费点击观看。

4. 与中央电视台合作组织专家完成了纪录片《神话之鸟》的拍摄工作

中国动物学会鸟类多样性保护与生态文明科学传播团队的首席科学家与浙江自然博物馆副馆长陈水华教授组织的科普专家联合中央电视台于 2014 年 8 月开始拍摄与录制工作，2015 年 12 月完成成片。该项目最终形成一部长达 3 集，每集半小时左右的纪录片，2015 年年底前在中央电视台科教频道播出，随后在浙江自然博物馆的影视播放厅播放。

5. 完成科普剧《熊猫壮壮历险记》《高原上的藏羚羊》的创作、编导、排练和录制

于 2014 年 8 月开始脚本创作，2015 年 11 月完成。主要由中国动物学会哺乳动物科学知识传播专家团队首席专家、中国动物学会科普工作组委员黄乘明研究员负责。

6. 开展《东亚水鸟和湿地网络建设》第二期建设

2015 年，由鸟类多样性保护与生态文明科学传播专家团队在 "《中国雁的国际旅行》实时在线平台互动建设" 原有的网站基础上，面向青少年特别是中小学生开发了 "东亚水鸟与湿地科普实验室" 平台，把《中国雁的国际旅行》实时在线平台中一些较专业和艰深的内容转换成少年儿童更容易理解的文字。开发与手机结合的候鸟辨识软件，结合实地的观鸟活动进行推广。与湖北省科技馆合作撰写了以 "候鸟与湿地" 为主题的教案。

7. 开发 "北京的候鸟" 系列科普课程及科普教师培训平台及产品

2016 年申请北京科委科普产品项目，组织专家开发了四套以立体书为核心的课程包产品和为课程推广而建设的 PC 端和手机端教师培训平台。四套立体书的主要针对人群是在校青少年学生、对生态保护有兴趣的普通市民、在创新教育方面正在努力探索的学校教师。内容涵盖常见和典型的北京市生物多样性指标，以鸟类及其生境为代表。课程包将解决本主题生态课程专业老师缺乏的现状，将本主题的科普工作标准化和简单化，使每一所中小学的科学老师经过简单培训就能掌握本主题的课程讲解。同时强化少年儿童对科普知识的吸收能力，将知识固化到一个可动、可看、可阅读的立体书上，并成为他们二次科普传播的工具。为配合立体书的课程推广，还制作了在线 "生态老师" 培训平台，把中国动物学会北京地区的专家、教师资源利用起来，让想进行生态教育的学校、社区、科技场馆能够和专家、教师取得联系。该项目被评为北京科委优秀项目。

8. 组织专家撰写并出版《假如我是一只蚂蚁》

2016 年组织科普作家创作的动物学科优秀科普图书《假如我是一只蚂蚁》，本书的创作定位于人文科普与科学研究的结合，将众多科学家的研究成果进行梳理选择，并用文学的形式予以普适化，以系统全面的基本知识为主线，用换位思考的方法予以引领，从人文的角度看蚂蚁世界。书中体现了四部分内容：第一部分是比较系统的知识传递，从蚂蚁的起源、社会形态、成长、分工、食性、交流、婚飞、繁衍、对地球生态的贡献等，让读者对蚂蚁有一个系统、完整的了解。第二部分介绍了很多千奇百怪的蚂蚁物种。第三部分主要介绍了蚂蚁的战争。第四部分介绍了蚂蚁的天敌。本书的阅读目的是希望孩子和社会大众能从中体会到蚂蚁的神奇，以及蚂蚁的成功带给读者的启迪；让读者了解到，一个物种能否走得更远，不是谁更庞大和有力量，而是谁更能够适应生存。该项目获得北京市科学技术委员会科普专项资助。

（三）举办丰富多彩的科普活动

1. 举办全国自然科学类场馆（动物学科）科普培训班

为提升全国自然科学类博物馆、大学（或中学）标本馆和其他科普场馆相关从业人员的科学素养，促进各博物馆、科技场馆等机构的科普工作，在中国科协科普部的支持下，2011 年 12 月 8—10 日，中国动物学会与国家动物博物馆及北京动物学会在国家动物博物馆联合举办了首届全国自然科学类场馆（动物学科）科普培训班。2011—2017 年及 2019 年共举办了 8 期，培训学员 768 名（表 5-2）。该活动也作为中国动物学会理事会党委、党建活动小组的党建活动，多次资助西部地区科普工作者参加培训。

表 5-2　历届全国自然科学类场馆（动物科学）科普培训班情况表

届次	举办时间	举办地点	培训主题	培训学员数	备注
第一届	2011 年 12 月 8—10 日	国家动物博物馆	动物学的科学传播	80	
第二届	2012 年 12 月 9—11 日	国家动物博物馆	专题的策划和展览	92	
第三届	2013 年 9 月 22—24 日	国家动物博物馆	科普创作	87	全额资助了 6 名云南边远山区中学生物教师及青海西部地区的学员
第四届	2014 年 9 月 17—20 日	广西崇左	如何策划和开展互动活动	40	全额资助云南边远地区学校一线科普教师 2 名
第五届	2015 年 10 月 22—24 日	国家动物博物馆	科普创作与科普创意	62	全额资助西部地区 2 名学员
第六届	2016 年 11 月 15—18 日	国家动物博物馆	动物分类学知识在自然科学类场馆的传播	130	全额资助西部地区 2 名学员
第七届	2017 年 11 月 22—24 日	国家动物博物馆	科普教育与自然保护	117	全额资助 2 名来自西藏和内蒙古的学员
第八届	2019 年 12 月 19—21 日	国家动物博物馆	博物画、科学画及其历史研究	160	全额资助 1 名来自西藏的学员

2. 举办牧区鼠类防治培训班

2011 年，中国动物学会利用学科优势，与内蒙古的相关政府部门（草原工作站、林业局等）以及民间组织（SEE 生态协会）联合组织专家培训学员鼠害绿色防治新技术、鼠害快速监测技术等，再通过他们对牧区人民进行培训等。中国动物学会编制了灭鼠技术宣传单页，共印刷 5000 份。

3. 举办中国动物标本大赛暨动物标本展

2012 年 3 月 27 日至 5 月 27 日，由中国科学院动物研究所、中国动物学会、国际动物学会联合发起，在国家动物博物馆举办了首届中国动物标本大赛暨动物标本展。来自全国各地 48 家单位和个人参赛，参赛作品 195 件。大赛评审专家从科学性和艺术性的角度评出一等奖 10 件、二等奖 20 件、三等奖 30 件和部分优秀奖。大赛组委会还举办了研讨会，并邀请知名专家作了以"中国动物标本的发展与趋势""自然博物馆需要的动物标本"等为主题的 4 场报告，参赛选手们也从中学习到许多与标本有关的知识。在标本展览期间，共接纳 21691 人次参观。第三届、第四届中国动物标本大赛邀请了世界标本锦标赛评委主席 Skip 和美国标本名人堂基金会主席 Larry 到中国举办讲座、现场对参赛标本进行点评、与标本制作者进行交流。截至 2024 年，中国动物标本大赛暨动物标本展共举办了 5 届（表 5-3）。

表 5-3　中国动物标本大赛暨动物标本展（截至 2024 年）

届次	大赛时间及标本展出时间	举办地点	参赛作品数量	参赛单位和个人数量
第一届	2012 年 3 月 24 日至 5 月 27 日	国家动物博物馆	195	48
第二届	2014 年 5 月 31 日至 8 月 31 日	国家动物博物馆	200	30
第三届	2016 年 3 月 27 日至 6 月 30 日	国家动物博物馆	127	30
第四届	2018 年 5 月 22 日至 5 月 26 日	福建省博物院	257	57
第五届	2023 年 11 月 12 日至 2024 年 2 月 13 日	国家动物博物馆	600	102

4. 举办"关爱动物，关爱人类健康，我们在行动"大型主题活动

2013 年 10 月 4 日世界动物日举办的"关爱动物，关爱人类健康，我们在行动"大型主题活动在全国开展。由中国动物学会与国家动物博物馆、北京自然博物馆、广东海洋大学水生生物博物馆、成都动物园、浙江自然博物馆、广西自然博物馆、《博物》杂志、《生命世界》杂志、《大自然》杂志，中国国家地理网、"博物杂志"微博合作开展。全国受益人数在 3417460 万左右。

活动分为主场活动和分场活动，活动形式采用线上活动和线下活动方式。线下的全国性活动内容包括科普讲座、科普宣传、有奖知识问答、科普 DIY、科普书籍推介、科普展览，展板展示等。

5. 主办第四届爱鸟周活动

2013 年 4 月 6 日，第四届国家动物博物馆爱鸟周暨"美丽中国，美丽青海湖——青海湖鸟类实时监测"发布仪式在展示馆隆重举行。中国动物学会是主办单位之一。活动邀请了郑光美院士出席。

雷富民研究员和阎保平研究员分别介绍了青海湖鸟类实时监测研究项目的情况。活动中，还对国家动物博物馆引入中国科学院计算机网络信息中心"下一代互联网（CNGI）"技术系统举行了揭牌仪式。该技术可对青海湖鸟类监测、跟踪、实时记录，将鸟岛的实时监测画面传输到展示馆的鸟类展厅，使观众可以在北京遥望青海湖鸟类生活的全景。观众们可在博物馆直接目睹远在 2000 千米以外的鸟岛鸟类的一举一动。《北京晚报》以第一时间、快速及时地报道了本次活动。

6. "携手外来务工子弟小学学生走进国家动物博物馆"科普活动

2019 年 5 月 19 日，中国动物学会联合中国科学院动物研究所、普华永道邀请专家杨纬和为 40 多名来自北京华奥学校的外来务工人员的孩子们作科普报告，为孩子们办了专场"北京的候鸟"立体书讲解与互动制作活动，并安排他们参观了国家动物博物馆。

7. 推荐 2021—2025 年度全国科普教育基地

2021 年 10 月 20 日至 11 月 7 日组织了科普教育基地的申请，并组织 7 位专家对 14 家申报单位的申报材料进行了评审，推荐 10 家基地单位作为本会向中国科协推荐的基地候选单位。2022 年 2 月中国科协公布了 800 家入选名单，中国动物学会推荐的 5 家基地获得中国科协全国科普教育基地的称号。

8. 征集 2022 年优秀科普作品

在 2022 年中国共产党第二十次全国代表大会上，习近平总书记在报告中指出"尊重自然、顺应自然、保护自然，是全面建设社会主义现代化国家的内在要求。必须牢固树立和践行绿水青山就是金山银山的理念，站在人与自然和谐共生的高度谋划发展。"为落实习近平总书记的指示精神，团结引领广大动物学科技工作者和科普工作者，弘扬科学精神、普及动物科学知识，中国动物学会广泛开展与动物有关科普文章和科普短视频征集活动，共征集到 13 篇科普文章和 12 个科普短视频。

中国动物学会多年来组织专家参加科技周、科普日、中国科学院公众科学日科普宣传活动，开展了丰富的动物知识科普传播活动。

（四）举办系列科普报告和讲座

2001—2005 年，中国动物学会积极贯彻中国科协关于各学会要发挥科学普及主战场作用的指示精神，积极组织学会陈大元理事长、冯祚建秘书长、张树义、蒋志刚、雷富民、徐延恭、李欣海等有关专家深入北京动物园、北京中小学、中国科技会堂、北京电视台、中央电视台等举办了系列科普报告，主题分别为"显微受精与动物克隆的现状和展望""亚马孙热带雨林的动植物及其协同进化""人类与生物多样性危机""鸟类鸣声的多样化及其意义""朱鹮的种群动态、行为和保护""玉渊潭公园的水鸟""关爱我们身边的鸟类""青藏高原的动物多样性及其保护""湖北神农架究竟有无野人？——答：没有！"。

2020 年，甲壳动物学分会主任委员李新正研究员发挥科普传播专家的作用，积极开展 10 余次海洋科普宣传，受益人 2000 余位。

院士专家大讲堂 2022 年由中国动物学会、长隆集团共同主办。9 月 2 日，"开学第一课"在长隆野生动物世界金猴王国开讲，中国动物学会副理事长兼秘书长魏辅文院士致辞，龙勇诚教授担任主讲嘉宾，主题为"猿猴与森林"。

中国动物学会多年来组织专家参加了由科技部、中国科协主办的 5 月"科技周"和中国科协主办的"全国科普日"宣传活动，参加重大示范活动"科学之夜"活动暨中国科学院公众科学日特色宣传活动。

通过上述活动，在弘扬科学精神、普及动物科学知识、传播科学思想和科学方法等方面发挥了主力军的作用，为提高全民族的科学素质作出了贡献。

中国动物学会分别获得 2014 年度、2015 年度全国学会科普工作优秀单位称号。

第五节　人才举荐与表彰

中国动物学会及所属分会及专业委员会组织召开的学术讨论会大多设置青年科技工作者或者研究生优秀学术报告，以促进青年科技工作者成长，同时吸引更多的青年人投身于本学科的研究、教学等行列。鸟类学分会、鱼类学分会、原生动物学分会、寄生虫学专业委员会、动物行为学分会定期举办青年科技工作者研讨会，评选优秀研究生报告等。

2000 年以后，中国动物学会多次进行了两院院士候选人的评选和推荐工作，孟安明教授于 2003 年当选为中国科学院院士，另有多位会员通过院士推荐等途径当选中国科学院院士、中国工程院院士。2000 年以后，中国动物学会会员赵尔宓研究员（2001 年）、郑守仪研究员（2001 年）、张永莲研究员（2001 年）、郑光美教授（2003 年）、张亚平研究员（2003 年）、桂建芳研究员（2013 年）、宋微波教授（2015 年）、周琪研究员（2015 年）、季维智研究员（2017 年）、魏辅文研究员（2017 年）、李劲松研究员（2021 年）、高绍荣（2023 年）等当选中国科学院院士，包振民教授（2017 年）、陈松林（2021 年）当选中国工程院院士（表 5-4）。

表 5-4 中国动物学会院士汇总表

序号	姓名	生卒年份	专业	当选时间	院士名称
1	秉 志	1886 年 4 月 9 日—1965 年 2 月 2 日	动物学	1955 年 6 月	中国科学院学部委员
2	陈 桢	1894 年 2 月 8 日—1957 年 11 月	动物学、遗传学	1955 年 6 月	中国科学院学部委员
3	胡经甫	1896 年 11 月 21 日—1972 年 2 月 1 日	昆虫学	1955 年 6 月	中国科学院学部委员
4	蔡 翘	1897 年 10 月 11 日—1990 年 7 月 29 日	生理学	1955 年 6 月	中国科学院学部委员
5	王家楫	1898 年 5 月 5 日—1976 年 12 月	原生动物学	1955 年 6 月	中国科学院学部委员
6	伍献文	1900 年 3 月 15 日—1985 年 4 月 3 日	鱼类学	1955 年 6 月	中国科学院学部委员
7	刘承钊	1900 年 9 月 30 日—1976 年 4 月 9 日	动物学两栖爬行动物学	1955 年 6 月	中国科学院学部委员
8	朱 洗	1900 年 10 月 14 日—1962 年 7 月 24 日	实验胚胎学	1955 年 6 月	中国科学院学部委员
9	钟惠澜	1901 年 6 月 24 日—1987 年 2 月 6 日	热带病学和医学寄生虫学	1955 年 6 月	中国科学院学部委员
10	刘崇乐	1901 年 9 月 20 日—1969 年 1 月 6 日	昆虫学	1955 年 6 月	中国科学院学部委员
11	童第周	1902 年 5 月 28 日—1979 年 3 月 30 日	实验胚胎学	1955 年 6 月	中国科学院学部委员
12	蔡邦华	1902 年 10 月 6 日—1983 年 8 月 8 日	昆虫学	1955 年 6 月	中国科学院学部委员
13	贝时璋	1903 年 10 月 10 日—2009 年 10 月 29 日	实验生物学	1955 年 6 月	中国科学院学部委员
14	陈世骧	1905 年 11 月 5 日—1988 年 1 月 25 日	昆虫学	1955 年 6 月	中国科学院学部委员
15	冯兰洲	1903 年 8 月 24 日—1972 年 1 月 29 日	医学昆虫与寄生虫学	1957 年 7 月	中国科学院学部委员
16	唐仲璋	1905 年 12 月 10 日—1993 年 7 月 21 日	寄生虫学	1980 年 11 月	中国科学院学部委员
17	郑作新	1906 年 11 月 18 日—1998 年 6 月 27 日	鸟类学	1980 年 11 月	中国科学院学部委员
18	谈家桢	1909 年 9 月 15 日—2008 年 11 月 1 日	遗传学	1980 年 11 月	中国科学院学部委员
19	汪堃仁	1912 年 3 月 17 日—1993 年 9 月 18 日	生理学与组织化学	1980 年 11 月	中国科学院学部委员
20	庄孝僡	1913 年 9 月 23 日—1995 年 8 月 26 日	实验胚胎学	1980 年 11 月	中国科学院学部委员
21	张致一	1914 年 11 月 17 日—1990 年 10 月 8 日	生理学与生殖生物学	1980 年 11 月	中国科学院学部委员
22	马世骏	1915 年 11 月 5 日—1991 年 5 月 30 日	生态学	1980 年 11 月	中国科学院学部委员
23	陆宝麟	1916 年 6 月 19 日—2004 年 4 月 9 日	医学昆虫学	1980 年 11 月	中国科学院学部委员
24	刘建康	1917 年 9 月 1 日—2017 年 11 月 6 日	鱼类学与淡水生态	1980 年 11 月	中国科学院学部委员
25	钦俊德	1916 年 4 月 12 日—2008 年 1 月 14 日	昆虫生物学	1991 年 11 月	中国科学院学部委员
26	唐崇惕	1929 年 11 月 26 日—	寄生虫学	1991 年 11 月	中国科学院学部委员
27	翟中和	1930 年 8 月 18 日—2023 年 2 月 10 日	细胞生物学	1991 年 11 月	中国科学院学部委员
28	施立明	1939 年 12 月 18 日—1994 年 5 月 22 日	遗传学	1991 年 11 月	中国科学院学部委员
29	陈宜瑜	1944 年 4 月 22 日—	鱼类学	1991 年 11 月	中国科学院学部委员

序号	姓名	生卒年份	专业	当选时间	院士名称
30	孙儒泳	1927年6月12日—2020年2月14日	动物生态学	1993年11月	中国科学院院士
31	沈韫芬	1933年1月29日—2006年10月31日	原生动物学	1995年10月	中国科学院院士
32	马建章	1937年7月20日—2022年12月23日	野生动物学	1995年10月	中国工程院院士
33	旭日干	1940年8月24日—2015年12月24日	家畜繁殖生物学与生物技术	1995年10月	中国工程院院士
34	刘瑞玉	1922年11月4日—2012年7月16日	海洋生物学何甲壳动物学	1997年11月	中国科学院院士
35	曹文宣	1934年5月—	鱼类生物学	1997年11月	中国科学院院士
36	朱作言	1941年9月30日—	细胞发育生物学	1997年11月	中国科学院院士
37	林浩然	1934年11月24日—	鱼类生理学及鱼类养殖学	1997年11月	中国工程院院士
38	宋大祥	1935年5月9日—2008年1月25日	蛛形学与无脊椎动物学	1999年12月	中国科学院院士
39	刘以训	1936年5月5日—	生殖生物学	1999年12月	中国科学院院士
40	张福绥	1927年12月27日—2016年2月9日	海洋生物学、水产养殖学	1999年12月	中国工程院院士
41	赵尔宓	1930年1月30日—2016年12月24日	两栖爬行动物学	2001年12月	中国科学院院士
42	郑守仪	1931年5月20日—	海洋原生动物学	2001年12月	中国科学院院士
43	张永莲	1935年2月20日—	分子内分泌学	2001年12月	中国科学院院士
44	郑光美	1932年11月30日—2023年10月3日	动物学和鸟类生态学	2003年11月	中国科学院院士
45	张亚平	1965年5月1日—	分子进化生物学和保护遗传学	2003年11月	中国科学院院士
46	孟安明	1963年7月22日—	发育生物学	2007年12月	中国科学院院士
47	桂建芳	1956年6月28日—	鱼类遗传育种学	2013年12月	中国科学院院士
48	宋微波	1958年12月7日—	原生动物学	2015年12月	中国科学院院士
49	周琪	1970年4月1日—	细胞重编程与干细胞	2015年12月	中国科学院院士
50	季维智	1950年6月26日—	灵长类生殖与发育生物学	2017年12月	中国科学院院士
51	魏辅文	1964年4月23日—	保护生物学	2017年12月	中国科学院院士
52	包振民	1961年12月27日—	水产生物遗传学与育种	2017年12月	中国工程院院士
53	李劲松	1971年10月14日—	干细胞与发育生物学	2021年11月	中国科学院院士
54	陈松林	1960年10月25日—	鱼类生物技术	2021年11月	中国工程院院士
55	高绍荣	1970年3月3日—	发育生物学与干细胞	2023年11月	中国科学院院士

　　中国动物学会推荐的王所安、王祖望、胡锦矗、郑守仪、张知彬、魏辅文、王德华、雷富民、卢欣9位和其他兄弟学会、省科协推荐的23位动物学科技工作者获得第一、第二、第四、第五、第六、第七届"全国优秀科技工作者"称号。目前中国动物学会共有32位会员获得"全国优秀科技工作者"称号（表5-5）。

表5-5　中国动物学会专家历届获得优秀科技工作者汇总表

序号	姓名	工作单位	获奖时间	获奖届次	推荐单位
1	王所安	河北大学	1997年	第一届	中国动物学会
2	陈大元	中国科学院动物研究所	2001年	第二届	中国动物学会
3	冯祚建	中国科学院动物研究所	2001年	第二届	中国野生动物保护协会

续表

序号	姓名	工作单位	获奖时间	获奖届次	推荐单位
4	王祖望	中国科学院动物研究所	2010 年	第四届	中国动物学会
5	胡锦矗	西华师范大学	2010 年	第四届	中国动物学会
6	郑守仪	中国科学院海洋研究所	2010 年	第四届	中国动物学会
7	张国范	中国海洋大学	2010 年	第四届	中国海洋湖沼学会
8	丁玉华	大丰国家麋鹿自然保护区	2010 年	第四届	中国野生动物保护协会
9	任国栋	河北大学	2010 年	第四届	河北省科协
10	冯江	东北师范大学	2010 年	第四届	吉林省科协
11	林浩然	中山大学	2010 年	第四届	广东省科协
12	张知彬	中国科学院动物研究所	2012 年	第五届	中国动物学会
13	魏辅文	中国科学院动物研究所	2012 年	第五届	中国动物学会
14	张正旺	北京师范大学	2012 年	第五届	中国野生动物保护协会
15	蒋志刚	中国科学院动物研究所	2012 年	第五届	中国野生动物保护协会
16	田秀华	东北林业大学	2012 年	第五届	中国野生动物保护协会
17	丁平	浙江大学	2012 年	第五届	浙江省科协
18	史海涛	海南师范大学	2012 年	第五届	海南省科协
19	周又红	北京西城科技馆	2012 年	第五届	北京市科协
20	孟庆金	北京自然博物馆	2012 年	第五届	北京市科协
21	李保国	西北大学	2012 年	第五届	陕西省科协
22	李光鹏	内蒙古大学	2012 年	第五届	内蒙古科协
23	王德华	中国科学院动物研究所	2014 年	第六届	中国动物学会
24	雷富民	中国科学院动物研究所	2014 年	第六届	中国动物学会
25	卜文俊	南开大学	2014 年	第六届	中国昆虫学会
26	丁长青	北京林业大学	2014 年	第六届	中国野生动物保护协会
27	徐艳春	东北林业大学	2014 年	第六届	中国野生动物保护协会
28	黄乘明	中国科学院动物研究所	2014 年	第六届	中国野生动物保护协会
29	高翔	南京大学	2014 年	第六届	中国细胞生物学学会
30	卢欣	武汉大学	2016 年	第七届	中国动物学会
31	孙悦华	中国科学院动物研究所	2016 年	第七届	中国野生动物保护协会
32	张明海	东北林业大学	2016 年	第七届	中国野生动物保护协会

2005 年 5 月 23—26 日，中国动物学会在河南省新乡市召开第十五届理事会第三次常务理事会决定设置中国动物学会青年科技奖，并制定了中国动物学会青年科技奖奖励条例和中国动物学会青年科技奖实施细则，2005 年评选出 5 位中国动物学会首届青年科技奖，截止到 2021 年共评审了九届中国动物学会青年科技奖，评出 54 位获奖者（表 5-6），其中中国动物学会向中国科协推荐的杨增明教授、王海滨研究员、邱强教授分别获得 2001 年第七届、2012 年第十三届、2020 年第十六届中国青年科技奖；中国动物学会专家桂建芳院士、朱兴全、刘明远分别获得 1988 年第一届、1994 年第四届、2004 年第八届中国青年科技奖。

中国动物学科领域发展迅速,目前很多分支学科领域如兽类学、鸟类学、两栖爬行动物学、保护生物学、斑马鱼、蛛形学系统分类等领域在国际动物学领域从跟跑,有的已经发展到并跑或者领跑。在国际动物学领域的影响力越来越广泛。中国动物学会为了表彰在国内动物学领域科技创新中作出突出贡献的动物学科技工作者和为了促进中国动物学科发展的国际学者,促进动物学事业持续高质量发展,打造国内动物学领域内具有影响力的奖项。2020年,中国动物学会在广东长隆动植物保护基金会(后改为广东省长隆慈善基金会)的支持下,中国动物学会广泛征求理事、省动物学会、中国动物学会分支机构和广大动物学科技工作者的意见,决定设立"中国动物学会长隆奖"。学会秘书处起草了《中国动物学会长隆奖奖励办法(试行)草案》,广泛征求了学会理事、学会18个分会及各省动物学会对《中国动物学会长隆奖奖励办法(试行)》具体修改意见。

2020年9月2—10日召开了中国动物学会第十八届常务理事通信会议,讨论并审议通过了《中国动物学会长隆奖奖励办法(试行)》。2020年10月启动了第一届中国动物学会长隆奖的推荐和评审工作,并组织专家进行了评审,评出20位获奖者。2021年5月25日在长隆野生动物园举办了首届"中国动物学会长隆奖"颁奖仪式,为20位获奖者颁发了奖牌和证书。

2021年11月启动了第二届中国动物学会长隆奖的推荐和评审工作,评出20位获奖者。2022年11月启动了第三届中国动物学会长隆奖的推荐和评审工作,并组织专家进行了评审,评出20位获奖者。

2023年4月10—12日,在沈阳市召开了中国动物学会第25届学术年会,在大会开幕式上,颁发了第二、第三届中国动物学会长隆奖和第八、第九届中国动物学会青年科技奖。

中国科协2015年启动了青年人才托举工程项目,中国动物学会每年积极组织推荐和评审工作,截至2023年,本会推荐的17位青年人才获得该工程项目经费支持(表5-7),促进了动物学青年人才的成长。

表5-6　中国动物学会历届青年科技奖获得者名单

序号	姓名	性别	专业专长	工作单位	获奖时间	获奖届次
1	杨　光	男	海兽生物学及保护	南京师范大学	2005年	第一届
2	张俊霞	女	蛛形动物学	河北大学	2005年	第一届
3	雷富民	男	鸟类学	中国科学院动物研究所	2005年	第一届
4	张成林	男	兽医	北京动物园	2005年	第一届
5	宋林生	男	海洋生物学	中国科学院海洋研究所	2005年	第一届
6	杜卫国	男	动物生态学	杭州师范学院	2007年	第二届
7	肖治术	男	动植物关系	中国科学院动物研究所	2007年	第二届
8	陈广文	男	动物学	河南师范大学	2007年	第二届
9	陈大华	男	发育生物学	中国科学院动物研究所	2009年	第三届
10	缪　炜	男	原生动物分子生物学	中国科学院水生生物研究所	2009年	第三届
11	张　鹏	男	两栖爬行动物进化生物学	中山大学	2011年	第四届
12	向左甫	男	灵长类生态与保护	中南林业科技大学	2011年	第四届

序号	姓名	性别	专业专长	工作单位	获奖时间	获奖届次
13	黄族豪	男	鸟类分子生态学	井冈山大学	2011 年	第四届
14	佟艳丰	男	蜘蛛分类学	沈阳师范大学	2011 年	第四届
15	王海滨	男	生殖生物学	中国科学院动物研究所	2013 年	第五届
16	曹垒	女	生态学	中国科学院生态环境研究中心	2013 年	第五届
17	朱立峰	男	动物适应进化	南京师范大学	2013 年	第五届
18	张鹏	男	行为生态学	中山大学	2013 年	第五届
19	赵志军	男	动物生理生态学	聊城大学	2013 年	第五届
20	杜震宇	男	水生动物营养生理学	华东师范大学	2015 年	第六届
21	屈延华	女	鸟类学	中国科学院动物研究所	2015 年	第六届
22	李家堂	男	两栖爬行动物学	中国科学院成都生物研究所	2015 年	第六届
23	徐士霞	女	动物适应性进化的分子机制	南京师范大学	2015 年	第六届
24	聂永刚	男	濒危物种保护生态学	中国科学院动物研究所	2015 年	第六届
25	于黎	女	动物遗传与进化	云南大学	2017 年	第七届
26	王震波	男	生殖生物学	中国科学院动物研究所	2017 年	第七届
27	车静	女	两栖爬行动物学	中国科学院昆明动物研究所	2017 年	第七届
28	邓成	男	基因协同演化机制及其功能研究	南京师范大学	2017 年	第七届
29	刘宣	男	两栖爬行动物入侵生态学	中国科学院动物研究所	2017 年	第七届
30	齐晓光	男	动物行为生态学	西北大学	2017 年	第七届
31	张华	男	动物生殖生理学	中国农业大学	2017 年	第七届
32	贾顺姬	女	发育生物学	清华大学	2017 年	第七届
33	高珊	女	模式动物的表观遗传	中国海洋大学	2017 年	第七届
34	高亚威	女	发育与表观遗传	同济大学	2017 年	第七届
35	王师	男	海洋贝类遗传与育种	中国海洋大学海洋生命学院	2019 年	第八届
36	王顺心	女	生殖生物学	山东大学生殖医学研究中心	2019 年	第八届
37	邱强	男	进化基因组学	西北工业大学生态与环境保护研究中心	2019 年	第八届
38	张学英	女	动物生理生态学	中国科学院动物研究所	2019 年	第八届
39	张译月	女	造血调控与斑马鱼疾病模型	华南理工大学医学院	2019 年	第八届
40	陈嘉妮	女	动物行为学	兰州大学生命科学学院	2019 年	第八届
41	陈占起	男	行为生态学	中国科学院西双版纳热带植物园	2019 年	第八届
42	韩佩东	男	心脏发育与再生	浙江大学医学院	2019 年	第八届
43	詹祥江	男	种群遗传学、进化遗传学	中国科学院动物研究所	2019 年	第八届
44	廖文波	男	动物进化生态学	西华师范大学生命科学学院	2019 年	第八届
45	王堃	男	进化基因组学	西北工业大学	2021 年	第九届

序号	姓名	性别	专业专长	工作单位	获奖时间	获奖届次
46	王 璐	女	发育生物学	中国医学科学院血液病医院（中国医学科学院血液学研究所）	2021 年	第九届
47	王乐韵	男	早期胚胎发育 / 核移植重编程	中国科学院动物研究所	2021 年	第九届
48	田 烨	女	线粒体与衰老调控研究	中国科学院遗传与发育生物学研究所	2021 年	第九届
49	孙宝珺	男	爬行动物生理生态学	中国科学院动物研究所	2021 年	第九届
50	张 扬	男	海洋生物学	中国科学院南海海洋研究所	2021 年	第九届
51	高 凤	女	原生动物系统与进化	中国海洋大学	2021 年	第九届
52	曹 彬	男	生殖生物学	厦门大学医学院	2021 年	第九届
53	廖明玲	女	动物生理生态学	中国海洋大学水产学院	2021 年	第九届
54	薄亭贝	女	动物生理学与肠道菌群	中国科学院动物研究所	2021 年	第九届

历届中国动物学会长隆奖获奖者名单

一、中国动物学会长隆奖功勋奖（卓越奖）

第一届中国动物学会长隆奖功勋奖获奖者

陈宜瑜　国家自然科学基金委员会

第二届中国动物学会长隆奖功勋奖获奖者

郑光美　北京师范大学

第三届中国动物学会长隆奖功勋奖获奖者

朱作言　中国科学院水生生物研究所

二、中国动物学会长隆奖成就奖

第一届中国动物学会长隆奖成就奖获奖者

王祖望　中国科学院动物研究所

胡锦矗　西华师范大学

陈大元　中国科学院动物研究所

第二届中国动物学会长隆奖成就奖获奖者

冯祚建　中国科学院动物研究所

周开亚 南京师范大学

费 梁 中国科学院成都生物研究所

第三届中国动物学会长隆奖成就奖获奖者

马逸清 黑龙江省科学院自然与生态研究所

盛和林 华东师范大学

钟文勤 中国科学院动物研究所

三、中国动物学会长隆奖国际学者奖

第一届中国动物学会长隆奖国际学者奖获奖者

迈克·威廉姆·布鲁福德（Michael W. Bruford）

第二届中国动物学会长隆奖国际学者奖获奖者

理查德·山恩（Richard Shine）

第三届中国动物学会长隆奖国际学者奖获奖者

乔治·比尔斯·夏勒（George Beals Schaller）

四、中国动物学会长隆奖新星奖

第一届中国动物学会长隆奖新星奖获奖者

董云伟 中国海洋大学

车 静 中国科学院昆明动物研究所

郭松涛 西北大学

于 黎 云南大学

高 珊 中国海洋大学

第二届中国动物学会长隆奖新星奖获奖者

闫丽盈 北京大学第三医院

孙永华 中国科学院水生生物研究所

范朋飞 中山大学

聂永刚 中国科学院动物研究所

王显伟 山东大学

第三届中国动物学会长隆奖新星奖获奖者

胡义波 中国科学院动物研究所

江廷磊　东北师范大学

邱　强　西北工业大学

王　强　南京医科大学

吴东东　中国科学院昆明动物研究所

五、中国动物学会长隆奖启航奖

第一届中国动物学会长隆奖启航奖获奖者

万辛如　中国科学院动物研究所

王　静　中国海洋大学海洋生命学院

樊惠中　中国科学院动物研究所

黄　园　南京师范大学

林爱青　东北师范大学环境学院

袁剑波　中国科学院海洋研究所

赵　喆　中国科学院动物研究所

黄　康　西北大学生命科学学院

于　飞　河南师范大学生命科学学院

胡一鸣　广东省科学院动物研究所

第二届中国动物学会长隆奖启航奖获奖者

王　堃　西北工业大学

杨连东　中国科学院水生生物研究所

王媛媛　中国海洋大学

王鹏程　中国科学院动物研究所

谷中如　中国科学院动物研究所

宋　浩　中国科学院海洋研究所

周文良　南方海洋科学与工程广东省实验室（广州）

程亚林　中国科学院动物研究所

廖明玲　中国海洋大学

叶银子　中国科学院动物研究所

第三届中国动物学会长隆奖启航奖获奖者

包立随　中国海洋大学

陈传武　南京师范大学

韩　菡　西华师范大学

黄广平　中国科学院动物研究所

柳延虎　中国科学院昆明动物研究所

鲁　蒙　中国科学院水生生物研究所

吕　磊　南方科技大学

潘胜凯　中国科学院动物研究所

张德志　中国科学院动物研究所

赵晓璐　北京大学第三医院

表 5-7　中国动物学会推荐并获中国科协历届青年人才托举工程项目人员名单

序号	年份	获奖届次	姓名	职称	单位
1	2015—2017 年	第一届	高亚威	副教授	同济大学生命科学与技术学院
2	2015—2017 年	第一届	董 路	副教授	北京师范大学生命科学学院
3	2015—2017 年	第一届	董 锋	助理研究员	中国科学院昆明动物研究所
4	2016—2018 年	第二届	陈苏仁	助理研究员	中国科学院动物研究所、干细胞与生殖生物学国家重点实验室（现北京师范大学生命科学学院）
5	2016—2018 年	第二届	王 璐	副研究员	中国科学院动物研究所（中国医学科学院血液病医院、血液学研究所）
6	2017—2019 年	第三届	严 川	副研究员	中国科学院动物研究所（兰州大学生命科学学院）
7	2017—2019 年	第三届	高 凤	讲师	中国海洋大学
8	2018—2020 年	第四届	陈嘉瑜	副教授	同济大学生命科学与技术学院、同济大学附属第一妇婴保健院
9	2019—2021 年	第五届	廖明玲	讲师	中国海洋大学
10	2019—2021 年	第五届	袁智勇	副教授	西南林业大学（现西南大学）
11	2020—2022 年	第六届	沙倩倩	副研究员	广东省第二人民医院
12	2020—2022 年	第六届	樊惠中	博士后	中国科学院动物研究所
13	2021—2023 年	第七届	郝 艳	博士后	中国科学院动物研究所
14	2022—2024 年	第八届	丁岩岩	博士后	生物岛实验室
15	2022—2024 年	第八届	戴兴兴	博士后	浙江大学附属第四医院
16	2023—2025 年	第九届	吴 悠	副教授	同济大学生命科学与技术学院
17	2023—2025 年	第九届	毛 帆	副研究员	中国科学院南海海洋研究所

中国动物学会会员获得国家自然科学基金委员会杰出青年科学基金资助人员名单（按姓氏笔画排序）：

卜文俊、于黎、王文、王强、王磊、王红梅、王志恒、王海滨、王雁玲、王德华、车静、方盛国、石莉红、卢欣、申邦、史庆华、冯耀宇、朱军、朱兴全、乔杰、刘林、刘峰、刘明远、刘默芳、江陆斌、汤富酬、闫丽盈、孙斐、孙强、孙永华、孙青原、杜苗、杜久林、杜卫国、李卫、李伟、李胜、李蓉、李默、李劲松、李枢强、李松海、李孟华、李家堂、杨光、杨增明、邱强、邱小波、何建国、何舜平、沙忠利、沙家豪、宋林生、宋微波、张建、张勇、张蔚、张亚平、张知彬、张树义、张亮然、张美佳、赵呈天、赵建国、林羿、林强、罗凌飞、周琪、周志刚、孟安明、陈子江、陈良标、陈启军、胡炜、胡薇、胡义波、胡志斌、施鹏、秦莹莹、桂建芳、聂品、聂永刚、夏国良、高飞、高栋、高珊、高绍荣、徐鹏、徐成冉、殷战、郭帆、桑庆、黄荷凤、崔胜、宿兵、颉伟、彭金荣、葛楚天、董云伟、蒋志刚、赖仞、雷富民、詹祥江、谭安江、缪炜、潘巍峻、戴家银、魏辅文。

中国动物学会会员获得国家自然科学基金委员会优秀青年科学基金（含海外）资助人员名单（按姓氏笔画排序）：

王师、王强、王璐、王志恒、王译萱、王显伟、王绪高、车静、田苗（海外）、申邦、石小涛、乐融融、闫丽盈、朱立峰、华方圆、刘振、刘文强、刘海鹏、齐晓光、江廷磊、孙进（海外）、孙少琛、孙永华、阳大海、严川、李礼、李伟、李蓉、李默、李伟微、李松海、李语丽、李家堂、李朝政、吴东东、邱强、张勇、张鹏、张黎、张译月、张晶晶、宋默识、沈立、罗大极、陈磊、赵涵、赵小阳、赵华斌、赵呈天、周文良、范朋飞、林戈、林强、林晓凤、周琦、金俊琰、泮燕红、胡义波、侯仲娥、袁晶、聂永刚、贾顺姬、夏来新、徐家伟、高凤、高路、高亚威、高金珉、桑庆、黄广平、龚骏、傅斌清、郭帆、郭宝成、郭雪江、康岚、谢强、傅斌清、詹祥江、熊杰、熊波、潘胜凯。

第六节 智库及决策咨询

中国动物学会按照党和国家关于社团服务的总部署和中国科协系统深化改革的总体要求，改革创新、全面加强自身能力建设，以建设"活动质量高、充满生机和活力的现代化一流科技社团"为目标，围绕智库建设、决策咨询等方面开展了一些工作。

一、围绕创新发展部署学会工作，加强智库建设

（一）提出重大科学问题

为研判未来科技发展趋势、抓住科技创新突破口、前瞻谋划和布局前沿科技领域与方向提供依据，中国动物学会连续2年建议的重大科学问题、工程技术难题入选中国科协重大科学问题和工程技术难题。2020年，由中国动物学会副理事长冯江教授、军事医学研究院夏咸柱院士、中国动物学会副理事长张知彬研究员、军事医学研究院涂长春研究员提出，并由中国动物学会副理事长兼秘书长魏辅文院士等推荐的"冠状病毒跨种传播的生态学机制是什么？"入选中国科协2020年十大重大科学问题。围绕重大科学问题于2020年6月29日组织了野生动物疫病与生态安全战略研讨会，针对野生动物疫源疫病与溯源相关科学问题、动物疫源疫病与野生动物健康及人类健康、如何实现多学科交叉融合，以及如何减少或者杜绝未来野生动物疫病的大范围传播展开讨论。对未来野生动物疫源疫病工作进行了规划。撰写了科技工作者建议，通过中国科协上报中央，获得中央领导的批示。

2021年，由中国动物学会和中国环境科学学会共同推荐的"如何通过重要生态系统修复工程构建精准高效的生态保护网络和恢复生物多样性？"入选2021年中国科协"十个重大工程技术难题"。中国动物会连续几年均向中国科协推荐十大重大科学问题、工程技术难题和技术问题。

中国动物学会每年都安排征集重大科学问题、工程技术难题和产业技术问题，通过专家评审后向中国科协推荐。中国动物学会2021年7月获得中国科协十大重大科学问题、工程技术难题2021年度优秀推荐单位，2020年度优秀成果单位奖牌。

（二）生命科学领域前沿跟踪研究项目

组织专家参加了2016年由中国昆虫学会牵头的生命科学领域前沿跟踪研究项目，出色完成了发育生物学前沿跟踪研究任务，2017年9月完成结题报告。

2017年，中国动物学会组织专家承担了由中国生物医学工程学会牵头的生命科学领域前沿跟踪研究，承担了动物生态学及保护生物学领域的前沿跟踪研究任务，研究工作进展顺利，并提交了研究报告和专报。

2018年，中国动物学会围绕"健康和医学领域前研究和技术难题"，提出的"人类精原干细胞分化及其在非梗阻无精患者治疗中的应用研究"成功入选，组织刘以训院士团队调研、撰写了近4000字的报告，上报生命科学学会联合体。

（三）发挥人才智力优势，为政府和社会提供咨询服务、进行科技评价

（1）参与国家科技决策和建议，2016年、2020年组织专家就《中华人民共和国野生动物保护法》（修订草案）分别提出了20条、24条修改意见、2020年与中华人民共和国濒危物种科学委员会联合，就《中华人民共和国防疫法》（修订草案）提出23条修改建议，均上报中国科协。

（2）认真完成中国科协交付的任务，如协助学会部完成2000年、2001年、2022年、2003年、2004年病虫害防治绿皮书的组稿、审定及参加学术会议专家的组织工作，均上报1篇预测预报论文并入选《病虫害防治绿皮书》，对我国病虫鼠害的预测预报及对我国农业、林业生产的发展具有重要的实践价值和指导意义。2003年获中国科协"病虫害防治优秀组织奖"。

（3）2012年，中国动物学会与中国科学院水生研究所联合组织专家向中国科协提交了"扩大湖北石首天鹅洲故道长江江豚迁地保护区刻不容缓"科技工作者建议。

（4）2016年完成国家科技奖项的科技咨询工作。中国动物学会自2016年7月11日收到《国家科学技术奖励工作办公室关于开展国家科技奖初评通过项目行业咨询的函》后，便组织7位专家对初评会议投票通过的养殖组的1项技术发明奖、6项科学技术进步奖项目提出了专家咨询意见，于7月19日上报国家科学技术奖励工作办公室。该项工作的开展，为提高国家科技奖励权威性和公信力，保证国家科技奖励的质量，充分发挥了中国动物学会的专业咨询作用。

（5）2017年推荐专家作为国家重点实验室评估现场考察专家，其中赵同标研究员作为观察员参与了临床医学与药学组实验室评估。

（6）2017年撰写"中国动物学学会志愿者队伍建设简述与思考"上报中国科协。

（7）2017年撰写《国家中长期人才发展规划纲要（2010—2020年）》在动物学领域实施情况的评估报告，并上报中国科协。

（8）2018年与中华人民共和国濒危物种科学委员会办公室联合开展中国《濒危野生动植物种国际贸易公约》（CITES）附录动物物种回顾与评估调查问卷，征集专家对拟列入筛选野生动物的建议。在专家们的支持下，研究特定物种是否符合《濒危野生动植物种国际贸易公约》附录列入标准。2018年3月，由各相关政府部门出席的《濒危野生动植物种国际贸易公约》第18次缔约方大会提案及对策商讨会上，中华人民共和国濒危物种科学委员会工作人员介绍了调研结果，并根据公约附录修订标准筛选出重点物种供政府部门和各组织代表参考。

（9）2018年，中国动物学会派专家赴非洲3国开展学术访问，并就建立中非两地灵长类应对全球气候变化的长期监测标准规范进行讨论。

（10）2020年7月组织专家对广东长隆集团有限公司完成的"世界珍稀野生动物资源库创建的关键技术与应用"项目进行了科技成果评价。

（11）2020年8月17—18日，中国动物学会承办中国科技峰会系列活动青年科学家沙龙——生物安全与生物多样性科学研究青年科学家沙龙会议，发挥青年动物学科技工作者积极性，撰写了《关于强化我国生物安全风险防范与生物多样性保护的政策建议》并上报中国科协。

（12）2020年12月15日和2021年4月9日通过腾讯线上会议形式召开濒危动物保育与恢复示范基地线上评审会，评审专家听取了中国川金丝猴种群监测示范基地、浙江乌岩岭黄腹角雉种群监测与繁育示范基地、黄河源猎隼种群监测示范基地、四川铜马沟中国大鲵野化放归示范基地、大相岭大熊猫野化放归示范基地、广西大桂山鳄蜥野化放归示范基地和河南董寨白冠长尾雉种群监测示范基地、南京长江江豚种群监测与就地保护示范基地、浙江大学德清朱鹮人工繁育示范基地、成都大熊猫人工繁育示范基地、故道长江江豚迁地保护示范基地、武汉白鱀豚馆长江江豚人工繁育示范基地的汇报，并进行评议，一致通过12个基地作为中国动物学会的野生动物繁育和保护示范基地。

（13）2021年中国动物学会接受贵州师范大学卡斯特研究院的申请，组织相关院士及专家就中国南方山地进行脊椎动物生物学研究方面取得的成就，以及由此形成的专有技术成果进行评审（鉴定）。

（14）第28届国际灵长类学大会于2022年1月9—15日在厄瓜多尔召开，有900多位代表参加，我国有22位学者在线参加。1月13日，世界自然保护联盟物种生存委员会召开了评选全球最濒危25种灵长类会议，中国动物学会灵长类学分会主任委员李保国、秘书长郭松涛、副主任周江在线参加，在中国动物学会灵长类学分会积极申请和推荐下，世界自然保护联盟讨论通过，决定将黔金丝猴列入世界自然保护联盟2023—2024全世界最濒危的25种灵长类名录。25种灵长类并非是最濒危的和数量最少的物种，而是代表了需要关注和备受关注的保护物种。此项工作体现了我国灵长类学者和政府对物种保护的重视，也突显了国际灵长类学者对我国灵长类研究和保护工作的认可，有助于我国濒危灵长类的保护。

（15）2022年，中国动物学会启动"濒危动物保护"生态保护热点和前沿问题、"淡水动物养殖与资源保护"产学研调研2个智库专家团队的建设和智库报告的工作，2023年完成并提出了建设性意见和决策咨询报告。

2011年，中国动物学会获得中国科协高层次人才库建设工作先进单位。

（四）参与中国科协《学科发展蓝皮书》的编写

中国动物学会于 2002 年开始参加中国科协《学科发展蓝皮书》的编写工作，当年提供 2 篇文章：综述篇文章《动物克隆研究的现状》和学报分析篇文章《从〈动物分类学报〉论文分析 2001 年学科发展动态》。2003 年中国动物学会提供 2 篇论文，即成果篇论文《农田重大害鼠成灾规律及综合防治技术研究》和纪要篇论文《开展国际学术交流，推动动物学科发展》。

（五）推荐"中国生命科学十大进展"

2016—2023 年连续 7 次成功推荐了中国动物学会会员的成果，其中 11 项研究成果获得"中国生命科学领域十大进展"，孙强研究员的成果《构建世界首例体细胞克隆猴》、詹祥江研究员的成果《揭开鸟类长距离迁徙之谜》获得 2018 年、2021 年中国科学十大进展，这些研究成果充分展示和宣传了我国动物学领域的重大科技成果（表 5-8）。

表 5-8　中国动物学会推荐的进展入选 2016—2023 年中国生命科学十大进展和中国科学十大进展汇总表

序号	年份	进展名称	进展主要完成人	第一完成单位	进展其他完成人	获得中国科学十大进展
1	2016 年	组蛋白甲基化修饰在早期胚胎发育中的建立与调控	高绍荣	同济大学	张勇、刘晓雨	否
2	2017 年	m6A 甲基化修饰调控脊椎动物造血干细胞命运决定	刘峰	中国科学院动物研究所	杨运桂	否
3	2018 年	构建世界首例体细胞克隆猴	孙强	中国科学院神经科学研究所	刘真	是
4	2018 年	母源因子 huluwa 诱导脊椎动物胚胎体轴形成	孟安明	清华大学	陶庆华	否
5	2019 年	反刍动物基因组进化及其对人类健康的启示	王文	西北工业大学	邱强、陈垒	否
6	2021 年	脊椎动物从水生到陆生演化的遗传创新机制	王文	西北工业大学	何舜平、张国捷、王堃	否
7	2021 年	揭开鸟类长距离迁徙之谜	詹祥江	中国科学院动物研究所	谷中如、潘胜凯	是
8	2022 年	人类早期胚胎翻译组图谱及合子基因组激活因子研究	颉伟	清华大学生命科学学院	陈子江、赵涵	否
9	2023 年	核孔复合体成熟度调控合子基因组激活	孟安明	清华大学	沈炜敏	否
10	2023 年	解码灵长类基因天书，破译生命演化谜题	吴东东	中国科学院昆明动物研究所	张国捷、于黎、齐晓光、李保国	否
11	2023 年	揭开灵长类早期胚胎发育黑匣子	王红梅	中国科学院动物研究所	谭韬、季维智、郭帆、李伟	否

（六）共同发起成立生命科学学会联合体

2015 年 10 月，中国动物学会与中国生物物理学会、中国细胞生物学学会、中国植物学会等 11 家兄弟学会发起成立了生命科学学会联合体。在 2016 年和 2018 年世界生命科学大会上组织了 5 个分会场，邀请了 3 位美国国家科学院院士、欧洲科学院院士及多位国内外知名专家作学术报告和进行交流。

（七）发挥学会组织优势，组织专家编写科技图书

在全国科技名词审定委员会的支持下，2003—2004 年组织专家与台湾地区动物学科技工作者开展海峡两岸名词对照，2005 年 11 月由科学出版社出版了《海峡两岸动物学名词》。

在全国科技名词审定委员会的支持下，2013—2021 年学会组织专家开展了动物学名词释义工作，有 6000 余词条，2021 年 11 月由科学出版社出版了《动物学名词》（第二版）。

2015 年，中国动物学会申请了中国科协学科发展史项目并获得项目经费支持，学会组织了 28 位专家撰写《中国动物学学科史》，2022 年 11 月由中国科学技术出版社出版。

（八）培训从事贝类养殖农技人员和企业及个体养殖人员

（1）2020 年，贝类学分会支持和部分了参与贝类产业技术体系举办的技术培训和科技咨询服务共 5 场次，总计培训人员 325 人次，主要是针对贝类健康养殖产业、净化运输等技术需求方面的农技人员和企业、个体养殖人员进行培训。

（2）2020 年，贝类学学会专家制定了《新冠疫情防控期间蛏蜻池塘养殖技术要领》技术指导手册。

（3）2020 年，贝类学分会就贝类产业发展面临的问题与对策展开研讨，并提出可行解决途径。

第七节　学术期刊

（一）学会主办期刊

学术期刊是学会的一个重要学术交流平台，学会非常重视期刊的发展。20 世纪 90 年代末，中国动物学会主办了 7 种学术期刊。2009 年，中国动物学会第十六届常务理事会同意作为《动物学研究》主办单位之一，从 2009 年 10 月第 5 期开始，学会作为该刊的主办单位之一。2009 年 6 月，经新闻出版总署批准，*Chinese Birds* 由北京林业大学主办，创刊号于 2010 年 3 月出版，2013 年 4 月申请中国动物学会鸟类学分会作为第二主办单位。至此，中国动物学会主办期刊共 9 种。2022 年，《寄生虫与医学昆虫学报》因改革调整，主管单位和主办单位发生变化，从 2022 年 6 月（第 29 卷第 2 期）起，主管单位为军事科学院，主办单位为军事科学院军事医学研究院，中国动物学会不再作为该刊的主办单位。因此，2022 年 6 月以后，中国动物学会共主办 8 种学术期刊。

（二）主办英文期刊影响力不断提高

中国动物学会学术期刊通过采取各种改革措施，以提高期刊的学术质量和学术影响力。根据 2022 年公布的 2021 年 ISI JCR，*Zoological Research*（《动物学研究》）影响因子为 6.975，比上一年（4.56）增长了 2.415，在 176 种动物学学科 SCI 刊中排第 2 位，位于 Q1 分区；*ISI JCR*，*Current Zoology*（《动物学报》）影响因子 2.734，在 176 种动物学学科 SCI 刊中排第 27 位，位于 Q1 分区；*Avian Research* 的影响因子为 2.043，比上一年 2020 年（1.774）增长了 0.269，在 28 种鸟类学 SCI 期刊中排名第 6 位，位于 JCR 鸟类学期刊 Q1 区。

《动物学报》是我国动物学领域最具权威性的学术刊物之一。该刊于 2000 年获中国科学院第五

届优秀科技期刊三等奖，这是该刊第五次荣获中国科学院优秀期刊奖。2003 年开始加强国际稿件的组稿力度，在国内率先实现了开放式阅览。2003 年得到"中国科学院高水平学术期刊基础设施建设"项目和中国科协"自然科学基础性、高科技学术期刊经费"的资助。从 2009 年第一期起，《动物学报》改为英文刊（英文刊名为 *Current Zoology*）。2009 年起被国际著名数据库 SCOPUS 收录，2010 年被 SCI 收录。被 SCI 收录以来，影响力逐年提高。此外，该刊还入选"2012 中国最具国际影响力学术期刊"（TOP5%）（综合排名第 48 名）和"2014 年中国最具国际影响力学术期刊"（TOP5%）。自 2016 年起，由牛津大学出版社代表该刊编辑部出版 *Current Zoology*。2016 年获得中国科学院科技期刊排行榜一等奖、最具国际影响力期刊、中国科协等六部委"中国科技期刊国际影响力提升计划项目"B 类项目 100 万经费支持。2017 年入选全国百强科技期刊，排名第九。2019 年获得中国科技期刊卓越行动计划的重点项目支持（2019—2023）。

2014 年，经国家新闻出版广电总局同意，《动物学研究》第一期开始改为英文刊（英文刊名为 *Zoological Research*）。2018 年 12 月被 *SCIE* 收录。2014 年该刊入选"2013 中国最具国际影响力优秀学术期刊"，2015 年该刊入选"2014 中国最具国际影响力优秀学术期刊"，2016 年该刊入选"2015 中国国际影响力优秀学术期刊"。连续三次被评为云南省优秀期刊，在云南省 9 种科技期刊中排在第 1 位。2016 年获得中国科协等六部委"中国科技期刊国际影响力提升计划项目"B 类项目 100 万经费支持。2019 年获得中国科技期刊卓越行动计划的梯队项目支持（2019—2023）。

Chinese Birds（《中国鸟类》）是 2009 年 6 月是由北京林业大学申办的学术性英文期刊，面向全球报道中国及其他国家鸟类学研究的最新成果，是我国首份正式鸟类学专业杂志。创刊号于 2010 年 3 月出版。2013 年 4 月，申请增加中国动物学会为第二主办单位，2013 年 5 月获国家新闻出版广电总局批准。2013 年，期刊申请变更刊名为 *Avian Research*（《鸟类学研究》）。2014 年 3 月得到国家新闻出版广电总局批复，同意由北京林业大学和中国动物学会共同主办 *Avian Research*，新编国内统一连续出版物号为 CN10—1240/Q。*Avian Research* 2016 年 2 月被 SCIE 收录，获得了"2015 中国国际影响力优秀学术期刊"的荣誉。2019 年获得中国科技期刊卓越行动计划的梯队项目支持（2019—2023）。

中国动物学会主办的学术期刊入选"2012 中国最具国际影响力学术期刊"，《动物分类学报》排第 150 名（TOP5%）、《动物学研究》排第 8 名、《兽类学报》排第 30 名、《动物学杂志》排第 156 名。

2013 年，《动物分类学报》为与国际期刊进一步接轨及与国际同行进行交流，经过上报和审批，于 2014 年 1 月改为英文出版，英文刊名为 *Zoological Systematics*。2014 年 1 月英文版正式出版。2015 年被评为"中国国际影响力优秀学术期刊"（中国知网）。

（三）中文期刊学术质量不断提高

《兽类学报》注重加强编委会的建设，聘请来自美国、澳大利亚、英国等国家的专家作为海外编委，还注重老中青结合；制定了编委会职责；继续加强和扩充审稿队伍，并建立了审稿专家库。2018 年，《兽类学报》由季刊改为双月刊，发表周期和发文量都得到很大提高。2021 年，《兽类学报》得到中国科学院科学出版基金中文科技期刊择优支持。曾荣获中国科学院优秀期刊三等奖 2 次，中国科协优秀期刊三等奖 1 次，青海省优秀期刊一等奖 3 次等荣誉。

《动物学杂志》2016年11月进入中国科学院科学出版基金科技期刊排行榜（三等），排名第73位。入选中国科学技术信息研究所每年出版的《中国科技期刊引证报告》（核心版）发布的2020年中国百种杰出学术期刊。

《生物学通报》举办了优秀论文的评审活动，通过这项活动，鼓励了中学及中等专业学校生物教学的研究与交流，促进了生物学教学水平的提高。及时反映和报道生命科学研究动态，关注热点问题，提高刊物的时效性。本刊适应造就和培养大批具有创新意识教师的需要；设立了"研究性学习案例""生物资料室"等栏目，为生物学教师提供了丰富的教学资源。服务于中学生物学课程教学改革，为一线教师提供了丰富的教学资源，在全国生物学教育界具有很大的影响，对全国中学生物学教育教学改革起到了一定的引领和促进作用，极大地促进了中学生物学课程教学改革。

截至2024年，中国动物学会已经走过了90年的历程。在长期的发展过程中，中国动物学会一直秉持民主办会的原则，以服务于全国的动物学科研和教学工作者为宗旨。90年来，中国动物学会逐渐成长壮大，全国广大动物学工作者为动物学的科学研究、教学、科普、国际间合作交流，以及国家智库、决策咨询等作出了重大贡献。目前我国已进入新的发展时代，在科技发展日新月异的今天，国家对动物学工作者提出了新的要求和任务。中国动物学会将在中国科协的领导下，继续砥砺前行，发挥好党和动物学科技工作者之间的桥梁纽带作用，开创动物学发展新篇章，以优异成绩迎接学会成立一百年。

（撰稿：中国科学院动物研究所张永文、商秀清。本文承蒙冯祚建研究员、王德华教授、魏辅文院士、张正旺教授等审阅并提供宝贵意见，中国动物学会各分会、专业委员会、主办期刊、省、自治区、直辖市动物学会提供稿件，学会办公室张欢协助查找文献，在此一并致谢。）

中国动物学会大事记

1934 年

6 月 2 日，秉志、陈桢、胡经甫、辛树帜、经利彬、王家楫、伍献文等 30 人发起组织中国动物学会。由秉志、辛树帜、经利彬、伍献文、王家楫、薛德焴、陈桢、卢于道、陈纳逊、孙宗彭等人组成了中国动物学会筹备委员，并在南京益州饭店召开了第一次临时会议，会议议决 1934 年 8 月下旬借中国科学社 19 届年会之便，在江西庐山举行中国动物学会成立大会。

7 月，拟订《中国动物学会简章》（草案），并为成立大会做好相关的筹备事宜。在《科学》杂志第十八卷第七期上发表了《中国动物学会缘起》及《中国动物学会简章》（草案）。

8 月 23 日，中国动物学会在江西庐山莲花谷正式宣告成立，当时有会员 50 余人。出席成立大会的有 17 人。推选辛树帜为临时主席，王家楫为临时书记。大会通过了中国动物学会章程，选举秉志、伍献文、胡经甫、武兆发、孙宗彭、辛树帜、经利彬、王家楫、陈纳逊 9 人为中国动物学会首届理事会理事，并推选秉志为会长，胡经甫为副会长，王家楫为书记，陈纳逊为会计。会址暂设在国立中央研究院动植物研究所内，并于南京设通讯处。

8 月 24 日，中国动物学会召开了第一届第一次理事会议，会议决定创办《中国动物学杂志》，并推举秉志、卢于道、陈桢、胡经甫、寿振黄、贝时璋、董聿茂、朱洗为编辑部编委。

9 月 10 日，在南京中央饭店召开第二次理事会，会议通过了唐仲璋等 25 人为新会员（其中 3 人为外籍人士）。

10 月 4 日，第三次理事会在南京益州饭店召开，会议有两项议题：一是决定向政府要求在南京拨给官地一块，以备将来设立中国动物学会的永久性会址；二是通过国立编译馆和中央大学为机关会员。

1935 年

3 月 8 日，中国动物学会理事会在南京国立中央研究院动植物研究所内召开第四次理事会，会议讨论并通过了中华海产生物学会归并于中国动物学会的议案，与国立中央研究院、国立北平研究院、太平洋协会中国分会、青岛市政府、国立山东大学等 10 家机构合资筹建海滨生物研究所。

5 月，中国动物学会创办的《中国动物学杂志》首卷出版，刊登论文 11 篇，计 133 页。

6 月，国立中央研究院成立第一届评议会，共有 41 位评议员，本会理事、会员王家楫、秉志、林可胜、胡经甫当选。

8 月 12—15 日，中国动物学会在广西省南宁市举行第二次常年大会（中国科学社联合其他五学术团体举办第二十次联合年会），收到论文 90 余篇。

12 月 10 日，中国动物学会选举产生第二届理事会。秉志、王家楫、辛树帜、伍献文、经利彬、胡经甫、陈桢、寿振黄、徐荫祺 9 人当选为理事，推选胡经甫为会长，陈桢为副会长，寿振黄为书记，徐荫祺为会计。学会会址由原国立中央研究院动植物研究所改为北平西安门内文津街 3 号静生生物调查所内。

1935—1936 年，由张玺领导胶州湾海产动物采集团调查采集动物标本 1600 号。

1936 年

8 月 17—20 日，中国动物学会在北平清华大学生物学馆召开第三次常年大会（中国科学社联合六学术团体召开第二十一次联合年会）。会议期间选举产生了中国动物学会第三届理事会，辛树帜、王家楫、张春霖、伍献文、林可胜、朱元鼎、卢于道、刘咸、陈子英 9 人当选为理事，选举辛树帜为会长，王家楫为副会长，伍献文为书记，卢于道为会计。在中国动物学会第三届常年大会上通过了《中国动物学杂志》编辑委员会第二届编委，主任编辑陈桢，干事编辑胡经甫，编辑李汝祺、经利彬、彭光钦、寿振黄、张玺、贝时璋。《中国动物学杂志》第二卷于 1936 年 10 月出版，刊登论文 15 篇，计 201 页。

12 月 25 日，青岛海滨生物研究所落成。这是当时中国唯一的海产生物研究所，以发展中国海洋学及海洋生物学为主要宗旨。

1937 年

年初，中国动物学会向青岛海关购得一艘旧轮船，将其进行改造，并装配小型拖网及海底采集器等用具。抗战全面爆发后，沿海沦陷。青岛海滨生物研究所的研究工作就此停顿。

4 月 17 日，中国动物学会第三届理事会第三次会议研究议决，暂推卢于道、王家楫、张春霖 3 人负责《中国动物学杂志》第三卷的出版事宜。

1942 年

7 月 7 日，中国动物学会在重庆北碚召开理事会，推举陈世骧、薛芬、欧阳翥 3 人为中国动物学会第四届职员及理事司选委员，负责更选工作。当时有会员 218 人。

1943 年

1 月 31 日，司选委员公布中国动物学会第四届理事会通信选举结果。会长陈桢，副会长经利彬，书记杜增瑞，会计崔之兰，理事蔡堡、刘崇乐、沈嘉瑞、汤佩松、贝时璋 5 人。联系地址：云南省昆明市国立西南联合大学生物系。

4 月 15 日，中国动物学会在昆明国立云南大学生物系召开第四届第一次理事会，会议决定：①通过沈同、陈阅增、潘清华等新会员 31 名；②暂定该年度会费为战时会费；③通过参加 1943 年 7 月中国科学社在重庆北碚召集的联合年会，请辛树帜、卢于道、王家楫、伍献文、欧阳翥 5 人负责，并就近筹备。

7月18—20日，中国动物学会在北碚重庆师范学校召开第四届学术年会（中国科学社联合其他五学术团体举办联合年会）。到会会员31人，收到论文156篇，突破了当时国内学会论文的记录。会议宣读论文20篇，并进行了"如何发展中国之科学"和"国际间科学合作问题"两个专题的讨论。

8月12日，中国动物学会在昆明国立云南大学生物系召开第四届第二次理事会，会议议决：①由经利彬按照社会部人民社团组织法审查、修改中国动物学会章程，并向社会部人民社团组织司申报备案，会址设在国立中央研究院动植物研究所内；②《中国动物学杂志》继续刊行，并推选出第三届编委会编委；③通过李震修等新会员17人，云南大学等机关会员7个。

1944年

8月5日，在中国动物学会第四届第五次理事会会议上，由中国动物学会理事、监事司选委员吴素萱、陆近仁、沈同通报了第五届理事会选举结果。

1944年，因抗战时期交通不便，经中国科学社理事会议决，庆祝中国科学社三十周年纪念暨第二十四届十二科学团体联合年会由各地分区分别举行。

10月14—15日，中国科学社昆明分会联合中国动物学会昆明分会等八科学团体在云南大学共同举行年会，到会者268人，会议收到论文110篇。动物学组宣读论文28篇。

11月4—6日，中国科学社、中国动物学会、中国植物学会、中国遗传学会等十二科学团体联合年会（中国动物学会第五次学术年会）在成都市举行。与会代表300余人，会议收到论文167篇。11月5日上午，动物组在华西大学生物馆宣读论文43篇。会议主席为陈纳逊。

12月25日，中国科学社北碚区年会与中国西部科学博物馆开馆典礼联合举办（中国动物学会参加），借中央地质调查所礼堂进行论文宣读，与会200人，由伍献文主持。会议收到论文27篇，其中动物学8篇，会议宣读论文7篇。

1945年

从1945年第五届理事会起，改为理监事制。中国动物学会自成立至1944年止，按照会长制选举职员，处理会务。

1945年年初，中国动物学会公布第五届理事会理事、监事选举结果：理事为王家楫、伍献文、欧阳翥、卢于道、童第周、蔡翘、陈世骧、蔡堡、陈义、薛芬、邹钟琳、吴福祯、林绍文、刘承钊、倪达书15人，常务理事为王家楫、伍献文、童第周、陈世骧、卢于道，理事长王家楫，副理事长蔡堡，书记陈世骧，会计伍献文，监事为陈桢、辛树帜、刘崇乐、崔之兰、经利彬，常务监事为陈桢、刘崇乐、崔之兰。

1947年

5月18日，中国动物学会在上海岳阳路320号国立中央研究院动物研究所召开在沪会员座谈会。

出席会员 20 余人。王家楫任主席，除报告中国动物学会简史外，即席决议成立中国动物学会上海分会及召开上海区年会，公推张孟闻、徐荫祺、伍献文、朱元鼎、陈世骧为筹备委员。总会会址暂设上海岳阳路 320 号国立中央研究院动物研究所。

6 月 19 日下午，中国动物学会在上海岳阳路 320 号国立中央研究院动物研究所召开第五届常务理事会，出席者有贝时璋、卢于道、陈世骧、伍献文、王家楫 5 人。王家楫任主席，会议议决事项有 7 项。会议还通过姚鑫等 20 人为该会会员。

8 月 30 日—9 月 1 日，中国动物学会第六届学术年会（中国科学社与中华自然科学社联合中国动物学会等其他五学术团体召开联合年会）在上海市召开，会议收到论文 60 篇。中国动物学会主席王家楫报告了学会近况后，薛芬代表司选委员会报告选举结果，伍献文报告会计收支情况。随即议决各案如下：①《中国动物学杂志》印刷费的筹募法，由本届常务理事统筹办理；②永久会址设在南京各团体联合会址；③请本届新任常务理事编印会员名录。

10 月 10—11 日，北平六科学团体联合年会举办，中国物理学会、中国化学会、中国动物学会、中国植物学会、中国数学会、中国地质学会在北平协和大礼堂举行联合年会。到会会员 340 余人，由梅贻琦任主席，胡适和李书华讲演。

1948 年

4 月，国立中央研究院第一批 81 位院士诞生，其中生物组 25 人，曾任过本会理事的王家楫、伍献文、贝时璋、秉志、陈桢、童第周、林可胜、汤佩松、蔡翘 9 位专家当选。

6 月，中国动物学会司选委员会公布了第六届理事会选举结果，理事长朱元鼎，书记徐荫祺，会计陈世骧，理事伍献文、陈世骧、欧阳翥、贝时璋、朱洗、王以康、刘咸、童第周、沈嘉瑞、陈义、徐荫祺、郑作新、何琦、崔之兰，监事秉志、王家楫、胡经甫、陈桢、林可胜。会址设在上海岳阳路 320 号国立中央研究院动物研究所。

1948 年，中国动物学会分别在北平、南京、广州、上海举行年会。前三处均与当地其他科学团体联合举行，上海年会由中国动物学会单独召开。

10 月 9—11 日，由中国科学社发起，中华自然科学社、中国科学工作者协会、中国动物学会、中国植物学会、中国昆虫学会等平津十二科学团体联合年会在北平中法大学礼堂举行，与会人员 542 人。会议宣读论文 147 篇，其中中国动物学会宣读论文 21 篇。

10 月 9—11 日，中华自然科学社、中国科学社、天文学会、地球物理学会、地理学会、气象学会、动物学会、物理学会、新中国数学会、遗传学会十科学团体联合年会在南京市召开。

10 月 31 日，中国动物学会在沪会员在中央水产实验所举行年会，到会会员 40 余人，宣读论文 18 篇。秉志作了题为《生物学家当前之问题》的报告。

1948—1949 年，中国动物学会决定恢复设立《中国动物学杂志》编辑委员会，聘请伍献文为主任委员，聘张宗汉、陈世骧、贝时璋、史若兰、王家楫、吴光为委员，负责《中国动物学杂志》复刊的编辑工作。决定设立出版委员会，聘请费鸿年为主任委员，王以康、薛德焴、张孟闻为委员，负责《中国动物学杂志》的复刊出版事宜。

1949 年

2 月 11—12 日，京区十二团体联合年会在中法大学召开，由北京区自然科学、数学、物理、化学、地质、动物、植物、药物、昆虫、海洋湖沼、心理学会等 12 个学会联合举办。出席 599 人。

3 月，《中国动物学杂志》（第三卷）复刊出版，刊登论文 8 篇，计 68 页，共印 500 册。

10 月 25 日，中国动物学会第七届理事司选委员会公布第七届理事会通信选举结果。陈桢、伍献文、沈嘉瑞、童第周、王家楫、李汝祺、沈同、崔之兰、贝时璋、陆近仁、熊大仕、刘崇乐、张玺、武兆发、赵以炳 15 人当选，并推选陈桢（兼理事长）、沈同（兼书记）、张玺（兼会计）、李汝祺、刘崇乐为常务理事。10 月，中国动物学会会址由上海迁到北京。到 1949 年中华人民共和国成立前夕，会员人数增加到 348 人。

12 月 11—12 日，中国动物学会参加由中华自然科学会南京分会、南京药学会和中国天文学会、中国化学会等十科学团体在南京国立中央研究院礼堂举办的联合年会。出席 599 人，到会会员 210 余人。

1950 年

2 月 4 日，中国动物学会第七届理事会在北京召开第一次理事会议。会议议决将青岛海滨生物研究所的产权让与中国科学院。

8 月 17—26 日，中华全国自然科学工作者代表会议在北京清华园召开，来自全国各地的代表 451 人共商今后中国科学建设的大计。会上成立了全国科联、全国科普。秉志当选全国科联常务委员，王家楫当选委员，卢于道、张孟闻当选全国科普委员。中国动物学会王以康、张孟闻、何琦、杨钟健、汪德耀、刘承钊、秉志、费鸿年、王家楫、童第周、陈桢等 34 位专家向科代大会提出"请增设动物分类学研究所提案"。

1951 年

3 月 11 日，在全国科联的协助下，中国动物学会完成了向中央人民政府内务部申请登记的手续，5 月 8 日，中央人民政府内务部批准中国动物学会成立登记并颁发登记证，正式成为全国科联领导下的社会团体组织。

8 月 22—26 日，中国动物学会在北京大学理学院召开中华人民共和国成立后的第一届全国会员代表大会。出席会议的代表 29 人。会议通过了四大任务、七项工作计划和 15 项提案；通过了修改后的会章；选举陈桢、沈同、刘崇乐、费鸿年、李汝祺、郑作新、林昌善、陈德明、王家楫、谈家桢、汪德耀、傅桐生、辛树帜、周太玄、戴笠 15 人为第八届理事会理事，李汝祺、陈德明、林昌善、沈同、郑作新为常务理事，推举李汝祺任理事长，陈德明任秘书，林昌善任会计。会议还作出了编辑出版《中国动物图谱》《动物学杂志》《通俗杂志》（即《中国动物学会通讯》）的决定。

8 月，中国动物学会第一次全国会员代表大会期间，成立了由张春霖等 11 人组成的《中国动物图谱》编辑筹备委员会。

11 月 8 日，《中国动物图谱》编辑筹备委员会在中国科学院动物标本工作委员会内召开工作会议，讨论委员担任编辑工作分工。会议还讨论了图谱取材标准、版本的格式、绘图办法等相关事宜。

1952 年

5 月间，全国科联召集物理、数学、化学、植物、动物几个专门学会的负责人商讨编印数学、物理、化学、生物学四种基本科学期刊问题。决定将中国植物学会的《中国植物学杂志》与中国动物学会正在筹备出版的通俗的动物学刊物合并改名为《生物学通报》，由中国动物学会与中国植物学会共同负责编辑工作。根据这一决定，成立了生物学通报编辑委员会，主任编辑为汪振儒，副主任编辑为沈同，编辑委员 14 位。编委会地址设在北京市东城区马市大街 35 号。

8 月 30 日，《生物学通报》（暂定双月刊）第一卷第一期出版。1952 年 8 月、10 月、12 月各出版一期。

1953 年

1953 年，《中国动物学杂志》第五卷出版，同年，该杂志更名为《动物学报》，由中国动物学会主办，中国科学院动物研究室承办。

8 月 3 日，《中国动物图谱》编辑筹备委员会召开第二次工作会议。

1954 年

1954 年起，《动物学报》恢复每年一卷，每卷两期（即半年刊），学报编辑部设在中国科学院动物研究室。

中国动物学会编印《中国动物图谱》，由于人力、物力等方面困难，经在京中国动物学会理事多次认真研究，决定向中国科学院请求帮助。

1954 年春，中国科学院接受本学会理事会的请求，指定动物研究室负责图谱的组织筹备工作，并通知海洋生物研究室、昆虫研究所、水生生物研究所协助，在适当时期召开会议，制订出较详细的方案。

6 月，动物研究室在室主任陈桢教授的领导下召集了全国知名的动物学专家，在北京开了一周的会议，把人力组织起来并拟订了一套具体的工作计划，并附上《中国动物图谱编辑委员会筹备草案》和筹备委员会主任、副主任、秘书人选的推荐名单，报送给中国科学院秘书处。

8 月 17—21 日，《中国动物图谱》编撰会议在中国科学院院部召开，40 余位动物学专家出席了会议。会议对动物图谱的性质、目的、要求、编写方法、组织等问题进行了讨论；推举了编委会人选；通过了《中国动物图谱》编辑方案和组织办法的草案。

10 月 16 日，中国科学院第 36 次院务常务会议通过了《中国科学院中国动物图谱编辑委员会组织办法》及委员名单。

11 月 15 日，《中国动物图谱》编辑委员会召开常设委员会议，决定分设无脊椎动物、脊椎动物、昆虫 3 个编辑组。聘请张玺为无脊椎动物组组长，王家楫、沈嘉瑞为副组长；聘请刘崇乐为昆虫组组长，蔡邦华、朱弘复、陈世骧为副组长；聘请寿振黄为脊椎动物组组长，郑作新、张春霖为副组长。

1955 年

6 月 3 日，周恩来总理签发了国务院令，公布中国科学院首批学部委员名单，生物学地学部 60 位，秉志、陈桢、胡经甫、蔡翘、王家楫、伍献文、刘承钊、朱洗、钟惠澜、刘崇乐、童第周、蔡邦华、贝时璋、陈世骧 14 位专家当选。

1956 年

3 月 1 日，中国动物学会常务理事会决定编印的《中国动物学会通讯》创刊。这份内部刊物由中国动物学会编辑，地点在北京文津街 3 号。《中国动物学会通讯》创刊后仅出了三期，分别是 1956 年 3 月、6 月和 10 月。

4 月 29 日，英国伦敦动物学会赠送中国动物学会 4 只麋鹿，中国动物学会将其转给北京动物园饲养和展出。

8 月 23—28 日，中国动物学会在青岛市举行了第二届全国会员代表大会。出席会议的正式代表 28 人，特邀代表 13 人。大会修改并通过了新会章，选出第九届理事会理事 35 人，伍献文、李汝祺、沈嘉瑞、武兆发、张玺、张孟闻、费鸿年 7 人任常务理事，推选秉志为理事长，辛树帜、陈阅增为副理事长，郑作新为秘书长。

12 月 25 日，中国动物学会决定创办中级学术刊物《动物学杂志》，并由丁汉波、秉志、刘咸、张作人、朱洗等 30 人担任编辑委员会委员。刘咸（干事编辑）、徐荫祺、朱洗、张作人、谈家桢、张孟闻、薛德焴 7 人任常务编委会编委。

1956—1957 年，中国动物学会先后与北京分会、微生物学会联合邀请了德国柏林大学齐莫曼教授、奥地利维也纳大学动物系威廉马里耐利教授、巴基斯坦喀喇蚩大学寄生虫学家阿莫德博士分别作学术报告，听讲人数 300 余人。

1957 年

1957 年起，《动物学报》由半年刊改为季刊，1957 年已出版至第九卷第四期。

5 月，《动物学杂志》创刊，创刊时为季刊，属中国自然科学核心刊物之一。起初在上海出版，编辑部暂设上海复旦大学生物系内，由中国动物学会上海分会主办。首届主编为郑作新。

5 月 23 日，中国科学院遴选增聘了 18 位学部委员，其中生物学地学部增补了 5 位，中国动物学会专家冯兰洲当选。

1958 年

1958 年，张春霖、施白南所著《中国动物图谱 鱼类》（第三册）首先问世。

1958—1959 年，中国动物学会邀请苏联专家库加金、库契罗克分别作学术报告，有近 500 人听取了报告。学会还与中国医学科学院共同邀请苏联库契罗克、加路林、邱特金娜三位专家合办自然疫源地讲习班。

1959 年

1959 年，《动物学杂志》从第三卷起移至北京编辑、出版，并改为月刊，由中国动物学会主办，中国科学院动物研究所承办。首届主编郑作新。

1959 年，郑作新、王希成合著的《中国动物图谱 鸟类》（第一、二册），陈义的《中国动物图谱 环节动物》、成庆泰的《中国动物图谱 鱼类》（第四册）以及刘承钊的《中国动物图谱 两栖动物》相继问世。到"文化大革命"前夕，由科学出版社出版的《中国动物图谱》已达 21 册。

1960 年

1 月 17 日，中国动物学会在北京南河沿科协文化俱乐部召开北京地区动物学会会员十二年科学技术发展远景规划座谈会。参加会议的有 43 人。

6—9 月，中国动物学会协助林业部培训全国狩猎事业经营管理干部。由寿振黄、郑作新、夏武平、朱靖分别授课。

1960 年，举办科学普及和学术报告会 9 次，听众 2160 余人，其中，由郑作新、童第周分别作报告，均有 700 人参加。

1960 年，中国动物学会分别与中国科学院动物研究所、北京市解剖学会联合邀请来华访问的苏联古生物学家 Г．Г．马廷生、细胞学家 А．В．日尔蒙斯基以及海洋生物学家 Е．Ф．古丽亚诺娃等分别作学术报告。

1961 年

6 月 26 日，中国动物学会理事会扩大会议研究决定，成立动物生态学、实验动物学、动物区系学三个专业委员会。并推选各专业委员会筹备委员人选。

1961 年，与北京动物学会、北京昆虫学会等合办科学普及和学术报告会 20 次，中国动物学会郑作新、沈嘉瑞、夏武平、张致一等人作了精彩的学术报告。

1962 年

8 月，中国动物学会与中国植物学会在北京联合召开细胞学学术研讨会，全国 43 个单位的细胞学工作者共 67 人参加，征集论文 50 篇，宣读论文 39 篇。

11 月 14—21 日，中国动物学会在广州召开全国动物生态及分类区系专业学术研讨会。来自全国各地的代表 83 人及列席和旁听 200 余人参加讨论。会议收到论文 295 篇，分动物生态、脊椎动物、无脊椎动物三个小组进行论文宣读和讨论。

1963 年

10 月 21—28 日，中国动物学会在上海召开全国实验动物学专业学术讨论会。来自全国各地的 43 个单位代表 69 人，列席和旁听 200 余人参加了讨论。会议征集论文 229 篇，其中 176 篇论文印成摘要汇编，会议宣读论文 118 篇。李汝祺、贝时璋、谈家桢、庄孝僡四位教授分别作了《从动物的遗传谈有关发育的问题》《从分子生物学看实验动物学的发展》《自然进化与人工进化》《实验胚胎学的新进展》四个专题报告。

11月24日—12月1日，中国动物学会在北京召开全国寄生虫学专业讨论会，这是中国人体寄生虫学与家畜寄生虫学的首次全国性学术讨论会。来自全国各地56个单位66人参加会议，列席和旁听120人。会议征集论文244篇。

1964 年

1月8日，中国动物学会理事会在北京科学会堂举行扩大会议。出席会议的有理事长秉志、副理事长陈阅增、秘书长郑作新等在京理事和中国动物学会30周年年会筹备委员等27人。会议决定在1961年成立的动物区系学、动物生态学、实验动物学等三个专业委员会的基础上，再设立形态学、生态学、无脊椎动物区系分类学、脊椎动物区系分类学、寄生虫学专业组。

7月8—18日，中国动物学会成立30周年庆祝大会在北京举行。全国27省、自治区、直辖市的代表160余人，连同列席代表共344人出席。大会开幕式与中国昆虫学会20周年学术讨论会联合举行。中国动物学会理事长秉志对中国动物学和昆虫学以及学会的发展历史作了全面总结。全国科协副主席竺可桢作了当前科学工作形势的报告。会议通过了新会章，改选了新的理事会，选出第十届理事会理事55人，刘承钊、刘崇乐、刘矫非、李汝祺、沈嘉瑞、汪德耀、秉志、陈心陶、陈阅增、吴征鉴、林昌善、郑作新、马世骏、夏武平、张作人、张玺16人为常务理事，选举秉志为理事长，陈阅增、刘承钊为副理事长，郑作新为秘书长。此次学术年会收到近千篇论文，按不同学科分为六个专业组开展学术活动，共宣读论文214篇。

7月，《动物分类学报》创刊，由中国动物学会和中国昆虫学会合办、中国科学院动物研究所承办，该刊为季刊，属中国自然科学核心刊物之一。首届主编为陈世骧。

8月，由中国动物学会主办的《寄生虫学报》（1994年该刊更名为《寄生虫与医学昆虫学报》）创刊，该刊为季刊，是一种综合性刊物。该刊至1966年仅出版了三期便停刊了。"文化大革命"后该刊的承办权转交给中国医学科学院微生物流行病研究所。

1972 年

恢复了《动物学报》的出版工作。

1977 年

12月，中国动物学会和中国林业学会、中国地理学会等五个学会在天津联合召开了中国科协五个专业学会的学术会议，首次恢复了学会活动。来自全国29个省市76个单位的90名代表参加了由中国动物学会主持的全国寄生虫学（蠕虫、原虫）学术讨论会的研讨。会议收到学术论文150余篇，为1978年全国科学大会的召开奠定了基础。

1978 年

8月，《动物分类学报》复刊。

10月21—29日，在昆明市召开了中国动物学会学术讨论会。来自全国29个省、自治区、直辖市99个单位的代表、列席代表183人出席。会议增补新理事22名，并推选贝时璋任理事长，副理事长除陈阅增外，又增补张作人、郑作新、宋如棷为副理事长；张致一任秘书长，任命夏武平、钱燕文为副秘书长。根据当时与会代表的提议，并征得在昆明市参会的各省动物学会的意见和在京理事的研究，又在内蒙古、辽宁、安徽、黑龙江四个没有理事的省、自治区增补理事各一名，至此，中国动物学会理事会成员共有59名。会议收到学术论文700多篇，宣读论文120余篇。

1979 年

10月15—18日，在湖北省武昌市成立的鱼类学会（隶属中国海洋湖沼学会），经中国海洋湖沼学会与中国动物学会协商，同意自1986年起鱼类学分会作为两个学会的二级学会，实行双重领导。

1980 年

4月25日，中国动物学会与美国动物学会所属的发育生物学部在北京联合举办了"第二次国际核糖核酸在发育和生殖中的作用"学术讨论会，49名中外科学工作者（中国11人）作了8个方面的学术报告。美国、德国、法国等国科学家参加。

恢复了学术刊物《生物学通报》的出版。

10月8—13日，中国动物学会在辽宁省大连市召开全国脊椎动物会议，成立了中国动物学会兽类学会（后改名为中国动物学会兽类学分会）、中国动物学会鸟类学会（后改名为中国动物学会鸟类学分会）。

11月，中国科学院增选了283位学部委员，中国动物学会马世骏、庄孝僡、刘建康、汪堃仁、张致一、陆宝麟、郑作新、唐仲璋、谈家桢9位专家当选。

1981 年

1981年，中国动物学会接待了澳大利亚西澳大学动物系主任布雷德肯教授来访，同年派员随同中国科学技术协会代表团回访了澳大利亚。

5月26—30日，在武汉市召开原生动物学首次学术讨论会暨中国动物学会原生动物学会（后改名为中国动物学会原生动物学分会）成立大会。

9月11—15日，在广州市召开中国动物学会贝类学会（后改名为中国动物学会贝类学分会）成立大会暨学术讨论会。

9月22—28日，在石家庄市召开中国动物学会第二次全国显微与亚显微形态科学学术讨论会暨显微与亚显微形态科学分会成立大会。

1981年，与中国植物学会联合开展了"青少年爱好生物宣传活动"；与北京动物园等单位联合绘制了一组珍稀动物彩画，并与有关单位联合举办了"自然保护展览"。

1982 年

5 月，中国动物学会与中国科学院动物研究所联合设计制作的《中国珍稀鸟类》科普画橱窗在北京西长安街展出。该展出荣获北京市科学技术协会画廊奖二等奖。

9 月 12—16 日，中国动物学会第二届生殖生物学学术讨论会暨生殖生物学会成立大会在济南市召开。

12 月 13—17 日，在浙江杭州举行的首届中国甲壳动物学学术研讨会上，成立中国动物学会甲壳动物学会（后改名为中国动物学会甲壳动物学分会）。

12 月 15—20 日，中国动物学会两栖爬行学术讨论会在成都市召开，成立了中国动物学会两栖爬行学会（后改名为中国动物学会两栖爬行学分会）。

1983 年

10—11 月，中国动物学会兽类学分会与日本国兽类学会联合在合肥市举办中日兽类学学术讨论会。中方代表 40 人，日方代表 16 人，会议收到论文 56 篇，正式出版了论文集（英文）。

1983 年，中国动物学会与中国生物物理学会等单位联合举办科学报告会，邀请英国剑桥大学生理实验室教授、国际生物物理联合会主席凯恩斯作了题为《达尔文与贝格尔号航行》的报告。

1983 年，全国蛛形学学者和蛛形学爱好者在昆明市召开第一次蛛形学学术讨论会。会上与会者一致同意发起成立中国动物学会蛛形学专业委员会。

1984 年

4 月 23—27 日，中国动物学会成立五十周年暨第十一届会员代表大会在南京市华东饭店召开，与会代表 297 人。会议收到论文及摘要 728 篇，从中选出 506 篇编印成摘要汇编（上、下二册），会议分八个专业组进行学术交流，宣读论文 228 篇。会议以无记名投票方式选出新理事 64 名，选举丁汉波、马勇、王平、史瀛仙、江希明、许维枢、宋大祥、陈阅增、张致一、郑作新、周本湘、夏武平、钱燕文、廖翔华、潘清华 15 人为常务理事，选举郑作新为第十一届理事会理事长，张致一、陈阅增、潘清华、江希明为副理事长，钱燕文为秘书长。会议向从事动物学工作 50 年以上并作出贡献的 58 位老科学家赠送了纪念品。

1985 年

1 月 14—18 日，在福建省厦门市鼓浪屿召开中国动物学会寄生虫学学术讨论会暨专业委员会成立大会。

8 月，由中国动物学会两栖爬行学分会倡议，与日本爬虫两栖类学会共同在广州华南师范大学主持召开中日两栖爬行动物学学术研讨会。出席会议的中国代表 50 人，日本、美国、瑞士等国的代表 23 人。会议收到论文 70 篇。

1986 年

1 月 26—28 日，郑作新院士在泰国清迈市召开的第三届国际雉类学术研讨会上当选为世界雉类协会理事长。

7月12—16日，在福建省崇安召开中国动物学会蛛形学专业委员会成立大会暨第二次学术讨论会。

10月，在北京市成立了中国动物学会发育生物学专业委员会，专业委员会挂靠在中国科学院发育生物学研究所。

1986年，动物学名词审定委员会工作启动，由26位专家学者和教授组成。从1986年始，多次开会研讨动物学科的名词统一问题，1996年由科学出版社出版了专著《动物学名词》。

1987 年

中国动物学会与中国海洋湖沼学会协商，将贝类学分会、甲壳动物学分会作为两个学会的二级学会，实行双重领导。

1989 年

3月16—21日，中国动物学会第十二届会员代表大会暨学术讨论会在北京市召开，此次大会也是庆祝中国动物学会成立55周年的纪念会，有253位代表参加，收到论文摘要1148篇。会员代表通过无记名投票方式选举产生了78名理事，第一次理事会选举产生了18位常务理事，选举张致一为理事长，钱燕文、宋大祥、郑光美、陈宜瑜、潘清华为副理事长，宋大祥兼任秘书长。

在1989年的第八届国际原生动物学术会议上，沈韫芬教授和庞延斌教授当选为国际原生动物学委员会委员。

1991 年

11月，中国科学院增选了210名新的学部委员，中国动物学会陈宜瑜研究员、钦俊德研究员、施立明研究员、唐崇惕教授、翟中和教授当选。

1992 年

1月14—16日，中国动物学会比较内分泌学专业委员会成立大会暨第一届学术会议在广州市召开。共有40余人参加。

1991年由中国动物学会向中国科协提出开展全国中学生生物学竞赛申请，1992年获得中国科协、国家教委的同意。由中国动物学会和中国植物学会专家组成全国中学生生物竞赛委员会，两学会各推荐五名学科专家组成全国中学生生物学竞赛委员会。委员会的首届主任和副主任由中国科协青少年科普活动中心聘任。首任主任为高信增教授，副主任为张洁研究员。

8月15—19日，在北京市陈经纶中学举办了首届全国中学生生物学竞赛。来自福建、江苏、四川、湖北、湖南、江西、黑龙江、山东、辽宁、河北、北京、上海、西藏13个省、自治区、直辖市的39位选手参加了这次竞赛。按照成绩评出金奖6名、银奖10名、铜奖14名，优秀选手奖9名。

1993 年

7 月 5—10 日，我国由 2 位专家和 4 位高中学生组成代表组团赴荷兰乌德勒参加第四届国际生物学奥林匹克竞赛，获得 1 枚金牌、3 枚银牌成绩。这是我国第一次参加该国际赛事。

8 月 21—25 日，第二届全国中学生生物学竞赛在河北省唐山市第一中学举办，来自 14 个省的 45 名选手参加，评出一等奖 5 名、二等奖 9 名、三等奖 14 名、优秀选手奖 14 名。

10 月 19 日，国务院第十一次常务会议决定中国科学院学部委员改称中国科学院院士，宣布成立中国工程院。中国科学院 11 月增选了 59 名新院士，中国动物学会孙儒泳教授当选。

1994 年

1 月 14—24 日，首届海峡两岸鸟类学术研讨会在台北市立动物园召开，大陆学者张孚允、高玮、张光美等 12 位学者和鸟类保育工作者参加。双方代表报告了 23 篇论文。

2 月，中国动物学会在昆明市召开常务理事会，陈阅增教授建议成立生物进化研究小组，常务理事会批准并委托陈阅增教授负责筹备。

4 月 7 日，周明镇、陈阅增、张弥曼、朱圣庚及马莱龄、张昀等学者共议成立生物进化研究组事宜，并挂靠在北京大学生命科学学院。

6 月 11 日，在北京大学生物楼，陈阅增教授主持召开生物进化研讨会，钦俊德教授、宋大祥教授、李靖焱教授等 20 余人与会，李靖焱、张昀分别作了报告。

6 月 23—25 日，中国动物学会及各省、自治区、直辖市动物学会秘书长工作会议在山东省青岛市召开。

7 月 4—10 日，我国由 2 位专家和 4 位高中学生代表组团赴保加利亚参加第五届国际生物学奥林匹克竞赛，获得 1 枚金牌、2 枚银牌、1 枚铜牌。

9 月 20—25 日，中国动物学会第十三届会员代表大会暨学术讨论会在北京市召开，此次会议也是庆祝中国动物学会成立 60 周年纪念大会，来自美国和德国等国家和地区的 320 多位代表出席会议，共收到 475 篇论文与摘要。出版了《纪念陈桢教授诞辰 100 周年论文集》和《中国动物学会成立 60 周年纪念论文集》，共刊载论文 198 篇；另有一本论文摘要集，载有摘要 277 篇。会员代表通过无记名投票方式选举产生了 77 名理事，第一次理事会选举产生了 28 位常务理事，选举宋大祥为理事长，郑光美、陈宜瑜、马莱龄、陈大元、钱燕文为副理事长，陈大元兼任秘书长。

1995 年

10 月，中国科学院学部增选产生了 59 名院士，中国动物学会沈韫芬研究员当选。中国工程院首次增选出 216 名新院士，中国动物学会旭日干教授、马建章教授当选。

8 月 16—21 日，第四届全国中学生生物学竞赛在黑龙江省大庆市实验中学举办，来自 19 个省的 60 名选手参加，评出金奖 6 名、银奖 16 名、铜奖 22 名、优秀选手奖 16 名。

1996 年

6 月 30 日—7 月 7 日，我国由 3 位专家和 4 位高中学生代表组团赴乌克兰克里米亚参加第七届国际生物学奥林匹克竞赛，获得 1 枚金牌、3 枚银牌。

8 月 1—4 日，第二届海峡两岸鸟类学学术研讨会暨中国动物学会鸟类学分会第六届年会在呼和浩特市举办，此次会议同时也是中国现代鸟类学奠基人郑作新院士九十寿辰纪念会。135 名代表参加。日本野鸟协会总干事市田则孝，世界鸟类联盟亚洲项目负责人、英国的米歇尔·克罗斯贝先生列席。收到论文 80 余篇。

11 月，中国动物学会组织专家编写的《动物学名词》由科学出版社出版。

1997 年

2 月，中国动物学会组织专家编写的《动物学名词》由科学出版社出版。

4 月 26—30 日，全国生物进化理论学术研讨会在河北师范大学召开，60 多位代表参加。中国动物学会理事长宋大祥在开幕式上致辞，张广学院士、钦俊德院士、翟中和院士、阎隆飞院士、沈韫芬院士、赵玉芬院士以及其他许多学术界有造诣的知名科学家参加。

8 月 19—23 日，第六届全国中学生生物学竞赛在湖南省长沙市第一中学举办，来自 21 个省、自治区、直辖市的 66 名选手参加，评出金奖 7 名、银奖 20 名、铜奖 22 名、优秀选手奖 17 名。

8 月 22—25 日，中国动物学会北方六省市动物学学术会议在河北省保定市河北大学召开。由中国动物学会倡导，北京、天津、山东、河南、山西、河北六省市动物学会联合组织，93 位代表参会。

10 月 26—30 日，第一届海峡两岸兽类学学术研讨会在广西壮族自治区桂林市召开，有 78 位代表参加。会议收到论文及论文摘要 85 篇。盛和林、王应祥和王颖（台湾地区）作了大会学术报告，47 位作了分组学术报告。分 2 个专题进行交流。

11 月，中国科学院学部增选产生了 58 名新院士，中国动物学会会员刘瑞玉、曹文宣、朱作言当选。中国工程院新院士 116 名，中国动物学会林浩然教授当选。

1998 年

7 月 17—24 日，我国由 3 位专家和 4 位高中学生代表组团赴德国基尔市参加第九届国际生物学奥林匹克竞赛，获得 3 枚金牌、1 枚银牌、个人第一的优异成绩。

8 月 11—16 日，在南非共和国德班市举办的第 22 届世界鸟类学大会上，鸟类学分会成功申请到 2002 年第 23 届世界鸟类学大会的举办权。

8 月 10—14 日，兽类学分会派专家赴非洲马达加斯加共和国首都塔那那利佛参加第 17 届国际灵长类学大会，成功申请到 2002 年第 19 届国际灵长类学大会在中国的举办权。

11 月 20—28 日，应台北市野鸟协会的邀请，中国动物学会鸟类学分会 15 人组成代表团赴台湾大学参加第三届海峡两岸鸟类学术研讨会。会议收到论文 34 篇。

1999 年

1999 年，学会成立动物学史工作委员会（后改名为动物学史工作组），由 23 位资深专家和学会工作人员组成。

4 月 25—29 日，中国动物学会第十四届会员代表大会暨学术讨论会在郑州市召开，416 位代表出席，收到论文及摘要 400 余篇，编辑出版了《中国动物科学研究》一书，收录论文 220 篇，摘要 103 篇。会员代表通过无记名投票方式选举产生了 81 位理事，第一次理事会选举产生了 27 位常务理事，选举陈大元为理事长，沈韫芬、宋大祥、张知彬、陈宜瑜、周曾铨、段恩奎为副理事长，冯祚建为秘书长。

8 月 16—22 日，第八届全国中学生生物学竞赛在山东省实验中学举办，来自 23 个省、自治区、直辖市的 72 名选手参加，评出金奖 8 名、银奖 22 名、铜奖 42 名。

10 月，中国科学院增选 56 位科学家为新院士，中国动物学会宋大祥教授、刘以训研究员当选。中国工程院新增 113 名院士，中国动物学会张福绥研究员当选。

11 月 29 日—12 月 1 日，在海南省海口市召开的中国动物学会第十四届常务理事扩大会议上，决定将中学生生物学竞赛工作从科普委员会的工作中独立出来，单独成立中学生生物学竞赛委员会；决定派代表团参加 2000 年在希腊雅典召开的第 18 届国际动物学大会。

2000 年

5 月 14 日上午，2000 年全国中学生生物学联赛在全国 25 个省、自治区、直辖市同时举行，共有 76535 名高中学生参加。由中国植物学会和中国动物学会共同组织，这是首次举办全国中学生生物学联赛。各省、市理论考试成绩居全部考生前 2％者（上限 50 人）参加各省、市举行的实验考试复赛，实验考题由全国竞赛委员会指定实验考试范围，考题由各省、市自己选定，理论考分与实验考分比按 75：25 分配。按照成绩，评出一等奖 506 名、二等奖 1999 名、三等奖 2549 名。

7 月 7—11 日，中国动物学会为了响应中共中央关于实施西部大开发的号召，在乌鲁木齐市组织召开西部大开发项目研讨会。共有 104 位专家、学者及企业家参加，收到项目 50 余项。

7 月 9—16 日，我国由 3 位专家和 4 位高中学生代表组团赴土耳其安塔利亚参加第十一届国际生物学奥林匹克竞赛，获得 2 枚金牌、2 枚银牌、个人第一的优异成绩。

7 月 16—20 日，两栖爬行动物学分会第五届全国会员代表大会暨第四届亚洲两栖爬行动物学学术会议在四川省成都市举办。来自全国各地的代表、其他亚洲国家及美国、加拿大、英国、法国、瑞士、澳大利亚、南非等国的代表参加了会议。

8 月 15—18 日，第四届海峡两岸鸟类学术研讨会暨中国动物学会鸟类学分会第七届年会在昆明市召开，由鸟类学分会与台北市野鸟学会及中国野生动物保护协会主办。有 130 位代表参加，收到论文及论文摘要 74 篇。

8 月 28 日—9 月 2 日，中国动物学会派以宋大祥为团长，沈韫芬、段恩奎为副团长，陈广文、刘保忠、洪水根以及中国国际科技会议中心张忠连为团员的 7 人代表团参加了在雅典召开的第 18 届国际动物学大会，并成功申请到 2004 年第 19 届国际动物学大会在北京召开的承办权。会上，宋大祥教授当选为国际动物学委员会委员。

2001 年

5 月 13 日，2001 年全国中学生生物学联赛在全国 26 个省、自治区、直辖市同时举行，共有 108634 名高中学生参加。由中国动物学会和中国植物学会共同组织。按照成绩，评出一等奖 577 名、二等奖 2386 名、三等奖 3385 名。

6 月 6 日，中共中央组织部、人事部、中国科学技术协会联合公布了第七届中国青年科技奖获奖者名单，中国动物学会推荐的杨增明教授获得该奖项。

7 月 15—19 日，中国动物学会副理事长沈韫芬院士、原生动物学分会副主任委员李明教授率领的 11 名代表（其中台湾地区 1 名）赴奥地利萨尔茨堡参加第十一届国际原生动物学大会，成功申请到 2005 年第十二届国际原生动物学大会在广州的举办权。

8 月 17—21 日，第十届全国中学生生物学竞赛在陕西师范大学附属中学举办，共有 26 个省的 81 名选手参加。进行了理论、植物学实验和动物学实验三方面的竞赛。按照成绩，评出金奖 17 名、银奖 23 名、铜奖 41 名。

12 月 9 日，中国科学院公布增选 56 位科学家为新院士，中国动物学会赵尔宓研究员、郑守仪研究员、张永莲研究员当选。

2002 年

7 月 5—14 日，我国由 3 位专家和 4 位高中学生代表组团赴拉脱维亚里加参加第十三届国际生物学奥林匹克竞赛，获得 3 枚金牌、1 枚银牌、个人第一的优异成绩。

8 月 4—9 日，中国动物学会兽类学分会在北京承办第 19 届国际灵长类学大会，来自中国、美国、英国、法国、日本、德国等 40 个国家的 427 位专家出席了大会。此次国际灵长类学大会是首次在中国举办。大会的主题为"关爱灵长类——爱护它们，保护它们，善待它们"。收到论文摘要 483 篇。

8 月 11—17 日，中国动物学会鸟类学分会在北京承办第 23 届国际鸟类学大会，来自中国、美国、英国、法国、德国、日本等 50 多个国家和地区的近 1000 位专家学者参加。该国际会议首次在亚洲举办。会议共安排涉及当前鸟类学研究热点和前沿的大会报告 10 个；分会报告 40 组，总计有 200 个报告，涵盖了鸟类学基础理论与应用研究领域。在大会召开前后相继召开了三个卫星会议。参加大会及 3 个卫星会议的代表共计 1187 人，其中境外专家学者 873 人，收到论文及论文摘要 800 余篇。

10 月 8—11 日，第四届亚洲和大洋洲国际比较内分泌学学术研讨会在广州市中山大学举办。来自中国、日本、印度、马来西亚、新加坡、菲律宾、韩国、新西兰等国家的科学家 200 余人参加会议。会议共收论文 96 篇。

2003 年

7 月 4 日，中国动物学会生物进化理论专业委员会在民政部登记注册。

8 月 8—14 日，第一届野生动物生态与资源保护学术研讨会在安徽省芜湖市召开。来自全国的

140 多名代表参加这次会议，收到论文摘要 109 篇。

8 月 21—25 日，第十二届全国中学生生物学竞赛在四川省成都市第七中学举办。来自 28 个省、自治区、直辖市的 87 名选手参加，按照成绩，评出金奖 18 名、银奖 26 名、铜奖 43 名。

9 月 12—16 日，中国动物学会承办在沈阳市举办的中国科协 2003 年学术年会第 1 分会场，主题为"动物资源的保护、持续利用及人畜共患病的防治"。200 余位专家学者参加，19 位专家、学者作了学术报告。

9 月 23—30 日，中国动物学会先后在北京和南京两地召开海峡两岸动物学名词对照学术讨论会，共有 21 位专家参会。与会专家主要就《海峡两岸动物学名词》一书的收词、增词、词条审定原则展开了讨论。

2003 年，组织专家实施并完成了"西部主要人畜共患病危害及预防科普宣传活动"项目，印制了《猪带绦虫生活史与囊虫病的传播途径》《猪囊虫病预防》《棘球绦虫生活史与棘球蚴病的传播途径》《棘球蚴病预防》4 幅科普挂图。

2003 年，在中国科协科普部的专项资助下，完成"动物疾病与人类健康（系列展板）"设计制作，共计 33 块展板，对禽流感、非典、艾滋病等 10 多种人畜共患病的来源、危害性及其正确的预防措施进行了介绍。

11 月 23 日，中国科学院公布增选 58 位科学家为新院士，中国动物学会会员郑光美教授、张亚平研究员当选。

12 月 12—21 日，第五届海峡两岸鸟类学学术研讨会在台北市召开，应台湾地区自然保育文教基金会之邀，中国动物学会 15 位鸟类学专家参加。

2003 年，中国动物学会获中国科协先进学会国际学术交流单项奖。

2004 年

7 月 9—20 日，我国由 4 位中国科协及相关部门人员、4 位专家和 4 位高中学生共计 12 位人员组成的代表团赴澳大利亚布里斯班参加第十五届国际生物学奥林匹克竞赛，获得 2 枚金牌、2 枚银牌。

8 月 23—27 日，第 19 届国际动物学大会在北京市召开，本次大会由中国动物学会、中国科学院动物研究所、中国野生动物保护协会、国际科技会议中心共同主办。来自 47 个国家和地区的 677 名动物学家出席。

8 月 24 日，经第 19 届国际动物学大会成员大会投票表决，成立了国际动物学会，我国成功地争取到此国际组织的秘书处常设在中国科学院动物研究所，这是二级以上学科较早落户中国的国际组织之一。大会选举了 9 位国际动物学会执委会成员，中国动物学会副理事长张知彬研究员、宋大祥院士当选执委，其中张知彬研究员当选为国际动物学会执委会副主席。

8 月 27 日，中国动物学会第十五届会员代表大会在北京市举办，181 位会员代表参加，经过无记名投票选举方式选举产生了 99 位理事，理事会选举产生了 33 位常务理事，选举陈宜瑜为理事长，王小明、冯祚建、张亚平、张知彬（常务）、孟安明、段恩奎、徐存拴为副理事长，魏辅文为秘书长。

10月11—18日，中国动物学会应台北市科学出版事业基金会科学月刊社董事长周延鑫及"中央研究院"生物多样性研究中心邵广昭教授的邀请，组成以宋大祥院士为团长的12位代表参加海峡两岸动物学名词对照学术讨论会。

11月4—6日，在山东省青岛市举办了第四届世界华人虾类养殖研讨会，从此次会议开始，该系列会议由中国动物学会、中国海洋湖沼学会甲壳动物学分会主办。会议主题为"对虾养殖的安全与高效"，有180余位代表参加，收到论文摘要百余篇。

2004年，《猪带绦虫生活史与囊虫病的传播途径》和《猪囊虫病预防》被评为中国科协首届全国优秀科普挂图，中国动物学会获得中国科协首届全国优秀科普挂图征集评选活动优秀组织奖。

2005 年

2月2日，中国动物学会召开第十四届理事会在京常务理事会会议，讨论并决定开展规范学会个人会员登记号（简称会员号）工作，启用中国科协分配学会的会员编号。

5月23—26日，中国动物学会在河南省新乡市召开第十五届理事会第三次常务理事会，会议决定设立中国动物学会青年科技奖，并制定了《中国动物学会青年科技奖奖励条例》和《中国动物学会青年科技奖实施细则》。决定启用中国科协分配学会的18位会员编号，会员均在省、自治区、直辖市动物学会登记并获得会员编号。

7月10—15日，第十二届国际原生动物学大会在南方医科大学召开，由中国动物学会原生动物学分会承办。来自25个国家和地区的250多名代表出席了本次会议。

7月10—16日，北京大学承办第16届国际生物学奥林匹克竞赛，中国植物学会和中国动物学会负责指导工作。来自54个国家的197名选手和170余名领队、教练参加了本届比赛活动，是历届参加国家最多的一届。

7月中下旬以来，四川等地发生猪链球菌病疫情。中国动物学会与北京动物学会紧急申请"猪链球菌病的发生、传播途径与防治"科普挂图项目并获得中国科协科普部的支持，设计并制作了挂图6500余套，免费发放到全国30余个省、自治区科协及北京市郊区县和部分社区，由科协再发放到山区、农村。

8月7—12日，第十四届全国中学生生物学竞赛在江苏省张家港梁丰高级中学举办，来自29个省、自治区、直辖市的90名选手参加，按照成绩，评出金奖18名、银奖27名、铜奖45名。

10月25—29日，2005年寄生虫学国际研讨会暨中国动物学会寄生虫学专业委员会第十次全国寄生虫学学术讨论会在云南省昆明市召开。137位来自中国、美国、日本等国家和地区的代表参加。

11月13—14日，第六届海峡两岸鸟类学术研讨会暨第八届中国动物学会鸟类学分会代表大会在海口市召开。来自祖国大陆、台湾地区、香港地区的200余位代表参加了会议。收录研究论文48篇，论文摘要46篇。

11月14日，启动中国动物学会首届青年科技奖候选人的推荐工作。

11月，中国动物学会组织专家与台湾地区的动物学家共同完成的动物学名词对照《海峡两岸动物学名词》由科学出版社出版。

12 月 14 日，组织专家评审会，评选出杨光、张俊霞、雷富民、张成林、宋林生 5 名中国动物学会首届青年科技奖。

2005 年，中国动物学会获得中国科协科普部"保护动物、和谐发展"展板展览专项资助，组织专家设计并制作了 8 个主题共计 34 块展板，在科技周、科普日期间展出。

2006 年

3 月 29—31 日，中国扶绥国际灵长类研讨会在广西壮族自治区崇左市扶绥县举办，主题为"灵长类资源的保护和合理利用"，57 名代表参加。

7 月 6—16 日，我国由 4 位专家和 4 位高中学生的代表组团赴阿根廷里奥夸尔托参加第十七届国际生物学奥林匹克竞赛，获得 4 枚金牌，个人第二、第三的优异成绩。

7 月 16—20 日，第七届亚洲纤毛虫生物学会议在武汉市召开。参会代表共 120 人，其中 30 位国外代表。大会名誉主席刘建康院士和沈韫芬院士出席。

10 月 17—20 日，第九届医学贝类学和应用贝类学国际大会在青岛市召开。来自 14 个国家的 66 位专家学者和我国 85 位代表参加了会议。会议的主题是"贝类与人类健康"，收到论文摘要 124 篇。

10 月 18—21 日，秉志先生诞辰 120 周年暨整合动物学国际研讨会在北京市召开，会议由国际动物学会、中国动物学会、中国科学院动物研究所主办，120 多位代表参加，会前特出了 3 本一套的《秉志文存》。国际动物学会主席 John Buckeridge 和中国科学院动物研究所张知彬所长共同为由国际动物学会、中国科学院动物研究所和国际著名的 Blackwell 出版社共同合作出版的《整合动物学》杂志揭幕。

11 月 2—5 日，第五届世界华人虾蟹类养殖研讨会在上海水产大学举行。来自美国、印度、印度尼西亚等国家和地区的华人和外籍专家 300 多人参加。

9 月 15—17 日，中国动物学会承办的 2006 中国科协年会第七分会场"疾病防治与人类健康"在北京市召开。

2006 年，中国动物学会制作的挂图《猪链球菌病的发生、传播途径与防治》被评为中国科协第二届全国优秀科普挂图奖。

2007 年

6 月 23—29 日，海峡两岸洄游性生物保护研讨会在台北市召开，受台湾地区鱼类学会及曾晴贤先生的邀请，中国动物学会鱼类学分会派 9 人代表团参加。

8 月 15—19 日，第十六届全国中学生生物学竞赛在河南省实验中学举办，来自 29 个省、自治区、直辖市的 90 名选手参加，评出金奖 18 名、银奖 27 名、铜奖 46 名。

10 月 15—20 日，第四届国际鸡形目鸟类学术研讨会在四川省成都市和卧龙自然保护区召开。共有 180 位代表参加。会议主题是"珍稀濒危雉类生态学与栖息地保护"。经世界雉类协会理事会投票，北京师范大学的郑光美院士当选为世界雉类协会理事长，张正旺教授当选为副理事长。

2007 年，中国动物学会获得中国科协学术交流先进学会。

12 月 28 日，中国科学院公布增选 29 位科学家为新院士，中国动物学会孟安明教授当选。

2008 年

1 月 26—27 日，第七届海峡两岸鸟类学术研讨会在台北市召开，200 位代表参加了会议。

7 月 11—20 日，我国由 4 位专家和 4 位高中学生代表组团赴印度孟买参加第十九届国际生物学奥林匹克竞赛，获得 2 枚金牌、2 枚银牌、个人第二的优异成绩。

8 月 26—29 日，中国动物学会协助国际动物学会秘书处组成 19 人代表团赴法国巴黎参加第 20 届国际动物学会大会。450 位来自世界 30 多个国家和地区的代表参加。中国动物学会副理事长张知彬博士再次当选为国际动物学会副主席，解焱博士当选为国际动物学会秘书长。

8 月 1—10 日，中国动物学会兽类学分会组织 3 名专家参加在英国爱丁堡召开的第 22 届国际灵长类学大会。

12 月 9—12 日，第六届世界华人虾蟹类养殖研讨会在广州市举办。320 位华人专家参加。收到论文及摘要 173 篇。

2009 年

2009 年，《动物学报》从第一期起，改用英文出版（英文刊名为 *Current Zoology*）。

7 月 8—10 日，纪念达尔文诞辰 200 周年暨第三届整合动物学国际研讨会在北京市召开。本次会议由国际生物科学联合会和国际动物学会主办，中国科学院动物研究所和中国动物学会承办。130 多位专家、学者参加了大会。收到论文摘要 49 篇。会议主题为"全球气候变化的生物学效应"。

8 月 7—9 日，第十届全国鸟类学术研讨会暨第八届海峡两岸鸟类学术研讨会在哈尔滨市召开。279 位代表参加了会议。收到研究论文 24 篇，摘要 112 篇。会议的主题是"鸟类进化与鸟类保护"。会议期间，还组织了"自然之美——中国鸟类摄影展"。

8 月 18—22 日，第十八届全国中学生生物学竞赛在陕西省西安交通大学附属中学举办，来自 30 个省、自治区、直辖市的 124 名选手参加，评出金奖 25 名、银奖 37 名、铜奖 62 名。

10 月 19—22 日，中国动物学会第十六届会员代表大会暨学术讨论会在重庆市召开，与会代表近 500 名，收到论文摘要 292 篇。会员代表选举产生了 118 位理事，理事会选举产生了 39 位常务理事，选举陈宜瑜为理事长，王小明、王德华、许崇任、孙青原、刘迺发、孟安明、张亚平、宋微波、徐存拴为副理事长，魏辅文为秘书长。

10 月 23—27 日，第十二次全国学术会议暨第三次国际寄生虫学学术研讨会在陕西省西安市召开。

10 月，两栖爬行学分会受国家林业局野生动植物保护与自然保护区管理司委托，在南京市组织相关专家研讨《国家重点保护野生动物调整目录》，审查国家林业局野生动物保护名录，提出修订意见。

10 月，中国动物学会成为《动物学研究》（第 5 期开始）第二主办单位。

11 月 8—12 日，第一届国际经济蟹类养殖学术研讨会在上海海洋大学召开。

2010 年

5 月 1—8 日，2010 年海峡两岸鱼类学术交流研讨会在台湾大学举行。中国动物学会鱼类学分会组成以唐文乔教授为团长的 28 人代表团参加学术交流。

6 月 20—25 日，第七届国际甲壳动物学大会在上海海洋大学举办。来自 40 个国家和地区的 348 位代表出席，收到论文摘要 369 篇。这是国际甲壳动物学大会首次在中国召开。

7 月 11—19 日，我国由 4 位专家和 4 位高中学生代表组团赴韩国昌原市参加第二十一届国际生物学奥林匹克竞赛，获得 3 枚金牌、1 枚银牌、个人第一的优异成绩。

7 月，受铁道部委托，中国动物学会两栖爬行学分会组织相关专家就合福高铁安徽泾县县城设站对扬子鳄保护区的潜在影响进行评估，提出施工方案修订意见。

10 月 15—18 日，第七届世界华人虾蟹养殖研讨会在厦门市召开。

2011 年

2011 年，中国动物学会获得中国科协高层次人才库建设工作先进单位。

4 月 20—26 日，第十八届国际扇贝研讨会在青岛市召开，这是我国首次主办该国际系列会。来自中国、加拿大、美国、智利、澳大利亚、韩国、日本、英国等 13 个国家的 105 名代表参会。

5 月 6—14 日，2011 年海峡两岸鱼类学术交流研讨会在台湾地区举行。中国动物学会鱼类学分会组织了 20 人代表团参加。台湾地区的张清风教授和莫显荞教授分别作了主题报告。

5 月，宋微波教授当选国际原生生物学家学会常务执委会委员（五位成员之一），执委会为该国际组织的最高权力机构。

7 月 20 日—23 日，3S 技术与野生动物生境评价沙龙在北京市举办，沙龙由中国科协主办、中国动物学会承办。沙龙主题为 "3S 技术与野生动物生境评价的结合——优势、问题和未来"。21 名专家与会并展开了探讨。

7 月，中国动物学会两栖爬行学分会在浙江永嘉主办了鼋的鉴定和自然放归工作。

7—8 月，中国动物学会利用学科优势，与内蒙古当地的相关政府部门（草原工作站、林业局等）以及民间组织（SEE 生态协会）举办牧区鼠类防治培训班，组织专家介绍并培训学员鼠害绿色防治新技术、鼠害快速监测技术等，再通过他们对牧区人民进行培训。中国动物学会编制灭鼠技术宣传单页，共印刷 5000 份，受到当地技术人员及居民的欢迎。

8 月 18—22 日，第二十届全国中学生生物学竞赛在四川省绵阳中学举办，来自 30 个省、自治区、直辖市的 124 名选手参加，评出金奖 25 名、银奖 38 名、铜奖 61 名。

8 月，中国动物学会两栖爬行学分会受环境保护部委托，组织有关专家对全国两栖爬行动物分布数据进行复审。

9 月，中国动物学会有关专家受保护国际（CI）邀请对中国蛇类物种濒危等级进行审定。

11 月 5—9 日，第四次国际寄生虫学学术研讨会暨寄生虫学专业委员会第十三次全国学术会议在南宁市召开。

12 月 8—10 日，首届全国自然科学类场馆（动物学科）科普培训班在国家动物博物馆举办，中国动物学会与中国科学院动物研究所、国家动物博物馆及北京动物学会联合主办。

12 月，中国动物学会两栖爬行学分会受环境保护部委托，组织专家对全国两栖爬行动物濒危等级进行审定。

2012 年

3月27日—5月27日，"首届中国动物标本大赛暨动物标本展"在国家动物博物馆举办，由中国科学院动物研究所、中国动物学会、国际动物学会联合发起。

5月7日，中国动物学会与中国科学院水生研究所联合组织专家向中国科协提交了"扩大湖北石首天鹅洲故道长江江豚迁地保护区刻不容缓"科技工作者建议。

6月1—4日，第五届亚洲两栖爬行动物学大会暨中国动物学会两栖爬行动物学分会2012年学术研讨会在成都市召开。

7月8—15日，我国由4位专家和4位高中学生代表组团赴新加坡参加第二十三届国际生物学奥林匹克竞赛，获得3枚金牌、1枚银牌。

7月10—13日，中国动物学会副理事长兼秘书长王德华及学会秘书处党员、工作人员一行4人赴青海开展党建活动，在青海省科协、中国科学院西北高原生物研究所等单位的支持下，就青海省动物学会恢复活动召开专题座谈会，在会上成立了青海省动物学会恢复活动筹备组。

7月21日—12月15日，"人类亲缘——灵长类多样性与人类起源"特别展在国家动物学博物馆展出，该展由中国科学院动物研究所、中国动物学会、中国生态学学会动物生态专业委员会和北京动物学会共同主办。

8月8—14日，中国动物学会两栖爬行学分会派6人代表团参加了在加拿大温哥华举办的第七届世界两栖爬行动物学大会，并成功申请到2016年第八届世界两栖爬行动物学大会的承办权。

11月15—19日，第三届鸟类巢寄生国际学术研讨会在海南师范大学召开，该会由海南师范大学、挪威科技大学、中国动物学会鸟类学分会联合主办。

12月9—11日，第二届全国自然科学类场馆（动物学科类）科普培训班暨中国动物学会会员日在中国科学院动物研究所举办，共有83名学员参加。

2013 年

4月6日，第四届国家动物博物馆爱鸟周暨"美丽中国，美丽青海湖——青海湖鸟类实时监测"发布仪式在国家动物博物馆举行。中国动物学会为主办单位之一。

4月26日—5月4日，2013年海峡两岸鱼类学术交流研讨会在台湾地区举办。会议由台湾地区鱼类学会主办。中国动物学会鱼类学分会组10人代表团参加会议，由西南大学王志坚教授任团长。

5月，经国家新闻出版广电总局批准，中国动物学会作为 Chinese Birds 主办单位之一。

6月，Current Zoology（《动物学报》）首次获得 JCR 影响因子（1.392）。Current Zoology（《动物学报》）2010年1月被 SCI 收录。

7月26日—8月2日，中国动物学会原生动物学分会组23人参加在加拿大温哥华举办的第十四届国际原生动物学大会，来自全球67个国家500余位同行、学者参会。高珊博士获得了针对优秀青年学者的 Holz—Conner Award，这是我国学者在 ISOP 内首次获得此奖项。

7月31日—8月4日，中国动物学会寄生虫学专业委员会第十四次全国学术会议暨第五次国际寄生虫学学术研讨会在贵州省贵阳市举办。

8月11—16日，第十一届国际哺乳类大会在北爱尔兰贝尔法斯举办，共有来自全球各国的600余位学者、专家参加。中国动物学会兽类学分会组14位专家代表团参加。

8月13—19日，第二十二届全国中学生生物学竞赛在山东省济南市历城第二中学举办，来自29个省、自治区、直辖市的239名选手参加，评出金奖50名、银奖72名、铜奖96名。

9月22—24日，第三届全国自然科学类场馆（动物学科类）科普培训班在国家动物博物馆举办。该培训班由中国动物学会、中国科学院动物研究所和环球健康与教育基金会联合举办。

10月4日世界动物日，中国动物学会联合中国科学院动物研究所、国家动物博物馆、北京自然博物馆等单位共同举办"关爱动物，关爱人类健康，我们在行动"大型主题活动。

11月26—27日，第二版动物学名词审定委员会会议在长沙召开，30余位代表参加。会议由郑光美院士主持。全国科技名词审定委员会副主任刘青首先介绍了全国科技名词审定工作的意义、现状和任务等，宣读了第二版动物学名词审定委员会委员名单并向委员颁发了聘书。周开亚主任简要介绍了动物学名词审定工作筹备情况，并提出了审定学科框架及分工、编写进度安排、选词范围的讨论稿，以供大家讨论。

12月16日，中国科协会员日暨第十三届中国青年科技奖颁奖大会在人民大会堂举行，中国动物学会推荐的王海滨研究员获得第十三届中国青年科技奖。

12月19日，中国科学院公布增选61位科学家为新院士，中国动物学会桂建芳研究员当选。

2014 年

1月，《动物分类学报》第一期起改为英文出版（英文刊名 *Zoological Systematics*）。

3月，经国家新闻出版广电总局批复，同意将 *Chinese Birds* 的刊名改为 *Avian Research*（《鸟类学研究（英文）》），由北京林业大学和中国动物学会共同主办。

5月31日—6月4日，"第二届动物标本大赛暨动物标本展"在国家动物博物馆举行，该会由中国科学院动物研究所、中国动物学会、国际动物学会及中国野生动物保护协会联合主办。

6月，*Current Zoology*（《动物学报》）获得 JCR 影响因子（1.814），学科排名前22%（34/152），进入动物学 Q1 区期刊行列。入选"第3届中国国际化精品科技期刊"。

7月5—13日，我国由4位专家和4位高中学生代表组团赴马来西亚巴厘岛参加第二十五届国际生物学奥林匹克竞赛，获得3枚金牌、1枚银牌。

7月12—18日，由中国动物学会推荐，中国科学院动物研究所周琪研究员领导团队参加"2014年夏季科技展"活动，将"干细胞多能性调控机理与转化研究"成果展出。展示了日常科研活动宣传短片、克隆科普动画游戏和真实的小鼠胚胎发育过程模型。周琪研究员作了《拨动生命的时钟——体细胞重编程》科普报告。

8月18—24日，第26届国际鸟类学大会在日本东京召开，来自63个国家的1134位代表参加会议。在会议上，我国台湾地区的刘小如教授和雷富民研究员分别当选为国际鸟类学家联合会主席、副主席。屈延华、曹垒被增补为国际鸟类学家联合会委员。

8月开始，中国动物学会鸟类多样性保护与生态文明科学传播团队的首席科学家、浙江自然博物馆副馆长陈水华教授组织科普专家，联合中央电视台"走进科学"栏目组，拍摄《神话之鸟归来》科普纪录片。

8—11月，中国动物学会哺乳动物科学知识传播专家团队首席专家、中国动物学会科普工作组委员黄乘明研究员团队创作并完成《熊猫壮壮历险记》《高原上的藏羚羊》两部科普剧。在中国科学院动物研究所、国家动物博物馆进行了展演。

8月30日上午，《中国动物学学科史》开题会在中国科学院动物研究所召开，共有17位专家参会，中国科协学会学术部刘兴平部长、黄珏处长与会指导。学会副理事长王德华研究员主持，与会的编写组专家集中讨论了《中国动物学学科史》提纲及分工，还对提纲的体例提出了很好的建议。

9月1—8日，第三届世界生殖生物学大会在英国爱丁堡市举办。来自35个国家和地区的407位代表出席，中国动物学会组织10位专家参加。

9月17—20日，第四届全国自然科学类场馆科普培训班在广西壮族自治区崇左市举办，该培训班由中国动物学会与中国科学院动物研究所、环球健康与教育基金会联合主办。

11月17—20日，中国动物学会第十七届全国会员代表大会暨学术讨论会、中国动物学会成立八十周年纪念会在广州市中山大学召开，近700位代表参加。会议分为中国动物学会成立80周年纪念、会员代表大会和专题学术交流三部分，收到论文摘要398篇。经会员代表选举产生了由123位理事组成的第十七届理事会。理事会选举产生了41位常务理事，选举孟安明为理事长，王德华、冯江、孙青原、李保国、宋微波、张正旺、张希武、张知彬（常务）、桂建芳、魏辅文为副理事长，王德华兼任秘书长。

12月6—9日，第九届世界华人虾蟹养殖研讨会在广东省湛江市召开，该会由中国动物学会、中国海洋湖沼学会的甲壳动物学分会主办，广东海洋大学承办。

2015 年

1月18日，中国动物学会第十七理事会第一次常务理事审批同意成立动物学会行为学专业委员会。

4月19日，"让梦想在天空中飞翔"珍稀鸟类标本展在国家动物博物馆展出，该展由中国科学院科学传播局、中国动物学会科普工作组与国家动物博物馆共同主办。

8月16—20日，第二十四届全国中学生生物学竞赛在江西省鹰潭市第一中学举办，来自29个省、自治区、直辖市的238名选手参加，评出金奖72名、银奖72名、铜奖92名。

8月21—25日，亚洲鱼类多样性会议暨鱼类学分会专题研讨会在广西壮族自治区桂林市召开。本次会议由亚洲鱼类学会和中国动物学会鱼类学分会主办，桂林理工大学、广西大学、广西动物学会承办。

9月20—23日，西北珍稀动物保护利用学术论坛及平台建设在青海省西宁市召开。由中国科协资助，中国动物学会主办，青海、甘肃、新疆三省区动物学会及三省区科协协办。全国26个科研院所、高等院校和野生动物保护管理部门 220 多名代表参加。

10月11—15日，第五次全国动物行为学研讨会、培训班暨中国动物学会动物行为学专业委员会成立大会在中国科学院动物研究所召开。会议决定动物行为学专业委员会秘书处挂靠在中国科学院动物研究所。

10月15日，生命科学学会联合体成立，该联合体由中国动物学会与中国生物物理学会、中国细胞生物学学会、中国植物学会等 11 家兄弟学会共同发起，是中国科协首个学会联合体，是非独立法人合作组织。

10月20日—11月8日，开展"中国动物学会第六届青年科技奖"候选人推荐与评审，15 个分会（专业委员会）及省、自治区、直辖市动物学会推荐了候选人。11月8日下午召开了专家评审会议，共评选出 5 名青年科技工作者为中国动物学会第六届青年科技奖。

12月7日，中国科学院公布增选 61 位科学家为新院士，中国动物学会宋微波教授、周琪研究员当选。

中国动物学会获得 2015 年全国学会科普工作优秀单位。

2016 年

1月12日，中国动物学会组织 7 位从事野生动物保护的专家召开专题会议，就广泛征集到的《中华人民共和国野生动物保护法（修订草案）》专家修改建议逐条进行了讨论，提出 20 条修改意见，并上报中国科协。

3月26—31日，第三届中国动物标本大赛暨标本展示在国家动物博物馆举办，该展由中国科学院动物研究所、中国动物学会联合主办。

5月，中国动物学会组织专家申请北京科委科普产品项目并获得支持，组织专家开发了《北京的候鸟》立体书 4 套及系列科普课程包产品和为课程推广而建设的 PC 端和手机端教师培训平台。2017年该项目通过验收，被评为北京科委优秀项目。

5月，学会组织专家申报北京科委科普图书项目并获得支持，撰写并由中国科学技术出版社出版《假如我是一只蚂蚁》，该项目获得北京科委优秀项目。

6月17—19日，中国动物学会第十七届理事会第五次常务理事会审批通过成立中国动物学会斑马鱼分会申请。

6月，学会组织专家参加了由中国昆虫学会牵头的生命科学领域前沿跟踪研究项目，中国动物学会专家出色完成了发育生物学前沿跟踪研究任务，2017年9月完成结题报告。

7月11日，收到《国家科学技术奖励工作办公室关于开展国家科技奖初评通过项目行业咨询的函》后，组织 7 位专家对初评会议投票通过的养殖组的 1 项技术发明奖、6 项科学技术进步奖项目提出了专家咨询意见，于7月19日上报国家科学技术奖励工作办公室。

7月16—24日，我国由 4 位专家和 4 位高中学生代表组团赴越南河内市参加第二十七届国际生物学奥林匹克竞赛，获得 4 枚金牌、个人第二的优异成绩。

8月15—21日，第八届世界两栖爬行动物学大会在浙江省杭州市桐庐县召开。来自全球 60 个国家和地区的 683 位代表注册参会，会议主题为"两栖爬行动物的适应、进化与全球生存危机"。

8 月 21—28 日，组成 14 人代表团赴美国参加国际灵长类学会第 26 届大会暨美国灵长类学会第 39 届大会。

9 月 23 日，中国动物学会斑马鱼分会成立大会暨第三届全国斑马鱼 PI 大会在湖北省武汉市召开。朱作言院士和孟安明院士担任分会第一届委员会名誉主任委员，推选刘峰研究员为委员会主任委员，孙永华研究员为秘书长。分会的挂靠单位为中国科学院水生生物研究所。

10 月 21 日—23 日，2016 北京国际雉类学术研讨会暨第六届国际鸡形目鸟类学术研讨会在北京林业大学召开。

10 月 26—27 日，中国动物学会和华中农业大学承办中国科协第 302 次青年科学家论坛，论坛在武汉市召开。100 余位原生动物学领域的优秀青年专家学者、科研技术人员及在校研究生参加。论坛以"原生动物基因资源发掘和利用"为主题，有 28 位青年学者作了报告。收到摘要 56 篇。

10 月 29 日，中国动物学会在理事会层面成立了功能型党委，学会在武汉市召开了党员常务理事会议，与会 17 位党员常务理事通过无记名投票方式选举了学会功能型党委 9 位党委委员，张知彬、桂建芳、宋微波、魏辅文、孙青原、陈广文、冯江、李枢强、张永文当选。召开了学会党委委员第一次会议，并进行了工作分工，张知彬任书记，桂建芳、宋微波任副书记。

10 月 29—31 日，中国动物学会第 23 届学术年会暨鱼类学分会学术讨论会在武汉市召开。陈宜瑜院士、朱作言院士、张亚平院士，理事长孟安明院士，常务副理事长张知彬，副理事长桂建芳、李保国、张正旺、魏辅文，副理事长兼秘书长王德华，中国科学院水生生物研究所副所长解绶启，曹文宣院士、康乐院士、陈晔光教授、季维智教授等 600 余名专家、科技工作者、研究生、企业家出席，会议共收到论文摘要 303 篇。

11 月 1—3 日，2016 年世界生命科学大会在北京国家会议中心召开。本次大会是中国举办的生命科学领域层次最高、覆盖面最广的一次国际学术盛会，邀请了 13 位诺贝尔奖得主、3 位世界粮食奖得主、美国科学院院长、英国皇家科学院院长等众多享有国际声誉的顶级科学家参会。本会组织了动物地理学和系统学、动物生态学模式与机制两个分会场。

11 月 11—14 日，第十届世界华人虾蟹养殖研讨会在上海海洋大学临港校区召开。本次会议以"生态、健康、品质"为主题，并设立"2016 中国河蟹产业发展高峰论坛"和"高邮湖大闸蟹杯"研究生学术论坛。

11 月 13—19 日，协助国际动物学会秘书处联合组成 45 人代表团赴日本参加第二十二届动物学大会。

11 月 15—18 日，第六届全国自然科学类场馆科普培训班暨党建活动在中国科学院动物研究所召开。该活动由中国动物学会、中国科学院动物研究所主办。

2017 年

3 月 16 日，生命科学学会联合体公布 2016 年中国生命科学十大进展，本会推荐的同济大学高绍荣教授团队完成的"组蛋白甲基化修饰在早期胚胎发育中的建立与调控"进展入选。

4月，中国动物学会组织专家承担由中国生物医学工程学会牵头的生命科学领域前沿跟踪研究。完成了生命科学领域前沿——动物生态学及保护生物学领域的前沿跟踪研究任务，2018年提交了研究报告、专报及项目的结题报告。

8月16—20日，第二十六届全国中学生生物学竞赛在河南省郑州外国语学校举办，来自29个省、自治区、直辖市的240名选手参加，评出金奖72名、银奖72名、铜奖94名。

8月19—22日，中国动物学会灵长类学分会成立大会暨2017年学术年会在西安市召开。与会代表通过无记名投票方式选举出72名分会委员会委员和27家委员单位。

9月21—24日，第14届中国鸟类学大会暨第12届海峡两岸鸟类学术研讨会在陕西师范大学雁塔校区召开。会议由中国动物学会鸟类学分会主办，陕西师范大学生命科学学院、陕西省动物研究所承办。

9月，*Current Zoology*（《动物学报》）入选百强科技期刊。

9月13日，中国动物学会启动第七届青年科技奖候选人的推荐。评选出10位中国动物学会第七届青年科技奖获奖者，推荐高珊、齐晓光为中国动物学会推荐的"第十五届中国科协青年科技奖候选人"，并上报中国科协。

9月，由中国动物学会推荐的王祖望研究员、李枢强研究员、李新正研究员获得全国优秀党员科技工作者称号。

10月9—13日，亚洲蛛形学会第四次学术讨论会暨中国动物学会蛛形学专业委员会第十五次学术讨论会在西南大学召开。本次会议是世界蛛形学领域首次在中国举办的国际会议。

10月13—17日，第七次国际寄生虫学学术研讨会在江西省九江市召开。

11月17—18日，在广西壮族自治区南宁市召开的中国动物学会第十七届第六次常务理事会上一致同意成立动物生理生态学分会的申请；讨论通过中国动物学会青年科技奖评审时间与中国青年科技奖评审同步，每次不超过10名；一致通过学会青年科技奖往届获奖者可以再次申报中国青年科技奖，不受评奖周期限制。

11月21—24日，第七届全国自然科学类场馆科普培训班暨党建活动在中国科学院动物研究所举办，由中国动物学会、中国科学院动物研究所主办，106余名学员参加，特邀6位专家对学员们进行了动物生态学知识的培训，其中中国科协科普部派1名老师为学员授课。

12月27日，中国科学院公布增选61位科学家为新院士，中国动物学会季维智研究员、魏辅文研究员当选。中国工程院公布增选67位科学家为新院士，中国动物学会包振民教授当选。

2018 年

2月27日，生命科学学会联合体公布2017年中国生命科学十大进展，中国动物学会推荐的中国科学院动物研究所刘峰团队完成的"m6A甲基化修饰调控脊椎动物造血干细胞命运决定"进展入选。

3月23日，中国动物学会组织刘以训院士团队围绕"健康和医学领域前研究和技术难题"提出的难题，进行调研，撰写了近4000字的报告，上报生命科学学会联合体。

5月22—26日，第四届全国动物标本大赛暨动物标本展在福建省博物院举办，本次展出涵盖哺乳类、鸟类、爬行类、两栖类、鱼类等动物类群的皮张和骨骼标本。

7月10日—13日，组成15人代表团参加在美国新奥尔良举办的第51届国际生殖生物学年会。

7月14—22日，我国由4位专家和4位高中学生代表组团赴伊朗德黑兰市参加第二十九届国际生物学奥林匹克竞赛，获得4枚金牌、个人第二的优异成绩。

7月15日—21日，组成32人代表团参加在澳大利亚凯恩斯召开的第13届国际水产遗传学大会。

8月5—19日，资助会员郭松涛、范朋飞赴非洲乌干达马克雷雷大学Kibale野外研究基地、坦桑尼亚桑给巴尔岛赤疣猴保护区和肯尼亚萨瓦那草原狒狒研究基地，就建立中非两地灵长类应对全球气候变化的长期监测标准规范进行交流探讨。

8月19—25日，组成26人代表团参加在非洲肯尼亚举行的第27届国际灵长类学大会。

8月19—26日，组织国内代表参加在加拿大温哥华举行的第27届国际鸟类学大会。雷富民研究员当选国际鸟类学家联合会副主席。

9月14—16日，中国动物学会第十七届理事会第六次会议和秘书长工作会议暨党建会议决定，学会所属分会（专业委员会）可直接在学会会员系统审批会员入会申请，并分配会员编号。

10月19—22日，中国动物学会动物生理生态学分会成立大会暨第八届全国动物生理生态学学术研讨会在沈阳师范大学召开。会员通过无记名投票方式选举出分会的第一届委员会委员，选举计翔教授为主任委员。

10月27—29日，2018年世界生命科学大会在国家会议中心召开，大会主题是"科学促进美好生活"。中国动物学会组织了3个分会场，即全球变化生物学效应、野生动物肠道微生物与进化和动物适应性进化研究。

11月1—6日，第四届野生动物疟原虫及血孢子虫国际学术研讨会在北京师范大学和北京动物园召开。会议的主题是"野生动物疟原虫和血孢子虫的多样性、进化与动物健康"。来自中国、美国、瑞典、立陶宛、巴西、哥伦比亚、喀麦隆等20个国家的120名代表参加，收到论文摘要65篇。

11月21日，中国动物学会获得中国科协2018—2021年度世界一流学会建设项目的第三梯队资助，每年资助经费100万元。

11月24—26日，第十一届世界华人虾蟹养殖研讨会在汕头大学召开。

11月24—26日，第十届亚洲纤毛虫生物学大会暨第三届亚洲原生生物学大会在广州市召开。委员会推选伦照荣教授担任新一届亚洲原生生物学家委员会主席，赖德华副教授担任学会秘书长。

11月30日—12月5日，2018年亚洲鱼类学会学术年会在广西壮族自治区南宁市召开。吴志强教授当选为新一届亚洲鱼类学会主席。

2019 年

1月2日，生命科学学会联合体公布2018年中国生命科学十大进展，中国动物学会推荐的中国科学院神经科学研究所孙强研究员团队完成的"构建世界首例体细胞克隆猴"、清华大学孟安明院士团体完成的"母源因子huluwa诱导脊椎动物胚胎体轴形成"2项进展入选。

1月7—12日，组团参加在西班牙马拉加召开的第九届国际生物地理学大会。

2月27日，科技部基础研究管理中心在京发布"2018年度中国科学十大进展"，中国动物学会推荐的中国科学院神经科学研究所孙强团队完成的"基于体细胞核移植技术成功克隆出猕猴"进展入选。

3月19—23日，组织17人代表团参加在日本筑波大学举办的第三届中日行为与神经内分泌学研讨会。本届会议是继2008年和2011年会议后第二次由日本承办的双边会。由刘定震教授率中国动物学会动物行为学分会代表参加。

4月24—29日，组团参加在西班牙圣地亚哥—德孔波斯特拉市召开的第二十二届国际扇贝研讨会。包振民、林志华、阙华勇委员和胡晓丽、薛清刚参加。

6月12—16日，第十四届国际斑马鱼大会在江苏省苏州市国际博览中心召开。

6月15日，首届中国动物地理学术研讨会在北京举办。

7月18—21日，中国动物学会生殖生物学分会组织9人代表团参加在美国圣何塞召开的第五十二届国际生殖生物学年会。

7月27日—8月2日，中国动物学会原生动物学分会组织15人代表团参加在意大利罗马市举办的国际原生生物学家学会2019年年会—第八届欧洲原生动物学大会联席会议。来自47个国家和地区的450余位科研专家和学生代表参加。我国与会专家高凤主持了一个分组报告会。

8月10—14日，第二十八届全国中学生生物学竞赛在河北省衡水市第一中学和衡水中学举办，来自29个省、自治区、直辖市的240名选手参加，评出金奖72名、银奖72名、铜奖96名。

8月22—26日，中国动物学会第十八届会员代表大会暨第24届学术年会在西安市召开，700余位代表参加，邀请了10位国内外知名专家作大会特邀报告，共有209位学者和研究生在18个专题讨论会上作学术报告。237名会员代表通过无记名投票方式选举产生了136名第十八届理事会理事，选举产生了监事会监事3名，理事会选举产生了43名常务理事，选举孟安明为理事长，选举包振民、冯江、李保国、张正旺、张知彬（常务）、陈广文、杨光、桂建芳、董贵信、魏辅文为副理事长，聘任魏辅文为秘书长。召开了理事会党员大会，选举了9位理事会党委委员，张知彬任党委书记。会员代表通过了学会第十七届理事会工作报告、财务报告、章程修改报告、新的章程，以无记名投票方式通过了会员会费标准。

8月24日，中国动物学会首次建立了学会监事会，由3位监事组成，张希武任监事长。监事会对学会各项工作、理事会履职等进行监督。

9月16日，中国动物学会签发了关于组建中国动物学会动物地理学专业委员会的批复函。

9月25日，召开了中国动物学会第八届青年科技奖候选人专家评审会议，一致通过推荐10位青年科技工作者为中国动物学会第八届青年科技奖；推荐邱强教授、王顺心教授为中国动物学会推荐的第十六届中国青年科技奖候选人；推荐屈延华研究员为中国动物学会推荐的第十六届中国青年女科学家候选人、廖明玲博士为中国动物学会推荐的2019年度未来女科学家计划候选人；经过无记名投票方式确定了中国动物学会推荐的第五届中国科协青年人才托举工程候选人人选和排序，人选为廖明玲博士、袁智勇副教授、潘胜凯助理研究员。

10月16—20日，第八次国际寄生虫学学术研讨会在河北省石家庄市举行。429位学者、研究生参会，收集论文摘要269篇。

11月1—4日，邀请5位国际灵长类学会专家参加在贵阳市召开的灵长类学第十六届学术年会。

12月2—7日，中国动物学会协助国际动物学会组成80人代表团参加在新西兰梅西大学举办的第十一届整合动物学国际学术研讨会。

12月19—21日，中国动物学会联合中国科学院动物研究所组织了第八届全国自然科学场馆科普人员培训班。

2020 年

1月10日，生命科学学会联合体公布2019年中国生命科学十大进展，中国动物学会推荐的西北工业大学王文教授强团队完成的"反刍动物基因组进化及其对人类健康的启示"进展入选。

5月14日，中国动物学会与中华人民共和国濒危物种科学委员会联合就《中华人民共和国防疫法》（修订草案）提出23条修改建议，上报中国科协。

3月26日—4月22日，中国动物学会组织推荐2020年重大科学问题和工程技术难题，报送了"冠状病毒跨种传播的生态学机制是什么？"重大科学问题，提出该重大科学问题的4位专家是副理事长冯江教授、夏咸柱院士、副理事长张知彬研究员、涂长春研究员，该问题推荐专家为中国动物学会副理事长兼秘书长魏辅文院士。

5月26—27日，召开中国动物学会第十八届常务理事通信会议，有36位常务理事回复同意学会设立"中国动物学会长隆奖"。

6月29日，中国动物学会围绕重大科学问题组织"野生动物疫病与生态安全战略研讨会"在线会议，此次会议由中国动物学会和中华人民共和国濒危物种科学委员会主办，东北师范大学、吉林农业大学和军事医学研究院军事兽医研究所承办。

7月13日，组织专家在广州市召开了广东长隆集团有限公司"世界珍稀野生动物资源库创建的关键技术与应用"成果评价鉴定会。

7月26日—8月1日，中国动物学会秘书处就《中国动物学会长隆奖奖励办法（试行）草案》，广泛征求学会对《奖励办法》修改意见。监事会进行监督。

7月29日，中国动物学会理事会党委制定并通过了《中国动物学会理事会党委工作制度、议事规则（试行）》共计5章17条。

8月7—13日，我国由7位专家和4位高中学生代表组团在线参加由日本主办的第三十一届国际生物学奥林匹克竞赛，获得3枚金牌、1枚银牌，2位获得理论突出表现奖。

8月15日，由中国动物学会提出并推荐的"冠状病毒跨种传播的生态学机制是什么？"入选中国科协2020年十大重大科学问题。组织专家撰写了科技工作者建议并上报中央，获得中央领导批示。

8月17—18日，中国动物学会承办的2020年中国科技峰会系列活动青年科学家沙龙第一期——生物安全与生物多样性科学研究青年科学家沙龙在青岛市召开。21名青年学者参加，13位作专题报告。沙龙现场受到线上广泛关注，在科创中国和中国科讯平台收看人数累计达到26500人次。

9月2—10日，召开了中国动物学会常务理事通信会议，讨论并审议通过了《中国动物学会长隆奖奖励办法（试行）》。学会监事会进行了监督。

9月4日，中国科协办公厅公布第五届中国科协青年人才托举工程入选者名单，中国动物学会推荐的廖明玲、袁智勇入选。

9月20—22日，中国动物学会召开常务理事通信会议，对中国动物学会动物地理学分会名称变更为中国动物学会生物地理学分会进行了审议，常务理事一致投票表决同意名称变更。

9月27—29日，中国动物学会生物地理学分会成立大会暨第二届学术研讨会会议在中国科学院动物研究所召开。会员推选出34位委员和10位常务委员，一致推选李义明为主任委员，卜文俊、丁平、何舜平、蒋学龙、雷富民、乔格侠为副主任委员，雷富民兼任秘书长，屈延华、刘宣、陈静为副秘书长。

10月15日，中国动物学会推荐的候选人西北大学的邱强教授获得"第十六届中国青年科技奖"。

11月10日，中国动物学会与中华人民共和国濒危物种科学委员会联合就《中华人民共和国防疫法》（修订草案）提出24点修改建议，并上报中国科协。

11月14日，第一届中国动物学会长隆奖候选人推荐工作启动。

12月15日，濒危动物保育与恢复示范基地线上评审会召开，会议全票通过中国川金丝猴种群监测示范基地、浙江乌岩岭黄腹角雉种群监测与繁育示范基地等7家为第一批中国动物学会濒危动物保育示范基地。

12月21日，第一届中国动物学会长隆奖专家评审会召开，会议评选出功勋奖（1名）、成就奖（3名）、新星奖（5名）、启航奖（10名）、国际学者奖（1名）。监事会主席张希武进行了全程监督。

12月21—22日，中国动物学会第十八届常务理事通信会议召开，审议通过了第一届中国动物学会长隆奖专家评审委员会评审结果。

2021年

1月11—14日，中国动物学会第十八届第十次常务理事会通信会议召开，常务理事评出2位学会拟推荐青年人才托举工程候选人并审议通过了新修订的全国中学生生物学联赛、竞赛章程和实施细则。

4月9日，通过腾讯线上会议形式召开濒危动物保育与恢复示范基地线上评审会，专家们听取了5个基地的报告并审阅了有关资料，开展了质询和讨论。一致通过5家基地为中国动物学会濒危动物保育示范基地。

5月24—26日，中国动物学会学术讨论会暨中国动物学会第十八届理事会扩大会议在广州长隆召开。130人参加会议，会议讨论通过加强学会发挥科技咨询的作用、关注充分发挥青年会员的作用、加强和企业合作3方面工作。会上进行了首届"中国动物学会长隆奖"颁奖仪式。

7月28日，中国动物学会和中国环境科学学会共同推荐的"如何通过重要生态系统修复工程构建精准高效的生态保护网络和恢复生物多样性？"入选2021年中国科协"十个重大工程技术难题"。

7月28日，中国动物学会获得中国科协十大重大科学问题、工程技术难题2021年度优秀推荐单位，2020 年度优秀成果单位奖牌。

9 月 26 日—10 月 14 日，中国动物学会第十八届第十二次常务理事会通信会议召开，常务理事审批通过 6 个分会换届内容；审批通过"成立中国动物学会保护生物学分会"。

10 月 1—5 日，第三十届全国中学生生物学竞赛在浙江省杭州市萧山中学举办，来自 29 个省、自治区、直辖市的 399 名选手参加，评出金奖 100 名、银奖 140 名、铜奖 157 名。

10 月 20 日—11 月 7 日，中国动物学会启动了 2021—2025 年度全国科普教育基地的申报工作，组织 7 位专家对 14 家申报单位的申报材料进行了评审，推荐 10 家科普教育基地单位作为中国动物学会向中国科协推荐的基地候选单位。

11 月 2—5 日，亚欧两栖爬行动物多样性与保护国际学术大会暨中国动物学会两栖爬行学分会换届会在四川省成都市召开。会议的主题为"'一带一路'绿色发展、两栖爬行动物保护先行"。来自全国 58 个单位的 270 名代表现场参会，另采用视频直播的方式汇集了 337 名线上参会者。他们分别来自 21 个国家和地区。收到论文摘要 240 篇。

11 月 9—11 日，第一届亚洲鸟类学大会在我国成功举办，在北京、上海和广州三地同时召开线下会议，另外设置了线上会议。大会主席为雷富民，副主席为 Frank E. Rheind 和张正旺，孙悦华研究员为大会秘书长。来自 29 个国家的 300 余人参会，其中 146 名代表正式注册参会，其余参会人员则采取线上听取报告或参与圆桌讨论会的形式。本次会议的主题为"亚洲鸟类共享同一片蓝天"。

11 月 10 日，启动第二届中国动物学会长隆奖候选人的推荐工作。

11 月 18 日，中国科学院公布增选 65 位科学家为新院士，中国动物学会李劲松研究员当选。中国工程院公布增选 84 位科学家为新院士，中国动物学会陈松林研究员当选。

11 月，中国动物学会组织专家完成动物学名词释义工作，由国家科技名词审定委员会指定科学出版社出版《动物学名词》（第二版）。

12 月 10 日，中国动物学会获得中国科协中国特色一流学会建设项目支持（2021—2023 年度）。

12 月 17 日，第二届中国动物学会长隆奖及第七届中国科协青年人才托举工程候选人专家评审会议在中国科学院动物研究所召开，会议采取线下和线下结合形式进行。13 位评审委员会专家经过评审，通过无记名投票方式评选出 20 位获奖者、2 位青年人才托举工程人选。监事会主席张希武全程监督。

12 月 19—24 日，召开中国动物学会第十八届第十四次常务理事会通信会议，常务理事审议通过了第二届中国动物学会长隆奖和青年人才托举工程人选专家评审结果。

2022 年

1 月 5 日—2 月 22 日，启动中国动物学会第九届青年科技奖、中国科协第十七届中国青年科技奖、第十八届女科学家奖、2021 年度未来女科学家计划候选人的推荐工作，共收到 17 名候选人材料。

1 月 10 日，生命科学学会联合体公布 2021 年中国生命科学十大进展，中国动物学会推荐的西北工业大学王文教授强团队完成的"脊椎动物从水生到陆生演化的遗传创新机制"、中国科学院动物研究所詹祥江研究员团队完成的"揭开鸟类长距离迁徙之谜" 2 项进展入选。

1月9—15日，第 28 届国际灵长类学大会在厄瓜多尔召开，有 900 多位代表参加，我国有 22 位学者在线参加。1月13日，世界自然保护联盟物种生存委员会召开了评选全球最濒危 25 种灵长类会议，在中国动物学会灵长类学分会积极申请和推荐下，黔金丝猴列入世界自然保护联盟 2023—2024 全世界最濒危的 25 种灵长类名录。

2月28日，科学技术部高技术研究发展中心（基础研究管理中心）发布 2021 年度中国科学十大进展，中国动物学会推荐的中国科学院动物研究所詹祥江研究员团队完成的"揭开鸟类长距离迁徙之谜"进展入选。

3月2—6日，召开中国动物学会第九届青年科技奖专家评审通信会议，评选出 10 名中国动物学会第九届青年科技奖人选。同意推荐王堃、高凤为第十七届中国青年科技奖候选人，推荐田烨、廖明玲、王璐为第十八届中国青年女科学家奖候选人，推荐薄亭贝为 2021 年度未来女科学家计划候选人。监事会张希武监事长在线参会并进行监督。

3月30日，中国科协公布了 2021—2025 年第一批全国科普教育基地名单，中国动物学会推荐的 5 家基地获得该称号。

7月10—18日，第三十三届国际生物学奥林匹克竞赛在亚美尼亚埃里温市举办，由于新冠疫情影响，我国未组团参赛。

7月25日，中国动物学会启动第八届青年人才托举工程候选人的推荐、评审工作，推荐 3 名候选人到生命科学学院联合体，最终有 2 名入选中国科协第八届青年人才托举工程。

8月15—19日，第 28 届国际鸟类学大会在线举办，中国动物学会鸟类学分会组织 56 位专家参加。中国动物学会常务理事雷富民研究员当选为新一届国际鸟类学家联合会主席，周忠和、斯幸峰、刘阳被推选为委员会委员。

9月2日，院士专家大讲堂——"开学第一课"在长隆野生动物世界金猴王国开讲，由中国动物学会、长隆集团共同主办。魏辅文院士致辞，龙勇诚教授以"猿猴与森林"为主题讲解了全国滇金丝猴生存现状、保育情况。

10月，中国动物学会启动"濒危动物保护"生态保护热点和前沿问题、"淡水动物养殖与资源保护"产学研调研 2 个专家智库专家团队的建设和智库报告的撰写组织工作，2023 年 5 月专家完成并提出了建设性意见和决策咨询报告。

10月12—31日，启动第三届中国动物学会长隆奖候选人的推荐工作，共收到 39 位候选人推荐材料。

10月28日—12月20日，征集 2022 年优秀科普作品，共征集到 13 篇科普文章、12 个科普短视频。

2022 年 10 月—2023 年 2 月，中国动物学会开展科普文章和短视频征集宣传活动，主题为"尊重自然、保护动物"，征集到的 13 篇科普文章和 12 个短视频，经过专家评审，选出 5 篇文章和 5 个视频用于宣传。

11月，中国动物学会组织 28 位专家编写的《中国动物学学科史》由中国科学技术出版社出版。

12月5日，第三届中国动物学会长隆奖专家评审会议在线召开。13 位评审委员会专家通过无记名投票方式评选出 20 位获奖者。监事会主席张希武进行了全程监督。

12 月 21 日，中国动物学会保护生物学分会成立大会暨第七届中国保护生物学论坛在中国科学院动物研究所召开。会议采用线上和线下方式同时进行，来自 40 多家单位 500 余位代表参会。会上选举产生了分会第一届领导班子，魏辅文院士当选为主任委员，吕植教授、刘雪华副教授、张立教授、林强研究员、曹良高工当选为副主任委员，聂永刚研究员被提名为秘书长。

2023 年

1 月 19 日，生命科学学会联合体公布 2022 年中国生命科学十大进展，中国动物学会推荐的清华大学颉伟教授等团队完成的"人类早期胚胎翻译组图谱及合子基因组激活因子研究"进展入选。

4 月 10—12 日，中国动物学会第 24 届学术年会在辽宁省沈阳市召开。450 余位代表参加，10 位中青年专家作大会报告，共有 103 位在 10 个分会场作了学术报告，收到论文摘要 265 篇，印制了论文摘要集。会议颁发了第二、第三届中国动物学会长隆奖及第八届、第九届中国动物学会青年科技奖。

5 月 14 日，2023 年全国中学生生物学联赛在全国 29 个省、自治区、直辖市举行，43003 名高中年级学生参赛。按照成绩评出一等奖 2347 名、二等奖 5501 名、三等奖 8251 名，获奖学生名单在学会网站公示，获奖证书采用电子形式。

6 月 2 日，国际斑马鱼学会正式宣布中国动物学会斑马鱼分会主任委员刘峰研究员当选为该学会的候任主席。

6 月 8 日—7 月，中国动物学会开展两院院士候选人推荐（提名）工作，组织专家进行了评审，并向中国科协推荐了一位候选人。

6 月 8 日，中国动物学会启动第九届青年人才托举工程候选人的推荐、评审工作，本会推荐了 3 名候选人到生命科学学院联合体，最终有 2 名入选中国科协第八届青年人才托举工程。

6 月，根据公布的 2022 年 *ISI JCR*，*Zoological Research*（《动物学研究》）2022 年影响因子为 4.9，在 176 种动物学学科 SCI 期刊中排名第二。学术影响力稳步提升。

7 月 14—20 日，学会副理事长兼秘书长魏辅文院士赴美国参加第十三届国际哺乳动物学大会进行学术交流，并参加国际哺乳动物学家联合会会议，魏辅文院士当选国际哺乳动物学家联合会执委。

8 月 12—16 日，第三十二届全国中学生生物学竞赛在北京市通州区北京学校举行。29 个省、自治区、直辖市的 555 名选手，领队、教练等 142 人参加。竞赛分为理论考试和实验考试两部分，按照成绩，产生金牌 150 枚、银牌 260 枚、铜牌 145 枚。一等奖前 50 名选手入选国家集训队。

8 月 19—25 日，中国动物学会灵长类学分会组织近 40 人代表团赴马来西亚古晋参加第 29 届国际灵长类学大会，60 个国家的灵长类研究者与保护者 600 多人参会。中国动物学会灵长类学分会成功获得 2027 年第 31 届国际灵长类学大会在西安召开的承办权。西北大学郭松涛教授代表中国同行组织了"中国灵长类保护的新见解"的专题会场。

9 月 13—15 日，第五届世界生殖生物学大会在北京市召开。来自中国、美国、英国、日本、韩国、澳大利亚、泰国等国家的 889 位代表及 53 位志愿者参会，收到论文摘要 184 篇。会议邀请 7 位国际知名专家作大会报告，有 94 位在七个主题会场作分会场报告，有 132 张墙报进行了交流。

11月10—14日，第五届中国动物标本大赛暨标本展示在中国科学院动物研究所举办。参赛作品超过400件，标本个体数量超过600个。经过专家评审，共评选出一等奖43件、二等奖131件、三等奖126件。

11月22日，中国科学院公布增选59位科学家为新院士，中国动物学会高绍荣教授当选。

12月，启动第四届中国动物学会长隆奖候选人的推荐工作。

2024年

1月21日，生命科学学会联合体公布2023年中国生命科学十大进展，中国动物学会推荐的清华大学孟安明院士团队完成的"核孔复合体成熟度调控合子基因组激活"、中国科学院昆明动物研究所吴东东研究员等专家团队完成的"解码灵长类基因天书，破译生命演化谜题"、中国科学院动物研究所王红梅研究员等团队完成的"揭开灵长类早期胚胎发育黑匣子"3项进展入选。

附录1 中国动物学会历届章程

中国动物学会简章草案

（登载在1934《科学》第十八卷 第七期）

第一条 定名 本会定名为中国动物学会。

第二条 宗旨 本会以联络国内习动物学者共谋各种动物学知识之促进与普及为宗旨。

第三条 会员 本会会员分普通会员、特种会员、机关会员、名誉会员、赞助会员及永久会员六种。

（一）普通会员 凡对于动物学有独立研究之志趣能力与成绩者，由本会会员二人之介绍，并提出其著作，经本会理事会通过，方得为本会普通会员。

（二）特种会员 凡普通会员有特殊卓异之研究成绩，由本会会员十人以上之推举，经理事会通过得为本会特种会员。

（三）机关会员 凡赞助本会事业之机关，由本会会员三人之介绍，经理事会通过者得为本会机关会员。

（四）名誉会员 国外著名动物学家对于本会事业有相当之贡献及扶助者，经本会会员五人以上之提议，经理事会一致通过者，得被选为本会名誉会员。

（五）赞助会员 凡对于本会热心赞助或捐助巨款五百元以上者，由本会会员五人以上之提议，经理事会通过者得被选为本会赞助会员。

（六）永久会员 凡普通会员一次纳费一百元者为永久会员。

第四条 职员 本会设会长、副会长、书记、会计各一人，以执行一切常务，任期一年，于每年开常年大会时选举之，连举得连任，但会长、副会长只得连任一次。

第五条 组织 本会为谋事业之发展起见，除上第四条所列之职员外，并设下列各种组织：

（一）董事会 董事会以董事六人组织之，计划本会事业之发展，董事人选由理事会推举，交大会通过，六年一任，第一任当选之六人，其任期分别为二年、四年、六年三组，每组二人，以抽签法决定，以后则每隔二年选举二人，以补充之，但连举得连任。

（二）理事会 理事会为本会重要会务之决议机关，由理事七人组织之，除会长、副会长、书记、会计为当然理事外，其他三人关于常年大会时选举之，任期一年，连举得连任，理事会开会时以会长或副会长为主席，遇正副会长均缺席时临时推定之。

（三）编辑会　编辑会审阅投寄本会所刊行杂志之论文稿件，由总编辑一人、干事编辑一人、编辑员六人组织之，由董事会推举交理事会通过，任期五年，连举得连任。

（四）委员会　本会于必要时得分别组织各种委员会，以应付特别事故。

第六条　会务　本会会务暂定为下列各项：

（一）举行常年大会，宣读论文，讨论关于动物学之研究及其应用知识及教学方法等。

（二）出版动物学杂志及其他刊物，所摘论文，限中英德法四种文字，但用中文者须有英德法一国文摘要，用外文者必须有中文摘要。

（三）参加国际间学术工作。

第七条　会费　本会普通会员入会时纳会费连常年费五元，以后每年须缴常年会费三元，机关会员每年须缴纳常年会费五十元，永久会员可免交常年会费。

第八条　会员义务　本会会员有担任会中职务及其他调查采集研究编辑与缴纳会费、遵守会章等义务。

第九条　会员权利　本会会员有提议选举及被选举权与接受本会刊物权利。

第十条　分会　本会在各地有会员五人以上者设立分会，其章另订之。

第十一条　常年大会　本会每年开大会一次，于暑假中举行之，地点及日期由理事会酌定。

第十二条　附则　本会章程得由会员十人以上之建议，提交大会修改之。

中国动物学会章程

（1934 年 8 月 23 日中国动物学会成立大会通过）

第一章　总则

第一条　本会定名为中国动物学会。

第二条　本会以联络国内动物学者共谋各项动物学知识之推进与普及为宗旨。

第三条　本会于国民政府所在地设置通讯处。

第四条　本会得设立各省市县分会。

第二章　任务

第五条　本会之任务如下：

一、关于举行常年大会宣读论文等事项。

二、关于讨论动物学之学理或应用事项。

三、关于讨论动物学之教育事项。

四、关于出版中国动物学杂志及其他刊物事项。

五、关于参加国际间学术工作事项。

第三章 会员

第六条 本会会员分普通会员、名誉会员、永久会员及机关会员四种。

一、普通会员 凡对于动物学有研究之能力与成绩并赞同本会宗旨者由会员二人之介绍经理事会之通过得为本会普通会员。

二、名誉会员 凡著名动物学家对于本会事业有相当之贡献及扶助者由会员十人以上之提议经本会理事会一致通过者得被选为本会名誉会员。

三、永久会员 凡普通会员一次纳费五百元者得为永久会员。

四、机关会员 凡赞助本会事业之机关由会员三人之介绍经本会理事会通过者得为本会机关会员。

第七条 凡有违反本会会章行为者得由理事会提请会员大会分别给予警告或者除名。

第八条 本会会员应享权利如下：

一、发言权及表决权。

二、选举权与被选举权。

三、本会所举办各种事业上之利益。

四、其他公共应享之权利。

第九条 本会会员应有下列之义务：

一、遵守本会会章及决议案。

二、担任本会所指派之职务。

三、缴纳会费。

第四章 组织

第十条 本会以会员大会为最高权力机关，在会员大会闭会期间理事会代行其职权。

第十一条 本会置理事会十五人，候补理事七人，监事五人，候补监事二人，由大会选举之，分别组织理事会及监事会，理事会得互选常务理事五人组织常务理事会，监事会得互选常务监事三人组织常务监事会。

第十二条 本会得置理事长一人，由常务理事推选之。

第十三条 本会理监事均为义务职。

第十四条 本会理监事任期均为一年，连选得连任。

第十五条 本会理监事如有下列各款之一者应予解任。

一、不得意事故，经会员大会议决准其辞职者。

二、旷废职务，经会员大会议决令其退职者。

三、职务上造反法令或有其他重大不正当行为，经会员大会议决令其退职或由主管机关令其退职者。

第十六条 本会得设置各种委员会。

第五章　职权

第十七条　本会会员大会之职权如下：

一、审议理事会、监事会之会务报告。

二、通过本会会章。

三、选举理事监事。

四、决定经费预算。

五、其他重要事项之决定。

第十八条　本会理事会之职权如下：

一、对外代表本会。

二、对内处理一切会务。

三、召集会议。

四、执行会员大会决议。

五、核准会员大会。

六、办理监事会移付执行案件。

第十九条　本会常务理事会之职权如下：

一、执行理事会决议。

二、办理日常事务。

三、召集理事会议。

第二十条　本会监事会之职权如下：

一、监察会员履行义务事项。

二、经济之稽核事项。

三、办理其他有关监察事项。

第二十一条　本会常务监事会之职权如下：

一、执行监事会决议。

二、召集监事会议。

三、办理日常事务。

第六章　会议

第二十二条　本会会员大会每年举行一次，必要时得经呈准举行临时会。

第二十三条　本会理事会监事会每三个月开会一次，常务理事会、常务监事会每月开会一次，必要时均得举行临时会。

第七章　经费

第二十四条　本会经费以下列各款充之：

一、普通会员入会费二十元及常年会费三十元，永久会员会费一次五百元，机关会员常年会费五百元。

二、政府补助费。

三、自由捐。

第八章　附则

第二十五条　本会各项办事细则另订之。

第二十六条　本会章程如有未尽事宜，得提会员大会决议修正后呈请社会部备案。

第二十七条　本会章程经会员大会通过呈请社会部核准备案后施行。

中国动物学会会章

（1951年8月22—26日中国动物学会第一次全国会员代表大会通过）

（一）定名：本会定名为中国动物学会。

（二）宗旨：本会宗旨为团结动物学工作者从事学术研究、交流学术经验、普及动物学知识，以谋提高生产技术，为新民主主义文化经济建设而服务。

（三）会员：

1. 会员资格　凡具有下列资格之一，经会员二人介绍，本会理事会审查通过者为本会会员。

甲、专科以上学校毕业，从事与动物学工作或其有关之科学技术工作者。

乙、对动物学有兴趣及有特殊技能与工作成绩者。

2. 会员义务：本会会员有遵守本会会章、推进会务、执行决议、缴纳会费等义务。

3. 会员权利：本会会员有选举权、被选举权，并享受其他各项合作权利。

4. 名誉会员：国际著名学者对于动物学在中国之发展有贡献者，须由本会理事会提交会员代表大会通过聘请其为本会名誉会员。

（四）组织：

1. 会员代表大会：会员代表大会为本会最高权力机构。每一年至三年开会一次，由理事会召开之，必要时可召开临时会议。会员代表由本会总会及各地分会按会员人数比例产生。

2. 理事会：理事会为会员代表大会闭会期间本会业务领导机构，并对外代表本会理事会，由理事十五人组织之，由会员代表大会选举产生，任期一年至三年，连选者连任一次。理事会每年至少开会一次。

3. 常务理事会：常务理事会为本会执行机构，处理本会经常业务。常务理事五人互推一人兼任理事长，并为会员代表大会主席，一人兼秘书长，一人兼会计，常务理事由理事互选，任期一年，互选者连任。

4. 理事会因工作需要得组织各种委员会，并得延聘理事以外会员参加。

（五）年会：为交流学术经验，本会须举行年会。

（六）会费：本会会员每年缴纳人民币一万元，有特殊情形者须经理事会通过少缴或免缴。

（七）分会：

1. 各地区常驻会员在五人以上者须组织分会。

2. 分会须自行吸收会员，送请总会经理事会审查合格完成入会手续后即为本会会员。

3. 各分会会章由分会会员大会或会员代表大会决议制定，送请总会经理事会批准后施行。

4. 各分会会员常年会费由分会征收，以一部分按期汇缴总会作为总会开支。其应缴总会之比数，由总会理事会决定之。

（八）领导关系：

1. 本会受中华全国自然科学专门学会联合会（简称全国科联）的领导，定期向全国科联报告工作，并通过全国科联与其他专门学会及政府有关业务部门取得联系。

2. 本会各地分会受总会及该地区科联分会之双重领导，定期向总会及全国科联分会提出报告，并通过全国科联分会与其他专门学会及政府有关业务部门取得联系。

（九）附则：

1. 本会会章经第一次会员代表大会通过并呈请全国科联备案后施行。

2. 本会各项规章及办事细则另订之。

中国动物学会会章

（1956 年 8 月 23—28 日第二届全国会员代表大会通过）

第一章　总则

第一条　本会定名为中国动物学会（以下简称本会）。

第二条　本会宗旨为团结全国动物科学工作者，开展学术活动，推动科学研究，交流工作经验，学习苏联及其他国家先进的科学成就，为建设社会主义社会而努力。

第三条　本会会址设在北京。

第二章　会员

第四条　凡高等院校动物专业（或有关动物科系）专业或具有同等的学术水平，并从事动物科学工作两年以上有一定成绩者，由本会会员二人介绍，填具入会申请书一式二份，经分会理事会（或分会筹备委员会）核查同意（取得当地科联同意），并经本会常务理事会核准，得为本会会员。

第五条　本会会员有遵守会章、执行决议、推动会务及缴纳会费等义务。

第六条　本会会员在会内有选举权、被选举权及参加会内各种活动的权利。

第三章 组织

第七条 全国会员代表大会为本会最高权力机关，每三年至五年召开一次，由理事会召集，必要时得提前召开。代表大会的代表名额及产生办法，参照中华全国自然科学专门学会联合会（以下简称全国科联）规定的办法办理。

第八条 代表大会的职权为：

（1）决定本会方针工作任务。

（2）制定或修改本会会章。

（3）听取并审查本会理事会报告。

（4）选举本会理事。

（5）听取并讨论学术报告和论文。

第九条 理事会为代表大会闭会期间的本会会务领导机构，由代表大会选出理事 35 人组成之，理事任期自选出后至下一届代表大会选出新理事为止，连选得连任。理事会每年开会一次。

第十条 常务理事会为理事会的常设机构，处理本会经常会务。由理事会选出正理事长一人、副理事长二人、秘书长一人及常务理事五人至七人组成之。常务理事会下设专业小组及各种刊物编辑委员会。工作需要时，得设其他工作委员会或聘请干事，人选由常务理事会决定之。常务理事任期与理事同。

第十一条 理事会的任务为：

（1）执行代表大会的决议。

（2）领导分会及专业小组开展学术活动。

（3）领导各种委员会的工作。

（4）协助政府解决有关方面的科学技术问题。

（5）筹备召开代表大会。

第十二条 全国各地有合乎本会会员资格标准的动物科学技术工作者二十人以上，并能开展学术活动，推动科学研究，经本会及该地区科联同意，得筹组中国动物学会当地分会。凡不足二十人者，如有必要，经本会批准，得筹组地区小组，其领导关系及组织机构由常务理事会决定之。

第十三条 分会依据本会会章精神制定分会会章，经当地科联及本会常务理事会批准后施行。

第四章 学术活动

第十四条 本会应于每一年或二年举行全国性的学术讨论会一次，由本会常务理事会组织举办。

第十五条 各地分会（或地区小组）应经常举行学术讨论会、专题报告会、座谈会及其他学术活动。

第五章 会费

第十六条 本会会员每人每年缴纳常年会费（期数额由分会或地区小组自行规定），由分会或地区小组征收备用。

第六章　领导关系

第十七条　本会受全国科联的领导，并受政府有关部门的指导，定期向全国科联报告工作。

第十八条　本会各地分会（或地区小组）受本会及当地科联分会的双重领导，定期向本会及科联分会报告工作。

第七章　附则

第十九条　本会会章经本会会员代表大会通过后，报请全国科联审查备案施行。

第二十条　本会修改会章，须由会员十人以上的建议，并提交会员代表大会讨论通过，报请全国科联审核备案。

中国动物学会会章

（1964 年 7 月 8—18 日中国动物学会 30 周年学术年会第三届全国会员代表大会通过）

第一章　总则

第一条　本会定名为中国动物学会（以下简称本会）。

第二条　本会是在中国科学技术协会（以下简称全国科协）的领导下，由具有一定水平的动物学工作者所组成的全国性学术团体。

第三条　本会宗旨为团结全国动物学方面的科学技术人员，贯彻党的"百花齐放、百家争鸣"的方针，从事学术活动，以促进我国动物学的发展，为社会主义建设服务。

第四条　本会会址设在北京。

第二章　任务

第五条　本会的主要任务是：

1. 举行学术会议和其他各种学术活动。

2. 编辑《动物学报》《动物学杂志》和其他有关学术刊物。

3. 向广大群众普及动物学的科学技术知识。

4. 通过全国科协参加国际学术活动。

5. 促进会员的自我教育与自我改造。

第三章　会员

第六条　凡拥护中国共产党，拥护社会主义，且具备下列条件之一的我国动物学工作者，可申请为本会会员：

1．教授、研究员、副教授、副研究员、讲师、助理研究员和同等的其他专业人员。

2．高等院校毕业，并在生产、教学和研究单位从事本门工作三年以上且有一定成绩者；或并非高等院校本科毕业，且具有同等工作经验和学术水平者。

3．从事动物学工作并积极促进本会会务发展的党政领导干部。

第七条 会员入会需由本人申请，组织推荐或本会会员 2 人介绍，经省、自治区、直辖市有关学会常务理事审查批准，呈报地方科协和本会备案。没有地方学会的地区，如有合格的动物学工作者申请入会，应由组织推荐，经本会常务理事会核准后，为本会会员。

第八条 会员入会缴入会费 1 元，由本会统一发给会员证。

第九条 会员在会内有选举权和被选举权；参加本会所组织的学术活动；优先订阅本会所编辑的各种刊物；并对本会工作有建议和批评的权利。

第十条 会员有遵守本会会章、执行本会决议和本会所委托的工作、积极参加本会的学术活动及缴纳入会费与常年会费的义务。

第十一条 会员如变更工作地点时，应及时通过地方学会转报本会，以便取得联系。

第十二条 会员可以自动申请退会。不履行会员义务二年以上者，以退会论；被剥夺公民权者，同时撤销其会籍。

第四章　组织

第十三条 本会的最高权力机关是全国代表大会，其成员由地方学会选举的代表、上届理事及特邀代表组成。全国代表大会每 3 年到 5 年召开一次，必要时可提前召开。各地代表的名额及选举办法由本会理事会决定，并呈报全国科协核准备案。全国会员代表大会的职责为：

1．贯彻党和国家的方针政策，决定本会的工作方针任务。

2．制定或者修改本会会章。

3．选举理事会。

4．审查理事会的工作报告。

第十四条 在代表大会闭幕期间，理事会是执行机构，理事会由 35 人组成。理事任期自选出后至下届代表大会选出新理事为止，连选者连任。理事会每一至二年开会一次。理事会的职责是：

1．执行代表大会决议。

2．制订年度计划和经费预算。

3．领导所属各委员会（或小组）的工作。

4．指导地方学会和专业组的学术活动。

5．审批新会员。

6．决定并召开全国代表大会。

第十五条 常务理事会为理事会的常务机构，由理事会推选9~11人组成，从中选出理事长 1 人，副理事长 2~3 人，秘书长 1 人，副秘书长 1~2 人，负责行使理事会所规定的职责。

第十六条　理事会挂靠中国科学院动物研究所。理事会设党组，其成员由全国科协聘任。

第十七条　理事会根据工作需要可设立专业委员会（或学组）、科普委员会（或工作组）、学报及其他刊物编辑委员会等，分别负责有关学术活动。

第十八条　地方动物学会的组织工作、政治思想工作及学术活动受当地科协领导，并定期向本会报告工作。

第十九条　本会可向会员征收常年会费（每年暂定 1~2 元），并由地方学会支配用途。

第五章　附则

第二十条　本会会章经全国代表大会通过，报请全国科协批准后执行。

中国动物学会会章

（1984 年 4 月 23—27 日在南京召开的第十一届会员代表大会上通过，
本届会员代表大会届次从学会 1934 年成立大会开始计起）

第一章　总则

第一条　中国动物学会（以下简称学会）是中国动物学工作者的群众性学术团体，直接受中国科学技术协会的领导。

第二条　提倡辩证唯物主义，坚持实事求是的科学态度，认真贯彻"百花齐放、百家争鸣"的方针，充分发扬民主，开展学术讨论，交流科研成果，并团结广大动物学工作者，为推动我国动物学的发展和我国的四个现代化作出贡献。

第三条　学会的主要工作：

1. 积极开展学术活动，提高本学科的学术水平，组织专科学术讨论和科学考察活动。

2. 开展教学经验交流，提高教学质量，促进人才培养。

3. 编辑出版动物学的学术及科普书刊。

4. 大力普及动物学知识。

5. 积极向有关组织提供合理化建议，反映动物学工作者的意见和建议。

6. 促进国际学术交流活动，加强同国外动物学科学技术团体和科学工作者的友好联系。

7. 举办各种培训班、讲习班等，不断提高会员的学术水平，积极发现人才和培养新生力量。

第四条　根据分支学科的发展与会员专业队伍的状况，由理事会决定设立若干分科（专业）委员会或分科（专业）学会，作为理事会下属的学术机构。分科（专业）学会对外可以独立学会名义与相应国际学会联系，对外称中国动物学会 ** 学会（如中国动物学会鸟类学会）。

第五条　省、自治区、直辖市可参照全国科协的要求和各地实际需要，成立省、自治区、直辖市动物学会，作为我学会的一部分。

第二章 会员

第六条 凡承认学会会章，并具有下列条件之一者，可申请为会员。

1. 助理研究员、讲师、工程师等以上的动物学科技人员。

2. 取得硕士以上学位的动物学科技人员。

3. 高等院校本科专业，在研究、教学、生产、企事业单位、科教组织管理部门从事有关动物学工作五年以上；或虽非高等院校毕业，但已具有相当于本条规定的工作经验和学术水平的动物学工作者。

4. 热心和积极支持学会工作，并从事动物学工作的领导干部。

5. 外籍学者，经中国动物学会常务理事会通过，可吸收为通信会员。

第七条 会员入会须由本人申请，经我会会员介绍并由所在工作单位推荐，经有关省、自治区、直辖市动物学会理事会或常务理事会批准，报省、自治区、直辖市科协和我会备案。如省、自治区、直辖市尚未成立动物学会，申请人由所在单位推荐，直接向我学会办理申请手续。

第八条 会员的权利和义务

权利：

1. 有选举权、被选举权。

2. 对学会工作有建议、批评权。

3. 参加本学会有关学术活动。

4. 优先取得本会的学术资料。

义务：

1. 遵守学会会章。

2. 执行学会的决议和学术所委托的工作。

3. 积极开展和参加学术科普活动。

4. 缴纳会费。

第九条 会员可声明退会。被剥夺政治权利者，其会籍自然取消。

第三章 组织机构

第十条 学会的最高领导机构是全国会员代表大会，代表大会每 4 年召开一次。会员代表大会的职责：

1. 决定学会的工作方针和任务。

2. 审查理事会的工作报告。

3. 选举新的理事会。

4. 制定和修改学会会章。

第十一条 在会员代表大会闭幕期间，理事会是执行机构。理事会的职责：

1. 执行会员代表大会的决议。

2．制订学会工作计划。

3．领导学会所属机构开展活动。

4．决定并召开下届代表大会。

5．组织评选和推荐优秀学术论文和优秀科普作品及优秀人才。

第十二条　理事会采取不等额、无记名投票的方法选举理事长、副理事长、秘书长及常务理事若干人组成的常务理事会，理事任期四年，连任不得超过一或两届，应注意逐步更新。

第十三条　理事会根据工作需要，可决定成立有关工作委员会。

第十四条　对动物学和动物学会有贡献的会员，经理事会通过聘请为顾问。

第十五条　学会下的专业学会，为中国动物学会的下属学术机构，其理事会由民主选举产生。

第十六条　学会受中国科协领导，地方动物学会受地方科协领导，业务上受本学会的指导。

第四章　经费

第十七条　经费来源

1．国家拨款。

2．学会举办的各种事业收入。

3．学会会费。

4．个人或团体捐赠。

5．挂靠部门的资助。

第五章　附则

本会章经 1982 年 5 月在武昌召开的扩大理事会讨论修改。1984 年 4 月在南京召开的第十一届会员代表大会上通过。

中国动物学会会章

（1989 年 3 月 16—21 日第十二届会员代表大会通过）

第一章　总则

第一条　中国动物学会（以下简称学会）是中国动物科学工作者的群众性学术团体，接受中国科协技术协会的领导。

第二条　学会提倡辩证唯物主义。坚持实事求是的科学态度，认真贯彻"百花齐放、百家争鸣"的方针，充分发扬民主，开展学术讨论，交流科学研究成果，并团结广大动物学工作者，为推动我国动物科学的发展和我国的社会主义现代化作出贡献。

第三条　学会的主要任务：

1．开展学术活动，提高学科的学术水平，组织专科学术讨论会和科学考察活动。

2．开展教学经验交流，提高教学质量、促进人才培养。

3．编辑出版动物科学的学术及科普书刊。

4．普及动物科学知识。

5．对国家科技（有关动物学的）发展战略、政策和经济建设中的重大决策进行科技咨询，接受委托进行科技项目论证，科技成果鉴定，技术服务水平评定，科技名词文献和标准的编审，提供技术咨询和技术服务。

6．向有关组织提供合理化建议，反映动物学工作者的意见和建议。

7．促进国际学术交流活动，加强同国外科学技术团体和科学工作者的联系。

8．举办各种培训班、讲习班等，不断提高会员的学术水平，积极发现人才和培养新生力量。

第四条　根据分支学科的发展及会员专业队伍的状况，由理事会议决定设立若干分科（专业）委员会或分科（专业）学会作为理事会下属的学术机构。分科（专业）学会对外可以独立学会名义与相应国际学会联系，对内称中国动物学会（例如：中国动物学会鸟类学会）。

第五条　省、自治区、直辖市可参照中国科学技术协会的要求和各地的实际需要，成立省、自治区、直辖市动物学会，受中国动物学会的指导。

第二章　会员

第六条　凡承认学会会章，并且有下列条件之一者，可申请入会：

1．个人会员

（1）具有相当于中级职称以上水平的科技和教学人员，高等院校本科毕业或自学成才，从事本科工作三年以上，工作突出者，获得硕士学位者。

（2）热心和积极支持学会工作有一定成绩的社会人士，从事有关动物学管理工作的领导干部。

（3）在高等院校学习的二年级以上学员，学习成绩优异，会员推荐可申请为学生会员。

2．团体会员

与动物学会专业有关，并具有一定数量科技队伍，愿意参加学会有关活动，支持学会工作的科研、教学、生产等企事业单位以及有关学术性群体性团体可申请为团体会员。

3．外籍会员

外籍学者、学术团体，凡符合学会章程的均可申请为通信会员和通信团体会员。

第七条　经有关省、自治区、直辖市动物学会，以及分科学会或专业委员会批准的会员，报我会备案，得为我会会员。个人亦可由所在单位推荐、会员介绍，直接向本会申请入会。

第八条　会员的义务和权利。

1．个人会员

（1）遵守学会会章。

（2）执行学会决议，完成学会所委托的工作。

（3）按规定缴纳会费，一年以上不缴纳会费者，即为自动退会。会员离退休后会费酌减。

（4）参加学会有关学术活动和科普活动，取得学会有关学术资料。

（5）有选举权和被选举权。

（6）对学会工作有建议、批评权。

（7）学生会员免交会议费，无选举权和被选举权。

2．团体会员

（1）执行学会决议及接受学会委托的工作。

（2）协助开展有关的学术和科普活动。

（3）按规定缴纳会费。

（4）参加学会的有关活动。

（5）取得学会的有关学术资料。

（6）可要求学会优先给予技术咨询。

（7）可请求学会协助举办培训班等。

第九条 凡触犯刑律和严重违反学会会章者，经常务理事决定，予以取消会籍。

第三章 组织机构

第十条 学会的最高领导机构是全国会员代表大会，代表大会每五年召开一次。

其职责是：

1．制订工作方针和任务。

2．审阅理事会的工作报告。

3．审议学会经费收支情况。

4．制定、修改会章。

5．选举新的理事会。

第十一条 在会员代表大会休会期间，理事会是执行机构，理事会理事应通过充分酝酿、协商，采取无记名投票选举产生。理事会成员每届更新不少于三分之一。理事长原则上不连选连任。

理事会的职责：

1．执行会员代表大会的决议。

2．制订学会活动计划。

3．领导学会所属组织开展活动。

4．审议、批准会员入会。

5．分配活动经费并监督其使用情况。

6．召开下届会员代表大会。

7．进行奖励和表彰活动。

第十二条 理事会采取无记名投票的方法选举理事长、副理事长、秘书长及常务理事组成常务理事会，副秘书长由秘书长提名，常务理事会通过，并参加常务理事会。

在理事会休会期间，常务理事会行使理事会的职责。

第十三条 理事会根据工作需要，可设立若干工作委员会协助理事会工作。委员会领导成员由理事会或常务理事会聘任，委员会成员由领导成员提名报常务理事会聘任。

第十四条 凡对学会有重大贡献的著名学者和管理工作者，可授予荣誉称号或聘请担任本届学会的名誉职务。

第四章　领导关系

第十五条 学会的办事机构受中国科学技术协会和中国科学院动物研究所共同领导（挂靠单位如有更动随之改变）。

第十六条 学会设立的专业委员会（或分科学会）的办事机构受学会和挂靠单位共同领导。

第五章　经费

第十七条 经费来源

1. 国家拨款及中国科学技术学会拨款。

2. 挂靠单位的资助。

3. 学会举办的各种面向企事业单位开展的咨询等活动的收入。

4. 会员会费。

5. 国内外单位、团体及个人资助和捐赠。

6. 学会基金。

第六章　附则

第十八条 本学会会徽为圆形，大熊猫图案。

第十九条 本会章解释权归本会常务理事会。

中国动物学会会章

（1994 年 9 月 23 日第十三届会员代表大会修改通过）

第一章　总则

第一条 学会名称

1. 中文名称：中国动物学会。

2. 英文名称：CHINA ZOOLOGICAL SOCIETY。

3. 英文缩写：CZS。

第二条 中国动物学会（以下简称学会）是中国动物科学工作者的群众性学术团体，接受中国科学技术协会的领导。

第三条 学会认真贯彻党的基本路线和"百花齐放、百家争鸣"方针，充分发扬民主，开展学术上的自由讨论。提倡辩证唯物主义，坚持实事求是的科学态度和优良学风，倡导献身、创新、求实、协作的精神，团结广大动物学科技工作者，促进动物学科技的繁荣和发展，促进动物学技术的普及和推广，促进动物学科技人才的成长与提高，为社会主义物质文明和精神文明建设服务，为推动我国动物科学的发展和加速实现我国社会主义现代化作出贡献。

第四条 学会开展的主要任务：

1．开展学术活动，提高学术水平，组织专科学术讨论会和科学考察活动。

2．开展教学经验交流，提高教学质量，促进人才培养。

3．编辑出版动物科学的学术及科普书刊。

4．普及动物科学知识，传播推广先进技术。

5．对国家科技（有关动物学的）发展战略、政策和经济建设中的重大决策进行科技咨询，接受委托进行科技项目论证，科技成果鉴定，技术职称资格评定，科技名词、文献和标准的编审，提供技术咨询和技术服务。

6．向有关组织提供合理化建议，维护动物学科技工作者的合法权益，反映动物学工作者的意见和呼声。

7．促进国际学术交流活动，加强同国外科学技术团体和科学工作者的联系。

8．举办各种培训班、讲习班等，不断提升会员的学术水平，积极发现并推荐人才，培养新生力量。

第五条 根据分支学科的发展及会员专业队伍状况，由理事会决定设立若干专业委员会或分会作为理事会下属的学术组织，专业委员会（分会）的名称不直接冠以"中国""中华""全国"等字样，对外可以独立学会名义与相应国际学会联系。

第六条 省、自治区、直辖市动物学会受该省、自治区、直辖市科协领导，业务上受本会指导。

第二章 会员

第七条 凡承认本会会章，并具有下列条件之一者，可以申请入会：

1．个人会员

（1）具有相当于中级技术职称以上水平的科技和教学人员；高等院校本科毕业或自学成才，从事本科工作三年以上，成绩突出者；获得硕士及以上学位者；从事生物学教学（中学）三年以上的高级教师。

（2）热心和积极支持学会工作有一定成绩的社会人士，从事有关动物学管理工作的领导干部。

（3）在高等院校学习的二年级以上学员，学习成绩优异，经会员推荐可申请为学生会员。

2．团体会员

与动物学专业有关，并具有一定数量科技队伍，愿意参加学会有关活动，支持学会工作的科研、教学、生产等企事业单位以及依法成立的有关学术性群众性团体，可申请为团体会员。

3．外籍会员

外籍学者、学术团体，凡符合学会章程的均可申请为通信会员和通信团体会员。

第八条 经有关省、自治区、直辖市动物学会，以及本会所属专业委员会或分会批准的会员，报我会备案，可为我会会员。个人亦可由所在单位推荐、会员介绍，直接向本会申请入会。

第九条 会员的义务和权利

1. 个人会员

（1）遵守学会会章。

（2）执行学会决议，完成学会所委托的工作，积极参加学会举办的各项活动。

（3）按规定缴纳会费，一年以上不缴纳会费者，即为自动退会。会员离退休后会费酌情减免。

（4）优先参加学会有关学术活动和科普活动，取得学会有关学术资料。

（5）有选举权和被选举权。

（6）对学会工作有建议、批评权。

（7）学生会员免交会费，无选举权和被选举权。

2. 团体会员

（1）执行学会决议及接受学会委托的工作。

（2）协助开展有关的学术和科普活动。

（3）按规定缴纳会费。

（4）优先参加学会的有关活动。

（5）优先取得学会的有关学术资料。

（6）可要求学会优先给予技术咨询。

（7）可请求学会协助举办培训班等。

第十条 凡触犯刑律和严重违反学会章程者，经常务理事会决定，予以取消会籍。

第三章　组织机构

第十一条 学会的最高领导机构是全国会员代表大会，代表大会每五年召开一次。其职责是：

1. 制订工作方针和任务。

2. 审议理事会的工作报告。

3. 审议学会经费收支情况。

4. 制定、修改会章。

5. 选举新的理事会。

第十二条 在会员代表大会休会期间，理事会是领导机构，理事会理事应通过充分酝酿、协商，采用无记名投票选举产生。理事会成员每届更新不少于三分之一。理事长原则上不连选连任，不兼任其他学会理事会职务。理事会会议每年举行一次，由理事长召集。

理事会的职责：

1. 执行会员代表大会的决议。

2. 制订学会活动计划。

3. 领导学会所属组织开展活动。

4．分配活动经费并监督其使用情况，指定专人负责经费的管理工作。

5．召开下届会员代表大会。

6．进行奖励和表彰活动。

第十三条　理事会采取无记名投票的方法选举理事长、副理事长、秘书长及常务理事组成常务理事会。副秘书长由秘书长提名，常务理事会通过，并参加常务理事会。在理事会休会期间，常务理事会行使理事会的职责。

第十四条　理事会根据工作需要，可设立若干工作委员会协助理事会工作。委员会领导成员由理事会或常务理事会聘任，委员会成员由领导成员提名报常务理事会聘任。

第十五条　学会办事机构在常务理事会的领导下，由秘书长或副秘书长负责处理日常工作。

第十六条　理事长为学会法人代表。必要时亦可由理事长提名经常务理事会决定由副理事长或秘书长为法人代表。

第十七条　凡对学会有重大贡献的著名专家、学者和管理工作者，可授予荣誉称号或聘请担任本届学会名誉职务。

第四章　领导关系

第十八条　学会的办事机构行政上受中国科协技术协会和中国科学院动物研究所共同领导（挂靠单位如有更动则随之改变）。

第十九条　学会设立的专业委员会或分会的办事机构受学会和挂靠单位共同领导。

第五章　经费

第二十条　经费来源：

1．国家拨款及中国科学技术协会拨款。

2．挂靠单位的资助。

3．学会举办的各种面向企事业单位开展的咨询等活动的收入。

4．会员会费。

5．国内外单位、团体及个人资助和捐赠。

6．学会基金。

7．其他。

第六章　终止

第二十一条　本会终止须经全国会员代表大会（或以通信方式进行）三分之二以上讨论通过方为有效。

第七章　附则

第二十二条　本会会徽为圆形，中部为大熊猫图案，外环为本会中、英文名称。

第二十三条 本会章解释权归本会常务理事会。

中国动物学会会章

(1999 年 4 月 29 日第十四届全国会员代表大会表决通过)

第一章　总则

第一条 本学会中文名称为：中国动物学会，英文名称：CHINA ZOOLOGICAL SOCIETY，英文缩写：CZS。

第二条 中国动物学会（以下简称本会）是中国动物科技工作者自愿结成依法登记的全国性、公益性、学术性组织法人社会团体，是中国科协的组成部分，是发展我国动物科技事业的重要的社会力量。

第三条 本会团结广大动物学科技工作者，遵守宪法、法律、法规和国家政策，遵守社会公德，贯彻"百花齐放、百家争鸣"方针，坚持民主办法的原则，充分发扬学术民主，开展学术上的自由讨论。提倡辩证唯物主义和历史唯物主义，坚持实事求是的科学态度和优良学风，弘扬"尊重知识，尊重人才"的风尚，积极倡导"献身、创新、求实、协作"的精神，促进动物学科学技术的繁荣和发展，促进动物学技术的普及和推广，促进动物学科技人才的成长和提高，为社会主义物质文明和精神文明建设服务，为推动我国动物科学的发展和加速实现我国社会主义现代化作出贡献。

第四条 本会接受业务主管单位中国科学技术协会（以下简称中国科协）和社会登记管理机关中华人民共和国民政部（以下简称民政部）的业务指导和监督管理。

第五条 本会会址在北京市海淀区中关村路 19 号，邮政编码 100080。

第二章　业务范围

第六条 本会业务范围

（一）开展有关动物科学学术活动，提高学术水平，组织专科学术讨论会和科学考察活动。

（二）开展有关动物科学教学经验交流，提高教学质量，促进人才培养。

（三）编辑出版动物科学的学术及科普书刊。

（四）普及动物科学知识，传播推广先进技术，组织、举办科技展览。

（五）对国家科技（有关动物学的）发展战略、政策和经济建设中的重大决策进行科技咨询，接受委托进行科技项目论证，科技成果鉴定，技术职称资格审定，动物科学名词，名称、文献和标准的编审，提供技术咨询和技术服务。

（六）向有关组织反映动物学科技工作者的合理化建议，维护动物学科技工作者的合法权益，反映动物学科技工作者的意见和要求。

（七）促进民间国际动物科学科技合作和学术交流活动，加强同国外科学技术团体和动物学科科学工作者的联系。

（八）认定会员资格，举办各种动物科学及相关培训班、讲习班等，不断提高会员的学术水平。

（九）举荐人才，表彰、鼓励在科技活动中取得优异成绩的会员和动物学科技工作者。

第三章　会员

第七条　本会会员分个人会员、团体会员（单位会员）、外籍会员。

第八条　凡拥护本会会章，有加入本会意愿，并具备下列条件之一者，均可申请入会。

（一）个人会员

1. 具有中级或相当于中级以上技术职称水平的动物学科技和教学人员；高等院校本科毕业或自学成才，从事动物学科工作三年以上，成绩突出者；获得硕士及以上学位者；从事生物学教学（中等）三年以上的高级教师。

2. 热心和积极支持学会工作，并具有动物学科专业知识的管理工作者。

3. 在高等院校学习的本科生二年级以上，学术成绩优异，经会员推荐可申请为学生会员。

（二）团体会员

与动物科学专业有关，并具有一定数量科技队伍，愿意参加学会有关活动，支持学会工作的科研、教学、生产等企事业单位，以及依法成立的有关学术性社会团体，可申请为团体会员。

（三）外籍会员

学术上有较高成就，对我国友好并愿意联系、交往合作的外籍动物学科技工作者、学术团体均可申请为外籍会员和外籍团体会员。

第九条　会员入会的程序是：

（一）动物学科技工作者入会须本人提出书面申请。

（二）经委托的有关省、自治区、直辖市动物学会，或经本会授权所属各专业委员会（分会）按会员条件发展并报本会备案。

（三）个人亦可由所在单位推荐或二位会员介绍，直接向本会提出书面申请。

（四）由理事会授权的组织工作委员会审查批准后发给会员证并在理事会备案。

第十条　会员享有下列权利：

（一）本会的选举权、被选举权和表决权。

（二）参加本会的活动。

（三）获得本会服务的优先权。

（四）对本会工作的批评建议权和监督权。

（五）入会自愿、退会自由。

（六）优先参加学会有关学术、科普活动和优惠取得学会有关学术资料、技术培训。

（七）弘扬科学精神，遵守科学道德，不断更新知识。

第十一条　会员履行下列义务：

（一）执行学会决议。

（二）维护本会合法权益。

（三）完成本会交办的工作。

（四）按规定缴纳会费，二年以上不缴纳会费者，即为自动退会。

（五）向本会反映情况，提供有关资料。

（六）协助学会举办培训班等。

第十二条 会员退会应书面通知本会，并交回会员证。

第十三条 凡触犯刑律和严重违反学会章程者，经理事会或常务理事会表决通过，予以除名。

第四章 组织机构和负责人的产生与罢免

第十四条 本会的最高权力机构是全国会员代表大会，全国会员代表大会每五年召开一次。因特殊情况需提前或延期召开时，须由理事会表决通过，报中国科协审查并经民政部批准同意。但延期召开时间最长不能超过1年。全国会员代表大会原则上须有2/3以上会员代表出席方能召开，其决议须经到会的会员代表半数以上表决通过方能生效。

第十五条 会员代表大会的职责是：

（一）制定和修改会章。

（二）选举和罢免理事。

（三）审议理事会的工作报告和财务报告。

（四）决定终止事宜。

（五）开展学术活动。

（六）决定学会其他重大事宜。

第十六条 理事会是在全国会员代表大会休会期间的执行机构，在闭会期间领导本会开展日常工作，对全国会员代表大会负责。理事必须在学术上有所成就。热爱祖国，学风正派，热心学会工作，并能参加学会实际工作的科学家和中青年科技工作者，以及热心支持学会工作的企业家和管理工作者。理事会原则上有2/3以上理事出席方能召开，若未达到半数时以通信方式征求未到会理事会意见，其决议须经到会理事2/3以上通过方能生效。理事会每两年至少召开一次会议；情况特殊的也可采用通信形式召开。

第十七条 理事会的职权是：

（一）执行全国会员代表大会的决议。

（二）选举和罢免理事长、副理事长、秘书长。

（三）筹备召开全国会员代表大会。

（四）向全国会员代表大会报告工作和财务状况。

（五）决定会员的吸收或除名。

（六）决定设立办事机构、分支机构、代表机构和实体机构。

（七）决定副秘书长、各机构主要负责人的聘任。

（八）领导本会各机构开展工作。

（九）制定完善财务管理制度并监督其执行情况，指定一名副秘书长负责经费的管理工作。

（十）制订本会活动计划。

（十一）进行奖励和表彰活动。

（十二）决定本会其他重大事项。

第十八条　本会设立常务理事会。常务理事会由理事会选举产生，在理事会闭会期间行使第十七条第（一）、（二）及（五）至（十一）项的职权，对理事会负责。常务理事人数不超过理事人数的 1/3。

第十九条　常务理事会须有 2/3 以上常务理事出席方能召开，其决议须经到会常务理事 2/3 以上表决通过方能生效。常务理事会至少半年召开一次会议；情况特殊的也可采用通信形式召开。

第二十条　本会的理事长、副理事长、秘书长必须具备下列条件：

（一）坚持党的路线、方针、政策、政治素质好。

（二）在本会业务领域内有较大影响。

（三）理事长、副理事长、专职秘书长最高任职年龄不超过 70 周岁，如秘书长为兼职时，设专职副秘书长协助秘书长工作，任职年龄不超过 65 周岁。

（四）身体健康，能坚持正常工作。

（五）未受过剥夺政治权利的刑事处罚。

（六）具有完全民事行为能力。

第二十一条　本会理事长、副理事长、秘书长如超过最高任职年龄的，须经理事会表决通过，报中国科协审查并经民政部批准同意后，方可任职。

第二十二条　本会理事长、副理事长、秘书长任期一届，最长不超过两届，因特殊情况需延长任期的，须经全国会员代表大会 2/3 以上会员代表表决通过，报中国科协审查并经民政部批准同意后方可任职。

第二十三条　本会法定代表人一般由理事长担任。如因特殊情况需由副理事长或秘书长担任法定代表人，应报中国科协审查并经民政部批准同意后，方可担任。本会法定代表人不兼任其他团体的法定代表人。

第二十四条　本会理事长行使下列职权：

（一）召集和主持理事会、常务理事会。

（二）检查会员代表大会、理事会、常务理事会决议的落实情况。

（三）代表本会签署有关重要文件。

第二十五条　本会秘书长行使下列职权：

（一）主持办事机构开展日常工作，组织实施年度工作计划。

（二）协调各分支机构、代表机构、实体机构开展工作。

（三）提名副秘书长以及各办事机构、分支机构、代表机构和实体机构主要负责人，交理事会或常务理事会决定。

（四）决定办事机构、代表机构、实体机构专职工作人员的聘用。

（五）处理其他日常事务。

第二十六条 本会根据分支学科的发展及会员专业队伍状况，由理事会决定设立若干专业委员会（分会），作为理事会领导下开展专业、分支学科学术活动的学术组织，即专业委员会（分会），其名称不直接冠以"中国""中华""全国"等字样，不另立会章，不直接发展会员，为非法人组织，对外经批准方可以独立学会名义与相应国际学会联系。

第二十七条 理事会根据工作需要，可设立若干工作委员会协助理事会工作。委员会领导成员由理事会或常务理事会聘任，委员会成员由领导成员提名报常务理事会聘任。

第二十八条 凡对学会有重大贡献的著名专家、学者和管理工作者以及科研、教学、企事业代表，经理事会或常务理事会讨论决定，可聘为本届理事会的顾问或名誉职务。

第五章 资产管理、使用原则

第二十九条 本会经费必须用于本章程规定的业务范围和事业的发展，不得在会员中分配。

第三十条 本会经费来源：

（一）会费。

（二）捐赠。

（三）政府资助。

（四）在核准的业务范围内开展活动或服务的收入。

（五）利息。

（六）挂靠单位资助。

（七）其他合法收入。

第三十一条 本会建立严格的财务管理制度，会计不得兼任出纳。会计人员必须进行会计核算，实行会计监督。会计人员调动工作或离职时，必须与接管人员办清交接手续。保证会计资料合法、真实、准确、完整。

第三十二条 本会的资产任何单位、个人不得侵占、私分和挪用。本会的资产管理必须执行国家规定的财务管理制度，接受会员代表大会和财政部分的监督。资产来源属于国家拨款或者社会捐赠、资助的，必须接受审计机关的监督，并将有关情况以适当方式向社会公布。

第三十三条 本会换届或更换法定代表人之前必须接受民政部和中国科协组织的财务审计。

第三十四条 本会专职工作人员的工作和保险、福利待遇，参照国家对事业单位的有关规定执行。

第六章 章程的修改程序

第三十五条 对本会章程的修改，须经理事会表决通过后报会员代表大会审议。

第三十六条 本会修改的章程，须在会员代表大会通过后 15 日内，经中国科协审查同意，并报民政部核准后生效。

第七章 终止程序及终止后的财务处理

第三十七条 本会完成宗旨或自行解散或由于分立、合并等原因需要注销的，由理事会或常务理事会提出终止动议。

第三十八条　本会终止动议须会员代表大会表决通过，并报中国科协审查同意。

第三十九条　本会终止前，须在中国科协及民政部指导下成立清算组织清理债权债务，处理善后事宜。清算期间，不开展清算以外的活动。

第四十条　本会经民政部办理注销登记手续后即为终止。

第四十一条　本会终止后产生的剩余财产，在中国科协和民政部的监督下，按照国家有关规定，用于发展与本会宗旨有关的事业。

第八章　附则

第四十二条　本会会徽为圆形，中部为大熊猫图案，外环为本会中、英文名称。

第四十三条　本章程经 1999 年 4 月 29 日全国会员代表大会表决通过。

第四十四条　本章程的解释权属本会的理事会。

第四十五条　本章程自民政部核准之日起生效。

中国动物学会会章

（2004 年 8 月 27 日第十五届全国会员代表大会表决通过）

第一章　总则

第一条　本学会中文名称为：中国动物学会；英文名称：CHINA ZOOLOGICAL SOCIETY；英文缩写：CZS。

第二条　中国动物学会（以下简称本会）是中国动物科学工作者自愿结成并依法登记的全国性、公益性、学术性社会团体，是中国科协的组成部分，是发展我国动物科技事业的重要社会力量。

第三条　本会团结广大动物学科技工作者遵守宪法、法律、法规和国家政策，遵守社会公道，贯彻"百花齐放、百家争鸣"方针，坚持民主办会的原则，充分发扬学术民主，开展学术上的自由讨论。提倡辩证唯物主义和历史唯物主义，坚持实事求是的科学态度和优良学风，弘扬"尊重知识、尊重人才"的风尚，积极倡导"献身、创新、求实、协作"的精神，促进动物学科学技术的繁荣和发展，促进动物学技术的普及和推广，促进动物学科技人才的成长和提高，为社会主义物质文明和精神文明建设服务，为推动我国动物科学的发展和加速实现我国社会主义现代化作出贡献。

第四条　本会接受业务主管单位中国科学技术协会（以下简称中国科协）和社团登记管理机关中华人民共和国民政部（以下简称民政部）的业务指导和监督管理。

第五条　本会会址在北京市海淀区北四环西路 25 号，邮政编码 100080。

第二章　业务范围

第六条　本会的业务范围

（一）开展有关动物科学学术活动，提高学术水平，组织专科学术讨论会和科学考察活动。

（二）开展有关动物科学教学经验交流，提高教学质量，促进人才培养。

（三）编辑出版动物科学的学术及科普书刊。

（四）普及动物科学知识，传播推广先进技术，组织、举办科技展览。

（五）对国家科技（有关动物学的）发展战略、政策和经济建设中的重大决策进行科技咨询，接受委托进行科技项目论证，科技成果鉴定，技术职称资格审定，动物科学名词、名称、文献和标准的编审，提供技术咨询和技术服务。

（六）向有关组织反映动物学科技工作者的合理化建议，维护动物学科技工作者的合法权益，反映动物学科技工作者的意见和要求。

（七）促进民间国际动物科学科技合作和学术交流活动，加强同国外科学技术团体和动物学科科学工作者的联系。

（八）认定会员资格，开展动物科学领域的继续教育活动，举办各种动物科学及相关的培训班、讲习班等，不断提高会员的学术水平。

（九）举荐人才，表彰、鼓励在科技活动中取得优秀成绩的会员和动物学科工作者。

第三章　会员

第七条　本会会员分个人会员、单位会员。

第八条　凡拥护本会会章，有加入本会意愿，并具备下列条件之一者，均可申请入会。

（一）个人会员

1. 具有中级或相当于中级以上技术职称水平的动物学科技和教学人员；高等院校本科毕业或自学成才，从事动物学科工作三年以上，成绩突出者；获得硕士及以上学位者；从事生物学教学（中学）三年以上的高级教师。

2. 热心和积极支持学会工作，并具有动物学科专业知识的管理工作者。

3. 在高等院校学习的本科生三年级以上，学习成绩优异，经会员推荐可申请为学生会员。

4. 学会可根据情况在会员中评定或授予高级、资深或终身会员。

（二）单位会员

与动物科学专业有关，并具有一定数量科技队伍，愿意参加学会有关活动，支持学会工作的科研、教学、生产等企、事业单位以及依法成立的有关学术性社会团体，可申请为单位会员。

第九条　会员入会的程序是：

（一）动物学科技工作者入会须本人提出书面申请。

（二）经委托的有关省、自治区、直辖市动物学会，或经本会授权所属各专业委员会（分会）按会员条件发展并报本会备案。

（三）个人亦可由所在单位推荐或两位会员介绍，直接向本会提出书面申请。

（四）由理事会授权的组织工作委员会审查批准后发给会员证并在理事会备案。

第十条　会员享有下列权利：

（一）本会的选举权、被选举权和表决权。

（二）参加本会的活动。

（三）获得本会服务的优先权。

（四）对本会工作的批评建议权和监督权。

（五）入会自愿、退会自由。

（六）优先参加学会有关学术、科普活动，优惠取得学会有关学术资料、享受技术培训。

（七）弘扬科学精神，遵守科学道德，不断更新知识。

第十一条　会员履行下列义务：

（一）遵守学会章程，执行学会的决议。

（二）维护本会合法权益。

（三）完成本会交办的工作。

（四）按规定缴纳会费。

（五）向本会反映情况，提供有关资料。

（六）协助学会举办培训班等。

第十二条　会员退会应书面通知本会，并交回会员证。会员两年以上不缴纳会费或无正当理由不参加学会活动的，视为自动退会。

第十三条　凡触犯刑律和严重违反学会章程者，经理事会或常务理事会表决通过，予以除名。

第四章　组织机构和负责人的产生与罢免

第十四条　本会的最高权力机构是全国会员代表大会，全国会员代表大会每五年召开一次。因特殊情况需提前或延期召开时，须由理事会或常务理事会表决通过，报中国科协审查并经民政部批准同意。但延期召开时间最长不超过一年。全国会员代表大会原则上须有 2/3 以上的会员代表出席方能召开，其决议须经到会的会员代表半数以上表决通过方能生效。

第十五条　会员代表大会的职权是：

（一）制定和修改会章。

（二）选举和罢免理事。

（三）审议理事会的工作报告和财务报告。

（四）决定终止事宜。

（五）开展学术活动。

（六）决定学会其他重大事宜。

第十六条　理事会是全国会员代表大会的执行机构，在大会闭会期间领导本会开展日常工作，对全国会员代表大会负责。理事必须在学术上有成就，热爱祖国，学风正派，热心学会工作，并能参加学会实际工作的科学家和中青年科技工作者，以及热心支持学会工作的企业家和管理工作者。理事会原则上有 2/3 以上理事出席方能召开，若未达到半数时，以通信方式征求未到会理事意见，其决议须经到会理事 2/3 以上通过方能生效。理事会每两年至少召开一次会议；情况特殊的也可采用通信形式召开。

第十七条 理事会的职权是：

（一）执行全国会员代表大会的决议。

（二）选举和罢免理事长、副理事长、秘书长。

（三）筹备召开全国会员代表大会。

（四）向全国会员代表大会报告工作和财务状况。

（五）决定会员的吸收或除名。

（六）决定设立办事机构、分支机构、代表机构和实体机构。

（七）决定副秘书长、各机构主要负责人的聘任。

（八）领导本会各机构开展工作。

（九）完善财务管理制度并监督其执行情况，指定一名学会负责人负责经费的管理工作。

（十）制订本会活动计划。

（十一）进行奖励和表彰活动。

（十二）决定本会其他重大事项。

第十八条 本会设立常务理事会。常务理事会由理事会选举产生，在理事会闭会期间行使第十七条第（一）、（三）及（五）至（十一）项的职权，对理事会负责。常务理事人数不超过理事人数的 1/3。

第十九条 常务理事会须有 2/3 以上常务理事出席方能召开，其决议须经到会常务理事 2/3 以上表决通过方能生效。常务理事会至少半年召开一次会议；情况特殊的也可采用通信形式召开。

第二十条 本会的理事长、副理事长、秘书长必须具备下列条件：

（一）热爱祖国，坚持四项基本原则，具有良好的学风和道德品质。

（二）在本会业务领域内有较大影响。

（三）理事长、副理事长最高任职年龄（届满时）不得超过 70 周岁，秘书长最高任职年龄（届满时）不得超过 65 周岁；如秘书长为兼职时，设专职副秘书长协助秘书长工作，其最高任职年龄（届满时）不得超过 60 周岁。

（四）热心学会工作，身体健康，能坚持正常工作。

（五）未受过剥夺政治权利的刑事处罚的。

（六）具有完全民事行为能力。

（七）工作作风民主。

第二十一条 本会理事长、副理事长、秘书长如超过最高任职年龄的，须经理事会表决通过，报中国科协审查并经民政部批准同意后，方可任职。

第二十二条 本会理事长、副理事长、秘书长任期一届，同一职务连续任期最长不超过两届，因特殊情况需延长任期的，须经全国会员代表大会 2/3 以上会员代表表决通过，报中国科协审查并经民政部批准同意后方可任职。

第二十三条 本会法定代表人一般由理事长担任。如因特殊情况需由副理事长或秘书长担任法定代表人，应报中国科协审查并经民政部批准同意后，方可担任。本会法定代表人不兼任其他团体的法定代表人。

第二十四条　本会理事长行使下列职权：

（一）召集和主持理事会、常务理事会。

（二）检查会员代表大会、理事会、常务理事会决议的落实情况。

（三）代表本会签署有关重要文件。

第二十五条　本会秘书长行使下列职权：

（一）主持办事机构开展日常工作，组织实施年度工作计划。

（二）协调各分支机构、代表机构、实体机构开展工作。

（三）提名副秘书长以及各办事机构、分支机构、代表机构和实体机构主要负责人，交理事会或常务理事会决定。

（四）决定办事机构、代表机构、实体机构专职工作人员的聘用。

（五）处理其他日常事务。

第二十六条　本会根据分支学科的发展及会员专业队伍状况，由理事会决定设立若干专业委员会（分会）作为理事会领导下开展专业、分支学科学术活动的学术组织，即专业委员会（分会），其名称不直接冠以"中国""中华""全国"等字样，不另立会章，不直接发展会员，为非法人组织，对外经批准方可以独立学会名义与相应国际学会联系。

第二十七条　理事会根据工作需要，可设立若干工作组或小组协助理事会工作。工作组或小组领导成员由理事会或常务理事会聘任，工作组或小组成员由领导成员提名报常务理事会聘任。

第二十八条　凡对学会有重大贡献的著名专家、学者和管理工作者，以及科研、教学、企事业单位的代表，经理事会或常务理事会讨论决定，可聘为本届理事会的顾问或名誉职务。

第五章　经费及资产管理

第二十九条　本会经费必须用于本章程规定的业务范围和事业的发展，不得在会员及办事机构工作人员中分配。

第三十条　本会经费来源：

（一）会费。

（二）捐赠。

（三）政府资助。

（四）在核准的业务范围内开展活动或服务的收入。

（五）利息。

（六）挂靠单位资助。

（七）其他合法收入。

第三十一条　本会建立严格的财务管理制度，保证会计资料合法、真实、准确、完整。会计不得兼任出纳。会计人员必须进行会计核算，实行会计监督。会计人员调动工作或离职时，必须与接管人员办清交接手续。

第三十二条 本会的资产，任何单位、个人不得侵占、私分和挪用。本会的资产管理必须执行国家规定的财务管理制度，接受会员代表大会和财政部门的监督。资产来源属于国家拨款或者社会捐赠、资助的，必须接受审计机关的监督，并将有关情况以适当方式向社会公布。

第三十三条 本会换届或更换法定代表人之前必须接受财务审计。

第三十四条 本会专职工作人员的工资和保险、福利待遇，参照国家对事业单位的有关规定执行。

第六章　章程的修改程序

第三十五条 对本会章程的修改，须经理事会或常务理事会表决通过后报会员代表大会审议。

第三十六条 本会修改的章程，须在会员代表大会通过后 15 日内，经中国科协审查同意，并报民政部核准后生效。

第七章　终止程序及终止后的财务处理

第三十七条 本会完成宗旨或自行解散或由于分立、合并等原因需要注销的，由理事会或常务理事会提出终止动议。

第三十八条 本会终止动议须会员代表大会表决通过，并报中国科协审查批准。

第三十九条 本会终止前，须在中国科协和挂靠单位等部门的指导下成立清算组织，清理债权债务，处理善后事宜。清算期间，不开展清算以外的活动。

第四十条 本会经民政部办理注销登记手续后即为终止。

第四十一条 本会终止后的剩余财产，在中国科协和民政部的监督下，按照国家有关规定，用于发展与本会宗旨相关的事业。

第八章　附则

第四十二条 本会会徽为圆形，中部为大熊猫图案，外环为本会中、英文名称。

第四十三条 本章程经 2004 年 8 月 27 日第十五届全国会员代表大会表决通过。

第四十四条 本章程的解释权属本会的理事会。

第四十五条 本章程自民政部核准之日起生效。

中国动物学会会章

（2009 年 10 月 20 日第十六届会员代表大会表决通过）

第一章　总则

第一条 本学会中文名称为：中国动物学会；英文名称：CHINA ZOOLOGICAL SOCIETY；英文缩写：CZS。

第二条　中国动物学会（以下简称本会）是中国动物科学工作者自愿结成并依法登记的全国性、公益性、学术性社会团体，是中国科协的组成部分，是发展我国动物科技事业的重要社会力量。

第三条　本会的宗旨：团结广大动物学科技工作者，贯彻"百花齐放、百家争鸣"方针，坚持民主办会的原则，充分发扬学术民主，开展学术上的自由讨论。提倡辩证唯物主义和历史唯物主义，坚持实事求是的科学态度和优良学风，弘扬"尊重知识，尊重人才"的风尚，积极倡导"献身、创新、求实、协作"的精神，促进动物学科学技术的繁荣和发展，促进动物学技术的普及和推广，促进动物学科技人才的成长和提高，为社会主义物质文明和精神文明建设服务，为推动我国动物科学的发展和加速实现我国社会主义现代化作出贡献。

本会遵守宪法、法律、法规和国家政策，遵守社会道德风尚。

第四条　本会接受业务主管单位中国科学技术协会（以下简称中国科协）和社团登记管理机关中华人民共和国民政部（以下简称民政部）的业务指导和监督管理。

第五条　本会会址在北京市朝阳区北辰西路 1 号院 5 号，邮政编码 100101。

网址：www.czs.ioz.ac.cn

第二章　业务范围

第六条　本会的业务范围

（一）开展有关动物科学学术活动，组织专科学术讨论会和科学考察活动，提高学术水平，促进学科发展，推动自主创新。

（二）开展有关动物科学教学经验交流，提高教学质量，促进人才培养。

（三）依照有关规定编辑出版动物科学的学术、科普书刊及音像制品。

（四）普及动物科学知识，传播科学思想和科学方法，推广先进技术，开展青少年科学技术教育活动，受政府委托承办或根据学科发展需要组织、举办科技展览。

（五）对国家科技（有关动物学的）发展战略、政策中的重大决策进行科技咨询，接受委托进行科技项目论证，技术职称资格审定，动物科学名词、名称、文献和标准的编审、制定，提供技术咨询和技术服务；经政府有关部门批准，开展科技成果鉴定。

（六）向有关组织反映动物学科技工作者的合理化建议，维护动物学科技工作者的合法权益，反映动物学科技工作者的意见和要求。

（七）促进民间国际动物科学科技合作和学术交流活动，加强同国外科学技术团体和动物学科科学工作者的联系。

（八）开展动物科学领域的继续教育活动，举办与动物科学相关的培训班、讲习班等，不断提高会员的学术水平。

（九）举荐人才，表彰、奖励在科技活动中取得优秀成绩的会员。

第三章　会员

第七条　本会会员分个人会员、单位会员。

第八条 凡拥护本会会章，有加入本会意愿，并具备下列条件之一者，均可申请入会。

（一）个人会员

1．具有中级或相当于中级以上技术职称水平的动物学科技和教学人员；高等院校本科毕业或自学成才，从事动物学科工作三年以上，成绩突出者；获得硕士及以上学位者；从事生物学教学（中学）三年以上的高级教师。

2．热心和积极支持学会工作，并具有动物学科专业知识的管理工作者。

3．在高等院校学习的本科生三年级以上，学习成绩优异，经会员推荐可申请为学生会员。

4．学会可根据情况在会员中评定或授予高级、资深或终身会员。

（二）单位会员

与动物科学专业有关，并具有一定数量科技队伍，愿意参加学会有关活动、支持学会工作的科研、教学、生产等企、事业单位以及依法成立的有关学术性社会团体，可申请为单位会员。

（三）外籍会员及港、澳、台会员

在动物学科学术领域有较高造诣，对我国友好，愿意与本会联系、交流和合作的外籍或港、澳、台科技工作者，经本人申请或经本会分会、专业委员会、省、自治区、直辖市动物学会推荐，本会依据章程，经理事会或常务理事会批准，并报业务主管单位备案后，可吸收为外籍会员或港、澳、台会员。

第九条 会员入会的程序是：

（一）提交书面申请。

（二）经理事会或常务理事会讨论通过。

（三）由理事会或其授权的机构发给会员证。

第十条 会员享有下列权利：

（一）本会的选举权、被选举权和表决权（不含外籍会员及港、澳、台会员）。

（二）参加本会的活动。

（三）获得本会服务的优先权。

（四）对本会工作的批评建议权和监督权。

（五）入会自愿、退会自由。

（六）优先参加学会有关学术、科普活动和优惠取得学会有关学术资料、技术培训。

（七）弘扬科学精神，遵守科学道德，不断更新知识。

第十一条 会员履行下列义务：

（一）遵守学会章程，执行本会的决议。

（二）维护本会合法权益。

（三）完成本会交办的工作。

（四）按规定缴纳会费。

（五）向本会反映情况，提供有关资料。

（六）协助本会举办培训班等。

（七）联络方式更改时及时通知本会。

第十二条 会员退会应书面通知本会，并交回会员证。会员二年以上不缴纳会费或无正当理由不参加本会活动的，视为自动退会。

第十三条 凡触犯刑律和严重违反本会章程者，经理事会或常务理事会表决通过，予以除名。

第四章 组织机构和负责人的产生与罢免

第十四条 本会的最高权力机构是会员代表大会，会员代表大会每五年召开一次。因特殊情况需提前或延期召开时，须由理事会表决通过，报中国科协审查并经民政部批准同意。但延期召开时间最长不超过 1 年。会员代表大会须有 2/3 以上的会员代表出席方能召开，其决议须经到会的会员代表半数以上表决通过方能生效。

第十五条 会员代表大会的职权是：

（一）制定和修改会章。

（二）选举和罢免理事。

（三）审议理事会的工作报告和财务报告。

（四）制定和修改会费标准。

（五）决定终止事宜。

（六）决定本会其他重大事宜。

第十六条 理事会是会员代表大会的执行机构，在大会闭会期间领导本会开展日常工作，对会员代表大会负责。理事必须在学术上有成就，热爱祖国，学风正派，热心学会工作，并能参加学会实际工作的科学家和中青年科技工作者，以及热心支持学会工作的企业家和管理工作者。理事会须有 2/3 以上理事出席方能召开，其决议须经到会理事 2/3 以上通过方能生效。理事会每年至少召开一次会议，情况特殊的也可采用通信方式召开。

没有理事候选人名额的省、自治区、直辖市动物学会，待本省、自治区、直辖市动物学会理事会换届改选后，新当选的理事长自动增补为中国动物学会理事，但此名额不延续到下一届，不影响下届理事名额的分配。

第十七条 理事会的职权是：

（一）执行会员代表大会的决议。

（二）选举和罢免理事长、副理事长、秘书长、常务理事。

（三）筹备召开会员代表大会。

（四）向会员代表大会报告工作和财务状况。

（五）决定会员的吸收或除名。

（六）决定设立办事机构、分支机构、代表机构和实体机构。

（七）决定副秘书长、各机构主要负责人的聘任。

（八）领导本会各机构开展工作。

（九）制定完善财务管理制度并监督其执行情况，指定一名学会负责人负责经费的管理工作。

（十）制订本会活动计划。

（十一）进行奖励和表彰活动。

（十二）决定个别理事的调整。

（十三）决定本会其他重大事项。

第十八条　本会设立常务理事会。常务理事会由理事会选举产生，在理事会闭会期间行使第十七条第（一）、（三）及（五）至（十一）项的职权，对理事会负责。常务理事人数不超过理事人数的1/3。

第十九条　常务理事会须有2/3以上常务理事出席方能召开，其决议须经到会常务理事2/3以上表决通过方能生效。常务理事会至少半年召开一次会议，情况特殊的也可采用通信形式召开。

第二十条　本会的理事长、副理事长、秘书长必须具备下列条件：

（一）热爱祖国，拥护党的路线、方针、政策，具有良好的学风和道德品质。

（二）在本会业务领域内有较大影响。

（三）理事长、副理事长最高任职年龄（届满时）不得超过70周岁。

（四）秘书长最高任职年龄（届满时）不得超过65周岁，且为专职；如因特殊情况不能专职，设专职副秘书长协助秘书长工作，其最高任职年龄（届满时）不得超过60周岁。

（五）热心学会工作，身体健康，能坚持正常工作。

（六）未受过剥夺政治权利的刑事处罚的。

（七）具有完全民事行为能力。

（八）工作作风民主，团队精神强。

第二十一条　本会理事长、副理事长、秘书长如超过最高任职年龄的，须经理事会表决通过，报中国科协审查并经民政部批准同意后，方可任职。

第二十二条　本会理事长、副理事长、秘书长，任期五年，连任不得超过两届。对任期内业绩突出，会员认可度高的秘书长，经常务理事会提名，理事会2/3以上理事表决通过，学会内公示后，报经中国科协并经民政部同意，并履行民主选举程序后，可再延长一届任期。

第二十三条　本会法定代表人由理事长担任。法定代表人代表本会签署有关重要文件。如因特殊情况需由副理事长或秘书长担任法定代表人，应报中国科协审查并经民政部批准同意后，方可担任。本会法定代表人不兼任其他团体的法定代表人。

第二十四条　本会理事长行使下列职权：

（一）召集和主持理事会、常务理事会。

（二）检查会员代表大会、理事会、常务理事会决议的落实情况。

第二十五条　本会秘书长行使下列职权：

（一）主持办事机构开展日常工作，组织实施年度工作计划。

（二）协调各分支机构、代表机构、实体机构开展工作。

（三）提名副秘书长以及各办事机构、分支机构、代表机构和实体机构主要负责人，交理事会或常务理事会决定。

（四）决定办事机构、代表机构、实体机构专职工作人员的聘用。

（五）处理其他日常事务。

第二十六条　本会根据分支学科的发展及会员专业队伍状况，由理事会或常务理事会决定设立若干专业委员会（分会）作为理事会领导下开展专业、分支学科学术活动的学术组织，即专业委员会（分会），其名称不直接冠以"中国""中华""全国"等字样，不另立章程，不直接发展会员，为非法人组织。

第二十七条　理事会根据工作需要，可设立若干工作组或小组协助理事会工作。工作组或小组领导成员由理事会或常务理事会聘任，工作组或小组成员由领导成员提名报常务理事会聘任。

第二十八条　凡对学会有重大贡献的著名专家、学者和管理工作者以及科研、教学、企事业代表，经理事会或常务理事会讨论决定，可担任本届理事会的名誉职务。

第五章　经费及资产管理

第二十九条　本会经费必须用于本章程规定的业务范围和事业的发展，不得在会员及办事机构工作人员中分配。

本会开展表彰奖励活动，不收取任何费用。

第三十条　本会经费来源：

（一）会费。

（二）捐赠。

（三）政府资助。

（四）在核准的业务范围内开展活动或服务的收入。

（五）利息。

（六）其他合法收入。

第三十一条　本会建立严格的财务管理制度，保证会计资料合法、真实、准确、完整。会计不得兼任出纳。会计人员必须进行会计核算，实行会计监督。会计人员调动工作或离职时，必须与接管人员办清交接手续。

第三十二条　本会的资产，任何单位、个人不得侵占、私分和挪用。本会的资产管理必须执行国家规定的财务管理制度，接受会员代表大会和财政部门的监督。资产来源属于国家拨款或者社会捐赠、资助的，必须接受审计机关的监督，并将有关情况以适当方式向社会公布。

第三十三条　本会换届或更换法定代表人之前必须接受财务审计。

第三十四条　本会专职工作人员的工资和保险、福利待遇，参照国家对事业单位的有关规定执行。

第六章　章程的修改程序

第三十五条　对本会章程的修改，须经理事会表决通过后报会员代表大会审议。

第三十六条　本会修改的章程，须在会员代表大会通过后 15 日内，经中国科协审查同意，并报民政部核准后生效。

第七章　终止程序及终止后的财务处理

第三十七条　本会完成宗旨或自行解散或由于分立、合并等原因需要注销的，由理事会或常务理事会提出终止动议。

第三十八条　本会终止动议须会员代表大会表决通过，并报中国科协审查批准。

第三十九条　本会终止前，须在中国科协及有关机关指导下成立清算组织，清理债权债务，处理善后事宜。清算期间，不开展清算以外的活动。

第四十条　本会经民政部办理注销登记手续后即为终止。

第四十一条　本会终止后的剩余财产，在中国科协和民政部的监督下，按照国家有关规定，用于发展与本会宗旨相关的事业。

第八章　附则

第四十二条　本会会徽为圆形，中部为大熊猫图案，外环为本会中、英文名称。

第四十三条　本章程经 2009 年 10 月 20 日第十六届会员代表大会表决通过。

第四十四条　本章程的解释权属本会的理事会。

第四十五条　本章程自民政部核准之日起生效。

中国动物学会会章

（2014 年 11 月 18 日第十七届会员代表大会表决通过）

第一章　总则

第一条　本学会中文名称为：中国动物学会；英文名称：CHINA ZOOLOGICAL SOCIETY；英文缩写：CZS。

第二条　中国动物学会（以下简称本会）是全国动物学科技工作者自愿组成并依法登记的学术性、非营利性、全国性社会组织，是推动我国动物学科技事业发展的重要社会力量。

第三条　本会的宗旨：坚持以邓小平理论和党的基本路线为指导，全面落实科学发展观，坚持科学技术是第一生产力的思想，团结和组织广大动物学科技工作者，实施科教兴国和可持续发展战略。促进动物学科学技术的普及、繁荣与发展，促进动物学人才的成长与提高，为我国社会主义现代化建设服务，为构建社会主义和谐社会服务，维护动物学工作者的合法权益，为会员和动物学工作者服务。遵守国家宪法、法律、法规和国家政策，遵守社会主义道德风尚。贯彻国家科学技术工作基本方针，弘扬"尊重知识，尊重人才"和"奉献、创新、求实、协作"的精神。坚持民主办会原则和"百花齐放、百家争鸣"的工作方针。

第四条　本会接受业务主管单位中国科学技术协会（以下简称中国科协）和社团登记管理机关

中华人民共和国民政部（以下简称民政部）的业务指导和监督管理。

第五条　本会住所设在北京市。

网址：www.czs.ioz.cas.cn

第二章　业务范围

第六条　本会的业务范围是围绕动物学学科及相关学科开展以下活动：

（一）开展有关动物科学学术活动，组织专科学术讨论会和科学考察活动，提高学术水平，促进学科发展，推动自主创新。

（二）开展有关动物科学教学经验交流，提高教学质量，促进人才培养。

（三）依照有关规定编辑、出版和发行动物科学的学术、科普书籍报刊及相关音像制品。

（四）普及动物科学知识，传播科学思想和科学方法，推广先进技术，开展青少年科学技术教育活动，受政府委托承办或根据学科发展需要组织、举办科技展览。

（五）对国家科技（有关动物学的）发展战略、政策中的重大决策进行科技咨询，接受委托进行科技项目论证，科研项目（机构）评估、科技成果评价和技术鉴定、科技人才评价、技术职称资格评定，动物科学名词、名称、文献和标准的编审、制定，提供技术咨询和技术服务；经政府有关部门批准，开展科技成果鉴定。

（六）向有关组织反映动物学科技工作者的合理化建议，维护动物学科技工作者的合法权益，反映动物学科技工作者的意见和要求。

（七）促进民间国际动物科学科技合作和学术交流活动，加强同国外科学技术团体和动物学科科学工作者的联系。

（八）开展动物科学领域的继续教育活动，举办与动物科学相关的培训班、讲习班等，不断提高会员的学术水平。

（九）举荐人才，按照规定经批准表彰、奖励在科技活动中取得优秀成绩的会员。

（十）举办为动物学工作者服务的各种事业活动。

第三章　会员

第七条　本会会员分个人会员、单位会员。

第八条　凡拥护本会会章，有加入本会意愿，并具备下列条件之一者，均可申请入会。

（一）个人会员

1. 具有中级或相当于中级以上技术职称水平的动物学科技和教学人员；高等院校本科毕业或自学成才，从事动物学科工作三年以上，成绩突出者；获得硕士及以上学位者；从事生物学教学（中学）三年以上的高级教师。

2. 热心和积极支持学会工作，并具有动物学科专业知识的管理工作者。

3. 在高等院校学习的本科生三年级以上，学习成绩优异，经会员推荐可申请为学生会员。

4. 学会可根据情况在会员中评定或授予高级、资深或终身会员。

（二）单位会员

与动物科学专业有关，并具有一定数量科技队伍，愿意参加学会有关活动、支持学会工作的科研、教学、生产等企、事业单位以及依法成立的有关学术性社会团体，可申请为单位会员。

（三）外籍会员及港、澳、台会员

在动物学科学术领域有较高造诣，对我国友好，愿意与本会联系、交流和合作的外籍或港、澳、台科技工作者，经本人申请或经本会分会、专业委员会、省、自治区、直辖市动物学会推荐，本会依据章程，经理事会或常务理事会批准，并报业务主管单位备案后，可吸收为外籍会员或港、澳、台会员。外籍会员及港、澳、台会员可优惠获得学会出版的学术刊物和有关资料，可应邀参加学会在国内主办的学术会议并获得相关的其他服务。

第九条 会员入会的程序是：

（一）提交书面申请。

（二）经理事会或常务理事会授权机构审核讨论通过。

（三）由理事会或其授权的机构发给会员证。

外籍会员入会须经业务主管单位备案。

第十条 会员享有下列权利：

（一）本会的选举权、被选举权和表决权（不含外籍会员及港、澳、台会员）。

（二）参加本会的活动。

（三）获得本会服务的优先权。

（四）对本会工作的批评建议权和监督权。

（五）入会自愿、退会自由。

（六）优先参加学会有关学术、科普活动和优惠取得学会有关学术资料、技术培训。

（七）弘扬科学精神，遵守科学道德，不断更新知识。

第十一条 会员履行下列义务：

（一）遵守学会章程，执行本会的决议。

（二）维护本会合法权益。

（三）完成本会交办的工作。

（四）按规定缴纳会费。

（五）向本会反映情况，提供有关资料。

（六）协助本会举办培训班等。

（七）职称变化、联络方式等更改时及时通知本会。

第十二条 会员退会应书面通知本会，并交回会员证。会员二年以上不缴纳会费或无正当理由不参加本会活动的，视为自动退会。

第十三条 凡触犯刑律和严重违反学会章程者，经理事会或常务理事会表决通过，予以除名。

第四章 组织机构和负责人的产生与罢免

第十四条 本会的最高权力机构是全国会员代表大会,全国会员代表大会的职权是:

(一)制定和修改会章。

(二)选举和罢免理事。

(三)审议理事会的工作报告和财务报告。

(四)制定和修改会费标准。

(五)决定办事机构、分支机构、代表机构和实体机构的设立、变更和注销。

(六)决定本会其他重大事宜。

第十五条 全国会员代表大会须有 2/3 以上的会员代表出席方能召开,其决议须经到会的会员代表半数以上表决通过方能生效。

第十六条 全国会员代表大会每五年召开一次。因特殊情况需提前或延期召开时,须由理事会表决通过,报业务主管单位审查并经社团登记管理机关批准同意。但延期召开时间最长不超过 1 年。

第十七条 理事会是全国会员代表大会的执行机构,在大会闭会期间领导本会开展日常工作,对全国会员代表大会负责。理事必须在学术上有成就,热爱祖国,学风正派,热心学会工作,并能参加学会实际工作的科学家和中青年科技工作者,以及热心支持学会工作的企业家和管理工作者。

第十八条 理事会的职权是:

(一)执行会员代表大会的决议。

(二)选举和罢免理事长、副理事长、秘书长、常务理事。

(三)筹备召开会员代表大会。

(四)向会员代表大会报告工作和财务状况。

(五)决定会员的吸收或除名。

(六)决定设立办事机构、分支机构、代表机构和实体机构。

(七)决定副秘书长、各机构主要负责人的聘任。

(八)领导本会各机构开展工作。

(九)制定完善财务管理制度并监督其执行情况,指定一名学会负责人负责经费的管理工作。

(十)制订本会活动计划。

(十一)进行奖励和表彰活动。

(十二)决定个别理事的调整;决定名誉职务的设立及人选。

(十三)决定本会其他重大事项。

第十九条 理事会须有 2/3 以上理事出席方能召开,其决议须经到会理事 2/3 以上通过方能生效。

第二十条 理事会每年至少召开一次会议,情况特殊的也可采用通信形式召开。

第二十一条 本会设立常务理事会。常务理事会由理事会选举产生,在理事会闭会期间行使第十八条第(一)、(三)及(五)至(十一)项的职权,对理事会负责。常务理事人数不超过理事人数的 1/3。

第二十二条 常务理事会须有 2/3 以上常务理事出席方能召开，其决议须经到会常务理事 2/3 以上表决通过方能生效。

第二十三条 常务理事会至少半年召开一次会议；情况特殊的也可采用通信形式召开。

第二十四条 本会的理事长、副理事长、秘书长必须具备下列条件：

（一）热爱祖国，拥护党的路线、方针、政策，具有良好的学风和道德品质。

（二）在本会业务领域内有较大影响。

（三）理事长、副理事长最高任职年龄不得超过 70 周岁。

（四）秘书长最高任职年龄（届满时）不得超过 62 周岁，且为专职；如因特殊情况不能专职，设专职副秘书长协助秘书长工作，其最高任职年龄（届满时）不得超过 60 周岁。

（五）热心学会工作，身体健康，能坚持正常工作。

（六）未受过剥夺政治权利的刑事处罚的。

（七）具有完全民事行为能力。

（八）工作作风民主，团队精神强。

第二十五条 本会理事长、副理事长、秘书长如超过最高任职年龄的，须经理事会表决通过，报业务主管单位审查并经社团登记管理机关批准同意后，方可任职。

第二十六条 本会理事长、副理事长、秘书长，任期五年，连任不得超过两届。因特殊情况需延长任期的，须经全国会员大会 2/3 以上会员表决通过，报业务主管单位审查并经社团登记管理机关批准同意后方可任职。

第二十七条 本会法定代表人由理事长担任。法定代表人代表本会签署有关重要文件。如因特殊情况需由副理事长或秘书长担任法定代表人，应报业务主管单位审查并经社团登记管理机关批准同意后，方可担任。本会法定代表人不兼任其他团体的法定代表人。

第二十八条 本会理事长行使下列职权：

（一）召集和主持理事会、常务理事会。

（二）检查全国会员代表大会、理事会、常务理事会决议的落实情况。

第二十九条 本会秘书长行使下列职权：

（一）主持办事机构开展日常工作，组织实施年度工作计划。

（二）协调各分支机构、代表机构、实体机构开展工作。

（三）提名副秘书长以及各办事机构、分支机构、代表机构和实体机构主要负责人，交理事会或常务理事会决定。

（四）决定办事机构、代表机构、实体机构专职工作人员的聘用。

（五）处理其他日常事务。

第三十条 本会在本章程规定的宗旨和业务范围内，根据工作需要设立分支机构、代表机构。本会的分支机构、代表机构是本会的组成部分，不具有法人资格，不得另行制订章程，在授权的范围内开展活动、发展会员，法律责任由本会承担。

本会不设立地域性分支机构，不在分支机构、代表机构下再设立分支机构、代表机构。本会的分支机构、代表机构名称不以各类法人组织的名称命名，不在名称中冠以"中国""中华""全国""国家"等字样，开展活动应当使用冠有本会名称的规范全称，并不得超过本会的业务范围。

分支机构、代表机构的设立、变更和终止，须经本会理事会或者常务理事会讨论通过。

分支机构、代表机构的负责人，最高任职年龄不得超过 70 周岁，连任不超过两届。

分支机构、代表机构的财务由本会统一管理。

本会在年度工作报告中将分支机构、代表机构的有关情况报送登记管理机关，接受年度检查。同时，将有关信息及时向社会公开，自觉接受社会监督。

第五章　经费及资产管理

第三十一条　本会经费来源：

（一）会费。

（二）单位、团体及个人的资助和捐赠。

（三）政府资助。

（四）在核准的业务范围内开展活动或服务的收入。

（五）利息。

（六）其他合法收入。

第三十二条　本会经费必须用于本章程规定的业务范围和事业的发展，不得在会员及工作人员中分配。本会开展表彰奖励活动，不收取任何费用。

第三十三条　本会建立严格的财务管理制度，保证会计资料合法、真实、准确、完整。会计不得兼任出纳。会计人员必须进行会计核算，实行会计监督。会计人员调动工作或离职时，必须与接管人员办清交接手续。

第三十四条　本会的资产，任何单位、个人不得侵占、私分和挪用。本会的资产管理必须执行国家规定的财务管理制度，接受会员代表大会和财政部门的监督。资产来源属于国家拨款或者社会捐赠、资助的，必须接受审计机关的监督，并将有关情况以适当方式向社会公布。

第三十五条　本会换届或更换法定代表人之前必须接受财务审计。

第三十六条　本会专职工作人员的工资和保险、福利待遇，参照国家对事业单位的有关规定执行。

第六章　章程的修改程序

第三十七条　对本会章程的修改，须经理事会表决通过后报会员代表大会审议。

第三十八条　本会修改的章程，须在会员代表大会通过后 15 日内，报业务主管单位审查，经同意，报社团登记管理机关核准后生效。

第七章　终止程序及终止后的财务处理

第三十九条　本会完成宗旨或自行解散或由于分立、合并等原因需要注销的，由理事会或常务理事会提出终止动议。

第四十条　本会终止动议须会员代表大会表决通过，并报业务主管单位审查批准。

第四十一条　本会终止前，须在业务主管单位及有关机关指导下成立清算组织，清理债权债务，处理善后事宜。清算期间，不开展清算以外的活动。

第四十二条　本会经社团登记管理机关办理注销登记手续后即为终止。

第四十三条　本会终止后的剩余财产，在业务主管单位和社团登记管理机关的监督下，按照国家有关规定，用于发展与本会宗旨相关的事业。

第八章　附则

第四十四条　本会会徽为圆形，中部为大熊猫图案，外环为本会中、英文名称。

第四十五条　本章程经 2014 年 11 月 18 日第十七届全国会员代表大会表决通过。

第四十六条　本章程的解释权属本会的理事会。

第四十七条　本章程自社团登记管理机关核准之日起生效。

中国动物学会章程

（2019 年 8 月 24 日召开的第十八届会员代表大会通过）

第一章　总则

第一条　本团体中文名称为：中国动物学会；英文名称：CHINA ZOOLOGICAL SOCIETY；英文缩写：CZS。

第二条　中国动物学会（以下简称本团体）是由全国动物学领域科技工作者和相关单位自愿结成，并依法登记的全国性、学术性、非营利性社会组织，具有社团法人资格，是党和政府联系广大动物学科技工作者的桥梁和纽带，是国家发展动物学科技事业的重要社会力量。

第三条　本团体的宗旨：坚持以马克思列宁主义、毛泽东思想、邓小平理论、"三个代表"重要思想、科学发展观、习近平新时代中国特色社会主义思想为指导。团结和组织广大动物学科技工作者，充分发扬学术民主，开展学术上的自由讨论；提倡辩证唯物主义和历史唯物主义，坚持实事求是的科学态度和优良学风；弘扬"尊重知识，尊重人才"的风尚，积极倡导"献身、创新、求实、协作"的精神；维护动物学工作者的合法权益，为会员和动物学工作者服务；促进动物学事业的繁荣和发展，促进动物科学技术的普及与推广，促进动物学人才的成长与提高；促进动物学科技为我国社会主义现代化建设服务、构建社会主义和谐社会，为实现中华民族伟大复兴而努力奋斗。坚持民主办会原则，贯彻"百花齐放、百家争鸣"方针。

本团体遵守国家宪法、法律、法规和国家政策，践行社会主义核心价值观，弘扬爱国主义精神，遵守社会道德风尚，自觉加强诚信自律建设。

第四条　本团体坚持中国共产党的全面领导，根据中国共产党章程的规定，设立中国共产党的组织，开展党的活动，为党组织的活动提供必要条件。本团体党组织受中国科协科技社团党委领导。

第五条 本团体办事机构支撑单位为中国科学院动物研究所。本团体接受登记管理机关中华人民共和国民政部（以下简称民政部）和业务主管单位中国科学技术协会（以下简称中国科协）的监督管理和业务指导。

第六条 本团体的住所设在北京市。

网址：www.czs.ioz.cas.cn

第二章 业务范围

第七条 本团体的业务范围是围绕动物学学科及相关学科开展以下活动：

（一）开展有关动物学科学术活动，组织专业学科学术讨论会、论坛、科技合作和科学考察活动，提高学术水平，促进学科发展，推动自主创新。

（二）开展有关动物科学教学经验交流，提高教学质量，促进人才培养。

（三）依照有关规定编辑、出版和发行动物学科的学术、科普书籍、报刊及相关音像制品；编辑出版《中国动物学会通讯》。

（四）普及动物科学知识，传播科学思想和科学方法，推广先进技术，经政府有关部门批准，开展高中阶段中学生生物学学科竞赛活动，开展青少年科学教育活动，受政府委托承办或根据学科发展需要组织、举办科技展览。

（五）对国家科技（有关动物学的）发展战略、政策中的重大决策进行科技咨询，接受委托进行科技项目论证、科研项目（机构）评估、科技成果评价和技术鉴定、科技人才评价、技术职称资格评定，动物科学名词、名称、文献和标准的编审、制定，提供技术咨询和技术服务；经政府有关部门批准，开展科技成果鉴定、标准制定（修订）等工作。

（六）向政府及有关组织反映动物学科技工作者的合理化建议，依法维护动物学科技工作者的合法权益，反映动物学科技工作者的意见、建议和要求。

（七）促进民间国际动物科学科技合作和学术交流活动，加强同国外科学技术团体和动物学科科学工作者的联系。

（八）开展动物学科领域的继续教育活动，经政府有关部门批准，举办与动物学科相关的培训班、讲习班等，不断提高动物学科技工作者的学术水平和专业技能。

（九）举荐人才，按照规定经政府有关部门批准表彰、奖励在科技活动中取得优秀成绩的会员。

（十）举办为动物学工作者服务的各种事业活动。

（十一）承担中国科学技术协会交办的工作任务。

业务范围中属于法律法规规章规定须经批准的事项，依法经批准后开展。

第三章 会员

第八条 本团体会员种类：个人会员、单位会员。个人会员又分普通会员、学生会员、高级会员和外籍会员及港澳台会员。

第九条 申请加入本团体的会员，必须具备下列条件：

（一）拥护本团体的章程。

（二）有加入本团体的意愿。

（三）具体条件如下：

1. 普通会员

①具有中级或相当于中级以上技术职称水平的动物学科技和教学人员；高等院校本科毕业或自学成才，从事动物学科工作三年以上，成绩突出者；获得硕士及以上学位者；从事生物学教学（中学）三年以上的中教二级以上教师。

②热心和积极支持本团体工作，具有动物学科专业知识，并从事3年以上相关管理工作者。

2. 学生会员：在高等院校动物学科相关专业学习的本科三年级以上，学习成绩优异，经会员推荐可申请为学生会员。

3. 高级会员：具备下列条件之一者，均可申请高级会员。

①具有正高级技术职称（或相当职称）的科技工作者。

②有较高学术威望的学科带头人或在本学科领域中成绩显著，有重要贡献，热心支持本团体工作的专家、学者。

③有较高的社会影响，对本团体工作有显著贡献的企业家。

4. 港澳台会员：在动物学学术领域有较高造诣，拥护"一国两制"，愿意与本团体联系、交流和合作。经本人申请或经本团体分会、专业委员会、省、自治区、直辖市动物学会推荐，本团体依据章程，经理事会或常务理事会批准，可吸收为港、澳、台会员。

5. 外籍会员：在学术上有较高成就，对我国友好，愿意与本团体联系、交往和合作的外籍科技工作者，由有关专业委员会或两名以上本团体会员介绍，经理事会或常务理事会审议讨论通过后吸收，并按有关规定报业务主管部门备案后可成为本团体的外籍会员，外籍会员可优惠或免费获得本团体出版的学术刊物和有关资料，可应邀参加本团体主办的国内和国际学术会议。

6. 单位会员：与动物学科专业有关，并具有一定数量科技队伍，愿意参加本团体有关活动、支持本团体工作的科研、教学、生产等企、事业单位以及依法成立的有关学术性社会团体，可申请为单位会员。

第十条 会员入会的程序是：

（一）在本团体会员系统提交入会申请。

（二）经理事会或常务理事会授权的机构审核讨论通过。

（三）由理事会或理事会授权的机构发给会员证。

（四）外籍会员入会须经业务主管单位备案。

第十一条 会员享有下列权利：

（一）普通会员及学生会员

1. 本团体的选举权、被选举权和表决权。

2. 参加本团体的活动。

3．获得本团体服务的优先权。

4．对本团体工作的批评建议权和监督权。

5．入会自愿、退会自由。

6．优先参加本团体有关学术、科普活动和优惠取得本团体有关学术资料、技术培训。

7．弘扬科学精神，遵守科学道德，不断更新知识。

（二）高级会员

除享有上述权利外，还享有以下权利：

1．优先被本团体推荐，参加国际学术组织。

2．优先参加本团体组织的重大学术活动，应邀作学术报告。

3．优先举荐参加国际有关组织开展的奖励活动。

4．优先参加本团体组织的调研、考察、论证、评审、鉴定、咨询和培训等工作。

（三）外籍会员和港、澳、台会员

1．不享有本团体选举权、被选举权和表决权。

2．优惠取得本团体公开出版的学术刊物和有关资料。

3．可应邀参加本团体在国内主办的国内或国际性学术会议。

（四）单位会员

除享有普通会员的权利外，还享有以下权利：

1．优先和优惠参加本团体的有关活动。

2．优先和优惠取得本团体的有关学术资料。

3．优先获得本团体的技术、信息咨询服务。

4．优先承接本团体业务范围内的项目。

第十二条　会员履行下列义务：

（一）遵守本团体章程，执行本团体的决议。

（二）维护本团体合法权益。

（三）完成本团体交办的工作。

（四）按规定缴纳会费。

（五）向本团体反映情况，提供有关资料。

（六）积极参加本团体组织的各项活动。

（七）职称变化、联络方式等更改时及时通知本团体。

（八）高级会员除履行上述义务外，还应积极参与国家有关动物学发展战略重大决策的论证、咨询任务，提出意见和建议。

（九）单位会员除履行上述义务外，还应积极支持和资助本团体开展有关的学术和科普活动。

（十）外籍会员应积极支持本团体工作，协助开展国际学术活动，推荐专家、学者来华讲学等。

第十三条　会员退会应书面通知本团体，并交回会员证。会员 2 年以上不缴纳会费或无正当理由不参加本团体活动的，视为自动退会。

第十四条 凡触犯刑律和严重违反本团体章程者，经理事会或常务理事会表决通过，予以除名。

第四章　组织机构和负责人的产生与罢免

第十五条 本团体的最高权力机构是会员代表大会，会员代表大会的职权是：

（一）制定和修改章程。

（二）选举和罢免理事、监事。

（三）审议理事会的工作报告、财务报告，监事会报告。

（四）制定和修改会费标准。

（五）决定终止事宜。

（六）决定本团体其他重大事宜。

第十六条 会员代表大会须有 2/3 以上的会员代表出席方能召开，其决议须经到会的会员代表半数以上表决通过方能生效。

第十七条 会员代表大会每届 5 年。因特殊情况需提前或延期换届的，须由理事会表决通过，报业务主管单位审查并经社团登记管理机关批准同意。延期换届最长不超过 1 年。

第十八条 理事会是会员代表大会的执行机构，在会员代表大会闭会期间领导本团体开展日常工作，对会员代表大会负责。

理事必须在学术上有成就，热爱祖国，学风正派，热心本团体工作，并能参加本团体实际工作的科学家和中青年科技工作者，以及热心支持本团体工作的企业家和管理工作者。

第十九条 理事会的职权是：

（一）执行会员代表大会的决议。

（二）选举和罢免理事长、副理事长、常务理事；聘任和解聘秘书长。

（三）筹备召开会员代表大会。

（四）向会员代表大会报告工作和财务状况。

（五）决定会员的吸收和除名。

（六）决定办事机构、分支机构、代表机构和实体机构的设立、变更和终止。

（七）决定副秘书长、各机构主要负责人的聘任。

（八）领导本团体各机构开展工作。

（九）制定本团体内部管理制度并监督其执行情况，指定一名本团体负责人负责经费的管理工作。

（十）制订本团体年度活动计划和审议年度工作报告、财务报告。

（十一）决定名誉职务的设立及人选。

（十二）决定本团体章程规定的其他重大事项。

第二十条 理事会须有 2/3 以上理事出席方能召开，其决议须经到会理事 2/3 以上表决通过方能生效。

第二十一条 理事会每年至少召开 1 次会议；情况特殊的，也可采用通信形式召开。理事不能到会，可委托代表参加，被委托代表有委托投票权。本届内理事无故 2 次不出席理事会的，视为自动辞去理事职务。

第二十二条　本团体设立常务理事会。常务理事会由理事会选举产生，人数不超过理事人数的 1/3，在理事会闭会期间行使第十九条第（一）、（三）、（五）、（六）、（七）、（八）、（九）、（十）、（十一）项的职权，对理事会负责。

第二十三条　常务理事会须有 2/3 以上常务理事出席方能召开，其决议须经到会常务理事 2/3 以上表决通过方能生效。

第二十四条　常务理事会至少每半年召开 1 次会议；情况特殊的，也可采用通信形式召开。本届内常务理事无故 3 次不出席常务理事会的，视为自动辞去常务理事职务。

第二十五条　理事的选举和罢免：

（一）理事会换届，应当在会员代表大会召开前 2 个月，由理事会提名，成立由理事代表、监事代表、党组织代表和会员代表组成的换届工作领导小组。

理事会不能召集的，由 1/5 以上理事、监事会、本团体党组织或党建联络员向业务主管单位申请，由业务主管单位组织成立换届工作领导小组，负责换届选举工作。

换届工作领导小组拟订换届方案，应在会员代表大会召开前 2 个月报业务主管单位审核。

经业务主管单位同意，召开会员代表大会，选举和罢免理事。

（二）根据会员代表大会的授权，理事会在届中可以增补、罢免部分理事，最高不超过原理事总数的 1/5。

第二十六条　本团体设立监事会。监事会负责监督理事会、常务理事会履职情况及本团体财务运行管理情况，对会员代表大会负责，向会员代表大会报告监事会的工作。理事会、常务理事会召开会议应通知监事会派员列席。

第二十七条　监事会设监事长 1 人，副监事长 1~3 人，监事会人数一般不超过 9 人，由监事会推举产生。监事任期与理事任期相同，期满可以连任。监事长和副监事长年龄不超过 70 周岁，连任不超过 2 届。监事应公正、诚实、坚持原则，有能力和精力承担监事职责。

本团体接受并支持委派监事的监督指导。

第二十八条　监事的选举和罢免：

（一）由会员代表大会选举产生。

（二）监事的罢免依照其产生程序。

第二十九条　本团体的负责人、理事、常务理事和本团体的财务管理人员不得兼任监事。

第三十条　监事会行使下列职权：

（一）列席理事会、常务理事会会议，并对决议事项提出质询或建议。

（二）对理事、常务理事、负责人执行本团体职务的行为进行监督，对严重违反本团体章程或者会员代表大会决议的人员提出罢免建议。

（三）检查本团体的财务报告，向会员代表大会报告监事会的工作和提出提案。

（四）对负责人、理事、常务理事、财务管理人员损害本团体利益的行为，要求其及时予以纠正。

（五）向业务主管单位、行业管理部门、登记管理机关以及税务、会计主管部门反映本团体工作中存在的问题。

（六）决定其他应由监事会审议的事项。

监事会每6个月至少召开1次会议。监事会会议须有2/3以上监事出席方能召开，其决议须经到会监事1/2以上通过方为有效。

第三十一条　监事应当遵守有关法律法规和本团体章程，忠实、勤勉履行职责。

第三十二条　监事会可以对本团体开展活动情况进行调查；必要时，可以聘请会计师事务所等协助其工作。监事会行使职权所必需的费用，由本团体承担。

第三十三条　本团体的理事长、副理事长、秘书长必须具备下列条件：

（一）热爱祖国，拥护党的路线、方针、政策，具有良好的学风和道德品质。

（二）在本团体业务领域内有较大影响。

（三）理事长、副理事长最高任职年龄不超过70周岁，秘书长最高任职年龄不超过65周岁且为专职。

（四）身体健康，能坚持正常工作。

（五）未受过剥夺政治权利的刑事处罚。

（六）具有完全民事行为能力。

（七）热心本团体工作，办事公正，工作作风民主，团队精神强。

第三十四条　本团体理事长、副理事长、秘书长如超过最高任职年龄的，须经理事会表决通过，报业务主管单位审查并经社团登记管理机关批准同意后，方可任职。

第三十五条　本团体理事长、副理事长每届任期五年，连任不得超过两届。因特殊情况需延长任期的，须经会员代表大会2/3以上会员代表表决通过，报业务主管单位审查并经社团登记管理机关批准同意后，方可任职。聘任或者向社会公开招聘的秘书长任期不受限制，经理事会同意后，聘任。

第三十六条　本团体法定代表人由理事长担任。

因特殊情况，经理事长委托、理事会同意，报业务主管单位审核同意并经登记管理机关批准后，可以由副理事长或秘书长担任法定代表人。聘任或向社会公开招聘的秘书长不得任本会法定代表人。

法定代表人代表本团体签署有关重要文件。

本团体法定代表人不兼任其他团体的法定代表人。

第三十七条　本团体理事长行使下列职权：

（一）召集和主持理事会、常务理事会。

（二）检查会员代表大会、理事会、常务理事会决议的落实情况。

第三十八条　本团体秘书长行使下列职权：

（一）主持办事机构开展日常工作，组织实施年度工作计划。

（二）协调各分支机构、代表机构、实体机构开展工作。

（三）提名副秘书长以及各办事机构、分支机构、代表机构和实体机构主要负责人，交理事会或常务理事会决定。

（四）决定办事机构、代表机构、实体机构专职工作人员的聘用。

（五）处理其他日常事务。

第三十九条　对本团体有重大贡献的前任理事长、副理事长、秘书长或常务理事经理事会或常务理事会审议通过，可聘为本团体名誉理事长、名誉副理事长、名誉秘书长、荣誉常务理事，任期与理事会相同，可列席理事会和常务理事会。名誉职务的授予，须符合国家有关规定，并征得被授予者本人同意。

第五章　分支机构、代表机构

第四十条　本团体在本章程规定的宗旨和业务范围内，根据工作需要设立分支机构、代表机构。本团体的分支机构、代表机构是本团体的组成部分，不具有法人资格，不得另行制订章程，不得发放任何形式的登记证书，在本会授权的范围内开展活动、发展会员，法律责任由本会承担。

分支机构、代表机构开展活动，应当使用冠有本会名称的规范全称，并不得超出本会的业务范围。

第四十一条　本团体不设立地域性分支机构，不在分支机构、代表机构下再设立分支机构、代表机构。

本团体分支机构、代表机构名称不以各类法人组织的名称命名，不在名称中冠以"中国""中华""全国""国家"等字样，并以"分会""专业委员会""工作委员会""专项基金管理委员会""代表处""办事处"等字样结束。

第四十二条　本团体分支机构、代表机构的负责人，年龄不得超过70周岁，连任不超过2届。

第四十三条　本团体分支机构、代表机构的财务必须纳入本团体法定账户统一管理。

第四十四条　本团体在年度工作报告中将分支机构、代表机构的有关情况报送登记管理机关，接受年度检查。同时，将有关信息及时向社会公开，自觉接受社会监督。

第六章　资产管理、使用原则

第四十五条　本团体经费来源：

（一）会费。

（二）单位、团体及个人的资助和捐赠。

（三）政府资助。

（四）在核准的业务范围内开展活动或提供服务的收入。

（五）利息。

（六）其他合法收入。

第四十六条　本会按照国家有关规定收取会员会费。

第四十七条　本团体经费必须用于本章程规定的业务范围和事业的发展，不得在会员及工作人员中分配。

第四十八条　本团体开展评比、评选表彰等奖励活动，不收取任何费用。

第四十九条　本团体建立严格的财务管理制度，保证会计资料合法、真实、准确、完整。

第五十条　本团体配备具有专业资格的会计人员。会计不得兼任出纳。会计人员必须进行会计核算，实行会计监督。会计人员调动工作或离职时，必须与接管人员办清交接手续。

第五十一条　本团体的资产管理必须执行国家规定的财务管理制度，接受会员代表大会和财政部门的监督。资产来源属于国家拨款或者社会捐赠、资助的，必须接受审计机关的监督，并将有关情况以适当方式向社会公布。

第五十二条　本团体的资产，任何单位、个人不得侵占、私分和挪用。

第五十三条　本团体换届或更换法定代表人之前必须进行财务审计。

第五十四条　本团体专职工作人员的工资、保险和福利待遇，参照国家对事业单位的有关规定执行。

第七章　章程的修改程序

第五十五条　对本团体章程的修改，须经理事会表决通过后报会员代表大会审议。

第五十六条　本团体修改的章程，须在会员代表大会通过后 15 日内，报经业务主管单位审查同意，报社团登记管理机关核准后生效。

第八章　终止程序及终止后的财务处理

第五十七条　本团体完成宗旨或自行解散或由于分立、合并等原因需要注销的，由理事会或常务理事会提出终止动议。

第五十八条　本团体终止动议须会员代表大会表决通过，并报业务主管单位审查同意。

第五十九条　本团体终止前，须在业务主管单位及有关机关指导下成立清算组织，清理债权债务，处理善后事宜。清算期间，不开展清算以外的活动。

第六十条　本团体经社团登记管理机关办理注销登记手续后即为终止。

第六十一条　本团体终止后的剩余财产，在业务主管单位和社团登记管理机关的监督下，按照国家有关规定，用于发展与本团体宗旨相关的事业。

第九章　附则

第六十二条　本团体会徽为圆形，中部为大熊猫图案，外环为本团体中、英文名称。

第六十三条　本章程经 2019 年 8 月 24 日本团体第十八届会员代表大会表决通过。

第六十四条　本章程的解释权属本团体的理事会。

第六十五条　本章程自社团登记管理机关核准之日起生效。

附录 2 中国动物学会历届理事会组成名单

第一届（1934—1935 年）

会　长：秉　志

副会长：胡经甫

书　记：王家楫

会　计：陈纳逊

理　事：伍献文　伍兆发　孙宗彭　辛树帜　经利彬

第二届（1935—1936 年）

会　长：胡经甫

副会长：陈　桢

书　记：寿振黄

会　计：徐荫祺

理　事：秉　志　王家楫　辛树帜　伍献文　经利彬

第三届（1936—1942 年）

会　长：辛树帜

副会长：王家楫

书　记：伍献文

会　计：卢于道

理　事：张春霖　林可胜　朱元鼎　刘　咸　陈子英

第四届（1943—1944 年）

会　长：陈　桢

副会长：经利彬

书　记：杜增瑞

会　计：崔之兰

理　　事：蔡　堡　刘崇乐　沈嘉瑞　汤佩松　贝时璋

第五届（1945—1948 年）

会　　长：王家楫

副 会 长：蔡　堡

书　　记：陈世骧

会　　计：伍献文

常务理事：王家楫　伍献文　童第周　陈世骧　卢于道

理　　事：王家楫　伍献文　欧阳翥　卢于道　童第周　蔡　翘　陈世骧　蔡　堡　陈　义
　　　　　薛　芬　邹钟琳　吴福桢　林绍文　刘承钊　倪达书

常务监事：陈　桢　刘崇乐　崔之兰

监　　事：陈　桢　辛树帜　刘崇乐　崔之兰　经利彬

第六届（1948—1949 年）

常务理事：朱元鼎（会长）　徐荫祺（书记）　陈世骧（会计）

理　　事：伍献文　欧阳翥　贝时璋　朱　洗　王以康　刘　咸　童第周　沈嘉瑞　陈　义
　　　　　郑作新　何　琦　崔之兰

监　　事：秉　志　王家楫　胡经甫　陈　桢　林可胜

第七届（1949—1951 年）

常务理事：陈　桢（兼理事长）　沈　同（兼书记）　李汝祺　刘崇乐　张　玺

理　　事：伍献文　沈嘉瑞　童第周　王家楫　崔之兰　贝时璋　陆近仁　熊大仕　伍兆发
　　　　　赵以炳

第八届（1951—1956 年）

常务理事：李汝祺（兼理事长）　陈德明（兼书记）　林昌善（兼会计）　沈　同（兼联络）
　　　　　郑作新（兼组织）

理　　事：陈　桢　刘崇乐　费鸿年　王家楫　谈家桢　汪德耀　傅桐生　辛树帜　周太玄
　　　　　戴辛皆

候补理事：张春霖　崔之兰　孟庆哲　钦俊德　寿振黄　张　玺　江希明　童第周　张作人
　　　　　贝时璋　伍献文　何　琦　杨浪明　刘承钊　高尚荫　雍克昌　何定杰

第九届（1956—1964 年）

理 事 长：秉　志

副理事长：辛树帜　陈阅增

秘 书 长：郑作新

常务理事：伍献文　李汝祺　沈嘉瑞　武兆发　张　玺　张孟闻　费鸿年

理　　事：丁汉波　仝允栩　刘崇乐　刘承钊　朱　洗　伍　律　汪德耀　李铭新　何定杰

寿振黄　周太玄　林昌善　陈　义　陈心陶　陈德明　高哲生　张作人　童第周

傅桐生　董聿茂　潘清华　薛德焴　戴辛皆　戴立生

第十届（1964—1978 年）

理 事 长：秉　志（1964—1965）

副理事长：陈阅增　刘承钊（1964—1976）

秘 书 长：郑作新（1964—1978）

常务理事：刘承钊　刘崇乐　刘矫非　李汝祺　沈嘉瑞　汪德耀　秉　志　陈心陶　陈阅增

吴征鑑　林昌善　郑作新　马世骏　夏武平　张作人　张　玺

理　　事：丁汉波　王凤振　王希成　王家楫　毛守白　仝允栩　傅桐生　朱元鼎　刘承钊

刘崇乐　刘矫非　伍　律　伍献文　江希明　向　涛　李汝祺　李铭新　贝时璋

何定杰　沈嘉瑞　汪德耀　秉　志　陈　义　陈心陶　陈世骧　陈伯康　陈阅增

陈德明　周太玄　吴征鑑　吴养曾　林昌善　郑作新　唐仲璋　马世骏　夏武平

高哲生　徐荫祺　崔之兰　张作人　张致一　张　玺　冯兰洲　童第周　雍克昌

顾昌栋　费鸿年　肖彩瑜　廖翔华　谈家桢　潘清华　戴立生　戴辛皆　董聿茂

庄孝僡

第十一届（1978—1984 年）增补

理 事 长：贝时璋

副理事长：张作人　郑作新　陈阅增　潘清华　宋如栋

秘 书 长：张致一

理　　事：丁汉波　马世骏　王　平　王焕葆　贝时璋　毛守白　仝允栩　齐钟彦　朱元鼎

许维枢　庄孝僡　江希明　张作人　张致一　朱　靖　伍　律　伍献文　向　涛

孙儒泳　汪安琦　汪德耀　李汝祺　李扬文　李德浩　李铭新　宋如栋　严绍颐

陈世骧　陈伯康　陈德明　陈阅增　吴征鑑　吴淑卿　吴养曾　郎　所　林昌善

郑宝赉　郑作新　郑国璋　郑葆珊　罗时有　胡淑琴　徐岌南　谈家桢　夏武平

唐仲璋　钱燕文　秦耀亮　费鸿年　曹文宣　童第周　傅桐生　董聿茂　廖翔华

潘清华

1978 年昆明会议上增补 22 位理事：王　平　王焕葆　齐钟彦　许维枢　朱　靖　孙儒泳

汪安琦　李扬文　李德浩　宋如栋　严绍颐　吴淑卿　郎　所　郑宝赉　郑国璋

郑葆珊　罗时有　胡淑琴　徐岌南　钱燕文　秦耀亮　曹文宣

会后又增补了内蒙古、辽宁、安徽、黑龙江 4 位理事（谢麟阁、季达明、康有桂、萧前柱）

第十二届（1984—1989 年）

理 事 长：郑作新

副理事长：张致一　陈阅增　潘清华　江希明

秘 书 长：钱燕文

副秘书长：宋大祥　许维枢　史嬴仙

常务理事：丁汉波　马勇　王平　史嬴仙　江希明　许维枢　宋大祥　陈阅增　张致一
　　　　　郑作新　周本湘　夏武平　钱燕文　廖翔华　潘清华

理　　事：丁明　丁汉波　马勇　马淑亭　王平　王运章　王所安　王春元　王思博
　　　　　王焕葆　王福麟　尹长民　邓宗觉　卢浩泉　卢耀增　史嬴仙　江希明　刘恕
　　　　　刘凌云　齐钟彦　许维枢　朱洪文　宋大祥　李扬文　李建平　李桂垣　李德浩
　　　　　吴熙载　陆含华　陈阅增　陈鉴潮　何承德　张春生　张致一　张銮光　宗愉
　　　　　郑作新　朗所　季达明　金岚　金大雄　周开亚　周本湘　胡锦矗　钟文勤
　　　　　唐崇惕　诸葛阳　秦耀亮　夏武平　钱燕文　卿建华　堵南山　曹文宣　温业新
　　　　　谢麟阁　裘明华　谢玉浩　廖友桂　廖翔华　蔡尚达　蔡明章　萧前柱　潘文石
　　　　　潘清华（为台湾地区保留一名理事）

第十三届（1989—1994 年）

名誉理事长：郑作新

理 事 长：张致一　钱燕文（1991—1994）

副理事长：钱燕文（1989—1991）　宋大祥　郑光美　陈宜瑜　潘清华

秘 书 长：宋大祥（兼）

副秘书长：陈瑞田（常务）　沈守训　陈大元　马莱龄

常务理事：马勇　马莱龄　马淑亭　史嬴仙　刘凌云　许维枢　陈大元　陈宜瑜　张春生
　　　　　张致一　郑光美　林浩然　季达明　周本湘　钱燕文　堵南山　谢玉浩　潘清华

理　　事：丁明　马勇　马建章　马莱龄　马淑亭　方永强　王廷正　王岐山　王所安
　　　　　王春元　王思博　王福麟　龙国珍　卢浩泉　史嬴仙　江希明　庄临之　刘凌云
　　　　　刘瑞玉　刘锡兴　齐钟彦　朱传典　许智芳　许维枢　沈守训　沈猷慧　沈韫芬
　　　　　宋大祥　杜森　李扬文　李桂云　李桂垣　李德浩　杨安峰　陈大元　陈宜瑜
　　　　　陈服官　陈阅增　陈瑞田　张洁　张健　张春生　张致一　张銮光　宗愉
　　　　　郑光美　郑智民　林光华　林浩然　和振武　季达明　金岚　金大雄　周开亚
　　　　　周本湘　施伯昌　祝诚　赵尔宓　胡锦矗　钟文勤　诸葛阳　秦耀亮　夏武平
　　　　　钱燕文　卿建华　堵南山　曹文宣　温业新　曾中平　董元凯　裘明华　谢玉浩
　　　　　廖友桂　蔡明章　潘文石　潘清华　滕德兴　戴荣禧（为台湾地区保留一名理事）

第十四届（1994—1999 年）

理　事　长：宋大祥

副理事长：郑光美　陈宜瑜　马莱龄　陈大元　钱燕文

秘　书　长：陈大元（兼）

副秘书长：陈瑞田（常务）　沈守训　杜　淼

常务理事：马　勇　马莱龄　方永强　王所安　刘凌云　刘瑞玉　沈守训　沈猷慧　沈韫芬
宋大祥　杜　淼　杨安峰　吴至康　张　洁　张春生　陈大元　陈宜瑜　陈阅增
陈瑞田　郑光美　林浩然　祝　诚　诸葛阳　钱燕文　堵南山　谢玉浩　潘清华
樊乃昌

理　　　事：马　勇　马建章　马莱龄　方永强　王子仁　王应祥　王廷正　王岐山　王所安
卢浩泉　庄临之　刘明玉　刘凌云　刘瑞玉　刘锡兴　齐钟彦　沈守训　沈猷慧
沈韫芬　宋大祥　杜　淼　李长安　李汉华　李国良　李厚达　李桂垣　李德俊
杨安峰　杨其仁　杨思谅　吴至康　张　洁　张春生　谷景和　陈大元　陈立桥
陈宜瑜　陈服官　陈阅增　陈瑞田　宗　愉　郑光美　郑智民　林光华　林浩然
周开亚　和振武　季达明　金　岚　洪水根　姜乃澄　祝　诚　赵尔宓　赵敬钊
胡锦矗　钟文勤　昝瑞光　高　玮　高　武　诸葛阳　秦耀亮　钱燕文　徐龙辉
徐延恭　顾全保　崔奕波　堵南山　裴明华　赖　伟　窦伯菊　詹希美　谢玉浩
蔡明章　潘文石　潘清华　樊乃昌　滕德兴

第十五届（1999—2004 年）

理　事　长：陈大元

副理事长：沈韫芬　宋大祥　张知彬　陈宜瑜　周曾铨　段恩奎

秘　书　长：冯祚建

副秘书长：陈瑞田（常务）　王德华　孙青原　徐延恭　魏辅文

常务理事：马　勇　马建章　方永强　王所安　冯祚建　刘凌云　刘瑞玉　孙儒泳　沈守训
沈韫芬　宋大祥　杜　淼　李德俊　张　洁　张知彬　张春生　张春光　陈大元
陈宜瑜　陈瑞田　林浩然　郑光美　周曾铨　祝　诚　钟文勤　段恩奎　徐存拴

理　　　事：丁　平　马　勇　马建章　方永强　王　竞　王廷正　王岐山　王应祥　王所安
冯祚建　卢浩泉　江海声　刘明玉　刘凌云　刘迺发　刘瑞玉　齐钟彦　任青峰
旭日干　孙青原　孙儒泳　汪建国　沈守训　沈韫芬　宋大祥　杜　淼　李长安
李国良　李德俊　杨竹舫　杨思谅　张　洁　张安居　张知彬　张金国　张春生
张春光　张富春　张福绥　何舜平　陈　卫　陈　炜　陈　建　陈大元　陈宜瑜
陈致和　陈寅山　陈瑞田　郑光美　林光华　林浩然　周开亚　周曾铨　金杏宝
孟安明　洪水根　姜乃澄　祝　诚　赵尔宓　赵欣如　胡锦矗　钟文勤　段恩奎

高　玮　唐崇惕　徐之伟　徐存拴　徐延恭　顾福康　堵南山　黄乘明　曹文宣
曹玉萍　谢小军　谢家骅　彭贤锦　蒋志刚　程　红　赖　伟　路纪琪　詹希美

第十六届（2004—2009 年）

理 事 长：陈宜瑜

副理事长：王小明　冯祚建　张亚平　张知彬（常务）　孟安明　段恩奎　徐存拴

秘 书 长：魏辅文

副秘书长：王德华　孙青原　许崇任　张　立　张永文

常务理事：马　勇　马建章　王　恒　王小明　王　伟　王祖望　王德华　冯祚建　孙青原
　　　　　孙儒泳　刘迺发　许崇任　杜　淼　沈韫芬　宋大祥　李保国　张国范　张金国
　　　　　孟安明　张亚平　张知彬　张春光　陈大元　陈宜瑜　林浩然　周开亚　周曾铨
　　　　　郑光美　相建海　钟文勤　段恩奎　徐存拴　魏辅文

理　　事：丁　平　马　勇　马建章　马恩波　王大忠　王小明　王　伟　王所安　王金星
　　　　　王　恒　王祖望　王跃招　王新华　王德华　方永强　计　翔　冯祚建　吕　植
　　　　　朱作言　刘以训　刘迺发　刘恩山　刘焕章　刘瑞玉　许崇仁　孙青原　孙儒泳
　　　　　旭日干　纪炳纯　杜　淼　李进华　李建立　李保国　李新正　杨　光　杨红生
　　　　　杨贵生　吴小平　何舜平　宋大祥　宋　杰　张正旺　张亚平　张国范　张知彬
　　　　　张金国　张春光　张显理　张富春　张福绥　陈大元　陈小麟　陈广文　陈宜瑜
　　　　　陈　建　陈　炜　陈致和　陈寅山　余育和　沈韫芬　邰发道　赵尔宓　赵新全
　　　　　林小涛　林浩然　相建海　季维智　周开亚　周立志　周曾铨　金杏宝　孟安明
　　　　　俞诗源　郑守仪　郑光美　胡锦矗　胡慧建　钟文勤　钟立成　段恩奎　段瑞华
　　　　　洪一江　顾福康　高　玮　高　翔　唐崇惕　徐存拴　曹文宣　曹玉萍　谢小军
　　　　　彭贤锦　黄乘明　蒋志刚　程远国　蔡炳城　缪　炜　颜亨梅　颜忠诚　魏辅文

第十七届（2009—2014 年）

理 事 长：陈宜瑜

副理事长：王小明　王德华　许崇任　孙青原　刘迺发　孟安明　张亚平　宋微波　徐存拴

秘 书 长：魏辅文

副秘书长：周　琪　张　立　陈广文　张永文

常务理事：马建章　马　勇　王小明　王　恒　王祖望　王德华　计　翔　左明雪　冯祚建
　　　　　朱明生　刘以训　刘迺发　刘焕章　许崇任　孙青原　严　旬　李进华　李保国
　　　　　何舜平　余育和　宋微波　张正旺　张亚平　张国范　张知彬　张金国　张春光
　　　　　陈宜瑜　林浩然　郑光美　孟安明　赵胜利　胡德夫　相建海　钟文勤　段恩奎
　　　　　索　勋　徐存拴　魏辅文

理　　事：丁　平　马建章　马　勇　王大忠　王小明　王天厚　王金星　王　恒　王祖望

王海涛	王跃招	王新华	王德华	王德寿	方永强	计 翔	左明雪	冯 江
冯祚建	吕 植	朱作言	朱明生	刘以训	刘迺发	刘恩山	刘焕章	刘敬泽
刘瑞玉	安利国	许崇任	孙青原	孙悦华	孙儒泳	旭日干	严 旬	李丕鹏
李进华	李枢强	李 明	李建立	李保国	李新正	杨 光	杨红生	杨君兴
杨贵生	杨增明	吴小平	吴孝兵	吴志强	吴 畏	何舜平		

阿布力米提·阿布都卡迪尔	余育和	宋微波	张大治	张为民	张正旺	张亚平

张迎梅	张国范	张知彬	张金国	张春光	张 健	张富春	张福绥	张耀光
陈小麟	陈广文	陈宜瑜	陈 炜	陈寅山	邰发道	林小涛	林浩然	林鑫华
罗述金	季维智	岳碧松	周立志	周善义	郑光美	郑守仪	孟安明	赵元莙
赵云龙	赵文阁	赵尔宓	赵胜利	赵新全	胡慧建	胡德夫	相建海	钟文勤
段恩奎	段瑞华	俞诗源	洪一江	索 勋	徐存拴	高 玮	高 翔	唐崇惕
黄乘明	曹文宣	曹玉萍	彭贤锦	彭景梗	蒋志刚	程远国	解绶启	鲍毅新
缪 炜	颜亨梅	颜忠诚	潘宝平	魏辅文				

第十八届（2014—2019 年）

名誉理事长：陈宜瑜

理 事 长：孟安明

副理事长：王德华　冯 江　孙青原　李保国　宋微波　张正旺　张希武　张知彬（常务）
　　　　　桂建芳　魏辅文

秘 书 长：王德华（兼）

副秘书长：王海滨　杜卫国　陈广文　张 立　张永文（常务）

常务理事：丁 平　马建章　王小明　王德华　计 翔　冯 江　吕 植　刘以训　许崇任
　　　　　孙青原　李进华　李枢强　李保国　李新正　吴志强　何建国　何舜平　宋微波
　　　　　张正旺　张亚平　张希武　张国范　张知彬　陈广文　陈启军　陈宜瑜　林浩然
　　　　　林鑫华　杨 光　杨君兴　周 琪　郑光美　孟安明　胡德夫　段恩奎　桂建芳
　　　　　索 勋　彭贤锦　蒋志刚　雷富民　魏辅文

理 　 事：丁 平　卜文俊　马合木提·哈力克　马 鸣　马建章　王 恒　王小明
　　　　　王天厚　王艺磊　王玉凤　王志坚　王金星　王海涛　王海滨　王跃招　王德华
　　　　　王德寿　计 翔　冉江洪　史海涛　宁应之　冯 江　吕 植　朱作言　任国栋
　　　　　刘 峰　刘以训　刘恩山　刘焕章　刘敬泽　许崇任　孙青原　孙悦华　旭日干
　　　　　杜卫国　李 明　李玉春　李丕鹏　李庆伟　李进华　李枢强　李保国　李富花
　　　　　李新正　吴小平　吴孝兵　吴志强　何建国　何舜平　宋昭彬　宋微波　张 立
　　　　　张 建　张大治　张子慧　张为民　张正旺　张永文　张亚平　张成林　张同作
　　　　　张希武　张迎梅　张国范　张知彬　张春光　张荣庆　张洪海　张健旭　张雁云
　　　　　张堰铭　陈 建　陈小麟　陈广文　陈水华　陈启军　陈宜瑜　邰发道　林浩然

林鑫华　杨　光　杨万喜　杨君兴　杨春文　杨贵生　杨晓君　杨增明　周　琪
周立志　周岐海　郑光美　孟庆金　孟安明　赵云龙　赵文阁　赵胜利　胡德夫
胡慧建　姚松林　段恩奎　姜云垒　洪一江　耿宝荣　桂建芳　索　勋　徐　湘
徐存拴　高　欣　高　翔　唐小平　唐崇惕　黄乘明　曹文宣　韩之明　彭贤锦
彭景梗　蒋志刚　雷富民　阙华勇　缪　炜　颜亨梅　潘宝平　魏辅文

第十九届（2019—2024 年）

理　事　长：孟安明

副理事长：包振民　冯　江　李保国　张正旺　张知彬（常务）　陈广文　杨　光　桂建芳
　　　　　董贵信　魏辅文

秘　书　长：魏辅文（兼）

副秘书长：杜卫国　张　立　张永文（常务）　胡义波

常务理事：丁　平　卜文俊　王志坚　王德华　计　翔　史海涛　包振民　冯　江　刘　峰
　　　　　刘敬泽　孙青原　江建平　李枢强　李保国　李新正　李赞东（女）　吴志强
　　　　　何建国　何舜平　宋微波　张正旺　张迎梅（女）　张知彬　张泽钧　张洪海
　　　　　邰发道　陈广文　陈启军　陈宜瑜　杨　光　周　琪　周立志　孟安明　赵云龙
　　　　　桂建芳　索　勋　高绍荣　黄　勋　彭贤锦　董贵信　赖　仞　雷富民　魏辅文

理　　事：丁　平　卜文俊　于　黎（女）　马志军　王　群　王艺磊（女）　王玉凤（女）
　　　　　王玉志　王红梅（女）　王志坚　王海涛　王德华　牛翠娟（女）　计　翔　尹　峰
　　　　　邓道贵　史海涛　冉江洪　白加德　包振民　冯　江　冯利民　冯耀宇　宁应之
　　　　　朱作言　任国栋　庄　平　刘　峰　刘东军　刘红林　刘学锋　刘定震　刘焕章
　　　　　刘敬泽　江建平　孙　忻　孙永华　孙红英（女）　孙青原　杜卫国　李　伟
　　　　　李　明　李　晟　李义明　李玉春　李进华　李枢强　李孟华　李保国　李家堂
　　　　　李喜和　李富花（女）　李新正　李赞东（女）　杨　光　杨万喜　杨君兴　杨贵军
　　　　　杨晓君　杨维康　杨道德　肖治术　吴小平　吴志强　何建国　何舜平
　　　　　邹　洋（女）　邹红菲（女）　宋微波　宋默识（女）　张　立　张　勇　张子慧（女）
　　　　　张正旺　张永文（女）　张同作　张志升　张迎梅（女）　张知彬　张泽钧　张春田
　　　　　张树苗（女）　张洪海　张健旭　张堰铭　张雁云　陈　军　陈　建　陈小麟
　　　　　陈广文　陈水华　陈启军　陈宜瑜　邰发道　武正军　林晓凤（女）　尚德静（女）
　　　　　季维智　周　江　周　琪　周立志　周岐海　周晓农　宗　诚　屈彦福　孟安明
　　　　　赵云龙　胡义波　胡成钰　胡红英（女）　胡德夫　胡慧建　姜云垒　耿宝荣
　　　　　桂建芳　索　勋　徐士霞（女）　徐存拴　高　飞　高　欣　高绍荣　郭宝成
　　　　　黄　勋　颉　伟　彭贤锦　韩之明（女）　董贵信　赖　仞　雷富民　路纪琪
　　　　　阙华勇　詹祥江　熊敬维　缪　炜　潘宝平　魏辅文

附录 3　中国动物学会科技奖

中国动物学会青年科技奖条例

（2015 年 9 月 19 日中国动物学会第十七届理事会第二次常务理事会议修订）

第一条　中国动物学会青年科技奖是中国动物学会设立并组织实施，面向我会分会（专业委员会）和全国各省级动物学会广大青年科技工作者的奖项。旨在推荐一批进入国内和国际动物科学前沿的青年学术带头人；表彰奖励在国家经济发展、社会进步和科技创新中作出突出成就的动物学青年科技人才；为中国青年科技奖推荐和评选工作举荐人才。

第二条　中国动物学会青年科技奖获奖者应具备的条件：

（一）拥护党的路线、方针、政策，热爱祖国，具有"献身、创新、求实、协作"的科学精神，学风正派。

（二）符合以下条件之一：

1. 在动物科学研究领域取得重要的、创新性的成就和作出突出贡献。

2. 在科学技术普及、科技成果推广转化、科技管理工作中取得突出成绩，产生显著的社会效益或经济效益。

（三）年龄不超过 40 周岁。

第三条　中国动物学会青年科技奖与中国青年科技奖同步，每年评选一次；每一届获奖人数不超过壹拾名；往届获奖者不重复受奖。

第四条　中国动物学会青年科技奖候选人推荐单位为我会常务理事、各分会（专业委员会）和全国各省级动物学会，被推荐人需为本会会员。

第五条　中国动物学会青年科技奖工作的组织与评审。

（一）中国动物学会两院院士推选和青年科技奖推荐工作委员会负责我会青年科技奖的组织、领导与评审工作；工作委员会设主任 1 人、副主任 2 人、组员若干人和秘书 1 人。

（二）我会两院院士、青年科技奖推荐工作委员会办公室设在中国动物学会秘书处。

第六条　各级领导机构的职责和评审程序。

（一）中国动物学会两院院士推选和青年科技奖推荐工作委员会决定奖励工作有关事项；审议、修改《中国动物学会青年科技奖条例》和《中国动物学会青年科技奖条例实施细则》；对我会各分会

（专业委员会）和各省级动物学会推荐的人选进行评审，并投票表决。

（二）中国动物学会两院院士推选和青年科技奖推荐工作委员会办公室负责《中国动物学会青年科技奖条例》和《中国动物学会青年科技奖条例实施细则》的起草，以及有关推荐、组织评审和颁奖等日常工作。

第七条　我会将向各推荐单位及获奖者本人通报评选结果，并从获奖者中推荐1~2名人选参加中国青年科技奖的评选。

第八条　"中国动物学会青年科技奖"以精神奖励为主，辅以适当物质奖励，对获奖者将在颁奖仪式上或其他方式颁发加盖中国动物学会印章的证书。

第九条　推荐工作要坚持实事求是、公正合理、宁缺毋滥的原则。发现弄虚作假者，将撤销其获奖资格，并追究有关人员的责任。

第十条　依据本条例另行制定实施细则。

第十一条　本条例自中国动物学会常务理事会会议通过之日起实施。

第十二条　本条例由中国动物学会两院院士推选和青年科技奖推荐工作委员会办公室负责解释。

中国动物学会青年科技奖条例实施细则

一、此实施细则根据《中国动物学会青年科技奖条例》制定。

二、各推荐单位要严格按照评选条件推荐候选人。

三、由各推荐单位组成专家评审组，根据《中国动物学会青年科技奖条例》的有关规定遴选推荐1~2名候选人上报；各推荐单位要将立足国内、长期在科研与生产第一线工作的优秀青年科技工作者推荐上来。

四、报送候选人推荐材料的内容及要求如下：

（一）推荐单位评审报告1份，内容包括推荐工作程序、候选人人数、评审情况等。

（二）推荐单位评审组专家名单1份。

（三）候选人材料：

1. 中国动物学会青年科技奖推荐表原件2份、复印件11份（须加盖本人所在单位和推荐单位公章）。

2. 中国动物学会青年科技奖专家推荐意见表：被推荐人须经三位具有高级职称的专家推荐，三位专家中应有两位与候选人非同一单位。专家推荐意见表各一式4份（其中1份为原件，其他3份可为复印件）。

3. 代表性的成果（不超过3项）及有关证明材料（复印件）：各一式2份，著作附样书一本。科技成果应以在国内作出的为主，被推荐人应为主要完成人或主要贡献者，并附正式鉴定书及获奖排名名次等材料，获奖证书与申报的成果应一致。论文应注明发表的刊物名称、时间、刊期、被引用情况等。取得经济效益的，要有实事求是的证明材料，并加盖有关单位财务章。

为便于评审，上述三项候选人材料应按顺序装订成2册。余下的2份推荐表（其中1份为原件）

也一同上报。

4. 中国动物学会青年科技奖候选人简表由候选人填写，复印 4 份。

（四）候选人先进事迹材料 1 份，1000 字左右，事迹内容应具体，并加盖推荐单位及候选人工作单位公章。

五、评审与审批程序：由中国动物学会两院院士、青年科技奖推荐工作聘请专家组成专家评审委员会，通过无记名投票表决，拟定获奖名单。同时由专家评审委员会从拟定的获奖名单中推荐 1~2 人为中国青年科技奖候选人。

六、本实施细则由中国动物学会两院院士、青年科技奖推荐工作办公室负责解释。

中国动物学会长隆奖奖励办法（试行）

第一章　总则

第一条　为进一步激发动物学科技工作者的聪明才智与科技创新潜力，促进动物学事业的发展，更好地服务国家创新体系建设，根据《中华人民共和国科技进步法》《关于深化科技奖励制度改革的方案》《社会力量设立科学技术奖管理办法》，结合我国动物学领域的实际情况，在广东省长隆慈善基金会的资助下，中国动物学会决定设立"中国动物学会长隆奖"，以表彰在动物学领域科技创新中作出突出贡献的动物学科技工作者，促进动物学事业持续高质量发展，特制定本奖励办法。

第二条　"中国动物学会长隆奖"属于社会力量设奖。奖项的推荐、评审和授奖等过程，遵守国家法律法规，贯彻尊重知识、尊重人才的方针；实行公平、公正的评审原则，实行公开授奖制度，不受任何组织和个人的干预。

第三条　中国动物学会组织成立"中国动物学会长隆奖"评审委员会，由评审委员会具体负责评审工作，评审工作接受常务理事会的指导和监事会的监督。中国动物学会秘书处按照本奖励办法协助完成相关组织和评审工作。

第四条　奖金来源来自广东省长隆慈善基金会。

第二章　奖项设置

第五条　"中国动物学会长隆奖"设置"卓越奖""成就奖""新星奖""启航奖"和"国际学者奖"五个子奖项。除"国际学者奖"外，其他奖项只颁发给具有中国国籍的中国动物学会会员。该奖项每年评审一次。

（一）卓越奖，主要奖励对中国动物学的发展作出了杰出贡献的中国科学家。每年评出 1 名获奖者，并颁发获奖证书、奖牌和奖金。

（二）成就奖，主要奖励长期从事动物学研究并在某一领域取得系统性重要研究成果的中国科学家。每年评出 3 名获奖者，并颁发获奖证书、奖牌和奖金。

（三）新星奖，主要奖励作为 PI 在动物学研究中取得突出成果、45 周岁及以下中国科学家。每年评出 5 名获奖者，并颁发获奖证书、奖牌和奖金。

（四）启航奖，主要奖励在动物学研究中展现出优秀潜能的 35 周岁及以下的博士后、博士生或副高级职称（含）以下的中国青年科技人员。每年评出 10 名，并颁发获奖证书、奖牌和奖金。

（五）国际学者奖，主要奖励在推动中国动物学研究中贡献突出的国际著名外籍动物学家。每年评出 1 名获奖者，并颁发获奖证书、奖牌和奖金。

第三章　组织机构及职责

第六条　"中国动物学会长隆奖"的组织领导机构是中国动物学会常务理事会，对奖励工作进行管理和指导，制定政策，筹措资金，组建评审委员会，批准评审结果并授奖。中国动物学会监事会负责评审工作的监督。

第七条　"中国动物学会长隆奖"的评审机构为评审委员会。评审委员会由 11~13 人组成，设主任 1 人（由学会人才工作组主任担任），副主任 2 人（由学会人才工作组副主任担任），委员由人才工作组相关委员担任。

评审委员会主要职责：

（一）负责奖项的评审工作。

（二）向常务理事会提出评审结果的建议。

（三）对奖项评审工作中出现的有关问题进行处理。

（四）对完善"中国动物学会长隆奖"评审、奖励等工作提供咨询意见和建议。

第八条　"中国动物学会长隆奖"奖励工作办公室为长隆奖的日常办事机构，设在中国动物学会秘书处。主要负责"中国动物学会长隆奖"的组织申报、接受推荐、提名、形式审查、组织评审、社会公示、异议处理和公布结果等具体工作。

第四章　推荐、评审程序

第九条　"中国动物学会长隆奖"候选人采取推荐方式产生，推荐渠道涵盖以下方面：

（一）中国动物学会所属专业分支机构（每次评选活动，每个分支机构成就奖、国际学者奖、新星奖、启航奖最多可推荐四位候选人，单项不超过二位候选人）。

（二）各省、自治区、直辖市动物学会（每次评选活动，每个省学会成就奖、新星奖和启航奖最多可推荐四位候选人，单项不超过二位候选人）。

（三）动物学及相关领域两院院士（每次评选活动，两名院士推荐一位候选人，每位院士最多可推荐三位候选人，单项不超过二位候选人）。

（四）中国动物学会常务理事（每次评选活动，三位常务理事推荐一位候选人；每位常务理事最多推荐三位候选人，单项不超过二位候选人）。

（五）卓越奖通过院士渠道推荐，国际学者奖通过院士、常务理事和专业分支机构渠道推荐。

第十条　符合推荐资格的单位或个人按奖励办法规定提名、推荐"中国动物学会长隆奖"候选人，填写"中国动物学会长隆奖"推荐书，并提供相关成果的证明材料。

第十一条 提名、推荐的候选人的成果应满足以下条件：

（一）符合本办法第五条要求的成果。

（二）推荐的候选人应提供能佐证成果水平的相关材料，其成果的权属、主要完成单位和主要完成人及其排序等不存在争议。

（三）连续两次经评定未获奖的候选人，须间隔一年再被推荐。

（四）成果不得涉及国家秘密，不能违反国家有关规定。

第十二条 "中国动物学会长隆奖"的评审由中国动物学会监事会全程监督。评审委员会负责审查候选人材料，并进行公平、公正评审，通过无记名投票方式评选人选，拟推荐候选人必须获得一半以上的选票，按照获得票数的数量确定拟获奖人选。评审委员会将向中国动物学会常务理事会提出拟获奖人选的建议。学会奖励办公室征求拟获奖候选人本人意见，获得本人书面同意。

第十三条 中国动物学会常务理事会对评审委员会作出的"中国动物学会长隆奖"评审结果以无记名投票方式来进行表决，超过 2/3 常务理事参与投票，需参与投票常务理事 2/3 同意，评审的获奖人选获得审核批准。

第五章 公示与异议处理

第十四条 对评审和审核结果后确定的获奖人选，在中国动物学会官方网站进行公示。公示时间 5 个工作日。在公示期内，任何单位或个人均可实名向"中国动物学会长隆奖"奖励办公室提出异议。"中国动物学会长隆奖"奖励办公室负责协调处理异议。

第十五条 提出异议的单位或者个人应当提供书面异议材料，并提供必要的证明文件。个人提出异议的，应当在书面异议材料上签署真实姓名；以单位名义提出异议的，应当加盖本单位公章。以匿名方式提出异议的不予受理。

第十六条 "中国动物学会长隆奖"奖励办公室在接到异议材料后进行审查，对符合规定并能提供充分证据的异议，应予受理，并组织评审委员和专家进行调查，提出处理意见。

第十七条 为维护异议者的合法权益，"中国动物学会长隆奖"奖励办公室及其工作人员，以及其他参与异议调查、处理的有关人员须对异议者的身份予以保密。

第六章 罚则

第十八条 对学术不端者，经查证属实，将撤销其奖励，追回证书、奖牌和奖金，取消其被再次提名的资格。

第十九条 获奖者若因违法被判刑者，将按规定程序撤销其荣誉称号，追回证书、奖牌和奖金。

第七章 附则

第二十条 "中国动物学会长隆奖"奖项的增设、删减和变更由中国动物学会常务理事会审定。

第二十一条 本章程由中国动物学会常务理事会负责解释。

第二十二条 本办法自 2023 年 8 月修订，9 月 20 日起试行。

附录 4　中国动物学会分会和专业委员会

原生动物学分会

一、发展简史

我国的原生动物学研究始于 20 世纪 20 年代，王家楫、张作人、倪达书等前辈先后在原生动物分类学、细胞学、生态学等方面进行了成就卓著的开拓性工作，为我国的原生动物学研究作出了奠基性贡献。

中华人民共和国成立后，在国家各级部门的大力扶持下，原生动物学研究的发展取得了较全面且长足的进步。在 20 世纪后半叶，王家楫、张作人、倪达书、陈阅增、郑执中、郑守仪、江静波、陈启鎏、沈韫芬、史新柏、马成伦、谭智源、李英杰等前辈在原生动物学各领域的辛勤耕耘，为推动我国原生动物学研究的发展作出了重要贡献。在老一辈科学家的引领和影响下，我国原生动物学研究领域呈现出前所未有的新局面：队伍不断壮大、领域迅速拓展、水平日益提高，这一新局面为我国原生动物学会的成立奠定了基础。

1980 年年初，应张作人教授等学者邀请，美国著名原生动物学家柯里斯教授（John O. Corliss）在上海举办了全国原生动物学学习班，首次使国内同仁在一起进行学术切磋、交流。有感于中国原生动物学研究的新局面和发展需求，柯里斯教授建议成立中国原生动物学学会并得到了国内同仁的积极回应。1981 年 5 月，在张作人、倪达书、陈阅增、江静波、郑执中等人的倡导和组织下，中国（动物学会）原生动物学分会正式成立，并在武汉召开了首次学术讨论会。这是中华人民共和国成立后我国原生动物学界的首次盛会。大会选举张作人教授为主任委员，倪达书、史新柏为副主任委员，沈韫芬任秘书长。学会挂靠在中国科学院水生生物研究所。

为了方便国际学术交往，学会对外称中国原生动物学会（英文名称为 Chinese Protozoological Society）。1985 年起，国际原生动物学会（今国际原生生物学家学会，ISOP）大会委员会（International Commission of Protozoology，ICOP）正式接纳中国原生动物学会为团体会员，陈阅增教授为该委员会的首任中方委员。截至 2023 年 11 月，学会中先后有沈韫芬院士、庞延斌教授、宋微波院士、余育和研究员、缪炜研究员、伦照荣教授、高珊教授成为该国际学会大会委员会的成员。张作人教授（1982）、倪达书教授（1985）、沈韫芬院士（1997）被国际原生动物学家学会授予终身名誉会员。

自 2012 年起，本学会被国际原生生物学家学会接纳为正式会员国，同期先后有近 40 位会员申请加入国际原生生物学家学会并成为该国际组织的正式会员。2011 年，宋微波院士入选国际原生生物学家学会常务执委会成员。目前，学会已形成了由 60 多支学术团队组成、遍及原生生物学各领域的研究队伍，包括 450 余名会员，呈现出近几十年来我国原生动物学界空前的繁荣局面。

二、学术交流活动

自成立以来，学会每四年召开一次会员代表大会，每两年召开一次学术讨论会。为满足学会活跃的成果交流，近年来又在该学术讨论会的间期（偶数年）增设了青年学者研讨会。截至 2023 年 11 月，学会已连续召开了 11 次代表大会和 22 次学术讨论会。相关学术交流活动见附表 4-1。

附表 4-1　原生动物学分会学术交流活动表

会议名称	时间	地点	参会人数	主要承办单位	备注
中国动物学会原生动物学术讨论会暨中国原生动物学学会成立大会	1981 年 5 月 26—30 日	湖北武汉	77	中国科学院水生生物研究所	学会成立大会
中国动物学会原生动物学学会第二届学术讨论会	1983 年 8 月 13—17 日	黑龙江哈尔滨	70	哈尔滨师范大学	
中国动物学会原生动物学学会第二届会员代表大会暨第三次学术讨论会	1985 年 7 月 10—15 日	浙江临安	97	华东师范大学、中国科学院水生生物研究所	
中国动物学会原生动物学学会第四次学术讨论会	1987 年 11 月 10—15 日	广东广州	113	第一军医大学	
中国动物学会原生动物学学会第三次会员代表大会暨第五次学术讨论会	1990 年 10 月 8—12 日	重庆	74	重庆师范学院、第三军医大学和西南师范大学	
中国原生动物学学会成立十周年庆祝大会暨青年学术讨论会	1991 年 5 月 21—25 日	山东青岛	56	青岛海洋大学	
中国原生动物学学会第四次会员代表大会暨第七次学术讨论会	1993 年 9 月 13—18 日	山东济南	59	山东师范大学、曲阜师范大学	
中国原生动物学学会第八次学术讨论会暨寄生原生动物学学术讨论会	1995 年 5 月 8—11 日	上海	121	第二军医大学	
中国动物学会原生动物学分会第五次会员代表大会暨第九次学术讨论会	1997 年 11 月 9—12 日	广东广州	82	第一军医大学	
中国动物学会原生动物学分会暨第十次学术讨论会	1999 年 8 月 15—20 日	山西太原	68	山西医科大学、山西大学	
中国动物学会原生动物学分会第六次会员代表大会暨第十一次学术讨论会（中国原生动物学学会成立二十周年庆祝大会）	2001 年 10 月 14—19 日	湖北武汉	82	中国科学院水生生物研究所	
中国动物学会原生动物学分会第十二次学术讨论会	2003 年 10 月 8—15 日	四川成都	82	四川大学华西医学中心	
中国动物学会原生动物学分会第七次会员代表大会暨第十二届国际原生动物学大会	2005 年 7 月 10—15 日	广东广州	240	南方医科大学	

续表

会议名称	时间	地点	参会人数	主要承办单位	备注
中国动物学会原生动物学分会第十四次学术讨论会	2007年10月11—14日	云南昆明	106	中国科学院昆明动物研究所	
中国动物学会原生动物学分会第八次会员代表大会暨第十五次学术讨论会	2009年7月13—15日	甘肃兰州	137	西北师范大学	
中国动物学会原生动物学分会第十六次学术讨论会	2011年11月8—12日	浙江杭州	192	杭州师范大学	
中国动物学会原生动物学分会第九次会员代表大会暨第十七次学术讨论会	2013年8月19—23日	吉林长春	240	吉林大学	
中国动物学会原生动物学分会第十八次学术讨论会	2015年8月24—27日	山东烟台	270	中国科学院烟台海岸带研究所、烟台大学	
中国动物学会原生动物学分会第十次会员代表大会暨第十九次学术讨论会	2017年11月17—21日	广东广州	380	中山大学	同步举行了原生动物多样性和进化国际研讨会
中国动物学会原生动物学分会第二十次学术讨论会	2019年9月20—24日	黑龙江哈尔滨	242	哈尔滨师范大学	
中国动物学会原生动物学分会第十一次换届会暨第二十一次学术讨论会	2021年10月20—24日	山东青岛	406	中国海洋大学	
中国动物学会原生动物学分会第二十二次学术讨论会	2023年7月26—30日	山西太原	373	山西大学	
中国动物学会原生动物学分会第一届青年学者研讨会	2014年11月16—17日	广东广州	46	中山大学	2014年开始举办青年学者研讨会
中国动物学会原生动物学分会第二届青年学者研讨会	2016年8月13—17日	上海	111	中国农业科学院上海兽医研究所	
中国动物学会原生动物学分会第三届青年学者研讨会	2018年12月21—24日	吉林吉林市	121	吉林医药学院	

三、代表性学术成果

原生动物学分会成立以来，在中国科协、中国科学院、教育部、国家自然科学基金会、中国动物学会及中国科学院水生生物研究所等单位的大力支持下，经过几代人的努力，分会各届委员会密切合作，新老学人栉风沐雨，齐心协力推动原生动物学学科的发展，在多个领域取得了令人瞩目的成绩：以同济大学汪品先、郝诒纯两位院士为首的研究团队开展的化石原生动物研究，中国科学院海洋研究所郑执中、郑守仪院士、谭智源教授等对中国有孔虫、放射虫的研究，中国科学院水生生物研究所倪达书教授领导的中国淡水（鱼病学）病原原生动物的研究等，均为那个时代的扛鼎之作。作为知识创新工程重大项目"三志"中的《中国动物志》已出版了《中国动物志　粘体动物门　粘孢子纲》（陈启鎏、马成伦）、《中国动物志　原生动物门　肉足虫纲　等辐骨虫目　泡沫虫目》（谭智源）、《中国动物志　粒网虫门　有孔虫纲　胶结有孔虫》（郑守仪、傅钊先）、《中国动物志　纤毛

门　寡膜纲　缘毛目》（沈韫芬、顾曼如）四卷。华东师范大学张作人教授及其学生史新柏、庞延斌教授等有关纤毛虫核—质遗传关系的研究，北京大学陈阅增、曹同庚等教授有关上海四膜虫细胞学研究的成果等均代表了当时国际研究的前沿水平。在应用领域，中国科学院水生生物研究所沈韫芬院士领导的研究组创建了《水质—微型生物群落监测—PFU 法》，成为环保部通过的我国第一个自主产权的生物监测法国家标准，也为原生动物学研究向社会和应用领域的转化树立了一面里程碑式的标杆和旗帜。以宋微波院士领导的中国海洋大学原生动物学研究团队为代表的海洋纤毛虫研究连续开展了近 40 年，在多样性、细胞学及分子系统学领域产生了广泛的国际影响，也构成了我国原生动物学研究的新亮点之一。中国科学院昆明动物研究所李靖炎、文建凡领导的团队以原生生物为模型对真核细胞的起源与进化的研究以及适应性进化的研究取得了在国际上都具有特色的成绩。

寄生原生动物对人与家畜的危害极大，而我国正是人畜共患寄生虫病的重灾区。为此，我国相关的综合性大学、医科大学、农业大学、军医大学、军需大学、中国农业科学院、卫生部等下属各研究所、中国预防医学科学院寄生虫研究所、北京热带医学研究所等机构组织了大批学者，如朱师晦、江静波（疟原虫）、李英杰（疟原虫免疫）、徐秉锟（弓形虫）、冯正、胡孝素（利什曼原虫）、王捷、杨惠珍（利什曼原虫）、易有云、连惟能（阿米巴）、许炽标、卢思奇（毛滴虫、贾第虫）、左仰贤（肉孢子虫）、任家驹（寄生原虫）、伦照荣（锥虫、弓形虫）、文建凡（贾第虫）、张西臣、冯耀宇（肠道寄生原虫）、张龙现等学者及其团队，先后投入相关寄生虫类群的鉴定、防治及免疫学等分支的研究中，并在各自领域，如隐孢子虫的分类、分子流行病学特征、宿主适应性的遗传基础、比较基因组学等方面取得了重要成果和影响，也因此进入全球高被引科学家和中国高被引学者榜单，带出了一批优秀的研究队伍和新人。

40 多年来，学会出版了一批专著。在原生动物分类学、形态学、细胞生物学领域，王家楫院士、张作人教授、倪达书教授等前辈生前都在关注着我国《原生动物学》的问世。1999 年，原生动物学分会集体编著（沈韫芬院士主编）的专著《原生动物学》由科学出版社出版。这是我国第一部全面反映全球原生动物学领域新成果的专著，为 20 世纪原生动物学研究的现状和进展完成了一份全视野、全方位的扫描，也因此为新世纪背景下我国原生动物学研究工作的拓展提供了重要基准和参照。同时，《拉汉原生动物名称》（庞延斌、邹士法，1987）、《原生动物生物化学》（沈锡祺译，1990）、《原生动物学实验技术》（庞延斌，1991）、《原生动物学概论》（顾福康，1991）、《原生动物学专论》（宋微波等，1999）、《海水养殖中的危害性原生动物》（宋微波等，2003）、《原生动物学》（宋微波等译，2007）、《中国黄渤海的自由生纤毛虫》（宋微波等，2009）、《鱼病学》（汪建国等，2013）、《腹毛类纤毛虫的细胞发生模式》（宋微波等，2017）、《南海纤毛虫图谱》（胡晓钟等，2019，英文版）等著述先后出版。学会组织编写的《原生动物学科普及丛书》为原生动物学的科学技术普及作出了贡献。

总之，学会通过积极推动学科间的交叉合作、鼓励创新、注重年轻人培养等措施，在促进我国原生动物学研究优势与特色的传承和发扬的同时，很好地把握国际学界的最新发展动态，在一些新兴学科和前沿领域（如基因组学、遗传学、分子免疫学、寄生 / 共生原虫等）取得了一系列引人瞩目的重要成果，并先后发表在《科学通报》、《中国科学》、*Nature*、*Nature Ecology and Evolution*、*Nature*

Communications、*Cell Host & Microbe* 等著名学术期刊上。宋微波院士领导下的中国海洋大学研究室构建了全球最大的海洋纤毛虫 DNA 种库，鉴于他们在分类学—细胞学—系统学领域的影响力，该团队也被著名学者 Helmut Berger 在专著"扉页题献"中称为国际纤毛虫学研究的"公认中心"。

四、学会宣传、科学普及和科技咨询工作

学会在增强我国原生动物学研究在国际领域的影响力、推动研究向更深层次和更高水平发展的同时，积极参与各种国际间的学术交流活动，相继举办了多届亚洲纤毛虫会议（1986，上海；1992，深圳；2006，武汉）、第 12 届国际原生动物学大会（广州，2005）和第三届亚洲原生生物学大会（广州，2018）。这些国际会议的举办为学会赢得了良好的国际声誉，提升了在国际上原生动物界的影响力。

我国学者在国际原生动物学界的影响也更加重要，多位团队带头人应邀在国际原生动物学界具有影响力的学术会议上作大会报告，彰显了对他们工作的高度认可。在国际原生生物学家学会主办的历次国际原生动物学大会上，有多位同行被指定为分会主席。

五、人才队伍建设

学会目前有 450 多名会员、90 多支具有高级职称的稳定队伍，专职从事原生动物学研究的团队 60 多个，所在单位由最初的数家，发展为今天包括华东师范大学、中国科学院水生生物研究所、哈尔滨师范大学、中国海洋大学、南方医科大学、中山大学、北京大学、山西大学、中国科学院昆明动物研究所、中国科学院海洋研究所等遍及国内的几十家科研机构与高校。在原生动物分类学、细胞学、生态学、系统学、基因组学、鱼类寄生原虫、医学寄生原虫、兽医原生动物学等领域形成了一支以中青年学科带头人为骨干的原生动物学研究队伍。近年来，十几人次入选"万人计划"、长江学者、科技部重点领域创新团队，以及获国家杰出青年科学基金和国家优秀青年科学基金资助。

原生动物学领域当选中国科学院院士的学者有 3 位：

沈韫芬院士（1933—2006），女，上海市人。中国科学院水生生物研究所研究员，兼华中科技大学环境科学与工程院院长，长期致力于原生动物分类和生态学研究。1953 年毕业于南京大学生物学系，1995 年当选为中国科学院院士。1956—1960 年留学苏联科学院动物研究所，并获副博士学位。曾任中国动物学会副理事长，中国动物学会原生动物学分会主任委员、名誉主任委员，国际原生动物学会理事，国际原生动物学家协会名誉会员。

郑守仪院士（1931—　），女，菲律宾华侨，中国科学院海洋研究所研究员，长期致力于有孔虫分类与生态学研究。2001 年当选为中国科学院院士。山东省侨联副主席，青岛市副市长，山东省第五、六届政协副主席，致公党第八、九届中央副主席。全国三八红旗手、全国劳动模范称号，第六、七届全国政协常委。

宋微波院士（1958—　），男，中国海洋大学教授，长期致力于原生动物学研究。2015 年当选为中国科学院院士。1982 年本科毕业于山东海洋学院，1985 年获山东海洋学院硕士学位，1989 年获德国波恩大学博士学位。1994 年获国家首届国家杰出青年科学基金资助，1999 年入选教育部"长江学者"特聘教授，2002 年获中国青年科学家奖，并先后两次获得国际原生动物学领域最高规格的

学术成就奖（1992 年度的 Foissner 基金奖，2005 年度的纤毛虫学 Clavat 奖）。曾任中国动物学会副理事长，中国动物学会原生动物学分会主任委员、名誉主任委员，国际原生生物学家学会常务执委，亚洲原生生物学会主席等。

六、分会历届负责人名单

第一届委员会（1981—1985 年）

主 任 委 员：张作人

副主任委员：倪达书　史新柏

秘 书 长：沈韫芬

第二届委员会（1985—1990 年）

主 任 委 员：倪达书

副主任委员：李英杰　庞延斌　史新柏　沈韫芬

秘 书 长：李连祥

第三届委员会（1990—1993 年）

主 任 委 员：沈韫芬

副主任委员：史新柏　李连祥　李英杰　庞延斌

秘 书 长：汪建国

第四届委员会（1993—1997 年）

主 任 委 员：沈韫芬

副主任委员：史新柏　李英杰　庞延斌　汪建国

秘 书 长：汪建国

第五届委员会（1997—2001 年）

主 任 委 员：沈韫芬

副主任委员：汪建国　庞延斌　李　明

秘 书 长：汪建国

第六届委员会（2001—2005 年）

主 任 委 员：余育和

副主任委员：庞延斌　宋微波　汪建国　李　明

秘 书 长：缪　炜

第七届委员会（2005—2009 年）

主 任 委 员：余育和

副主任委员：汪建国　李　明　宋微波　顾福康

秘 书 长：缪　炜

第八届委员会（2009—2013 年）

主 任 委 员：余育和

副主任委员：汪建国　宋微波　顾福康　陈晓光

秘 书 长：缪　炜

第九届委员会（2013—2017 年）

名誉主任委员：余育和

主 任 委 员：宋微波

副 主 任 委 员：顾福康　陈晓光　伦照荣　梁爱华　缪　炜

秘 书 长：缪　炜

第十届委员会（2017—2021 年）

名誉主任委员：余育和

主 任 委 员：宋微波

副 主 任 委 员：陈晓光　伦照荣　缪　炜　文建凡　张西臣

秘 书 长：缪　炜

第十一届委员会（2021—　　）

名誉主任委员：余育和、宋微波

主 任 委 员：伦照荣

副 主 任 委 员：陈晓光　缪　炜　文建凡　张西臣　张龙现

秘 书 长：缪　炜

甲壳动物学分会

一、发展简史

1982 年 12 月 13—17 日，在浙江杭州举行的首届中国动物学会甲壳动物学学术研讨会上，由著名甲壳动物学家郑重、董聿茂、刘瑞玉、侯祐堂、堵南山等人发起成立了中国动物学会甲壳动物学会。会上选举产生了第一届委员会，共 26 名委员。1988 年 10 月，第二届会员代表大会选举产生了第二届委员会，共 34 名委员。1994 年 12 月，第三届会员代表大会选举产生了第三届委员会，共 36 名委员。1998 年 10 月，第四届会员代表大会选举产生了第四届委员会。2002 年，第四届委员会第二次会议同意刘瑞玉院士不再担任分会主任委员职务的请求，并一致推举刘瑞玉院士为分会名誉主任委员；经刘瑞玉院士提议，委员会一致通过，相建海研究员担任分会主任委员。2002 年 11 月 4 日，在青岛召开了庆祝甲壳动物学分会成立 20 周年暨刘瑞玉院士从事海洋科教工作 55 周年学术讨论会，参会人员达到了 240 人，有 16 位院士参加，标志着学会队伍的壮大和学术水平的提高。2004 年 11 月 1—4 日，在青岛组织召开了甲壳动物学分会第五届全国会员代表大会暨第九次甲壳动物学学术研讨会，选举产生了新一届委员会。2013 年 12 月 9—11 日，在青岛组织召开中国动物学会甲壳动物学会第六届委员会暨第十二次学术研讨会，完成了委员会换届选举工作。2019 年 11 月，在海南海口召开的甲壳动物学会第七届委员会暨第十四次学术研讨会，进行了委员会换届选举工作。

二、学术交流活动

甲壳动物学学术研讨会是甲壳动物学分会常规学术会议，截至 2024 年 7 月，已举办 16 次，会议信息见附表 4–2。

附表 4–2　甲壳动物学分会历届学术研讨会

会议名称	时间	地点	参会人数	主要承办单位
学会成立大会及首次学术研讨会	1982 年 12 月 13—17 日	浙江杭州	112	
第二次学术研讨会——虾、蟹人工养殖及增殖中有关科学技术问题研讨会	1985 年 11 月 10—13 日	江苏苏州	150	
第二届会员代表大会及第三次学术研讨会	1988 年 10 月 27—30 日	山东青岛	126	中国科学院海洋研究所
第四次学术研讨会	1991 年 3 月 12—15 日	安徽黄山	130	
第三届会员代表大会及第五次学术研讨会	1994 年 12 月 1—4 日	上海	80	
第四届会员代表大会及第六次学术研讨会	1998 年 10 月 12—16 日	河北承德	155	
第七次学术研讨会	2000 年 11 月 19—25 日	四川成都	93	
庆祝中国甲壳动物学分会成立 20 周年暨刘瑞玉院士从事海洋科教工作 55 周年学术讨论会	2002 年 11 月 4—6 日	山东青岛	240	中国科学院海洋研究所
第五届全国会员代表大会暨第九次甲壳动物学学术研讨会	2004 年 11 月 1—4 日	山东青岛	110	中国科学院海洋研究所
第十次学术研讨会	2009 年 11 月 6—8 日	上海	213	上海海洋大学
第十一次学术研讨会	2011 年 3 月 25—27 日	福建厦门	263	厦门大学
第六届会员代表大会暨第十二次学术研讨会	2013 年 12 月 9—11 日	山东青岛	183	中国科学院海洋研究所
第十三次学术研讨会	2015 年 10 月 23—26 日	山西太原	300	山西大学
第十四次学术研讨会	2017 年 10 月 13—16 日	浙江宁波	390	宁波大学
第七届会员代表大会暨第十五次学术研讨会	2019 年 11 月 8—10 日	海南海口	350	海南大学
第十六次学术研讨会	2022 年 11 月 12—13 日	河北保定 + 线上	6500+	河北大学

除甲壳动物学术研讨会外，分会还分别于 2004 年 11 月 4—6 日在青岛、2006 年 11 月 2—5 日在上海、2008 年 12 月 9—12 日在广州、2010 年 10 月 16—18 日在厦门、2012 年 11 月 16—18 日在宁波、2014 年 12 月 6 日—9 日在湛江、2016 年 11 月 11—14 日在上海、2018 年 11 月 24—26日在汕头、2023 年 11 月 3—5 日在宁波举办了第四至十二届世界华人虾蟹类养殖研讨会，9 次会议共有约 3000 位国内外高校、科研机构及企业代表参加，会议共收到论文摘要 1600 余篇，对虾蟹种质资源与人工繁育、分子生物学与功能基因、健康养殖与病害控制、营养与饲养、养殖生态与环境调控、健康养殖新技术、新模式等问题进行了广泛而深入的探讨，为我国乃至世界虾类的健康养殖、安全生产奠定了良好的基础。大会的成功召开对推动对虾养殖产业的持续稳定发展起到了重要作用。

2009 年 11 月 8—12 日，甲壳动物学分会与上海海洋大学在上海联合主办第一届国际经济蟹类养殖学术研讨会。来自中国、比利时、德国、法国、澳大利亚、菲律宾、加拿大、美国、日本等国际上主要从事蟹类养殖、资源增殖和生物学研究的国家和地区的 100 多位学者参加了本届会议，并收到论文摘要 102 篇。会议期间，46 位中外学者作了报告，代表们就蟹类亲本培育、蟹卵孵化和幼体培育、蟹种和成蟹养殖、遗传和选育等主题进行了深入和广泛的交流讨论。为进一步的国际学术交流和科技合作打下了坚实基础，对提高我国蟹类养殖水平和保护野生蟹类资源具有重大意义。

2010 年 6 月 19—25 日，甲壳动物学分会在青岛承办了国际甲壳动物学会主办的第七届国际甲壳动物学大会。近 40 个国家和地区的 400 余位代表参加了会议。国际甲壳动物学会主席、第七届国际甲壳动物学大会主席 Akira Asakura 教授，国际甲壳动物学会前主席 Rafael Lemaitre 教授、Jeffrey D. Shields 教授，国际生物多样性联合会前主席 John Buckeridge 教授，第七届国际甲壳动物学大会组委会名誉主席、中国科学院海洋研究所刘瑞玉院士，中国水产科学院黄海水产研究所赵法箴院士，第七届国际甲壳动物学大会组委会主席相建海研究员出席会议。会议期间，来自美国、英国、德国、以色列和中国的 8 位著名甲壳动物学家作了大会特邀报告，200 多位来自世界各地的甲壳动物学专家、学者分别在 5 个专题讨论会和 12 个分组讨论会上发言，另有 110 位学者以墙报形式展示自己的研究成果。大会共收到 400 余篇论文摘要。本次大会的召开，为我国甲壳动物学研究人员提供了与国际同行沟通和交流、了解国际甲壳动物学研究最新动态的机会，为我国甲壳动物学更加全面深入开展国际合作提供了契机，同时也进一步提高了我国甲壳动物学研究水平，提升了我国甲壳动物学研究的国际地位和影响力。

三、代表性学术成果

甲壳动物学分会取得的代表性学术成果见附表 4-3。

附表 4-3　甲壳动物学分会取得的代表性学术成果

获奖人姓名	奖项名称	获奖时间	授奖单位
相建海、王如才、王子臣、姜卫国、张培军、王清印	海洋养殖动物多倍体育种育苗和性控技术研究，中国科学院科技进步奖一等奖	2001 年	中国科学院
刘瑞玉、周岭华、李富花、吴长功、宋林生、张晓军、王在照、于奎杰、王兵	海产虾类遗传及繁殖生物学，国家海洋局海洋创新成果奖二等奖	2001 年	国家海洋局

续表

获奖人姓名	奖项名称	获奖时间	授奖单位
相建海、王如才、王子臣、姜卫国、张培军、王清印	主要海水养殖多倍体育种育苗和性控技术，国家技术发明奖二等奖	2005 年	中华人民共和国国务院
王清印、董双林、董昭和、杨红生、孙修勤、黄健、宋微波	海水养殖生物病害发生和抗病力的研究，山东省科技进步奖一等奖	2005 年	山东省人民政府
宋林生、李富花、刘保忠、张晓军	海洋水产动物的遗传学基础和免疫学分子机制，山东省自然科学奖二等奖	2008 年	山东省人民政府
相建海	青岛市突出贡献人才奖	2009 年	青岛市委、青岛市政府
孔杰、王清印、张庆文、孟宪红、罗坤、张天时、栾生、王伟继、刘萍、费日伟	"黄海 2 号"中国对虾新品种多性状复合选育及其推广应用，海洋创新成果一等奖	2009 年	国家海洋局
战文斌	对虾白斑症病毒单克隆抗体库的构建及应用，国家技术发明奖二等奖	2010 年	中华人民共和国国务院
相建海、张国范、宋林生、秦松、刘斌、王广策、孙蔾、肖天、李富花、刘保忠、张培军	山东省优秀创新团队"中国科学院海洋研究所蓝色农业生物技术创新团队"，集体一等功	2010 年	山东省人民政府
陈立侨	中华绒螯蟹育苗和养殖关键技术开发与应用，国家科技进步奖二等奖	2010 年	中华人民共和国国务院
王春琳	浙江省农业科技先进工作者	2011 年	浙江省人民政府
马甡	海水重要养殖动物池塘养殖结构优化，山东省科技进步奖一等奖	2011 年	山东省人民政府
相建海、李富花、刘保忠、张晓军	对虾抗逆、生长等性状的分子生物学基础及其应用研究，山东省自然科学奖二等奖	2012 年	山东省人民政府
马甡	海水池塘高效清洁养殖技术研究与应用，国家科学技术进步奖二等奖	2012 年	中华人民共和国国务院
孔杰、刘寿堂、张天时、张庆文、栾生、曹宝祥、王伟继、薛致勇、孙德强、王荣之、刘雪辉、阮晓红、张天扬、于飞	大菱鲆"丹法鲆"新品种培育与养殖技术，山东省科技进步奖一等奖	2012 年	山东省人民政府
杨国梁	罗氏沼虾"南太湖 2 号"新品种培育与配套技术研究，浙江省科学技术奖一等奖	2013 年	浙江省人民政府
王春琳	浙江省有突出贡献中青年专家	2013 年	浙江省人民政府
孔杰、王清印、孟宪红、罗坤、栾生、张庆文、张天时、王伟继、刘萍、费日伟、曹保祥、刘宁	中国对虾"黄海 2 号"新品种培育与扩繁技术，中华农业科技奖一等奖	2013 年	中华人民共和国农业部神农中华农业科技奖奖励委员会
相建海、李富花、刘小林、于洋、黄皓、张晓军、李诗豪、袁剑波、王全超、高羿	对虾遗传育种技术创新及产业转化，第十一届大北农科技奖水产科学奖	2019 年	大北农科技奖励委员会
李富花、相建海、李诗豪、张晓军	对虾先天免疫体系的分子机制解析，山东省自然科学奖二等奖	2019 年	山东省人民政府
相建海、李富花等	对虾育种技术创新及新品种培育和产业化，山东省科技进步奖一等奖	2022 年	山东省人民政府

四、学会宣传、科学普及和科技咨询工作

分会持续开展宣传、科学普及和科技咨询工作，特别是在科普方面具有显著成效。以分会主任委员李新正研究员为代表的分会会员长期致力于科学普及，在线上、线下科普讲座、科普活动、科普著作等方面均取得大量成果。近年来，李新正研究员以"乘'蛟龙'探深宫""海洋生物那些事儿""走进神秘的海洋生物世界""科技的力量""海洋中的物理""海洋生物多样性及其保护与防灾减灾"等为主题开展的科普讲座，每年现场受众均大于10000人（近两年线上受众人数未做具体统计）。李新正研究员以全国海洋生物学首席科学传播专家、评委、嘉宾等身份参加了中央电视台、山东省科协、青岛市科协、青岛市科普联盟、国家海洋博物馆等组织的"科技工作者日——致敬科学家"节目录制、"青岛海洋科普讲解大赛"、"青岛科普工程建设"、"青岛科普日启动仪式"、"海洋知识竞赛"、"深海沙龙"等大量科普活动。此外，李新正研究员还发表了《跟着蛟龙去探海》（丛书执行主编，其中两册的第一作者）、《水生野生保护动物》（第二作者）、《海洋中的物理》（第一作者）、《一页百科·生命极简史》（主编）等多部科普著作。

五、人才队伍建设

甲壳动物学分会会员获得的称号或奖项见附表4-4。

附表4-4　甲壳动物学分会会员获得的称号或奖项

主要人才称号/奖项	姓名	单位	获奖时间或届次
中国科学院院士	刘瑞玉	中国科学院海洋研究所	1997年当选
国家杰出青年科学基金	何建国	中山大学	2003年
国家优秀青年科学基金	刘海鹏	厦门大学	2012年
	王显伟	山东大学	2016年
	李朝政	中山大学	2020年
	李伟微	上海海洋大学	2023年
中国动物学会长隆奖新星奖	王显伟	山东大学	第二届
中国动物学会长隆奖启航奖	袁剑波	中国科学院海洋研究所	第一届
中国科协青年人才托举工程	王晓丹	华东师范大学	2022年

国内外学术/期刊兼职：

相建海，中国科学院海洋研究所研究员，任国家自然科学基金委员会学科评议专家，国家"863"资源环境技术领域专家委员会主任，国家"863"重大产业化专项总体专家组组长，国家高技术中长期规划海洋技术领域编写组组长，国家S863资源与环境领域专家委员会主任，中国海洋湖沼学会、中国海洋学会和中国水产学会副理事长，山东省海洋工程院副理事长；联合国粮食及农业组织（FAO）咨询专家，国际甲壳动物学会委员会执行委员；《海洋与湖沼》主编，《海洋科学集刊》主

编,《黄海水产研究》副主编,《海洋科学》《海洋学报》《水产学报》等学术刊物的编委。

李新正,中国科学院海洋研究所研究员,任全球海洋生物普查计划(CoML)科学委员会委员,全球海洋生物普查计划中国委员会委员,国际甲壳动物学会执行理事,中国动物学会常务理事,中国动物学会甲壳动物学分会主任委员,中国海洋湖沼学会底栖生物学分会副主任委员,山东动物学会副理事长,青岛市动物学会理事长;国家级海域使用论证评审专家,中国科学院生物多样性委员会委员,中国野生动物保护协会水生野生动物保护分会理事,农业部濒危水生野生动植物种科学委员会委员;《中国动物志》编委,《海洋学报》《动物分类学报》《生物多样性》《海洋科学集刊》《海洋科学》《海洋学研究》等期刊编委,《甲壳动物学论文集》编委会副主任。

六、分会历届负责人名单

第一届委员会(1982.12—1988.10)

名誉主任委员：董聿茂　郑　重

主 任 委 员：刘瑞玉

副主任委员：侯祐堂　堵南山　陈清潮　戴爱云　李少菁

秘　书　长：王永良

副 秘 书 长：陈永寿

第二届委员会(1988.10—1994.12)

主 任 委 员：刘瑞玉

副主任委员：侯祐堂　堵南山　陈清潮　戴爱云　李少菁　邓景耀

秘　书　长：王永良

副 秘 书 长：李茂堂

第三届委员会(1994.12—1998.10)

主 任 委 员：刘瑞玉

副主任委员：侯祐堂　堵南山　陈清潮　戴爱云　李少菁　邓景耀　相建海

秘　书　长：王永良

副 秘 书 长：李新正

第四届委员会(1998.10—2004.11)

主 任 委 员：刘瑞玉(1998.10—2002.10)、相建海(2002.10—2004.11)

副主任委员：侯祐堂　堵南山　陈清潮　戴爱云　李少菁　邓景耀　相建海

秘　书　长：李新正

副 秘 书 长：李富花

第五届委员会（2004.11—2013.12）

名誉主任委员：刘瑞玉

主　任　委　员：相建海

副主任委员：宋大祥　李少菁　王清印　董双林　赵云龙　胡超群

秘　书　长：李新正

副　秘　书　长：李富花

第六届委员会（2013.12—2019.11）

名誉主任委员：相建海　堵南山　李少菁　陈清潮

主　任　委　员：李新正

副主任委员：董双林　何建国　胡超群　李富花　王桂忠　王清印　赵云龙

秘　书　长：李富花（兼）

副　秘　书　长：郭东晖　李伟微　李诗豪

第七届委员会（2019.11—　　）

主　任　委　员：李新正

副主任委员：何建国　孔　杰　李富花　王克坚　王　群　战文斌

秘　书　长：李诗豪

副　秘　书　长：郭东晖　李伟微　董　栋

贝类学分会

一、发展简史

　　贝类学分会于 1981 年 9 月 11—15 日在广州召开的中国动物学会贝类学会成立大会暨学术讨论会上成立，发起人为齐钟彦、刘月英、张福绥等，现作为分会隶属于中国动物学会和中国海洋湖沼学会，挂靠单位为中国科学院海洋研究所。贝类学分会的宗旨是建立海内外贝类学研究人员的学术交流渠道，促进我国的贝类学研究更快更好发展。截至 2023 年 11 月，共有会员 600 余人，遍布国内各科研院所、高等院校和生产单位。

　　分会成立之初，马绣同、林光宇、何义朝、王子臣、王如才、赵洪恩、顾知微、张福绥等多位贝类事业的开创者和奠基人为分会发展和贝类研究作出了重要贡献，他们的精神激励着分会的进步与学术的传承。为了进一步促进中国贝类科学与技术发展，普及贝类学知识，自 2019 年开始，国家科学技术奖励工作办公室批准设立了"张福绥贝类学奖"，截至 2023 年 11 月，已经开展了三届评选活动。该奖项的基金主要来源于分会前主任委员张福绥院士的捐赠及其他合法非财政经费，用于奖励长期致力于贝类学科研或教学并取得突出学术成就或创新性贡献的我国贝类学工作者。

经过 40 余年的发展，贝类学分会已成为一个涵盖古贝类和现生贝类（陆生、医学、淡水和海产贝类）、涉及多学科和技术的综合性学术组织。涉及的研究方向包括古贝类进化与环境变迁，现生贝类的形态、区系、生物多样性、系统演化、医学贝类、遗传育种、生理与病害、养殖与生态环境等。各领域取得的丰硕成果促进了我国贝类学理论和相关技术的应用与发展。截至 2023 年 11 月，分会共举行了 11 次换届大会，产生了十一届委员会。

二、学术交流活动

贝类学分会每两年举办一次学术讨论会，截至 2022 年，共举办了 20 次全国贝类学术讨论会（附表 4-5）。此外，在上级学会中国动物学会和中国海洋湖沼学会举办年会时还会与兄弟分会一同组织水生动物相关分会场。会议已经成为全国贝类研究者共享科研成果、交流学术思想、谋取共同发展的重要学术平台。自 2001 年以来，学术讨论会开始设立大会主题，与会专家学者、主管部门领导和企业家们先后围绕"贝类与人类健康""贝类学研究与资源环境保护""贝类资源及其可持续利用""贝类生物多样性与资源可持续利用""贝类资源可持续利用""中国贝类研究三十年""贝类与全球化""人类活动下的贝类资源保护与利用""贝类与一带一路战略""贝类与绿色发展"等立意明确的大会主题进行广泛的研讨和交流，内容涉及古贝类、陆生贝类、淡水贝类、医学贝类、贝类病害、养殖与生态环境、生物多样性及其保护、引种、育种及其安全性等多个方面。每次讨论会都会有年事已高的贝类学前辈出席，他们时刻关注着贝类学研究和分会的发展，并提出宝贵意见，激励着年轻的一代；分会也为年轻的贝类学研究者和一批优秀的硕士、博士提供了学术交流的平台，他们的研究成果不少已经达到了国际先进水平；更有香港、澳门、台湾地区的贝类学家参会。贝类学分会已经成长成为一个充满活力、和谐融洽的大家庭。

分会不仅是国内学者交流科研思想、学术成果的平台，同时积极走上国际，与世界同行分享中国贝类事业的发展成果。先后承办了第九届医学贝类学与应用贝类学国际大会（IX International Congress on Medical and Applied Malacology）和第十八届国际扇贝研讨会（18th International Pectinid Workshop）两个国际贝类学学术会议（附表 4-6）。作为支持单位协助举办了第八届国际牡蛎研讨会（The 8th International Oyster Symposium）。同时还积极组织国内贝类学家参加世界水产养殖大会的相关专场报告会，有多位成员在国际鲍鱼学会（International Abalone Society）、世界牡蛎学会（The World Oyster Society）、美国有壳渔业协会（National Shellfisheries Association）等国际学术组织担任重要职务。与美国、英国、巴西、智利、西班牙、韩国、泰国等国家的贝类学会建立了良好合作关系，加强了我国与各国学者的合作与交流，对增强我国在国际贝类界的影响和话语权发挥了积极作用，现已成为在国际贝类学界具有一定影响力的学术组织。

在进行学术研究与交流的同时，分会非常注重学术传承和人才培养，积极弘扬老一辈科学家精神。为此，分会参与整理出版了《张玺文集》《齐钟彦文集》等老一辈科学家著作。制作了具有贝类研究特色的"弘扬科学家精神宣传画"，积极加强、贯彻作风和学风建设。贝类学分会还积极推荐年轻贝类科学工作者参评中国动物学会"青年人才托举工程"、青年科技奖等项目，对贝类学学术发展和人才培养起到了积极推动作用。

附表 4-5　贝类学分会举办的全国贝类学学术讨论会

会议名称	时间	地点	参会人数	主要承办单位
中国动物学会贝类学分会成立大会暨学术讨论会	1981 年 9 月 11—15 日	广东广州	88	
中国贝类学会第二次学术讨论会	1983 年 11 月 1—5 日	四川成都	108	
中国动物学会贝类学分会第二次代表大会暨第三次学术讨论会	1986 年 11 月 4—8 日	云南昆明	105	
中国动物学会贝类学分会第四次学术讨论会	1988 年 11 月 4—9 日	安徽黄山	100	
中国动物学会贝类学分会第三次代表大会暨第五次学术讨论会	1991 年 10 月 21—25 日	山东青岛	128	
中国动物学会贝类学分会第六次学术讨论会	1993 年 10 月 24—30 日	陕西西安	110	
中国动物学会贝类学分会第五次代表大会暨第七次学术讨论会	1995 年 10 月 21—27 日	浙江宁波	80	
中国动物学会贝类学分会第八次学术讨论会	1997 年 10 月 4—10 日	浙江南麂岛	129	
中国动物学会贝类学分会第六次代表大会暨第九次学术讨论会	1999 年 10 月 26—29 日	山东泰安	110	
中国动物学会贝类学分会第十次学术讨论会	2001 年 11 月 12—16 日	江苏无锡	101	江苏省寄生虫病防治研究所
中国动物学会贝类学分会第七次会员代表大会暨第十一次学术讨论会	2003 年 10 月 17—22 日	辽宁大连	140	
中国动物学会贝类学分会第十二次学术讨论会	2005 年 9 月 21—24 日	山西太原	96	
中国动物学会贝类学分会第八次会员代表大会暨第十三次学术讨论会	2007 年 10 月 16—19 日	山东济南	128	
中国动物学会贝类学分会第十四次学术讨论会	2009 年 11 月 7—12 日	江西南昌	200	江西省动物学会、南昌大学
中国动物学会贝类学分会第九次会员代表大会暨第十五次学术讨论	2011 年 11 月 28 日—12 月 1 日	广东广州	310	中国科学院南海海洋研究所、中国水产科学研究院南海水产研究所
中国动物学会贝类学分会第十六次学术讨论会	2013 年 10 月 10—13 日	四川成都	260	
中国动物学会贝类学分会第十次会员代表大会暨第十七次学术讨论	2015 年 10 月 14—16 日	湖南长沙	321	
中国动物学会贝类学分会第十八次学术讨论会	2017 年 10 月 10—12 日	陕西西安	375	
中国动物学会贝类学分会第十一次换届大会暨第十九次学术讨论会	2019 年 11 月 18—20 日	广西南宁	323	广西大学
中国动物学会贝类学分会第二十次学术讨论会	2022 年 11 月 26 日	山东青岛	500	中国科学院海洋研究所

附表 4-6　贝类学分会承办的国际贝类学学术会议

会议名称	时间	地点	参会人数	主要承办单位
第九届医学贝类学和应用贝类学国际大会	2006 年 10 月 17—20 日	山东青岛	151 人，其中来自 14 个国家的外国学者 66 人	国际医学和应用软体动物学会、中国动物学会、贝类学分会、中国科学院海洋研究所和青岛市水产学会
第十八届国际扇贝研讨会	2011 年 4 月 20—26 日	山东青岛	近百人，其中来自 13 个国家的外国代表 40 余人	中国科学院海洋研究所、中国海洋大学、中国水产科学研究院黄海水产研究所、贝类学分会

三、代表性学术成果

在分会会员的努力下，我国贝类学研究取得了丰硕的研究成果，促进了贝类学理论和相关技术的应用与发展，推动了我国贝类产业的兴起。先后有张福绥和包振民两位委员当选为中国工程院院士。

基础研究方面，贝类学分会对海洋贝类、淡水贝类和陆生贝类进行了全面系统的分类学研究，基本摸清了我国一些重要经济类群的物种数量与区系特点，发现了一些新属、新种和亚种，澄清和纠正了许多过去长期存在的种间或种内的鉴定错误和分类中的混乱现象，填补了我国贝类中一些重要类群无系统分类研究的空白。在学会的带领下，我国在贝类基因组学、进化发育生物学领域取得了一系列突破性成果，引起国际进化发育学界的关注。在生物技术领域，包括组学技术、高通量基因分型技术、分子育种、基因编辑等前沿技术方面引领了国际研究的发展。此外，学会成员发表和出版了数百篇在国内外有广泛影响的研究论文，包括《创新》、《自然》及其子刊、《美国科学院院刊》等数十篇顶级刊物论文，标志着我国贝类基础研究跃居国际领先水平。

应用研究方面，学会成员在贝类遗传育种、免疫与病害防控、生态环境、养殖技术、产品深加工等方面开展了应用基础研究和技术研发，取得了一大批技术成果，部分研究已跨入国际先进行列。扇贝半人工采苗和人工育苗技术的建立，引领了第三次"海水养殖浪潮"，筏式笼养和多营养层次养殖模式的研发，推动了我国贝类养殖业的发展。贝类杂交育种、多倍体育种、健康养殖等海洋农业科技创新取得了具有广泛影响力的成果，目前我国贝类新品种数量已经达到50余个，促成了乳山牡蛎、钦州大蚝等多个享誉全国的贝类地理标志商标，我国贝类养殖产量占全国海水养殖的70%左右，成为蓝色粮仓的主导产业。

四、学会宣传、科学普及和科技咨询工作

贝类学分会通过上级学会网站等媒体平台参与科普宣传活动，组织会员积极参与中小学生科普教育。在青岛、宁波等主要沿海城市的中小学开展科普报告、科技社团培训、研学等科普活动。分会委员许飞研究员连续多年参加中国科协组织的青少年高校科学营海洋科学专题营活动，为全国各地的中学生普及贝类学知识。分会委员冯伟民研究员入选了国家层面科技报道专家库入库专家。

贝类具有重要的经济价值，因此贝类学分会联合国家贝类产业技术体系，定期组织贝类产业相关专家在沿海贝类养殖主产县开展轻简化实用技术培训，截至2023年11月已举办技术培训和科技咨询服务100余场，培训人员超过5000人。

五、人才队伍建设

贝类学分会会员获得的称号或奖项见附表4-7。

附表 4-7 贝类学分会会员获得的称号或奖项

主要人才称号 / 奖项	姓名	获奖时间或届次
中国工程院院士	张福绥	1999 年当选
	包振民	2017 年当选
国家杰出青年科学基金	宋林生	2009 年
	董云伟	2020 年
国家优秀青年科学基金	王 师	2013 年
	泮燕红	2019 年
	孙 进	2021 年
	李语丽	2022 年
中国动物学会青年科技奖	宋林生	第一届
	王 师	第八届
	张 扬	第九届
	廖明玲	第九届
中国动物学会长隆奖新星奖	董云伟	第一届
中国动物学会长隆奖启航奖	王 静	第一届
	宋 浩	第二届
	廖明玲	第二届
	包立随	第三届
中国科协青年人才托举工程	廖明玲	2019 年
	王 静	2020 年
	宋 浩	2021 年
	黎 奥	2021 年
	毛 帆	2023 年

贝类学分会会员的重要国内和国际学术兼职和期刊兼职见附表 4-8。

附表 4-8 贝类学分会会员的重要国内和国际学术兼职和期刊兼职

姓 名	重要国内和国际学术兼职和期刊兼职
包振民	中国动物学会副理事长、中国水产学会理事长、山东省科学技术协会副主席、山东省青年科学家协会主席
周晓农	中国卫生标准委员会寄生虫病分委会主任委员、中华预防医学会医学寄生虫分会主任委员、全球卫生分会副主任委员、上海寄生虫学会理事长、《Infectious Diseases of Poverty》和《中国血吸虫病防治杂志》主编
宋林生	中国水产学会副理事长、《大连海洋大学学报》、《Fish and Shellfish Immunology Reports》主编
李 琪	世界牡蛎学会（The World Oyster Society）中国区主席
喻子牛	世界牡蛎学会（The World Oyster Society）理事
阙华勇	国际扇贝大会（系列会）组委
游伟伟	国际鲍鱼协会（International Abalone Society）秘书长
郇 聘	全球华人海洋生物学家协会（The Global Chinese Marine Biologists Association）组委会成员

六、分会历届负责人名单

第一届委员会（1981—1986 年）

主 任 委 员：齐钟彦

副主任委员：赵汝翼　张福绥　黄宝玉　郭源华　刘月英

秘 书 长：张福绥（兼）

副 秘 书 长：谢玉坎

第二届委员会（1986—1991 年）

主 任 委 员：齐钟彦

副主任委员：张福绥　黄宝玉　郭源华　刘月英　庄启谦

秘 书 长：张福绥（兼）

副 秘 书 长：谢玉坎

第三届委员会（1991—1995 年）

主 任 委 员：齐钟彦

副主任委员：张福绥　黄宝玉　郭源华　刘月英　庄启谦

秘 书 长：张福绥（兼）

副 秘 书 长：李孝绪

第四届委员会（1995—1999 年）

主 任 委 员：齐钟彦

副主任委员：张福绥　黄宝玉　刘月英　庄启谦

秘 书 长：张福绥（兼）

副 秘 书 长：李孝绪

第五届委员会（1999—2003 年）

主 任 委 员：齐钟彦

副主任委员：张福绥　黄宝玉　刘月英　庄启谦

秘 书 长：张福绥（兼）

副 秘 书 长：李孝绪

第六届委员会（2003—2005 年）

名誉主任委员：齐钟彦

主 任 委 员：张福绥

副 主 任 委 员：黄宝玉　刘月英　庄启谦　张国范

秘 　书　 长：薛钦昭

副 秘 书 长：杨红生

第七届委员会（2005—2007 年）

名誉主任委员：齐钟彦

主 任 委 员：张福绥

副 主 任 委 员：黄宝玉　刘月英　庄启谦　张国范

秘 　书　 长：杨红生

副 秘 书 长：阙华勇

第八届委员会（2007—2011 年）

主 任 委 员：张国范

副主任委员：方建光　包振民　吴小平　杨红生　周晓农　柯才焕

秘 　书　 长：杨红生（兼）

副 秘 书 长：阙华勇

第九届委员会（2011—2015 年）

主 任 委 员：张国范

副主任委员：方建光　包振民　吴小平　杨红生　周晓农　柯才焕

秘 　书　 长：阙华勇

第十届委员会（2015—2019 年）

主 任 委 员：张国范

副主任委员：方建光　包振民　吴小平　周晓农　柯才焕　阙华勇

秘 　书　 长：阙华勇（兼）

副 秘 书 长：许　飞

第十一届委员会（2019—　　）

名誉主任委员：张国范

主 任 委 员：包振民

副主任委员：方建光　刘保忠　吴小平　宋林生　林志华　周晓农　柯才焕　阙华勇

秘 　书　 长：阙华勇（兼）

副 秘 书 长：许　飞　郑小东

蛛形学专业委员会

一、发展简史

中国动物学会蛛形学专业委员会正式成立于 1986 年 7 月，其英文名为 Arachnological Society of China（英文缩写 ASC）。专业委员会的诞生和发展与以下几位中国蛛形学的奠基人紧密相连。

王凤振（1906—1978），1936 年毕业后就职于静生生物调查所，同年携蜘蛛标本赴欧洲求学，1940 年获维也纳大学科学博士学位，回国后在同济大学、第一军医大学和吉林医科大学等单位任一级教授等职。曾参与反对美帝国主义在朝鲜进行细菌战科学工作，在此期间被授予少将军衔。

朱传典（1925—2003），王凤振的衣钵继承人。从 1963 年发表《中国蜘蛛名录》起，在其近 40 年的科学生涯中，共发表蜘蛛相关研究论文 100 多篇，发表蜘蛛新种 100 余种。其间培养的学生陈建、李枢强等，今天仍然奋斗在蛛形学研究的前沿。

尹长民（1923—2009），1955 年开始蜘蛛调查研究。1980 年，受国家农业部委托在湖南师范学院举办为期一年的农田蜘蛛训练班，学员来自全国 15 个省市。尹长民教授一生出版专业著作 8 部、发表论文 160 余篇，发表蜘蛛新种 300 余种。曾先后 7 次获国家、省部级奖励及全国三八红旗手称号。曾任湖南师范学院院长，中共湖南省委常委，省政协副主席，中共中央候补委员、委员，中共十四大代表等职。

宋大祥（1935—2008），1961 年在中国科学院动物研究所工作，曾任无脊椎动物学研究室主任；1979 年赴法国留学；1988 年担任中国科学院动物研究所副所长；1999 年调入河北大学工作，同年当选为中国科学院院士。宋大祥院士积极推动中国蛛形学专业委员会的成立及《蛛形学报》的创刊。共发表论（译）著 270 篇（部），获国家、中国科学院、省级奖励多项。曾任国际动物学会委员、国际动物学命名委员会委员等职。

赵敬钊（1936—　），1958 年毕业于华中师范大学生物学系，同年入职于湖北大学。在 20 世纪 70 年代中期开始聚焦"以蛛治虫"农田生物防治领域的研究，发表论文 130 余篇、专著 10 部。赵敬钊教授为《蛛形学报》的创刊与运营多方协调并担任首任主编。曾荣获全国科学大会奖等 11 个科学奖项。曾任湖北大学副校长、生态研究所所长、湖北省科协常委等职。

1983 年，全国蛛形学研究学者和蛛形学爱好者在昆明召开第一次蛛形学学术讨论会，与会者一致同意朱传典等人提出的成立蛛形学专业委员会的倡议。经中国动物学会同意，中国科协批准，1986 年中国动物学会蛛形学专业委员会成立大会暨第二次学术讨论会在福建武夷山召开，大会选举产生了首届蛛形学专业委员会成员，朱传典任第一届主任委员，专业委员会挂靠在白求恩医科大学（今吉林大学医学院），副主任委员分别为宋大祥、王洪全、陈孝恩，委员包括尹长民、王洪全、古德祥、朱传典、宋大祥、陈孝恩、陈伯刚、汪海珍、杨海峰、赵敬钊、徐嘉生、龚进兴、马晓丽。马晓丽为秘书长。此次会议作出了每四年召开 1 次代表大会，每两年举行 1 次学术讨论会的决定。

蛛形学专业委员会成立后，1992 年创办《蛛形学报》。蛛形学专业委员会正式邀请从事蜱螨研究的科学工作者参加蛛形学专业委员会学术讨论会。自此,蛛形学专业委员会成员包括从事蜘蛛研究和从事蜱螨研究的广大学者及广大爱好者。委员会自成立以来共召开了9次代表大会和17次学术讨论会,促进了国内蛛形学研究同行的交流与合作,推动了我国蛛形学的研究与发展。目前,委员会挂靠在中国科学院动物研究所,李枢强担任主任委员,刘杰、徐湘、张超担任副主任委员,赵喆担任秘书长。截至2023年11月,学会有157名会员。

二、学术交流活动

蛛形学专业委员会举办的学术交流活动见附表4-9。

附表 4-9　蛛形学专业委员会举办的学术交流活动

会议名称	时间	地点	参会人数	主要承办单位	备注
第一次学术讨论会	1983年	云南昆明	88		
中国动物学会蛛形学专业委员会成立大会暨第二次学术讨论会	1986年 7月10—17日	福建武夷山	93		115篇论文摘要, 6个大会报告
第三次学术讨论会	1988年 12月7—9日	四川成都	50	四川省农科院	53篇会议论文, 22个会议报告
第二届代表大会暨第四次学术讨论会	1990年	湖北武汉	57	湖北大学	49篇会议论文, 16个会议报告
第五次学术讨论会	1992年 10月9—12日	陕西西安	50	陕西师范大学	43篇会议论文, 24个会议报告
第三届代表大会暨第六次学术讨论会	1994年 9月21—24日	北京		中国科学院动物研究所	
第四届代表大会暨第七次学术讨论会	1999年	河南郑州	60	河南师范大学	
第八次学术讨论会	2001年 9月19—24日	湖北武汉	40	湖北大学	11个会议报告
第九次学术讨论会	2005年 8月15—22日	河北保定	72	河北大学	27个会议报告
第五届代表大会暨第十次学术讨论会	2007年 10月26—30日	湖南长沙	100	湖南师范大学	30个会议报告
第11次学术讨论会	2009年 9月14—17日	山西太谷	80	山西农业大学	27个会议报告
第六届代表大会暨第12次学术讨论会	2011年 8月1—5日	内蒙古 呼和浩特	115	内蒙古师范大学	26个会议报告
第13次学术讨论会	2013年 10月18—21日	安徽黄山	100	黄山学院	34个会议报告
第七届代表大会暨第14次学术讨论会	2015年 6月19—21日	江西吉安	125	井冈山大学	39个会议报告
第15次学术讨论会	2017年 10月9—13日	重庆	144	西南大学	57个会议报告
第八届代表大会暨第16次学术讨论会	2019年 7月12—14日	辽宁沈阳	146	沈阳师范大学	23个会议报告
第九届代表大会暨第17次学术讨论会	2023年 7月14—16日	贵州铜仁	142	铜仁学院	40个会议报告

三、代表性学术成果

自学会成立以来，学会会员在野生蛛形动物资源调查与利用、农林有害生物绿色防控等方面取得了诸多重要学术研究成果。特别是在蛛形动物的分类学、生态学、生物地理学和行为学等领域，取得了一系列重要学术成就，出版了一系列具有重要学术价值的专著和科研论文。这些著作包括宋大祥、尹长民、朱明生、彭贤锦等人撰写的《中国动物志 无脊椎动物》第八、十、十三、三十五、三十九、四十七、五十三、五十九卷等；李枢强、林玉成完成的《中国生物物种名录 第二卷 动物 无脊椎动物（Ⅰ）蜘蛛纲 蜘蛛目》；郑国、李枢强完成的《森林冠层节肢动物》等。这些著作为中国蛛形学研究提供了详尽的分类和生态信息。

同时，随着新技术和新方法在蛛形动物研究中的应用与普及，学会会员在国际知名学术刊物上发表了一系列高水平的科研论文。部分重要成果发表在 Science、Nature Ecology & Evolution、Nature Communications、Systematic Biology、Current Biology 和 BMC Biology 等知名刊物，为蛛形动物行为学和生物地理学研究作出了重要贡献。例如，陈占起等人在 Science 上发表的关于跳蛛哺乳行为的研究，曾得到国内外媒体的广泛宣传和报道。

此外，学会会员在科技奖项评选中也获得了诸多荣誉。例如，李生才等人因有害生物绿色防控研究技术和示范项目获得了山西省科技进步二等奖（2012）；彭宇、陈建等人因农林蜘蛛的多样性、行为与生态毒理研究而荣获湖北省自然科学三等奖（2020）；郭建军等人因在二斑叶螨与西花蓟马互作及成灾生物学研究方面的贡献获得了贵州省自然科学三等奖（2022）。这些奖项充分体现了学会会员在蛛形动物研究领域的卓越贡献和领先地位。

四、学会宣传、科学普及和科技咨询工作

中国蜘蛛学会在促进中国蛛形纲动物的研究和认识方面发挥了至关重要的作用。多年来，学会形成了一个充满活力的科学家社区，为合作研究、知识交流和研究传播提供了平台。通过举办会议、研讨会和出版刊物等各种活动，促进了前沿研究成果和创新技术的分享，使中国成为推动该研究领域发展的杰出贡献者。学会主办了《蛛形学报》（半年刊），自1992年创刊成功运营30余年，在国内外具有一定的影响力。此外，学会还积极促进公众对蜘蛛类动物的认识和欣赏，揭开围绕这些迷人生物的神话和误解。

湖北大学陈建教授等与中央电视台走进科学栏目合作录制蜘蛛科普相关节目3期，受邀为中国科学院格致论道、上海自然博物馆《绿螺讲堂》、湖北省科协及多所中小学就蜘蛛科普相关内容开展讲座或演讲。

湖南师范大学颜亨梅、彭贤锦教授2020年出版了《蜘蛛学》，促进蜘蛛学专业知识的传播以及"以蛛治虫"理念的推广。同时，徐湘、刘萍等老师充分利用学校动物标本馆的资源优势积极开展科普活动，如在"全国科普活动日""科技活动周""社区科普实践活动"和"生物训练营"为公众进行蜘蛛科学知识的普及，获得广泛好评。

从2019年开始，中国科学院西双版纳热带植物园的陈占起研究员利用央视《科学动物园》、网

络科普平台《CC演讲》《一席》和上海自然博物馆《绿螺讲堂》等公众平台，多次向公众讲解与蜘蛛哺乳行为相关的主题。

江西井冈山大学肖永红团队，2018年受央视科教频道《地理中国》邀约参与科普节目"蛛影迷踪"拍摄，为婺源县附近村民答疑解惑、在央视13套对江西遂川蜘蛛进稻田"以蛛治虫"进行宣传。为吉安市吉水县300多名中小学老师开展科技辅导员培训，贯彻执行党的二十大关于"实施科教兴国战略，强化现代化建设人才支撑"方针。团队成员刘科科被评为江西省优秀科普使者（2021）。

西南大学张志升教授自2014年以来，在大学校园、区县图书馆、市科技馆、中小学等机构或单位开展蜘蛛科普讲座超过20次，举办蜘蛛主题展览超过10次，同时以微信公众号（蜘蛛讲堂）和视频号（Spiderman—Sinica）等形式在线宣传蜘蛛知识，观看超20万人次。此外，张志升、王露雨等人还出版了《中国蜘蛛生态大图鉴》《常见蜘蛛野外识别手册》等科普书籍，荣获中华优秀出版物奖图书奖（2019年）、2019年全国优秀科普图书奖（2021年）等奖项。

贵州大学先后于2006年、2014年举办了两期中国昆虫学会蜱螨专业委员会"蜱螨学暑期研训班"，培训高校、科研院所以及植保站、疾控中心等企事业单位共计160余人，推动了蜱螨基础分类学、生物学、生态学的传播和普及。

五、人才队伍建设

宋大祥，1999年当选中国科学院院士，中国动物学会第十二届副理事长兼秘书长，中国动物学会第十三届理事会理事长，中国科学和技术委员会委员，全国自然科学名词审定委员会委员，中国动物名词审定委员会主任，著作《中国农区蜘蛛》获中国科学自然科学奖三等奖（1990年），著作《The Spiders of China》获国家图书奖三等奖（2002年）。

李枢强，国家杰出青年科学基金（2011—2014年），中国动物学会蛛形学专业委员会主任委员，亚洲蜘蛛学会永久秘书长，*Zoological Systematics* 主编，*Zoological Research* 副主编，*Diversity and Conservation* 执行主编。

彭贤锦，湖南省"新世纪121人才工程"第二层次人选（2008年），湖南省动物学会第六届、第七届理事会理事长，湖南省中学生生物竞赛委员会主任。

李代芹，"长江学者"讲座教授（2023—2028年），*Proceedings of the Royal Society B：Biological Sciences* 副主编，*Raffles Bulletin of Zoology* 副主编，*Australian Journal of Zoology* 编委，*Frontiers in Zoology* 编委，*Acta Arachnologica Sinica* 编委。

张锋，河北省动物学会理事长。

徐湘，入选教育部2012年度"新世纪优秀人才支持计划"（2013—2016年），湖南省杰出青年科学基金（2012—2014年）获得者，湖南省普通高等学校学科带头人（2014—2018年），中国动物学会蛛形学专业委员会副主任委员，湖南省动物学会理事会理事长。

刘杰，湖北省青年英才（2014—2017年），中国动物学会蛛形学专业委员会副主任委员。

赵喆，中国动物学会第一届长隆奖启航奖（2020年）获得者，中国动物学会蛛形学专业委员会秘书长，国际动物学会青年科学家工作小组成员。

李生才，享受国务院政府特殊津贴专家（2004 年），山西省五一劳动一等功奖章（2005 年）获得者，山西省昆虫学会副理事长。

张志升，亚洲蛛形学会主席、重庆动物学会秘书长。

郭建军，贵州省高层次创新型人才（"百"层次）（2021 年），贵州省优秀青年科技人才（2015 年），中国昆虫学会蜱螨专业委员会副主任委员。

夏斌，江西省百千万人才工程人选，获得全国农牧渔业丰收奖（农业技术推广合作奖）（2022 年）、全国农牧渔业丰收奖二等奖（2016 年）、江西省科技进步奖二等奖（2015 年），江西省生态学会副理事长，《蛛形学报》编委。

陈占起，中国动物学会第八届青年科技奖（2019 年）获得者。

肖永红，林浩然动物科学技术奖（2020 年）获得者，江西省"新世纪百千万人才工程"人选（2010 年），江西省高等学校中青年骨干教师（2011 年），吉安市科技特派员工作优秀团队成员（2023 年）。

佟艳丰，辽宁省动物学会理事长，中国动物学会第四届青年科技奖（2011 年）获得者，*Biodiversity Data Journal* 编委。

郑国，辽宁省动物学会副理事长，辽宁省昆虫学会副理事长。

姚志远，辽宁省"兴辽英才计划"青年拔尖人才，辽宁省动物学会秘书长，*Zoological Research* 青年编委，*ZooKeys* 编委。

张士昶，湖北省楚天学子（2018—2023 年），*Integrative zoology* 青年编委，*Zoological research* 青年编委。

蒋平，林浩然动物科学技术奖（2020 年），江西省高等学校中青年骨干教师（2011 年），江西省科技厅"井冈山之星"青年科学家（2013 年）。

六、分会历届负责人名单

第一届委员会（1986—1990 年）

主 任 委 员：朱传典

副主任委员：宋大祥　王洪全　陈孝恩

秘 书 长：马晓丽

第二届委员会（1990—1994 年）

主 任 委 员：赵敬钊

副主任委员：宋大祥　王洪全　陈孝恩

顾 问：朱传典

秘 书 长：李代芹　陈　建（李代芹出国后接任）

第三届委员会（1994—1999 年）

主 任 委 员：赵敬钊

副主任委员：宋大祥　王洪全　陈孝恩

顾　　　问：朱传典

秘 书 长：陈　建

第四届委员会（1999—2007 年）

主 任 委 员：赵敬钊

副主任委员：宋大祥　王洪全　陈孝恩　陈　建　朱明生

顾　　　问：朱传典

秘 书 长：陈　建（兼）

第五届委员会（2007—2011 年）

主 任 委 员：朱明生

副主任委员：陈　建　彭贤锦　李枢强

顾　　　问：宋大祥　赵敬钊

秘 书 长：张　锋

第六届委员会（2011—2015 年）

主 任 委 员：彭贤锦

副主任委员：李枢强　陈　建　张　锋

顾　　　问：赵敬钊　朱志民

秘 书 长：徐　湘

第七届委员会（2015—2019 年）

主 任 委 员：陈　建

副主任委员：李枢强　彭贤锦　张　锋

顾　　　问：赵敬钊　朱志民

秘 书 长：刘　杰

第八届委员会（2019—2023 年）

主 任 委 员：李枢强

副主任委员：陈　建　彭贤锦　张　锋

秘 书 长：赵　喆

第九届委员会（2023—2027 年）

主 任 委 员：李枢强

副主任委员：刘　杰　徐　湘　张　超

秘 书 长：赵　喆

寄生虫学专业委员会

一、发展简史

在钟惠澜、吴淑卿、唐仲璋、徐荫琪、孔繁瑶、顾昌栋等老一辈寄生虫学家的倡导下，中国动物学会寄生虫学专业委员会于 1985 年 1 月 14—18 日在福建省厦门市鼓浪屿成立，由来自医学寄生虫学、兽医寄生虫学、鱼类寄生虫学、野生动物寄生虫学、植物线虫学诸领域的寄生虫学家和青年工作者组成，目前有来自大专院校和科研院所等机构的教授、研究员、医师、兽医师和研究生在内的会员 800 余人。专业委员会搭建了一个促进跨学科和跨领域合作与创新的桥梁，对保护人类健康、动物健康和环境健康，实现健康中国以及构建人类命运共同体的国家重大战略目标具有重要作用。专业委员会刊物为《寄生虫与医学昆虫学报》。

专业委员会的宗旨是民主办会，倡导优良学风和实事求是的科学精神，围绕国家寄生虫病防控重大战略需求，鼓励学术"百花齐放、百家争鸣"，团结组织全国从事科研、教学、临床和生产实践的寄生虫学家和青年工作者，定期交流国内外最新研究理论与技术成果，推进我国寄生虫学整体水平的快速提高。

随着与细胞生物学、分子生物学、免疫学、遗传学等学科的不断交叉融合，寄生虫学的研究领域有了新的拓展。寄生虫学专业委员会为促进寄生虫学新领域快速提升和发展，在推进对经典寄生虫学，如寄生虫形态、分类、生活史、生态等方面进行持续研究外，积极倡导应用现代生物学新技术，如"组学"、基因编辑、表观遗传研究技术进行寄生虫和寄生虫病的研究。在寄生虫与宿主的相互作用机制、寄生虫病及其病原的标识性分子、寄生虫病分子流行病学、寄生虫病疫苗与寄生虫病防治药物的作用机制、寄生虫生物控制以及可持续发展的生态环境保护等方面的研究也取得长足进展。

专业委员会每两年分别召开一次全国寄生虫学学术会议和寄生虫学青年工作者学术研讨会，每四年召开一届全国寄生虫学专业委员会会员代表大会。截至 2023 年 11 月，已成功召开九届全国会员代表大会、十八次全国寄生虫学学术会议以及十二次寄生虫学青年工作者学术研讨会。

在国家和各部门的重视下，在中国科协和中国动物学会的指导和支持下，我国寄生虫学的科学研究工作取得了长足发展，并逐渐获得国际同行的关注和认可。为进一步推动我国寄生虫学的教学与科研事业达到国际水平，推进我国寄生虫学研究的系统性、前瞻性和创新性，寄生虫学专业委员会于 2005 年组织发起并在我国连续召开了国际寄生虫学学术研讨会（International Symposium of Parasitology），截至 2023 年 4 月，已成功召开九次国际寄生虫学学术研讨会。第一次至第九次国际寄生虫学学术研讨会分别于云南省昆明市（2005 年）、福建省武夷山市（2007 年）、陕西省西安市（2009 年）、广西壮族自治区南宁市（2011 年）、贵州省贵阳市（2013 年）、甘肃省兰州市（2015 年）、江西省九江市（2017 年）、河北省石家庄市（2019 年）和辽宁省沈阳市（2023 年）召开。国际寄生虫学学术研讨会的成功举办，为寄生虫学工作者，尤其是青年工作者建立了全球性的寄生虫学合作交流平台，提高了我国寄生虫学研究水平，加快了我国寄生虫病防治技术的创新与推广。每两年召开一次的寄生虫学青年工作者学术研讨会最近四次会议分别在无锡（第 9 次，2014 年）、成都（第 10 次，2016 年）、昆明（第 11 次，2018 年）和合肥（第 12 次，2020 年）举办，为专业领域内的青年才俊提供了广阔的学术展示和交流平台。

在 2022 年新冠疫情持续肆虐之际，为保障学术交流的持续进行，专业委员会经过研讨决定启动"线上系列专题讲座"。此活动已成功举办 11 期，赢得了广大学者的一致好评。参与分享的报告者包括来自 University of Texas、Cleveland State University、中国科学院、复旦大学、University of California、厦门大学、华中农业大学、Rush University Medical Center、Drexel University College of Medicine、Clemson University 及华南农业大学等国内外知名学府和研究机构的专家。讲座主题广泛，涵盖了寄生虫学中的关键虫种，在虫体与宿主的互作研究上，充分发挥分子生物学、遗传学、免疫学、营养代谢、疫苗开发、新药研究以及其他前沿新技术的优势，拓展了这一特殊时期的学术交流领域，展现了学科交叉的前景，为传统经典寄生虫学的发展注入了新的活力。

本分会中文名称为中国动物学会寄生虫学专业委员会，英文名称为 Chinese Society of Parasitology。

二、学术交流活动

专业委员会每两年举办一次全国寄生虫学学术会议和青年工作者研讨会，每四年召开一次会员代表大会。已成功召开九届会员代表大会、十八次学术会议及十二次青年工作者研讨会。在国家和各部门的支持下，中国寄生虫学科学研究蓬勃发展，并成功举办了九次国际寄生虫学学术研讨会，推动了合作交流。2022 年启动了线上专题讲座，已举办 11 期，报告者来自国内外知名学府和研究机构，内容涉及分子生物学、遗传学、免疫学、新药研究等前沿技术，为寄生虫学领域注入新活力，得到了广泛好评。相关信息见附表 4-10。

附表 4-10　寄生虫学专业委员会举办的学术交流活动

会议名称	时间	地点	参会人数和论文数	主要承办单位	备注
第一届全国会员代表大会暨第一次全国寄生虫学学术会议	1985 年 1 月 14—18 日	福建厦门鼓浪屿	183 人，569 篇	厦门大学	选举产生了第一届专业委员会，共 25 名委员
第二次全国寄生虫学学术会议	1987 年 5 月 9—13 日	四川成都	357 人，705 篇		
第二届全国会员代表大会暨第三次全国寄生虫学学术会议	1990 年 4 月 17—21 日	陕西西安	324 人，612 篇		选举产生了第二届专业委员会，共 47 名委员
第四次全国寄生虫学学术会议	1992 年 9 月 14—18 日	新疆乌鲁木齐	90 人，332 篇		台湾地区寄生虫学工作者代表参加了本次学术会议并作了学术报告

会议名称	时间	地点	参会人数和论文数	主要承办单位	备注
第三届全国会员代表大会暨第五次全国寄生虫学学术会议	1995 年 8 月 15—19 日	北京市	100 人，95 篇	中国农业大学	会上选举产生了第三届专业委员会，共 45 名委员
第六次全国寄生虫学学术会议	1997 年 11 月 14—18 日	广西桂林	112 人，145 篇		
第四届全国会员代表大会暨第七次全国寄生虫学学术会议	1999 年 10 月 26—30 日	浙江杭州	103 人，119 篇		会上选举产生了第四届专业委员会，共 61 名委员
第八次全国寄生虫学学术会议	2001 年 7 月 27—30 日	黑龙江哈尔滨	92 人，104 篇	哈尔滨医科大学	
第五届全国会员代表大会暨第九次全国寄生虫学学术会议	2003 年 11 月 25—29 日	广东深圳	187 人，116 篇	广东省深圳市疾病控制与预防中心	会上选举产生了第五届专业委员会，共 65 名委员
第十次全国寄生虫学学术会议暨第一次国际寄生虫学学术研讨会	2005 年 10 月 25—29 日	云南昆明	137 人，190 篇		
第六届全国会员代表大会暨第十一次全国学术会议暨第二次国际寄生虫学学术研讨会	2007 年 10 月 16—21 日	福建武夷山	170 人，225 篇		选举产生了第六届专业委员会，共 86 名委员
第十二次全国寄生虫学学术会议暨第三次国际寄生虫学学术研讨会	2009 年 10 月 23—26 日	陕西西安	180 人，260 篇		
第七届全国会员代表大会暨第十三次全国学术会议暨第四次国际寄生虫学学术研讨会	2011 年 11 月 5—9 日	广西南宁	186 人，160 篇	广西大学	选举产生了第七届专业委员会，共 86 名委员
第十四次全国学术会议暨第五次国际寄生虫学学术研讨会	2013 年 7 月 31 至 8 月 4 日	贵州贵阳	200 人，209 篇	贵阳医学院	
第八届全国会员代表大会暨第十五次全国学术会议暨第六次国际寄生虫学学术研讨会	2015 年 8 月 12—16 日	甘肃兰州		中国农业科学院兰州兽医研究所	选举产生了第八届专业委员会，共 108 名委员
第十六次全国学术会议暨第七次国际寄生虫学学术研讨会	2017 年 10 月 13—17 日	江西九江	421 人，237 篇	江西农业大学	
第九届全国会员代表大会暨第十七次全国学术会议暨第八次国际寄生虫学学术研讨会	2019 年 10 月 16—20 日	河北石家庄	429 人，169 篇	河北师范大学	选举产生了第九届专业委员会，共 108 名委员
第十八次全国寄生虫学学术会议暨第九次国际寄生虫学学术研讨会	2023 年 4 月 7—10 日	辽宁沈阳	368 人，235 篇	沈阳农业大学	

三、代表性学术成果

寄生虫病尤其是人畜共感染寄生虫病曾经长期肆虐于华夏大地，给广大人民生命健康和安全造成极大威胁，"千村薜荔人遗矢，万户萧疏鬼唱歌"就是其真实写照。中华人民共和国成立以来，在党和政府的领导下，医学寄生虫学、兽医寄生虫学科技工作者协力攻关，深入展开寄生虫病防治的基础研究和技术攻关，并与流行病学、药物学工作者等通力合作，制定、实施并逐渐完善科学合理的防治策略，在寄生虫病防治方面取得了举世瞩目的伟大成就，早在 1958 年就基本根除了黑热病在华东、华北地区的流行。专业委员会成立以来，充分发挥寄生虫学各专业方向、领域工作者的"纽带"作用，建立和提供学术交流平台，积极献计献策于人群、动物、林业健康卫生行政决策部门，深度参与寄生虫病群防群治行动，为根除危害严重的人畜共患寄生虫病、降低人畜共患寄生虫病感染率、提高我国人口健康水平和动植物生产水平、减少经济损失作出了重要贡献。在 2006 年我国获得世界卫生组织认证消除淋巴丝虫病后，2021 年又获得世界卫生组织颁发的《消除疟疾证书》，使流行我国数千年、过去数十年间平均每年 3000 多万人罹病的疟疾再无本地感染病例发生；流行于我国长江流域及其以南 12 个省、自治区、直辖市 2000 多年、中华人民共和国成立初期有 1200 多万患者的血吸虫病在不同地区已分别达到消除、传播阻断或传播控制标准，耕牛也已基本无新发病例，全面消灭血吸虫病指日可待；曾经肆虐于我国西北地区、严重危害人和牛、羊、驼生产的棘球蚴病，在国家将其根除纳入国家经济发展计划的强劲推动下，医学和兽医寄生虫学工作者与临床医师、疾控中心防疫工作者密切合作，在流行病学、虫株生物学特性、疾病临床早期诊治、药物和手术治疗、晚期泡型包虫自体肝移植和肝体积快速增积技术、快速康复等诸方面取得了世界公认的巨大成就。与 20 世纪 90 年代相比，人畜整体感染率下降了 90% 以上，其中人群感染率从 2.68% 降至 0.18%，绵羊和家犬的感染率已分别从 90 年代的 40.27% 和 23.61% 大幅下降至 0.71% 和 0.92%，流行面积已从地方性流行缩小为局部灶点状存在，全面根除棘球蚴病企踵可待。其他一些曾严重威胁我国人民健康和畜牧业生产的寄生虫病也得到全面控制，以钩虫为代表的土源性线虫为例，改革开放之初，我国农村地区感染率曾高达 62.6%，而目前我国人群的土源性寄生虫总感染率仅为 3.38%，绝大部分地区人群的肠道蠕虫感染已不再构成严重的健康威胁；在动物寄生虫病防治方面，研制开发了国家一类抗球虫新药海南霉素和沙咪珠利，在国际上首次研制成功兔球虫病疫苗，并开发了有独立知识产权的多款鸡球虫病疫苗，显著降低了球虫病对集约化养鸡、养兔生产所造成的经济损失，有效控制了严重危害牛、马、猪、羊、犬等健康的伊氏锥虫病，全国范围内已数年无临床病例报道；经对圆线虫、类圆线虫等蠕虫生活史及其在草原生态系统中种群变化动态研究，兽医寄生虫学工作者在国际通行的"春秋季二次驱虫"经典方法基础上，提出了全新的"冬季驱杀线虫幼虫"的防治方案，使放牧牛羊等的线虫感染率降至 5% 以下，消化道、呼吸道线虫感染不再成为放牧动物生产的主要威胁，极大提高了放牧牛羊生产效益。与此同时，在寄生虫病原生物学、寄生虫感染的流行规律及分子流行病学、寄生虫致病机理与抗寄生虫免疫、寄生虫病疫苗、抗寄生虫药物、寄生虫病诊断与流行监测等方面也进行了深入研究，在国际主流刊物发表数千篇学术论文，编著、参与编著并在国内外出版数十余部学术专著，多名学者进入国际高被引行列，或被聘为国际专业学会、委员会等学术组织委员，学术期刊／专题主编、副主编、编委等学术兼职。

四、学会宣传、科学普及和科技咨询工作

寄生虫学专业委员会在中国动物学会和中国科协的支持下，长期致力于科普宣传工作。鼓励广大会员参与，与总会、本专业委员会及其他分会合作，不断探索科普宣传的新方法，建立新农村的科普传播体系，并深入研究畜牧业寄生虫学防控的科普策略。目标是创作主题明确、受众广泛、易于公众参与的科普项目。

自寄生虫学专业委员会成立之初，我国知名的寄生虫学专家，如孔繁瑶教授，就积极支持并组织了全国寄生虫学讲习班和蠕虫学培训班。这些活动为我国培养了大量寄生虫学的教学和科研人才，并使更多的人了解寄生虫学及其疾病的科普知识。

专业委员会的专家都是寄生虫学的科普领军人物。他们参与了众多的科普和宣传活动，如出版科普书籍、制作影像资料，并参与了国家和省部级的科普宣传项目。他们致力于普及兽医和人体寄生虫学的基础知识，强调预防为主，早期防治。例如，陈启军教授的"什么是动物医学"、胡薇教授的"神秘的寄生虫"、索勋教授导读的"动物医生"、邹洋教授的"科学的亲近自然"科普讲座，以及陈晓光教授的"登革热防控"主题讲座等。

目前，我们正在按照总会和中国科协的指导，积极筹建全国科普教育基地。

五、人才队伍建设

在人才队伍建设和培养方面，寄生虫学专业委员会始终注重各层次人才的建设与培养。多年来，通过搭建多个学术交流平台，邀请了国内外知名的专家学者进行学术前沿报告，为众多青年才俊创造了宝贵的交流与合作机会。经过努力，寄生虫学专业委员会已培养出一大批杰出的寄生虫学家和优秀青年学者，他们在自己的研究领域均取得了卓越的成就。

寄生虫学专业委员会会员获得的称号或奖项见附表 4-11。

附表 4-11　寄生虫学专业委员会会员获得的称号或奖项

姓名	主要人才称号 / 奖项	获得年份
陈启军	国家杰出青年科学基金	2007 年
	新世纪百千万人才工程	2007 年
	国务院特殊津贴专家	2013 年
朱兴全	新世纪百千万人才工程	2006 年
	国家杰出青年科学基金	2007 年
	全国农业科研杰出人才	2011 年
	中国青年科技奖	1995 年
	"973 项目"首席科学家	2015 年
	全国五一劳动奖章	2008 年
	全国农业先进个人	2016 年
	国务院特殊津贴专家	2010 年
刘明远	中国青年科技奖	2004 年
	新世纪百千万人才工程	2006 年
	国家杰出青年科学基金	2009 年
	国家万人计划	2016 年
汪世平	卫生部优秀青年科技人才	1995 年
	全国地方病跨世纪人才	1997 年
	国务院特殊津贴专家	1998 年
	国家百千万人才工程	1999 年

续表

姓名	主要人才称号／奖项	获得年份
汪世平	中组部管高级专家	2004 年
李建华	中青年科技创新领军人才	2016 年
	国家万人计划科技创新领军人才	2018 年
	"长江学者"特聘教授	2019 年
冯耀宇	国家杰出青年科学基金	2014 年
胡 薇	国家杰出青年科学基金	2017 年
	国务院特殊津贴专家	2020 年
江陆斌	国家杰出青年科学基金	2020 年
申 邦	国家杰出青年科学基金	2023 年
	国家优秀青年科学基金	2018 年
袁 晶	"长江学者"特聘教授	2023 年
杨晓野	国务院特殊津贴专家	2005 年
诸欣平	国务院特殊津贴专家	2004 年

我国寄生虫学家的研究成果也得到了国际同行的广泛认可。2014 年至今，肖立华教授 4 次入选科睿唯安全球"高被引科学家"榜单，陈启军、朱兴全、冯耀宇、张龙现、伦照荣、李祥瑞、肖立华多次入选爱思唯尔"中国高被引学者"榜单，其中陈启军、朱兴全和冯耀宇连续 9 次入选。鉴于中国寄生虫学的卓越贡献，陈启军担任瑞典卡罗琳医学院诺贝尔奖委员会成果鉴定专家（2013 年 5 月至 2015 年 12 月），索勋先后担任欧盟第六第七框架疾病控制工具球虫病项目组成员。同时，多人长期担任寄生虫和微生物领域国际期刊的副主编和编委（附表 4-12），参与相关领域国际学会任职（附表 4-13），提升了我国寄生虫学者的国际学术影响力。

附表 4-12　学会委员在国际期刊的任职情况

专家姓名	杂志任职	起止时间	杂志名称
朱兴全	主编	2014 年—至今	*Parasites & Vectors*
江陆斌	主编	2023 年 1 月—至今	*Decoding Infection & transmission*
朱兴全	副主编	2022 年—至今	*Frontiers in Cellular and Infection Microbiology Section "Parasite and Host"*
朱兴全	副主编	2018 年—至今	*Parasitology Research*
张龙现	副主编	2023 年—至今	*Heliyon*
冯耀宇	副主编	2018 年—至今	*Parasitology Research*
肖立华	副主编	2015—2020 年	*Clinical Microbiology Reviews*
肖立华	副主编	2017 年—至今	*Parasitology Research*
陈启军	编委	2013 年—至今	*Parasite*
朱兴全	编委	2007 年—至今	*Trends in Parasitology*
朱兴全	编委	2019 年—至今	*Veterinary Parasitology*

续表

专家姓名	杂志任职	起止时间	杂志名称
张龙现	编委	2020 年—至今	*Infection，Genetics and Evolution*
张龙现	编委	2019 年—至今	*Infectious Diseases of Frontiers in Microbiology*
张龙现	编委	2019 年—至今	*Veterinary Parasitology：Regional Studies and Reports*
张龙现	编委	2019 年—至今	*One Health*
张龙现	编委	2022 年—至今	*Transboundary and Emerging Diseases*
张龙现	编委	2022 年—至今	*International Journal for Parasitology：Parasites and Wildlife*
伦照荣	编委	2018 年—至今	*Parasitology*
伦照荣	编委	2016 年—至今	*Experimental Parasitology*
伦照荣	编委	2015 年—至今	*Parasitology Research*
申 邦	编委	2023—2024 年	*Communications Biology*
申 邦	副主编	2021—2027 年	*Animal Diseases*
胡 薇	编委	2023 年—至今	*Parasitology*
陈启军	主编	2018 年—至今	《沈阳农业大学学报》
王 恒	副主编	2005—2014 年；2018 年—至今	《寄生虫和医学昆虫学报》
陈启军	副主编	2011 年—至今	《寄生虫与医学昆虫学报》
诸欣平	副主编	2011 年—至今	《寄生虫和医学昆虫学报》
索 勋	副主编	2011 年—至今	《寄生虫和医学昆虫学报》
诸欣平	编委	2013—2018 年	《中国寄生虫学与寄生虫病杂志》
王 恒	编委	2018—2022 年	《基础医学和临床杂志》
王 恒	编委	2003—2018 年	《中国寄生虫学与寄生虫病杂志》
陈启军	编委	2011 年—至今	《中国兽医学报》
沈继龙	副主编	1996—2016 年	《中国人兽共患病学报》
沈继龙	副主编	2006—2015 年	《热带病与寄生虫学》
沈继龙	常务副主编	2005—2012 年	《临床输血与检验》杂志
李祥瑞	编委	2007 年—至今	《寄生虫和医学昆虫学报》
李祥瑞	编委	2007 年—至今	《动物医学进展》
李祥瑞	编委	2004 年—至今	《畜牧与兽医》
李祥瑞	编委	2007 年—至今	《南京农业大学学报自然科学版》
李祥瑞	编委	2009 年—至今	《中国动物传染病学报》
胡 薇	副主编	2018 年—至今	《中国寄生虫学与寄生虫病杂志》
胡 薇	编委	2016 年—至今	《中国血吸虫病防治杂志》
胡 薇	编委	2019 年—至今	《热带病与寄生虫学杂志》
胡 薇	副主编	2023 年—至今	《中国血吸虫病防治杂志》

附表 4-13 寄生虫学专业委员会委员在其他学术机构任职情况

专家姓名	学会任职	起止时间	学会名称
陈启军	副理事长	2022 年一至今	中国畜牧兽医学会
陈启军	常务理事	2013 年一至今	中国畜牧兽医学会家畜寄生虫学分会
陈启军	常务理事	2019—2024 年	中国动物学会
朱兴全	常务理事	2002 年一至今	中国畜牧兽医学会兽医寄生虫学分会
诸欣平	委员	2010 年一至今	国际旋毛虫病委员会
伦照荣	主席	2018—2022 年	亚洲原生动物学会
伦照荣	主任委员	2021 年一至今	中国动物学会原生动物学分会
王中全	委员	2000 年一至今	国际旋毛虫病委员会
崔晶	委员	2010 年一至今	国际旋毛虫病委员会
沈继龙	副主任委员	2005—2013 年	中华医学会热带病与寄生虫学分会
李祥瑞	副主任委员	2004 年一至今	中国畜牧兽医学会兽医寄生虫学分会
李祥瑞	常务副主任委员	2013 年一至今	中国兽医协会专家工作委员会
李祥瑞	副主任委员	2019 年一至今	中国兽医协会教育工作委员会
李祥瑞	秘书长	2011—2021 年	教育部全国兽医专业学位研究生教育指导委员会
李祥瑞	委员	2003—2013 年	教育部高等学校动物医学类教学指导委员会
胡薇	委员	2020 年一至今	教育部科技委生物医学部
胡薇	委员	2016 年一至今	卫生部标准委员会寄生虫标准分委会
索勋	副主任委员	2008 年一至今	中国畜牧兽医学会兽医寄生虫学分会
索勋	委员	2003—2013 年	欧盟第六第七框架疾控工具球虫病项目专家组

六、专业委员会历届负责人名单

第一届委员会（1985 年 1 月—1990 年 4 月）

主 任 委 员：吴淑卿

副主任委员：孔繁瑶　贺联印　唐崇惕　周祖杰　徐秉锟

秘 书 长：沈守训

副秘书长：贠莲

第二届委员会（1990 年 4 月—1995 年 8 月）

主 任 委 员：贺联印

副主任委员：孔繁瑶　陈佩惠　齐普生　唐崇惕

秘 书 长：沈守训

第三届委员会（1995 年 8 月—1999 年 10 月）

主 任 委 员：孔繁瑶

副主任委员：陈佩惠　贠莲　齐普生　沈守训　徐秉锟

秘　书　长：沈守训

第四届委员会（1999 年 10 月—2003 年 11 月）
主 任 委 员：邱兆祉
副主任委员：陈佩惠　贠　莲　段嘉树　陈观今　薛采芳　甘绍伯
秘　书　长：沈守训

第五届委员会（2003 年 11 月—2007 年 10 月）
主 任 委 员：王　恒
副主任委员：邱兆祉　段嘉树　薛采芳　詹希美　诸欣平　索　勋
秘　书　长：程远国

第六届委员会（2007 年 10 月—2011 年 11 月）
名誉主任委员：唐崇惕院士
主 任 委 员：王　恒
副主任委员：诸欣平　索　勋　詹希美　陈启军　程远国　陈晓光　朱兴全　张西臣
秘　书　长：索　勋（兼）

第七届委员会（2011 年 11 月—2015 年 11 月）
名誉主任委员：唐崇惕院士
主 任 委 员：陈启军
副主任委员：王　恒　诸欣平　索　勋　詹希美　陈晓光　程远国　朱兴全　张西臣
秘　书　长：索　勋（兼）

第八届委员会（2015 年 11 月—2019 年 11 月）
名誉主任委员：唐崇惕院士
主 任 委 员：陈启军
副主任委员：王　恒　诸欣平　索　勋　詹希美　陈晓光　程远国　朱兴全　张西臣
秘　书　长：索　勋（兼）

第九届委员会（2019 年 11 月—　　）
名誉主任委员：唐崇惕院士
主 任 委 员：索　勋
副主任委员：陈启军　王　恒　诸欣平　陈晓光　朱兴全　张西臣　伦照荣　张龙现
秘　书　长：邹　洋

鱼类学分会

一、发展简史

鱼类学分会是由著名鱼类学家伍献文、朱元鼎等倡议和发起，于 1979 年 10 月在湖北武昌成立。分会是由从事鱼类学研究和教学的科技工作者组成的一个全国性群众团体，宗旨是团结组织鱼类学工作者，加强学术交流，介绍和推广国内外先进理论和技术，发展和繁荣我国的鱼类学研究和教学工作。目前分会挂靠在中国科学院水生生物研究所。

早在 1979 年鱼类学分会成立之初，本分会就汇集了我国鱼类学基础与应用研究各个领域的绝大部分专家、学者，会员人数近百名，其中包括我国著名的鱼类学家伍献文院士、鱼类学和淡水生态学家刘建康院士、鱼类学和鱼类生态学家曹文宣院士、鱼类学和动物地理学家陈宜瑜院士、鱼类生理学和鱼类养殖学家林浩然院士以及古脊椎动物学家张弥曼院士等。后来，遗传发育生物学专家朱作言院士和桂建芳院士也相继加入鱼类学分会。在历届学术研讨会上，还曾邀请了麦康森院士、雷霁霖院士、孟安明院士、康乐院士、魏辅文院士等为会议的学术顾问。

鱼类学分会的理事和会员早期主要由中级职称以上的科技人员组成。到 20 世纪 90 年代早期，随着研究生队伍的不断扩大，鱼类学分会灵活地调整组织方式，吸收了大量的研究生会员。另外，除我国著名专家学者外，鱼类学分会还吸纳了加拿大、美国、日本等国家的一些知名学者入会，从而使我国鱼类学领域的相关研究推向世界。我国的鱼类学研究工作者积极与世界各国的鱼类学相关领域的研究者进行广泛的交流与合作，扩大了我国鱼类学分会在国外的影响。同时，吸纳国外的鱼类学研究者也使我国鱼类学分会的规模日益壮大。

为了促进海峡两岸鱼类学研究的交流与发展、增进两岸鱼类学者的友谊，本分会与台湾地区鱼类学会于 2005 年 5 月在台湾清华大学联合举办了首届海峡两岸鱼类学术研讨会，截至 2023 年 11 月已经举办到第十届。近年来，鱼类学分会积极开展与香港的合作交流，多次邀请香港鱼类学会来访，开展学术交流、合作研究。

2021 年 11 月，鱼类学分会在重庆召开会员代表大会，成立了以桂建芳院士为主任委员的第十届委员会，参会代表 400 余人，全国会员已经超过 1000 人。

二、学术交流活动

鱼类学分会举办的学术交流活动见附表 4-14。

附表 4-14 鱼类学分会举办的学术交流活动

会议名称	时间	地点	参会人数	主要承办单位
成立大会暨学术讨论会	1979 年 10 月	湖北武汉	75	中国科学院水生生物研究所
学术年会	1980 年 10 月	陕西西安	70	中国科学院水生生物研究所

会议名称	时间	地点	参会人数	主要承办单位
学术年会	1981 年 11 月	四川成都	92	中国科学院水生生物研究所
第二次会员代表大会暨学术年会	1982 年 9 月	安徽九华山	97	中国科学院水生生物研究所
学术年会	1984 年 7 月	山东青岛	450	中国科学院海洋研究所
学术年会	1986 年 8 月	安徽黄山	84	中国科学院水生生物研究所
第三次会员代表大会暨学术年会	1989 年 10 月	辽宁大连	70	辽宁省海洋水产研究所
青年学者学术研讨会	1990 年 10 月	重庆	61	西南师范大学
学术年会	1991 年 10 月	湖北武汉	53	中国科学院水生生物研究所
第四次会员代表大会暨学术年会	1993 年 10 月	山东青岛	63	中国科学院海洋研究所
学术年会	1995 年 11 月	广东广州	101	中国科学院水生生物研究所
第五次会员代表大会暨学术年会	1997 年 11 月	浙江宁波	65	宁波大学
学会成立 20 周年暨伍献文教授诞辰 100 周年学术年会	1999 年 11 月	福建厦门	101	厦门大学
第六次会员代表大会暨学术年会	2001 年 10 月	四川成都	129	中国科学院水生生物研究所
青年学者学术研讨会	2002 年 9 月	安徽	71	中国科学院水生生物研究所
学术年会	2004 年 9 月	重庆	152	西南师范大学
第七次会员代表大会暨朱元鼎教授诞辰 110 周年学术研讨会	2006 年 10 月	上海	178	上海海洋大学
学术年会	2008 年 12 月	江西南昌	301	南昌大学
第八次会员代表大会暨纪念伍献文教授诞辰 110 周年学术研讨会	2010 年 8 月	新疆乌鲁木齐	300	新疆水产研究所
学术年会	2012 年 9 月	甘肃兰州	320	甘肃水产研究所
青年学者学术研讨会	2013 年 11 月	重庆	240	西南大学
第九次会员代表大会暨学术年会	2014 年 8 月	天津	398	天津农学院
学术年会	2016 年 10 月	湖北武汉	805	中国科学院水生生物研究所
学术年会	2018 年 7 月	福建宁德	317	大黄鱼国家重点实验室
第十次会员代表大会暨学术年会	2021 年 10 月	重庆	410	西南大学

三、代表性学术成果

鱼类学分会成立以来，取得了多项重要成果，为我国鱼类学发展作出了重要贡献。在重要论文方面，桂建芳院士在 *Nature Ecology and Evolution* 发表封面文章，以六倍体雌核生殖银鲫为研究对象，揭示了银鲫生殖成功的演化谜团。何舜平副主任委员在 *Cell* 同期发表两篇论文，通过交叉整合基因组学、进化生物学、鱼类学、古生物学、计算生物学和分子生物学等学科手段，分别从不同角度揭示了脊椎动物从水生到陆生的转变之谜。

在科技奖励方面，曹文宣院士主持完成的"三峡工程对长江及沿岸水域生态的影响及其对策研究应用国家攻关"获得湖北省科技进步奖二等奖；桂建芳院士主持完成的"多倍体银鲫独特的单性和有性双重生殖方式的遗传基础研究"获得 2004 年国家自然科学奖二等奖，"异育银鲫'中科 3 号'的培育与推广应用"获得 2011 年湖北省科技进步奖一等奖；危起伟副主任委员主持完成的"中华鲟物种保护技术研究"获得 2007 年度国家科技进步奖二等奖；庄平副主任委员主持完成的"长江口重要渔业资源养护技术创新与应用"获得 2018 年国家自然科学二等奖。

在专著方面，桂建芳院士联合国内外多名专家撰写了 *Aquaculture in China：Success Stories and Modern Trends*，该书于 2018 年由 Willey Blackwell 出版，被国际同行誉为新时代的水产养殖专著，为更广阔的世界展示了中国这个卓越水产养殖超级大国的主要活力。分会理事戈贤平研究员主编的《大宗淡水鱼安全生产技术指南》《大宗淡水鱼高效养殖百问百答》等系列丛书已经成为大宗淡水鱼养殖的范本和指南。

四、学会宣传、科学普及和科技咨询工作

在科学知识的普及工作方面，分会名誉主任委员曹文宣院士于 2012 年以"保护鱼类就是保护人类的家园"为主题，在武汉市水果湖中学为青少年学生进行了科普宣传工作，取得了良好的社会反响。同时，在每年 5 月的科技活动周中，分会成员都会积极主动地参与到鱼类多样性介绍及保护鱼类资源的科普宣传活动中。特别是在 2014 年《大自然》第 2 期，由曹文宣院士牵头、鱼类学分会秘书长刘焕章研究员组织，以生动的文字和优美形象的图片，对长江鱼类资源保护进行了大篇幅的专刊介绍，取得了很好的科普宣传效果。"长江十年禁渔"计划自 2020 年 1 月 1 日正式启动实施以来，曹文宣院士、桂建芳院士和危起伟研究员等多次在中央和地方媒体宣传该行动计划，为全面深入推进"长江十年禁渔"、恢复长江生态作出了重要贡献。2021 年 4 月，"桂建芳院士自然科普工作室"正式成立，秉承公益性、公共性、科学性原则，围绕"一步自然，身边课堂"理念，工作室打造了一系列阵地，并组建了一批专家和老师团队，策划开展了 250 余场多种形式的自然科普活动，现已成为广大群众喜爱和肯定的教育品牌。

五、人才队伍建设

鱼类学分会会员获得的称号或奖项见附表 4-15。

附表 4-15　鱼类学分会会员获得的称号或奖项

主要人才称号或奖项	姓名	获奖时间 / 届次
中国科学院院士	陈宜瑜	1991 年当选
	曹文宣	1997 年当选
	朱作言	1997 年当选
	桂建芳	2013 年当选
国家杰出青年科学基金	徐　鹏	2022 年
国家优秀青年科学基金	金俊琰	2021 年

主要人才称号或奖项	姓名	获奖时间/届次
中国动物学会长隆奖功勋奖	陈宜瑜	第一届
	朱作言	第三届
中国动物学会长隆奖启航奖	杨连东	第二届
	鲁 蒙	第二届
中国科协青年人才托举工程	李熙银	2015 年
神农领军英才	胡 炜	2022 年
	解绶启	2023 年

鱼类学分会会员的重要国内和国际学术兼职和期刊兼职见附表 4-16。

附表 4-16 鱼类学分会会员的重要国内和国际学术兼职和期刊兼职

姓名	重要国内和国际学术兼职和期刊兼职
桂建芳	国家水产原良种审定委员会主任、中国动物学会副理事长、中国水产学会副理事长、*Water Biology and Security* 主编
戈贤平	国家大宗淡水鱼产业技术体系首席科学家
庄 平	中国科协全国科学传播首席专家
徐 鹏	海水养殖生物育种全国重点实验室主任、*Aquaculture* 杂志副编辑
鲍宝龙	*Marine Biotechnology* 编委

六、分会历届负责人名单

第一届委员会（1979—1982 年）

名誉主任委员：伍献文　朱元鼎　费鸿年

主 任 委 员：刘建康

副主任委员：廖翔华　成庆泰　郑葆珊

秘　书　长：陈宜瑜

副 秘 书 长：王存信

第二届委员会（1982—1989 年）

名誉主任委员：伍献文　朱元鼎　费鸿年　陈兼善

主 任 委 员：刘建康

副主任委员：廖翔华　成庆泰　郑葆珊

秘　书　长：陈宜瑜

副 秘 书 长：王存信　胡传林

第三届委员会（1989—1993 年）

名誉主任委员：费鸿年　刘建康　廖翔华　成庆泰

主　任　委　员：曹文宣

副主任委员：李思忠　王存信　苏锦祥

秘　书　长：乐佩琦

副秘书长：卢继武

第四届委员会（1993—1997 年）

主　任　委　员：曹文宣

副主任委员：王存信　丘书院　苏锦祥

秘　书　长：陈毅峰

副秘书长：朱鑫华

第五届委员会（1997—2001 年）

主　任　委　员：曹文宣

副主任委员：朱鑫华　丘书院　苏锦祥

秘　书　长：陈毅峰

第六届委员会（2001—2006 年）

主　任　委　员：曹文宣

副主任委员：丘书院　苏锦祥

秘　书　长：陈毅峰

副秘书长：刘焕章

第七届委员会（2006—2010 年）

主　任　委　员：曹文宣

副主任委员：杨圣云　刘　静　唐文乔

秘　书　长：刘焕章

副秘书长：线薇薇

第八届委员会（2010—2014 年）

主　任　委　员：曹文宣

副主任委员：杨圣云　刘　静　唐文乔

秘　书　长：刘焕章

副秘书长：线薇薇

第九届委员会（2014—2021年）

主 任 委 员：桂建芳

副主任委员：李　军　唐文乔　王德寿　危起伟　杨圣云　庄　平

秘 书 长：刘焕章

副 秘 书 长：线薇薇　王忠卫

第十届委员会（2021—　）

主 任 委 员：桂建芳

副主任委员：鲍宝龙　何舜平　李　军　王德寿　危起伟　庄　平

秘 书 长：王忠卫

副 秘 书 长：线薇薇

斑马鱼分会

一、发展简史

中国动物学会斑马鱼分会是由朱作言院士和孟安明院士倡议，于2016年9月23日在湖北省武汉市召开的第三届全国斑马鱼PI大会上成立。分会挂靠单位为中国科学院水生生物研究所，朱作言院士和孟安明院士担任分会第一届委员会名誉主任委员，中国科学院动物研究所刘峰研究员担任分会第一届委员会主任委员，中国科学院水生生物研究所孙永华研究员担任分会第一届委员会秘书长。

中国动物学会斑马鱼分会是我国从事模式动物斑马鱼相关研究的专业组织，其主要宗旨是交流、推广、拓展斑马鱼在生命科学、健康科学、环境科学、水产科学以及相关产业领域的研究和应用，促进斑马鱼研究者的交流合作，培养本土优秀青年科学家，推动我国斑马鱼研究的发展。分会的最高决策机构为分会委员会，具体工作由秘书处负责。

斑马鱼分会的前身可以追溯至其正式成立以前的中国斑马鱼研究联盟，分会及其前身在学术交流、人才培养、科学普及等方面做了大量卓有成效的工作。包括：①截至2023年9月，组织召开了8届全国斑马鱼研究大会、5届全国暨全球华人斑马鱼PI大会和2次国际（亚洲、大洋洲）斑马鱼研究大会；②召开委员会全体会议2次，常务委员会会议7次，通过民主选举产生了2届委员会；③分会委托国家斑马鱼资源中心建设和维护分会官方网站（http://www.zfin.cn/，中国斑马鱼信息中心）和官方微信公众号"中国斑马鱼信息中心"；④分会和卡尔蔡司中国有限责任公司合作，成立蔡司斑马鱼研究奖，奖励有突出成绩的斑马鱼青年人才；⑤分会主办的在线学术交流平台"飞鱼论坛"每月举办一次在线学术报告，现已成为领域内最有影响力的学术平台之一；⑥分会整合国内的科研力量，以团队协作的方式完成多个重大科研项目，多项成果入选国家"十三五"科技创新成就展；⑦分会的多位委员当选为中国科学院院士，获得国家自然科学基金杰出青年科学家项目资助，数位科学家当选国际斑马鱼学会理事和主席；⑧在分会的领导下，我国斑马鱼研究在近年来取得飞速发展，现已成为全球科研体量首位的斑马鱼研究大国。

二、学术交流活动

斑马鱼分会成立以来，把组织多层次、多形式的学术交流作为最重要职责。一方面，分会坚持在奇数年举办全国斑马鱼研究大会，现已举办8届，大会鼓励青年科学家和在读研究生积极参与，并在大会中发言。2023年8月在青岛举办的第八届全国斑马鱼研究大会上，有来自全国各地的900余人参会，103人作了大会或分会学术报告，有18位青年学者在特设的青年学术论坛上作报告。另一方面，分会在偶数年举办全国暨全球华人斑马鱼PI大会，现已举办5届，参与者为领域内的资深科学家，对领域内的前沿课题和科研合作进行深入的交流讨论。分会及其前身主办的学术活动见附表4-17。

附表4-17　斑马鱼分会及其前身主办的历次学术会议

会议名称	时间	地点	主要承办单位	主要组织者	参会人数
第一届全国斑马鱼研究大会	2010年4月16—18日	浙江杭州	浙江大学	彭金荣	90
第五届亚洲—大洋洲斑马鱼大会	2011年8月26—29日	北京	中国科学院动物研究所	孟安明、刘峰	90
第二届全国斑马鱼研究大会	2011年11月12—13日	广东广州	南方医科大学	张文清、温子龙	150
第一届全国斑马鱼PI大会	2012年10月10—12日	湖北武汉	中国科学院水生生物研究所	孙永华	100
第三届全国斑马鱼研究大会	2013年10月11—14日	江苏苏州	苏州大学等	王晗	400
第二届全国斑马鱼PI大会	2014年10月10—12日	湖北武汉	中国科学院水生生物研究所	孙永华	200
第四届全国斑马鱼研究大会	2015年9月6—8日	山东青岛	中国海洋大学	李筠	300
第三届全国暨全球华人斑马鱼PI大会	2016年9月23—26日	湖北武汉	中国科学院水生生物研究所	孙永华	250
第五届中国斑马鱼研究大会	2017年10月29日—11月1日	浙江乌镇	复旦大学等	钟涛	500
第四届全国暨全球华人斑马鱼PI大会	2018年10月11—14日	湖北武汉	中国科学院水生生物研究所	孙永华	300
第14届国际斑马鱼研究大会暨第六届中国斑马鱼研究大会	2019年6月12—16日	江苏苏州	苏州大学等	孟安明、王晗、刘峰、孙永华	1000
第五届全国暨全球华人斑马鱼PI大会	2020年11月13—15日	湖北武汉	中国科学院水生生物研究所	孙永华	350
第七届中国斑马鱼研究大会	2021年7月20—23日	贵州贵阳	贵州医科大学	舒丽萍	700
第八届中国斑马鱼研究大会	2023年8月4—7日	山东青岛	山东大学	刘峰	900

三、代表性学术成果

斑马鱼分会成立虽然只有短短 8 年，但在老一辈科学家的引领和全体会员的不断努力下，取得了丰硕的成果。由朱作言院士和孟安明院士召集，我国 30 多家斑马鱼实验室自发建立的斑马鱼全基因组敲除联盟合作完成了斑马鱼 1 号染色体全基因敲除计划，所产生的突变体全部交由国家斑马鱼资源中心保藏和对学界共享。该项目诞生了具有我国自主知识产权的、国际学术界首个大规模斑马鱼定向突变体资源库，相关成果入选国家"十三五"科技创新成就展，于 2021 年 10 月 20—26 日在北京展览馆参加展出，出现在基础研究展区生命科学部分的第一展板上。同时，《中国科学报》以"从 1 开始，实现 0 的突破"为题在头版头条对此成果进行了专题报道。

分会主任委员刘峰教授主持的成果"m6A 甲基化修饰调控脊椎动物造血干细胞命运决定"入选 2017 年度中国生命科学十大进展，还有一大批斑马鱼研究成果发表在 *Cell*、*Nature*、*Science* 等国际顶级期刊上，产生了重要国际影响。

在分会的倡导下，中国斑马鱼研究领域坚持互助互信、积极合作的学术氛围，领域内研究者积极同享创制的研究资源。在分会成立后，国家斑马鱼资源中心加快收集、鉴定和保藏我国研究者创制的斑马鱼研究资源，目前已保藏各类斑马鱼品系 2800 多种，科技支撑能力跃居全球首位。在整个研究领域的积极合作和资源共享的支撑下，我国斑马鱼相关研究取得飞速发展，发表的成果全球占比由 2016 年的 21% 上升到 2022 年的 40%。我国现已成为全球研究体量最大的斑马鱼研究大国。

四、学会宣传、科学普及和科技咨询工作

2021 年，在分会的主持下，秘书处建设了中国斑马鱼学界的在线学术交流平台"飞鱼论坛"，以网上直播的形式，每月一次邀请斑马鱼领域国内外学者报告最新研究进展，展开讨论，推动领域的发展。截至 2023 年 11 月，"飞鱼论坛"已举办 22 期，成为国内外最重要的斑马鱼常设性在线学术论坛。

受分会委托，国家斑马鱼资源中心建设了"中国斑马鱼信息中心"微信公众号，发布斑马鱼研究领域的最新研究动态和领域资讯。2022 年，该公众号发布图文信息 98 篇，用户增长 43%，总用户数超过 6000 人，全年累计阅读 15.3 万人次。

此外，分会还委托国家斑马鱼资源中心建设和维护分会网站中国斑马鱼信息中心（http://www.zfin.cn）。该网站现已建成中国斑马鱼学界数据库，系统整理中国主要斑马鱼研究学者和实验室情况以及中国斑马鱼突变体及表型数据库，服务于领域内的品系资源保藏与共享。

五、人才队伍建设

斑马鱼分会注重人才培养，自成立以来，多位分会委员获得国家杰出青年科学基金资助，多位委员或会员获得国家自然科学基金优秀青年科学基金资助。斑马鱼分会自创立之初就非常重视培养我国本土的青年优秀人才，分会与卡尔蔡司中国有限责任公司合作，成立蔡司斑马鱼研究奖。该研

究奖专门针对青年人才，设立四大类奖项，包括优秀青年学者奖、博士后优秀论文奖、研究生优秀论文奖和人才培养奖。该奖设立以来，已有 7 位青年科学家获得青年学者奖，7 人获博士后优秀论文奖，68 人获得研究生优秀论文奖，28 人获得人才培养奖。该奖项的设立，极大地鼓励了我国本土青年研究人才发奋创新，积极投身科学研究，解决领域内前沿科学问题的热情。同时有力地促进了本土青年人才的健康成长，其中有些研究生优秀论文奖得主在获奖数年后再获博士后优秀论文奖。

随着我国斑马鱼研究的不断发展，我国科学家在国际斑马鱼研究领域的学术地位也不断提高。2022 年，分会副主任委员、秘书长孙永华研究员作为东亚区代表，当选国际斑马鱼学会理事。2023 年，分会主任委员刘峰研究员当选国际斑马鱼学会主席；分会常务委员王晗教授和赵呈天教授当选财务专员和东亚区理事。

相关斑马鱼领域学者入选主要人才计划的详情（不完全统计）见附表 4-18 至附表 4-24。

附表 4-18　中国科学院院士

序号	姓名	单位	当选时间
1	朱作言	中国科学院水生生物研究所	1997 年
2	孟安明	清华大学	2007 年

附表 4-19　国家杰出青年科学基金获得者

序号	姓名	职称	单位	获得资助时间
1	孟安明	教授	清华大学	2000 年
2	张　建	教授	云南大学	2004 年
3	朱　军	教授	上海交通大学	2005 年
4	彭金荣	教授	浙江大学	2009 年
5	罗凌飞	教授	复旦大学	2009 年
6	殷　战	研究员	中国科学院水生生物研究所	2009 年
7	胡　炜	研究员	中国科学院水生生物研究所	2013 年
8	杜久林	研究员	中国科学院脑科学与智能技术卓越创新中心 / 神经科学研究所	2013 年
9	刘　峰	研究员	中国科学院动物研究所	2014 年
10	潘巍峻	研究员	中国科学院上海营养与健康研究所	2019 年
11	周志刚	研究员	中国农业科学院饲料研究所	2019 年
12	孙永华	研究员	中国科学院水生生物研究所	2020 年
13	王　强	研究员	中国科学院动物研究所	2020 年
14	赵呈天	教授	中国海洋大学	2021 年
15	张　勇	教授	同济大学	2023 年

附表 4-20　国家优秀青年科学基金获得者

序号	姓名	职称	单位	获得资助时间
1	孙永华	研究员	中国科学院水生生物研究所	2012 年
2	王 强	研究员	中国科学院动物研究所	2013 年
3	张 勇	教授	同济大学	2013 年
4	赵呈天	教授	中国海洋大学	2014 年
5	李 礼	教授	西南大学	2018 年
6	罗大极	研究员	中国科学院水生生物研究所	2019 年
7	张译月	教授	华南理工大学	2019 年
8	阳大海	教授	华东理工大学	2021 年
9	王 璐	研究员	中国医学科学院血液学研究所	2022 年
10	张晶晶	教授	广东医科大学	2022 年

附表 4-21　中国动物学会青年科技奖获奖者

序号	姓名	职称	单位	获奖时间
1	杜震宇	教授	华东师范大学	2015 年
2	贾顺姬	副研	清华大学	2017 年
3	张译月	教授	华南理工大学	2019 年
4	王 璐	研究员	中国医学科学院血液病医院（中国医学科学院血液学研究所）	2021 年

附表 4-22　中国动物学会长隆奖获奖者

序号	姓名	单位	奖项名称	届次
1	朱作言	中国科学院水生生物研究所	功勋奖	第三届
2	孙永华	中国科学院水生生物研究所	新星奖	第二届

附表 4-23　中国科协青年人才托举工程

序号	姓名	职称	单位	资助时间
1	王 璐	副研	中国医学科学院血液病医院（中国医学科学院血液学研究所）	2016—2018 年
2	丁岩岩	博士生	生物岛实验室	2022—2025 年

附表 4-24　蔡司斑马鱼研究奖获奖者

奖项名称	姓名	单位	获奖时间
优秀青年学者奖	潘巍峻	中国科学院上海营养与健康研究所	2015 年
	罗凌飞	西南大学	2016 年
	张译月	南方医科大学	2017 年

续表

奖项名称	姓名	单位	获奖时间
优秀青年学者奖	王 旭	复旦大学	2018 年
	贾顺姬	清华大学	2019 年
	张瑞霖	武汉大学	2020 年
	张晶晶	广东医科大学	2023 年
博士后优秀论文奖	靳大庆	复旦大学	2015 年
	徐 进	香港科技大学	2016 年
	肖成路	北京大学	2017 年
	彭国涛	同济大学	2018 年
	马志鹏	浙江大学	2019 年
	闫一芳	中国科学院动物研究所	2020 年
	谢海波	中国海洋大学	2023 年

六、分会历届负责人名单

第一届委员会（2016—2020 年）

名誉主任委员：朱作言　孟安明

主 任 委 员：刘　峰

副主任委员：彭金荣　熊敬维　孙永华

秘 书 长：孙永华

第二届委员会（2021—2025 年）

主 任 委 员：刘　峰

副主任委员：孙永华　彭金荣　熊敬维　张译月

秘 书 长：孙永华

两栖爬行学分会

一、发展简史

1982 年 12 月 15—20 日，中国动物学会两栖爬行学分会在成都召开的中国动物学会两栖爬行动物学分会首次学术年会上正式成立。自两栖爬行动物学分会成立以来，十分重视组织建设，不断加强组织管理，在中国动物学会的带领下有了很大的发展，合力推动了分会工作的开展。两栖爬行学分会按会章规定每 5 年召开一次代表大会，进行委员会换届。分会日常工作中的重要工作均由工作委员会协商讨论后提交常务委员会讨论决定，充分发挥理事和常务理事民主理会的作用。分会按照工作需要，不断充实和协调各工作机构，工作委员会包括组织发展委员会、学术和青年工作委员会以及社会服务委员会三个工作组，目前工作机构由学会秘书处完成。根据学科分类和专业研究范围，分会共设有 7 个专业委员会，包括系统与进化专业委员会、种群动态与全球变化生物学专业委员会、濒危物种保护专业委员会、生理专业委员会、细胞生物学专业委员会、行为专业委员会和科普专业委员会。分会通常每年或两年举行一次学术讨论会，2014 年起实行申办单位竞选办会的形式，各申办单位在委员会上举行竞办演说，由全体理事投票表决决定下一届会议的举办权。在 2013 年哈尔滨学术研讨会期间，分会组织有意向申报的河南师范大学、华中师范大学、惠东港口保护区和丽水学院进行公开竞办演说。其间各竞办单位就自身的优势和单位背景向各位理事做了展示，演说结束后，由全体理事投票表决，最终确定在河南师范大学召开下一届学术研讨会。2022 年，分会组织召开首届承钊青年学术论坛，并议定承钊青年学术论坛和全国学术研讨会每年交替开展。

二、学术交流活动

自 20 世纪 80 年代分会成立以来，两栖爬行学分会积极参与国际合作和提高我国学者和国外研究人员与学术机构的学术交流水平。从 1994 年至今，分会接待了多个国家和代表团的来访并进行学术交流。派团和专家赴国外参加各类国际自然和自然资源保护会议、世界两栖爬行动物学大会、亚洲国际两栖爬行动物学术讨论会和中俄两栖爬行动物学大会等，与国外同行进行学术交流，通过交流了解国外学科进展，促进了国内的学科发展。2012 年，两栖爬行学分会与成都生物研究所在成都召开第五届亚洲两栖爬行动物学大会。2016 年，分会在杭州市承办第八届世界两栖爬行动物学大会，与会人员超过 750 人。2020 年，组织会员参加在新西兰举行的第九届世界两栖爬行动物学大会，分会参会人员超过 40 人。2021 年，与俄罗斯两栖爬行动物学会和亚洲两栖爬行动物学研究学会在成都联合主办亚欧两栖爬行动物多样性与保护国际学术大会，与会人员和在线参会的各国代表超过 400 人。近年来，分会几乎每年都会组织全国性的学术研讨会，2001 年以来举办的会议见附表 4-25。

附表 4-25　两栖爬行学分会 2001 年以后举办的会议

会议名称	时间	地点	参会人数	主要承办单位
中国动物学会两栖爬行学专业委员会毒蛇研究及蛇伤防治学术讨论会	2001 年 7 月 5—9 日	福建汾水关	27	福建医科大学
中国动物学会两栖爬行学 2002 年学术讨论会	2002 年 10 月 28—30 日	浙江杭州	84	杭州师范大学
中国动物学会两栖爬行学分会 2003 年学术研讨会	2003 年 11 月 17—23 日	安徽芜湖	72	安徽师范大学
中国动物学会两栖爬行学分会 2005 年学术研讨会暨会员代表大会	2005 年 10 月 21—25 日	江苏南京	120	南京师范大学
中国动物学会两栖爬行学分会 2006 年学术研讨会	2006 年 8 月 20—23 日	浙江温州	59	温州大学
中国动物学会两栖爬行学分会 2007 年学术研讨会	2007 年 10 月 12—16 日	湖南长沙	107	中南林业科技大学

会议名称	时间	地点	参会人数	主要承办单位
中国动物学会两栖爬行学分会2008年学术研讨会	2008年10月17—19日	海南海口	167	海南师范大学
中国动物学会两栖爬行学分会2009年学术研讨会暨会员代表大会	2009年10月23—27日	江苏南京	148	南京师范大学
中国动物学会两栖爬行学分会2010年学术研讨会	2010年8月20—23日	广西桂林	126	广西师范大学
中国动物学会两栖爬行学分会2013年学术研讨会	2013年12月26—29日	黑龙江哈尔滨	229	哈尔滨师范大学
中国动物学会两栖爬行学分会2014年新乡学术研讨会	2014年10月17—20日	河南新乡	250	河南师范大学
中国动物学会两栖爬行学分会2015年呼和浩特学术研讨会	2015年8月15—17日	内蒙古呼和浩特	160	内蒙古师范大学
中国动物学会两栖爬行学分会2017年昆明学术研讨会	2017年10月26—29日	云南昆明	328	中国科学院昆明动物研究所
中国动物学会两栖爬行学分会2018年兰州学术研讨会	2018年8月14—17日	甘肃兰州	189	兰州大学
中国动物学会两栖爬行学分会2019年南充学术研讨会	2019年10月18—21日	四川南充	260	西华师范大学
中国动物学会两栖爬行学分会首届承钊青年学术论坛	2022年12月10日	腾讯在线会议	270	中国动物学会两栖爬行学分会
中国动物学会两栖爬行学分会2023年大连学术研讨会	2023年8月18—21日	辽宁大连	300	辽宁师范大学

三、代表性学术成果

分会曾编辑出版《两栖爬行动物学报》，该学报于1988年停刊，此后由分会主要成员创办的 *Asian Herpetological Research*（AHR），是《两栖爬行动物学报》为1990—2008年美国加州大学伯克利分校脊椎动物博物馆出版的 *Asiatic Herpetological Research* 的延续，2010年转回国内并更名为 *Asian Herpetological Research*，由中国科学院成都生物研究所、科学出版社和亚洲两栖爬行动物学会主办，同年被SCI收录。赵尔宓院士和王跃招研究员分别任名誉主编和主编。1992年，分会不定期出版《两栖爬行动物学研究》，2002年以后相继出版了《两栖爬行动物学研究》第9辑、第10辑和第11辑。如今，《两栖爬行动物学研究》已成为一本定期出版的专业刊物。

两栖爬行动物学分会在国内外一大批学术造诣较高、热心于中国两栖爬行动物研究事业发展的专家学者的支持和推动下取得了令人瞩目的进步。广大会员积极投身科学研究，认真传播科学思想、弘扬科学精神、促进学术繁荣，不断提升国际合作和学术交流水平，为分会发展作出了重要贡献。据近5年统计数据，两栖爬行动物学分会会员在 *Cell*、*The Innovation*、*Nature Communications*、*Science Advances*、*PNAS*、*Ecological Monographs* 等国际知名期刊发表300余篇SCI论文。

从 20 世纪 80 年代分会成立以来，分会会员广泛开展了两栖爬行动物的区系调查，发表了许多调查报告。在 80 年代后期和 90 年代初期先后出版了《贵州两栖类志》《贵州爬行类志》《云南两栖类志》《辽宁两栖爬行类志》《浙江两栖爬行类志》《安徽两栖爬行类志》《两栖爬行动物图鉴》和《内蒙古两栖爬行动物志》《黑龙江两栖爬行动物志》等。在这个时期，完成了许多两栖爬行类的分类学、形态学、生态学、繁殖生物学、生物多样性保护、生物化学和分子生物学的研究工作。通过上述研究记述了两栖类和爬行类的上百个新种，并为《中国动物志　爬行纲》第一至三卷的出版奠定了基础。两栖爬行动物学分会会员十分重视濒危两栖爬行动物的保护生物学研究，发表了多篇有关扬子鳄（*Alligator sinensis*）、鳄蜥（*Shinisaurus crocodilurus*）和大鲵（*Andrias davidianus*）等濒危动物的研究论文，并成功建立了扬子鳄和大鲵的饲养种群，还对陕西大鲵增殖放流效果作出了评价并对影响因素做了相应分析。我国对两栖爬行类的分子系统学研究起步较晚，1996 年首次发表应用随机扩增多态性 DNA 技术的论文，1998 年发表了基于龟类核苷酸序列的系统学论文，之后在国内外重要刊物发表了多篇学术论文。目前两栖爬行动物系统进化和系统地理的研究正在稳步成长中。近年来，两栖爬行动物学分会对中国两栖爬行动物生理生态学的研究较为活跃，在国内外同类杂志中发表多篇文章，在学术界有一定的影响。此外，分会成员在两栖爬行动物研究方面已经逐步形成了一定的研究体系，并在国内外同行中取得了一定的成绩。如爬行动物的适应性进化，生境岛屿化对两栖动物分布、存活和生活史特征进化的影响，蛙类和壁虎类的语音通信、适应及进化，不同地理区系的两栖爬行动物对全球气候变暖的响应格局与机制，爬行动物胚胎能通过行为和生理等途径来应对环境温度变化，两栖爬行动物对干旱、高寒、缺氧等环境的适应机制，两栖爬行动物保护生物学等。

分会会员努力开展科研项目的同时兼顾国家发展战略，在学术界享有盛誉。如 2014 年费梁和团队成员荣获国家自然科学奖二等奖，车静研究员先后当选美国鱼类和两栖爬行动物联合学会终身荣誉外籍会员与第十八届"中国青年女科学家奖"等称号。

四、学会宣传、科学普及和科技咨询工作

两栖爬行动物学分会除积极完成学会的主要事务外，在中国动物学会领导下，根据总会各项指示精神和工作部署，积极履行服务社会的职责。近年来，参与和主持的工作主要有：2009 年 10 月，受国家林业局野生动植物保护与自然保护区管理司委托，赵尔宓院士主持、李丕鹏教授具体负责，在南京组织分会相关专家研讨《国家重点保护野生动物调整目录》，审查国家林业局野生动物保护名录，并提出修订意见；2010 年 7 月，受铁道部委托，分会相关专家就合福高铁安徽泾县县城设站对扬子鳄保护区的潜在影响进行评估，并提出施工方案修订意见；2011 年 7 月，在浙江永嘉主办了鼋的鉴定和自然放归工作；2011 年 8 月，受环境保护部委托，分会有关专家对全国两栖爬行动物分布数据进行复审；2011 年 9 月，分会有关专家受 CI 邀请对中国蛇类物种濒危等级进行审定；2014 年 12 月，受环境保护部委托，分会有关专家对全国两栖爬行动物濒危等级进行审定；2021 年 2 月，海南热带海洋学院正式设立海南省海龟救护保育中心。此外，包括中国科学院成都生物研究所标本馆、南京师范大学标本馆在内的各科研机构和标本馆以及中国科学院昆明动物研究所建立的中国两栖动物数据库等机构和在线平台都为宣传和科学普及作出了力所能及的贡献。

五、人才队伍建设

分会根据总部的指示和要求，积极推动和加强人才队伍的建设。努力发挥老一辈科学家和杰出青年的优势和特长，形成了新老科学家相互配合、互相支持，共同推动分会发展的良好局面。2001年，赵尔宓当选中国科学院院士。此后，车静、杜卫国、李家堂和张鹏等人获得国家优秀青年科学基金和国家杰出青年科学基金项目资助。由分会推荐的中国科学院杜卫国研究员和中山大学张鹏教授获得了中国动物学会第二届和第四届青年科技奖。2011年，杜卫国研究员入选中国科学院"百人计划"。中国科学院动物研究所的刘宣研究员、孙宝珺副研究员，西华师范大学的廖文波教授等先后获得中国动物学会青年科技奖。此外，分会很多科学家在国际知名期刊担任编辑和主编等兼职学术工作。

六、分会历届负责人名单

第一届委员会（1982 年 12 月—1986 年 12 月）

主 任 委 员：胡淑琴

副主任委员：丁汉波　赵尔宓

秘 书 长：赵尔宓（兼）

副 秘 书 长：杨大同（兼）

第二届委员会（1986 年 12 月—1990 年 11 月）

主 任 委 员：丁汉波

副主任委员：周开亚　赵尔宓

秘 书 长：蔡明章

第三届委员会（1990 年 11 月—1995 年 7 月）

主 任 委 员：李德俊

副主任委员：周开亚　赵尔宓

秘 书 长：郑建洲

第四届委员会（1995 年 7 月—2000 年 7 月）

主 任 委 员：李德俊　周开亚

副主任委员：周开亚　黄美华　费 梁

秘 书 长：王大忠

第五届委员会（2000 年 7 月—2005 年 10 月）

主 任 委 员：周开亚

副主任委员：李德俊　费 梁　杨大同　王义权

秘 书 长：王义权　计　翔

第六届委员会（2005 年 10 月—2009 年 10 月）

主 任 委 员：计　翔

副主任委员：江建平　史海涛　吴孝兵　赵文阁

秘 书 长：常　青

第七届委员会（2009 年 10 月—2016 年 8 月）

主 任 委 员：计　翔

副主任委员：江建平　史海涛　吴孝兵　赵文阁　李丕鹏（2013 年 10 月增补）　李义明（2013 年 10 月增补）

秘 书 长：常　青

第八届委员会（2016 年 8 月—2021 年 11 月）

主 任 委 员：江建平

副主任委员：车　静　陈晓虹　杜卫国　李丕鹏　李义明　聂刘旺　唐业忠　赵文阁

秘 书 长：屈彦福

副 秘 书 长：李　成

第九届委员会（2021 年 11 月—　　）

主 任 委 员：杜卫国

副主任委员：车　静　陈晓虹　李家堂　聂刘旺　吴　华　武正军

秘 书 长：屈彦福

副 秘 书 长：孙宝珺

鸟类学分会

一、发展简史

由郑作新院士等人牵头筹划，1980 年 10 月 8—13 日在辽宁省大连市召开的全国脊椎动物学会议上成立了中国动物学会中国鸟类学会（后变更为中国动物学会鸟类学分会），郑作新院士担任主任委员。

中国动物学会鸟类学分会是中国动物学会的二级分支机构，是我国从事鸟类学研究和鸟类保护的专业组织。其基本宗旨是发展中国鸟类学研究，普及鸟类科学知识，建立全国性鸟类保护网络，培养鸟类学人才，并促进鸟类学研究和保护的国际间合作。分会的最高决策机构为委员会，具体工作由秘书处负责。

1980—2023 年，鸟类学分会在鸟类学研究、学术交流、科学普及、社会服务等方面开展了大量工作。已经召开 17 届全国性学术研讨会，先后承办了第四届国际雉类学术研讨会（1989 年）、第 23 届国际鸟类学大会（2002 年）、第三届鸟类巢寄生国际学术研讨会（2012 年）、第十六届届国际雁类学术研讨会（2014 年）、2016 国际雉类学术研讨会、第四届野生动物疟原虫及血孢子虫国际学术研讨会（2018 年）、首届亚洲鸟类学大会（2021 年）等全球和地区性重要会议，对推动我国鸟类学发展起到了重要促进作用。

经中国动物学会批准，鸟类学分会召开了 10 次（截至 2023 年 11 月）全国会员代表大会，依照有关章程，民主选举产生了 10 届委员会。每届委员会主要从系统发育与演化、鸟类多样性与保护、迁徙与环志、行为与生活史进化、动物地理与分布格局、水鸟与湿地生态、饲养繁殖、鸟击防范、青年工作以及观鸟等方面开展工作，定期组织各种学术交流或科普活动。分会每年召开一次常务委员会，对上一年度工作进行总结，并研究制订下一年度的工作计划。出版了《中国鸟类研究简讯》和《中国鹤类通讯》等内部刊物，建立了分会网站（www.chinabird.org）和微信公众号，便于有关信息在会员之间的交流与传播。

2010 年，分会与北京林业大学合作出版了中国第一个鸟类学英文学术期刊 *Chinese Birds*，由郑光美院士担任主编。2014 年，*Chinese Birds* 改名为 *Avian Research*。2016 年，*Avian Research* 被 SCI Expanded 收录，2019 年被列为 "中国科技期刊卓越行动计划" 梯队期刊，2019—2021 年获批 "中国具有国际影响力优秀学术期刊"，2020 年进入世界鸟类学 SCIE 收录刊物的 Q1 区。

2005 年，在丁平教授的倡导和郑光美院士大力支持下，鸟类学分会在北京师范大学举办了首届以培养鸟类学后备人才为主要目标的中国鸟类学研究生研讨会（即翠鸟论坛），截至 2023 年 11 月已连续举办了 19 届。此外，分会设立了郑作新鸟类科学青年奖励基金、中国鸟类基础研究奖、中国鸟类学研究生学术新人奖，从多个层面支持和鼓励鸟类学优秀后备人才的成长。

2013 年，鸟类学分会与浙江自然博物院联合成立了中国鸟类学史料中心，旨在收集中国鸟类学相关史料，展示中国鸟类学各发展阶段的重要学术成果，为中国鸟类学的研究和发展提供信息平台和展示窗口。2023 年，鸟类学分会与浙江自然博物院签署了未来十年的合作协议，继续开展中国鸟类学史料中心的建设。

二、学术交流活动

分会依据中国科协和动物学会的章程，积极开展学术活动，提高学术水平。组织学术研讨会是分会的主要职责之一，自成立以来组织了形式多样的学术研讨会。比如，2010 年与兽类学分会联合举办了分会成立三十周年纪念会。会上郑光美院士代表鸟类学分会作了关于中国鸟类学发展的大会报告，回顾了中国鸟类学近百年的发展历程和中国动物学会鸟类学分会 30 年的发展历史。一大批参与创办分会并在我国鸟类学、兽类学发展过程中作出了突出贡献的老专家应邀出席会议，分享分会发展的成果和喜悦。会议还对我国鸟类学发展方向、优先领域、重大科学问题、分会建设等进行了讨论。

分会不仅组织主办了不同规模的鸟类学学术研讨会，还成功举办了第 23 届国际鸟类学大会和首届亚洲鸟类学大会。分会每两年（2005 年以前每四年）举办一次全国性鸟类学大会，截至 2023 年已经成功举办了 17 届。中国鸟类学大会的影响力不断加大，1980 年在大连举办的第一届鸟类学学术研讨会参会人员仅有 60 人，到 2023 在南京举办的第 17 届全国鸟类大会已有来自国内外高校、科研院所、研究生、鸟类保护和管理人员等 939 人参会。从 1994 年起，分会举办海峡两岸鸟类学术研讨会在大陆和台湾地区轮流举办，对促进学术交流、开展区域科研合作、提升海峡两岸的鸟类学研究水平起到了重要的推动作用。分会还举办了系列全国性的专题研讨会。

为培养鸟类学研究后备人才，增进青年学生的学术交流，从 2005 年起设立了中国鸟类学研究生的交流平台"翠鸟论坛"，每年举办一次，截至 2023 年已成功举办了 19 届。"翠鸟论坛"为鸟类学研究生搭建了一个"促进交流、增进了解、拓宽视野、提升能力"的平台，已经成为鸟类学分会的一个品牌。

在积极推动国内学术交流的同时，分会努力搭建更大的学术交流平台。1997 年，郑作新院士被推选为第 22 届国际鸟类学大会名誉主席。鸟类学分会抓住契机，由郑光美院士代表鸟类学分会与国际鸟类学委员会进行了多次讨论、磋商，成功地解决了该会的"两个中国"问题。经国务院批准，郑光美院士于 1998 年带队赴南非德班，在第 22 届国际鸟类学大会上申办第 23 届国际鸟类学大会获得成功。2002 年 8 月，第 23 届国际鸟类学大会在北京召开，来自 50 多个国家和地区的近 1000 位专家学者参加了这次盛会。郑光美院士任大会组委会主席，许维枢研究员任秘书长。这是国际鸟类学委员会成立 100 多年来首次在亚洲举办的会议，极大地推动了鸟类学分会和鸟类学研究的发展，成为我国鸟类学发展的一个重要里程碑。

1. 主办中国鸟类学学术研讨会

鸟类学分会举办的历届中国鸟类学学术研讨会（2015 年后改名为中国鸟类学大会，见附表 4-26）。

附表 4-26　鸟类学分会举办的历届中国鸟类学大会

届次	召开时间	召开地点	参会人数	主要承办单位及承办人
第一届	1980 年 10 月	辽宁大连	60	中国动物学会，郑作新
第二届	1982 年	陕西西安	100	陕西师范大学，王廷正
第三届	1985 年 11 月	江苏盐城	113	南京林工学院，周世锷
第四届	1988 年 10 月	贵州贵阳	150	贵州省科学院，吴至康
第五届	1991 年 8 月	吉林长春	81	东北师范大学，高玮
第六届	1996 年 8 月	内蒙古呼和浩特	135	内蒙古师范大学，窦伯菊
第七届	2000 年 8 月	云南昆明	130	中国科学院昆明动物研究所，杨岚
第八届	2005 年 11 月	海南海口	198	海南师范大学，梁伟
第九届	2007 年 10 月	四川成都	200	四川大学，岳碧松
第十届	2009 年 8 月	黑龙江哈尔滨	279	东北林业大学，邹红菲
第十一届	2011 年 8 月	甘肃兰州	400	兰州大学，刘迺发
第十二届	2013 年 11 月	浙江杭州	430	浙江自然博物馆、浙江省动物学会和浙江大学，陈水华、丁平

续表

届次	召开时间	召开地点	参会人数	主要承办单位及承办人
第十三届	2015 年 11 月	安徽合肥	500	安徽大学和安徽省动物学会，周立志
第十四届	2017 年 9 月	陕西西安	520	陕西师范大学、陕西省动物研究所和陕西省动物学会，于晓平
第十五届	2019 年 8 月	吉林长春	600	东北师范大学，王海涛
第十六届	2022 年 4 月	广东广州	线上 1000	广东省动物学会和广东省科学院动物研究所，胡慧建
第十七届	2023 年 10 月	江苏南京	939	南京师范大学和生态环境部南京环境科学研究所，常青、崔鹏

2. 主办中国鸟类学研究生研讨会（翠鸟论坛）

2005 年起设立了中国鸟类学研究生的交流平台中国鸟类学研究生研讨会（翠鸟论坛），每年举办一次，截至 2023 年已成功举办了 19 届（附表 4-27），已经成为鸟类学分会的一个品牌，也为鸟类学研究后备人才的培养起到了积极推动作用。近年来，我国鸟类学研究生的招生单位不断增加。截至 2023 年，国内已有 20 多个单位招收鸟类学博士研究生。2023 年，在南京举办的第 17 届中国鸟类学大会，有 400 多位研究生参加，这反映了我国鸟类学事业后继有人的喜人形势。

附表 4-27 鸟类学分会举办的中国鸟类学研究生研讨会（翠鸟论坛）

届次	时间	地点	参会人数	主要承办单位	备注
第一届	2005	北京	58	北京师范大学	
第二届	2006	北京	70	北京师范大学	
第三届	2007	成都	80	四川大学	
第四届	2008	北京	98	北京师范大学	
第五届	2009	哈尔滨	65	东北林业大学	
第六届	2010	北京	86	北京林业大学	
第七届	2011	兰州	100	兰州大学	
第八届	2012	北京	112	北京师范大学	
第九届	2013	杭州	100	浙江大学	
第十届	2014	北京	100	北京师范大学	
第十一届	2015	合肥	100	安徽大学	
第十二届	2016	北京	70	北京师范大学	
第十三届	2017	西安	100	陕西师范大学	
第十四届	2018	北京	80	北京师范大学	
第十五届	2019	长春	130	东北师范大学	
第十六届	2020	线上	350	北京师范大学	
第十七届	2021	线上	320	北京师范大学	
第十八届	2022	线上	400	北京师范大学	
第十九届	2023	南京	122	南京师范大学	

3. 承办第 23 届国际鸟类学大会

2002 年 8 月，鸟类学分会承办的第 23 届国际鸟类学大会在北京召开，来自 50 多个国家和地区的近 1000 位专家学者参加了这次盛会。郑光美院士任大会组委会主席，许维枢研究员任秘书长。这是国际鸟类学委员会成立 100 多年来首次在亚洲举办的会议，极大地推动了鸟类学分会和鸟类学研究的发展，成为我国鸟类学发展的一个重要里程碑。

4. 主办首届亚洲鸟类学大会

2021 年，鸟类学分会在我国成功举办首届亚洲鸟类学大会，来自 29 个国家的 300 余人参会，涉及 91 所大学和科研机构，会议的主题是"亚洲鸟类共享同一片蓝天"，体现了亚洲鸟类工作者团结协作，为亚洲鸟类的生存、发展和保护共同努力。

三、代表性学术成果

分会成立 43 年来，在全体会员不懈努力下，取得了丰硕的研究成果。1987 年，郑作新院士主编的《中国鸟类区系纲要》出版，列举了到 1982 年为止中国已知的所有鸟类，共计 1186 种和 953 亚种，该书获得美国国家野生生物联合会 1988 年度国际自然保护特殊成就奖。由郑作新院士等专家主编的《中国动物志　鸟纲》已经出版了 12 卷（截至 2023 年 11 月）。进入 21 世纪之后，郑光美院士主编出版了《世界鸟类分类与分布名录》(1—2 版)、《中国鸟类分类与分布名录》(1—4 版)、《中国野生鸟类》系列丛书（《中国海洋与湿地鸟类》《中国草原与荒漠鸟类》《中国森林鸟类》《中国青藏高原鸟类》四卷）、《中国雉类》等专著。高玮教授、刘迺发教授、吴至康研究员、诸葛阳教授、杨岚研究员等著名学者先后出版了《中国隼形目鸟类生态学》、《中国石鸡生物学》、《贵州鸟类志》、《浙江动物志》(鸟类)、《云南鸟类志》等一批专著和志书。2008 年，广西大学周放教授团队在国际鸟类学顶级期刊 *AUK* 上发表了弄岗穗鹛新鸟种。我国学者对濒危雉类、鹤类、朱鹮、中华凤头燕鸥等物种的栖息地、生活史对策、迁移和扩散、保护等进行了长期、系统的研究，完善和丰富了相关基础理论，也为这些物种的成功保护提供了重要科技支撑。其中，郑光美院士主持的"中国特产濒危雉类的生态生物学及驯养繁殖研究"荣获 2001 年国家自然科学奖二等奖，是我国鸟类学领域获得的最高奖项。2007 年，以丁长青教授和于晓平教授为主要完成人的"中国朱鹮拯救与保护研究"荣获国家科技进步奖二等奖。

近些年来，中国鸟类学家先后在鸟类谱系和生物地理学、生活史进化、行为机制，以及区系、分类与系统演化等领域的研究取得重要突破，研究成果不断发表于国际顶级或动物学一流期刊，受到国际鸟类学界的高度关注。中国科学院动物研究所詹祥江研究员及其团队在 *Nature* 杂志以封面故事发表了关于鸟类迁徙的研究文章，揭秘鸟类迁徙路线形成原因和长距离迁徙的关键基因，成果入选 2021 年度中国科学十大进展。中国科学院动物研究所孙悦华研究员团队在 *Science* 上发表鸟类性选择研究文章，发现配偶选择可能会影响动物认知特征的进化。*Science* 杂志刊发专门评述，对该工作在验证达尔文假设方面的贡献给予了高度评价。

复旦大学马志军教授在 *Science* 发文 *Rethink China's New Great Wall* 呼吁关注中国沿海的水鸟保护，在国内外引起热烈反响。武汉大学卢欣教授连续在 *Science* 上发表了 *The rewards of roughing it*

和 *Hot genome leaves natural histories cold* 评论文章。海南师范大学梁伟教授受邀在 *Nature Ecology & Evolution* 杂志对英国剑桥大学同期发表的杜鹃研究文章进行评述，其团队关于山麻雀繁殖期利用蒿类植物防治寄生虫的成果发表在 *Current Biology* 上。

雷富民研究员及其团队关于鸟类高海拔适应性进化研究获重要进展，成果发表于国际权威学术期刊 *PNAS* 上；同时在国际生态学著名期刊 *Molecular Ecology* 发文，揭示黄喉鹀迁徙行为分化的潜在表型以及遗传变化。中国科学院生态环境研究中心曹垒研究员及其团队在动物迁徙驱动机制研究方面取得重要进展，成果发表于综合性学术期刊 *Nature Communications* 上。北京师范大学张正旺教授及其团队揭示我国特有鸟类褐马鸡濒危的遗传学机制，成果发表在 *Molecular Biology and Evolution* 上。北京师范大学邓文洪教授及其团队关于北红尾鸲的研究成果发表在 *Current Biology* 上。浙江大学丁平教授和华东师范大学斯幸峰教授及其团队关于鸟类生境片段化的系列研究成果先后发表在 *Ecology Letters*、*Nature Ecology and Evolution*、*Methods in Ecology and Evolution* 等具有影响力的国际期刊上。

在全国鸟类环志中心的领导下，分会数以百计的会员每年环志鸟类约 30 万只，累计环志鸟类 818 种 310 万只，尤其是近年来通过卫星追踪、光敏定位仪以及稳定性同位素技术对上百种鸟类的迁徙规律开展了深入探索，在鸟类迁徙生态学研究领域取得了一系列重要成果，为我国迁徙候鸟的保护奠定了坚实基础。

四、学会宣传、科学普及和科技咨询工作

1. 推动科学普及工作

普及科学知识是学会最基本的任务之一。在积极开展学术交流活动的同时，鸟类学分会非常重视推动科普工作，促进社会公众提高与鸟类相关的科学素养。除了组织参加每年的爱鸟周、指导观鸟活动等，还注重引导公众对有关鸟类问题的正确认识。

郑作新院士 1983 年在访谈中谈及"人民大会堂中悬挂的《松鹤延年》巨幅木雕画非常精美，但是不够科学"，被《科学报》以头版头条刊出，引起了社会各界的热烈讨论，国内各大报纸纷纷转载，《北京晚报》特设专栏讨论长达两个多月。最后，《北京晚报》和郑作新院士共同邀约鸟类学分会组织稿件，从科学知识以及人文角度探讨科学与艺术的融合。1983 年，郑光美等人主编的《爱鸟知识手册》出版，成为我国普及鸟类科学知识、开展爱鸟活动的重要参考书。

1984 年建国 35 周年大典，由安徽省游行队伍在天安门放飞灰喜鹊 128 只，号称是"中国首创，世界领先"的"饲养灰喜鹊消灭害虫"成果展示。鉴于诸多地区盲目跟风养殖灰喜鹊，以及部分鸟类学工作者在这个问题认识上的不到位，在 1985 年盐城举办的全国鸟类学学术年会上，鸟类学分会组织了一个单元的大会辩论，结论为"驯鸟灭虫实质上属于杂技表演，与生物防治不相干。"这一观点后来被写入《普通动物学》和《鸟类学》教材中。

长期以来，分会会员积极开展鸟类知识的科学普及，在科学普及和生态文明宣传方面都取得了卓有成效的工作。在积极倡导和组织开展中国各地观鸟活动方面，高育仁、高武、赵欣如、钟嘉等人发挥了重要作用。2014 年，昆明市朱雀鸟类研究所（简称朱雀会）成立，并建立了中国观鸟记录

中心。2016 年 5 月，陈水华研究员领衔的中国科协鸟类科普传播团队协助制作 4 集大型纪录片《寻找神话之鸟》，在中央电视台 10 套播出。鸟类学分会还协助有关单位组织举办了洞庭湖、鄱阳湖、野鸭湖、北戴河、鸭绿江等一系列全国观鸟大赛，为推动鸟类保护作出了重要贡献。段文科和张正旺主编的《中国鸟类图志》、陈水华主编的《十万个为什么——动物卷鸟类》、马鸣主编的《图览新疆野生动物》先后出版。2021 年，全国鸟类环志中心和国际鹤类基金会（美国）北京代表处组织了"万羽南归　千里护航"白鹤迁徙系列护飞活动。

2. 为政府科学决策提供咨询

对国家科技有关发展战略、政策和经济建设中的重大决策进行科技咨询，也是一个学会要承担的职责。鸟类学分会成立以来，积极支持或组织有关专家为国务院、全国人大法制办、环保部、国家林业局等机构提供科技咨询。内容涉及国家重点保护野生鸟类名录、野生鸟类保护"三有"名录、中国鸟类红色名录、野生鸟类疫源疫病防控及预警、北京动物园搬迁、中国特有鸟类出口管理等，为政府科学决策提供了重要依据。分会专家为《中华人民共和国野生动物保护法》修订提出了大量建议，积极参加了国家林业局组织的全国第二次陆生野生动物资源调查、生态环境部组织的全国生物多样性观测（鸟类）等项目。张正旺教授、张雁云教授、邓文洪教授和董路教授分别参加第 10 次、30 ~ 35 次南极科考，完成了长城站、中山站鸟类调查和保护方案，为我国罗斯海新站选址进行了生态科研价值和建站对动物的影响分析。鸟类学分会携手国家海洋工程咨询协会，积极推动国家海洋局出台《关于加强重大工程项目海洋生态环境监测能力建设的指导意见》。常青教授、赛道建教授、杨贵生教授、曹垒研究员等数十位专家积极参加空军、海军和民航机场的鸟情调查和预报工作，为减少鸟撞事件的发生、保障我国航空飞行安全作出了重要贡献。北京林业大学丁长青教授关于朱鹮生态生物学的长期研究，为我国的朱鹮保护和再引入提供了理论依据。中国科学院昆明动物研究所杨晓君研究员关于绿孔雀的调查结果，为云南恐龙河自然保护区的建设和绿孔雀的抢救性保护提供了基础数据。全国鸟类环志中心在候鸟迁徙与疫源疫病的防控方面为国家主管部门提供了重要支撑。梁伟教授起草的《海南热带雨林国家公园优先保护物种名录》发布，为海南热带雨林国家公园的物种保护提供了科学指导。雷光春教授和张正旺教授带领的团队为中国黄渤海候鸟关键栖息地申报世界自然遗产提供了技术支撑。

3. 承担国家重要科研任务

近年来，我国鸟类学家围绕科学前沿问题和国家需求，除了每年主持大量的国家自然科学基金等课题，还承担了探索重要理论前沿和服务国家重大需求方面的课题。郑光美院士、刘迺发教授、雷富民研究员、丁平教授、卢欣教授和马志军教授分别主持完成了国家自然科学基金重点项目；雷富民研究员主持了科技部科技基础性工作重大专项、国家科技攻关项目；张正旺教授、杨晓君研究员、丁长青教授等分别主持了"十一五""十二五"国家科技支撑课题，张正旺教授、詹祥江研究员、李建强教授等分别获得科技部重点研发项目课题；孙悦华研究员、雷富民研究员、丁平教授、曹垒教授先后主持了国家自然科学基金重大国际合作项目；斯幸峰教授、陈德副教授主持了国家自然科学基金国际合作交流项目；邹发生研究员主持了 NSFC—广东联合基金项目。崇尚学术，追求卓越，分会在鸟类学研究上鼓励我国学者服务于国家重大战略需求，多出高水平的研究成果，推动了我国鸟类学高水平发展。

五、人才队伍建设

从 1980 年中国动物学会鸟类学分会成立以来，中国鸟类学的研究队伍不断壮大，专业研究人员数量在 1991—2020 年增长了近四倍，目前有 1000 多名正式注册会员。绝大多数会员都是专业性的鸟类学工作者，来自大学、研究院所、自然科学博物馆等单位，还有些会员来自动物园、自然保护区以及职能部门的管理人员。在老一辈鸟类学家的指导下，中国已经出现了一批年富力强、富有创新精神的中青年鸟类学家，他们在鸟类学教学和研究各个领域发挥着重要作用。

郑光美院士主编的《普通动物学》（1—4 版，1978—2009 年）累计印刷 120 万册，第 4 版已印刷 38 万册，为 200 多所高校使用，是国内印刷量最大、使用最广泛的动物类教材；主编的《鸟类学》（1—2 版）是我国鸟类学人才培养的权威教科书，是鸟类学研究者的必读教材。2021 年，郑光美院士被教育部评为首批全国教材建设先进个人。

张正旺教授、卢欣教授、丁长青教授和孙悦华研究员等人先后荣获"全国优秀科技工作者"称号。2023 年，英国鸟类学会授予中国科学院生态环境研究中心曹垒研究员古德曼·萨尔文奖（Godman—Salvin Prize），以表彰她在揭示鸟类迁徙路线结构、阐明长江水资源管理变化对水鸟影响等方面作出的杰出工作。曹垒是该奖项的亚洲首位获奖者，也是世界第 4 位女性获奖者。

此外，鸟类学分会会员也培养出了很多人才，他们获得了许多奖项，相关信息见附表 4-28、附表 4-29。

附表 4-28　鸟类学分会会员获得的主要人才称号

主要人才称号	姓名	单位	获奖时间
中国科学院院士	郑作新	中国科学院动物研究所	1980 年
	郑光美	北京师范大学	2003 年
国家杰出青年科学基金	卢　欣	武汉大学	2004 年
	雷富民	中国科学院动物研究所	2010 年
	詹祥江	中国科学院动物研究所	2021 年
国家优秀青年科学基金	詹祥江	中国科学院动物研究所	2014 年
	赵华斌	武汉大学	2017 年
	华方圆	北京大学	2021 年
	潘胜凯	中国科学院动物研究所	2022 年
国家"万人计划"青年拔尖人才项目	斯幸峰	华东师范大学	2023—2025 年
中国科协青年人才托举工程	董　路	北京师范大学	2015—2017 年
	董　锋	中国科学院昆明动物研究所	2015—2017 年
	郝　艳	中国科学院动物研究所	2021—2023 年

附表 4-29　鸟类学分会会员获得的中国动物学会人才奖项

奖项	届次	姓名	单位
中国动物学会青年科技奖	第一届	雷富民	中国科学院动物研究所
	第四届	黄族豪	井冈山大学
	第五届	曹垒	中国科技大学
	第六届	屈延华	中国科学院动物研究所
	第八届	陈嘉妮	兰州大学
		詹祥江	中国科学院动物研究所
中国动物学会长隆奖	第二届功勋奖	郑光美	北京师范大学
	第三届成就奖	马逸清	黑龙江省科学院自然与生态研究所
	第二届启航奖	王鹏程　程亚林	中国科学院动物研究所
	第三届启航奖	陈传武	南京师范大学
		吕磊	南方科技大学
		潘胜凯　张德志	中国科学院动物研究所

1. 设立中国鸟类学研究生交流平台（翠鸟论坛）

分会于 2005 年设立的中国鸟类学研究生的交流平台"翠鸟论坛"，每年举办一次，为鸟类学研究后备人才的培养（如历届"金翠鸟"入选者，见附表 4-30）起到了积极推动作用，到 2023 年已成功举办了 19 届，并成为鸟类学分会的一个品牌。近年来，我国鸟类学研究生的招生单位不断增加。截至 2023 年，国内已有 20 多个单位招收鸟类学博士研究生。2023 年，在南京举办的第 17 届中国鸟类学大会，有 400 多位研究生参加，这反映了我国鸟类学事业后继有人的喜人形势。

附表 4-30　翠鸟论坛历届"金翠鸟"获奖者名单

届次	举办时间	地点	"金翠鸟"获得者（单位）
第一届	2005	北京	黄族豪（兰州大学）、敬凯（复旦大学）、夏贵荣（浙江大学）、古远（中国科学院动物研究所）、贾非（北京师范大学）、马小艳（武汉大学）
第二届	2006	北京	杨洪燕（北京师范大学）、郭玉民（首都师范大学）、吴庆民（东北林业大学）
第三届	2007	成都	熊李虎（华东师范大学）、马小艳（武汉大学）、常江（北京师范大学）
第四届	2008	北京	王杰（中国科学院动物研究所）、周大庆（北京师范大学）、王琛（武汉大学）、惠鑫（复旦大学）
第五届	2009	哈尔滨	王宁（北京师范大学）、张微微（东北林业大学）、董路（北京师范大学）、曹曼曼（兰州大学）、王鑫（中国科技大学）
第六届	2010	北京	付义强（北京师范大学）、唐施翼（武汉大学）、王龙舞（海南师范大学）、丁志锋（浙江大学）、叶元兴（北京林业大学）
第七届	2011	兰州	刘昌景（兰州大学）、夏灿玮（北京师范大学）、斯幸峰（浙江大学）、安萌茵（中国科学院昆明动物研究所）、邢晓莹（中国科学院动物研究所）
第八届	2012	北京	洪心怡（台湾师范大学）、李藤（香港大学）、夏灿玮（北京师范大学）、邢晓莹（中国科学院动物研究所）
第九届	2013	杭州	吴永杰（中国科学院动物研究所）、张志强（北京师范大学）、斯幸峰（浙江大学）、李藤（香港大学）

届次	举办时间	地点	"金翠鸟"获得者（单位）
第十届	2014	北京	程雅畅（北京林业大学）、吕磊（北京师范大学）、胡晗（中国科学院古脊椎动物与古人类研究所）、邵施苗（中国科学院动物研究所）
第十一届	2015	合肥	宋紫檀（北京林业大学）、刘思敏（中山大学）、于江萍（东北师范大学）、温立嘉（北京林业大学）
第十二届	2016	北京	刘博野（北京师范大学）、韩雪松（北京林业大学）、郝艳（中国科学院动物研究所）
第十三届	2017	西安	程雅畅（德国马普鸟类研究所）、蔡天龙（中国科学院动物研究所）、张楠（中山大学）
第十四届	2018	北京	刘金（北京师范大学）、张守栋（复旦大学）、陈功（北京师范大学）、徐源新（东北师范大学）
第十五届	2019	长春	董飞（辽宁大学）、陈国玲（中山大学）、彭杨洋（北京师范大学）、郎雪敏（北京林业大学）、姜志永（中国科学院动物研究所）
第十六届	2020	线上	薛泊宁（北京师范大学）、尚晓彤（北京师范大学）、胡铃（陕西师范大学）
第十七届	2021	线上	赵天昊（University of Groningen）、王心怡（北京师范大学）、郝壮（河北师范大学）、张敬刚（北京师范大学）、傅雨辰（台湾师范大学）、焦小璐（中国科学院动物研究所）
第十八届	2022	线上	张宜贵（南京大学）、吴蕾（中国科学院动物研究所）、韩玉清（中山大学）、陈逸青（中山大学）、刘方圆（陕西师范大学）
第十九届	2023	南京	林曦（中山大学）、孙铭皓（浙江大学）、吴家昊（广东科学院动物研究所）、王上毓（中国科学院动物研究所）、邢天宇（河北师范大学）

2. 郑作新青年鸟类学研究奖

为了鼓励青年学者投身于鸟类学科学研究，同时促进我国鸟类学的基础研究，由郑作新鸟类科学基金会和鸟类学分会设立了"郑作新鸟类科学青年奖"等奖励基金。该基金是由我国已故著名鸟类学家郑作新院士捐赠首笔款项设立，后经中国动物学会鸟类学分会和国内外多名鸟类学家共同捐助形成的一项公益基金，帮助和鼓励年轻人投身鸟类科研事业，壮大鸟类学研究和科普队伍，促进学科发展。该奖项每两年评奖一次，年龄限于 35 岁以下在鸟类学研究方面作出显著成绩者。目前该基金已经颁奖十五届（附表 4-31）。获奖者已经成为我国鸟类学的中坚力量。

附表 4-31　郑作新鸟类科学青年奖

届次	举办时间	获奖人（单位）
第一届	1994	丁平（杭州大学）、张正旺（北京师范大学）
第二届	1996	马鸣（中国科学院新疆生态与地理研究所）、孙悦华（中国科学院动物研究所）
第三届	1998	丁长青（中国科学院动物研究所）、田秀华（哈尔滨动物园）
第四届	2000	雷富民（中国科学院动物研究所）
第五届	2002	贾陈喜（中国科学院动物研究所）、陈水华（浙江省自然博物馆）、卢欣（武汉大学）
第六届	2004	李雪（青年科普奖）（北京市西城区科技馆）
第七届	2006	屈延华（中国科学院动物研究所）、黄族豪（井冈山大学）、曹垒（中国科技大学）、梁伟（海南师范大学）
第八届	2008	马志军（复旦大学）、张雁云（北京师范大学）

届次	举办时间	获奖人（单位）
第九届	2010	王彦平（浙江大学）、徐基良（北京林业大学）
第十届	2012	杨灿朝（海南师范大学）、李东明（河北师范大学）、刘阳（中山大学）
第十一届	2014	董路（北京师范大学）、吕楠（中国科学院动物研究所）、吴永杰（四川大学）
第十二届	2016	斯幸峰（浙江大学）、杜波（兰州大学）、李建强（北京林业大学）
第十三届	2018	董锋（中国科学院昆明动物研究所）、宋刚（中国科学院动物研究所）
第十四届	2020	陈嘉妮（兰州大学）、张强（广东省科学院动物研究所）、王鑫（中国科学院生态环境研究中心）
第十五届	2023	王龙舞（贵州师范大学）、潘胜凯（中国科学院动物研究所）

3. 中国鸟类基础研究奖

中国鸟类学研究奖励基金由中国动物学会鸟类学分会设立，奖励对中国鸟类基础研究作出贡献的会员。已颁奖 3 次，其中 2 次的奖金由香港嘉道理农场资助。

4. 中国鸟类学研究生学术新人奖

中国鸟类学研究生学术新人奖（附表 4-32）是在中国动物学会鸟类学分会名誉主任委员郑光美院士的支持下设立，其资金来自长期关心和支持中国鸟类学研究的个人捐款。鼓励中国鸟类学研究生敬业、创新的科学精神，推动中国鸟类学事业的发展。2013—2017 年共评选 3 届，获奖 8 人。

附表 4-32　中国鸟类学研究生学术新人奖

届次	举办时间	获奖人（单位）
第一届	2013	夏灿玮（北京师范大学）、王鑫（中国科技大学）
第二届	2015	董锋（中国科学院昆明动物研究所）、吴永杰（四川大学）、斯幸峰（浙江大学）
第三届	2017	叶元兴（北京林业大学）、赵青山（中国科学院动物研究所）、吕磊（中山大学）

5. 重要国内和国际学术兼职和期刊兼职等

世界雉类协会会长：

郑作新院士（1989 年当选）；郑光美院士（2007 年当选）

国际鸟类学家联盟委员会（IOU）主席：

雷富民（2022—2026 年）

国际鸟类科学委员会委员（国际鸟类学家联盟委员会）委员：

郑光美、许维枢、张正旺、雷富民、丁平、丁长青、屈延华、李东明、斯幸峰、刘阳

Avian Research 主编：雷富民

六、分会历届负责人名单

第一届委员会（1980—1985 年）

主 任 委 员：郑作新

副主任委员：傅桐生　潘清华　钱燕文　李桂垣　郑光美

秘 书 长：谭耀匡

第二届委员会（1985—1991 年）

名誉主任委员：郑作新

主 任 委 员：钱燕文

副 主 任 委 员：李桂垣　郑光美　周本湘

秘 书 长：谭耀匡

第三届委员会（1991—1996 年）

名誉主任委员：郑作新

主 任 委 员：郑光美

副 主 任 委 员：李桂垣　许维枢　周本湘　高　玮

秘 书 长：谭耀匡

第四届委员会（1996—2000 年）

名誉主任委员：郑作新

主 任 委 员：郑光美

副 主 任 委 员：李桂垣　许维枢　高　玮　徐延恭

秘 书 长：宋 杰

第五届委员会（2000—2005 年）

主 任 委 员：郑光美

副主任委员：许维枢　李桂垣　高　玮　徐延恭　刘迺发　陆健健　高育仁

秘 书 长：宋 杰

第六届委员会（2005—2009 年）

名誉主任委员：郑光美

主 任 委 员：高　玮

副 主 任 委 员：刘迺发　陆健健　楚国忠　宋　杰　雷富民　马　鸣　丁　平　孙悦华　卢　欣

秘 书 长：张正旺

第七届委员会（2009—2013 年）

名誉主任委员：郑光美

主　任　委　员：刘迺发

副主任委员：丁　平　马　鸣　卢　欣　孙悦华　陆健健　周　放　雷富民

秘　书　长：张正旺

第八届委员会（2013—2017 年）

名誉主任委员：刘迺发

主　任　委　员：丁　平

副主任委员：周　放　雷富民　卢　欣　孙悦华　张正旺　杨晓君　丁长青

秘　书　长：张雁云

第九届委员会（2017—2022 年）

名誉主任委员：周　放

主　任　委　员：雷富民

副主任委员：孙悦华　卢　欣　张正旺　杨晓君　丁长青　邹红菲　梁　伟

秘　书　长：张雁云

第十届委员会（2022—2025 年）

名誉主任委员：丁　平　雷富民

主　任　委　员：张正旺

副主任委员：梁　伟　邹红菲　张雁云　马志军　王海涛

秘　书　长：丁长青

兽类学分会

一、发展简史

中国动物学会于 1980 年 10 月 8—13 日在大连市召开全国脊椎动物会议，会议同期成立了中国动物学会中国兽类学会（后改称中国动物学会兽类学分会），其宗旨是发展中国兽类学事业，建立一个全国范围的兽类学研究和保护网络，并加强兽类研究和保护的国际合作。1980 年 10 月 12 日，会议选举产生了中国动物学会兽类学会第一届委员会，并决定中国科学院动物研究所为兽类学分会挂靠单位。随即召开的中国动物学会兽类学会第一届委员会会议通过了创办《兽类学报》的决议，并于同年 12 月 20 日得到中国科学技术协会的批准。1981 年，《兽类学报》正式创刊，编辑部设立在中国科学院西北高原生物研究所。

兽类学分会成立 40 多年间，得到了空前的发展，已选举产生了十届委员会（1980—2023）。分会曾下设 6 个专家组，包括熊类专家组、鹿类专家组、灵长类专家组、翼手类专家组、猫科动物专家组、啮齿类专家组。分会创办的相关刊物也取得了蓬勃的发展，每年定期出版发行刊物《兽类学报》，其中 1981—1983 年为半年刊，1984 年起至 2017 年改为季刊，从 2018 年至今学报改为双月刊；不定期出版《中国动物学会兽类学会通讯》《熊类研究通讯》《翼手类研究通讯》和《中国灵长类研究通讯》（中英文）。其中《中国灵长类研究通讯》（中英文）发行于 1992 年至 2003 年，共出版 10 期，寄赠国内外有关研究、保护、管理、教学等组织和专家，为推动国内外相关学科交流、合作作出了突出贡献。

二、学术交流活动

在国内学术会议方面，兽类学分会不定期举办全国性兽类学学术会议（附表 4-33），各专家组也定期或不定期举办全国性的研讨会，加强兽类学领域的学术交流。

2001 年，由兽类学分会与中国生态学会动物生态专业委员会联合主办的野生动物生态与管理学术研讨会在广西壮族自治区桂林市召开。2003 年，该会议名称改为野生动物生态与资源保护学术研讨会，并在安徽芜湖召开了第一届学术研讨会。此后通常每 1~2 年召开一次会议，到 2023 年共举办了十六届学术研讨会（附表 4-34）。自 2006 年起，中国野生动物保护协会作为主办单位之一加入并参与学术研讨会的组织工作。从 2015 年第十一届全国野生动物生态与资源保护学术研讨会开始至今，国际动物学会作为主办单位之一加入并参与学术研讨会的组织工作。目前，该会议已成为国内具有重大影响力的野生动物研究与保护品牌会议，对营造良好的学术交流氛围、促进学科交叉融合、培养青年人才起到了十分重要的推动作用。

附表 4-33　兽类学分会举办的委员会或学术讨论会

会议名称	举办时间	地点	参会人数	主要承办单位	备注
中国动物学会中国兽类学会第一次委员会	1980 年 10 月 8—10 月 13 日	辽宁大连	124		产生第一届委员会
第一届中国灵长类学术讨论会	1981 年 12 月 13—12 月 19 日	云南昆明	75		
中国动物学会中国兽类学会第二届学术讨论会	1983 年 10 月 20—10 月 25 日	安徽合肥	79		
中国动物学会中国兽类学会学术讨论会	1986 年 4 月 22 日	广西南宁	121		选举产生第二届委员会
中国动物学会中国兽类学会委员会和《兽类学报》编委会联席会议	1987 年 8 月 4—7 日	青海西宁	18	中国科学院西北高原生物研究所	
中国动物学会中国兽类学会委员会和《兽类学报》编委会联席会议	1990 年 3 月 6—9 日	北京	32		
全国兽类学学术讨论会（庆祝中国动物学会兽类学会成立十周年）	1990 年 10 月 27—30 日	河南郑州	115		选举产生第三届委员会

续表

会议名称	举办时间	地点	参会人数	主要承办单位	备注
人类活动影响下兽类的演变学术讨论会	1992 年 4 月 14—17 日	陕西西安	74		
中国动物学会中国兽类学分会委员会和《兽类学报》编委会联席会议	1992 年 4 月 18 日	陕西西安	22		
中国动物学会兽类学会委员会	1994 年 9 月 25 日	北京			
中国动物学会兽类学分会成立十五周年学术讨论会	1995 年 10 月 11—16 日	四川成都	98		选举产生第四届委员会
第一届海峡两岸兽类学学术讨论会	1997 年 10 月 26—30 日	广西桂林	78		
第三届中国灵长类学术讨论会	1998 年 11 月 1—4 日	贵州贵阳	40		
中国动物学会兽类学分会成立二十周年暨学术研讨会	2000 年 11 月 27 日—12 月 1 日	山东济南	120	山东大学	选举产生第五届委员会
中国动物学会兽类学分会第六届会员代表大会暨学术讨论会	2004 年 10 月 25—30 日	湖南吉首	150	吉首大学	选举产生第六届委员会
中国动物学会兽类学分会第七届会员代表大会（第五届野生动物生态与资源保护学术研讨会同时召开）	2009 年 4 月 25—29 日	四川南充	260	西华师范大学生命科学学院	选举产生第七届委员会
中国动物学会兽类学分会鸟类学分会成立三十周年纪念会（第六届全国野生动物生态与资源保护学术研讨会同时召开）	2010 年 10 月 15—18 日	北京	360	北京动物学会、北京林业大学	
中国动物学会兽类学分会常务委员会和《兽类学报》编委会	2012 年 7 月 19—22 日	山东威海	15	山东大学海洋学院	
中国动物学会兽类学分会第八次会员代表大会（第九届全国野生动物生态与资源保护学术研讨会同时召开）	2013 年 11 月 22—25 日	湖北武汉	440	华中师范大学生命科学学院、湖北省动物学会	选举产生第八届委员会
第九届中国动物学会兽类学分会会员代表大会（第十四届全国野生动物生态与资源保护学术研讨会同时召开）	2018 年 11 月 21—24 日	云南昆明	640	中国科学院昆明分院、中国科学院昆明动物研究所、遗传资源与进化国家重点实验室、动物进化与遗传前沿交叉卓越创新中心、《动物学研究》编辑部	选举产生第九届委员会
中国动物学会兽类学分会成立暨《兽类学报》创刊 40 周年学术研讨会	2020 年 10 月 18—20 日	青海西宁	200	中国科学院西北高原生物研究所	
2023 年中国动物学会兽类学分会委员会和《兽类学报》编委会会议暨哺乳动物学青年学者学术研讨会	2023 年 6 月 2—4 日	山东青岛	100	山东大学生命科学学院	
中国动物学会兽类学分会第十届委员会换届会议（第十六届全国野生动物生态与资源保护学术研讨会同时召开）	2023 年 8 月 26—29 日	湖北宜昌	595	三峡大学生物与制药学院	选举产生第十届委员会

附表 4-34　兽类学分会举办的全国野生动物生态与资源保护学术研讨会

会议名称	举办时间	地点	参会人数	主要承办单位	备注
野生动物生态与管理学术研讨会	2001 年 11 月 5—8 日	广西桂林	77	广西师范大学	
第一届野生动物生态与资源保护学术研讨会	2003 年 8 月 8—14 日	安徽芜湖	140	安徽师范大学	
第二届全国野生动物生态与资源保护学术研讨会	2005 年 9 月 26—30 日	黑龙江哈尔滨		东北林业大学	
第三届全国野生动物生态与资源保护学术研讨会	2006 年 10 月 25—29 日	上海	300	华东师范大学、华东师范大学生命科学学院、华东师范大学生态学国家级重点学科	
第四届全国野生动物生态与资源保护学术研讨会	2007 年 7 月 8—11 日	青海西宁	170	中国科学院西北高原生物研究所、国际野生生物保护协会	
中国动物学会兽类学分会第七届会员代表大会暨第五届野生动物生态与资源保护学术研讨会	2009 年 4 月 25—29 日	四川南充	260	西华师范大学生命科学学院	
第六届全国野生动物生态与资源保护学术研讨会暨中国动物学会兽类学分会鸟类学分会成立三十周年纪念会	2010 年 10 月 15—18 日	北京	360	北京动物学会、北京林业大学	鸟类学分会参与主办
第七届全国野生动物生态与资源保护学术研讨会	2011 年 10 月 28—31 日	浙江金华	330	浙江师范大学、浙江省动物学会	
第八届全国野生动物生态与资源保护学术研讨会	2012 年 9 月 21—24 日	辽宁沈阳	280	沈阳师范大学化学和生物学院、辽宁省动物学会	
第九届全国野生动物生态与资源保护学术研讨会暨中国动物学会兽类学分会第八次会员代表大会	2013 年 11 月 22—25 日	湖北武汉	440	华中师范大学生命科学学院、湖北省动物学会	
第十届全国野生动物生态与资源保护学术研讨会	2014 年 11 月 13—16 日	广西桂林	410	广西师范大学生命科学学院、广西动物学会	
第十一届全国野生动物生态与资源保护学术研讨会	2015 年 11 月 16—19 日	江苏南京	500	南京师范大学生命科学学院、江苏省生物多样性与生物技术重点实验室、江苏省动物学会、江苏省盐土生物资源研究重点实验室	
第十二届全国野生动物生态与资源保护学术研讨会	2016 年 11 月 25—28 日	广东广州	530	华南师范大学生命科学学院、广东省动物学会	
第十三届全国野生动物生态与资源保护学术研讨会	2017 年 10 月 27—30 日	四川成都	576	生物资源与生态环境教育部重点实验室（四川大学）、四川省野生动植物保护协会、《四川动物》编辑部等	
第十四届全国野生动物生态与资源保护学术研讨会暨第九届中国动物学会兽类学分会会员代表大会	2018 年 11 月 21—24 日	云南昆明	640	中国科学院昆明分院、中国科学院昆明动物研究所、遗传资源与进化国家重点实验室、动物进化与遗传前沿交叉卓越创新中心、《动物学研究》编辑部	

会议名称	举办时间	地点	参会人数	主要承办单位	备注
第十五届全国野生动物生态与资源保护学术研讨会	2019 年 11 月 17—20 日	海南海口	570	热带岛屿生态学教育部重点实验室（海南师范大学）、海南师范大学生命科学学院	
第十六届全国野生动物生态与资源保护学术研讨会（中国动物学会兽类学分会第十届委员会换届会议）	2023 年 8 月 26—29 日	湖北宜昌	595	三峡大学生物与制药学院	

在对外交流方面，兽类学分会自 1983 年以来在国内相继举办中日兽类学学术讨论会、亚洲及太平洋地区兽类学学术讨论会、第二届东亚熊类学术讨论会、中国鹿类动物国际学术讨论会、白鳍豚保护评估研讨会、第三届东亚熊类学术讨论会、第二届中国灵长类学术讨论会（国际）、微卫星技术在珍稀动物保护遗传学中的应用青年国际研讨会、第 19 届国际灵长类学大会、中国扶绥国际灵长类研讨会等国际学术会议。同时，兽类学分会也多次组建团队参加了国外召开的国际灵长类学大会、国际兽类学大会、国际动物学大会、国际鹿类学大会等。相关国内外会议分别出版了《中国兽类生物学研究》、《海峡两岸兽类学学术讨论会文摘汇编》、《中日兽类学学术讨论会论文集》（英文）、《灵长类研究与保护》（中英文）、《人类活动影响下兽类的演变》、《亚太地区兽类学学术讨论会》（英文）、《第二届东亚熊类学术讨论会》及《中国鹿类动物》等著作。

2002 年 8 月 4—9 日，由分会承办的第 19 届国际灵长类学大会在北京召开，来自 40 个国家的 427 位专家学者出席了大会。2004 年和 2009 年，分会又分别协办了第 19 届国际动物学大会和第 23 届国际保护生物学大会，这些大型国际学会会议也属国内首次举办。通过这些国际大会在中国的召开，不仅加深了世界同行对国内兽类研究工作的了解，也为我国学者进一步了解国际研究进展和水平提供了很好的机会，进一步推动了中国科学家与国际同行间的交流与合作，对我国兽类学研究和保护事业的发展起到了十分积极的推动作用。

三、代表性学术成果

自兽类学分会成立起，学会会员在野生动物资源调查、鼠害防控、濒危动物保护等方面取得了重要学术研究成果。其中，国家级科技奖项主要有：①冯祚建等 18 人完成的《青藏高原哺乳动物》属项目"青藏高原隆起及其对自然环境与人类活动影响的综合研究"中的子课题，1987 年该项目获国家自然科学奖一等奖；②刘天成主编、胡锦矗主审的《大熊猫、金丝猴、扭角羚、梅花鹿、白唇鹿、小熊猫、麝文献情报》，1992 年获国家科技进步奖三等奖；③刘维新、谢钟、刘农林、曾国庆等 4 人完成的《大熊猫人工繁殖的研究》，1995 年获国家科技进步奖二等奖；④张知彬、蒋光藻、钟文勤、黄秀清、郭聪等 10 人完成的《农田重大害鼠成灾规律及综合防治技术研究》，2002 年获国家科技进步奖二等奖；⑤杨奇森、夏霖等人参与完成的《青藏铁路工程》，2008 年获国家科技进步奖特等奖；⑥魏辅文、聂永刚、胡义波、吴琦、詹祥江等 5 人完成的《大熊猫适应性演化及其濒危机制研究》，2019 年获国家自然科学奖二等奖。

随着兽类学研究队伍的不断壮大以及新技术、新方法在兽类学研究中的快速应用，我国在兽类分类学、生态学、保护生物学、进化生物学等领域取得了一系列重要成果，尤其是在基因组进化、保护基因组学和宏基因组学、行为生态学、生态学综合研究以及野生动物疫源疫病等方向，出版了由魏辅文院士主编的《中国兽类分类与分布》，部分重要成果发表在 Science、Nature Genetics、Nature Communications、PNAS、Current Biology 等知名刊物上，并得到国内外媒体的广泛宣传和报道。

四、学会宣传、科学普及和科技咨询工作

兽类学分会高度重视学会日常工作、会员科技成果的宣传。对于分会召开的委员会、全国性学术研讨会以及与其他分会联合主办的学术研讨会等重要活动，每次会议结束后都会以简报或者会议纪要形式发布在《兽类学报》上，以便于全国的科技工作者了解我国兽类学学科和兽类学分会的发展。另外，分会会议通知以及会议纪要等重要文件也会在中国动物学会官网上进行发布，以便于全国的兽类学工作者及时掌握分会最新进展和会议组织最新动态。

为适应新媒体时代下的学会宣传新形势，兽类学分会于 2020 年 11 月 2 日创办了"动物学会兽类学分会"微信公众号，重点宣传分会委员正式发表的科研成果及分会主办的会议最新通知等信息。截至 2023 年 11 月 15 日，已发表推文 88 篇，公众号关注人数 4344 人，其中多篇科研成果的推文超过 1 万阅读量，在我国兽类学科研成果宣传方面发挥了重要作用。

在科学普及方面，分会众多理事或委员围绕鼠害防控、濒危动物保护、野生动物疫源疫病、动物生态与行为等方面做了大量的科普工作，包括科普讲座、科普文章、科普著作、科普电视节目等。

自 1980 年分会成立起，分会理事或委员积极参与野生动物资源调查、鼠害防控、野生动物合理利用、濒危动物保护、保护区建设、野生动物保护法起草、2020 年后全球生物多样性框架目标制定等方面的科技咨询工作，并向国家和有关主管部门提出了许多建设性的意见和建议。近期工作值得一提的是，冯江教授、张知彬研究员等牵头撰写的《冠状病毒跨种传播的生态学机制是什么？》获评为中国科协 2020 年十大重大科学问题。

五、人才队伍建设

兽类学作为动物科学的一个分支，在中华人民共和国成立以前，中国兽类学的基础甚为薄弱，几乎处于空白状态。该领域的研究学者屈指可数（秉志、石声汉、何锡瑞、付桐生、寿振黄），他们虽有零星的论文发表，但远未能形成一个学科领域的研究力量。中华人民共和国成立以后，中国兽类学的研究机构得到了充实和健全，科学队伍也迅速成长起来，特别是兽类学分会成立 40 多年以来，我国兽类学研究和人才均得到了极大的发展。兽类学研究已从传统的经典学科向现代学科转变与结合，特别是近几年来分子生物学技术、基因组学技术的应用，使我国的兽类学研究上了一个新的台阶，形成了以中国科学院相关研究所、相关高校以及地方研究所为主要力量的研究队伍，培养了大批兽类学研究人才，并在各自研究领域发挥了重要作用。兽类学研究相关人才（不完全统计）见附表 4-35 至附表 4-37。

附表 4-35　兽类学分会会员获得的主要人才称号

主要人才称号	姓名	获奖时间
中国工程院院士	马建章	1995 年
中国科学院院士	张亚平	2003 年
	魏辅文	2017 年
国家杰出青年科学基金	张亚平	1995 年
	蒋志刚	1997 年
	张知彬	1998 年
	张树义	2000 年
	魏辅文	2001 年
	方盛国	2003 年
	王德华	2006 年
	杨　光	2013 年
	施　鹏	2013 年
	李孟华	2018 年
	于　黎	2019 年
	聂永刚	2022 年
	邱　强	2022 年
	胡义波	2023 年
国家优秀青年科学基金	朱立峰	2012 年
	邱　强	2013 年
	聂永刚	2016 年
	齐晓光	2016 年
	赵华斌	2017 年
	胡义波	2018 年
	吴东东	2018 年
	范朋飞	2018 年
	刘　振	2019 年
	江廷磊	2019 年
	周文良	2022 年
	黄广平	2023 年
中国科协青年人才托举工程	樊惠中	2020 年
	万辛如	2020 年
	薄亭贝	2021 年

附表 4-36　兽类学分会会员获得的中国动物学会奖项

主要奖项	姓名	获奖时间或届次
中国动物学会青年科技奖	杨　光	2005 年
	肖治术	2007 年
	向左甫	2009 年

续表

主要奖项	姓名	获奖时间或届次
中国动物学会青年科技奖	朱立峰	2011 年
	赵志军	2013 年
	徐士霞	2015 年
	聂永刚	2015 年
	于 黎	2017 年
	齐晓光	2017 年
	邱 强	2019 年
	张学英	2019 年
	薄亭贝	2021 年
中国动物学会长隆奖成就奖	王祖望	第一届
	胡锦矗	第一届
	冯祚建	第二届
	周开亚	第二届
	马逸清	第三届
	盛和林	第三届
	钟文勤	第三届
中国动物学会长隆奖新星奖	郭松涛	第一届
	于 黎	第一届
	范朋飞	第二届
	聂永刚	第二届
	江廷磊	第三届
	邱 强	第三届
	吴东东	第三届
	胡义波	第三届
中国动物学会长隆奖启航奖	万辛如	第一届
	樊惠中	第一届
	林爱青	第一届
	黄 康	第一届
	胡一鸣	第一届
	周文良	第二届
	韩 菡	第三届
	黄广平	第三届
	柳延虎	第三届

附表 4-37 "优秀青年动物生态学工作者"获奖者名单

奖项	姓名	获奖时间
优秀青年动物生态学工作者	王大伟	2004 年
	赵志军	2006 年

奖项	姓名	获奖时间
优秀青年动物生态学工作者	刘全生	2007 年
	刘志瑾	2009 年
	张学英	2009 年
	李忠秋	2009 年
	郭松涛	2009 年
	周岐海	2009 年
	范朋飞	2009 年
	胡义波	2011 年
	齐晓光	2011 年
	黎大勇	2012 年
	聂永刚	2013 年
	赵大鹏	2014 年
	夏东坡	2014 年
	葛德燕	2015 年
	周友兵	2015 年
	严　川	2016 年
	范振鑫	2016 年
	田军东	2016 年
	温知新	2017 年
	韦　伟	2018 年
	李春林	2019 年
	韩　菡	2019 年
	李　欢	2019 年
	范鹏来	2021 年
	侯　荣	2021 年
	黄　康	2021 年
	李国梁	2021 年
	梅志刚	2021 年
	赵序茅	2021 年
	周文良	2021 年
	薄亭贝	2023 年
	胡靖扬	2023 年
	朱平芬	2023 年

六、分会历届负责人名单

第一届委员会（1980—1986 年）

主 任 委 员：夏武平

副主任委员：周明镇　黄文几　彭鸿绶　汪　松

秘　书　长：张　洁

第二届委员会（1986—1990 年）

主 任 委 员：夏武平

副主任委员：周明镇　汪　松　盛和林

秘　书　长：张　洁

第三届委员会（1990—1996 年）

主 任 委 员：夏武平

副主任委员：汪　松　张　洁　盛和林　王祖望

秘　书　长：张　洁

第四届委员会（1996—2000 年）

名誉主任委员：夏武平

主 任 委 员：张　洁

副主任委员：汪　松　盛和林　王祖望　胡锦矗

秘　书　长：冯祚建

第五届委员会（2000—2004 年）

名誉主任委员：夏武平

主 任 委 员：王祖望

副主任委员：马逸清　张知彬　张亚平　胡锦矗　赵新全　徐宏发

秘　书　长：魏辅文

第六届委员会（2004—2009 年）

名誉主任委员：夏武平

学 会 顾 问：孙儒泳　马建章

主 任 委 员：张知彬

副主任委员：王　丁　李保国　宋延龄　赵新全　徐宏发　张亚平　魏辅文

秘　书　长：李　明

第七届委员会（2009—2013 年）

学 会 顾 问：孙儒泳　马建章　王祖望　张亚平

主 任 委 员：张知彬

副主任委员：王　丁　王小明　方盛国　李进华　李保国　宋延龄　魏辅文
秘 书 长：李　明

第八届委员会（2013—2018 年）
主 任 委 员：魏辅文
副主任委员：方盛国　蒋志刚　李进华　王德华　王小明　魏万红　张明海
秘 书 长：李　明

第九届委员会（2018—2023 年）
主 任 委 员：魏辅文
副主任委员：王德华　边疆晖　李玉春　杨奇森　张明海　施　鹏　魏万红
秘 书 长：胡义波

第十届委员会（2023—2027 年）
名誉主任委员：魏辅文
主 任 委 员：王德华
副主任委员：边疆晖　李玉春　杨奇森　张泽钧　胡义波　施　鹏
秘 书 长：胡义波

灵长类学分会

一、发展简史

中国动物学会灵长类学分会是在中国动物学会兽类学分会灵长类科技工作者达到一定规模的基础上组建成立的。我国的灵长类学研究主要是在 1949 年以后才得以逐步开展，经过多年的积累，1981 年 12 月，中国动物学会兽类学分会在昆明召开了全国第一次灵长类学专题学术讨论会，灵长类学研究作为一个独立的研究领域开始呈现于国内学术界，并于 1989 年成立了中国动物学会兽类学分会灵长类专家组（首任专家组组长是安徽大学王岐山教授，第二届专家组组长是中国科学院昆明动物研究所龙勇诚研究员，第三届专家组组长是西北大学李保国教授），专家组的成立使我国灵长类的研究形成了一个独立的学术交流体系并延续至今，在专家群体全体成员的努力下成功申办了第 19 届国际灵长类学大会（2002 年在我国召开），从而极大地提升了中国灵长类研究在国际上的影响力与竞争力。之后，随着对我国灵长类学研究的不断深入，研究领域不断扩大，研究成果不断积累，研究团队不断增加，灵长类学科建设进入快速发展时期，同时对外交流日趋活跃。在此背景下，在几任领衔专家组的领导下，经专家群体全体成员的共同努力，中国灵长类研究不断加强与国际灵长类学会和各成员国分会的学术交流与联系，推动了中国灵长类研究在国际上的影响力与学术地位，极大地促进了我国灵长类研究的发展。

随着中国灵长类学研究在国际影响力和竞争力的不断提升，2014 年 8 月在越南河内召开的第 25 届国际灵长类学会大会上，国际灵长类学会主席 Tetsuro Matsuzawa 教授签署了同意中国灵长类专家群体以 "China Primatological Society（CPS）" 形式正式成为国际灵长类学会成员的证明信函（西北大学李保国教授任 CPS 主席）。自此，中国作为最新一个会员单位加入国际灵长类学会的大家庭中，并正式成为国际灵长类学会第 13 个执行委员国（李保国教授当选为国际灵长类学会执委），从而能直接参与国际灵长类学会的决策工作，这意味着中国在该领域已拥有了重要的话语权。

为适应新的历史阶段对中国灵长类学界提出的新要求，进一步促进中国灵长类学研究的普及、推广和发展，加快我国灵长类学研究人才的培养和成长，加强中国灵长类研究的国际交流，进一步提升我国灵长学研究的国际影响力，经中国灵长类专家群体讨论并报中国动物学会兽类学分会，决定由西北大学牵头筹备，尽快成立中国动物学会灵长类学分会。经过一系列准备之后，2017 年 8 月，中国动物学会灵长类学分会在西安正式成立，标志着中国灵长类研究群体在世界灵长类学术研究的舞台上迈入新纪元，首届主任委员为西北大学李保国教授。随着灵长类研究队伍的不断壮大，研究成果的不断涌现，2022 年 7 月在安徽黄山举行换届大会，合肥师范学院李进华教授当选为第二届中国动物学会灵长类分会主任委员。2023 年，在马来西亚召开的国际灵长类学第 29 届大会上，成功获得国际灵长类学第 31 届大会 2027 年在我国西安召开，彰显了我国灵长类研究事业在国际舞台的重要地位。本分会中文名为中国动物学会灵长类学分会，英文名为 China Primatological Society，英文缩写为 CPS，本分会的网址为 https://cps.nwu.edu.cn/。

二、主要贡献

1. 学术成就

灵长类学分会成立以来，在全体会员的不懈努力下，取得了丰硕的成果。中国灵长类学者在灵长类生存与适应、生理与进化、营养与肠道健康、种群保护与繁殖、行为生理与代谢、基因组与种群遗传学等领域的研究取得重要突破。最典型的成果是中国学者发起了灵长类基因组计划（Primate Genome Project，PGP）。重构了 50 个灵长类动物基因组的演化历史，重构了性染色体的演化历程，重建了金丝猴的演化过程，发现黔金丝猴最可能源自大约 187 万年前川金丝猴和滇金丝猴 / 怒江金丝猴的共同祖先之间发生杂交事件产生的，揭示了蜂猴的群体历史和低代谢率、行动缓慢、夜行性等特征适应性进化的遗传机制，通过整合生态学、地质学、行为学、基因组学等多学科，发现寒冷适应可促进亚洲叶猴社会系统的演化，揭示了灵长类社会系统的演化机制，系列成果以专刊形式发表在顶级期刊 Science 上。研究成果不断发表在 Science、The Innovation、National Science Review、PNAS 等主流学术期刊上发表，受到国际灵长类研究者及动物学领域的高度关注。

2. 举办学术交流活动

根据中国科协和动物学会的章程开展学术活动、提高学术水平、组织学术讨论会是学会最主要的职责。2014 年 10 月 11—13 日，在西北大学和陕西省科学院秦岭珍稀野生动物保护与利用野外研究基地召开了中国灵长类研究高层学术论坛暨中国动物学会灵长类学分会大会，会议由中国兽类学分会灵长类专家主办，西北大学、陕西省动物研究所和陕西省动物学会承办。来自全国从事灵长类研究的高等院校、科研机构和相关保护组织等 50 余名会员代表参加。经大会讨论，通过了学会章程，选举产生了第一届委员会。第一届委员会由 25 名委员组成，西北大学生命科学学院院长和陕西省动物研究所所长李保国教授为主任委员，中国动物学会兽类学分会秘书长和中国科学院动物研究所李明研究员、中国科学院昆明动物研究所蒋学龙研究员、北京大学苏彦捷教授、安徽师范大学副校长李进华教授为副主任委员，秘书长为中山大学张鹏博士，中国科学院动物研究所刘志瑾博士、西北大学郭松涛博士和何刚博士为副秘书长，其中何刚博士为常务副秘书长。大会还讨论确定了分会未来工作的重点、学术研究发展方向，并通过了学会的网站、logo 设计方案。分会挂靠在西北大学生命科学学院。2017 年 8 月，中国动物学会灵长类学分会在西安正式成立，来自国内高校、科研院所、自然保护区等 81 个单位的代表，美国、加拿大、澳大利亚、日本的海外专家共计 190 多人参会，会议以大会报告、专题报告、壁报等形式，就灵长类形态解剖、生态行为、生理适应、系统进化、保护管理等领域的研究进展和最新成果进行了交流与研讨。大会邀请 Matsuzawa Testuro 教授（京都大学、国际灵长类学会前主席）、Colin A Chapman 教授（麦吉尔大学，加拿大）、Paul A Garber 教授（伊利诺伊大学，美国）、Cyril Crueter 教授（西澳大学，澳大利亚）、李进华教授（安徽大学）、路纪琪教授（郑州大学）、倪喜军研究员（中国科学院古脊椎动物与古人类研究所）、黄乘明研究员（中国科学院动物研究所）、张鹏教授（中山大学）、齐晓光教授（西北大学）作了大会学术报告。2019 年 11 月 1—4 日，在贵阳召开中国动物学会灵长类学分会第十六届学术年会会议，国际灵长类学会前主席、京都大学 Matsuzawa Tetsuro 教授，国际灵长类学会秘书长、巴西南里奥格兰德天主教大学 Júlio César Bicca—Marques 教授，加拿大科学院院士、麦吉尔大学 Colin A Chapman 教授，美国灵长类学会前主席、美国华盛顿大学 Randall C. Kyes 教授，美国灵长类学报主编、伊利诺伊大学 Pual A Garber 教授等国内外知名学者应邀出席了本次大会。大会代表有 193 人，主要来自北京、天津、上海、青海、甘肃、陕西、四川、贵州、云南、河北、河南、安徽、湖南、湖北、广西、广东 16 个省、自治区、直辖市的 85 家单位，3 个分会场的主题分别为"灵长类基因组学与适应进化""灵长类行为生态及生理适应""灵长类保护生物学与实验灵长类学"，共有 45 位师生从灵长类的形态解剖、生态行为、生理适应、系统进化、保护管理等方面进行了学术报告。2022 年 7 月，在安徽黄山举行第十七届学术年会，会议由中国动物学会灵长类学分会、中国野生动物保护协会科技委员会、安徽万盛公司主办，安徽大学、合肥师范学院和安徽省动物学会承办，黄山生物多样性与短尾猴行为生态学国际联合研究中心协办。本次会议的主题是"新时代中国的灵长类研究与保护"，共有 230 多人参加此次会议，与会代表分别来自国内高校、科研院所、自然保护区等 60 余家单位。大会邀请了京都大学 Michael A. Huffman 教授、美国西北大学 Katherine R. Amato 副教授、云南大学于黎教授、安徽大学李进华教授、中国科学院脑科学与智能技术卓越创新中心孙强研究员和中国科学院动物研究所周旭明研究员分别通过线上、线下方式作了大会报告。除大会报告外，本次会议设置了"灵长类演化与遗传""灵长类行为、生理及生态""灵长类保护生物学与实验灵长类学"等 3 个专题，组织安排了 58 个专题报告，还组织展出了 15 个壁报。本次会议共收到论文摘要 82 篇。根据中国动物学会章程和有关规定，进行了灵长类学分会委员会换届选举工作，合肥师范学院李进华教授当选为第二届中国动物学会灵长类分会主任委员。2023年在马来西亚召开的国际灵长类学第29届大会上，经过我国灵长类工作者共同努力，成功获得了国际灵长类学第31届大会于2027年在我国西安召开的承办权。

分会成立以来举办的全国性的学术研讨会（附表4-38）对促进学术交流、开展区域科研合作，提升国内灵长类学研究水平起到了重要的推动作用。

附表4-38 中国动物学会灵长类学分会举办的学术研讨会

届次	召开时间	召开地点	主要承办单位及承办人	参会人数
第一届	2017年8月	陕西西安	西北大学，李保国	190
第二届	2019年11月	贵州贵阳	贵州师范大学，周江	193
第三届	2022年7月	安徽黄山	合肥师范大学，李进华	230

3. 推动科学普及工作

普及科学知识是学会最基本的任务之一。在积极开展学术交流活动的同时，中国动物学会灵长类学分会非常重视推动科普工作，促进社会公众提高与灵长类相关的科学素养。

分会成员创立了"云山保护""秦岭科学苑"微信公众号，截至2023年11月已经在微信公众号发布科学研究、学会会议通知和分会介绍等方面的推文近800篇。关注人数达10000人，公众号受到中国动物学会及其他兄弟分会和全国广大科技工作者的广泛关注，扩大了野生动物及灵长类研究的影响力。分会成员以灵长类为对象，开展了科普宣教，获得了全国科普教育基地、国家林业和草原局第一批科普教育基地，进一步提升了分会的影响力。

4. 为政府科学决策提供咨询

对国家科技有关发展战略、政策和经济建设中的重大决策进行科技咨询也是学会要承担的职责。自灵长类学分会成立以来，积极支持或组织有关专家为国务院、全国人大法制办、环保部、国家林业局等机构提供科技咨询。

三、承担国家的重要科研任务

我国灵长类研究学者围绕科学前沿问题和国家需求，开展许多具有挑战意义的重大科学问题的探索，利用基因组学等技术揭示灵长类动物的濒危机制，在跟踪观察的基础上解析行为的功能与进化意义，应用样地实验与先进技术探讨种群动态和栖息地变化。承担并完成了国家自然科学基金、科技部、教育部、中国科学院等多项课题，如李保国教授主持完成了科技部重点研发项目课题、国家自然科学基金委员会重点项目、中国科学院先导专项项目，郭松涛教授主持完成了国家自然科学基金委员会重点国际合作项目。齐晓光教授、范朋飞教授获得了国家优秀青年科学基金的资助，于黎研究员获得了国家杰出青年科学基金的资助等。

四、人才队伍建设

从2014年中国动物学会灵长类学会专家组成立到现在，中国动物学会灵长类学会科研工作者的队伍不断壮大，参会人数逐年稳定上升。中国已经出现了一批年富力强、富有创新精神的中青年灵长类研究人员，他们在动物生态学及灵长类学各个研究领域发挥着重要作用。多位学者在多个国内外学术期刊担任主编、副主编、编委等。郭松涛教授获得第一届中国动物学会长隆奖新星奖、黄康副教授获得第一届中国动物学会长隆奖启航奖；多位青年学者获得中国科协青年人才托举工程资助；李保国教授团队的研究成果入选中国野生动物保护十大事件（2017—2018）；赵海涛研究员获得"陕西省青年五四奖章"提名奖，入选陕西省特支计划青年拔尖项目（2022）。

五、设立奖励基金

为了鼓励青年学者投身于灵长类学研究，自分会成立以来，每次会议评选 5 名优秀报告人，自2017 年设立优秀研究生学术报告奖和优秀墙报奖，每年评选优秀青年工作者。

六、分会历届负责人名单

第一届委员会（2017 年 8 月—2022 年 7 月）
主 任 委 员：李保国
副主任委员：李进华　路纪琪　李　明　蒋学龙　黄乘明　苏彦捷
秘 书 长：张　鹏

第二届委员会（2022 年 7 月—　　）
主 任 委 员：李进华
副主任委员：郭松涛　周　江　周岐海　范鹏飞　黎大勇　向左甫
秘 书 长：郭松涛

生物进化理论专业委员会

一、发展简史

1995 年 2 月在昆明召开的中国动物学会常务理事会上，北京大学陈阅增教授建议成立生物进化研究小组，开展生物进化理论研究和进化论的普及宣传。常务理事会批准并委托陈阅增教授筹备。4月 7 日，在中国科学院古脊椎与古人类研究所周明镇院士寓所，周明镇、陈阅增、张弥曼、朱圣庚、马莱龄、李佩珊、杨继、张昀、彭奕欣、葛明德等来自动物学、植物学、古生物学、生物进化学及分子生物学等不同领域的学者聚首共议成立生物进化研究组事宜，一致决定通过广泛联系逐步建立一个跨学科的生物进化研究会，暂定名为生物进化研究组，挂靠在北京大学生命科学学院。

1995 年 6 月 11 日，大会在北京大学老生物楼 304 室召开，由陈阅增教授主持，钦俊德、宋大祥、李靖炎及中国动物学会和北京大学生命科学学院师生 20 余人与会。李靖炎和张昀分别作了关于细胞进化和恐龙蛋研究进展的报告，受到与会者的欢迎。报告会后，有关人员就进化研究组（筹备）成立进行了研究。经中国动物学会组委会同意，进化研究组筹备小组组长由张昀担任，副组长为杨继、程红。

1996 年 11 月 15 日，中国动物学会常务理事会在武夷山召开，会上决定成立中国动物学会进化论小组筹备组，组长陈宜瑜，副组长张昀、宋大祥，秘书程红，组员共 24 名（包括上述人员），该小组挂靠在北京大学生命科学学院，学院院长周增铨表示大力支持小组工作。1997 年，第一次全国生物进化理论学术研讨会在河北师范大学召开；1999 年，第二次全国生物进化理论学术研讨会在河南郑州召开；2000 年，第三次全国生物进化理论学术研讨会在北京大学召开。

2003 年 7 月 4 日，中国动物学会生物进化理论专业委员会正式被民政部批准成立，挂靠在北京大学生命科学学院，有正式会员 20 人。

中国动物学会生物进化理论专业委员会是我国从事生物进化的专业组织，其基本宗旨是发展中国进化生物学学术研究和普及进化知识。学会的最高决策机构为委员会，具体工作由秘书处负责。

自专业委员会成立起，学会在生物进化的学术交流、科学普及、服务社会等方面开展相关工作，已召开 4 次全国代表大会，并依照有关章程，民主选举产生了 4 届委员会。

2003 年 7 月召开并选举了第一届专业委员会，主任委员程红，副主任委员周开亚、顾红雅、樊启昶、杨继，秘书长姚锦仙。2007 年第四次全国生物进化理论学术研讨会在北京大学召开。2011 年第五次全国生物进化理论学术研讨会在南京师范大学召开。2022 年 1 月，生物进化理论专业委员会在江苏省南京市召开第四次换届会。会上选举产生了第四届生物进化理论专业委员会委员，主任委员为杨光，副主任委员为于黎、张蔚、赖仞、詹祥江、缪炜，秘书长徐士霞。1 月 19 日在南京师范大学召开了线上线下结合的学术研讨会，来自全国的 50 多家科研单位的近 500 名科研工作者参加了本次会议。

二、学术交流活动

生物进化理论专业委员会举办的历届学术交流活动见附表 4–39。

附表 4–39 生物进化理论专业委员会举办的学术交流活动

会议名称	举办时间	地点	参会人数	主要承办单位
第一次全国生物进化理论学术研讨会	1997 年	河北石家庄		河北师范大学
第二次全国生物进化理论学术研讨会	1999 年	河南郑州		
第三次全国生物进化理论学术研讨会	2000 年	北京		北京大学
第四次全国生物进化理论学术研讨会	2007 年 9 月 22—23 日	北京		北京大学
第五次全国生物进化理论学术研讨会	2011 年 9 月 25—26 日	江苏南京	48	南京师范大学、江苏省生物多样性与生物技术重点实验室和江苏省动物学会
生物进化理论专业委员会学术研讨会	2022 年 1 月 9 日	江苏南京	500（线上线下）	南京师范大学、江苏省生物多样性与生物技术重点实验室

三、代表性学术成果

近年来，围绕着进化生物学中的重要科学问题，生物进化理论专业委员会的成员发表了重要的学术成果。"迁徙生物如何发现其迁徙路线？"一直是进化生物学的重要科学问题，专业委员会副主任委员、中国科学院动物研究所詹祥江研究团队利用卫星追踪数据和进化基因组等分析阐明了鸟类迁徙路线变迁成因和遗传基础，该研究成果于 2021 年发表在 *Nature* 上，并入选 2021 年度中国生命科学十大进展。物种的形成机制是生物学领域最吸引人的问题之一，也是最大的难题之一，达尔文将其称为"谜中之谜"。2023 年，副主任委员、云南大学于黎研究员团队和四川大学刘建全教授团队在 *Science* 上合作发表研究论文，揭示了灵长类动物黔金丝猴的杂交起源和其独特毛色产生的分子机制。另外，于黎研究团队基于目前最大规模的穿山甲群体基因组学数据，并联合穿山甲鳞片的形态学分析，证实了一个新的穿山甲物种的存在，极大地刷新和扩展了目前对穿山甲物种多样性和演化历史的认知，研究结果发表在国际期刊 *PNAS* 上。西北工业大学邱强等研究团队进一步通过进化基因组学研究手段，揭示了鹿角再生的演化机制，成果发表在 *Science* 上。蛇类处于脊椎动物演化历程的关键节点，是脊椎动物中的重要类群，中国科学院成都生物研究所李家堂团队基于大规模多组学技术与基因编辑等研究手段，全面揭示了蛇类起源及特殊表型演化的遗传机制，该研究成果于 2023 年发表在 *Cell* 上。

生物进化理论专业委员会在珍稀濒危动物类群的分子系统学、适应机制、群体遗传学和生物多样性保护等方面相继承担了国家重大研究任务，包括国家重点研发计划、国家自然科学基金重大研究计划（重点资助项目）、国家自然科学基金重点项目等。

四、学会宣传、科学普及和科技咨询工作

生物进化专业理论委员会全体会员充分发挥专业优势，积极开展对外交流和科普宣传工作，组织举办"野生动物保护宣传月""南京江豚水生生物保护行动""长江江豚保护主题月"等大型的公益性宣传活动，学会内众多专家学者和资深工作者积极投入科普服务社会大众、提高公民科学素养的行动当中，例如 2020 年 11 月南京师范大学杨光教授做客金陵图书馆参与"江豚公益大讲堂"。由杨光教授主编，中国科学院院士魏辅文、中国鲸豚类学科奠基人周开亚担任学术顾问并作序的科普类书籍《大江豚影》，系统介绍了长江江豚的分类学、外形、生活习性，长江南京段长江江豚的科学考察和保护措施，以及博物馆里的江豚形陶壶、古代关于江豚的诗文、江豚自然保护区和民间的江豚保护组织等。该书的发行对培养群众尤其是青少年了解长江江豚演化历史、长江生物多样性及其保护有积极作用。

五、人才队伍建设

生物进化理论专业委员会培育出了一批批勇攀高峰、敢为人先的杰出科技工作者，其中 20 余位委员获得中青年领军人才荣誉称号，并在相关领域获奖（附表 4-40 和附表 4-41）。青年科技人才培养是强国之基，学会也特别注重青年创新人才的培养，多位青年骨干、博士、硕士在国家留学基金管理委员会的资助下进行国际交流和访学，多位博士后获得博士后创新人才支持计划，对最具创新能力和发展潜力的青年人才给予重点培养可为进化理论相关的科学事业的发展奠定坚实的人才基础。

附表 4-40　生物进化理论专业委员会会员获得的称号或奖项

主要人才称号或奖项	姓名	获奖时间
国家杰出青年科学基金	杨　光	2013 年
	于　黎	2020 年
	詹祥江	2021 年
	高　珊	2021 年
	邱　强	2022 年
	车　静	2022 年
	张　蔚	2023 年
	李家堂	2023 年
	胡义波	2023 年
全国创新争先奖	赖　仞	2017 年
	于　黎	2023 年
何梁何利基金科学与技术青年创新奖	詹祥江	2022 年
中国科协青年人才托举工程	董　路	2015 年
	樊惠中	2020 年
	田　然	2023 年

附表 4-41　生物进化理论专业委员会会员获得的中国动物学会奖项

主要奖项	姓名	获奖时间或届次
中国动物学会青年科技奖	杨　光	2005 年
	缪　炜	2009 年
	张　鹏	2011 年
	朱立峰	2013 年
	李家堂	2015 年
	徐士霞	2015 年
	于　黎	2017 年
	车　静	2017 年
	高　珊	2017 年
	王　师	2019 年
	邱　强	2019 年
	詹祥江	2019 年
	廖文波	2019 年
中国动物学会长隆奖新星奖	于　黎	第一届
	车　静	第一届
	高　珊	第一届
	胡义波	第三届
	邱　强	第三届
中国动物学会长隆奖启航奖	周文良	第一届
	樊惠中	第二届

六、专业委员会历届负责人名单

生物进化研究组筹备小组成立（1995 年）

组　　长：张　昀

副组长：杨　继　程　红

"中国动物学会生物进化论小组"筹备组成立（1996 年）

组　　长：陈宜瑜

副组长：张　昀　宋大祥

秘　　书：程　红

第一届委员会（2003—2007 年）

主 任 委 员：程　红

副主任委员：周开亚　顾红雅　樊启昶　杨　继

秘 书 长：姚锦仙

第二届委员会（2007—2011 年）

主 任 委 员：吕　植

副主任委员：周开亚　顾红雅　樊启昶　杨　继

秘 书 长：姚锦仙

第三届委员会（2011—2022 年）

主 任 委 员：吕　植

副主任委员：杨　继　杨　光　袁训来

秘 书 长：姚锦仙

第四届委员会（2022—　　）

主 任 委 员：杨　光

副主任委员：于　黎　张　蔚　赖　仞　詹祥江　缪　炜

秘 书 长：徐士霞

生物地理学分会

一、发展简史

为应对国际研究的新形势，推动我国生物地理学的研究，2018年10月20日，由中国科学院动物研究所牵头，联合10所大学以及研究单位的15名专家向中国动物学会提出成立中国动物学会动物地理学分会的倡议及申请。申报书提交后，中国科学院动物研究所李义明、雷富民和乔格侠研究员随即牵头组织并成立了6人（包括屈延华、刘宣、陈静在内）动物地理学分会筹备组，并于2019年在北京成功举办首届中国动物地理学术研讨会。来自30多家研究单位的150名师生参加了研讨会。2019年9月16日，中国动物学会签发了关于组建"中国动物学会动物地理学专业委员会"的批复函，中国动物学会动物地理学专业委员会正式成立。2020年，根据陈宜瑜院士建议，分会秘书处向总会提交将"动物地理学分会"更名为"生物地理学分会"的申请。2020年9月26日，中国动物学会发布批复函，同意将"中国动物学会动物地理学分会"更名为"中国动物学会生物地理学分会"。同年9月27日，相关单位的生物地理学学者聚集北京，经无记名投票选举产生首届委员会。中国动物学会生物地理学分会于2020年9月27日在中国科学院动物研究所（北京）成立，挂靠单位为中国科学院动物研究所。

二、学术交流活动

中国动物学会生物地理学分会成立大会暨第二届学术研讨会于2020年9月28—29日在中国科学院动物研究所隆重召开。来自中国科学院动物研究所、水生生物研究所、昆明动物研究所、成都生物研究所、南海海洋研究所以及浙江大学、南开大学、北京师范大学等30多家单位150多位师生代表参会。老一辈科学家中国科学院院士陈宜瑜先生、中国科学院动物研究所前所长王祖望先生，以及中国动物学会副理事长兼秘书长魏辅文院士、中国昆虫学会副理事长卜文俊教授等10多位嘉宾应邀出席大会。

出席成立大会的还有中国科学院动物研究所副所长（主持工作）詹祥江研究员、中国动物学会前秘书长王德华研究员，中国昆虫学会甲虫专业委员会任国栋主任委员、中国动物学会动物生理生态学分会计翔主任委员、中国动物学会两栖爬行学分会江建平主任委员、中国动物学会动物行为学分会张健旭主任委员、*Current Zoology*期刊贾志云执行主编，中国动物学会灵长类学分会郭松涛副主任委员，以及中国科学院动物研究所相关重点实验室负责人杜卫国研究员、朱朝东研究员、葛斯琴研究员等。中国动物学会兽类学分会、中国动物学会鸟类学分会、中国生态学学会动物生态专业委员会以及《动物分类学报》编辑部、*Avian Research*编辑部等单位发来祝贺。同时大会特别邀请了中国科学院南海海洋研究所林强研究员作了关于"全球海马生物多样性分化及其地理格局形成研究"的精彩报告，11位优秀青年学者作了大会报告。

与会代表从鸟兽、鱼类、两栖爬行类等陆栖脊椎动物到昆虫等无脊椎动物，围绕谱系生物地理学、生物多样性格局与维持机制、岛屿生物地理学、生物地理区划等以及全球变化背景下的生物地理学和保护生物地理学等全球前沿问题开展了广泛学术交流。

委员会原定于 2022 年 12 月在西华师范大学（四川南充市）举办中国动物学会生物地理学分会第三届学术研讨会，但因疫情原因，会议延期至 2023 年 12 月 21—24 日举办。

生物地理学分会举办的历届学术交流活动见附表 4-42。

附表 4-42　生物地理学分会举办的历届学术交流活动

会议名称	举办时间	地点	参会人员	主要承办单位
中国动物地理学术研讨会	2019 年 6 月 14—15 日	北京	30 多家单位、150 多位师生	中国科学院动物研究所
中国动物学会生物地理学分会成立大会暨第二届学术研讨会	2020 年 9 月 28—29 日	北京	30 多家单位、150 多位师生	中国科学院动物研究所
中国动物学会生物地理学分会第三届学术研讨会	2023 年 12 月 21—24 日	四川南充	76 家单位、268 位师生	西华师范大学

三、代表性学术成果

主任委员李义明研究员先后在 *Nature Climate Change*、*Nature Communications*、*Current Biology*、等期刊发表与生物地理相关的重要论文，其中三篇研究成果入选 F1000，一篇入选中学语文课本，并主持承担了多个国家自然科学基金重点项目。

副主任委员兼秘书长雷富民研究员在鸟类系统演化、多样性生物地理格局的形成与维持机制、鸟类谱系分化与新种形成机制、鸟类适应环境变化的比较基因组等方面开展了系统研究，发表论文、论著 360 篇（部），其中 *Science*、*Lancet*、*Nature Climate Change*、*PNAS* 等 SCI 源刊论文 196 篇；主持完成国家杰出青年科学基金项目、国家自然科学基金重点项目、多个科技部重点研发项目等。

副主任委员丁平教授先后主持国家自然科学基金等各类项目 80 余项，在 *Nature Ecology & Evolution* 等发表研究论文 160 多篇、参加 20 本著作与教材的编写。

副主任委员卜文俊教授主持完成国家杰出青年科学基金项目、国家自然科学基金重点项目等各类科技部、教育部项目 30 余项。在 *Nature Ecology & Evolution* 等国内外期刊发表论文 220 余篇，出版《中国动物志》《河北动物志》《秦岭昆虫志》3 部专著、《国际动物命名法规》（中文版）译著 1 部、《进化生物学》和《现代动物分类学导论》教材 2 部。

副主任委员乔格侠研究员在 *TREE*、*Cladistics*、*Environmental Microbiology*、*Diversity and Distributions* 等 SCI 期刊发表论文 181 篇。出版科学专著 7 部、科普专著 2 部。主持完成国家杰出青年科学基金项目、国家自然科学基金重点项目等。

副主任委员何舜平研究员在 *Science*、*Cell*、*Nature Ecology & Evolution* 等国际知名期刊上发表了大量的研究成果。先后主持和承担欧盟项目、国家自然科学重点基金项目、国家自然科学青年基金项目、国家"863"项目和"973"专题。得到美国国家卫生基金会有关生命之树项目的资助并开展鲤形目系统发育研究。

副主任委员蒋学龙研究员先后在 *Science*、*American Journal of Primatology*、*Conservation Genetics Resources* 等期刊发表与生物地理相关的重要论文。

四、学会宣传、科学普及和科技咨询工作

创建中国动物学会生物地理学分会公众号，宣传普及生物地理学方向前沿成果理论以及学会最新科学进展。

召开中国动物学会生物地理学分会学术研讨会，邀请前辈科学家和优秀青年学者，就我国生物地理学方面领域当前研究进展开展了广泛的学术交流，研讨学会和学科未来的发展方向。

五、人才队伍建设

主任委员李义明研究员曾任中华人民共和国濒危物种科学委员会委员、中国动物学会两栖爬行学分会副主任委员、世界自然保护联盟物种生存委员会专家组成员和中国科学院神农架生物多样性研究站副站长，现任 *iScience*、*Current Zoology*、*Integrative Zoology* 等期刊编委。

副主任委员兼秘书长雷富民研究员现任国际鸟类学家联合会主席，中国动物学会鸟类学分会名誉主任委员。目前是 *Avian Research*、*Current Zoology*、*Journal of Biogeography* 等 9 个国际学术期刊的总编、主编、副主编或编委。

副主任委员丁平曾任国际鸟类学家联合会执行委员会委员，现任中国动物学会鸟类学分会名誉主任委员、国际生物多样性计划中国委员会委员、中国动物学会常务理事、中国动物学会生物地理学分会副主任委员、浙江省生态学会理事长等职。曾任《动物学研究》编委、*Avian Research* 副主编、《生态学报》责任副主编、《生物多样性》编委、《野生动物学报》编委、《四川动物》编委。

副主任委员卜文俊任中国动物学会理事、国际生物多样性计划中国委员会科学委员会委员。任《中国大百科全书》生物学卷编委，生物系统学分支主编，《中国动物志》《动物分类学报》《昆虫学报》《昆虫分类学报》《生物多样性》、*ZooKeys* 编委，《高校生物学教学研究》副主编等职。

副主任委员乔格侠任中华人民共和国濒危物种科学委员会副主任、中国昆虫标本出口专家审定组组长、中国昆虫学会副理事长兼秘书长、亚太昆虫学联合会理事、第六届亚太地区昆虫学大会秘书长、第九届国际蚜虫学大会主席、MSEF 组织中国协调员，*Zoological Systematics* 主编，*Journal of Biogeography* 副主编，《中国动物志》《昆虫学报》《应用昆虫学报》与《昆虫分类学报》等刊物编委。

副主任委员何舜平现任中国动物学会常务理事、湖北省动物学会理事长，任《中国动物志》《生物多样性》《动物学研究》《应用与环境生物学报》和《水生生物学报》编委。

副主任委员蒋学龙任动物学研究副主编、*Mammals Research* 副主编、《兽类学报》副主编、《生物多样性》编委、*Mammal Study* 编委。

六、分会历届负责人名单

第一届委员会（2020—　）
主 任 委 员：李义明

副主任委员：丁 平 卜文俊 乔格侠 何舜平 蒋学龙 雷富民

秘 书 长：雷富民

动物生理生态学分会

一、发展简史

2011 年 6 月 24—27 日，由温州大学柳劲松教授倡议，中国生态学会动物生态专业委员会、温州大学生命与环境科学学院和浙江省自然科学基金委员会联合主办了首届全国动物生理生态学学术研讨会。2012 年 11 月 23—25 日，在广州召开的第二届全国动物生理生态学学术研讨会上，成立了以南京师范大学计翔教授为组长的动物生理生态学专家组。2017 年，由南京师范大学计翔教授、中国科学院动物研究所王德华研究员、中国科学院西北高原生物研究所边疆晖研究员和北京师范大学牛翠娟教授等 19 位专家组成筹备组，倡导成立中国动物学会动物生理生态学分会。经筹备组向中国动物学会倡议和申请，中国动物学会常务理事会讨论，2017 年 12 月中国动物学会批复同意成立中国动物学会动物生理生态学分会。2018 年 10 月 19—22 日，在沈阳师范大学举行第八届全国动物生理生态学学术研讨会和中国动物学会动物生理生态学分会成立大会暨第一届会员代表大会，中国动物学会动物生理生态学分会正式成立。分会成立以来，发展迅速，我国动物生理生态学研究队伍不断壮大，新人辈出，在国内外的学术影响力日益凸显。本分会中文名称为"中国动物学会动物生理生态学分会"，英文名称为"China Society of Animal Physiological Ecology"，英文缩写 CSAPE，分会的网址为 www.csape.org。

二、学术交流活动

自 2011 年始，分别在温州大学、华南师范大学、云南师范大学、重庆师范大学、南京师范大学、中国科学院西北高原生物研究所、北京师范大学、沈阳师范大学、河北师范大学和广西师范大学举办了十一届全国动物生理生态学学术研讨会（附表 4-43），研究工作横跨无脊椎动物、鱼类、两栖和爬行动物、鸟类和哺乳动物等各主要动物类群，覆盖分子、细胞、个体、种群各层次。

附表 4-43 动物生理生态学分会举办的学术研讨会

会议名称	举办时间	地点	参会人数	主要承办单位
第一届全国动物生理生态学学术研讨会	2011 年 6 月 24—27 日	浙江温州	91	温州大学
第二届全国动物生理生态学学术研讨会	2011 年 11 月 23—25 日	广东广州	107	华南师范大学
第三届全国动物生理生态学学术研讨会	2013 年 11 月 29—12 月 1 日	云南昆明	90	云南师范大学
第四届全国动物生理生态学学术研讨会	2014 年 10 月 31—11 月 2 日	重庆	114	重庆师范大学
第五届全国动物生理生态学学术研讨会	2015 年 10 月 16—19 日	江苏南京	127	南京师范大学
第六届全国动物生理生态学学术研讨会	2016 年 9 月 18—21 日	青海西宁	150	中国科学院西北高原生物研究所

会议名称	时间	地点	参会人数	主要承办单位
第七届全国动物生理生态学学术研讨会	2017年9月15—18日	北京	150	北京师范大学
第八届全国动物生理生态学学术研讨会	2018年10月19—22日	辽宁沈阳	259	沈阳师范大学
第九届全国动物生理生态学学术研讨会	2019年10月25—28日	河北石家庄	268	河北师范大学
第十届全国动物生理生态学学术研讨会	2020年11月27—30日	浙江温州	298	温州大学
第十一届全国动物生理生态学学术研讨会	2023年8月11—14日	广西桂林	247	广西师范大学

三、代表性学术成果

自学会成立以来，在全体会员的不懈努力下，取得了丰硕的研究成果。中国动物生理生态学工作者在动物生存与适应、动物生理与进化、通讯与繁殖、毒理与机体免疫、行为生理与代谢等领域的研究取得了重要突破，相关研究成果发表在 *National Science Review*、*PNAS*、*Nature Communications*、*Current Biology* 等主流学术期刊上，受到国际动物生理生态学界的高度关注。

在科技奖项方面，董云伟教授团队研究成果入选中国海洋与湖沼十大科技进展（2021）；董云伟教授和廖明玲副教授获得海洋科学技术奖一等奖（2022）；付世建教授、夏继刚教授和付成副教授获得重庆市自然科学奖三等奖（2022）；丁利教授获得第二十八届海南"青年五四奖章"，入选海南省南海名家青年项目（2019）。

四、学会宣传、科学普及和科技咨询工作

1. 推动学会宣传及科学普及工作

普及科学知识是学会最基本的任务之一。在积极开展学术交流活动的同时，动物生理生态学分会非常重视推动科普工作，促进社会公众提高与动物生理生态相关的科学素养。

分会自2020年9月创立了中国动物学会动物生理生态学分会微信公众号，截至目前已经在分会微信公众号发布科学研究、学会会议通知和分会介绍等方面的推文近50篇。分会微信公众号受到中国动物学会其他兄弟分会和全国广大科技工作者的广泛关注，进一步扩大了动物生理生态学分会的影响力。

2. 为政府科学决策提供咨询

对国家科技有关发展战略、政策和经济建设中的重大决策进行科技咨询是一个学会要承担的职责。动物生理生态学分会成立以来，积极支持或组织有关专家为国务院、全国人大法制办、环保部、国家林业局等机构提供科技咨询。

五、人才队伍建设

我国动物生理生态学家围绕科学前沿问题和国家需求，承担完成了国家自然科学基金、科技部、教育部、中国科学院等多项课题，如王德华教授主持完成了科技部"973"项目课题、国家自然科学

基金委员会重点项目、中国科学院知识创新工程重要方向项目，杜卫国研究员主持完成了国家自然科学基金委员会重点项目和重大国际合作项目，计翔教授主持完成了科技部科技基础性工作重大专项。

动物生理生态学分会会员获得的称号和中国动物学会奖项见附表 4-44 和附表 4-45。

附表 4-44　动物生理生态学分会会员获得的称号

主要人才称号	姓名	获奖时间
国家杰出青年科学基金	王德华	2006 年
	杜卫国	2015 年
	董云伟	2020 年
国家优秀青年科学基金	张　黎	2019 年
中国科协青年人才托举工程	廖明玲	2019 年

附表 4-45　动物生理生态学分会会员获得的中国动物学会奖项

奖项	姓名	获奖时间或届次
中国动物学会长隆奖新星奖	董云伟	第一届
中国动物学会长隆奖启航奖	廖明玲	第二届
中国动物学会青年科技奖	廖明玲	2021 年

多位学者在多个国内外学术期刊担任主编、副主编、编委等。王德华教授兼任《兽类学报》主编、*Journal of Animal Ecology* 副主编、*Frontiers in Physiology*（*Integrative Physiology*）副主编，受邀担任国际生理学联合会比较生理学委员会委员；董云伟教授兼任期刊 *Journal of Experimental Marine Biology & Ecology* 主编、*Diversity & Distribution* 和 *Anthropocene Coasts* 副主编；李东明教授兼任 *Avian Research*、*PeerJ*、*Wildlife Letters* 期刊编委和国际鸟类学家联合会理事；廖明玲副教授兼任期刊 *Journal of the Marine Biological Association of the United Kingdom* 副主编。

为了鼓励青年学者积极投身于动物生理生态科学研究，分会从 2012 年开始每次会议评选 5 名优秀报告人，自 2016 年开始评选动物生理生态学优秀青年工作者、优秀研究生学术报告和优秀墙报。

动物生理生态学优秀青年工作者获奖者见附表 4-46。

附表 4-46　动物生理生态学优秀青年工作者获奖者

姓名	单位	获奖时间
姜晓东	华东师范大学	2016 年
李　宏	南京师范大学	2016 年
孙宝珺	中国科学院动物研究所	2016 年
张　黎	中国科学院南海海洋研究所	2016 年
张学英	中国科学院动物研究所	2016 年
付　成	重庆师范大学	2017 年
刘全生	广东省生物资源应用研究所	2017 年
汪　洋	河北师范大学	2017 年

续表

姓名	单位	获奖时间
于志军	河北师范大学	2017 年
朱万龙	云南师范大学	2017 年
常　惠	西北大学	2018 年
李　欢	兰州大学	2018 年
李　铭	大庆师范大学	2018 年
夏继刚	重庆师范大学	2018 年
邢　昕	沈阳师范大学	2018 年
张　麟	杭州师范大学	2018 年
李　滕	南京农业大学	2019 年
李树然	温州大学	2019 年
廖明玲	中国海洋大学	2019 年
印丽云	河北师范大学	2019 年
张文逸	厦门大学	2019 年
薄亭贝	中国科学院动物研究所	2020 年
解　雷	温州大学	2020 年
李国梁	中国科学院动物研究所	2020 年
闻　靖	温州大学	2020 年
赵　磊	大连海事大学	2020 年

六、分会历届负责人名单

第一届委员会（2018—2023 年）

主 任 委 员：计　翔

副主任委员：边疆晖　付世建　柳劲松　杨　明

秘 书 长：李　宏

第二届委员会（2023—2027 年）

主 任 委 员：王德华

副主任委员：董云伟　付世建　李　宏　柳劲松　杨　明　杨其恩

秘 书 长：董云伟

动物行为学分会

一、发展简史

中国动物学会动物行为学分会从筹划到成立经历了三个阶段，即酝酿期、筹备期成立和发展期。

1. 酝酿期（2003—2006 年）

2004 年仲夏，美国印第安纳大学高级访问学者、中国科学院动物研究所张健旭与当时在马里兰大学从事博士后研究的唐业忠商议后认为，应尽快在国内成立动物行为学分会。是年冬季，访美归国的安徽大学李进华也萌生了同样的想法并撰写成立动物行为学分会的申请。之后，李进华、张健旭、蒋志刚、贾志云和刘定震等分别以不同方式向中国动物学会提出了成立动物行为学分会的建议或倡议。

2004 年暑期，北京师范大学刘定震邀请了美国中央华盛顿大学孙立新教授在北京师范大学进行为期一周的动物行为学理论和研究方法培训，这也是动物行为学分会年度培训班的雏形。

2. 筹备期（2007—2014 年）

2007 年 12 月，蒋志刚和张健旭在北京组织并举办了首次动物行为学高级培训班暨首届动物行为学研讨会，来自全国科研机构、高等院校、自然保护区和动物园等 150 多人参会。康乐、沈钧贤、孙中生、张知彬、李代芹（新加坡）、孙立新（美国）、罗敏敏、张大勇、李进华、李保国和王丁等作了大会报告或授课。之后，该培训被确定为每两年一次、全国范围性的有关动物行为学理论和技能的教育活动。

2009 年 11 月，安徽大学李进华主持承办了第二次动物行为学研讨会暨整合动物行为学研究技术培训班，会上首次评选出优秀青年口头报告和优秀壁报奖各 2 名。会议期间，代表们还到安徽大学黄山短尾猴野外研究观测基地进行实地考察和交流。同年 11 月，由中国科学院北京生命科学研究院牵头，与中国科学院动物研究所、美国 Monell Chemical Sense Center、北京生命科学研究所和恒源祥集团等合作召开了首次味觉和嗅觉研究国际学术研讨会（北京）。大会主席、中国科学院北京生命科学研究院院长康乐、Monell Chemical Sense Center 主任 Gary Beauchamp、美国科学促进会执行总裁、美国科学与艺术院院士 Alan Leshner、饶毅和美国科学院院士、味觉专家 Linda Bartoshuk 等来自美国、欧洲和日本的三个化学感觉研究的国际组织代表参会。北京生命科学研究所罗敏敏和中国科学院动物研究所张健旭分别主持 Neural Processing of Olfaction 和 Pheromone Research 两个专题。

2011 年 7 月，在西安举办了第三次动物行为学研讨会暨动物行为学研究方法与技术培训班，会议由陕西师范大学邰发道组织承办。牛津大学 Tristram Wyatt、剑桥大学 Martin Stevens、加拿大曼尼托巴大学 James. F. Hare、美国阿克伦大学 Bruce Cushing、威斯康星大学 Catherine Marler、瑞典卡洛林斯卡学院 Sven Ove Ögren、日本筑波大学 Sonoko Ogawa、佛罗里达州立大学汪作新、中央华盛顿大学孙立新、美国马里兰大学宋佳坤等作大会报告。其中，Tristram Wyatt 采用线上直播的方式作大会报告，并回答问题。同时，北京师范大学刘定震组织并举办了第二届中—日行为与神经内分泌学术研讨会。

2013 年 11 月，在上海举办了第四次动物行为学研讨会暨动物行为学研究方法与技术培训班，会议由华东师范大学梅兵组织承办。胡海岚、杜久林、陶毅、戴振东、林龙年、张树义和芝加哥大学 Jill Mateo、佛罗里达州立大学刘彦等作大会学术报告或授课。

2014 年 12 月 5 日，由蒋志刚、张健旭、李进华、贾志云、刘定震、邰发道、唐业忠、梅兵、王玮文、孙立新（美国）、汪作新（美国）和李代芹（新加坡）联合签名，向中国动物学会递交了"关于成立中国动物学会动物行为学专业委员会的倡议及申请"，并于翌年 1 月收到中国动物学会同意成立"动物行为学专业委员会"的批复。

3. 成立和发展期（2015— ）

2015 年是动物行为学分会发展历程中的重要转折点。经过 8 年的前期工作，动物行为学的影响日益广泛和深入，研究成果不断涌现，研究队伍不断壮大。2015 年 10 月，在中国科学院动物研究所隆重召开了第五次动物行为学研讨会暨动物行为学研究方法与技术培训班暨中国动物学会动物行为学专业委员会成立大会，来自包括台湾地区在内的 58 家国内高等院校和科研机构以及法国、英国、新加坡、荷兰和日本的动物行为学工作者 150 余人参加会议。会议决定，动物行为学专业委员会及秘书处挂靠在中国科学院动物研究所。与会会员代表以举手表决形式通过了专业委员会会徽，以等额选举方式选举出 68 名动物行为学专业委员会委员，并由委员选举出常务委员。与会委员一致推选蒋志刚为主任委员，张健旭（常务）、贾志云、李进华、梅兵、刘定震、唐业忠、邰发道、李代芹和李保国为副主任委员，张健旭兼任秘书长，由蒋志刚、张健旭、贾志云、李进华、邰发道、梅兵、刘定震、唐业忠、李代芹（新加坡）、汪作新（美国）、孙立新（美国）、王玮文、梁伟、张明海、王宪辉、齐晓光、肖治术、李保国和孟秀祥组成常务委员会，聘请 Anders Møller（法国第十一大学）、Sonoko Ogawa、Michael Cant（英国 Exeter 大学）和 C. van Achterberg（荷兰生物多样性中心）以及罗敏敏、胡海岚、戴振东等知名专家为特邀委员。同时，授予郑光美院士、王祖望研究员、赵其昆研究员、宋佳坤教授、沈钧贤研究员和尚玉昌教授为分会荣誉委员。会上还为 12 位发起申请并筹办动物行为学专业委员会的人员颁发了"发起人纪念奖牌"。会议期间，康乐院士、沈钧贤、Anders Møller、Sonoko Ogawa、周晓林、沈圣峰（中国台湾）、Haiqing Zhao（美国）、Michael Cant、C. van Achterberg、Daiqin Li（新加坡）和张国捷（丹麦）等中外科学家就动物行为的功能、机制和进化等作了大会报告。大会组织了动物认知与通讯、动物社会行为、动物行为侧偏和动物繁殖行为 4 个专题研讨会，并举办了动物行为学研究理论和方法培训（包括动物行为学英文论文写作方法），奖励了 10 名口头发言或壁报展示优秀的青年学者。中国科学院北京生命科学研究院为该会议提供部分资助。

2016 年，经中国动物学会批准，中国动物学会动物行为学专业委员会更名为中国动物学会动物行为学分会。从此，分会的发展进入了蓬勃发展期。

2017 年 10 月，第七届动物行为学培训班（行为的功能和进化）在中国科学院动物研究所举办。美国哥伦比亚大学 Dustin Rubenstein、英国埃克塞特大学 Michael Cant、国立新加坡大学李代芹、安徽大学李进华、华东师范大学殷东敏、陕西师范大学邰发道和中国科学院动物研究所蒋志刚等 13 名国内外著名学者作学术报告或培训。他们从动物行为学理论、研究方法与技术方面对学员进行了系统培训。同时，Michael Cant 教授和贾志云编审分别介绍了科研论文写作、投稿和基金申请等相关知识。

此外，分会还充分利用学科优势，吸引昆虫学、心理学、神经科学、水产学和仿生学等领域的学者入会，使动物行为学队伍更加壮大、学科门类和动物类群更趋齐全。2017 年、2019 年和 2021 年先后在四川省成都市、海南省海口市和上海市举办了第二、三、四届中国动物行为学分会学术年会暨第六、七、八次全国动物行为学研讨会以及动物行为学研究方法与技术培训会。会议分别由中国科学院成都生物研究所唐业忠与方光战、海南师范大学梁伟与汪继超、中国水产科学研究院东海水产研究所/中国水产科学研究院水生动物行为学分会主任委员张东组织承办。

在 2019 年的海口会议上，分会进行了换届选举。委员们一致推举蒋志刚为名誉主任委员，张健旭为主任委员，贾志云（常务）、李进华、梁伟、刘定震、齐晓光、邰发道和殷东敏为副主任委员，刘定震兼任秘书长，并与陈嘉妮、崔建国、李代芹、孙立新等 13 人组成常务委员会。

2020 年 11 月，在武汉疫情结束之后，分会在湖北省武汉市举办了以"青年，一起推动中国动物行为学的未来！"为主题的首届动物行为学青年学者研讨会，会议由湖北大学生命科学学院张士昶组织承办。

2023 年 5 月，分会在陕西省西安市召开了委员扩大会，会议由分会副主任委员、西北大学齐晓光组织承办，会议主要讨论了第三届委员会委员换届和我国未来动物行为学发展的趋势等问题。

2023 年 10 月，中国动物学会动物行为学分会第五届学术年会暨全国动物行为学第九次学术研讨会在江苏省南京市召开，由南京大学李忠秋组织承办。

二、学术交流活动

作为一个年轻的分会组织，分会在我国动物行为学学术交流、科学知识普及、国家生态文明建设和关注并解释社会公众热点问题等方面开展了大量工作。分会正式成立前后组织召开了 8 次全国动物行为学学术研讨会、1 次青年学术论坛，举办了 8 届动物行为学理论与研究方法培训班（附表 4-47）。此外，分会还组织了 2 次中—日行为与神经内分泌学术研讨会。这些学术研讨会和培训班的举办，对推动我国动物行为学理论、研究和人才培养以及国际合作与交流发挥了不可或缺的重要作用。

附表 4-47　动物行为学分会举办的各种学术交流活动

会议名称	举办时间	地点	参会人数	主要承办单位	承办负责人
第一次动物行为学高级培训班暨首届动物行为学学术研讨会	2007 年 12 月 11—14 日	北京	151	中国科学院动物研究所	蒋志刚、张健旭
第二次动物行为学研讨会暨整合动物行为学研究技术培训班	2009 年 11 月 1—4 日	安徽合肥	130	安徽大学、中国科学院动物研究所	李进华、张健旭
第三次动物行为学研讨会、动物行为学研究方法与技术培训暨第二届中—日行为与神经内分泌学术研讨会	2011 年 7 月 24—27 日	陕西西安	160（日方 13 人）	陕西师范大学、北京师范大学	邰发道、刘定震
第四次动物行为学学术研讨会暨行为学整合研究技术培训班	2013 年 11 月 3—7 日	上海	150	华东师范大学	梅兵
第五次全国动物行为学研讨会、培训班暨中国动物学会动物行为学专业委员会成立大会	2015 年 10 月 11—15 日	北京	152	中国科学院动物研究所	张健旭、蒋志刚
第六次全国动物行为学研讨会、培训班	2017 年 8 月 11—12 日	四川成都	252	中国科学院成都生物研究所	唐业忠
第七次动物行为学培训班（行为的功能与进化）	2017 年 10 月 15—20 日	北京	96	中国科学院动物研究所	张健旭、蒋志刚
第三届中—日行为与神经内分泌学术研讨会	2019 年 3 月 19—23 日	茨城县（日本）	72（中方 19 人）	北京师范大学、日本筑波大学	刘定震、Sonoko Ogawa

续表

会议名称	举办时间	地点	参会人数	主要承办单位	承办负责人
中国动物学会动物行为学分会第二届学术年会暨全国动物行为学第八次学术研讨会	2019 年 11 月 15—18 日	海南海口	288	海南师范大学	梁伟、汪继超
首届动物行为学青年学者研讨会	2020 年 11 月 6—8 日	湖北武汉	196	湖北大学、西北大学	张士昶、齐晓光
中国动物学会动物行为学分会第四届学术年会暨全国动物行为学第九次学术研讨会	2021 年 10 月 28—31 日	上海	210	中国水产科学研究院东海研究所	张东
中国动物学会动物行为学分会专业委员会常务委员会议（扩大）暨动物行为学前沿进展学术研讨会	2023 年 5 月 13—15 日	陕西西安	71	西北大学	齐晓光
中国动物学会动物行为学分会第五届学术年会暨全国动物行为学第九次学术研讨会	2023 年 10 月 13—16 日	江苏南京	410	南京大学	李忠秋

三、代表性学术成果

分会从 2007 年（筹备阶段）开始，通过举办每两年一次的全国性学术研讨会（2009 年后为全国会员代表大会）和动物行为学研究方法与技术培训班，极大地推动了我国动物行为学理论和研究的发展。全体动物行为学研究同仁在动物行为与濒危物种保护、性选择、通讯行为及其机制、动物行为与认知、动物行为与个性、动物行为可塑性、动物行为及其神经内分泌机制和社群行为等方面开展了大量的研究工作，研究对象包括无脊椎动物和脊椎动物等众多类群，取得了一系列丰硕成果。我国动物行为学研究者在国际动物行为学经典权威期刊 Animal Behaviour 上发表论文总数由 2007 年的 2 篇上升为 2022 年的 47 篇，一些创新性的研究成果不断涌现在国际顶级学术期刊上，甚至以封面形式刊载。例如，专业委员会青年委员陈占起等针对蜘蛛"哺乳"行为的研究结果于 2018 年 11 月发表在 Science 上，2019 年 1 月陈嘉妮等对虎皮鹦鹉认知行为的研究结果再次出现在该期刊，分会青年委员董诗浩等针对蜜蜂"舞蹈语言"社会学习行为的研究结果和副主任委员齐晓光等针对川金丝猴社会行为进化机制的研究成果先后于 2023 年 3 月和 6 月两次以封面文章形式发表在该国际顶级期刊上。此外，分会会员在鸟的卵寄生行为，蜜蜂、蜘蛛及灵长类的社会行为和性选择行为，鸟类、兽类的学习和认知行为，蛙类、蝙蝠和鼠类等声音通讯行为，昆虫、鸟类和鼠类等化学通讯行为，鸟类、鼠类和昆虫的觅食行为，水生动物应用行为学，以及用于研究人类行为异常成因和机制的野生鼠模型（如棕色田鼠）等方面都取得了显著成绩，极大地丰富了我国动物学科学研究的内涵，使我国动物行为学研究在国际上的影响力显著增强，也促进了动物行为学分会与其他多个国家一级学会的交流与合作。

在积极加强动物行为学科学研究工作的同时，分会还积极加强和改进动物行为学理论的教学工作，分会副主任委员、安徽大学李进华主编了高等院校新形态教材《现代动物学》，分会副主任委员兼秘书长、北京师范大学刘定震主讲的《行为生态学》MOOC 课程于 2021 年 9 月在中国大学 MOOC 平台开放共享。

我国动物行为学研究从十几年前的与世界前沿接轨，到现在的代表着世界主流、一流的成果不断涌现，中国的动物行为学研究朝气蓬勃，引人注目。未来虽道阻且长，然行则将至，行而不辍，是可期也。

四、学会宣传、科学普及和科技咨询工作

普及科学知识是分会的主要任务之一。在积极开展学术交流活动的同时，分会借助动物行为学的学科优势（投入成本低、研究对象广泛、方法简单等），积极开展科学普及工作，提升公众在动物行为学相关知识方面的科学文化素养。分会成员通过进学校和社区，宣传介绍动物行为方面的科学知识；通过各种新媒体平台和公众号，发布视频和语音的方式，宣传讲解公众关注的动物行为学现象，为公众解惑、答疑。还有部分成员作为专家到中央电视台和省、地、市等电视台对动物行为有关的问题进行讲解和答疑。

2021 年，分会常务副主任委员、中国科学院动物研究所贾志云负责启动并管理分会的官方微信号"动物行为学家"，借该平台定期宣传和介绍国内外动物行为工作者的科研成果以及他们的故事。截至 2023 年 11 月 1 日，已经有 3703 名读者关注了该微信公众号，部分推文的阅读量达到 2200 多次。

自分会成立以来，积极支持或组织专家为国家林业和草原局等单位提供科技咨询。内容涉及大熊猫第四次国家调查、国家重点保护野生动物名录的修订、圈养大熊猫展示中"猫粉"与"舆情"问题、外来物种褐家鼠的入侵及其危害、人猴冲突与猴害防治等，为国家相关职能管理部门科学决策提供了重要依据。

五、人才队伍建设

作为一个年轻的分会组织，分会始终重视人才的培养和成长。从 2007 年分会开始举办学术交流与技术培训班，到 2015 年正式成立，再到现在，中国动物行为学研究队伍不断壮大，专业研究人员呈倍数增长。具有动物行为学 / 行为生态学方向硕士学位授予权的单位从 1994 年的 3 个增加至 2022 年的 50 余个，其中部分单位还具有博士学位授予权。在老一辈动物行为学家的谆谆教诲和悉心指导下，依托这些学科点和培养单位，我国已经涌现出了一大批年富力强、充满朝气、富有创新、敢于问鼎动物行为学科学难题的中青年行为学家，正在我国动物行为学教学和科学研究的诸多领域发挥着重要作用，在国际动物行为学领域的影响力不断提升。

自 2015 年分会正式成立以来，分会通过组织和举办全国性学术研讨会、青年学术论坛和设立青年工作组，从各个角度推动和加强青年人才的培养。这些学术活动都极大地促进了中国动物行为学研究者，特别是青年学者之间的学术交流与合作，鼓励并培养了领域内的一批又一批优秀人才。齐晓光（2017）和江廷磊（2019）等获得国家优秀青年科学基金项目资助，陈占起和陈嘉妮获得第八届中国动物学会青年科技奖。

在加强国内行为学人才培养的同时，分会还通过举办中—日双边会议、组织赴海外参加国际学术会议、推荐优秀青年人才申报国家留学基金项目资助等多种方式，鼓励和支持青年行为学者赴海外学习深造，并在学成后报效国家。截至 2023 年 11 月，在国家留学基金管理委员会等部门的资助下，我国有 20 余名动物行为学方面的研究生和学者正在北美和欧洲国家深造和访问，他们都将是我国动物行为学研究的新一代领跑者。

2019年11月分会与诺达思（Noldus）公司中国有限责任公司联合设立"诺达思动物行为学奖"，用于表彰和鼓励我国动物行为学领域的优秀人才，推动我国动物行为学研究的发展。截至2023年，分会先后奖励了齐晓光与杨灿朝（2019）、张瑶华与张士昶（2021）和罗金红与朱弼成（2023）6名青年科学家。同时，延续以往几届分会学术年会的传统做法，还在每届学术年会和学术论坛上，由专业委员会委员评审优秀口头壁报和口头报告人（研究生和博士后群体为主）。截至2023年10月，累计奖励112人。优秀人才奖励基金、优秀口头报告和壁报奖的设立，极大地激发和鼓励了青年学生从事动物行为学研究的决心和兴趣，也为我国动物行为学人才培养奠定了人才基础。

在动物行为学领域取得大量优秀成果的同时，动物行为学分会的成员在国际和国内学术组织和重要期刊兼职也与日俱增。截至2023年，累计有5人在世界自然保护联盟物种生存委员会、国际鸟类学家联合会和湿地国际鹤类专家组等国际学术组织兼职，23人在 *Proceedings of the Royal Society B：Biological Sciences*、*Current Zoology*、*Animal Conservation* 和 *Australian Journal of Zoology* 等国际期刊担任副主编或编委，12人在《兽类学报》《水生生物学报》和《应用与生态环境学报》等国内期刊担任副主编或编委。动物行为学分会成员在国际和国内学术界的影响逐渐增大。

六、分会历届负责人名单

第一届委员会（2015—2019年）

主 任 委 员：蒋志刚

副主任委员：张健旭（常务） 贾志云 李进华 邰发道 梅 兵 刘定震 唐业忠 李代芹 李保国

秘 书 长：张健旭（兼）

第二届委员会（2019—2023年）

名誉主任委员：蒋志刚

主 任 委 员：张健旭

副 主 任 委 员：贾志云（常务） 李进华 梁 伟 刘定震 齐晓光 邰发道 殷东敏

秘 书 长：刘定震（兼）

第三届委员会（2023—2027年）

主 任 委 员：刘定震

副主任委员：崔建国 李忠秋 梁 伟 齐晓光 夏东坡 肖治术

秘 书 长：肖治术（兼）

保护生物学分会

一、发展简史

中国动物学会保护生物学分会于 2021 年 12 月 21 日在中国科学院动物研究所召开的第七届中国保护生物学论坛期间成立。在此之前，国际保护生物学会中国委员会于 2014 年 4 月在中国科学院动物研究所举办了第一届中国保护生物学论坛，随后又分别在北京师范大学、北京大学、清华大学、北京林业大学、中国科学院生态环境研究中心连续召开了六届学术论坛。中国保护生物学论坛的设置与举办，为我国广大从事保护生物学研究的科研人员提供了重要的学术交流平台，吸引了来自全国各地的专家学者和研究生积极参与。论坛规模持续增长，由最初的 100 余人增加至 300 余人，为保护生物学分会的成立奠定了良好基础。保护生物学分会的宗旨是发展中国保护生物学事业，建立全国范围的保护研究网络，促进同行间的合作与交流。分会的成立对我国保护生物学学科发展具有重要里程碑意义，为我国从事保护生物学研究和生物多样性保护相关领域的科研与管理工作者提供了一个综合交流平台，进一步发挥科学研究在生物多样性保护中的重要作用，为国家生态安全战略提供科技支撑。

二、学术交流活动

2023 年 11 月 23 — 27 日，由中国动物学会、中国植物学会、中国野生动物保护协会、中华人民共和国濒危物种科学委员会联合主办，中国动物学会保护生物学分会、中国植物学会系统与进化植物学专业委员会、中国野生动物保护协会科技委员会、江西农业大学保护生物学重点实验室、广东省林业局、南方海洋科学与工程广东省实验室（广州）、广东省长隆慈善基金会、北京市企业家环保基金会（SEE 基金会）承办的第一届中国保护生物学大会在广州长隆隆重召开，来自全国各大科研院校、国家公园和自然保护地、林业主管部门、非政府组织等 208 家单位，从事保护生物学研究和生物多样性保护事业的科技与管理工作者 920 余人参加了本次大会。大会围绕保护生物学科学研究与生物多样性保护实践两个方向设置保护演化生物学、保护生态学、保护行为学与保护生理学、保护基因组学与宏基因组学、人与野生动物冲突及动物疫病、生物多样性监测评估新技术、国家公园与自然保护地、社会公益保护地、濒危物种迁地保护、"昆蒙全球生物多样性框架"与中国生物多样性保护之未来 10 个专题分会场，共计 204 个报告。会议期间，与会代表积极参与，就科研与保护领域的最新进展与成果踊跃交流。本次大会参会人员多、报告质量高、涉及领域广，标志着我国保护生物学学科和生物多样性保护事业的蓬勃发展。大会的成功举办对我国保护生物学学科发展具有重要里程碑意义，为从事保护生物学研究的科研人员和从事生物多样性保护的管理工作者提供了一个全新的综合交流与合作平台，有助于发挥科学研究在保护实践中的重要作用，进一步促进我国保护生物学学科和生物多样性保护事业的发展。

保护生物学分会举办的各种学术交流活动见附表 4–48。

附表 4-48　保护生物学分会举办的各种学术交流活动

会议名称	举办时间	地点	参会人数	主要承办单位
中国动物学会保护生物学分会成立大会暨第七届中国保护生物学论坛	2021 年 12 月 21 日	北京	400 （含线上）	中国科学院动物研究所、国际保护生物学会中国委员会
第一届中国保护生物学大会	2023 年 11 月 24—27 日	广东 广州长隆	920	中国动物学会保护生物学分会、南方海洋科学与工程广东省实验室（广州）

三、代表性学术成果

随着新技术与方法在保护生物学研究中的快速应用，我国在保护行为学、保护生态学、保护基因组学、保护宏基因组、保护管理学等保护生物学分支学科领域取得了一系列重要成果，部分研究成果发表在 Science、Nature Ecology & Evolution、Nature Communications、PNAS 等知名刊物上，并得到国内外媒体的广泛宣传和报道。

科技奖项方面，魏辅文、聂永刚、胡义波、吴琦、詹祥江完成的"大熊猫适应性演化及其濒危机制研究"获 2019 年国家自然科学奖二等奖；姜广顺等人完成的"东北虎豹种群及栖息地精准保护与管理研究"获 2019 年中国林业梁希科技进步奖二等奖，姜广顺获得 2019 年中国野生动物保护协会斯巴鲁生态保护奖；齐敦武等人参与完成的"野生大熊猫栖息地研究与种群复壮技术"获 2017 年四川省科技进步奖一等奖；郭松涛等人参与完成的"川金丝猴近距离观测技术体系研究与应用"获 2018 年陕西省科学技术奖二等奖；梅志刚等人完成的"城市区域长江江豚自然保护区综合监测及保护管理创新技术体系"和"长江江豚野化适应性训练及放归监测技术"分别于 2021 年和 2023 年获得梁希林业科学与技术奖科技进步二等奖和长江科技进步奖二等奖。

四、学会宣传、科学普及和科技咨询工作

保护生物学分会高度科普宣传和科技咨询工作。分会委员多次在不同平台开展珍稀濒危物种及生物多样性保护科普宣传工作，如大熊猫、长臂猿、东北虎豹、江豚等珍稀濒危物种的科普宣传，让更多的人认识和了解生物多样性及其面临的威胁，提高了大众的生物多样性保护意识。分会委员针对珍稀濒危物种保护、国家公园建设等方面积极参与，为相关主管部门提供决策咨询，充分发挥了科技服务管理的重要作用。为适应新媒体时代下的学会宣传工作，保护生物学分会于 2023 年 6 月 13 日创办了"保护生物学分会"微信公众号，重点宣传分会委员正式发表的科研成果及分会主办的相关会议，便于全国的保护生物学研究及生物多样性保护工作者及时掌握本领域的最新进展、重要成果及相关工作动态。

五、人才队伍建设

随着全球生物多样性面临的威胁日趋严重，从事保护生物学研究的科研人员越来越多，研究方向覆盖从分子到生态系统的不同层次，形成了以科研院所和高校为主要力量的研究队伍，包括大量的青年科研人才。保护生物学分会相关人才（不完全统计）见附表 4-49 和附表 4-50。

附表 4-49　保护生物学分会会员获得的称号

主要人才称号	姓名	获奖时间
中国科学院院士	魏辅文	2017 年当选
国家杰出青年科学基金	林　强	2018 年
	沙忠利	2020 年
	王志恒	2021 年
	李松海	2022 年
	聂永刚	2022 年
国家优秀青年科学基金	朱立峰	2012 年
	林　强	2013 年
	王　师	2013 年
	李松海	2014 年
	王志恒	2015 年
	聂永刚	2016 年
	王绪高	2017 年
	范朋飞	2018 年
	刘　振	2019 年
	江廷磊	2019 年
	郭宝成	2020 年
	陈　磊	2020 年
	周文良	2022 年
	严　川	2022 年

附表 4-50　保护生物学分会会员获得的中国动物学会奖项

奖项	姓名	获奖时间或届次
中国动物学会青年科技奖	朱立峰	2011 年
	聂永刚	2015 年
	王师	2019 年
中国动物学会长隆奖新星奖	郭松涛	第一届
	范朋飞	第二届
	聂永刚	第二届
	江廷磊	第三届
中国动物学会长隆奖启航奖	周文良	第二届

六、分会历届负责人名单

第一届委员会（2021—2025 年）

主 任 委 员：魏辅文

副主任委员：吕　植　张　立　林　强　刘雪华　曹　良

秘 书 长：聂永刚

发育生物学专业委员会

一、发展简史

发育生物学专业委员会于 1986 年 10 月召开了委员会成立大会暨学术讨论会。自 2000 年以来，发育生物学在中国得到了迅猛发展。2003 年 10 月，一些当时回国不久的发育生物学人士，包括南京大学高翔、军事医学科学院杨晓、北京协和医学院朱大海、中国科学院遗传与发育生物学研究所张建等开始筹划组织国内发育生物学论坛，希望成为国内发育生物学研究新的纯学术交流平台。从 2004 年开始，每年定期在全国各地举办发育生物学研讨会，会议坚持以学术交流为唯一目的，受到广泛欢迎，也吸引了部分海外发育生物学学者参加。

二、学术交流活动

1996 年 11 月 4—7 日在苏州召开学术讨论会（与生殖生物学分会和比较内分泌学专业委员会联合举办），1999 年 4 月与宁波市科协、宁波大学和鄞县（今鄞州区）人民政府在宁波市召开了纪念童第周教授去世 20 周年暨发育生物学学术讨论会，2005 年 11 月 8—11 日与比较内分泌学专业委员会联合召开了第二届联合学术讨论会。自 2009 年以来，中国动物学会发育生物学专业委员会直接参与并组织了每年的发育生物学研讨会。定期举办的发育生物学大会为国内外同行搭建了很好的学术交流平台，促进了我国发育生物学领域研究的创新和发展。

发育生物学专业委员会举办的各种学术交流活动见附表 4-51。

附表 4-51　发育生物学专业委员会举办的各种学术交流活动

会议名称	举办时间	地点	参会人数	主要承办单位
2009 年发育生物学学术研讨会	2009 年 9 月 25—29 日	重庆	80	中国动物学会发育生物学专业委员会
2011 年发育生物学专题讨论会	2011 年 9 月 27—30 日	江苏南京	80	南京大学模式动物研究所、国家遗传工程小鼠资源库
第一届全国发育生物学大会	2012 年 10 月 20—22 日	陕西西安	300	中国细胞生物学学会发育生物学专业委员会、中国遗传学会发育遗传学委员会、中国动物学会发育生物学专业委员会共同主办，第四军医大学基础部医学遗传学与发育生物学教研室承办，陕西省生物化学与分子生物学学会协办
第二届全国发育生物学大会	2014 年 10 月 16—19 日	甘肃兰州	500	中国细胞生物学学会、中国遗传学会和中国动物学会主办，中国科学院遗传与发育生物学研究所分子发育生物学国家重点实验室和兰州大学生命科学学院共同承办
第七届中国发育生物学研讨会（PI 会议）	2015 年 9 月 23—26 日	江苏南京	60	南京大学模式动物研究所
第三届全国发育生物学大会	2016 年 10 月 20—22 日	浙江杭州	500	中国细胞生物学学会、中国动物学会、中国遗传学会主办，中国细胞生物学学会、浙江大学承办

会议名称	举办时间	地点	参会人数	主要承办单位
第四届全国发育生物学大会	2018 年 10 月 14—16 日	云南昆明	750	中国细胞生物学学会主办，云南大学生命科学学院 / 生命科学研究中心和上海博生会展有限公司承办，中国动物学会和中国遗传学会协办
第五届全国发育生物学大会	2020 年 10 月 27—29 日	广东广州	1000	中国动物学会、中国细胞生物学学会、中国遗传学会主办，华南理工大学承办，分子发育学国家重点实验室和广州创特会议服务有限公司协办
第六届全国发育生物学大会	2023 年 7 月 14—16 日	内蒙古呼和浩特	1000	内蒙古大学、中国遗传学会、中国动物学会、中国细胞生物学学会共同主办，内蒙古大学生命科学学院和复旦大学遗传工程国家重点实验室承办
第十届中国发育生物学 PI 峰会"琴湖论坛"	2023 年 4 月 20—23 日	广东广州	50	中国动物学会、中国细胞生物学学会、中国遗传学会共同主办，华南理工大学承办，广东医科大学、南方医科大学、中山大学、暨南大学、广州实验室协办

三、代表性学术成果

我国的发育生物学在 20 世纪 60 年代取得了一些具有特色的研究成果，比如在国际上较早地建立了动物核移植的方法和体系，还提出了细胞质遗传的概念，这些研究对今天的表观遗传调控研究起到了一定的推动作用。2000 年之后，我国的发育生物学进入快速发展期。目前，我国在早期胚胎发育、组织器官发育、生殖发育和衰老等方面均开展了广泛研究，建立了国家级的小鼠遗传资源库和国家斑马鱼资源中心等模式动物资源库。此外，我国在大动物如猪、猴等具有中国特色的模式动物平台的建设方面取得了很好的成绩。自 2013 年以来，科学引文索引数据库（SCI）收录的我国发表的发育与生殖方面的论文数量已排世界第二，在 *Nature*、*Science*、*Cell* 三大国际顶尖期刊上发表的论文逐年增多。我国在该学科有一支活跃的优秀研究队伍，研究水平已显著提升并具有一定的国际影响力。各种先进的工具、手段及模式动物的运用使我国发育与生殖研究的发展逐步与国际前沿接轨，为将来作出原始性创新成果和完善辅助生殖技术奠定了扎实的基础。

在胚胎早期发育方面，研究涉及母源因子的作用、胚胎发育中的表观遗传修饰、胚层诱导和分化、左右不对称发育、哺乳动物胚胎着床机理、出生缺陷的发生机理等，并取得了一些重要成果。例如，我国科学家阐明了人类、小鼠、斑马鱼合子基因组 DNA 甲基化模式；首次揭示了表观遗传学修饰的一个重要环节——5- 甲基胞嘧啶的去甲基化机制，并证明了母源性的 Tet3 双加氧酶在受精后重编程以及原肠胚形成过程中的重要作用；发现线虫早期胚胎中母源种质 P- 颗粒成分通过自噬作用降解的分子机理，并以此为模型开展了大规模筛选、鉴定了多个参与多细胞生物自噬的基因，极大促进了对多细胞生物自噬分子机制的了解；揭示了子宫内膜上皮细胞钠通道在调控胚胎植入所需的 PGE2 生成和释放中作用；发现母源因子 huluwa（葫芦娃）可通过稳定 ß-catenin 信号诱导脊椎动物胚胎背侧组织中心和体轴的形成；阐明了新型的微型 RNA 剂量调控对于胚胎发育三胚层谱系分化命运决定的核心作用；揭示了小鼠早期胚胎中 RNA 聚合酶 II 通过"三步走"的模式参与实现基因组激活的过程，发现 OBOX 调节小鼠合子基因组激活和早期胚胎发育，TPRX 参与人类合子基因组激活。

　　在组织器官发育方面，主要研究心脏发育、血管发育、血细胞的诱导和分化、神经诱导和分化、神经发育与环路形成、肌发生和分化、肾脏发育等，发现了许多新的基因和调控机制。例如，我国科学家在国际上首次揭示了冠状动脉的新起源，重新定义了冠状动脉的生长方式及血管新生概念；揭示了上皮细胞多纤毛发生前中心粒大量扩增的机理、前列腺素调控纤毛形成的机理；发现小鼠头部存在造血干细胞，并贡献了成体的造血干细胞及各类成熟造血细胞；发现中国人群先天性心脏病的致病位点；首次证明在人类大脑皮层神经环路上，有一种电突触介导的信息交流主导着脑神经的发育；发现了少突胶质细胞细胞谱系决定因子 Olig2 调控少突胶质细胞分化、成纤维细胞生长因子13B 调控大脑与智力发育的机制；揭示 m6A 调控造血干细胞命运决定新机制。

　　在成体组织器官稳态维持方面，研究涉及成体组织器官内多能细胞的鉴定、多能细胞的分化、细胞转分化、器官再生等。例如，在斑马鱼中，发现急性肝损伤胆管上皮细胞转分化为肝细胞，巨噬细胞参与脑血管的损伤修复；斑马鱼心外膜和心肌中合成的过氧化氢是心肌再生所必需的；在果蝇支气管中产生的 Dpp/Bmp 信号维持中肠的稳态；成体小鼠脑中 Sox2 等可诱导星状胶质细胞转分化为可增殖的神经前体细胞。

　　在生殖方面，研究涉及原始生殖细胞的起源和生殖细胞的命运决定、减数分裂的调控机制、配子发生及成熟和受精的分子基础、卵泡形成和发育及排卵的分子机制、生殖相关重大疾病的发病机理、营养和环境等因素导致的生殖和发育缺陷的分子机理等。例如，发现孤雌单倍体干细胞经过基因组印记修饰后可以替代精子，使两只雌性小鼠也能够产生后代，建立了"同性生殖"的新方法；发现成年小鼠的卵巢中仍存在可增殖和发育的雌性生殖干细胞；发现精子发生过程中单倍体基因组中大量的组蛋白降解依赖于乙酰化介导的特异性蛋白酶体通路；发现卵子中 Tet3 相关蛋白（如CRL4 复合体）的正确表达对于维持雌性生殖力至关重要；发现了中国人群非阻塞性无精症、多囊卵巢综合征、卵巢早衰等不育不孕症的潜在致病基因；首次证明卵子极体移植可能是一种很有潜力的阻断遗传性线粒体病的治疗策略。

　　在衰老研究方面，我国在神经退行性病变、血管老化、正常衰老和病理过程中端粒长度的变化、糖尿病等疾病与衰老的关系、生殖器官衰老等研究方向上有活跃的研究队伍，取得了一些突出的成果。例如，发现线粒体的"超氧炫"频率可以预测线虫的寿命，提示线粒体的功能活性与衰老有着密切关系；揭示年轻血液促进干细胞及机体年轻化的分子机制；发现了年轻的 ERV 亚家族在细胞衰老过程中被再度唤醒，提出了古病毒复活介导衰老程序化及传染性的理论；发现一群在年老的灵长类动物的脊髓中特异存在的 CHIT1 阳性小胶质细胞亚型（AIMoN—CPM）可以通过旁分泌 CHIT1 蛋白激活运动神经元中的 SMAD 信号，进而驱动运动神经元衰老，而补充维生素 C 可抑制脊髓运动神经元的衰老和退行。

　　在干细胞方面，已形成一支非常活跃的研究队伍。我国科学家在国际上首次证明高度分化的体细胞诱导出的 iPS 细胞可以进一步再分化诱导发育为成熟个体；证明一些小分子化合物可以大幅度提高 iPS 效率；发现一套不包含 Yamanaka 因子的重编程方法；成功地建立了小鼠单倍体干细胞系，利用单倍体胚胎干细胞进行基因修饰可以直接遗传给后代，从而大幅提高了基因修饰效率及应用范围；通过抑制剪接体，实现了小鼠全能性干细胞的体外建立和培养，且这种细胞在分子和功能上接近体内 2 细胞和 4 细胞时期胚胎；发现在小鼠胚胎干细胞、小鼠和人类组织以及小鼠卵母细胞及早期发育中，FTO 基因通过调控 LINE1 RNA 的 m^6A 修饰调控核表观与发育。

四、学会宣传、科学普及和科技咨询工作

推动"十三五""十四五"科技部重大研究计划"发育编程及其代谢调节"专项立项工作。

2016—2020 年，发育生物学专业委员会会员刘峰、王强和高飞等参与第三版《中国大百科全书》生物学科条目释文梳理和撰写工作，负责动物发育学方向的 100 个条目释文。

2016—2017 年，发育生物学专业委员会参与中国科协生命科学学会联合体组织的生命科学领域前沿跟踪研究项目，调研并撰写发育生物学前沿跟踪研究报告。

自 2020 年以来，为搭建国内外发育生物学研究人员交流平台，由中国动物学会、中国细胞生物学学会、中国遗传学会等共同组织了线上交流平台"云发育论坛"。该论坛聚焦发育生物学前沿进展、重大基础生物学问题及技术瓶颈，致力于打造中国发育生物学品牌高端论坛，为发育研究学者搭建云端交流平台，鼓励、支持和促进我国发育生物学的学科、学术发展，提升领域影响力。

五、人才队伍建设

发育生物学专业委员会相关的人才培养情况见附表 4-52 和附表 4-53。

附表 4-52　发育生物学专业委员会会员获得的称号

主要人才称号	姓名	单位
中国科学院院士	高绍荣	同济大学
国家杰出青年科学基金	王　强	华南理工大学
	赵呈天	中国海洋大学
	高　栋	中国科学院分子细胞科学卓越创新中心
	徐成冉	北京大学
	杜　苗	中国科学院遗传与发育生物学研究所
中国科协青年人才托举工程	高亚威	同济大学
	王　璐	中国医学科学院血液病研究所
	丁岩岩	广州医科大学

附表 4-53　发育生物学专业委员会会员获得的中国动物学会奖项

奖项	姓名	获奖时间
中国动物学会青年科技奖	贾顺姬	2017 年
	高亚威	2017 年
	韩佩东	2019 年
	王　璐	2021 年
	王乐韵	2021 年

重要国内和国际学术兼职和期刊兼职情况如下：

刘峰：国际斑马鱼学会候任主席

六、专业委员会会历届负责人名单

第一届委员会

主任委员：史灜仙

副 主 任：徐 信 陈秀兰

秘 书：杜 淼 陶云霞

第二届委员会

主任委员：严绍颐（严绍颐研究员去世后由杜淼研究员接任）

副 主 任：秦鹏春 陈秀兰 孙方臻 杜 淼

秘 书：杜 淼（兼）

第三届委员会（2009—2014 年）

主 任 委 员：张 建

副主任委员：孙方臻 高 翔 黄 勋

第四届委员会（2015—2021 年）

主 任 委 员：黄 勋

副主任委员：刘 峰 王朝晖

秘 书 长：刘 峰

第五届委员会（2022—2026 年）

主 任 委 员：黄 勋

副主任委员：刘 峰 徐素宏

秘 书 长：刘 峰

生殖生物学分会

一、发展简史

中国动物学会生殖生物学分会成立于 1981 年，挂靠单位为中国科学院动物研究所计划生育生殖生物学国家重点实验室。分会创始人为著名内分泌学家、生殖生物学家、中国科学院生物学部委员、代主任张致一先生。现任分会主任委员王红梅研究员，秘书长高飞研究员。分会目前有会员 800 余名，委员 147 名，分别来自全国各地研究所、综合性大学、医学院校、农业院校、师范院校及医院等单位。

生殖生物学研究的主要内容是配子（精子和卵子）发生和成熟、受精、胚胎发育、胚胎着床、生殖激素、分娩、生殖免疫、性别决定、性行为、环境对生殖的影响、辅助生殖、无性生殖等。生殖生物学分会的宗旨是团结全国生殖生物学科研、教学、临床和畜牧工作者并定期交流本领域国内外研究成果和进展，以推动我国生殖生物学基础研究水平，为人类生殖、避孕和畜牧业生产服务。

学术交流对于科学发展非常重要，因此分会高度重视学术交流活动。分会原则上每两年组织一次全国生殖生物学学术研讨会，研讨会由分会独立主办，或与国内生殖领域相关学会如中华医学会生殖医学分会、中国生理学会生殖科学专业委员会等联合主办，共同促进国内生殖生物学界的交流与发展。分会先后组织多个国际级会议，尤其是在北京举办的生殖生物学前沿系列国际研讨会（2010 年、2012 年、2014 年、2016 年、2018 年）、第五届世界生殖生物学大会（2023 年）等均取得圆满成功，并获得国际生殖生物学界的高度评价。

二、学术交流活动

分会先后组织过多个国际级会议（附表 4-54），如生殖生物学国际研讨会（1990，北京）、青年华人生殖生物学学术研讨会（1997，北京）、中国医药工业与避孕研究国际研讨会（1998，北京）、避孕技术的前沿与新的研究机遇国际研讨会（1999，北京）、SKLRB 生殖生物学前沿国际研讨会（2010，2012，2014，2016，2018，北京）、第五届世界生殖生物学大会，并参与组织海峡两岸比较内分泌暨生殖生物学学术研讨会（2002，台北），均取得圆满成功，获得了国际生殖生物学界高度评价。

附表 4-54　生殖生物学分会举办的各种学术讨论会

会议名称	举办时间	地点	参会人数	主要承办单位	备注
第一次学术研讨会	1981 年	北京	60	生殖生物学分会	
第二次学术年会	1982 年 9 月 12—16 日	山东济南	100	生殖生物学分会	
第三次学术年会	1985 年 10 月 23—27 日	湖北武汉	105	生殖生物学分会	
第四次学术年会	1987 年 11 月 6—10 日	陕西西安	93	生殖生物学分会	
第五次学术年会	1992 年 10 月 22—27 日	广西桂林	90	生殖生物学分会	
第六次学术年会	1994 年 10 月 23—27 日	安徽黄山	93	生殖生物学分会	
生殖生物学、发育生物学、比较内分泌学联合研讨会	1996 年 11 月 4—7 日	江苏苏州	140	生殖生物学分会	联合举办
第七次学术年会	1999 年 11 月 9—12 日	江苏南京	113	生殖生物学分会	

续表

会议名称	举办时间	地点	参会人数	主要承办单位	备注
第八次学术年会	2001 年 10 月 27—31 日	湖南 张家界	85	生殖生物学分会	
第九次学术年会	2003 年 11 月 10—14 日	海南 海口	115	生殖生物学分会	
第十次学术年会	2005 年 11 月 2—5 日	云南 昆明	80 多	生殖生物学分会	
第十一次学术研讨会	2007 年 4 月 6—9 日	浙江 杭州	700 多	生殖生物学分会	与中华医学会生殖医学分会联合召开了第一届联合年会
第十二次学术年会	2009 年 10 月下旬	重庆	100 多	生殖生物学分会	
第十三次学术年会	2011 年 10 月 17—20 日	福建 武夷山	260	生殖生物学分会	
第十四次学术年会	2013 年 11 月 27—12 月 2 日	湖南 张家界	300 多	生殖生物学分会	
第十五次学术年会	2015 年 10 月 14—17 日	陕西 西安	500 多	生殖生物学分会	中国动物学会生殖生物学分会—中国生理学会生殖科学专业委员会第一次联合学术年会，与中国生理学会生殖科学专业委员会合办
第十六次学术年会	2017 年 8 月 25—28 日	安徽 合肥	500 多	生殖生物学分会	中国动物学会生殖生物学分会—中国生理学会生殖科学专业委员会第二次联合学术年会，与中国生理学会生殖科学专业委员会合办
第十七次学术年会	2019 年 9 月 19—21 日	广西 桂林	600 多	生殖生物学分会	中国动物学会生殖生物学分会—中国生理学会生殖科学专业委员会第三次联合学术年会，与中国生理学会生殖科学专业委员会合办

三、代表性学术成果

分会会员在生殖生物学的各个研究领域取得重要研究成果，部分代表性成果如下。

1. 配子发生

配子发生分子调控机制：①发现 Bin1b 可抗菌并能够启动精子运动（Li P et al., *Science*, 2001），MIWI/piRNA 激活小鼠精子细胞中 mRNA 的翻译（Dai P et al., *Cell*, 2019），FXR1 可通过液 – 液相分离激活小鼠后期精子细胞中 mRNA 的翻译（Kang JY et al., *Science*, 2022），一种雄性生殖细胞特异性核糖体调控精子（Li H et al., *Nature*, 2022）。②发现卵泡中的颗粒细胞分泌 C- 型钠肽及其受体 NPR2 是控制卵母细胞成熟的重要因子（Zhang M et al., *Science*, 2010），CLR4 连接酶复合物调控卵子发生（Yu C et al., *Nat Commun*, 2015），人卵母细胞中存在着不同的微管组织中心 -huoMTOC（Wu T et al., *Science*, 2022）。在女性生殖功能障碍中，发现 TUBB8 突变影响卵母细胞减数分裂纺锤体组装（Feng R et al., *N Engl J Med*, 2016），女性减数分裂存在特异的"交叉重组成熟缺陷"

（Wang S et al., *Cell*, 2019），BRCA2 突变与卵巢早衰相关（Qin Y et al., *N Engl J Med*, 2019）。

配子发生过程的组学研究：描绘人类单个卵子的基因组（Hou Y et al., *Cell*, 2013），发现人类原始生殖细胞不同于小鼠的独特特征（Guo F et al., *Cell*, 2015）。对于小鼠（Du Z et al., *Nature*, 2017；Ke Y et al., *Cell*, 2017）和人（Chen X et al., *Nature*, 2019）的配子，经典的染色体高级结构包括拓扑结构域和调控方式具有种属差异。

体外雄性配子诱导：体外诱导小鼠胚胎干细胞产生精子样细胞，进行 ICSI 证实其具有正常的配子功能（Zhou Q et al., *Cell Stem Cell*, 2016）。利用人类 FGC，体外诱导获得精子样细胞注射胚胎获得囊胚（Yuan Y et al., *Cell Res*, 2020）。

2. 胚胎发育

早期胚胎发育重要基因的发现：发现母源因子 huluwa 可通过稳定 ß-catenin 信号诱导脊椎动物胚胎背侧组织中心和体轴的形成（Yan L et al., *Science*, 2018），发现长非编码 RNA LincGET 在 2 细胞时期决定了小鼠胚胎第一次细胞命运选择（Wang J et al., *Cell*, 2018），绘制了人类卵子向早期胚胎转变过程中的翻译图谱（Zou Z et al., *Science*, 2022），发现 OBOX 是小鼠 ZGA 的关键调节因子（Ji S et al., *Nature*, 2023）。

体外胚胎培养：成功在培养皿中支撑猴胚胎发育至 20 天，体外观察到灵长类的原肠运动（Ma H et al., *Science*, 2019；Niu Y et al., *Science*, 2019）；揭示了灵长类动物在单细胞分辨率下的原肠胚形成和早期器官发生（Zhai J et al., *Nature*, 2022）；体外支持食蟹猴胚胎发育至受精后 25 天（Gong Y et al., *Cell*, 2023；Zhai J et al., *Cell*, 2023）。

利用体外人胚胎培养体系，解析围着床期胚胎发育的分子调控机制（Zhou F et al., *Nature*, 2019）。

胚胎早期表观修饰调控：揭示子代甲基化图谱继承和重编程的规律（Jiang L et al., *Cell*, 2013；Wang L et al., *Cell*, 2014），解析人类早期胚胎的 DNA 甲基化调控网络（Guo H et al., *Nature*, 2014），描述从配子到囊胚时期的 H3K4me3 和 H3K27me 组蛋白修饰动态变化的表观遗传学图景（Zhang B et al., *Nature*, 2016；Liu X et al., *Nature*, 2016）。

绘制哺乳动物着床前胚胎易接近染色质的景观图（Wu J et al., *Nature*, 2016），报道哺乳动物染色体三维结构在着床前胚胎发育过程中的动态重编程过程（Du Z et al., *Nature*, 2017），发现人类早期胚胎发育过程中染色质开放性是一个逐步建立的过程（Gao L et al., *Cell*, 2018），揭示小鼠早期胚胎中 RNA 聚合酶 II 参与实现基因组激活的过程（Liu B et al., *Nature*, 2020）。

3. 胚胎着床和妊娠维持

囊胚激活：发现胚胎激活影响雌性胚胎着床过程中 X 染色体的活化（He B et al., *Proc Natl Acad Sci U S A*, 2019），构建了小鼠早期胚胎着床后发育时期高分辨率时空转录组图谱（Peng G et al., *Nature*, 2019）。

子宫蜕膜化及子宫接受性建立：SRC 基因是介导分娩发动的重要基因（Gao L et al., *J Clin Invest*, 2015），Fzd5-Gcm1-Wnt 信号调节滋养层细胞合体化和胎儿血管新生（Lu J et al., *PLoS Biol*, 2013）。在先兆子痫患者中，CD81 的上调抑制细胞滋养层的侵袭并介导母体内皮细胞功能障碍

（Shen L et al., *Proc Natl Acad Sci USA*, 2017）。发现子宫上皮 Na 离子通道的激活为胚胎着床所必需（Ruan YC et al., *Nat Med*, 2012）。

胚胎黏附和植入：BMI1 调控子宫基质细胞（Xin Q et al., *J Clin Invest*, 2018），建立滋养层合体化的 O-GlcNac 修饰谱及揭示 CSE 糖基化抑制滋养层合体化的机制（Liu J et al., *Cell Chem Biol*, 2021）。

胎盘发育：发现胎盘滋养层细胞新亚群（Liu Y et al., *Cell Res*, 2018），系统地研究 21 个包括胎盘在内的人类胎儿组织样本的全转录组 m6A 谱（Xiao S et al., *Nat Cell Biol*, 2019），揭示了胎盘合体滋养层细胞通过独特的巨胞饮途径进行营养物质的高效率母胎转运（Shao X et al., *Proc Natl Acad Sci USA*, 2021）。

妊娠免疫：滋养层细胞通过分泌胸腺基质淋巴细胞生成素 TSLP 训导 dDCs（Guo PF et al., *Blood*, 2010），dNK 细胞通过调节炎性 TH17 细胞促进免疫耐受（Fu B et al., *Proc Natl Acad Sci USA*, 2013），阐明肠道菌与胆汁酸调控肠道 ILC3 细胞分泌 IL-22 的新机制为防治 PCOS 提供了新视角（Qi X et al., *Nat Med*, 2019）。

4. 跨代遗传

在高脂饮食诱导的父代肥胖小鼠模型中，发现一类成熟精子中高度富集的小 RNA 可作为一种表观遗传信息的载体，将高脂诱导的父代代谢紊乱表型传递给子代（Chen Q et al., *Science*, 2016）。揭示了孕前期的高糖环境可诱导卵母细胞中母源效应因子 DNA 双加氧酶 TET3 表达降低和功能减弱，改变胚胎 DNA 甲基化谱式，最终导致子代呈现葡萄糖耐受不良（Chen B et al., *Nature*, 2022）。

5. 生殖技术

核移植：通过体细胞核移植技术在动物克隆中取得突破，1963 年世界首次获得"发育全能性"的异种克隆鱼（Yan SY, *Sheng Wu Gong Cheng Xue Bao*, 2000），2003 年获得首例克隆大鼠（Zhou Q et al., *Science*, 2003），2018 年灵长类克隆猴取得成功（Liu Z et al., *Cell*, 2018）。

干细胞技术：利用 iPS 细胞培育出健康小鼠，首次证实了 iPS 细胞的全能性（Zhao XY et al., *Nature*, 2009; Kang L et al., *Cell Stem Cell*, 2009）。实现哺乳动物完整染色体的可编程连接，并创造出具有全新核型的小鼠（Wang LB et al., *Science*, 2022）。

单倍体干细胞技术：研制获得小鼠（Li W et al., *Nature*, 2012; Wan H et al., *Cell Res*, 2013; Yang H et al., *Cell*, 2012）、大鼠（Li W et al., *Cell Stem Cell*, 2014）、猴（Yang H et al., *Cell Res*, 2013）、人（Zhong C et al., *Cell Res*, 2016; Zhang XM et al., *Cell Res*, 2020）不同物种的单倍体干细胞。这些单倍体不但具有正常干细胞的多胚层分化潜能，而且可以代替精子（Li W et al., *Nature*, 2012; Yang H et al., *Cell*, 2012）、卵子（Wan H et al., *Cell Res*, 2013）产生个体；利用单倍干细胞可以实现同性生殖（Li Z et al., *Cell Res*, 2016; Zhong C et al., *Cell Res*, 2016; Li ZK et al., *Cell Stem Cell*, 2018）；经研制获得首例人工创建的、以稳定二倍体形式存在的异种杂合胚胎干细胞（Li X et al., *Cell*, 2016）。

四、学会宣传、科学普及和科技咨询工作

在组建科普队伍方面：分会依托中国科学院动物研究所青年研究生团体组建了静生科普社科普

志愿者团队，团队成员已超过 100 人。科普志愿者团队以全国科普日、全国科技活动周为契机，通过开展科普专项展览、实验室开放日等活动积极践行科研工作者的社会责任和义务。多年来，组织大型公众科普活动 10 余次，接待科普参观团体 30 余批，受众近 8000 人次。该团队依托中国科协项目支持，建立了"干细胞与再生医学"科普基地，基地先后被评为"中国科协科普共建基地""中国细胞生物学学会优秀科普基地""北京市科普教育基地""北京市青少年学生校外活动基地"等称号。

在开展新媒体传播方面：分会围绕干细胞与生殖生物学领域的科普图文和视频作品多次获得全国优秀科普微视频（2017 年）、中国科学院科普微视频创意大赛二等奖、优秀奖、入围奖，上海国际科普微电影节优秀作品奖（2019 年）及"科学大院"年度十佳科普文章（2018 年）等。全网点击量累计超过 1000 万次。

在开展科普图书创作方面：由周琪院士创作出版的青少年科普读物《生命的种子》，该书既有对前沿科技热点的解读，也有对前沿领域发展的回顾和对未来的展望，特别结合青少年开展科学探究的需求，专门设置了科学探索相关章节，带领青少年读者体验和院士团队一起探索的乐趣。图书获"十三五"国家重点图书、音像、电子出版物出版规划项目，2022 年全国优秀科普作品，2022 年中国科学院科普项目，并得到乔杰院士、卞修武院士和张定宇院长联袂推荐。

五、人才队伍建设

生殖生物学分会会员获得的称号、生殖生物学分会会员获得的中国动物学会奖项、生殖生物学分会青年科技奖获奖者和生殖生物学分会委员在专业期刊的兼职情况见附表 4-55 至附表 4-58。

附表 4-55　生殖生物学分会会员获得的称号

主要人才称号	姓名
中国科学院院士	周　琪
	黄荷凤
	陈子江
	李劲松
中国工程院院士	乔　杰
国家杰出青年科学基金	崔　胜
	高　飞
	高绍荣
	郭　帆
	胡志斌
	李　默
	李　蓉
	李　卫
	李　伟
	林　羿
	刘　林

续表

主要人才称号	姓名
国家杰出青年科学基金	刘默芳
	秦莹莹
	邱小波
	桑　庆
	沙家豪
	史庆华
	孙　斐
	孙青原
	汤富酬
	王海滨
	王红梅
	王　磊
	王　强
	王雁玲
	夏国良
	颉　伟
	闫丽盈
	杨增明
	张亮然
	张美佳
	赵建国
国家优秀青年科学基金	傅斌清
	高　路
	高亚威
	郭雪江
	林　戈
	孙少琛
	夏来新
	熊　波
	徐家伟
	赵　涵
	赵小阳
中国科协青年人才托举工程	高亚威
	陈苏仁

附表 4-56　生殖生物学分会会员获得的中国动物学会奖项

奖项	姓名	获奖时间或届次
中国动物学会青年科技奖	王海滨	2013 年
	王震波	2017 年
	张　华	2017 年
	高亚威	2017 年
	王顺心	2019 年
	王乐韵	2021 年
	曹　彬	2021 年
中国动物学会长隆奖成就奖	陈大元	第一届
中国动物学会长隆奖新星奖	闫丽盈	第二届
中国动物学会长隆奖新星奖	王　强	第三届

附表 4-57　生殖生物学分会青年科技奖获奖者

奖项	姓名	获奖时间
生殖生物学分会青年科技奖	张　华	2015 年
	孙少琛	2015 年
	王震波	2016 年
	桑　庆	2017 年
	张远伟	2017 年
	刘　超	2017 年

附表 4-58　生殖生物学分会委员在专业期刊的兼职情况

期刊名称	职位	姓名
Biology of Reproduction	副主编	王海滨
	编委	李　磊
	编委	刘默芳
	编委	倪　鑫
	编委	范衡宇
	编委	高绍荣
	编委	苏友强
	编委	韩春生
	编委	王红梅
	编委	王雁玲
	编委	杨增明
	编委	张　华
	编委	郑　科
	编委	李劲松
	编委	孔双博

期刊名称	职位	姓名
Reproduction	副主编	王红梅
Journal of Ovarian Research	编委	韩之明
	编委	苏友强
	编委	王 超
	编委	王红梅
	编委	王震波
	编委	相文佩
	编委	余 超
	编委	张 华

六、分会历届负责人名单

筹备小组（1981 年）

筹备组组长：张致一

第一届委员会（1982—1993 年）

主任委员：张致一

秘 书 长：邹继超

第二届委员会（1993—1997 年）

主任委员：曹永清

秘 书 长：费仁仁

第三届委员会（1997—2001 年）

主任委员：庄临之

秘 书 长：费仁仁

第四届委员会（2001—2005 年）

主 任 委 员：刘以训

副主任委员：祝 诚 吴燕婉 徐 晨 杨增明 沙家豪

秘 书 长：王 红

第五届委员会（2005—2009 年）

主 任 委 员：刘以训

副主任委员：张永莲　祝　诚　卢光琇　杨增明　沙家豪　夏国良

秘　书　长：孙青原

第六届委员会（2009—2013 年）

主 任 委 员：刘以训

副主任委员：张永莲　杨增明　沙家豪　夏国良　段恩奎　王　健

秘　书　长：孙青原

第七届委员会（2013—2019 年）

主 任 委 员：孙青原

副主任委员：刘习明　彭景梗　沙家豪　王　健　夏国良　杨增明　周　琪

秘　书　长：王海滨

第八届委员会（2019—　　）

主 任 委 员：王红梅

副主任委员：范衡宇　高绍荣　胡志斌　李　伟　孙　斐　王海滨　王　磊

秘　书　长：高　飞

比较内分泌学专业委员会

一、发展简史

根据学科发展和学术交流需要，自 1989 年 3 月在北京市怀柔区举行的第十二届中国动物学会理事会开始，中山大学林浩然院士发起并成立了比较内分泌学分会（现统一为专业委员会）的筹备组。经过两年多的筹备，在林浩然、方永强、陈大元、曹梅讯、赵维信的共同努力下，分会共发展会员 64 名，得到了当时中国动物学会理事长、中国科学院动物研究所所长张致一院士的同意，并决定于 1992 年 1 月 14—16 日在广州中山大学举行比较内分泌学专业委员会成立大会暨第一届学术会议。

参加此次会议的代表共有 40 余人。在会上，中山大学校院系各级领导出席并表示祝贺，中国动物学会代表致贺词。经民主投票选举，产生了第一届由九位理事组成的委员会。根据中国动物学会的决定，比较内分泌学专业委员会挂靠在中山大学，且在国内隶属于中国动物学会二级分会，在国际上则代表中国参与亚洲和大洋洲比较内分泌学会和国际比较内分泌学会的活动。目前，比较内分泌学分会已经统一为专业委员会的形式，并继续致力于推动比较内分泌学学科的发展，促进国内外学术交流和合作。

本专业委员会致力于促进中国比较内分泌学研究的发展，一方面定期举办中国比较内分泌学学术研讨会，团结和支持我国各大院校和研究所同行开展研究；另一方面积极组织国内专家参加亚洲和国际比较内分泌学术会议，以提升我国比较内分泌学研究的国际影响力。2002 年我国内分泌学专业委员会与台北中央研究院动物研究所共同主办了海峡两岸比较内分泌暨生殖生物学术研讨会，2002 年在广州成功举办了第四次亚洲和大洋洲比较内分泌学术讨论会。林浩然院士曾担任亚洲和大洋洲比较内分泌学会主席，在亚洲比较内分泌学会研究领域享有极高声誉。

历经 30 多年的发展，比较内分泌学专业委员会已成为中国动物学会中一个具有百名会员，活跃且兼具影响力的学术组织。每次学术会议常涌现出富有创新性和特色的学术论文，学术交流效果显著。除基础研究外，本专业委员会同行还紧密结合生产实际，为病害防治、水产养殖、家畜家禽生产方面提供科学技术支持，并取得一系列学术成果和研究进展。

二、学术交流活动

比较内分泌学专业委员会举办的学术交流活动见附表 4-59。

附表 4-59 比较内分泌学专业委员会举办的学术交流活动

会议名称	举办时间	地点	参会人数	主要承办单位
中国动物学会比较内分泌学专业委员会第十二次（2018 年）学术研讨会	2018 年 6 月 30 日—7 月 4 日	上海	200	上海海洋大学水产与生命学院、水产种质资源挖掘与利用教育部重点实验室、中国科技部海洋生物科学国际联合研究中心
中国动物学会比较内分泌学专业委员会第十三次学术研讨会	2020 年 12 月 11—13 日	广东湛江	200	广东海洋大学水产学院、南方海洋科学与工程广东省实验室（湛江）、广东省名特优鱼类生殖调控与繁育工程技术研究中心、广东省水生经济动物良种繁育重点实验室等
中国动物学会比较内分泌学专业委员会第十四次学术研讨会	2023 年 8 月 11—14 日	山东青岛	200	海水养殖教育部重点实验室（中国海洋大学）、水产科学国家级实验教学示范中心（中国海洋大学）

三、代表性学术成果

林浩然院士团队长期致力于鱼类内分泌学研究，发现了神经内分泌双重调节对鱼类促性腺激素的合成与分泌的作用机理，且开发了用多巴胺受体拮抗剂和促性腺激素释放激素来诱导鱼类产卵的新技术，被命名为 Linpe Method，取得显著应用效果，获国家教委科技进步奖二等奖、国家科技进步奖三等奖和光华科技基金二等奖，列入国家科委 1995 年国家科技成果重点推广项目。此外，发现埋植性类固醇激素可以诱导其性腺发育成熟，为鳗鲡人工繁殖提供了关键技术路线；发现促性腺激素释放激素、多巴胺能物质和基因重组鱼类生长激素能被鱼吸收并保持生物活性，显著提高生长速率，获 1997 年国家教委科技进步奖二等奖；研究了海水养殖鱼类石斑鱼的神经内分泌调控和相关功能基因的作用机理，促进了鱼苗种规模化生产技术的建立和应用。

刘以训院士团队主要从事哺乳动物生殖内分泌学研究，发现促性腺激素释放激素对子宫有直接作用，提出了颗粒细胞 GC 产生的纤溶酶原激活因子 tPA 及膜细胞 TC 表达的抑制因子 PAI-1 对调控卵泡破裂起着重要作用；发现了 GC 与 TC 在有关激素刺激下，协调 tPA 与 PAI-1 基因表达，进而诱发排卵。此外，发现 GC 合成孕酮可被 TC 利用合成雄激素，GC 和 TC 相互作用是合成雌激素的前提，并进一步研究精子发生、黄体萎缩和分娩等生理过程的作用，取得较多成果。近期通过隐睾模型发现一个与温度密切相关的新基因，其在圆形精子中特异表达，调控精子发生。

方永强教授团队从事原索动物、海鞘生殖神经内分泌学、鱼贝类生殖等方面研究，研究了文昌鱼哈氏窝结构功能及其神经内分泌调节，包括脑及环境因子对哈氏窝合成促性腺激素及其分泌的影响以及哈氏窝参与调节性腺发育、成熟和生殖的问题，证实百年前提出的哈氏窝与脊椎动物脑垂体同源的推测。厘清了厦门文昌鱼的生殖周期、繁殖习性和性腺发育调控，并在实验室实现人工繁殖，同时建立国家级自然保护区。

李胜教授团队从事昆虫变态发育的内分泌调控机制的研究。以果蝇、家蚕、蜚蠊为研究对象，探究激素合成调控、信号传导和生理功能，阐明保幼激素 JH 拮抗蜕皮激素 20E 从而维持幼虫性状的分子机制，解决了 80 余年的 JH 受体之谜，获 2020 年广东省自然科学奖一等奖和 2021 年度广东省丁颖科技奖。解析了 20E 信号主导变态发育过程中的脂肪体重建机理，厘清了激素和营养信号互作决定器官与个体生长的分子机制，提出蜕皮与生长不同时的理论模型，构建了白符姚和小灶衣鱼不变态昆虫及德国小蠊和美洲大蠊半变态昆虫的研究体系，开发蜚蠊防控产品并应用。

四、学会宣传、科学普及和科技咨询工作

中国动物学会内分泌学专业委员会的宣传、科学普及和科技咨询工作旨在提高公众对内分泌学领域的认识和了解，推动内分泌学科研成果的社会应用。

具体工作内容包括：

（1）举办学术研讨会和讲座：组织全国性和地区性的比较内分泌学学术研讨会，邀请国内外知名专家进行科研学术交流活动，促进比较内分泌学领域的学术交流和科研合作。

（2）开展科普活动：组织科普展览、科普演讲、科普讲座等形式，向公众普及动物比较内分泌学知识，通过编写科普读物、制作科普视频、推广科普微信公众号等方式，传播最新的科学研究成果以及推广相关的科学技术应用。

（3）开展比较内分泌学相关先进理论和技术培训：举办比较内分泌学专业培训班、研讨会等活动，推动内分泌学科研究进步。

（4）学术期刊和科技资讯：发行学术期刊，发布比较内分泌学的最新研究成果和学术动态；定期出版内分泌学领域的科技资讯，向公众传递前沿科学进展。

（5）科技咨询和政策建议：为政府和其他相关机构提供内分泌学方面的专业咨询和政策建议，参与相关政策的制定和修订。在比较内分泌学应用技术和健康管理方面提供专业指导和技术培训，推动科学研究成果的转化和应用。

五、人才队伍建设

中国动物学会比较内分泌学专业委员会自成立以来，积极组织学术交流活动，着力推动中国比较内分泌学人才成长。比较内分泌学专业委员会会员获得的称号见附表 4-60。

附表 4-60　比较内分泌学专业委员会会员获得的称号

主要人才称号	姓名	单位
中国工程院院士	林浩然	中山大学
	陈松林	中国水产科学研究院黄海水产研究所
中国科学院院士	刘以训	中国科学院动物研究所
国家杰出青年科学基金	殷　战	中国科学院水生生物研究所
	胡　炜	中国科学院水生生物研究所
	葛楚天	浙江万里学院
	李　胜	华南师范大学
国家优秀青年科学基金	罗大极	中国科学院水生生物研究所
万人计划领军人才	覃钦博	湖南师范大学
万人计划青年拔尖人才	梅　洁	华中农业大学
青年长江学者	陶　敏	湖南师范大学

六、专业委员会历届负责人名单

第一届至第四届委员会（1992—2009 年）

主 任 委 员：林浩然

副主任委员：方永强

秘 书 长：方永强

第五届至第六届委员会（2009—2017 年）

主 任 委 员：林浩然

副主任委员：李赞东

秘 书 长：张为民

第七届委员会（2017—2023 年）

主 任 委 员：李赞东

副主任委员：陈松林　葛　伟　吕为群　张为民

秘 书 长：张　勇

第八届委员会（2023—　　）

主 任 委 员：陈松林

副主任委员：葛　伟　李　胜　吕为群　张为民

秘 书 长：张　勇

细胞与分子显微技术学分会

一、发展简史

细胞与分子显微技术学分会的前身为显微与亚显微形态科学分会，分会在正式设立前称为形态学组（中国动物学会下设的分会在"文化大革命"以前是以"组"建制的），当时的组长是神经末梢和神经组织学家郑国章先生，陈大元先生为助手（时任郑先生主持的动物研究所组织学研究室的学术秘书）。形态学组设立期间，国内应用光学显微镜在神经末梢、细胞或组织结构与组织化学方面已作出了不少优秀的形态学研究工作，但电子显微镜下的亚显微结构（超微结构）研究工作刚刚起步，只有极少数单位在探索。我国第一台车床式的超薄切片机落户在中国科学院动物研究所的组织学研究室，陈大元先生是我国最早掌握该项技术的极少数人之一。"文化大革命"期间，科研、教学和学会活动全被停止。直到1978年，中国动物学会的学术活动才恢复，学会各下设机构也逐渐活跃起来。中国动物学会请郑国章先生与陈大元先生负责筹备1979年10月在杭州召开恢复后的第一次形态学组的学术会议，不幸的是，郑国章先生突然病逝。那时中国动物学会根据中国科协的精神，将"组"改为"分会"，当时恰好国际上兴起了细胞亚显微（超微）结构研究的热潮，电子显微镜技术正逐渐开始在中国普及，于是在会议期间征求与会会员的意见，经过讨论和协商，最后决定将"形态学组"改名为"显微与亚显微形态科学分会"，并在会上指定由张致一先生与陈大元先生负责筹备召开改名后的第一次学术会议（"文化大革命"以后的第二次学术会议）。根据这次会议精神，中国动物学会第二次全国显微与亚显微形态科学学术讨论会暨成立大会于1981年9月22—28日在石家庄市举行，由河北医学院（现为河北医科大学）电镜室协办，在会上张致一先生代表中国动物学会宣布显微与亚显微形态科学分会成立，与会者选举中国科学院昆明动物研究所潘清华所长为主任委员，陈大元先生为秘书长，组成了34人的第一届委员会并推选出13名常务理事。分会自成立开始坚持每两年召开学术年会进行学术交流，对普及和推广电子显微镜新技术在生物学、医学与农学领域的研究和应用起到了重要作用。随着科学技术的发展和研究手段的更新，"显微与亚显微形态科学"的名称逐渐不能适应科学的发展，在2002年召开的第十一次学术研讨会上，经过会员讨论决定将分会名称改为细胞与分子显微技术学分会。

分会现有会员300余名，分会的宗旨是团结和促进全国从事科研、教学和临床的细胞与分子显微技术工作者，定期交流国内外最新的研究技术和研究成果，以推动我国分子显微技术领域整体研究水平的提高。

二、学术交流活动

分会原则上每两年召开一次学术年会进行学术交流，已召开21次学术研讨会（附表4-61），参会代表来自英国、美国、澳大利亚、日本和韩国等国家和全国各地的科研院所、高等院校、医院和公司。

附表 4-61　细胞与分子显微技术学分会举办的学术讨论会

会议名称	举办时间	地点	参会人数	主要承办单位
中国动物学会首届全国人体和动物组织与细胞超微结构学术讨论会	1979 年 10 月	浙江杭州	109	无
中国动物学会全国显微与亚显微形态科学学术研讨会暨成立大会	1981 年 9 月 22—28 日	河北石家庄	165	无
显微与亚显微形态科学会第三次学术讨论会	1983 年 7 月 2—7 日	云南昆明	78	无
显微与亚显微形态科学会第四次学术讨论会	1985 年 11 月 5—9 日	广西桂林	170	无
显微与亚显微形态科学会第五次学术讨论会	1987 年 9 月 17—23 日	安徽屯溪	201	无
显微与亚显微形态科学分会第六次学术讨论会	1990 年 10 月 26—31 日	湖南索溪峪	120	无
第七次显微与亚显微形态科学学术讨论会	1992 年 11 月 2—9 日	江苏扬州	78	无
第八次显微与亚显微形态科学学术讨论会	1995 年 11 月 17—24 日	云南景洪	77	无
显微与亚显微形态科学分会第九次全国学术讨论会	1997 年 11 月 14—18 日	福建邵武	41	无
第十次全国显微与亚显微形态科学及显微注射技术学术研讨会	2000 年 11 月 8—14 日	海南海口	70 多	无
显微与亚显微形态科学分会第十一次学术研讨会	2002 年 10 月 12—17 日	四川广元	71	四川广元市人民医院
细胞与分子显微技术学分会第十二次学术研讨会	2004 年 10 月 9—11 日	山东烟台	30 多	中国科学院动物研究所生殖生物学国家重点实验室、烟台毓璜顶医院
细胞与分子显微技术学分会第十三次学术研讨会	2006 年 11 月 5—8 日	海南三亚	30	无
细胞与分子显微技术学分会第十四次学术研讨会	2009 年 1 月 8—10 日	黑龙江哈尔滨	70 多	哈尔滨医科大学基础医学院、东北农业大学生命学院
第十五次全国细胞与分子显微技术学术研讨会	2010 年 10 月 21—24 日	广西桂林	86	无
细胞与分子显微技术学分会第十六次学术年会暨庆祝陈大元先生从事科研工作 55 周年学术研讨会	2012 年 10 月 11—14 日	安徽黄山	142	无
细胞与分子显微技术学分会第十七次学术研讨会	2014 年 10 月 16—18 日	江苏苏州	103	无
细胞与分子显微技术学分会第十八次学术研讨会	2016 年 10 月 12—15 日	江苏无锡	156	无
细胞与分子显微技术学分会第十九次学术研讨会	2018 年 9 月 18—21 日	宁夏银川	202	无
细胞与分子显微技术学分会第二十次学术研讨会	2021 年 10 月 18—21 日	山西大同	205	无
细胞与分子显微技术学分会第二十一次学术研讨会	2023 年 8 月 22—25 日	贵州贵阳	270	无

三、代表性学术成果

从 20 世纪 80 年代初到 90 年代初，分会会员获得了大量重要的显微与亚显微形态科学研究成果。从 90 年代中期开始，各种分子生物学与显微操作技术、激光共聚焦显微技术、激光共聚焦活细胞成像技术等深度融合，分会会员在受精机理和动物克隆研究方面取得了一系列重要成果，获得了卵母细胞纺锤体交换、生发泡置换及囊胚内细胞团交换的小鼠；2002 年 1 月成功获得中国首批成年体细胞克隆牛群体；通过显微操作四倍体补偿实验，在世界上首次证明了 iPS 细胞的全能性；揭示了母源因子 Tet3 蛋白参与受精后雄原核和核移植后类原核的主动去甲基化过程；证明了克隆囊胚滋养外胚层细胞的缺陷是克隆胚胎发育率低的关键原因；建立了小鼠孤雄单倍体胚胎干细胞并证明这些细胞能够替代精子并具有快速传递基因修饰的能力；揭示了 Tet 双加氧酶在哺乳动物表观遗传调控中的重要作用；通过建立微量细胞 ChIP—seq 技术，系统揭示了组蛋白修饰在早期胚胎发育中的重编程规律与调控机制；通过胚胎活检结合单细胞多组学分析，揭示了体细胞克隆胚胎发育的多种关键表观遗传障碍；利用单细胞和微量细胞高通量测序技术结合体细胞核移植胚胎发育潜能系统，揭示了体细胞核移植胚胎发育阻滞的重要表观遗传机制，发现组蛋白修饰异常和异常 DNA 再甲基化导致了克隆胚胎发育重要障碍；揭示了精、卵发生及受精后早期胚胎发育过程表观遗传重编程特征和代际传递规律；获得了世界首例体细胞克隆猴和高比例胚胎干细胞来源的嵌合体猴；首次在体外将食蟹猴囊胚培养至原肠运动阶段；发现并鉴定了红细胞免疫调控新亚群；建立了 APEX 介导的体内蛋白质捕获模型；阐释了母源环境变化引起卵母细胞质量下降的分子基础；证明了组蛋白乙酰化修饰异常是体细胞克隆胚胎发育的重要表观障碍，并发现转录因子 Dux 可以部分修复组蛋白乙酰化提高克隆胚胎发育率；发现 RNA 去甲基化酶 FTO 通过调控 LINE1 RNA 的 m^6A 修饰，参与 LINE1 以及附近基因的转录活性调控，并影响染色质开放与组蛋白修饰，从而调控胚胎干细胞的增殖分化与早期胚胎的正常发育；率先启动了全基因组标签计划并取得了一系列相关研究成果。

自分会成立以来，分会会员获得了大量优秀的科研成果，研究成果曾入选世界十大医学突破、中国科学十大进展和中国生命科学十大进展，学术论文已越来越多地发表在包括 *Cell*、*Nature* 和 *Science* 在内的国际一流刊物上，出版了《受精生物学》《生殖生物学》《哺乳动物生殖工程学》和《干细胞生物学》等专著，涌现了一大批优秀人才，获得国家杰出青年科学基金资助等多项国家自然科学基金委员会、国家科技部和中国科学院重大项目的资助，获得了国家自然科学奖二等奖、教育部自然科学奖一等奖等多项国家级和省部级科技奖励。

四、学会宣传、科学普及和科技咨询工作

宣传、科学普及和科技咨询工作是分会的基本任务，分会在开展学术会议交流时积极宣传细胞与分子显微技术领域相关成果，推动科学普及工作。出版了《克隆：生命科学的复印机》《生育革命：迎接试管婴儿新时代》等科普著作。

五、人才队伍建设

随着新技术的不断发展，分会从形态学组、显微与亚显微形态科学分会到现在的细胞与分子显微技术学分会，会员队伍不断发展壮大，既有教育部"长江学者"特聘教授和中国科学院"百人计划"入选人才，也有中组部"万人计划"领军人才和青年拔尖人才，学术水平不断提高，学术成果丰硕。细胞与分子显微技术学分会会员获得的称号和获得的中国动物学会奖项见附表 4-62 和附表 4-63。

附表 4-62　细胞与分子显微技术学分会会员获得的称号

主要人才称号	姓名	获奖时间
中国科学院院士	李劲松	2021 年当选
	高绍荣	2023 年当选
国家杰出青年科学基金	杨增明	1998 年
	孙青原	2002 年
	李劲松	2012 年
	高绍荣	2013 年
	孙　强	2018 年
	王　强	2020 年
	闫丽盈	2021 年
	石莉红	2022 年
国家优秀青年科学基金	康　岚	2014 年
	闫丽盈	2015 年
	孙少琛	2016 年
	熊　波	2018 年
	高亚威	2019 年
	王译萱	2020 年
	刘文强	2020 年
	乐融融	2021 年
中国科协青年人才托举工程	高亚威	2015 年
	陈嘉瑜	2018 年
	沙倩倩	2020 年
	戴兴兴	2022 年

附表 4-63　细胞与分子显微技术学分会会员获得的中国动物学会奖项

奖项	姓名	获奖时间或届次
中国动物学会青年科技奖	王震波	2017 年
	高亚威	2017 年
中国动物学会长隆奖成就奖	陈大元	第一届
中国动物学会长隆奖新星奖	闫丽盈	第二届
	王　强	第三届

很多分会会员在国内和国际的重要学术组织和学术期刊兼职，分会的前任主任委员和主任委员曾担任过中国动物学会的理事长和副理事长，目前分会成员兼任中国细胞生物学会副理事长、上海市细胞生物学会理事长、天津市血液与再生医学学会副理事长、江苏省动物学会副理事长、中华医学会医学细胞生物学分会青委会副主任委员等职，兼任 *Asian Journal of Andrology*、*Journal of Molecular Cell Biology*、*Cell Regeneration*、*Journal of Genetics and Genomics*、*Journal of Animal Science and Biotechnology*、*Frontiers in Cell and Developmental Biology*、*Reproductive and Developmental Medicine*、中华生殖与避孕杂志、细胞生物学报、生命的化学和遗传等学术期刊的主编、副主编、栏目主编、学术编辑和编委等职，在生命科学领域发挥着重要的学术带头作用。

六、分会历届负责人名单

第一届委员会（1981—1985 年）

主 任 委 员：潘清华

副主任委员：曾弥白　李文镇　王　平　王焕葆

秘 书 长：陈大元

第二届委员会（1985—1990 年）

主 任 委 员：王焕葆

副主任委员：陈大元　宋今丹　李宝仁　应国华

秘 书 长：陈大元（兼）

第三届委员会（1990—1995 年）

主 任 委 员：王焕葆

副主任委员：陈大元　王永潮　宋今丹　应国华

秘 书 长：陈大元（兼）

第四届委员会（1995—2002 年）

主 任 委 员：陈大元

副主任委员：王永潮　宋今丹　洪明理　刘　裕

秘 书 长：陈大元（兼）

第五届委员会（2002—2009 年）

名誉主任委员：陈大元

主 任 委 员：孙青原

副 主 任 委 员：杨增明　洪明理　何大澄

秘 书 长：孙青原（兼）

第六届委员会（2009—2014年）

名誉主任委员：陈大元

主 任 委 员：孙青原

副 主 任 委 员：杨增明　张贺秋　周作民　高绍荣　李光鹏　刘忠华

秘 书 长：韩之明

第七届委员会（2014—2018年）

名誉主任委员：孙青原

主 任 委 员：杨增明

副 主 任 委 员：张贺秋　周作民　李光鹏　刘忠华　高绍荣　李劲松　范衡宇

秘 书 长：韩之明

第八届委员会（2018—2023年）

名誉主任委员：杨增明

主 任 委 员：高绍荣

副 主 任 委 员：张贺秋　李光鹏　刘忠华　李劲松　范衡宇　张焕相　沈 伟

秘 书 长：韩之明

第九届委员会（2023—2027年）

名誉主任委员：杨增明

主 任 委 员：高绍荣

副 主 任 委 员：李劲松　刘忠华　范衡宇　沈 伟　闫丽盈

秘 书 长：韩之明

附录 5　中国动物学会工作组

中国动物学会人才工作组

中国动物学会于 1991 年根据中国科协下发的关于推荐院士候选人文件精神，经投票表决，成立了由陈阅增教授等 11 人组成的评审委员会，在各分会（专业委员会）和各地动物学会的大力协助下，较好地完成了 1991 年和 1993 年 2 次学部委员（院士）候选人的推荐工作。

为便于学会今后开展中国科学院、中国工程院院士候选人的推荐及青年科技奖的推荐和评选工作，1995 年 2 月 11—13 日在昆明市召开的中国动物学会第 13 届第 1 次常务理事会扩大会议上，决定成立两院院士及青年科技奖奖励推荐工作委员会，其主要任务是为每 2 年进行的两院院士增选活动和中国青年科技奖评选活动推荐候选人。2002 年，两院院士及青年科技奖推荐工作委员会名称改为两院院士及青年科技奖推荐工作小组。2019 年，两院院士及青年科技奖推荐工作小组名称改为人才工作组。

自 1991 年至今，中国动物学会推荐的刘瑞玉先生、孟安明教授分别于 1997 年、2003 年当选中国科学院院士，张福绥先生当选中国工程院院士。中国动物学会每次都推荐两院院士候选人。历届学会负责人、理事、会员中有陈宜瑜研究员、钦俊德研究员、施立明研究员、唐崇惕教授、翟中和教授、沈韫芬研究员、朱作言研究员、曹文宣研究员、刘以训研究员、宋大祥教授、张永莲研究员、郑守仪研究员、赵尔宓研究员、张亚平研究员、郑光美教授、桂建芳研究员、宋微波教授、周琪研究员、季维智研究员、魏辅文研究员、李劲松研究员、高绍荣教授等先后当选中国科学院院士，旭日干教授、马建章教授、林浩然教授、包振民教授、陈松林研究员当选中国工程院院士。

由中国动物学会推荐的南京中国人民解放军海军医学专科学校的徐兴根、东北农业大学的杨增明、中国科学院动物研究所王海滨、西北工业大学邱强先后获得中国青年科技奖。

2005 年，中国动物学会制定了《中国动物学会青年科技奖条例》和《中国动物学会青年科技奖实施细则》，并于 2005 年 5 月 24 日中国动物学会第 15 届理事会第 3 次常务理事会会议通过修订的该条例和实施细则。中国动物学会青年科技奖主要是面向中国动物学会分支机构和各省、自治区、直辖市动物学会广大青年科技工作者设置的奖项，旨在推荐一批进入国内和国际动物科学前沿的青年学术带头人，表彰奖励在国家经济发展、社会进步和科技创新中作出突出成就的动物学青年科技人才，同时为中国青年科技奖推荐候选人。此奖项每 2 年评选一次。截至 2021 年中国动物学会已评选 9 届中国动物学会青年科技奖，共有 54 名会员获此奖项。

2020 年，中国动物学会在广东长隆动植物保护基金会（后改为广东省长隆慈善基金会）的支持下，决定设立中国动物学会长隆奖，这也是充分发挥学会对动物学界人才激励作用的一项重要举措。

中国动物学会在广泛征求理事、省动物学会、中国动物学会分支机构和广大动物学科技工作者意见的情况下，决定设立中国动物学会长隆奖。学会秘书处起草了《中国动物学会长隆奖奖励办法（试行）草案》，广泛征求了学会理事、学会18个分会及各省动物学会对《中国动物学会长隆奖奖励办法（试行）》具体修改意见。

2020年9月2—10日召开了学会第十八届常务理事通讯会议，讨论并审议通过了《中国动物学会长隆奖奖励办法（试行）》。2020年10月启动了第一届中国动物学会长隆奖的推荐和评审工作，并组织专家进行了评审，评出20位获奖者。2021年5月25日在广东长隆野生动物园举办了首届"中国动物学会长隆奖"颁奖仪式，为20位获奖者颁发了奖牌和证书。

2021年11月启动了第二届中国动物学会长隆奖的推荐和评审工作，2022年11月启动了第三届中国动物学会长隆奖的推荐和评审工作，2023年11月启动了第四届中国动物学会长隆奖候选人推荐工作，并组织专家进行了评审，四届共评选出79名获奖者。

2023年4月10—12日在沈阳召开了中国动物学会第25届学术年会，在大会开幕式上，颁发了第二、第三届中国动物学会长隆奖。

中国科协2015年启动了青年人才托举工程项目，本会每年积极组织推荐和评审工作，每年推荐候选人，截至2023年中国动物学会推荐的17位青年人才获得该项目经费支持，促进了动物学青年人才的成长。

历届工作小组主任、副主任及委员名单

第一届（1995—1999年）

主　任：宋大祥

副主任：陈大元

委　员：马　勇　刘凌云　刘瑞玉　杜　森　宋大祥　张　洁　陈大元　陈宜瑜
　　　　陈阅增　杨安峰　郑光美　祝　诚　钱燕文　堵南山

第二届（1999—2004年）

主　任：陈大元

副主任：冯祚建

委　员：马　勇　马建章　王所安　冯祚建　刘凌云　刘瑞玉　杜　森　孙青原
　　　　宋大祥　张　洁　陈大元　陈宜瑜　郑光美　周曾铨　祝　诚　胡锦矗
　　　　段恩奎　钱燕文

第三届（2004—2009年）

主　任：陈宜瑜

副主任：张知彬　张亚平
委　员：马建章　王小明　王德华　冯祚建　朱作言　刘以训　刘瑞玉　许崇任
　　　　孙青原　孙儒泳　旭日干　宋大祥　陈宜瑜　沈韫芬　林浩然　张亚平
　　　　张知彬　张福绥　孟安明　郑守仪　郑光美　赵尔宓　段恩奎　唐崇惕
　　　　徐存拴　曹文宣　魏辅文

第四届（2009—2014 年）
主　任：陈宜瑜
副主任：刘以训　郑光美
委　员：陈宜瑜　唐崇惕　孙儒泳　曹文宣　刘瑞玉　朱作言　刘以训　赵尔宓
　　　　郑守仪　张亚平　郑光美　旭日干　张福绥　马建章　林浩然　孟安明
　　　　孙青原　王德华　许崇任　魏辅文

第五届（2014—2019 年）
主　任：孟安明
副主任：桂建芳
委　员：丁　平　马建章　王小明　王德华　计　翔　冯　江　吕　植　朱作言
　　　　刘以训　许崇任　孙青原　李保国　李新正　张正旺　张亚平　张知彬
　　　　张希武　张国范　陈启军　陈宜瑜　林浩然　杨增明　郑光美　郑守仪
　　　　孟安明　桂建芳　唐崇惕　徐存拴　黄　勋　曹文宣　彭贤锦

第六届（2019—2024 年）
主　任：孟安明
副主任：桂建芳　魏辅文
委　员：卜文俊　王德华　包振民　冯　江　朱作言　孙青原　杜卫国　李保国
　　　　杨　光　宋微波　张正旺　张知彬　陈广文　陈启军　陈宜瑜　季维智
　　　　周　琪　孟安明　桂建芳　索　勋　高绍荣　黄　勋　魏辅文

中国动物学会动物学名词审定工作组

　　统一科技名词术语是国家发展科学技术应必备的基础条件之一。早在 20 世纪三四十年代，我国动物学界老前辈在引进西方现代动物学知识以及教学和科研工作中就进行了名词和名称的拟定工作。50年代，中国科学院编译局组织国内著名动物学家开始编订动物学名词及动物名称，由科学出版社出版。
　　中国动物学会的动物学名词工作始于 1984 年。同年 7 月 26—28 日在北京潭柘寺召开的中国动物学会第 11 届理事会第 1 次常务理事会，决定成立由宋大祥任负责人的名词审定小组。1985 年 4 月，国务院批准成立了全国科学技术名词审定委员会。1986 年 8 月 6—9 日在北京召开的中国动物学会第 11 届第 2 次理事会，接受全国科学技术名词审定委员会的委托，成立动物学名词审定委员会。把中国动物学会名词审定小组改为动物学名词审定委员会，聘请郑作新、张致一、钱燕文为动物学名词审定委员会顾问，宋大祥为动物学名词审定委员会主任，周开亚和郑光美为副主任，扩大委员会组成人员从 17 名增补到 26 名。

在委员及国内许多专家的参与和支持下，共汇集了词条 7000 余条。1987 年 3 月召开第 1 次全体委员会会议进行了初审。1987 年至 1990 年分为无脊椎动物学专业审定组，脊椎动物学专业审定组，形态学、生态学及实验动物学审定组，对词条进行几次修改。1987 年 3 月召开第 1 次全体委员会会议进行初审。1987 年至 1990 年做了几次修改，1991 年寄送国内 68 位专家审查，并在 1991 年 11 月的中国动物学会第 12 届理事会上向理事们汇报和征求意见。1992 年全国科学技术名词审定委员会委托郑作新、陈阅增、李肇特、仝允栩和孙儒泳对第 3 稿进行复审，1993 年 1 月印出第 4 稿。1993 年 5 月，动物学名词审定委员会在京委员召开会议按专家复审意见逐条讨论，京外委员书面通信讨论后，形成第 5 稿。再经过与相关学科的协调，形成终审定稿的《动物学名词》。《动物学名词》（1996）经全国科学技术名词审定委员会审核批准后，1997 年由科学出版社出版。《动物学名词》（1996）的出版，对动物学教学和科研的发展以及国内外学术交流发挥了重要作用。

随着海峡两岸动物学界的学术交流不断加强，由于名词的差异所带来的问题也日益突显。有鉴于此，全国科学技术名词审定委员会、中国动物学会和台湾李国鼎科技发展基金会、台北市科学出版事业基金会有关负责人和专家经协商，确定在 2003 年启动海峡两岸动物学名词对照工作，为便于开展工作，成立了海峡两岸动物学名词工作委员会。委员会以河北大学生命科学学院宋大祥院士和台北市科学出版事业基金会董事长周延鑫分别为大陆和台湾地区方面的负责人。

根据筹备会议决议，台湾地区专家以全国科学技术名词审定委员会公布的《动物学名词》（1996）为蓝本，并参考有关资料整理出海峡两岸动物学名词对照初稿。2003 年 9 月 23—30 日，在北京市和南京市先后召开了海峡两岸动物学名词对照的第 1 次研讨会，共有大陆的 21 位专家和台湾地区的 8 位专家参加。会上先就对照本的收词、增词和词条审定的原则进行了讨论。与会专家分为动物生态学，动物组织学和胚胎学，普通动物学、动物分类学、无脊椎动物学和脊椎动物学 3 组进行逐条讨论。在各自组内，分别对两岸专家所提供的词条逐一进行对照，达成共识并予以统一。其中有些难以确定的部分词条，决定留由研讨下次再定。

会后一年间经分头对名词的整理和协商，于 2004 年 10 月 12—17 日在台北市召开了第 2 次研讨会。参加会议的有来自大陆的专家 12 人和台湾地区各科研单位和大学的专家和代表 50 余人。在北京和台北的两次研讨会上，两岸动物学家对两岸不一致的名词认真交换意见，本着尊重习惯、择优选择、求同存异的原则，使得一些名词得到了统一，对部分约定俗成的名词暂时各自保留，对一些学术上存在争议的名词进行了较深入的讨论。在第 2 次会议之后，经过半年多的后续工作，《海峡两岸动物学名词》于 2005 年 11 月由科学出版社出版。

科技名词审定工作是一项长期性的工作。随着科技进步和社会发展，科技名词总是在不断产生、成长、变化的。1997 年出的《动物学名词》（1996）有定名，无定义。随着科技的进步，特别是分子生物学技术的发展，动物学名词也有一些发展和变化，并有一些《动物学名词》（1996）出版后建立或遗漏的动物门类。中国动物学会第16届第6次理事扩大会讨论决定，接受全国科学技术名词审定委员会的委托，组建动物学名词审定工作组（负责动物学名词释义），主任周开亚，副主任郑光美、王德华，另有委员30名。2013年11月26日，动物学名词审定（释义）工作组在长沙召开了成立大会，就学科框架、编审小组分工、选词范围等展开了讨论，并达成以下共识：①在第一版学科框架的基础上，根据动物学的发展做一些微调，即将第一版的"普通动物学"分支改为"总论"，"动物分类学"分支改为"动物系统学"，其他分支不变；②关于选词：在第1版的基础上对一些遗漏进行增补，对一些定名不合适名词进行修订，对一些归属不合适的名词进行调整；③明确了各分支学科牵头人和负责人及分工。

历时8年，专家们完成了选定的动物学名词的加注释义及审定工作。2021年11月由科学出版社出版了《动物学名词》（第二版）。

动物学名词审定工作组历届委员会名单

第一届委员会（1985—1989年）

顾　问：郑作新、张致一　钱燕文

主　任：宋大祥

副主任：周开亚　郑光美

委　员：于豪建　王　平　史新柏　史瀛仙　冯宋明　冯祚建　朱　靖　刘瑞玉　齐钟彦
　　　　贠　莲　吴宝铃　吴淑卿　汪　松　沈孝宙　沈韫芬　张春生　陈清潮　周本湘
　　　　周庆强　郎　所　赵尔宓　堵南山　萧前柱

秘　书：贠　莲　冯祚建

第二届委员会（1989—1994年）

顾　问：郑作新　张致一　钱燕文

主　任：宋大祥

副主任：周开亚　郑光美

无脊椎动物学专业审定组：

　　组长：齐钟彦　宋大祥

　　组员：刘瑞玉　史新柏　贠　莲　沈韫芬　吴宝麟　吴淑卿　陈清潮　郎　所　杜南山

脊椎动物学专业审定组：

　　组长：郑光美　周开亚

　　委员：冯祚建　冯宋明　汪　松　周本湘　张春生　赵尔宓　萧前柱

形态、生态及实验动物学审定组：

　　组长：史瀛仙

　　委员：王　平　朱　靖　沈孝宙　周庆强

第三届委员会（1994—1999 年）

主　任：宋大祥

副主任：刘瑞玉

委　员：王所安　刘瑞玉　沈韫芬　宋大祥　郑光美　陈清潮　周开亚　曹文宣　堵南山
　　　　赵尔宓　冯祚建　马　勇　刘锡兴

第四届委员会（1999—2004 年）

主　任：宋大祥

副主任：刘瑞玉

委　员：王所安　刘瑞玉　沈韫芬　宋大祥　郑光美　陈清潮　周开亚　曹文宣　堵南山
　　　　赵尔宓　冯祚建　马　勇　刘锡兴

海峡两岸动物学名词对照工作组名单（2002—2005 年）

大 陆 召 集 人：宋大祥

委　　　　员：史新柏　冯祚建　朱作言　朱蔚彤　刘瑞玉　刘锡兴　杨　进　宋延龄
　　　　　　　张天荫　张知彬　陈清潮　周开亚　周庆强　程　红

秘　　　　书：张永文　高素婷

台湾地区召集人：周延鑫

委　　　　员：吕光洋　巫文隆　李培芬　余玉林　沈世傑　邵廣昭　卓逸民　周文豪
　　　　　　　施習德　趙大衞　盧重成　謝豐國　顧世红

第五届工作组（2004—2009 年）

主　任：宋大祥

副主任：刘瑞玉　周开亚　郑光美

委　员：王所安　刘瑞玉　沈韫芬　宋大祥　郑光美　陈清潮　周开亚　曹文宣　堵南山
　　　　赵尔宓　冯祚建　马　勇　刘锡兴

第六届工作组（2009—2014 年）

主　任：周开亚

副主任：郑光美　王德华

委　员：马　勇　王祖望　王德华　方永强　计　翔　史新柏　冯祚建　刘月英　刘瑞玉
　　　　刘锡兴　李保国　贠　莲　邱兆祉　余育和　宋延龄　宋微波　张天荫　陈清潮
　　　　林浩然　周开亚　周立志　郑光美　赵尔宓　费　梁　曹文宣　蒋志刚　韩贻仁
　　　　彭景梗　程　红　雷富民

第二版动物学名词审定委员会名单（2013—2021 年）

主　任：周开亚

副主任：郑光美　王德华

委　员：丁雪娟　王德华　刘升发　刘会莲　孙世春　孙红英　孙青原　许振祖　李绍文

　　　　李新正　吴小平　吴旭文　吴　岷　肖　宁　宋微波　邱兆祉　陈广文　张素萍

　　　　张路平　林　茂　类彦立　杨文川　杨仙玉　周开亚　周长发　郑光美　顾福康

　　　　龚　琳　彭景梗　程　红　谭景和　颜亨梅

秘　书：高素婷　张永文

中国动物学会科普工作组

科普工作是学会一个重要的职能和义务，中国动物学会积极响应国家的号召，根据学会的特点和会员的优势，积极开展动物学知识的科学普及，帮助青少年树立保护环境、爱护动物的理念。科普工作组成立后，借助举办培训班、科普讲座和全国科技周、科普日活动等各种机会，利用学会的专家资源，与相关的机构合作开展大量的科普宣传活动，得到了上级主管部门中国科学技术学会的多次表彰，产生了很好的社会效益和生态效益。

一、发展简史

中国动物学会科普组成立于 1978 年，由中国动物学会第 10 届理事会推选成立。科普工作委员会在中国动物学会理事会的领导下，在中国科协普及部和青少年部的指导下，积极开展动物科学的普及教育活动，提高民众正确认识和自觉保护动物的意识，为落实"科教兴国""美丽中国"和"生态文明建设"的战略作出贡献。

委员会第 1 次会议于 1981 年 1 月 11—14 日在北京友谊宾馆召开，有科普委员和特邀代表共 25 人参加。郑作新主持开幕式，经充分讨论提出了学会本年科普工作的要点和今后工作建议，并推选和完善了科普委员会组织。

1991 年，由中国动物学会科普工作委员会张洁主任牵头，联系中国生态学学会等兄弟学会向中国科协科普部提出举办全国中学生生物学竞赛的申请，通过与教育部相关部门及青年联合会等相关部门的联系和沟通，得到中国科协科普部的批准，获得全国中学生生物学竞赛的主办权。与中国植物学会联合成立了竞赛工作组织构架，1992 年 8 月在北京陈经纶中学举办了首届全国中学生生物学竞赛。

1995 年 8 月 30 日，科普委员会在中国科学院西北高原生物研究所召开，共有 15 位委员及特邀代表出席会议。青海省科协主席辛积善、印象初及学会工作部杨清云部长到会并讲话。张洁主任主持会议，介绍了新一届科普工作委员会人员组成、科普工作委员会几年来开展的全国中学生生物学竞赛活动、参加国际中学生生物学奥林匹克竞赛活动、全国生物百项活动开展情况，传达了中国科协关于学习贯彻《中共中央国务院关于加强科学技术普及工作的若干意见》并进行了热烈的讨论。

这次会议制订了学会科普工作的近期、中期和长期计划。

1999年11月29日至12月1日，在海南省海口市召开的中国动物学会第十四届常务理事扩大会议决定成立中学生生物学竞赛委员会并批准主任提名的委员名单。此后，科普工作委员会不再负责中学生生物学竞赛和国际生物学奥林匹克竞赛的工作。

学会于2001年组织召开科普工作组全体委员会议，2003年召开京区青少年工作座谈会。两次会议，使大家沟通了信息，交流了经验和体会，明确了努力方向，对学会科普工作向纵深发展起到了良好的推动作用。

二、主要工作及取得的成绩

多年来，科普工作委员会组织动员学会会员向报刊、广播、电视等媒体投送科普稿件，积极联系学会科技工作者参与并指导青少年开展科技活动，举办科普讲座（"显微受精与动物克隆""亚马逊热带雨林的动物""人类与生物多样性危机"等）、夏令营（三北地区生物夏令营、东灵山"发现"生物夏令营）、培训班（西北五省生物百项辅导员培训班）、科普展览（野生动物与人类健康），编印科普挂图《防治人畜共患寄生虫病》，并组织"五四科技传播日"、"大手拉小手"、科技活动周、爱鸟周等科普活动，激发广大民众、特别是青少年爱好动物、热爱大自然的热情。

1993年，委员会以我国西北地区珍稀濒危动物保护为主，在甘肃等地设立"保护大自然就是保护人类"宣传牌，并在当地庙会期间组织专家作了专题报告，参加了爱鸟周活动，主持并参加了全国中学生生物竞赛及我国参加第5届国际生物学奥赛的选拔和培训工作。

2000—2003年，科普工作委员会连续4年举办暑期中学生"发现之旅——大手拉小手科技传播行动"，在专家指导下，中学生撰写的科技小论文获得多项市、区级青少年科技创新大赛一、二、三等奖。组织专家为青少年和广大民众作科普报告10余场，听众数千人；学会还积极参加"大手拉小手科技传播行动"，与北京的多个中学合作开展活动，邀请专家到中学作科普报告、与学生座谈，在中学举办动物科普知识和科技期刊展览，组织学生参观动物标本馆和国家重点实验室，组织并辅导学生撰写科技论文。此外，委员会承担了中国科协西部科普工程项目"西部主要人畜共患病危害及预防科普宣传活动"，编制《猪囊虫病的发生与防治》和《棘球蚴病发生与防治》科普挂图各1套（每套2版）。2003—2004年，承担了中国科协科普专项经费资助项目"野生动物与人类健康（系列展板）"的设计和制作。展板的设计图文并茂、生动活泼，文字深入浅出、通俗易懂。通过展览，使人们懂得了如何科学、正确、文明地对待野生动物，了解了有关传染病的来源和危害性，掌控预防措施，树立文明观念。展览已在多地巡回展出，收到良好的社会效果。

2009年至今，在每届科普工作组的努力下，学会的科普工作有了新的发展。工作组与国家动物博物馆开展了密切合作，做了大量的科普工作，取得了明显成效。

每年的爱鸟周活动都有特色，除了场馆内的参观、讲座，工作组与国家动物博物馆还组织观鸟活动，利用中国科学院先进互联网技术的优势，在国家动物博物馆设立了青海湖迁飞鸟类远程监控视频播放，使观众身在北京就能了解千里之外青海湖鸟类的迁飞和繁殖情况。

2011年，学会科普工作组组织专家和技术人员开发"人与动物之关系"科普活动资源包，共有

2773 个单独页面，采用图画、Flash 动画和文字的形式，动静结合。制作完成的资源包在中国数字科技馆展出，供网上浏览者免费点击观看。

2011 年开始与中国科学院动物研究所联合组织和策划"全国自然类科普场馆（动物学）科普人员"系列培训班，每年 1 期，从 2017 年开始每 2 年举办 1 期，截至 2019 年举办了 8 期，共培训 768 名学员，已成为一个品牌活动，曾得到了国际基金会的全额经费资助。该活动也作为本学会党委、党建活动小组的党建活动，多次资助西部地区科普工作者参加培训。

2012 年开始与中国科学院动物研究所、国际动物学会等单位联合组织和策划"中国动物标大赛及参展作品展"活动，截至 2023 年已开展了 5 届。

2012 年参与组织和策划了"人类亲缘流动展"，该展览在国家动物博物馆展出 5 个月、北京动物园展出 3 个月、北京麋鹿苑展出 5 个月、浙江自然博物馆巡展 3 个月，依托"人类亲缘流动展"组织 8 期灵长类专家的科普讲座，整个展览受益人数接近 40 万人次。该展览还在进行后续的巡展。

2014 年，由中国动物学会科普工作组推荐，中国科学院动物研究所周琪研究员领导的团队将处于国际领先水平的"干细胞多能性调控机理与转化研究"成果参加"2014 年夏季科技展"活动。同时将研究组日常科研活动拍摄成宣传短片，展示给公众。他们还自行开发设计制作了克隆科普动画游戏和真实的小鼠胚胎发育过程模型等，这些展览、展示着实吸引了参观者的眼球。

2014 年 8 月开始，由中国动物学会哺乳动物科学知识传播专家团队首席专家、中国动物学会科普工作组主任黄乘明研究员负责，开始《熊猫壮壮历险记》《高原上的藏羚羊》两部科普剧的创作、编导、排练和录制，于 2015 年 11 月完成。

2014 年 8 月至 2015 年，中国动物学会鸟类多样性保护与生态文明科学传播团队的首席科学家、浙江自然博物馆副馆长陈水华教授组织科普专家，与中央电视台合作完成了纪录片《神话之鸟》的拍摄与录制工作，形成一部长达 3 集、每集半小时左右的纪录片，2015 年年底前在中央电视台科教频道播出，随后在浙江自然博物馆的影视播放厅播放。

2015 年 1 月，由鸟类多样性保护与生态文明科学传播专家团队在"《中国雁的国际旅行》实时在线互动平台"基础上，开发了"东亚水鸟与湿地科普实验室"平台。把《中国雁的国际旅行》实时在线平台中一些较专业和艰深的内容转换成少年儿童更容易理解的文字。开发与手机结合的候鸟辨识软件，结合实地的观鸟活动进行推广。与湖北省科技馆合作撰写了"候鸟与湿地"主题的教案。

2015 年 4 月 19 日，与中国科学院科学传播局、国家动物博物馆联合举办的"让梦想在天空中飞翔"摄影展在国家动物博物馆展出，该展在普及鸟类知识、传播爱鸟文化、宣传鸟类保护等方面产生了良好的社会影响。

2016 年，中国动物学会科普工作组组织专家申请北京市科委科普产品项目，组织专家开发了"北京的候鸟"系列科普课程及科普教师培训平台及产品，完成了四套以立体书为核心的课程包产品和为课程推广而建设的 PC 端和手机端教师培训平台。四套立体书的主要针对人群是在校青少年学生、对生态保护有兴趣的普通市民、在创新教育方面正在努力探索的学校教师。该项目被评为北京市科学技术委员会优秀项目。

多年来，科普工作组参与全国科技周、科普开放日宣传活动，并在活动中负责组织和专家咨询工作。

科普工作组的专家出版了许多优秀科普书籍，荣获很多的科普奖项，如孙悦华的《野生动物保护故事》获得了由国家林业局科学技术委员会和中国林学会联合颁发的梁希科普奖二等奖。黄乘明等翻译的《希望——拯救濒危动植物的故事》获得"第七届文津图书"优秀奖、第六届"吴大猷优秀科普著作"银签奖、第二届"中国科普作家协会优秀科普作品奖"，入选 2013 年科技部推荐的全国五十部优秀科普图书。《喀斯特石山精灵——白头叶猴考察录》获得江苏省优秀科普著作奖一等奖，入选 2013 年科技部推荐的全国五十部优秀科普图书。2016 年，中国动物学会组织专家编写的《假如我是一只蚂蚁》被评为北京市科学技术委员会优秀项目。

三、历届主任、副主任及委员名单

第一届（1978—1984 年）

主　任：郑作新

副主任：许维枢　张　洁

委　员：周本湘　严绍颐　李扬文　汪　松　高　庄　李振营　甘声芸　刘　恕　陈大文　张中慧　负　莲　宋方仪　阚兴国　杨　岚

第二届（1984—1989 年）

主　任：马　勇

副主任：卿建华

委　员（按姓氏笔画排序）：

王增年　宋盛宪　张富春　陈笑一　赵桂芝　高　庄　高中信　贾相刚　楼锡祜　廖国新

第三届（1989—1994 年）

主　任：张　洁

副主任：王申裕　许维枢

委　员（按姓氏笔画排序）：

马　勇　王永良　刘维新　朱博平　陆健健　施伯昌　赵欣如　曾中平　雷吉昌

第四届（1994—1999 年）

主　任：张　洁

副主任：陈瑞田　赖　伟　赵欣如

委　员（按姓氏笔画排序）：

孙悦华　刘恩山　刘自民　张春生　张　洁　张国祺　沈猷慧　杨思谅　何光昕

陈　卫　陈瑞田　赵欣如　崔桂华　徐延恭　曹　焯　曹玉萍　赖　伟

第五届（1999—2004 年）

主　任：徐延恭

副主任：段瑞华　刘元珉　陈　卫　孟智斌

委　员（按拼音排序）：

曹文宣　陈　军　陈　炜　陈　卫　曹玉萍　崔桂华　段嘉树　段瑞华　侯韵秋
孟智斌　李富花　李鸿春　李　晶　李　敏　李湘涛　刘元珉　罗　彤　孙悦华
王　红　翁幼竹　伍玉明　徐亚君　徐延恭　薛钦昭　杨思谅　张国祺　张金国
张雁云　张永文　周又红

第六届（2004—2009 年）

主　任：冯祚建

副主任：王小明　段瑞华　颜忠诚

委　员（按姓氏笔画排序）：

王　红　伍玉明　刘元珉　孙悦华　李富花　李鸿春　李　敏　李　晶　李湘涛
杨思谅　张金国　张国祺　张雁云　陈　卫　陈　军　陈　炜　罗　彤　周又红
孟智斌　侯韵秋　段瑞华　段嘉树　徐亚君　徐延恭　翁幼竹　曹文宣　曹玉萍
崔桂华　薛钦昭

第七届（2009—2014 年）

主　任：黄乘明

副主任：段瑞华　孙悦华

委　员（按姓氏笔画排序）：

马　浏　王小明　王民中　冯祚建　刘元珉　许崇任　孙悦华　李鸿春　李富花
李湘涛　宋微波　张　平　张　欢　张永文　张劲硕　张志明　张林源　张金国
张雁云　陈　卫　陈　军　周又红　孟智斌　段瑞华　郭立新　黄乘明　曹玉萍

第八届（2014—2019 年）

主　任：张正旺

副主任：王小明　孙悦华

委　员（按姓氏笔画排序）：

马　鸣　万冬梅　王小明　王凤琴　计　翔　尹　峰　史海涛　付建平　孙　忻
孙悦华　李　伟　李湘涛　李新正　张正旺　张永文　张志明　张劲硕　张明海
张金国　张维赟　陈水华　杨晓君　周又红　周立志　岳碧松　孟智斌　胡玺丹

段　旭　段瑞华　郭　耕　黄乘明　曹　垒　彭贤锦　廖晓东

第九届（2019—2024 年）

主　任：张正旺

副主任：王小明　张劲硕　孙　忻

委　员（按姓氏笔画排序）：

马　鸣　万冬梅　王　放　王小明　王凤琴　尹　峰　冉江洪　白加德　朱　磊

刘　阳　刘　峰　江建平　孙　忻　孙永华　孙悦华　杜　苗　李天达　李保国

李彬彬　李湘涛　李新正　邹红菲　宋大昭　陈炳耀　张　亚　张正旺　张永文

张劲硕　张树苗　陈水华　杨晓君　周　娜　周立志　郑　钰　胡玺丹　段　煦

郭　耕　黄　勋　黄乘明　梁　伟　彭贤锦　韩之明　董贵信　曾　岩　廖晓东

中国动物学会中学生生物学竞赛工作组

中学生生物学奥林匹克竞赛最早起源于东欧，20 世纪 90 年代初发展成为一项中学生国际生物学奥林匹克竞赛（简称 IBO），随着有亚洲、美洲及大洋洲等更多国家和地区的参与，国际生物学奥林匹克竞赛已经成为在国际上有较大影响的学科竞赛。

1991 年，由中国动物学会向中国科协申请，1992 年获得国家教委、中国科协同意开展全国中学生生物学竞赛。中国科协负责组织由中国动物学会和中国植物学会专家组成的全国中学生生物竞赛委员会，两学会各推荐五名学科专家组成全国中学生生物学竞赛委员会，该委员会作为中国科协五学科竞赛管理下的成员，委员会的主任和副主任由中国科协青少年科普活动中心聘任。首任主任为高信增教授，副主任为张洁研究员。在学会成立中学生生物学竞赛工作委员会之前，中学生生物学竞赛的组织工作由学会科普工作委员会负责。

1992 年 8 月 15—19 日，在北京陈经纶中学举办了首届全国中学生生物学竞赛，来自福建、江苏、四川、湖北、湖南、江西、黑龙江、山东、辽宁、河北、北京、上海、西藏 13 个省、自治区、直辖市的 14 支代表队 42 位选手参加了竞赛。2004 年，参加全国中学生生物学竞赛的省、自治区、直辖市已增加到 29 个，2009 年参加的省、自治区、直辖市已增加到 30 个，2013 年到 2023 年一直保持在 29 个省、自治区、直辖市参加。截至 2023 年，共举办了 32 届全国中学生生物学竞赛（附表 5-1），在全国的影响力越来越大。

为了加强学会中学生生物学竞赛的组织和管理工作，1999 年 11 月 29 日至 12 月 1 日在海南海口市召开的学会第十四届常务理事扩大会议上，决定将中学生生物学竞赛工作从科普委员会的工作中独立出来，单独成立中学生生物学竞赛工作组并任命主任。会后由主任提名副主任及其他 3 位委员，2000 年在京常务理事会上批准通过。中学生生物学竞赛工作组负责 2000 年以后单数年的全国中学生生物学联赛的组织工作和单数年的全国中学生生物学竞赛的组织工作。

1993 年，我国派队参加第四届国际生物学奥林匹克竞赛并取得了 1 金 3 银的优异成绩。此后，我国每年组织全国的中学生生物学竞赛并在此基础上选拔和组织代表队参加国际生物学奥林匹克竞赛（2022 年由于新冠疫情未派团赴亚美尼亚参赛）。

从 2000 年开始，每年 5 月第二周的周日上午组织全国中学生生物学联赛（附表 5-2）。

值得一提的是，北京师范大学生物系（现为生命科学学院）、北京大学生物系（现为生命科学学院）、首都师范大学生命科学学院、北京农业大学生物学院、清华大学生物与技术系（现为生命科学学院）、中国科学院动物研究所、中国林业大学等单位及教师和科技工作者在历届中学生生物学竞赛中给予了大力支持和帮助。

中国动物学会中学生生物学竞赛工作组的组长同时担任全国中学生生物学竞赛委员会主任的工作。自工作组成立以来，协同竞赛委员会共同完成了以下主要工作。

（1）成立了全国中学生生物学竞赛委员会，并以中国动物学会竞赛工作组的成员为骨干，形成了生物学竞赛工作的专家工作团队。

（2）协助各省组建了生物学竞赛委员会，共同组织开展全国生物学竞赛的工作。

（3）组织调研和收集竞赛工作运行的状况，发现问题及时调整，特别是在命题队伍建设、命题规范和要求、全国中学生生物学联赛试卷管理、竞赛活动规范等方面不断健全管理规定，在保障竞赛客观公正、提高竞赛学术质量方面不断进步。

（4）修改和完善了竞赛规则和章程，使每次周期长达近 16 个月的竞赛有条不紊、有章可依。在加强试题保密方面有了新的提升，得到了广大选手和教练的认可。

（5）根据国际生物学奥赛的发展和变化，及时调整全国生物学竞赛的命题思路、考试形式和内容要求，使竞赛工作能够与时俱进、不断发展，推进中学教学水平的提高并提高了人才培养的效率。

附表 5-1　1992—2023 年全国中学生生物学竞赛参赛情况

举办时间	届次	举办单位	参赛省数	参赛人数	参加实验人数	一等奖	二等奖	三等奖
1992	第一届	北京陈经伦中学	13	42	42	6	10	14
1993	第二届	唐山一中	14	45	45	5	9	14
1994	第三届	大庆四中	21	66	66	7	20	22
1995	第四届	大庆实验中学	19	60	60	6	18	20
1996	第五届	福建师大附中	24	74	74	8	23	22
1997	第六届	长沙一中	21	66	66	7	20	22
1998	第七届	上海市卢湾中学	22	69	69	7	21	23
1999	第八届	山东省实验中学	23	72	72	8	22	42
2000	第九届	武汉市第二中学	25	78	78	16	23	39
2001	第十届	陕西师大附中	26	81	81	17	24	40
2002	第十一届	山东师大附中	27	84	84	17	25	42
2003	第十二届	成都七中	28	87	87	18	26	43

续表

举办时间	届次	举办单位	参赛省数	参赛人数	参加实验人数	一等奖	二等奖	三等奖
2004	第十三届	厦门一中	29	90	90	18	27	45
2005	第十四届	江苏省梁丰高级中学	29	90	90	18	27	45
2006	第十五届	杭州市第十四中学	29	89	89	18	27	44
2007	第十六届	河南省实验中学	29	90	90	18	27	45
2008	第十七届	山东青岛二中	29	120	120	24	36	60
2009	第十八届	西安交通大学附属中学	30	124	124	25	37	62
2010	第十九届	武汉市第二中学	29	120	120	24	30	60
2011	第二十届	四川省绵阳中学	30	124	124	25	38	61
2012	第二十一届	安徽马鞍山市二中	30	124	124	38	38	48
2013	第二十二届	山东省历城二中	29	239	112	50	72	96
2014	第二十三届	华中师大第一附属中学	29	240	112	50	72	96
2015	第二十四届	江西省鹰潭市第一中学	29	238	238	72	72	92
2016	第二十五届	四川省绵阳中学	29	240	240	73	71	93
2017	第二十六届	河南郑州外国语学校	29	240	240	72	72	94
2018	第二十七届	湖南长沙一中	29	240	240	72	72	96
2019	第二十八届	河北衡水中学	29	240	240	72	72	96
2020	第二十九届	重庆巴蜀中学	29	240	240	72	72	95
2021	第三十届	浙江萧山中学	29	399	240	100	140	157
2022	第三十一届	山西大学附属中学	27	380	240	100	140	140
2023	第三十二届	中国人民大学附属中学、北京学校	29	555	240	150	240	165
合计				5046	1208	1626	2057	94

附表 5-2　2000—2023 年全国中学生生物学联赛各省学生参赛情况

举办时间	参赛省数	参赛人数	一等奖	二等奖	三等奖	获奖总人数
2000	25	76535	506	1999	2549	5054
2001	26	108232	577	2386	3385	6348
2002	27	86194	513	2320	2913	5746
2003	28	101882	530	2343	3031	5904
2004	29	12143	572	2637	3340	6549
2005	29	135059	569	2969	4275	7813
2006	29	12891	575	2661	3542	6778
2007	29	123215	642	2796	3403	6841

举办时间	参赛省数	参赛人数	一等奖	二等奖	三等奖	获奖总人数
2008	29	116262	640	2730	5311	8681
2009	30	118736	670	2789	5450	8909
2010	29	84217	676	2900	5800	9376
2011	30	68389	684	2868	5597	9149
2012	30	68880	693	2960	5880	9533
2013	29	61215	765	2863	5703	9331
2014	29	59892	818	2867	5735	9420
2015	29	62124	980	5632	8500	15112
2016	29	65840	1015	5598	8396	15009
2017	29	84190	1450	5700	8550	15700
2018	29	86664	1473	5680	8520	15673
2019	29	57727	1476	5590	8385	15451
2020	29	41082	1293	4308	7309	12910
2021	29	43463	1528	5521	8281	15330
2022	27	37558	1621	5078	7668	14367
2023	29	43003	2347	5501	8251	16099
合计		1755393	21514	88696	139774	236716

我国历届参加国际生物学奥林匹克竞赛学生及获奖情况

第 4 届国际生物奥林匹克竞赛（1993 年，荷兰）

刘岳毅	女（金牌）	北京二中
高　璐	女（银牌）	河北唐山一中
徐　兴	男（银牌）	北京大学附中
欧阳晓光	男（银牌）	福建师大附中

第 5 届国际生物奥林匹克竞赛（1994 年，保加利亚）

王晓婷	女（金牌）	北京一〇一中学
赵革新	男（银牌）	大庆四中
郑春阳	男（银牌）	河北唐山一中
周　雁	男（铜牌）	上海华东师大二附中

第 6 届国际生物奥林匹克竞赛（1995 年，泰国）

王海波	男（金牌）	黑龙江大庆实验中学

薛华丹　　　女（金牌）　　　　　　　北京师范大学二附中
林　甦　　　男（银牌）　　　　　　　福建师大附中

第 7 届国际生物奥林匹克竞赛（1996 年，乌克兰）
张　弩　　　男（金牌）　　　　　　　清华大学附中
任瑞漪　　　女（银牌）　　　　　　　湖南长沙一中
佘星宇　　　男（银牌）　　　　　　　湖南长沙一中
张　翔　　　男（银牌）　　　　　　　山东省实验中学

第 8 届国际生物奥林匹克竞赛（1997 年，土库曼斯坦）
杨祥宇　　　男（金牌）　　　　　　　清华大学附中
夏　凡　　　男（金牌）　　　　　　　湖南师大附中
徐承远　　　男（金牌）　　　　　　　上海华东师大二附中
范　捷　　　男（银牌）　　　　　　　福建师大附中

第 9 届国际生物奥林匹克竞赛（1998 年，德国）
郭　婧　　　女（金牌，第 1 名）　　　湖南师大附中
凌　晨　　　男（金牌）　　　　　　　华中师大二附中
江健森　　　男（金牌）　　　　　　　福建永定一中
魏迪明　　　男（银牌）　　　　　　　湖南长沙一中

第 10 届国际生物奥林匹克竞赛（1999 年，瑞典）
彭晓聿　　　女（金牌，第 1 名）　　　湖南长沙长郡中学
张焱明　　　男（金牌）　　　　　　　哈尔滨三中
刘沁颖　　　女（金牌）　　　　　　　福建师大附中
颜　毅　　　男（银牌）　　　　　　　湖南长沙一中

第 11 届国际生物奥林匹克竞赛（2000 年，土耳其）
王　旭　　　男（金牌，第 1 名）　　　山东省实验中学
宋臻涛　　　男（金牌）　　　　　　　长沙一中
叶江滨　　　男（银牌）　　　　　　　陕西师大附中
徐良亮　　　男（银牌）　　　　　　　湖南师大附中

第 12 届国际生物奥林匹克竞赛（2001 年，比利时）
童　一　　　女（金牌）　　　　　　　成都七中

廖雅静	女（金牌）	长沙一中
卢　力	男（金牌）	湖南师大附中
吴　薇	女（银牌）	福建厦门一中

第 13 届国际生物奥林匹克竞赛（2002 年，拉脱维亚）

陈　栩	女（金牌，第 1 名）	福建师大附中
傅宏宇	男（金牌）	成都七中
凌　晨	男（金牌）	长沙一中
孙　路	男（银牌）	陕西师大附中

第 14 届国际生物奥林匹克竞赛（2003 年，白俄罗斯）

黄　璞	男（金牌，第 2 名）	湖南长郡中学
郭琴溪	女（金牌）	山东师大附中
孟琳燕	女（金牌）	浙江杭州十四中学
谭　昊	男（银牌）	福建师大附中

第 15 届国际生物奥林匹克竞赛（2004 年，澳大利亚）

周　腾	男（金牌）	福建莆田一中
杨露菡	女（金牌）	四川成都七中
李晶晶	女（银牌）	安徽合肥一中
张洪康	男（银牌）	湖南师大附中

第 16 届国际生物奥林匹克竞赛（2005 年，中国北京）

周　舟	男（金牌）	武汉二中
王　澜	女（金牌）	杭州二中
叶倩倩	女（金牌）	浙江金华一中
于静怡	女（金牌）	山东省实验中学

第 17 届国际生物奥林匹克竞赛（2006 年，阿根廷）

刘　潇	女（金牌，第 2 名）	四川成都七中
彭　艺	女（金牌，第 3 名）	湖南长沙一中
欧　洋	女（金牌，第 15 名）	江苏省张家港梁丰高级中学
胡子诚	男（金牌，第 16 名）	浙江省绍兴市一中

第18届国际生物奥林匹克竞赛（2007年，加拿大多伦多）

朱军豪　　男（金牌，第3名）　　湖南省长沙师大附中

林济民　　女（金牌）　　　　　　浙江省杭州第14中学

周　謇　　男（金牌）　　　　　　安徽省合肥市第一中学

冉　晨　　男（金牌）　　　　　　山东省青岛市第二中学

第19届国际生物奥林匹克竞赛（2008年，印度孟买）

董雅韵　　女（金牌，第2名）　　四川成都七中

鲁昊骋　　男（金牌，第13名）　江苏省木渎高级中学

杨纪元　　女（银牌，第34名）　河南省实验中学

井　淼　　男（银牌，第41名）　山东师范大学附属中学

第20届国际生物奥林匹克竞赛（2009年，日本筑波）

郝思杨　　女（金牌，第5名）　　辽宁省辽宁实验中学

李争达　　男（金牌，第10名）　河南省郑州一中

张宸瑀　　男（金牌，第12名）　湖北省武汉二中

黄　榕　　女（金牌，第15名）　山东省青岛市第二中学

第21届国际生物奥林匹克竞赛（2010年，韩国昌原）

慕　童　　男（金牌，第1名）　　河南省郑州市第一中学

赵俊峰　　男（金牌，第12名）　山东省济南市历城第二中学

谭索成　　男（金牌，第23名）　湖南师范大学附属中学

樊　帆　　男（银牌，第32名）　西安交通大学附属中学

第22届国际生物奥林匹克竞赛（2011年，中国台北）

张子栋　　男（金牌）　　　　　　湖南长沙雅礼中学

逍　遥　　女（金牌）　　　　　　湖北武汉武钢三中

吴柯蒙　　男（金牌）　　　　　　河南郑州一中

杨　津　　男（银牌）　　　　　　南京师范大学附中

第23届国际生物奥林匹克竞赛（2012年，新加坡南洋理工大学）

张益豪　　男（金牌，第15名）　四川省绵阳中学

李安然　　女（金牌，第16名）　浙江省温州中学

董　傲　　男（金牌，第25名）　河北省衡水中学

何帅欣　　女（银牌，第28名）　湖南省长郡中学

第 24 届国际生物奥林匹克竞赛（2013 年，瑞士伯尔尼大学）

黄 琪	男（金牌）	温州中学
周子青	女（银牌）	湖南省长沙市长郡中学
高士洪	男（银牌）	四川省绵阳中学
李广明	男（银牌）	河北衡水中学

第 25 届国际生物奥林匹克竞赛（2014 年，印度尼西亚巴厘岛）

王玉璞	男（金牌，第 15 名）	河南省郑州一中
王大元	男（金牌，第 20 名）	河北省石家庄二中
朱洪贤	男（金牌，第 22 名）	四川省绵阳中学
刘立洋	男（银牌，第 57 名）	湖北省华中师范大学附属中学

第 26 届国际生物奥林匹克竞赛（2015 年，丹麦奥胡斯）

张思睿	男（金牌，第 3 名）	天津一中
陈展鸿	男（金牌，第 6 名）	长沙一中
孙 楚	男（金牌，第 13 名）	山东历城二中
张一帆	男（金牌，第 19 名）	石家庄二中

第 27 届国际生物奥林匹克竞赛（2016 年，越南河内）

王远卓	男（金牌，第 2 名）	河南省郑州外国语学校
茅傲岳	男（金牌，第 6 名）	四川省成都市第七中学
周华瑞	男（金牌，第 17 名）	湖北省华中师范大学附属第一中学
魏泽林	男（金牌，第 23 名）	湖南省长沙市第一中学

第 28 届国际生物奥林匹克竞赛（2017 年，英国考文垂）

周皓宇	男（金牌，第 1 名）	安徽安庆一中
王梓豪	男（金牌，第 4 名）	浙江省杭州第二中学
付嘉乐	男（金牌，第 8 名）	山东省临沂第一中学
郑逸飞	男（银牌，第 20 名）	郑州市第一中学

第 29 届国际生物奥林匹克竞赛（2018 年，伊朗德黑兰）

姚昱臣	男（金牌，第 2 名）	浙江省镇海中学
杨雨翔	男（金牌，第 6 名）	郑州外国语学校
刘商鉴	男（金牌，第 12 名）	湖南省长沙一中
王玄之	男（银牌，第 13 名）	四川省绵阳中学

第 30 届国际生物奥林匹克竞赛（2019 年，匈牙利塞格德）

彭凌峰	男（金牌，第 1 名）	湖南师大附中
唐皓轩	男（金牌，第 2 名）	成都市第七中学
孟 昱	男（金牌，第 6 名）	郑州外国语学校
黄亦远	男（金牌，第 7 名）	长沙市雅礼中学

第 31 届国际生物奥林匹克竞赛线上挑战赛（2020 年，日本）

邵承骏	男（金牌，理论最优）	浙江省杭州市萧山中学
姚 前	男（金牌，理论最优）	浙江省杭州市第二中学
徐润田	男（金牌）	山东省济南市历城第二中学
贾宏哲	男（银牌）	四川省成都市石室中学

第 32 届国际生物奥林匹克竞赛线上挑战赛（2021 年，葡萄牙）

陈建宇	男（金牌）	河北省衡水第一中学
韩昊洋	男（金牌）	山东省东营市胜利第一中学
莫滨瑞	男（金牌）	四川省成都市第七中学
张代健	男（金牌）	重庆市巴蜀中学

第 33 届国际生物奥林匹克竞赛（2022 年，亚美尼亚，由于新冠疫情未参赛）

第 34 届国际生物奥林匹克竞赛（2023 年，阿联酋阿莱茵）

毛上卿	男（金牌，第 2 名）	郑州外国语学校
廖一岩	男（金牌，第 3 名）	济南市历城第二中学
赵语涵	女（金牌，第 8 名）	成都第七中学
刘童杭	男（银牌，第 31 名）	余杭高级中学

第 35 届国际生物学奥林匹克竞赛（2024 年，哈萨克斯坦阿斯塔纳）

王培昱	男（金牌，第 1 名）	衡水中学实验学校
李鹏博	男（金牌，第 2 名）	中国人民大学附属中学
余思墨	女（金牌，第 5 名）	西安高新第一中学
税国轩	男（金牌，第 7 名）	重庆巴蜀中学

历届工作组主任、副主任及委员名单

第一届中学生生物学竞赛工作委员会（2000—2004 年）

主　任：刘恩山

副主任：张　洁

委　员：方　瑾　毕晓白　程　红

第二届中学生生物学竞赛工作委员会（2004—2009 年）

主　任：刘恩山

副主任：魏辅文

委　员（按姓氏笔画排序）：

　　　　刘家熙　刘恩山　毕晓白　陈　星　宛新荣　张贵友　张雁云　程　红　魏辅文

第三届中学生生物学竞赛工作委员会（2009—2014 年）

主　任：刘恩山

副主任：魏辅文

委　员（按姓氏笔画排序）：

　　　　王　健　刘　宁　刘家熙　刘恩山　毕晓白　佟向军　张永文　张荣庆　张雁云

　　　　邵小明　孟秀祥　宛新荣　魏辅文

第四届中学生生物学竞赛工作委员会（2014—2019 年）

主　任：魏辅文

副主任：刘恩山　张荣庆　张雁云

委　员（按姓氏笔画排序）：

　　　　王　健　刘　宁　刘恩山　刘家熙　李雅轩　张　立　张永文　张荣庆　张贵友

　　　　张雁云　邵小明　宛新荣　谢莉萍　戴俊彪　魏辅文

第五届中学生生物学竞赛工作委员会（2019—2024 年）

主　任：魏辅文

副主任：刘恩山　张荣庆　张雁云　刘栋

委　员（按姓氏笔画排序）：

　　　　王　健　刘　宁　刘　栋　刘恩山　刘家熙　杜卫国　张　立　张永文　张荣庆

　　　　张贵友　张淑萍　张雁云　陈柱成　邵小明　宛新荣　胡义波　谢莉萍　魏辅文

中国动物学会动物学史工作组

　　1999 年 11 月中国动物学会召开第十四届常务理事扩大会议，经理事会讨论并通过正式成立中国动物学会动物学史工作委员会。动物学史工作委员会的目的是团结本学会的动物学史工作者积累动物学发展史料、推动学术研究和交流、促进动物学史研究的繁荣和发展。动物学史是动物学和历史学结合的一门学科，汲取历史科学的研究方法和经验，研究动物学的历史发展，其基本任务是组建史料资源库并研究具有历史影响的著作、事件和任务，揭示动物学历史发展的规律。工作委员会成立后，于2001年9月7日在北京中国科学院动物研究所召开了第1次工作会议，会议由钱燕文主持，赵铁桥、许维枢、郭郛、张荣祖、钱燕文、赵尔宓、马逸清、冯祚建、魏辅文、张永文等出席会议。马逸清研究员报告了委员会筹备经过和1年来的活动，并对今后的活动提出了建议。经过讨论形成建议，今后积极筹集经费，组织通讯简报，条件成熟时与兄弟学会联合或者单独举办学术研讨会，加强与国际同行的联系，并推举马逸清、胡锦矗、赵铁桥为联络员。于2001年12月15日印发了《动物学史研究》通讯（第1期）。通讯委员由钱燕文、胡锦矗、赵尔宓、马逸清、赵铁桥、贾竞波（常务）组成。2006年11月27日，中国动物学史工作组出版了第1期简讯。

2002年，动物学史工作委员会更名为动物学史工作组。

通过各届工作组成员及会员的积极努力，由动物学史工作组的专家郭郛、钱燕文、马建章主编的《中国动物学发展史》于2004年7月正式出版。2004年8月23—27日，国际动物学大会在北京召开，同期于27日在北京召开中国动物学会第十五届会员代表大会，该书作为大会献礼，并作为会议资料发给与会会员代表。该书较为详尽地介绍了动物学发展概况、古代动物学史，以及兽类学、鸟类学、昆虫学、动物生理生化等发展史。

2006年10月27日，动物学史工作组召开座谈会，郑光美、马逸清、胡锦矗、盛和林、王祖望、樊乃昌、钟文勤、计翔、马勇、郑昌琳、刘季科、高中信、刘乃发等出席会议，会议由王祖望主持。工作组从成立至2006年，已经成立了科学史专门组织，并推动了各分会成立动物学史小组，如鸟类学分会、兽类学分会、两栖爬行学分会推荐了有关专家，组建相应分支学科的学科史小组。这些以学科分支为单位建立的学科史小组，为后期《中国动物学学科史》的撰写储备了专家队伍。

2006年7月，中国动物学会鸟类学分会鸟类学史编写组召开会议，参加会议的有郑光美、高玮、王岐山、马逸清、宋榆均、刘伯文、马鸣、李来兴等教授，会上就《中国鸟类学史》的编写进行了交流，并召开了编写工作会议，确定了鸟类学史的编写框架。这为《中国动物学学科史》的编写提供了素材。

2015年，组织专家编研《中国动物学学科史》，2022年11月由中国科学技术出版社出版。

经过多年的发展和努力，本工作组积累了丰富的经验，并组建了一支实力雄厚的领导和专家队伍。

历届工作组主任、副主任及委员名单

第一届（1999—2004年）

主　任：马逸清

副主任：胡锦矗　赵铁桥

委　员（按姓氏笔画排序）：

马逸清　冯祚建　朱成尧　汪子春　许维枢　周开亚　郭　郛　赵尔宓

赵铁桥　胡锦矗　钟文勤　钱燕文

2001 年增补：马　勇　王子仁　王福麟　刘元玟　刘丙万　吴家炎　张永文

　　　　　　张荣祖　周国正　贾竞波　魏辅文

第二届（2004—2009 年）

主　任：王祖望

副主任：马逸清　胡锦矗

委　员（按姓氏笔画排序）：

　　　　万玉玲　马　勇　马逸清　王子仁　王祖望　王福麟　冯祚建　朱成尧

　　　　刘乃发　刘丙万　许维枢　李枢强　吴家炎　汪子春　张永文　张荣祖

　　　　赵尔宓　赵铁桥　周开亚　周国正　胡锦矗　钟文勤　郭　郛　贾志云

　　　　贾竞波　潘星光　钱燕文　魏辅文

第三届（2009—2014 年）

主　任：王祖望

副主任：许木启　张春光

委　员（按姓氏笔画排序）：

　　　　万玉玲　马逸清　王祖望　计　翔　文榕生　卢汰春　冯祚建　许木启

　　　　刘月英　负　莲　杨思谅　杨德渐　何新桥　沈孝宙　张世义　张永文

　　　　张春光　张荣祖　武云飞　胡宗刚　胡锦矗　费　梁　盛和林　黄永昭

　　　　黄祥飞　商秀清　童墉昌

第四届（2014—2019 年）

主　任：王德华

副主任：张正旺　计　翔

委　员（按姓氏笔画排序）：

　　　　王金星　王德华　王祖望　计　翔　许崇任　冯祚建　杜卫国　李玉春　李枢强

　　　　李保国　李新正　吴　毅　汪建国　沈　慧　张　立　张士璀　张正旺　张国范

　　　　张知彬　张春光　张荣祖　张路平　邰发道　陈广文　武云飞　杨　光　杨　明

　　　　周立志　郑光美　徐存拴　钟文勤　郭　郛　黄乘明　黄复生　蒋志刚　蒋学龙

　　　　童墉昌　雷富民　阙华勇

附录6 中国动物学会主办的学术期刊

Current Zoology（《动物学报》）

Current Zoology 前身是西文期刊《中国动物学杂志》（1953 年改为《动物学报》），创刊于 1935 年。在 1934 年中国动物学会成立伊始，就开始酝酿组建中国动物学会编辑会（编辑委员会）和编辑员（编委），秉志先生时任第一任《中国动物学杂志》（动物学报）编辑部主任，当时称谓为总编辑。陈桢（北平国立清华大学）、朱洗（北平国立北平研究院）、贝时璋（杭州国立浙江大学）、董韦茂（浙江西湖博物馆）、寿振黄（北平静生生物调查所）、胡经甫（北平燕京大学）为编辑，卢于道（南京国立中央研究院）为干事编辑。创刊名为《中国动物学杂志》，刊物的定位为专载于动物学各方面有贡献价值之研究论文。文体为中、英、德、法文皆可。当时为年刊，即每年出版一本。1936 年 8 月 25 日中国动物学会召开的理事会上，通过了第二届编辑会，即主任编辑为陈桢，干事编辑为胡经甫，编辑为李汝祺、经利彬、彭光钦、寿振黄、张玺、贝时璋。

中华人民共和国成立后，中国科学院编译局对科学院系统的学术刊物进行间接的管理和指导，包括《动物学报》。1952 年举行专门学报编辑出版工作座谈会，对学报的编辑方针，及如何提高刊物质量，建立与该局的联系进行了讨论。这为而后《动物学报》的规范发展，起到了一定的辅助作用。

1953 年，该刊改名为《动物学报》（英文刊名 *Acta Zoologica Sinica*）。同年，中国动物学会在京理事会召开会议，聘请贝时璋先生担任新一届编辑部主任。

1958 年召开的中国动物学会常务理事会会议，先后两次讨论决定，在中国动物学会和中国科学院动物研究所双重领导下组成编辑委员会，负责编辑《动物学报》，自此该学报的主办单位变为 2 个，即为双重领导制。

1959 年，主编为郑作新先生《动物学报》每期平均印刷 2000 册，每册 16 万字，为季刊。这一期间刊登的主要是与当时环境下生产实践相结合的专题研究、著述，以及对某一学说的新作的概括性和综合性的论文等。稿源主要是全国各地的大专学校（医学院最多，综合性大学及农学院次之）、科学研究单位，以及其他，如：防疫站、畜牧兽医站等，同时也有了国际间的刊物交换。

1960 年，根据中央指示，公开发行的定期或者不定期的期刊，一律暂停出版。后来，中国动物学会发文，恳请复刊，经中华人民共和国科学技术协会全国委员会审核，该刊于 1973 年复刊。但是国际间交换还处于暂停状态。《动物学报》1979 年年底召开编辑委员会会议，会议由主编郑作新先生主持，中国科学院领导、中国科协领导等参加。这次会议也是一次里程碑式的会议，在总结以前的同时，对当时存在的问题，及今后办刊的设想和编辑委员会的改革提出要求；成就是，论文稿件内容丰富，初步解决了稿件积压问题，与 75 个国家和地区的学术团体建立了交换刊物的关系，发现了一些人才，培养了一批年轻的作者。

3 年后，中国动物学会第十一届理事会第一次常务理事会议确定新一届编委，由郑葆珊先生担任了新一届的主编。

20 世纪 90 年代，学报两个主办单位非常重视期刊的发展，给予了人力和物力的支持，到 1989 年，该刊物和国外 100 多个国家建立联系，《动物学报》在动物学界已成为学界重要的学术刊物，编辑委员会成员由 25 人组成。1989 年，郑葆珊先生提出不再担任该学报主编一职。中国动物学会在京常务理事会会议决定，聘任宋大祥任《动物学报》主编，副主编为张崇理、周庆强、王镜岩、杨进、杜学浩等，36 名编委。

1996 年第 1 期始，该刊主办单位调整为中国科学院动物研究所和中国动物学会。为了刊物的发展，编辑委员会对期刊有了新的定位，即以动物学基础研究和应用基础研究为主的综合性学术期刊，主要刊登动物学领域的最新研究成果。涉及学科包括动物生态学和行为学，动物地理学，进化生物学，动物的生殖、发育和衰老生物学，动物生理学和生物化学、细胞学，动物遗传学和分子生物学以及动物形态学等方面有创造性的研究论文。辟有综述、研究论文、方法和观点、研究简报等栏目。

2000 年，学报第八届编辑委员会成立，王祖望先生担任主编，委员为 41 人，增加了日本、美国、德国、俄罗斯、澳大利亚籍编委。2004—2008 年，第九届编辑委员会，主编王祖望先生。

2002 年该刊入选"百种国家杰出期刊"，2003 年建立了独立的网站 www.actazool.org，并可免费下载全文，实现了开放式阅读。

2008 年是《动物学报》发展史中的里程碑。5 月 28 日，王祖望主编主持召开了京区编辑委员会会议，会议通过表决，决定自 2009 年起，改用英文 *Current Zoology* 出版。

Current Zoology（《动物学报》）首届（2009—2013）编辑委员会由 46 人组成，总主编孟安明院士，执行主编贾志云博士。2009 起，连续 3 年（2009—2011 年）获得中国科协每年 15 万元的经费支持。

该刊自 2009 年第 1 期改为英文出版，同年被国际著名数据库 SCOPUS 收录。自 2010 年第 1 期开始，该刊被 SCI 和 BIOSIS PREVIEW 收录，*Current Zoology* 首获 JCR 影响因子 1.392，2014 年 JCR 影响因子（1.814）学科排名前 22%（34/152），进入动物学 Q1 区期刊行列。

2013 年 5 月，*Current Zoology*（《动物学报》）换届，总主编孟安明院士，执行主编贾志云博士。学科主编 7 名，副主编 23 名。进入新时期，*Current Zoology* 有了长足的发展，已经成为国际动物学界重要的学术期刊。入选国家新闻出版总局"2017 年全国百强科技期刊"；2016—2018 年获国家六部委"中国科技期刊国际影响力提升计划项目"B 类支持；2019—2023 年入选获国家七部委"中国科技期刊卓越行动计划"重点期刊，资助经费每年 100 万元。

《动物学报》历届编辑委员会

第 1 卷编辑委员会（1934 年 8 月 24 日）

总　编　辑：秉　志

干 事 编 辑：卢于道

编辑部编委：陈 桢 胡经甫 寿振黄 贝时璋 董聿茂 朱 洗

第 2 卷编辑委员会（1936 年 8 月）

主任编辑：陈 桢

干事编辑：胡经甫

编　　辑：李汝祺 经利彬 彭光钦 寿振黄 张 玺 贝时璋

第 3 卷编辑委员会（1949 年 3 月）

总编辑：伍献文

编　　辑：张宗汉 陈世骧 贝时璋 史若兰 王家楫 吴 光

第 4 卷编辑委员会（1950 年）

主任编辑：张 玺

编　　辑：伍献文 贝时璋 王家楫 陈 桢 童第周 刘崇乐 张宗炳 庄孝僡
　　　　　崔之兰 郑 重

第 5 卷编辑委员会（情况不详）

第 6 卷第 1 期编辑委员会（1954 年 6 月）

主 任 编 辑：陈 桢

代主任编辑：贝时璋

编　　　委：秉 志 王家楫 伍献文 朱 洗 崔之兰 郑作新 费鸿年

第 6 卷第 2 期—第 8 卷第 1 期编辑委员会（1954 年 12 月—1956 年 6 月，见 1954 年第 2 期、
1955 年第 2 期、1956 年第 1 期）

主任编辑：陈 桢

编　　　委：贝时璋 秉 志 王家楫 伍献文 朱 洗 崔之兰 郑作新 费鸿年

第 8 卷第 2 期—第 13 卷编辑委员会（1956 年 12 月—1961 年，见 1956 年第 2 期、1957 年第 1 期，
1959 年、1960 年、1961 年未印编辑委员会）

主 任 编 辑：郑作新

副主任编辑：沈嘉瑞

编　　　委：伍献文 李铭新 李汝祺 刘承钊 贝时璋 寿振黄 陈 义 陈心陶
　　　　　武兆发 崔之兰 张 玺 张作人

第 14—15 卷编辑委员会（1962—1963 年，见 1962 年第 2 期）

主　编：郑作新

副主编：沈嘉瑞

编　委：王希成　王家楫　朱元鼎　刘承钊　刘矫非　孙儒泳　贝时璋　李汝祺

　　　　李铭新　陈心陶　陈阅增　陈德明　汪德耀　周太玄　张　玺　张致一

　　　　姚　鑫　崔之兰　崔占平　夏武平　潘清华

第 16 卷第 1 期编辑委员会（1964 年，见 1964 年第 1 期）

主　编：郑作新

副主编：沈嘉瑞

编　委：王希成　王家楫　朱元鼎　刘承钊　刘矫非　孙儒泳　贝时璋　李汝祺

　　　　李铭新　陈心陶　陈阅增　陈德明　汪德耀　周太玄　张　玺　张致一

　　　　姚　鑫　崔之兰　夏武平　冯兰洲　潘清华

第 16—25 卷编辑委员会（1964—1979 年，见 1964 年第 4 期、1966 年第 1 和第 2 期、1977 年第 4 期，中间很多期未印编辑委员会）

主　编：郑作新

副主编：沈嘉瑞　张致一

编　委：王希成　王家楫　朱元鼎　刘承钊　刘矫非　孙儒泳　贝时璋　李汝祺

　　　　李铭新　陈心陶　陈阅增　陈德明　汪德耀　周太玄　张　玺　姚　鑫

　　　　崔之兰　夏武平　冯兰洲　潘清华

第 25 卷第 3 期编辑委员会（1979 年，从第 3 期开始印编辑委员会，第 1—2 期未印编辑委员会）

主　编：郑作新

副主编：张致一　夏武平

编　委（以姓氏笔画为序）：

　　　　　　马　勇　孙儒泳　朱　靖　李汝祺　李铭新　李思忠　陈阅增　汪德耀

　　　　　　严绍颐　邹继超　郑国章　张荣祖　唐仲璋　钱国桢　曹文宣　温业新

　　　　　　傅湘琦　廖翔华　潘清华

第 25 卷第 4 期编辑委员会（1979 年）

主　编：郑作新

副主编：张致一　夏武平

编　委（以姓氏笔画为序）：

　　　　　　马　勇　孙儒泳　朱　靖　李汝祺　李思忠　陈阅增　汪德耀　严绍颐

　　　　张荣祖　唐仲璋　钱国桢　曹文宣　傅湘琦　廖翔华　潘清华

第 26—30 卷编辑委员会（1980—1984 年，见 1980 第 2 期、1983 年第 4 期）

主　编：郑作新

副主编：张致一　夏武平

编　委（以姓氏笔画为序）：

　　　　马　勇　王焕葆　孙儒泳　朱　靖　李汝祺　李铭新　李思忠　陈阅增
　　　　汪德耀　严绍颐　邹继超　张荣祖　唐仲璋　钱国桢　曹文宣　温业新
　　　　傅湘琦　廖翔华　潘清华

第五届编辑委员会（1985—1989 年，1988 年第 2 期换了主编）

主　编：郑葆珊

副主编：王焕葆　朱　靖　邹继超

编　委（以姓氏笔画为序）：

　　　　马　勇　仝允栩　刘树森　刘瑞玉　孙儒泳　严绍颐　杜学浩　李铭新
　　　　吴鹤龄　宋大祥　张荣祖　张致一　陈宜瑜　陈阅增　郑作新　施立明
　　　　钱国桢　唐仲璋　韩济生　温业新　廖翔华　翟启慧

第五届编辑委员会（1988 年第 2 期—1989 年）

主　编：王焕葆

副主编：朱　靖　邹继超

编　委（以姓氏笔画为序）：

　　　　马　勇　仝允栩　刘树森　刘瑞玉　孙儒泳　严绍颐　杜学浩　李铭新
　　　　吴鹤龄　宋大祥　张荣祖　张致一　张崇理　陈宜瑜　陈阅增　郑作新
　　　　郑葆珊　施立明　钱国桢　唐仲璋　韩济生　温业新　廖翔华　翟启慧

第六届编辑委员会（1989—1995 年，见 1989 年第 3 期到 1994 年最后一期，1995 年第 1 期未印编辑委员会）

主　编：汪　松

副主编：史瀛仙　张崇理　周庆强　陆中定

编　委（以姓氏笔画为序）：

　　　　马　勇　王焕葆　王镜岩　仝允栩　刘树森　刘瑞玉　孙儒泳　朱　靖
　　　　庄临之　严绍颐　杜学浩　邹继超　李敏敏　吴政安　吴鹤龄　张荣祖
　　　　张致一　陈宜瑜　陈阅增　郑光美　郑作新　施立明　唐崇惕　堵南山
　　　　费　梁　廖翔华　翟启慧

编　辑：杜学浩　马　浏　刘元珉

第七届编辑委员会（1995—1999 年，从 1995 年第 2 期开始，1999 年第 4 期仍为第 7 届）

主　编：宋大祥

副主编：张崇理　周庆强　王镜岩　杨　进　杜学浩

编　委：（以姓氏笔画为序）

马　勇　王　平　王祖望　仝允栩　刘树森　刘瑞玉　庄临之　孙儒泳

汪　松　肖淑熙　杜　森　邹继超　李敏敏　李靖炎　吴奇久　吴建屏

吴鹤龄　张弥曼　张荣祖　陈宜瑜　陈阅增　杨雄里　郑光美　郑作新

林浩然　费　梁　赵敬钊　唐崇惕　堵南山　童克忠　翟中和　翟启慧

樋渡宏一（日）　罗伯特 S. 霍夫曼（美）　雷诺 R. 霍夫曼（德）

编　辑：马　浏　刘元珉　杜学浩

第八届编辑委员会（2000—2004 年，见 2000 年第 1 期、2004 年第 5 期）

主　编：王祖望

副主编：（以姓氏笔画为序）

马　浏　孙儒泳　朱作言　庄临之　张知彬　段恩奎　蒋志刚

编　委：（以姓氏笔画为序）

Charles Krebs（加）　Koichi Hiwatashi（日）　Lois Salamonsen（澳）

Reino R.Hoffmann（德）　Robert S .Hoffmann（美）　Valeny M.Neronov（俄）

马　勇　王德华　王维华　王镜岩　左明雪　史新柏　刘以训　刘瑞玉

孙青原　杜　森　杜学浩　沈韫芬　尚玉昌　吴建屏　张亚平　张荣祖

张崇理　张德兴　陈大元　陈宜瑜　杨雄里　杨增明　宋大祥　郑光美

周庆强　林浩然　费　梁　崔奕波　唐崇惕　堵南山　翟中和　翟启慧

盛和林　潘文石　魏辅文

编　辑：马　浏　刘元珉　顾亦农

第九届编辑委员会（2005—2008 年，见 2005 年第 1 期，2009 年第 1 期改为英文）

顾　问：陈宜瑜　刘以训　沈韫芬　宋大祥　孙儒泳　朱作言

主　编：王祖望

副主编：段恩奎　贾志云（常务）　蒋志刚　汪作新　吴仲义　张亚平　张知彬
　　　　郑光美　庄临之

编　委：陈大元　陈建国　陈松林　陈毅峰　Alan DIXSON　方庆权　付金钟

Robert S. HOFFMANN　洪云汉　计　翔　金由辛　雷富民　李保国

李代芹　李　雷　李义明　李玉春　梁爱华　林浩然　刘乃发　卢　欣

马　勇　孟安明　Mikhail P. MOSHKIN　Valeny M. NERONOV　彭景楩
Rick SHINE　　宋微波　孙立新　孙青原　　David L. SWANSON
Nina Y.VASILIEVA　　王德华　王桂明　王　勇　魏辅文　徐卫华
杨　光　杨雄里　杨增明　张德兴　张荣祖　朱兴全　左明雪

责任编辑：贾志云　万玉玲

Current Zoology 首届编辑委员会（2009—2013 年，见 2009 年第 2 和第 4 期、2013 年第 2 期）

顾　　　问：陈宜瑜　刘以训　孙儒泳　王祖望　朱作言

主　　　编：孟安明

执行主编：贾志云

副 主 编：蒋志刚　计　翔　Karen B.Strier　孙青原　王　文　Zuoxin Wang　张德兴
　　　　　张亚平　郑光美

编　　　委：Chris Chabot　Alan Dixson　段恩奎　Q.Q Fang　Michael H.Ferkin
　　　　　Richard S.Halbrook　蒋学龙　Boris Krasnov　雷富民　李保国　李　明
　　　　　李义明　刘乃发　卢　新　聂　品　彭景楩　Daniel I.Rubenstein　Rick Shine
　　　　　Volker Sommer　宋微波　Lixing Sun　David L.Swanson　王德华　魏辅文
　　　　　魏琦伟　John C.Wingfield　张建旭　Jianzhi George Zhang　张树义　张知彬
　　　　　左明雪

Current Zoology 第二届编辑委员会（2013—2017 年，见 2013 年第 3 期到 2017 年最后一期）

ADVISORS: Yiyu CHEN　Le KANG　Yixun LIU　Ruyong SUN　Zuwang WANG
　　　　　Guangmei ZHENG　Zuoyan ZHU

Editor-in-Chief: Anming MENG

Executive Editor: Zhi-Yun JIA

Editor: Zhigang JIANG　Xiang JI　Maria SERVEDIO　Martin STEVENS　Wen WANG
　　　　Dexing ZHANG　Yaping ZHANG

Associate Editor: Claudio CARERE　Chris CHABOT　Ned DOCHTERMANN　Enkui DUAN
　　　　　Michael H. FERKIN　James HARE　Fumin LEI　Sean C.LEMA　Baoguo LI
　　　　　Jinhua LI　Yiming LI　Naifa LIU　Xin LU　Anders Pape MØLLER
　　　　　XI-AgroParisTech　Ximena NELSON　Amber M. RICE　Rick SHINE
　　　　　Qingyuan SUN　David L.SWANSON　Yanping WANG　Fuwen WEI
　　　　　Jian-Xu ZHANG　Zhibin ZHANG

Current Zoology 第三届编辑委员会（2018—2023 年，从 2018 年第 1 期开始）

Editorial Board

Current Zoology 第三届编辑委员会（2024—至今，从 2024 年第 1 期开始换主编）

Zoological Systematics（《动物分类学报》）

《动物分类学报》1964 年创刊，季刊，由中国科学院动物所、中国动物学会、中国昆虫学会共同主办，中国科学院主管。《动物分类学报》主要刊载动物系统进化领域的研究论文，包括动物进化、分类理论、新技术新方法在分类理论上的应用、动物地理和动物区系及生物多样性等方面的论文。

20 世纪 60 年代初期，随着动物分类学研究的快速发展，为了解决研究成果更好地面向读者的问题，在中国科学院动物研究所前所长陈世骧院士的倡导和推动下，由中国动物学会和中国昆虫学会共同创办《动物分类学报》（中文版）学术性期刊，经上级批准，于 1964 年夏正式出版 2 期，之后为季刊。1966 年第 2 期后，因"文化大革命"而停刊，停刊 13 年，直至 1979 年恢复正常出版至今。

经国家新闻出版广电总局批准，从 2014 年开始，《动物分类学报》改为英文版。英文名由 *Acta Zootaxonomica Sinica* 改为 *Zoological Systematics*，以期改版后能进一步推动学报的发展。2021 年，*Zoological Systematics* 被 Scopus 收录。

Zoological Systematics 1992 年获中国科学技术协会优秀学术期刊三等奖；1992 年获北京市优秀科技期刊四通奖的编辑质量奖、期刊效益奖等；2012 年至今一直被 CNKI 选入中国最具国际影响力学术期刊或中国国际影响力优秀学术期刊。

《动物分类学报》历届编辑委员会

第一届编辑委员会（1964—1965 年）

主　编：陈世骧

副主编：郑作新　冯兰洲　刘崇乐

编　委：王家楫　伍献文　朱元鼎　朱弘复　刘承钊　张　玺　沈嘉瑞　陈　义　陈心陶
　　　　杨平澜　杨惟义　胡经甫　柳支英　赵修复　赵养昌　徐荫祺　黄其林　萧采瑜
　　　　蒲蜇龙　蔡邦华

第二届编辑委员会（1979—1980 年）

主　编：陈世骧

副主编：柳支英　郑葆珊　赵建铭　吴淑卿　邓国藩　王平远

编　委：王宗祎　朱元鼎　朱弘复　伍献文　刘瑞玉　杨平澜　杨集昆　汪　松　陆宝麟
　　　　周　尧　庞雄飞　郑作新　郑　重　赵尔宓　赵修复　赵养昌　胡步青　倪达书
　　　　徐荫祺　唐仲璋　蒲蜇龙　褚新洛　蔡邦华　谭娟杰　戴爱云

第三届编辑委员会（1980—1984 年）

主　编：郑葆珊

副主编：柳支英　赵建铭　吴淑卿　邓国藩　王平远

编　委：王宗祎　朱元鼎　朱弘复　伍献文　刘瑞玉　杨平澜　杨集昆　汪　松　陈世骧
　　　　陆宝麟　周　尧　庞雄飞　郑作新　郑　重　赵尔宓　赵修复　赵养昌　胡步青
　　　　倪达书　徐荫祺　唐仲璋　蒲蜇龙　褚新洛　蔡邦华　谭娟杰　戴爱云

第四届编辑委员会（1985—1989 年）

主　编：邓国藩

副主编：赵建铭　吴淑卿　谭娟杰　汪　松

编　委：王宗祎　孔繁瑶　朱元鼎　朱弘复　伍献文　刘瑞玉　吴厚永　杨平澜　杨集昆
　　　　李思忠　陈世骧　陆宝麟　周　尧　庞雄飞　郑作新　郑　重　郑葆珊　赵尔宓
　　　　赵修复　倪达书　徐荫祺　唐仲璋　殷蕙芬　蒲蜇龙　褚新洛　戴爱云

第五届编辑委员会（1990—1994年）

主　编：宋大祥

副主编：邓国藩　赵建铭　吴淑卿　谭娟杰

编　委：孔繁瑶　朱弘复　刘瑞玉　刘锡兴　汪　松　吴厚永　杨平澜　杨集昆　李思忠
　　　　李慧珠　陆宝麟　周　尧　范滋德　庞雄飞　郑作新　郑　重　郑乐怡　赵尔宓
　　　　赵修复　倪达书　唐仲璋　高耀亭　殷蕙芬　蒲蛰龙　褚新洛　戴爱云

第六届编辑委员会（1995—1996年）

主　编：邓国藩

副主编：李慧珠　赵建铭　谭娟杰　潘树青

编　委：孔繁瑶　史新柏　朱弘复　刘瑞玉　刘锡兴　宋大祥　吴厚永　吴淑卿　李思忠
　　　　杨平澜　杨集昆　杨星科　陆宝麟　周　尧　周开亚　范滋德　庞雄飞　郑作新
　　　　郑乐怡　张春光　赵尔宓　赵修复　殷蕙芬　梁爱萍　蒲蛰龙　戴爱云

第七届编辑委员会（1997—1999年）

主　编：赵建铭

副主编：李慧珠　谭娟杰　汪　松　杨　南

编　委：孔繁瑶　史新柏　朱弘复　刘瑞玉　刘锡兴　宋大祥　吴厚永　吴淑卿　李思忠
　　　　陈汉彬　杨集昆　杨星科　陆宝麟　周　尧　周开亚　周红章　范滋德　庞雄飞
　　　　郑作新　郑乐怡　张春光　赵尔宓　赵修复　殷蕙芬　梁爱萍　蒲蛰龙　戴爱云

第八届编辑委员会（2000—2003年）

主　编：冯祚建

副主编：薛大勇　李枢强　梁爱萍　杨　南

编　委：尹文英　孔繁瑶　印象初　刘瑞玉　李伯刚　李　明　何芬奇　陆宝麟　宋大祥
　　　　吴厚永　肖　晖　庞雄飞　郑乐怡　杨星科　杨思谅　陈汉彬　杨　定　杨大同
　　　　周红章　张春光　张亚平　张雅林　张智强　林乃铨　陈学新　陈　军　赵建铭
　　　　赵尔宓　赵铁桥　赵仲苓　曹文宣　雷富民　戴爱云

第九届编辑委员会（2004—2009年）

主　编：梁爱萍

副主编：冯祚建　李枢强　杨　南

编　委：卜文俊　彩万志　陈汉彬　陈　军　陈学新　陈宜瑜　陈毅峰　J. P. Duffels（荷兰）
　　　　何芬奇　Robert F. Inger（美国）　方盛国　雷富民　Daiqin LI（新加坡）　李后魂
　　　　李　明　李新正　马恩波　Douglass Miller（美国）　Norman I. Platnick（美国）

Andrew Polaszek（英国）　Dan A. Polhemus（美国）　Donald L. Quicke（英国）
Randall T. Schuh（美国）　宋大祥　宋微波　吴厚永　肖　晖　薛大勇　杨　定
杨莲芳　杨星科　印象初　张春光　张德兴　张雅林　张亚平　张智强（新西兰）
赵尔宓　周红章

第十届编辑委员会（2010—2014 年）

主　编：李枢强

副主编：梁爱萍　冯祚建　雷富民　杨　南

编　委：卜文俊　彩万志　陈广文　陈汉彬　陈　军　陈学新　陈宜瑜　陈毅峰
　　　　傅金钟（美国）　金道超　李后魂　李新正　马恩波　Norman I. Platnick（美国）
　　　　Andrew Polaszek（英国）　乔格侠　任国栋　宋微波　王跃招　吴厚永　肖　晖
　　　　薛大勇　杨　定　杨星科　杨忠岐　印象初　张春光　张德兴　张雅林　张亚平
　　　　张智强（新西兰）　赵尔宓　周红章

第十一届编辑委员会（2015—2020 年）

主　编：乔格侠

副主编：李枢强　梁爱萍　宋微波　雷富民

编　委：卜文俊　彩万志　James M. Carpenter（美国）　陈　军　陈学新　陈宜瑜　陈毅峰
　　　　Anthony Cognato（美国）　Colin Favret（加拿大）　冯祚建　傅金钟（加拿大）
　　　　Jason Gibbs（美国）　郭东晖　Charles R. Haddad（南非）　Kenneth M. Halanych（美国）
　　　　金道超　李代芹（新加坡）　李后魂　李新正　刘焕章　刘星月　刘志伟（美国）
　　　　鲁亮　缪炜　Lyubomir Penev（保加利亚）　Andrew Polaszek（英国）　任　东
　　　　任国栋　沙忠利　石福明　Michael Staab（德国）　Maximilian Stockdale（英国）
　　　　童晓立　王乔（新西兰）　王跃招　肖　晖　谢　强　杨　定　杨星科　杨忠岐
　　　　印象初　张春光　张润志　张雅林　张亚平　张智强（新西兰）　赵尔宓　周红章
　　　　朱朝东

第十二届编辑委员会（2021—　）

主　编：李枢强

副主编：乔格侠　宋微波　雷富民

编　委：卜文俊　白　明　彩万志　蔡晨阳　陈　军　陈祥盛　陈小勇　陈学新　陈宜瑜
　　　　葛德燕　葛斯琴　Larry L. Grismer　侯仲娥　黄晓磊　李后魂　李　虎　李家堂
　　　　李新正　梁爱萍　刘星月　Yuri Marusik　Peter Kee Lin Ng（黄麒麟）　庞　虹
　　　　任　东　沙忠利　石承民　谢　强　薛晓峰　杨　定　姚云志　叶　瑱　殷子为
　　　　印象初　于　昕　张　峰　张　锋　张雅林　张亚平　朱朝东

《兽类学报》

1980 年 10 月，在大连召开的脊椎动物学学术讨论会上成立了中国动物学会兽类学分会，夏武平当选第一届主任委员。兽类学分会决定创办《兽类学报》，并报中国科学技术协会，1980 年 12 月批准，暂定半年刊，国内外公开发行。与此同时，兽类学分会委员会决定将《兽类学报》交由中国科学院西北高原生物研究所承办，并推选夏武平任主编。编辑部设在西北高原生物研究所，杨正本任专职编辑。

为了不影响出版，1981 年 2 月将西北高原生物研究所《灭鼠和鼠类生物学研究报告》第 5 集未付印的稿件作为《兽类学报》第 1 期的稿件。同时编委们也尽最大努力组稿约稿，不到 1 个月时间，第 1 期稿件终于按时完成了编辑和发稿任务。1981 年 6 月，《兽类学报》第 1 期正式公开出版。由甘肃人民出版社出版，兰州新华印刷厂印刷。

为了提高《兽类学报》的印刷质量，1983 年 2 月与科学出版社商谈，并达成《兽类学报》在科学出版社的出版协议。从 1984 年起，原半年刊改为季刊，由科学出版社出版，中国科学院沈阳分院印刷厂承印，沈阳邮局和中国国际书店国内外发行。1996 年，改为西宁印刷厂承印。

2018 年，《兽类学报》由季刊改为双月刊，发表周期和发文量都得到很大提高，同时更新了网站和投审稿系统。网站及时发布每期出版刊和录用文章，发表后文章可在该刊网站免费下载。开通了《兽类学报》微信公众号，主要宣传该刊引用率和下载量高的论文、本领域发表的热点文章等，目前关注度和阅读量逐年提升。

2021 年，《兽类学报》得到中国科学院科学出版基金中文科技期刊择优支持。

为吸引更多优秀论文投稿，《兽类学报》编委会决定从 2021 年开始评选优秀论文和优秀审稿人。根据论文创新性，结合被引频次（占 90%）和下载频次（根据 CNKI 和 Web of Science 数据库、本刊网站下载数据，占 10%），2019 年和 2020 年各评选出 10 篇优秀论文。对 2020—2021 年度、2021—2022 年度所有稿件的审稿质量、审稿数量和审稿时效等指标进行评定。两个年度各评选出 10 名优秀审稿专家。

《兽类学报》从 2013 年开始组织专刊或专题，截至 2023 年已组织的专刊或专题包括：灵长类研究专刊（33 卷第 3 期）、蝙蝠研究专刊（34 卷第 3 期）；动物生理生态学研究专刊（35 卷第 4 期）、红外相机技术野外调查专刊（36 卷第 3 期）、海兽研究专刊（38 卷第 6 期）、国家公园研究专刊（39 卷第 4 期）、动物系统进化与分类专刊（40 卷第 1 期）、野生动物疫病专题（41 卷第 3 期）、纪念中国动物学会兽类学分会成立暨《兽类学报》创刊 40 周年纪念专题（41 卷第 5 期）、庆祝中国科学院西北高原生物研究所成立 60 周年特组织了青藏高原研究专刊（42 卷第 5 期），这些专刊或专题集中展示了我国在某一领域的研究成果，既扩大了学术影响力，也提升了该刊的学术影响力。尤其是纪念中国动物学会兽类学分会成立暨《兽类学报》创刊 40 周年纪念专题，刊发后引起广泛关注，产生较大影响力。该专刊发表 11 篇论文，特邀请魏辅文院士、王德华研究员、边疆晖研究员、李保国教授等著名学者分别对我国分类学与区系演化、种群生态学、生理生态学、行为生态学、保护生态学、保护遗传学、分子进化、栖息地评估等领域的发展进行了总结，并对未来的发展提出了展望。提出野生哺乳动物疫病及其传播规律、兽类在生态系统中的地位和作用、保护生理学、保护宏基因组学等是今后我国兽类学研究中需要加强发展的领域。本期还发表了最新的中国兽类名录。

2021 年 10 月 18—20 日在西宁市主办了中国动物学会兽类学分会成立 40 周年暨《兽类学报》创刊 40 周年学术研讨会及其编委会；2023 年 6 月 2—3 日在山东大学（青岛分校）主办了 2023 年中国动物学会兽类学分会理事会和《兽类学报编委会暨哺乳动物学青年学者学术研讨会》，在此次会议上，成立了《兽类学报》第一届青年编委会，经过 40 多年的发展，《兽类学报》成为我国野生哺乳动物研究重要的学术交流平台，成为向世界展示我国兽类学研究的重要窗口，并为培养我国兽类学人才作出了重要贡献。

《兽类学报》现为中国科技核心期刊、中国期刊方阵"双效期刊"、《中文核心期刊要目总览》源刊、CSCD 数据库源刊，目前被 Scopus、《生物学文摘》（BA）、《动物学记录》（ZR）、《文摘杂志》等国外数据库收录。曾荣获中国科学院优秀期刊三等奖 2 次，中国科协优秀期刊三等奖 1 次，青海省优秀期刊一等奖 3 次。《兽类学报》获 2012 年中国知网发布的中国最具国际影响力 Top10 期刊。

《兽类学报》历届编辑委员会

第一届编辑委员会（1981 年 4 月—1986 年 4 月）

主　　编：夏武平

副 主 编：周明镇　彭鸿绶

常务编委：王祖望　汪　松　张　洁　高耀亭

编　　委（按姓氏笔画排序）：

马　勇　方喜业　王宗祎　王思博　刘维新　孙儒泳　朱　靖　吴养曾　萧前柱
李传燮　张荣祖　张孚允　杨安峰　周开亚　周庆强　胡锦矗　秦耀亮　盛和林
黄文几　樊乃昌

第二届编辑委员会（1986 年 5 月—1990 年 12 月）

主　　编：夏武平

副 主 编：黄文几　孙儒泳　王祖望

常务编委：汪　松　张　洁　高耀亭　杨正本

编　　委（按姓氏笔画排序）：

王岐山　王应祥　方喜业　冯祚建　朱盛侃　李传燮　杜继曾　陈服官　杨安峰
吴德林　郑昌琳　张荣祖　周开亚　周庆强　秦耀亮　诸葛阳　盛和林　詹绍琛
樊乃昌

第三届编辑委员会（1991 年 1 月—1996 年 4 月）

顾　　问：夏武平

主　　编：王祖望

副 主 编：孙儒泳　盛和林

常务编委：汪　松　张　洁　高耀亭　马　勇　刘季科

编　　委（按姓氏笔画排序）：

马逸清　王岐山　叶沧江　李传夔　杨安峰　杜继曾　陈安国　陈服官　郑昌琳

周开亚　周庆强　周虞灿　胡锦矗　施立明　高行宜　蔡益鹏　潘文石　樊乃昌

第四届编辑委员会（1996 年 5 月—2000 年 12 月）

顾　　问：夏武平

主　　编：王祖望

常务编委：张　洁　马　勇　蒋志刚　宋延龄

编　　委（按姓氏笔画排序）：

马　勇　马逸清　王廷正　王岐山　王祖望　王桂明　王德华　刘仁俊　刘季科

李传夔　张　洁　张荣祖　陈安国　杨安峰　宋延龄　杜继曾　汪　松　郑昌琳

周开亚　周文扬　周庆强　季维智　房继明　胡锦矗　胡德夫　姜永进　盛和林

温得启　蒋志刚　鲍毅新　蔡益鹏　樊乃昌　Robert J. Hudson　Robert S. Hoffmann

Valeny M. Neronov

第五届编辑委员会（2001—2004 年）

名誉主编：夏武平

顾　　问：孙儒泳　马建章

主　　编：张知彬

副 主 编：冯祚建　刘季科　赵新全　钟文勤　盛和林　温得启　樊乃昌　王德华（后补）

编　　委（按姓氏笔画排序）：

马　勇　马逸清　王岐山　王德华　王金星　王祖望　王应祥　方盛国　边疆晖

卢浩泉　冯祚建　刘季科　杨　光　吴　毅　李进华　李保国　李庆芬　宋延龄

汪诚信　苏建平　张荣祖　张先锋　张知彬　张洪海　张堰铭　张树义　赵新全

胡锦矗　钟文勤　郭　聪　黄乘明　盛和林　蒋志刚　温得启　樊乃昌　魏万红

魏辅文　George B. Schaller　Michael W. Bruford　Robert J. Hudson

Robert S. Hoffmann　Valeny M. Neronov

第六届编辑委员会（2005—2009 年）

名誉主编：夏武平

顾　　问：孙儒泳　马建章

主　　编：王德华

副 主 编（按姓氏笔画排序）：

方盛国　张堰铭　李进华　罗晓燕　赵新全　钟文勤　蒋志刚

编　　委（按姓氏笔画排序）：

马　勇　马逸清　方盛国　王　丁　王桂明　王廷正　王岐山　王应祥　王金星

王政昆　王祖望　王德华　冯祚建　卢浩泉　边疆晖　刘季科　刘定震　孙立新

汪作新　吴　毅　宋延龄　张　立　张亚平　张先锋　张明海　张知彬　张树义

张健旭　张堰铭　李　明　李玉春　李进华　李保国　杨　光　苏建平　苏彦捷

邰发道　罗晓燕　郑昌琳　胡锦矗　赵新全　钟文勤　姜兆文　徐宏发　徐来祥

郭　聪　盛和林　黄乘明　蒋志刚　樊乃昌　魏万红　魏辅文　Michael W. Bruford

J. Thomas Curtis　　Robert J. Hudson　　Richard B. Harris　　Robert S. Hoffmann

Ian Hume　　Andrew T. Smith　　George B. Schaller　　Valeny M. Neronov

第七届编辑委员会（2010—2013 年）

名誉顾问：孙儒泳　马建章　王祖望

主　　编：王德华

副 主 编（按姓氏笔画排序）：

李保国　张堰铭　宋延龄　杨　光　赵新全　罗晓燕

编　　委（按姓氏笔画排序）：

马　勇　方盛国　王　丁　王德华　王桂明　王应祥　王小明　王政昆　边疆晖

冯祚建　刘定震　刘雪华　刘季科　李保国　李进华　李　明　李玉春　孙立新

苏建平　苏彦捷　宋延龄　张　立　张知彬　张健旭　张明海　张树义　张堰铭

张先锋　汪作新　吴　华　吴　毅　邰发道　房继明　姜兆文　周立志　赵新全

杨　光　杨　明　杨奇森　罗晓燕　郑昌琳　钟文勤　黄乘明　蒋志刚　蒋学龙

魏辅文　魏万红　J. Thomas Curtis　　Allan Degen　　Robin I. M. Dunbar

Richard B. Harris　　Ian D. Hume　　Andrew T. Smith　　George B. Schaller

第八届编辑委员会（2014—2018 年）

名誉顾问：孙儒泳　马建章　王祖望

主　　编：王德华

副 主 编（按姓氏笔画排序）：

边疆晖　李　明　李保国　张堰铭　宋延龄　杨　光　蒋学龙　罗晓燕

编　　委（按姓氏笔画排序）：

于　黎　王　丁　王德华　王桂明　王小明　王政昆　方盛国　冯　江　边疆晖

朱立峰　任宝平　向左甫　刘少英　刘全生　刘定震　刘雪华　李保国　李进华

李　明　李玉春　孙立新　苏建平　宋延龄　张　立　张礼标　张同作　张知彬

张健旭　张明海　张学英　张泽钧　张堰铭　张先锋　张　鹏　汪作新　吴　华

吴　毅　何宏轩　邰发道　房继明　姜兆文　周立志　赵志军　杨　光　杨　明

杨奇森　杨维康　肖治术　罗晓燕　黄乘明　蒋志刚　蒋学龙　路纪琪　魏辅文

魏万红　J. Thomas Curtis　Allan Degen　Robin I. M. Dunbar　Richard B. Harris

Ian D. Hume　Andrew T. Smith　George B. Schaller

第九届编辑委员会（2019—2023 年）

名誉主编：马建章　王祖望

主　　编：王德华

副 主 编：边疆晖　刘定震　李　明　李保国　杨　光　张堰铭　蒋学龙

　　　　　罗晓燕（常务副主编）

编　　委（按姓氏笔画排序）：

于　黎　王　丁　王政昆　王德华　冯　江　边疆晖　任宝平　向左甫　刘少英

刘　伟　刘全生　刘定震　刘雪华　齐晓光　严　川　李玉春　李进华　李　明

李保国　李　晟　杨　光　杨其恩　杨奇森　杨　明　杨维康　肖治术　张　立

张礼标　张同作　张先锋　张明海　张知彬　张泽钧　张建旭　张学英　张堰铭

邰发道　范朋飞　易先锋　罗晓燕　周　江　周岐海　赵华斌　赵志军　赵新全

胡义波　聂永刚　徐士霞　徐德立　黄乘明　葛德燕　蒋学龙　路纪琪　魏万红

魏辅文　Alexei V. Abramov　Andrew T Smith　George B. Schaller　Guiming Wang

J. Thomas Curtis　Jill M. Mateo　Jiming Fang　Lixing Sun　Paul A. Garber

Robin I. M. Dunbar　Zuoxin Wang

第十届编辑委员会（2024—2027 年）

主　　编：魏辅文

责任主编（按姓氏笔画排序）：

　　　　　王德华　李保国　杨其恩

副 主 编（按姓氏笔画排序）：

　　　　　刘定震　杨　光　张堰铭　胡义波　蒋学龙　罗晓燕（专职）

编　　委（按姓氏笔画排序）：

于　黎　王正寰　王克雄　王　登　王德华　冯　江　曲家鹏　任宝平　向左甫

刘少英　刘　伟　刘全生　刘定震　刘　振　刘雪华　齐晓光　江廷磊　许一菲

李松海　李忠秋　李保国　李　晟　杨　光　杨其恩　杨奇森　连新明　肖治术

吴东东　邱　强　余文华　张　立　张礼标　张同作　张泽钧　张学英　张洪茂

张堰铭　范朋飞　罗晓燕　周文良　周旭明　周　江　周岐海　赵华斌　赵志军

胡义波　姜广顺　姚　蒙　聂永刚　夏东坡　徐士霞　徐德立　郭松涛　黄广平

葛德燕　蒋学龙　赖　仞　路纪琪　魏辅文　Alexei V. Abramov　Andrew T. Smith

George B. Schaller　Guiming Wang　J. Thomas Curtis　Jill M. Mateo　Jiming Fang

Lixing Sun　Paul A. Garber　Robin I. M. Dunbar　Zuoxin Wang

Zoological Research（《动物学研究》）

Zoological Research 前身是中文期刊《动物学研究》（以下简称 ZR），创刊于 1980 年，是中国科学院昆明动物研究所和中国动物学会共同主办的国内外公开发行的动物学类学报级双月刊。以报道国内外动物学主要研究领域的最新成果、新进展、新技术和新方法为己任，为促进现代动物科学的发展，促进学术交流，为创新型国家的需求和经济建设服务。2014 年开始改为英文刊。该刊主要发表三方面研究成果：灵长类动物与动物模型、动物资源保护与利用、动物多样性与进化。

Zoological Research 于 2018 年 12 月被科学引文索引核心数据库收录。2018—2021 年影响因子分别为 1.56、2.638、4.56、6.975。2022 年影响因子为 4.9，在动物学学科领域 176 种 SCIE 期刊中排名第 2 位（Q1 分区）。根据《中国科学院文献情报中心期刊分区表》2022 年 12 月发布的数据，*Zoological Research* 位于动物学 1 区。*Zoological Research* 2000 年荣获中国科学院优秀期刊三等奖。2001 年被新闻出版总署选入中国期刊方阵。2008 年、2014 年和 2017 年被列为中国精品科技期刊。2006 年、2009 年和 2012 年在云南省新闻出版局举办的云南省第二、三、四届优秀期刊评选活动中均获得了最高奖励——优秀期刊奖。2012 年、2014 年、2015 年、2016 年、2017 年、2018 年和 2019 年入选"中国国际影响力优秀学术期刊"；2013 年、2020 年、2021 年和 2022 年入选"中国最具国际影响力学术期刊"。2015 年入选中国"百强科技期刊"。2018 年入选"百种中国杰出学术期刊"。2019 年入选北京国际图书博览会"庆祝中华人民共和国成立 70 周年精品期刊展"。多篇论文连年入选"F5000"项目。两篇论文入选 2021 年"第六届中国科协优秀科技论文"遴选计划。2016—2018 年，*Zoological Research* 获得"中国科技期刊国际影响力提升计划（B 类）"资助出版。2019—2023 年，*Zoological Research* 获得"中国科技期刊卓越行动计划（梯队期刊）"资助出版。

目前该刊已被中国科学引文数据库、中国知网、中国期刊网、万方数据——数字化期刊群、中文科技期刊数据库、中国科技论文与引文数据库、SCI—E、Medline/PubMed/PubMed Central、Scopus、Zoological Record、Chemical Abstracts、Abstracts of Entomology、Ulrich's International Periodicals Directory、日本科学技术振兴机构中国文献数据库、Open Academic Journals Index、ProQuest 等国内外重要数据库收录，在全球范围内发行。

《动物学研究》历届编辑委员会名单

第一届编辑委员会（1980 年 1 月—1984 年 12 月）

主　编：潘清华

副主编：褚新洛　吴醒夫　宋世廉（秘书）

编　委：潘清华　王德宝　刘祖洞　杨白仑　马世骏　甘运兴　肖承宪　彭鸿绶　李靖炎

施立明　陈宜峰　朱世模　涂光俦　陈元霖　贲昆龙　吴醒夫　郑葆珊　褚新洛
马德三　刘维德

第二届编辑委员会（1985 年 1 月—1989 年 12 月）

主　编：潘清华

副主编：郑宝赉　张汉云

编　委（按姓氏笔画排序）：

丁岩钦　甘运兴　朱世模　阮长耿　孙国英　刘祖洞　杨　岚　汪　松　陈宜峰
陈宜瑜　陈阅增　陆宝麟　李靖炎　吴新智　吴醒夫　周本湘　郑光美　郑葆珊
范滋德　施立明　涂光俦　龚朝梁　诸新洛　薛京伦

第三届编辑委员会（1990 年 1 月—1993 年 12 月）

主　　编：潘清华

副 主 编：李靖炎　王应祥

常务编委：潘清华　李靖炎　王应祥　蔡景霞　冉永禄　熊　江　雷吉昌

编　　委（按姓氏笔画排序）：

丁岩钦　冉永禄　阮长耿　刘祖洞　朱世模　吴新智　汪　松　陈宜瑜
施立明　郑光美　杨　岚　贲昆龙　范滋德　褚新洛　雷克健　雷吉昌
翟中和　蔡景霞　熊　江

第四届编辑委员会（1994 年 1 月—1997 年 12 月）

主　　编：潘清华

副主编：蔡景霞　张玲媛

编　　委（＊为常务编委，按姓氏笔画排序）：

丁岩钦　尹文英＊　王应祥＊　孙儒泳　刘次全　刘祖洞　阮长耿　李靖炎＊
陈宜瑜＊　杨大同　杨　岚　汪　松＊　况荣平　郑光美　季维智＊　吴新智
范滋德　施立明＊　赵其昆　贲昆龙　张玲媛＊　戚正武　梅镇彤
彭燕章＊　蔡景霞＊　翟中和　潘清华＊　薛京伦

第五届编辑委员会（1998 年 1 月—2001 年 12 月）

主　编：潘清华

常务副主编：杨大同

副主编：蔡景霞　杨大同　杨君兴　单　访

编　委（按姓氏拼音排序）：

贲昆龙　蔡景霞　陈润生　陈宜瑜　桂建芳　季维智　康　乐　况荣平　刘次全

龙勇诚　罗泽伟　梅镇彤　潘清华　戚正武　冉永禄　阮长耿　单　访　孙儒泳
汪　松　王　文　王应祥　文贤继　吴新智　徐　林　薛京伦　杨大同　杨君兴
杨　岚　尹文英　翟中和　张亚平　张　云　赵尔宓　赵其昆　郑光美　郑永唐
左仰贤

第六届编辑委员会（2002 年 1 月—2005 年 12 月）

主　编：季维智

副主编：蔡景霞　李健立　单　访

委　员（按姓氏拼音排序）：

Oliver Ryder（美国）　　贲昆龙　陈宜瑜　邓紫云　桂建芳　蒋志刚　康　乐
刘次全　马原野　戚正武　阮长耿　宿　兵　孙儒泳　汪　松　王　文　王应祥
文建凡　吴新智　徐　林　薛京伦　杨大同　杨君兴　尹文英　翟中和　张亚平
张　云　张智强（新西兰）　　赵尔宓　赵其昆　郑光美　郑永唐　左仰贤

第七届编辑委员会（2006 年 1 月—2009 年 12 月）

（按姓氏拼音排序）

顾　问：陈宜瑜　孙儒泳　尹文英　赵尔宓

主　编：张亚平

副主编：康　乐　吴仲义　杨君兴

学科副主编：蔡景霞　毛炳宇　王小明　王应祥　文建凡　赵亚军　郑永唐　周荣家

编　委：Adel A. B. Shahin　Alexei Kryukov　Boris Vyskot　陈宏伟　Deng Hongwen
丁　平　Eske Willerslev　桂建芳　韩联宪　何舜平　黄京飞　黄勇平　Igor Khorozyan
季维智　计　翔　蒋学龙　蒋志刚　赖　仞　LEE Sang Hong　李代芹　李庆伟
李少军　龙勇诚　马原野　Michael H. Ferkin　Neena Singla　Nicolas Mathevon
Nallar B. Ramachandra　Natchimuthu Karmegam　Oliver Ryder　Prithwiraj Jha
Pim Edelaar　Radovan Vaclav　宿　兵　Tibor Vellai　Vallo Tilgar　王　文　王义权
王跃招　魏辅文　Walter Salzburger　WU Rongling　吴孝兵　肖　蘅　徐　林
杨　光　杨晓君　Yue Genhua　张华堂　张树义　张　云　张智强　赵其昆
赵中明　郑光美

第八届编辑委员会（2010 年 1 月—2014 年 8 月）

顾　问：陈宜瑜　孙儒泳　尹文英　赵尔宓　郑光美

主　编：张亚平

副主编：康　乐　吴仲义　蔡景霞　王应祥　郑永唐　毛炳宇　姚永刚

编　委（按姓氏拼音排序）：

第九届编辑委员会（2014 年 8 月—2018 年 12 月）

主　编：Yonggang Yao

副主编：Waiyee Chan　Xuelong Jiang　Bingyu Mao　Yingxiang Wang　Yun Zhang　Yongtang Zheng

编　委（按姓氏拼音排序）：

第十届编辑委员会（2019 年 1 月—2020 年 12 月）

主　编：Yonggang Yao

副主编：Waiyee Chan　Xuelong Jiang　Yun Zhang　Yongtang Zheng

编　委（按姓氏拼音排序）：

Julian Kerbis Peterhans   Esther N. Kioko   Randall C. Kyes   Ren Lai   David C. Lee
Jiatang Li   Shuqiang Li   Wei Liang   Huaxin Liao   Simin Lin   Huanzhang Liu
Jianhua Liu   Wenjun Liu   Mengji Lu   Masaharu Motokawa
Victor Benno Meyer–Rochow   Nickolay A. Poyarkov   Xiangguo Qiu   Ruichang Quan
Michael K. Richardson   Christian Ross   Bing Su   Kunjbihari Sulakhiya   John Taylor
Christopher W. Turck   Wen Wang   Fuwen Wei   Junhong Xia   Guojie Zhang
Yaping Zhang   Wu Zhou

第十一届编辑委员会（2021 年 1 月—2022 年 12 月）

主　　编：Yonggang Yao

副 主 编：Waiyee Chan   Xuelong Jiang   Yun Zhang   Yongtang Zheng

学科编委：Jiong Chen   Pengfei Fan   David Irwin   Jiatang Li

编　　委（按姓氏拼音排序）：

Amir Ardeshir   Yuhai Bi   Le Ann Blomberg   Jean Philippe Boubli
Kevin L. Campell   Colin Chapman   Jing Che   Ceshi Chen   Yupeng Cun   Lina Du
Tiangxiang Gao   Cyril C. Grueter   Peng Guo   David Hillis   Shiulok Hu
Xiaoxiang Hu   Zhonghao Huang   Nina G. Jablonski   Weizhi Ji   Xiang Ji
Jianping Jiang   Le Kang   Julian Kerbis Peterhans   Esther N. Kioko   Randall C. Kyes
Ren Lai   David C. Lee   Haipeng Li   Jing Li   Ming Li   Shuqiang Li   Xueyan Li
Wei Liang   Weiqiang Lin   Huanzhang Liu   Jianhua Liu   Huairong Luo   Li Ma
Masaharu Motokawa   Anders Pape Møller   Yuyu Niu   Xinghua Pan   Hyun Park
Sha Peng   Nickolay A. Poyarkov   Xiaoguang Qi   Xiangguo Qiu   Jing Qu
Ruichang Quan   Christian Ross   Manuel Ruiz–Garcia   Bing Su
Christopher W. Turck   Wen Wang   Yanjiang Wang   Fuwen Wei   Gary Wong
Junhong Xia   Hui Xiang   Yang Xiang   Zuofu Xiang   Baowei Zhang   Guojie Zhang
Yaping Zhang   Zhijun Zhang   Wu Zhou   Xianjun Zhu

青年编委（按姓氏拼音排序）：

Ying Cheng   Cheng Deng   Kai He   Ke Jiang   Yu Jiang   Laxman Khanal   Peng Lei
Guogang Li   Ming Li   Lei Liu   Zhen Liu   Saunak Pal   Elise Savier   Changwei Shao
Xingfeng Si   Kai Wang   Dongdong Wu   Zhiyuan Yao   Xiguo Yuan   Tian Zhao
Qi Zhou   Zhaomin Zhou   Kang Zou

第十二届编辑委员会（2023 年 1 月—2024 年 12 月）

主　　编：Yonggang Yao

副 主 编：Waiyee Chan   Xuelong Jiang   Yun Zhang   Yongtang Zheng

学科编委：Jiong Chen　Pengfei Fan　David Irwin　Jiatang Li　Shuqiang Li

编　　委（按姓氏拼音排序）：

Amir Ardeshir　Yuhai Bi　Jean Philippe Boubli　Wenjun Bu　Kevin L. Campell

Colin Chapman　Gang Cao　Ceshi Chen　Liangbiao Chen　Luonan Chen

Yongchang Chen　Yupeng Cun　Zhifang Dong　Lina Du　Miguel Angel Esteban

Jifeng Fei　Tiangxiang Gao　Chutian Ge　Shaoyu Ge　Cyril C. Grueter　Jianfang Gui

Peng Guo　Xianguang Guo　David Hillis　Xiaoxiang Hu　Jinlian Hua　Lusheng Huang

Zhonghao Huang　William R. Jeffery　Xiang Ji　Jianping Jiang　Yu Jiang　Le Kang

Esther N. Kioko　Randall C. Kyes　Liangxue Lai　Ren Lai　Peng Lei　Chenghua Li

Haipeng Li　Jinsong Li　Jing Li　Ming Li　Ming Li　Ming Li　Xiaojiang Li

Xueyan Li　Wei Liang　Qiang Lin　Weiqiang Lin　Huanzhang Liu　Jianhua Liu

Sheng Liu　Li Ma　Zining Meng　Masaharu Motokawa　Anders Pape Møller

Yonggang Nie　Hyun Park　Julian Kerbis Peterhans　Nickolay A. Poyarkov

Xiaoguang Qi　Jianwen Qiu　Qiang Qiu　Xiangguo Qiu　Jing Qu　Christian Ross

Changwei Shao　Qiong Shi　Weifeng Shi　Xingfeng Si　Bing Su　Yonghua Sun

Yigang Tong　Christopher W. Turck　Wen Wang　Xiaoqun Wang　Yanjiang Wang

Yingyong Wang　Fuwen Wei　Gary Wong　Junhong Xia　Hui Xiang　Zuofu Xiang

Can Xie　Songguang Xie　Yuyun Xing　Shiqing Xu　Qingpi Yan　Guang Yang

Xinglou Yang　Baowei Zhang　Guojie Zhang　Jinsong Zhang　Yaping Zhang

Yan Zhang　Zhi Zhang　Zhijun Zhang　Hui Zhao　Wenming Zhao　Yahui Zhao

Wu Zhou　Xianjun Zhu

青年编委（按姓氏拼音排序）：

Xiangjun Chen　Ying Cheng　Cheng Deng　Hezhi Fang　Ke Jiang　Laxman Khanal

Guogang Li　Lei Liu　Zhen Liu　Kai Wang　Kun Wang　Dongdong Wu

Shijun Xiao　Zhiyuan Yao　Wenhua Yu　Tifei Yuan　Xiguo Yuan　Jianxiong Zeng

Bo Zhang　Shichang Zhang　Bo Zhao　Tian Zhao　Qi Zhou　Xuming Zhou　Kang Zou

《蛛形学报》

　　《蛛形学报》是中国动物学会蛛形学专业委员会和湖北大学联合主办的学术类刊物，1991年作为内部刊物创刊试发行，1994年经国家科委批准正式面向国内外公开发行。每卷2期。

《蛛形学报》历届编辑委员会

第一届编辑委员会（1992年5月—1994年9月）

主　编：赵敬钊

副主编：宋大祥　王洪全　邓国藩

编　委（按姓氏笔画排序）：

尹长民　王洪全　邓国藩　文在根　古德祥　朱传典　朱志民　朱明生　宋大祥

忻介六　邱琼华　王海珍　陈孝恩　陈　建　陈樟福　杨海峰　张永强　胡金林

赵敬钊　徐加生　温廷桓

第二届编辑委员会（1994 年 9 月—2007 年 10 月）

名誉主编：N. I. Platnick

主　　编：赵敬钊

副 主 编：宋大祥　王洪全　王慧芙　陈　建

编　　委（按姓氏笔画排序）：

文在根　王洪全　王新平　尹长民　古德祥　朱志民　朱明生　李代芹　宋大祥

陈　军　陈孝恩　陈　建　陈樟福　张永强　胡金林　赵敬钊　晏建章　彭贤锦

曾庆韬

第三届编辑委员会（2007 年 10 月—2015 年 7 月）

名誉主编：N. I. Platnick

主　　编：陈　建

副 主 编：陈　军　彭贤锦　张　锋

编　　委（按姓氏笔画排序）：

马立名　尹长民　方　满　王洪全　王新平　朱明生　宋大祥　张古忍　张　锋

李代芹　李枢强　陈　军　陈　建　赵敬钊　夏　斌　彭贤锦　曾庆韬　颜亨梅

Peter Jager　Yuri M. Marusik

第四届编辑委员会（2015 年 7 月—　　）

主　编：陈　建

副主编：陈　军　彭贤锦　张　锋

编　委（按姓氏笔画排序）：

马立名　王新平　刘　杰　佟艳丰　肖永红　张　锋　张古忍　张志升　张增泰

李代芹　李　锐　李枢强　陈　建　陈　军　林玉成　罗育发　陶　冶　徐　湘

夏　斌　彭贤锦　彭　宇　颜亨梅　曾庆韬　Peter Jager　Yuri M. Marusik

Avian Research

2009 年 6 月，由北京林业大学申办的全英文鸟类学期刊 *Chinese Birds* 获新闻出版总署批准。期刊为季刊，公开发行，由教育部主管，高等教育出版社出版。办刊宗旨及业务范围为：发表鸟类研究领域学术论文，向国内外学者提供鸟类学术研究成果，提高中国鸟类学的学术水平和国际影响，为鸟类保护、繁育、应用和生态文明建设贡献力量。

2010 年 3 月，*Chinese Birds* 创刊，内容在自建网站（www.chinesebirds.net）发布。2012 年 2 月，变更出版单位为清华大学出版社有限公司。2013 年 4 月，申请增加中国动物学会为第二主办单位，2013 年 5 月获国家新闻出版广电总局批准。2013 年，*Chinese Birds* 被中国科学引文数据库收录。2013 年 8 月，期刊编辑部与学术出版商 BioMed Central 签订合作出版协议，期刊内容将采取开放获取模式出版，合作出版期限为 2014 年至 2017 年。

2013 年，期刊申请变更刊名为 *Avian Research*。2014 年 3 月得到国家新闻出版广电总局批复，同意由北京林业大学和中国动物学会共同主办 *Avian Research*。*Avian Research* 将面向世界，并特别关注中国及周边亚洲国家的鸟类学研究，稿件类型主要为研究论文及综述。具体方向包括鸟类行为学、生态学、生理学、分子生物学、保护生物学等，特别关注系统发生及进化、生活史及对策、鸟类迁徙、鸟类与全球环境变化的关系等热点方面。期刊将继续由 BioMed Central 合作出版，以网络版为主，采取开放获取模式向全球读者免费提供期刊全文内容。

2014 年 8 月，*Avian Research* 投稿系统开放。2014 年 9 月 30 日，*Avian Research* 创刊。期刊网站 www.avianres.com 启用。

Avian Research 由北京师范大学郑光美院士担任主编，首届编辑委员会成员由国内外 31 位知名鸟类学家组成。

2016 年年初，*Avian Research* 被科学引文索引等数据库收录，当年 6 月获得首个影响因子 0.375。

2017 年，*Avian Research* 被 Scopus 数据库收录。编辑部与 BioMed Central 签订了第二期合作出版协议，合作出版期限为 2018—2022 年。

2019 年，中国科学院动物研究所雷富民研究员担任期刊执行主编，具体负责期刊主编事务。

2019 年 11 月，*Avian Research* 入选"中国科技期刊卓越行动计划"梯队期刊，获为期 5 年的项目资助。

2020 年，主编郑光美院士因年龄原因辞去主编职务，由中国科学院动物研究所雷富民研究员担任主编。

2021 年年底，期刊与 BioMed Central 的合作出版协议到期。经招标，确定了新的合作出版商北京科爱森蓝文化传播有限公司。合作出版期限为 2022—2024 年。2022 年 2 月，期刊内容在新的出版平台发布，网址为：https://www.sciencedirect.com/journal/avian—research。

近年来，期刊的影响因子稳步提升，科睿唯安公布的 2022 年 JCR 影响因子为 1.8，在 29 份鸟类学 SCI 期刊中排名第 4，居于 Q1 区；在中国科学院期刊分区表中，居鸟类学小类 1 区，生物学大类 2 区。

先后被评为 2015—2017、2019—2021 年"中国国际影响力优秀学术期刊"，获 2018 年、2020 年、2022 年度"中国高校百佳科技期刊"等荣誉。

Avian Research 历届编辑委员会

《动物学杂志》

《动物学杂志》于 1957 年在上海创刊，1957 年 5 月 15 日出版了第 1 卷第 1 期。秉志撰写了发刊词，明确《动物学杂志》的办刊宗旨为：①推动动物学的研究工作；②帮助动物学教师在日常讲课中获取新的参考资料；③便利国内习动物学的青年得到动物学界必不可少的争鸣园地。《动物学杂志》自第三卷起移至北京出版，由中国动物学会和中国科学院动物研究所主办。本刊内容范围广，侧重于普及动物学教育，并有提高水平的作用。版面包括研究报告、综合评述、技术方法、经验介绍、讨论园地、书刊评介、学术动态等栏目。

自创刊起，《动物学杂志》经历了不平凡的发展历程。1957—1958 年创刊伊始，《动物学杂志》每年出版 4 期，载文量 10~15 篇 / 期。1959—1960 年改为月刊，载文量 9~23 篇 / 期。1961—1962 年停刊。1963—1966 年复刊，并改为双月刊。其中 1964 年第 6 卷第 6 期为中国动物学会三十周年学术年会专刊，刊登了《中国动物学会三十年简史》及动物学各个领域发展的文章 12 篇，以及其他论文 14 篇。1967—1971 年再次停刊。1974—1981 年恢复《动物学杂志》季刊出版，1982 年改为双月刊。自此，《动物学杂志》进入稳定发展时期。自 2000 年第 2 期开始增加了英文摘要和英文关键词。2014 年第 2 期更新了栏目设置，改为研究报告、研究简报、技术与方法、综述、封面动物及动态与其他。为增加文章的影响力及国际传播力，《动物学杂志》自 2014 年开始，要求文章提供长英文摘要及中英文图表。英文摘要须包括具体方法和数据的统计学检验分析方法、结果中的主要数据并引出相应的图表并适当说明，即达到英语读者通过英文摘要及文中以中英文对照形式给出的图表就能基本了解本研究成果的效果。2023 年，《动物学杂志》加入了中国科协"科技期刊双语传播工程"，推荐论文进行英文翻译及国际推广，进一步增加了中外学术交流。

走过了 60 多年的发展历程，《动物学杂志》曾荣获中国科学院优秀期刊三等奖、全国优秀期刊三等奖、中国科协优秀学术期刊二等奖及北京市优秀期刊奖。是入围中国期刊方阵的双效期刊，并入选中文自然科学核心期刊。同时被多个中外数据库收录，如 CA 化学文摘（美）、JST 日本科学技术振兴机构数据库（日）、Рж（AJ）文摘杂志（俄）、英国《动物学记录》、中国科学引文数据库。

《动物学杂志》历届编辑委员会

第一届编辑委员会（1957—1958 年）

（按姓氏笔画排序）（30 人）

丁汉波（福州）　王有琪（上海）　朱元鼎（上海）　朱　洗（上海）　忻介六（上海）

沈嘉瑞（北京）　秉　志（北京）　周本湘（上海）　姚　鑫（上海）　徐荫祺（上海）

高哲生（青岛）　陈　义（南京）　夏武平（北京）　张作人（上海）　张孟闻（上海）

张　奎（上海）　庄孝僡（上海）　傅桐生（长春）　嵇联晋（上海）　崔友桂（北京）

雍克昌（成都）　董聿茂（杭州）　杨浪明（兰州）　刘　咸（上海）　刘健康（武汉）

谈家桢（上海）　郑　重（厦门）　潘清华（昆明）　薛德焴（上海）　戴辛皆（广州）

常务编委：朱　洗　徐荫祺　张作人　张孟闻　谈家桢　薛德焴　刘　咸（干事编辑）

第二届编辑委员会（1958—1960 年）

主　编：郑作新

副主编：沈嘉瑞

第三届编辑委员会（1963—1964 年）

主　编：沈嘉瑞

副主编：夏武平

编　委：不详

第四届编辑委员会（1974—1978 年）

主　编：郑作新

副主编：钱燕文　朱　靖　潘星光
编　委：马建章　史瀛仙　伍惠生　许维枢　刘月英　朱　靖　朱传典　巫露平　宋大祥
　　　　李扬文　罗泽珣　郑作新　郑光美　柳建昌　秦荣前　夏武平　钱燕文　高耀亭
　　　　胡淑琴　黄健林　卿建华　彭鸿绶　谭耀匡　潘星光　潘荣和

第五届编辑委员会（1979—1984 年）
主　编：钱燕文
副主编：张　洁　潘星光
编　委：王耀培　王祖望　史瀛仙　伍惠生　许维枢　刘月英　吕克润　宋大祥　张有为
　　　　杨荷芳　沈孝宙　李扬文　罗泽珣　郑光美　金　岚　胡淑琴　柳建昌　高耀亭
　　　　卿建华　彭鸿绶　谭耀匡　潘荣和

第六届编辑委员会（1985—1989 年）
主　　编：张　洁
副 主 编：沈孝宙
常务编委：钱燕文　周庆强　潘星光
编　　委（按姓氏笔画排序）：
　　　　王祖祥　王耀培　刘月英　伍惠生　张有为　张　洁　沈孝宙　杨荷芳　郑文莲
　　　　郑光美　郑智民　周庆强　金　岚　赵承萍　柳建昌　费　梁　钱燕文　高耀亭
　　　　盛和林　曹　焯　谭耀匡　潘星光
责任编辑：陈瑞田　李幼华　刘素霞　刘兰英

第七届编辑委员会（1990—1994 年）
主　　编：马　勇
副 主 编：钱燕文　张　洁　潘星光
编　　委（按姓氏笔画排序）：
　　　　马　勇　王永良　刘月英　伍惠生　张有为　张　洁　陈致和　陈佩惠　杨荷芳
　　　　杨潼　武云飞　沈猷慧　金　岚　赵承萍　郑光美　郑智民　钟文勤　柳建昌
　　　　费　梁　钱燕文　高耀亭　盛和林　曹　焯　谭耀匡　潘星光　潘帏钧
责任编辑：陈瑞田　刘兰英　刘素霞

第八届编辑委员会（1995—2000 年）
主　　编：马　勇
副 主 编：钱燕文　刘素霞（专职）
常务编委：张　洁　潘星光　蒋志刚　冯　强　徐延恭

编　　委（按姓氏笔画排序）：

马　勇　马建章　马崇玉　王永良　王苏舰　王祖望　冯　强　孙方臻　刘兰英

刘素霞　宋大祥　宋延龄　张　洁　张春光　陈致和　陈佩惠　杨　潼　沈猷慧

赵承萍　郑光美　郑智民　钟文勤　柳建昌　费　梁　桂建芳　徐延恭　钱燕文

盛和林　盛连喜　曹　焯　蒋志刚　潘星光

责任编辑：刘兰英　刘素霞　刘玮

第九届编辑委员会（2000—2004 年）

主　编：马　勇

副主编：钱燕文　徐延恭　彭景梗　顾亦农（专职）

编　　委（按姓氏笔画排序）：

马　勇　马建章　王庆民　王祖望　冯　强　孙青原　许木启　李枢强　李新正

张正旺　张春光　张树义　张　洁　陈佩惠　何芬奇　宋大祥　宋延龄　沈猷慧

孟安明　郑光美　郑智民　费　梁　钟文勤　桂建芳　顾亦农　徐延恭　徐存拴

钱燕文　曹　焯　盛和林　彭景梗　蒋志刚　潘星光

第十届编辑委员会（2004—2009 年）

主　　编：马　勇

副主编：宋延龄　赵　勇　彭景梗　徐延恭　顾亦农（常务）

编　　委（按姓氏笔画排序）：

马　勇　马建章　王祖望　王跃招　王德华　方盛国　计　翔　孙青原　孙悦华

刘迺发　许木启　李　宁　李　明　李进华　李枢强　李新正　张正旺　张春光

张树义　张瑾峰　吴孝兵　陈佩惠　宋大祥　宋延龄　宋林生　杨　光　杨增明

孟安明　宛新荣　郑光美　赵　勇　费　梁　钟文勤　桂建芳　夏国良　顾亦农

徐存拴　徐宏发　徐延恭　曹　焯　彭贤锦　彭景梗　蒋志刚　魏辅文

责任编辑：顾亦农　梁　冰

第十一届编辑委员会（2010—2014 年）

名誉主编：马　勇

主　　编：宋延龄

副主编：赵　勇　彭景梗　孙悦华　梁　冰（常务）

编　　委（按姓氏笔画排序）：

丁长青　马　勇　马志军　马建章　王德华　计　翔　石树群　孙青原　孙悦华

刘迺发　许木启　李　明　李保国　李枢强　李新正　张正旺　张春光　张明海

张树义　张海燕　宋延龄　宋林生　宋昭彬　杨增明　宛新荣　郑光美　赵　勇

费　梁　钟文勤　桂建芳　夏国良　徐存拴　徐宏发　徐延恭　梁　冰　彭贤锦
彭景梗　蒋志刚　戴家银　魏辅文

责任编辑：顾亦农　梁　冰

第十二届编辑委员会（2015—2019年）

名誉主编：马　勇

主　　编：宋延龄

副 主 编：赵　勇　彭景梗　孙悦华　梁　冰（常务）

编　　委（按姓氏笔画排序）：

丁长青　马　勇　马志军　马建章　王德华　计　翔　石树群　边疆晖　刘迺发
孙青原　孙悦华　宋延龄　宋林生　宋昭彬　张正旺　张明海　张春光　张树义
张堰铭　李　明　李枢强　李保国　李春旺　李新正　杨增明　陈广文　宛新荣
郑光美　费　梁　赵　勇　赵亚辉　夏国良　徐宏发　桂建芳　梁　冰　彭贤锦
彭景梗　曾治高　蒋志刚　蒋学龙　谢　锋　戴家银　魏辅文

责任编辑：梁　冰　尹　航

第十三届编辑委员会（2020—2024年）

名誉主编：宋延龄

主　　编：孙悦华

副 主 编：王红梅　郭宝成　彭景梗　梁　冰（常务）

编　　委（按姓氏笔画排序）：

丁长青　马志军　马建章　王红梅　王德华　计　翔　石树群　刘　阳　刘　宣
齐晓光　江建平　孙青原　孙悦华　杜卫国　李　晟　李枢强　李保国　李新正
杨　光　何宏轩　宋延龄　宋林生　宋昭彬　张正旺　张堰铭　陈广文　陈晓虹
陈嘉妮　周旭明　郑光美　聂永刚　徐基良　高绍荣　郭宝成　梁　伟　梁　冰
彭景梗　蒋志刚　蒋学龙　谢　锋　缪　炜　潘胜凯　魏辅文

责任编辑：梁　冰　季　婷

《生物学通报》

《生物学通报》1952年8月创刊至今，已经走过了70多年不平凡的里程。1952年5月，全国科联根据当时政务院文化教育委员会的指示，为适应中学自然科学教学的需要，以帮助提高中学教学为目的，由各有关学会分别负责编辑创刊了数学、物理、化学及生物学4种通报。其中，《生物学通报》是由植物学会将复刊不久的《中国植物杂志》和中国动物学会正在筹备出版的动物学科普杂志合并改名而成。由郭沫若题写刊名，北京林业大学汪振儒教授任第一任主编。1952年8月出版了第

1卷第1期。

1957年，全国科联不再直接指导《生物学通报》编辑的具体工作。1958年，经上级批准，将《生物学通报》的挂靠关系落在北京师范大学生物系。

"文化大革命"期间，《生物学通报》被迫停刊。1980年经国家科委批准同意《生物学通报》复刊，由中国科协主管，中国动物学会、中国植物学会主办，挂靠在北京师范大学，由科学出版社出版。1985年，经中国科协批准，《生物学通报》的主办单位增加北京师范大学。1988年改为由《生物学通报》编辑委员会、编辑部出版。自此，《生物学通报》逐步走向稳定、开拓、发展的时期。《生物学通报》1992年、1997年被评为中国科协优秀期刊。2007—2009年连续3年获得中国科协精品科技期刊工程项目资助。

70多年来，《生物学通报》始终坚持办刊宗旨，以"综合、基础、新颖、及时"的特点，为广大生物学教师提供了丰富的教学资源，传播生命科学的新进展、新知识、新理念、新方法，深受广大读者的喜爱，在全国生物学教育界享有较高声誉，被广大生物学教师誉为"及时雨"和"良师益友"，并不断开拓、创新。

1992年，高考取消生物学考试，我国中学生物学教学处于低谷。为了鼓励中学生物学教师献身生物学教育事业，促进生命科学后备人才的培养，提高刊物的社会效益，《生物学通报》设立了《生物学通报》奖励基金，奖励全国优秀教师。《生物学通报》奖励基金共评选了5届，获奖教师近500人。全国优秀教师奖励基金的评选在全国中学生物学教育界产生较大的影响，收到很好的社会效益。

21世纪初，我国进行第8次中学生物学课程改革，为配合义务教育新的生物学课程标准的颁布，《生物学通报》组织教育部生物学课程标准研制组的专家撰写系列文章，着重介绍生物学新课程标准及课程标准实验教材，使广大一线教师及时学习、了解新课程标准，转变教育观念。这对于提高广大教师素质，促进全国生物学教育教学改革起到了很大的促进作用。

2004年，组织教育部高中生物学课程标准研制组的专家撰写文章，对高中生物学课程标准进行系列解读，以帮助广大教师理解新课程标准，搞好新课程标准教材试教。2008年再次组织系列文章，对《高中生物课程标准》选修部分的教学进行辅导。

2018年，《普通高中生物学课程标准（2017年版）》颁布，这是我国生物学教育发展中的标志性进步。新的课程标准将培养学生的生物学核心素养作为课程宗旨，对课程资源建设、课堂教学和教师的专业发展都提出了新的要求。《生物学通报》邀约《普通高中生物学课程标准》修订组负责人对《普通高中生物学课程标准（2017年版）》中的生命观念、科学本质进行解读，帮助一线教师理解并实施培养学生的核心素养。

《生物学通报》积极办好特色栏目，服务于中学生物学课程教学改革，为一线教师提供了丰富的教学资源，在全国生物学教育界具有很大的影响，对全国中学生物学教育教学改革起到了一定的引领和促进作用，极大地促进了中学生物学课程教学改革。

2022年，为响应北京师范大学期刊改革，《生物学通报》出版单位由《生物学通报》编辑部变更为北京师范大学出版社，开启了期刊发展的新篇章。《生物学通报》创刊70周年时，精心策划了"庆祝创刊70周年"系列刊庆活动，极大提升了品牌影响力，创造了良好的文化价值。

《生物学通报》历届编辑委员会

第一届编辑委员会（1952 年 8 月—1988 年 1 月）

主　编：汪振儒

副主编：庄之模　张启元　陈皓兮

编　委：周德超　陈灵芝　李杰芬　郭学聪　陆师义　吴国利　罗见龙　张金栋　王书颖
　　　　宋大祥　郑光美　刘曾复　刘次元　袁其晓　张国柱　叶佩珉　朱正威　董宝华
　　　　郑春和　陈正宜　汪堃仁　叶恭绍　王伏雄　贾祖璋　李家坤　李琮池　莫熙穆
　　　　赵尔宓　钦俊德　秦祝珣　黄宗甄　刘恕　吴云龙

第二届编辑委员会（1988 年 1 月—2000 年 1 月）

主　编：张启元

副主编：宋大祥　朱正威

编　委：陈伟烈　陈侠群　宋大祥　郑光美　曾中平　韩志泉　张金栋　丁明孝　何忠效
　　　　黄华樱　连式安　张启元　张志文　樊文海　朱正威　郑春和　叶佩珉　李兰芬
　　　　董宝华　裘伯川　叶恭绍　庄之模　陈皓兮　赵尔宓　吴云龙　刘毓森　陈广禄
　　　　王薇　曹惠玲　尚作相　罗大熏　樊文海　王秀云　张兰　黄莹　丁敏

第三届编辑委员会（2000 年 1 月—2022 年 6 月）

主　编：郑光美

副主编：朱正威　刘恩山　丁明孝　张兰

编　委：丁明孝　王英典　王重力　王薇　左明雪　白逢彦　石飞　卢龙斗　李晓辉
　　　　朱正威　朱立祥　许木启　刘全儒　刘启宪　刘俊波　刘恩山　刘敬泽　刘毓森
　　　　庄志标　陈伟烈　陈玲玲　宋锡全　何忠效　何奕昆　郑光美　郑春和　张华
　　　　张志文　张春光　张雁云　尚作相　赵占良　赵尔宓　郭玉海　桑建利　梁前进
　　　　徐国恒　曹惠玲　常彦忠　鲍时来　鲁凤民　颜忠诚

第四届编辑委员会（2022 年 6 月—　　）

主　编：刘恩山

副主编：王月丹

编　委：丁远毅　丁明孝　王月丹　王永胜　王重力　王健　王愉鑫　王薇　卢文祥
　　　　卢龙斗　兰瑛　毕诗秀　吕涛　朱立祥　刘全儒　刘俊波　刘恩山　刘敬泽
　　　　许木启　杜修全　杨计明　李红菊　李连杰　李秀菊　李晓辉　李诺　何奕骎
　　　　张可柱　张劲硕　张春光　张雁云　张锋　张颖之　陈月艳　陈保新　和渊
　　　　岳文果　周有祥　周初霞　赵占良　荆林海　钟能政　姜联合　姚建欣　徐国恒

郭玉海　桑建利　黄　瑄　黄燕宁　常彦忠　梁前进　鲁凤民　赖胜蓉　靳冬雪
甄　橙　鲍时来　蔚东英

《寄生虫与医学昆虫学报》

《寄生虫与医学昆虫学报》（*Acta Parasitology et Medica Entomologica Sinica*），1964 年创刊，由中国动物学会、中国昆虫学会和军事医学科学院微生物流行病研究所主办，季刊。

中国动物学会于 1964 年创办《寄生虫学报》，由我国著名的医学寄生虫学专家冯兰洲任主编，刊登的内容为寄生虫学各个方面的研究论文和简报，刊期为季刊，但只在 1964—1966 年出版 3 卷，"文化大革命"期间停刊。20 世纪 90 年代，中国动物学会和中国昆虫学会决定由两会的寄生虫学专业委员会和医学昆虫学专业委员会联合，恢复《寄生虫学报》，更名为《寄生虫与医学昆虫学报》，于 1993 年 2 月通过北京市新闻出版局批准。创办之初，学报由中国科协主管，中国动物学会和中国昆虫学会联合主办，军事医学科学院微生物流行病研究所承办，学报编辑部设立在微生物流行病研究所，编辑部人员编制和办刊经费均为该所承担。1997 年，主管单位变更为军事医学科学院，军事医学科学院微生物流行病研究所改为主办单位之一。2022 年变更为军事科学院主管，军事医学研究院主办。

该刊的办刊宗旨是反映寄生虫学与医学昆虫学研究和防治实践的新发现、新观点、新方法、新技术和新成就，促进国内外专业人员的学术交流，推动我国寄生虫学和医学昆虫学向高水平发展，为我国传染病防控提供学术支撑平台。主要包括论文、综述、简报、实验技术、论坛等栏目，主要读者对象包括我国寄生虫学和医学昆虫学科研、教学、临床医疗、卫生防疫、动植物检疫、畜牧兽医、植物保护和医药工业等专业人员和生物学、医学领域其他相关学科的专业人员以及国内外同行学者。

自 1993 年获准复刊以来，已出版 30 卷共 119 期，面向国内外公开发行。入选北大中文核心期刊（2014 版），目前被收录为《中国科技核心期刊》（中国科技论文统计源期刊），同时也被美国的《化学文摘》（CA）、美国《生物学文摘》（BA）、英国的《动物学记录》（ZR）、EBSCO、英国国际农业和生物科技中心（CABI）5 种具有重要学术影响的文摘及索引类期刊《蠕虫学文摘》《原生动物文摘》《医学和兽医昆虫学评论》《热带病通报》和《兽医学索引》收录。

《寄生虫与医学昆虫学报》历届编辑委员会

第一届编辑委员会（1993 年 12 月—1994 年 12 月）

主　编：陆宝麟

副主编：贺联印　吴厚永　孔繁瑶　陈佩惠　张金桐（常务）

编　委（按姓氏笔画排序）：

王美秀　王敦清　邓国藩　叶炳辉　齐普生　许炽煋　刘尔翔　吴　能　何毅勋
陈汉彬　陈观今　邱兆祉　负　莲　沈守训　沈　杰　杨宝君　范滋德　周昌清
周源昌　胡孝素　段嘉树　唐崇惕　温廷桓　程道新　熊光华　薛瑞德　瞿逢伊

第二届编辑委员会（1995 年 3 月—1998 年 6 月）

名誉主编：陆宝麟

主　　编：吴厚永

副 主 编：贺联印　吴厚永　孔繁瑶　陈佩惠　张金桐（常务）

编　　委（按姓氏笔画排序）：

王美秀　王敦清　邓国藩　叶炳辉　齐普生　许炽熛　刘尔翔　吴 能　何毅勋

陈汉彬　陈观今　邱兆祉　贠 莲　沈守训　沈 杰　杨宝君　范滋德　周昌清

周源昌　胡孝素　段嘉树　唐崇惕　温廷桓　程道新　熊光华　薛瑞德　瞿逢伊

（1997 年邓国藩、齐普生先生去世，从 1998 年第 1 期开始，将二者更换为许荣满和赵彤言）

第三届编辑委员会（1998 年 9 月—1999 年 12 月）

名誉主编：陆宝麟

主　　编：吴厚永

副 主 编：贺联印　孔繁瑶　陈佩惠　张金桐（常务）

编　　委（按姓氏笔画排序）：

王敦清　王善青　甘绍伯　叶炳辉　许炽熛　许荣满　刘尔翔　刘起勇　李凤舞

吴 能　何毅勋　陈汉彬　陈观今　邱兆祉　贠 莲　沈守训　沈 杰　范滋德

周昌清　周源昌　胡孝素　赵彤言　段嘉树　唐崇惕　温廷桓　程道新　薛瑞德

瞿逢伊

第四届编辑委员会（2000 年 3 月—2002 年 12 月）

名誉主编：陆宝麟

主　　编：吴厚永

副 主 编：贺联印　孔繁瑶　陈佩惠　张金桐（常务）

编　　委（按姓氏笔画排序）：

王 恒　王敦清　王善青　甘绍伯　叶炳辉　许荣满　刘尔翔　刘起勇　汪 明

李凤舞　李祥瑞　吴 能　吴观陵　陈汉彬　陈观今　邱兆祉　贠 莲　范滋德

周昌清　胡孝素　赵彤言　段嘉树　唐崇惕　高兴政　黄炯烈　温廷桓　简 恒

薛采芳　薛瑞德　瞿逢伊

第五届编辑委员会（2003 年 3 月—2004 年 12 月）

名誉主编：陆宝麟　吴厚永

主　　编：张金桐

副 主 编：贺联印　孔繁瑶　陈佩惠

编　　委（按姓氏笔画排序）：

吴溢敏　张西臣　张晓龙　李春晓　李祥瑞　沈　波　汪世平　汪　明　陈晓光
拓文斌　周明浩　林立丰　姜志宽　赵　亚　郭宪国　唐建明　夏超明　徐尔烈
诸欣平　顾卫东　高兴政　屠志坚　黄复生　曾晓芃　谭伟龙　詹　宾　简　恒
薛瑞德　瞿逢伊　A. O. J. Amoo　Graham B. White　Gunter C. Muller　Jonathan Day
Robert J. Novak

第九届编辑委员会（2018 年 3 月—2021 年 12 月）

名誉主编：吴厚永

主　　编：赵彤言

副主编：王　恒　孙　毅（常务）　陈启军　索　勋　诸欣平　鲁　亮　薛瑞德

编　　委（按姓氏笔画排序）：

丁雪娟　马雅军　王四宝　王丽娜　王　勇　王敬文　石海宁　闫桂云　刘文琪
刘起勇　刘敬泽　刘南南　朱兴全　朱　金　朱　冠　伦照荣　陆绍红　苏春雷
宋峰林　冷培恩　吴忠道　吴家红　吴溢敏　邹　振　张龙现　张西臣　张晓龙
李安兴　李春晓　李祥瑞　杨晓野　肖立华　沈　波　沈继龙　汪世平　陈晓光
陈　斌　拓文斌　周明浩　周金林　林立丰　姜志宽　赵　亚　郭宪国　唐建明
夏超明　徐尔烈　高兴政　屠志坚　韩　谦　程　功　曾晓芃　谭伟龙　詹　宾
蔡建平　简　恒　A. O. J. Amoo　Gunter C. Muller　Robert J. Novak

第十届编辑委员会（2022 年 3 月—2025 年 12 月）

主　　编：赵彤言

副主编：王　恒　孙　毅（常务）　陈启军　索　勋　诸欣平　鲁　亮　薛瑞德

编　　委（按姓氏笔画排序）：

丁雪娟　马雅军　王四宝　王　勇　王敬文　邓国宏　石海宁　朱兴全
朱　金　朱　冠　伦照荣　刘文琪　刘南南　刘起勇　刘敬泽　闫桂云
苏春雷　李安兴　李春晓　李祥瑞　杨晓野　肖立华　吴忠道　吴家红
吴溢敏　邹　振　冷培恩　汪世平　沈　波　沈继龙　宋峰林　张龙现
张西臣　张灵玲　张晓龙　陆绍红　陈晓光　陈　斌　拓文斌　林立丰
周金林　周晓红　周毅彬　赵　亚　姜志宽　夏超明　徐文岳　徐尔烈
郭宪国　唐建明　屠志坚　韩　谦　程　功　程喻力　曾晓芃　詹　宾
褚宏亮　蔡建平　谭伟龙　魏春燕

附录7 省、自治区、直辖市动物学会

北京动物学会

一、学会简介

北京动物学会成立于 1947 年 10 月 10 日，是由北京动物学工作者自愿联合发起成立的一个非营利性学术团体，是经北京市社会团体行政主管机关批准注册登记的社会团体法人，是北京市从事动物学教学、科学研究、饲养繁殖、保护管理和宣传教育的相关行业和单位人员横向联系的重要纽带，也是北京市科学技术协会的组成部分。学会的宗旨是：团结北京市的广大动物学工作者，促进动物学技术的普及和推广，促进动物学科技人才的成长和提高，为社会主义物质文明和精神文明建设服务，为推动我国动物科学的发展和加速实现我国现代化建设作出贡献。学会遵守宪法、法律、法规和国家政策，践行社会主义核心价值观，遵守社会道德风尚。积极开展有关动物科学的学术活动，提高学术水平，组织专科学术讨论会和科学考察活动；开展有关动物科学的教学经验交流、提高教学质量，促进人才培养；编辑出版动物科学的学术及科普书刊；大力普及动物科学知识，传播推广先进技术，组织、举办科技展览；对有关动物学的国家科技发展战略、政策和经济建设中的重大决策进行科学咨询，接受委托进行科技项目的论证，科技成果的鉴定，技术职称资格审定动物科学名词、名称、文献和标准的编审，提供技术咨询和技术服务；积极向有关组织反映动物科技工作者的合理化建议，维护动物科技工作者的合法权益，反映动物科技工作者的意见和要求；促进民间国际动物科学科技合作和学术交流活动，加强同国外动物学科学技术团体和科学工作者的联系；举办各种培训班、讲习班等，不断提高会员的学术水平；举荐人才、表彰、鼓励在科技活动中取得优秀成绩的会员和动物科技工作者。北京动物学会现有会员 1000 余人，挂靠单位为国家自然博物馆，秘书处设立于北京麋鹿生态实验中心。现任名誉理事长为许崇任教授、张正旺教授，理事长为丁长青教授，秘书长为张树苗研究员。在历届理事会的带领下，在承接政府转移职能、搭建学术交流平台、开展科普宣教等方面集中开展工作，举办"北京动物学会学术研讨会"等一系列有关动物、环境、生物多样性保护相关主题的科研科普活动，并在中国动物学会的指导下，联合华北地区的动物学会共同开展学术交流与合作，为首都绿色文明发展积极助力。

二、历史沿革与建设成绩

（一）历史沿革

北京动物学会是 1947 年 10 月 10 日由北京大学生物系沈同教授、李汝祺教授、王平教授、崔芝兰教授、钱燕文研究员等人发起成立的中国动物学会京津分会，1953 年改为北京动物学会。1954 年向北京民政局申请备案，当时会员有 70 余人。挂靠在北京大学。截至 2023 年，已成立 12 届理事会，由于"文化大革命"中档案遗失，前三届资料不详（第一届理事长是沈同）。"文化大革命"以后，北京动物学会于 1978 年恢复工作，1984 年召开第四次会员代表大会并设置秘书处，王平当选理事长，许维枢当选秘书长。1999 年召开第七次会员代表大会，增设副理事长 3 人，选举产生第七届理事会，新选理事长冯祚建，秘书长李湘涛，副理事长杨思谅、张沅、左明雪。2010 年召开的第九次会员代表大会，新增监事会，第一届监事长李彬。2018 年 10 月，按照北京市科协的统一部署，成立北京动物学会党建工作小组，由白加德副理事长担任党建小组组长，夯实了学会党建基础，在学会发展中进一步强化党的政治领导和纪律建设。学会秘书处于 2019 年建立并运营学会网站、学会微信公众号，编撰北京动物学会会员通信，内容包括科学研究、学术交流、科学普及、人才培养、国内外动态、会员活动等信息。学会于 2019 年征集会徽设计方案，最终选取了模式种（北京的雨燕、麋鹿和金线侧褶蛙、昆虫类选择在华北地区普遍的鸣蝉）为基础元素的新版会徽，拟体现鸟、兽、昆虫及两栖爬行类等多种元素于一体。理事会于 2020 年设立北京动物学工作委员会，2021 年成立团体标准审定委员会。

（二）建设成绩

北京动物学会充分发挥首都科技优势，关注动物学研究的热点问题和各学科之间的交叉与融合，在中国动物学会及所属分会，在京科研院所、大专院校的支持下，多次主办、承办、联合举办不同类型、不同专题的研讨会、报告会，为本会会员之间和交叉学科的学会之间提供了一个相互交流平台。

1. 学术活动

学会积极组织和开展形式多样的学术活动，主办每年一次的北京动物学会学术年会，内容包括动物生态学、行为学、保护生物学、细胞生物学、保护遗传学、基因组学、基础教育、科学普及和科学传播等相关领域，同步线上直播。来自北京各高校、科研院所、保护管理机构、行业协会、博物馆和基础教育的代表参加会议，共同探讨动物学的发展战略，交流研究成果，促进北京动物学工作者及相关领域科研人员之间的交流与合作。北京动物学会学术研讨会综合性强、涉及面广，现已成为首都地区从事动物保护、研究、科普及基础生物教育工作者的重要交流平台，学术影响力日益增强。例如：与北京实验动物学学会共同举办十届"动物疾病与人类健康"学术研讨会，自 2018 年以来学会联合北京实验动物学学会、北京环境诱变剂学会已开展四届"'环境·动物·人类健康'学术科普交流活动"；学会协助西藏自然科学博物馆和西藏自治区高原生物研究所在拉萨市举办"首届中国青藏高原昆虫论坛"；联合中国动物学会鸟类学分会举办翠鸟论坛；联合中国昆虫学会甲虫专业委员会举办"全国第四届甲虫进化分类与多样性学术研讨会"；学会代表参加中国动物学会第十八届全国会员代表大会暨第 24 届学术年会、第七届国际鸡形目鸟类学术研讨会、第十五届全国野生动物生态与资源保护学术研讨会、2019 动物行为学研讨会、北京市科学技术协会第十次代表大会等学术研讨会 100 余场次，组织实验动物专业技术人员培训班、野生动物病例管理操作系统培训班等培训，提升了会员的学术水平和能力。

2. 科普宣传

充分发挥理事单位科普场馆的优势，开展爱鸟、观鸟、护鸟竞赛、比赛活动；"世界野生动植物日"宣传活动；"生物多样性保护科普宣传月"活动；科技周活动；科普讲座与沙龙；科普展览；"爱绿一起"系列宣传活动；科普交流会；科普实践活动，向北京市中小学生及受众普及野生动物保护知识。

3. 服务社会

受国家林业局（现国家林业与草原局）野生动植物保护与自然保护区管理司委托，学会组织专家对有关单位申请的有关濒危野生动物驯养繁殖相关行政许可事项进行了评估、论证，举办专家论证会 12 场，服务相关单位、企业、个人 300 余家。学会组织专家深入基层，开展科技套餐服务，为京津冀三地动物养殖相关企业与学科专家之间搭建了良好的平台。组织相关专家深入北京大兴、平谷、延庆、顺义，河北固安、顺平县、正定县、灵寿县等地，为当地企业的肉鸽、蛋鸽、蚯蚓养殖、舍饲肉羊的规模化养殖等实施现场指导，实地咨询指导 40 余次，提出的合理化意见和建议 300 多条。学会成员带领团队共同完成北京市农民致富科技服务套餐配送工程——助力实施乡村振兴战略项目，开展了小院建设现场讲解培训、循环农业培训等，利用科学技术带动北京周边地区农民脱贫致富。

4. 党建

2018 年 10 月，按照北京市科协的统一部署，北京动物学会党建工作小组成立，由白加德副理事长担任党建小组组长，夯实了学会党建基础，在学会发展中进一步强化党的政治领导和纪律建设。在党建组长带领下，多次开展"不忘初心、牢记使命"主题教育活动等活动，借助远程视频联络召开党建工作会议，保证北京动物学会在不断前行中保持正确方向。

5. 学会自身建设

理事会每年按照计划举行理事会议、常务理事会议，制订学会工作计划，推动各项工作开展，总结工作完成情况。学会网站、学会微信公众号四年来发布通知、公告、学会动态等 70 余篇，在学会与动物学爱好者间建立起沟通的桥梁。会员通信旨在加强学会会务，交流行业信息，加强会员团结，推进学会工作。

三、学会理事会历届理事长、副理事长、秘书长名单

第一届理事会
理 事 长：沈 同

第二届理事会
理 事 长：沈 同

第三届理事会
理 事 长：李汝祺

副理事长：倪坚发　张间松　王　平　钱燕文
秘　书　长：钱燕文

第四届理事会（1984—1989 年）
理事长：王　平
秘书长：许维枢

第五届理事会（1989—1994 年）
理事长：钱燕文
秘书长：许维枢

第六届理事会（1994—1999 年）
理事长：钱燕文
秘书长：杨思谅

第七届理事会（1999—2003 年）
理　事　长：冯祚建
副理事长：杨思谅　张　沅　左明雪
秘　书　长：李湘涛

第八届理事会（2004—2009 年）
理　事　长：冯祚建
副理事长：饶成刚　许崇任　左明雪　张金国　杨奇森　苏建通
秘　书　长：段瑞华

第九届理事会（2010—2014 年）
理　事　长：左明雪
副理事长：许崇任　张金国　杨奇森　孟安明　孟庆金　颜忠诚
秘　书　长：段瑞华
监　事　长：李　彬

第十届理事会（2014—2018 年）
理　事　长：许崇任
副理事长：孟安明　魏辅文　孟庆金　张正旺　张林源　张成林　朱立祥　吴雪梅
秘　书　长：段瑞华

第十一届理事会（2018—2023 年）

名誉理事长：许崇任

理　事　长：张正旺

副理事长：白加德　杜卫国　张贵友　吴雪梅　丁长青　杨红珍　乔文军　段瑞华

秘　书　长：张树苗

第十二届理事会（2023—　　）

名誉理事长：许崇任　张正旺

理　事　长：丁长青

副理事长：杜卫国　张雁云　任　东　陶庆华　乔文军　钟震宇　王世雯

秘　书　长：张树苗

上海市动物学会

一、学会简介

上海市动物学会是经朱洗、张孟闻、张作人、朱元鼎、庄孝僡等老一辈动物学家辛勤耕耘的具有悠久历史的学术团体，由上海市动物学科学工作者以及企事业单位自愿组成的科技类、学术性的非营利性社会团体法人。本会的宗旨为团结广大动物学科技工作者遵守国家的法律、法规、规章和政策，遵守社会道德风尚，充分发扬学术民主，积极开展学术讨论；促进动物学科学与技术的发展和普及，促进动物学科技人才的成长，为推动动物学的发展作出贡献。

二、历史沿革与建设成绩

（一）历史沿革

1934 年，中国动物学会成立，上海设有分会，负责人为薛德焴、贝时璋、张作人等。1948 年中国动物学会将会址设在上海，1949 年 10 月学会会址由上海移至北京。1951 年 8 月 21—26 日在北京召开中华人民共和国成立后中国动物学会第一次会员代表大会，根据大会决议，在上海成立上海市动物学会，召集会员于 1951 年召开第一届会员大会，产生了第一届理事会，张孟闻任理事长。"文化大革命"期间，学会工作处于停滞状态，未召开会员代表大会，换届工作也未正常开展。"文化大革命"结束后，学会恢复活动，并在上海市民政局进行重新登记注册，挂靠华东师范大学（当时名为上海师范大学）。1978 年 1 月 12 日，学会在上海科学会堂召开会员代表大会，产生第五届理事会，张作人再次当选为理事长，重新修订了学会章程。70 多年来，学会已召开了 14 届会员代表大会，产生了十四届理事会。截至 2023 年，学会拥有 30 个团体会员单位，下设两栖爬行动物专业委员会、经济动物专业委员会等分支机构，有 500 余名会员。

（二）建设成绩

根据中国科协的要求，结合上海的实际情况，上海动物学会每1~2年举办学术年会，并编辑出版一本《动物学专辑》，先后由《华东师范大学学报》（自然科学版）、《上海师范大学学报》（自然科学版）、《水产学报》、《复旦学报》（自然科学版）正式刊载。通过学术交流，一支中青年学术骨干队伍已经形成并正在发展壮大，他们参与国际、国内的合作交流，承担了国家自然科学基金、国家跨世纪人才基金、国家有关部委科技攻关项目、国家回国人员基金、国家博士点基金、国家优秀青年教师基金及上海市科技启明星基金、上海市科委基金、上海市星火计划重点基金等各类课题数百项，并获得了国家科技进步奖二等奖、上海市科技进步奖一等奖、上海"市长"奖等多项奖励，为我国及上海的经济发展、科技及社会进步、人才培养等方面作出了贡献。

科学普及作为学会重点事业开展工作，在上海市科协的领导、支持下，学会主办参与了市科协的2049项目、"做中学"项目、"科普四个一工程"、青少年"生物百项"知识竞赛或青少年创新大赛、中学生生物学竞赛及生物学科普讲座等系列活动。自1992年以来，学会与上海市植物学会一起，联合上海市生物教学研究会，每年举办一次上海市中学生生物学竞赛。组织、辅导、选拔的参赛选手多次获国际生物学奥赛金牌，全国生物学竞赛金、银、铜奖等。2005—2023年，我会参与上海科协"2049全民素质计划"第三批资料包的编写以及培训工作；2008年起，我会又承担起"做中学"项目中动物学科的指导培训工作，开展"英才科技辅导员培育计划"；2018年设立"上海青少年科学社—上海市动物学会学会科学种子辅导站"，组织专家培育青少年科创项目。

40多年来，学会通过"会校挂钩"，坚持在青少年中开展科普活动，努力培养青少年对科学技术兴趣，已经打造自己的品牌活动。1982年，上海市动物学会、上海市生态学会在上海自然博物馆召开了第一届爱鸟周启动仪式，随后上海野生动物保护协会等一些社会团体相继加入共同协作，至今已经举办了42届，成为我会的品牌活动。1997年起，学会每年与上海市10所中小学签约共建科技特色学校，同时每年在这些学校作科普报告20多次，并多次组织部分学校师生到理事单位进行实地科普辅导。2004年起，学会协同兄弟单位共同主办"上海市青少年野生动物保护科学普及教育研讨会"，在此基础上每年又联合举办了"防止生物入侵、关注生态环境"中小学生生物多样性保护科学普及及社会行动，联合举办了上海市中小学生濒危野生动物科普知识活动。自2009年起，学会每年在上海地区组织开展Bioblitz活动，并逐步成为全市中小学生生态文明教育的品牌活动之一。

三、学会理事会历届理事长、副理事长、秘书长名单

第一届理事会（1951—1953年）

理 事 长：张孟闻

副理事长：张作人

秘 书 长：徐凤早

第二届理事会（1953—1957年）

理 事 长：张作人

第三届理事会（1957—1962 年）

理　事　长：张作人

副理事长：谈家桢　庄孝僡

秘　书　长：周本湘

第四届理事会（1962—1978 年）

理　事　长：张作人

副理事长：谈家桢　庄孝僡

秘　书　长：周本湘

第五届理事会（1978—1982 年）

理　事　长：张作人

副理事长：谈家桢　庄孝僡　赵　沛　堵南山

秘　书　长：周本湘

第六届理事会（1982—1990 年）

理　事　长：堵南山

副理事长：黄文几　谭　治

秘　书　长：周本湘

副秘书长：胡振渊　温业新

第七届理事会（1990—1995 年）

理　事　长：堵南山

副理事长：周本湘　宗　愉

秘　书　长：赖　伟

第八届理事会（1995—2000 年）

理　事　长：顾福康

副理事长：宗　愉　韦正道　苏锦祥　施新泉　谢一民　王忠宽　赵云龙

秘　书　长：赖　伟（1998 年增补王小明为秘书长）

第九届理事会（2000—2005 年）

理　事　长：顾福康

副理事长：施新泉　金杏宝　韦正道　袁维佳　赵云龙

秘　书　长：王小明

第十届理事会（2005—2010 年）

名誉理事长：顾福康

理　事　长：王小明

副 理 事 长：施新泉　金杏宝　马志军　李利珍

秘　书　长：赵云龙

第十一届理事会（2010—2014 年）

名誉理事长：顾福康

理　事　长：王小明

副 理 事 长：马志军　王天厚　李利珍　黄　兵　裴恩乐

秘　书　长：赵云龙

第十二届理事会（2015—2019 年）

名誉理事长：顾福康

理　事　长：王天厚

副 理 事 长：马志军　李利珍　邱江平　黄　兵　裴恩乐　赵云龙

秘　书　长：赵云龙（兼）

第十三届理事会（2019—2023 年）

理　事　长：赵云龙

副理事长：马志军　李利珍　邱江平　黄　兵　成永旭

秘 书 长：倪　兵

第十四届理事会（2023—2027 年）

理　事　长：赵云龙

副理事长：马志军　成永旭　李银生　孙　军　韩红玉

秘　书　长：倪　兵

天津市动物学会

一、学会简介

　　天津市动物学会是由天津市从事与动物相关的教学、科研、开发与应用、生产及经营的人员自愿组成的专业性、学术性、非营利性社会组织，接受天津市科学技术协会和中国动物学会的业务指导，同时受天津市民政局的监督管理。学会的宗旨是坚持中国共产党的全面领导，遵守宪法、法律、法规和国家政策，遵守社会道德风尚、社会主义核心价值观，团结广大动物学教学和科研工作者及与动物相关的社会各行业从业者认真贯彻党的基本路线，充分发扬民主，坚持实事求是的科学态度和优良作风；提倡科学道德，弘扬科学精神，促进动物学科普教育；促进动物学人才的成长与提高；促进动物学相关科技咨询和技术服务的水平；促进动物学科技工作者和工程技术人员、企业管理人员紧密结合，促进动物学相关技术的发展和繁荣，为天津市经济建设服务，为社会主义物质文明和精神文明建设服务，从而为加速实现我国社会主义现代化作出贡献。

学会业务范围包括主办及参与动物学相关的学术交流活动；编辑出版学术性及科普性动物科学刊物；普及动物学科技知识，开展多种形式的青少年科普教育活动；组织会员开展动物学科技考察，举办科技展览；与相关部门合作，对动物学、生物学相关科研和教学人员开展继续教育，培训提高相关人员的科研和教学水平；发现和表彰优秀科技人才，并向相关上级部门推荐；承办天津市中学生生物学奥林匹克竞赛；认定会员资格，举办为会员服务的有关活动。

二、历史沿革与建设成绩

（一）历史沿革

天津市动物学分会成立于1980年，当时为天津市生物学会下属分会之一，创始人为南开大学张润生教授，学会成立后挂靠在南开大学生物学系，初期会员33人。1984年，天津市生物学会解散，天津市动物学分会变更为天津市动物学会，张润生教授继续担任学会理事长。1986年召开了会员代表大会，南开大学张銮光教授接任学会第三届理事会理事长，对会员进行了重新核对登记，重新修订了学会章程。1990年邵伟接任学会第四届理事会理事长，并于1991年11月18日在天津市民政厅正式登记注册。1993年，南开大学成立生命科学学院，天津市动物学会挂靠在南开大学生命科学学院。1995年天津自然博物馆李国良研究员接任学会第五届理事会理事长。2002年，南开大学杨竹舫教授出任第六届理事会理事长，并连任两届至2014年。在此期间按中国动物学会要求，对会员进行了登记编号。2011年11月8日，天津市科学技术协会社会组织委员会批复同意成立中共天津市动物学会支部，卜文俊同志为支部委员会书记。2014年7月，天津市动物学会第八届会员代表大会暨理事会换届大会召开，南开大学卜文俊教授当选第八届理事会理事长及支部委员会书记。2015年6月，按天津市科协要求，修改学会章程，增加"第二章 加强党的建设"部分。2018年6月27日，召开天津市动物学会第八届第三次会员代表大会暨动物学前沿进展学术报告会，增补6名理事。2021年6月27日，天津市动物学会第九次会员代表大会在天津自然博物馆举行，卜文俊当选第九届理事会理事长，同时兼任学会第二届支部委员会书记。

（二）建设成绩

天津市动物学会成立后，在中国动物学会指导下，在促进动物学科的学术交流、开展天津市动物资源调查、中学教师教学技能培训、科普宣传、组织中学生生物学奥林匹克竞赛活动中发挥了重要作用。

1. 学术活动

1991年，与河北省动物学会在天津举行联合年会，在此基础上开创了中国动物学会北方七省、自治区、直辖市动物学学术研讨会，目前已连续举办了8届。2002—2003年，组织抗击非典的学术研讨会，获得天津市科协表彰；第六届及第七届理事会期间，先后组织了数次大型的科学报告会，请郑光美院士和宋大祥院士、陈大元研究员等来天津做学术报告及会员的学术交流。2005 年，学会与南开大学联合举办了第三届东亚水生昆虫学国际会议，来自 8 个国家的 70 余位水生昆虫学工作者出席了本届会议。2009 年，学会与南开大学等单位联合举办了第十七届摇蚊学国际会议，来自 19 个国家的 70 余位代表出席了本次盛会。2010 年，学会与南开大学联合举办了第四届国际异翅亚目昆虫学者大会，来自世界各地 21 个国家近百名专家学者和部分研究生参加了会议，卜文俊教授当选为国际异翅亚目昆虫学者学会的候任主席（2014—2018）。2012 年，学会与南开大学联合举办了亚洲鳞翅目昆虫保护学术研讨会。2015 年 7 月 24—26 日，主办中国动物学会第六届北方七省、自治区、直辖市动物学科研与教学研讨会，来自北方七省、自治区、直辖市 59 个单位的 163 人参会。2018 年 6 月 27 日，组织召开天津市动物学会第八届第三次会员代表大会暨动物学前沿进展学术报告会。国家自然科学基金委员会原主任、中国动物学会原理事长、中国科学院陈宜瑜院士与来自南开大学、天津师范大学、天津农学院、天津市农科院及天津市 40 多个单位的会员 150 多人出席了本次会议。陈宜瑜院士就动物学会与动物学研究主题进行了发言，并就学会如何引导会员开展动物学科研活动、生物学教学活动及与社会经济发展相关的一些活动提出了建议。2021 年 6 月，组织召开学术会议，邀请南开大学黄大卫教授、天津师范大学孙金生教授等作学术报告。

2. 科普活动

多年来，在每年的爱鸟周开展科普活动，请鸟类专家作讲座，宣传保护鸟类的重要性，并一直坚持科技周开展动物学科普活动；多次组织中学生参加生物夏令营、冬令营并培训中学生物学教师；连续多年向天津市的中、小学生开放南开大学、天津师范大学的动物标本室，进行生物学多样性科普宣传等活动。

3. 社会服务

2020 年新冠疫情期间，组织志愿者参与核酸检测秩序维护，同时向天津市动物学会全体理事、会员及广大动物学科技工作者发出"天津市动物学会关于抗击新冠疫情致广大动物学科技工作者的倡议书"。2022 年 10 月 4 日，在"世界动物日"活动期间，发出保护野生动物倡议书。多次受天津市科学技术协会委托，向天津《新闻广播》栏目提供动物科学相关录播素材。

4. 人才培养

从 2007 年开始，在天津市科协领导下，学会连续多年参与天津市中学生生物学奥林匹克竞赛的组织、筛选、备考、业务培训及全国的参赛工作。2012 年，中学课改后，学会与天津师范大学联合举办了高中生物及化学实验技能骨干教师培训班，培训教师 100 多人。2023 年开始，全面接手并组织天津市中学生生物学联赛及国赛的相关工作。积极向上级部门推荐动物学相关的专门人才。

三、学会理事会历届理事长、副理事长、秘书长

第一届理事会（1980—1984 年）

理 事 长：张润生

副理事长：蔡莦生　李百温

秘 书 长：林兰泉

第二届理事会（1984—1986 年）

理 事 长：张润生

副理事长：刘茂春　李百温　李淑琴

秘 书 长：林兰泉

第三届理事会（1986—1990 年）

理 事 长：张銮光

副理事长：李洪宾　李百温　李淑琴

秘 书 长：徐尔真

第四届理事会（1990—1995 年）

理 事 长：邵　伟

副理事长：李洪宾　李百温　林兰泉

秘 书 长：杨竹舫

第五届理事会（1995—2002 年）

理 事 长：李国良

副理事长：杨竹舫　王新华　卜文俊

秘 书 长：杨竹舫（兼）

第六届理事会（2002—2009 年）

理 事 长：杨竹舫

副理事长：王新华　卜文俊　李庆奎　顾景龄

秘 书 长：纪炳纯

第七届理事会（2009—2014 年）

理 事 长：杨竹舫

副理事长：王新华　卜文俊　潘宝平　李庆奎

秘 书 长：纪炳纯

第八届理事会（2014—2021 年）

理 事 长：卜文俊

副理事长：王新华　潘宝平　王凤琴　胡　奇

秘 书 长：贺秉军

第九届理事会（2021—2026 年）
理 事 长：卜文俊
副理事长：刘　林　孙金生　王凤琴　刘凤岐　白义川　贺秉军　闫春财　王　健
秘 书 长：贺秉军（兼）

重庆动物学会

一、学会简介

重庆动物学会是重庆市科协和民政局批准成立的学术组织，是由重庆市的动物学工作者自愿结成的、非营利性群众性学术团体，是中国动物学会的团体会员。

学会坚持以马克思列宁主义、毛泽东思想、邓小平理论、"三个代表"重要思想、科学发展观、习近平新时代中国特色社会主义思想为指导，遵守宪法、法律、法规和国家政策，践行社会主义核心价值观，遵守社会道德风尚，努力团结和组织重庆的动物学科技工作者，坚持民主办会，贯彻"百花齐放、百家争鸣"方针，促进重庆动物学人才的成长，为我国社会主义现代化建设和实现中华民族伟大复兴而努力奋斗。

学会主要以动物学相关的学术交流研讨、教学经验交流、学术成果出版、科学技术普及、技术咨询服务、合法权益维护、知识技能培训、优秀人才举荐、政府职能承接为业务范围，同时也承担中国动物学会下达的工作任务。

学会以会员代表大会为最高权力机构，理事会是会员代表大会的执行机构，由理事长、副理事长、秘书长和理事组成。学会自 2019 年起设立了监事会，由监事长、副监事长和监事组成。此外，自 2019 年起还设立了学会党支部。

重庆动物学会现有会员 300 余人，主要分布在西南大学、重庆师范大学、重庆医科大学、陆军军医大学、重庆大学、重庆自然博物馆、重庆动物园、重庆市中药研究院、长江师范学院、重庆文理学院、重庆中医药学院、重庆三峡学院、中国科学院大学重庆分院、重庆市及各区县林业局、自然保护区、重庆市教育科学研究院、全市各中学及部分企业等。广大会员为重庆动物学会和我国动物学事业的发展作出了积极贡献。

二、历史沿革与建设成绩

（一）历史沿革

重庆动物学会于 1986 年经重庆市科协和民政局批准成立，并于 1987 年 2 月召开了重庆动物学会第一次会员代表大会，向培伦任第一任理事长，挂靠单位为重庆市动物园。1991 年 9 月和 1995 年 3 月，分别召开了第二次和第三次会员代表大会。重庆直辖后，重庆动物学会成为省级学会，于

1999 年 4 月在重庆动物园召开了直辖后的第一次会员代表大会暨学术交流会，挂靠单位更改为西南师范大学（2005 年 7 月后更名为西南大学）。

（二）建设成绩

1. 学术交流

一方面在学会内部组织和开展形式多样的交流活动，另一方面主办和承办国际性、全国或区域性的学术会议，如亚洲蛛形学会第四次学术研讨会、中国动物学会第十六次会员代表大会、中国海洋湖沼学会鱼类学分会第十届会员代表大会等。学会还参与筹建西南地区动物学学术研讨会和中国西部动物学学术研讨会，尤其是西部十省市联动的西部动物学研讨会，已经成为西部地区动物学学术交流的重要平台，在全国也形成了一定影响力，截至 2023 年已经成功举办了 10 届会议，其中 2021 年的第九次会议在重庆举行。此外，学会每年都会组织会员积极参加国内外的学术交流。

2. 科普教育

学会会员结合个人专业优势，充分利用各种平台，开展科普展览、学术沙龙、科普讲座、人物访谈和分享会等多种形式的活动，开展各种科学知识与技术的普及工作。尤其是重庆动物园、重庆自然博物馆等专业科普单位，每年接待观众超过百万次。其他会员也积极开展各类科普活动，如参加 2019 世界野生动植物保护日暨 SEE 劲草嘉年华宣传活动、举办蜘蛛与昆虫科普展、与重庆科技馆合作举行"小蜘蛛　大生态"科普讲座、参加"健康中国巴渝行"科普活动、参加《农科专家面对面》录制等。

3. 社会服务

利用学会自身优势，积极服务重庆的经济建设、社会发展与基础教育。例如承担市科协"村会合作"项目，助力乡村振兴；承担非法捕猎案及生态损失评估；承担湿地鸟类识别服务；为观赏鱼规模化养殖、实验动物设施改造提供技术指导；作为科技特派员或科技顾问提供技术咨询、评审、技术与能力提升培训等。尤其值得一提的是，重庆动物学会和重庆植物学会一起承接的中学生生物学奥林匹克竞赛重庆赛区的组织工作，从历史上的没有获得一块金牌，到 2014—2022 年重庆共获得全国竞赛 50 枚金牌、42 枚银牌和 32 枚铜牌的佳绩。2023 年，重庆代表队更是获得 22 块金牌，10 人进入全国集训队，位列全国第一。

4. 人才培养与传承

自 20 世纪 50 年代起，以著名鱼类学家施白南教授为首席专家，带领川渝高校和科研机构的动物学工作者，开展长江上游鱼类资源调查工作，培养了谢小军、张耀光和王德寿等一大批优秀人才。随后，谢小军教授开创了鱼类能量学新领域，并培养出了罗毅平等学者；张耀光教授则在鱼类的资源调查、胚胎发育、生理生态等领域培养了一大批人才，包括王志坚、车静、彭作刚、赵海涛等；王德寿教授以罗非鱼为模型，在鱼类性别分化与发育调控领域取得了显著成就，培养了一大批青年学者，活跃在北京、浙江、广东和重庆的鱼类和水产领域。在鱼类寄生虫分类领域，在重庆师范大学马成伦教授的带领下，重庆动物学会涌现出赵元莙、张其中等知名学者。鱼类进化生理与行为学领域则是近些年形成鲜明特色的研究领域，以付世建教授为代表。重庆医科大学、第三军医大学（现改为陆军军医大学）和部分企业的实验动物生产与研究在国内也具有一定的影响力，以潘永全、谭毅教授为代表。在珍稀濒危动物保护领域，以王志坚教授为代表的西南大学、重庆动物园、长江师范学院、重庆市水产研究所、重庆万州区水产研究所等单位学者在华南虎、黑叶猴、金丝猴、大鲵、达氏鲟、胭脂鱼等国家级重点保护物种的保护与繁育研究中作出了重要贡献。此外，在蛛形学领域，以张志升教授为代表的青年学者也成长起来，出版了《中国蜘蛛生态大图鉴》等著作，并走出国门，当选亚洲蛛形学会主席，在蜘蛛多样性与系统学、基因组与演化等领域崭露头角。

三、学会理事会历届理事长、副理事长、秘书长名单

重庆直辖前

第一届理事会（1987—1991 年）

理 事 长：向培伦

副理事长：马成伦　何学福　朱文炳　祝彼得　姚敏达

秘 书 长：胡洪光

第二届理事会（1991—1995 年）

理 事 长：向培伦

副理事长：马成伦　何学福　朱文炳　祝彼得　姚敏达

秘 书 长：胡洪光

第三届理事会（1995—1999 年）

理 事 长：谢小军

副理事长：马良清　向培伦　赵元莙　姚敏达

秘 书 长：张耀光

重庆直辖后

第一届理事会（1999—2005 年）

理 事 长：谢小军

副理事长：马良清　邹习木　赵元莙　魏　泓

秘 书 长：张耀光

第二届理事会（2005—2008 年）

理 事 长：谢小军

副理事长：赵元莙　魏　泓　郑曙明　张　洪

秘 书 长：张耀光

第三届理事会（2008—2013 年）

理 事 长：张耀光

副理事长：赵元君　魏　泓　郑曙明　叶　彬　郭　伟

秘 书 长：王德寿

第四届理事会（2013—2019 年）

理 事 长：王德寿

副理事长：叶　彬　李英文　陈丙波　郭　伟　吴　青

秘 书 长：王志坚

第五届理事会（2019—2023 年）

理 事 长：王志坚

副理事长：潘永全　付世建　陈丙波　姚　勇　吴　青　吕　涛

秘 书 长：张志升

第六届理事会（2023—2028 年）

理 事 长：张志升

副理事长：刘海平　李秀明　王　英　张　静　吕　涛　陶　毅

秘 书 长：刘海平

内蒙古自治区动物学会

一、学会简介

内蒙古自治区动物学会成立于 1978 年，是由自治区从事动物学研究的教学科研人员、高等院校动物学及相关专业研究生、中学生物教师等科技工作者，以及野生动物爱好者自愿结合并依法登记的公益性、学术性组织法人社会团体。

学会旨在团结全区动物学科技工作者，为促进动物学科学技术的发展、促进动物学技术的普及和推广、促进动物学科技人才的成长和提高，为社会主义物质文明和精神文明建设服务，为推动自治区动物科学的发展和加速实现自治区社会主义现代化作出贡献。

学会挂靠在内蒙古大学生命科学学院，其主要业务范围为：根据国家有关法律和政策，制定自律性管理规则，指导全区动物科学工作者的工作；组织区内外动物学学术交流活动；编辑出版会刊及组织编写出版动物学专著；开展普及动物学知识活动；开展保护野生动物的宣传活动；积极举办动物学科技培训班；表彰奖励在动物学战线上优秀科技工作者；向政府反映动物学工作者的意见和要求；向政府提供有关野生动物的管理、保护及合理利用的科学建议；接受政府部门、主管单位以及会员单位委托，开展其他活动等。

学会先后进行了六届理事会换届，现任名誉理事长内蒙古大学杨贵生教授，理事长刘东军教授，秘书长李俊兰副教授，现有会员 200 余人。按照社会团体管理制度，2021 年学会通过会员代表大会选举产生了第一届监事会，监督学会依法依章开展工作，健康有序发展。

二、历史沿革与建设成绩

内蒙古自治区动物学会成立于 1978 年，是由自治区从事动物学研究的教学科研人员、高等院校动物学及相关专业研究生、中学生物教师等科技工作者，以及野生动物爱好者自愿结合并依法登记的公益性、学术性组织法人社会团体。

内蒙古自治区动物学会建会 50 多年来，在组织动物学科学术研讨、开展科学考察、人员培训等方面取得了显著成绩，产出成果丰硕。

学会多次召开动物学学术研讨会，为来自科研院所、大专院校和保护区等从事动物学及相关学科的研究人员和学生搭建了交流平台，促进了同行间学术交流。2008 年 9 月，学会承办了主题为"动物资源合理利用与保护，生态文明与可持续发展"的青年学术论坛，产生广泛影响。同时，学会积极组织会员参加国际、国内动物学及相关专业学术会议，拓展了会员的学术视野，促进学术水平进一步提升。

1997 年以来，学会组织全区动物学科技人员，在内蒙古各地进行了动物区系、动物生态、动物保护等方面的大量调查研究工作，取得丰硕成果，先后在国内外刊物发表学术论文 100 多篇，出版专著 5 部。广大新老科技人员跋山涉水、风餐露宿，历尽艰辛收集到大量的一手资料，为编写《内蒙古动物志》提供了丰富的科学依据。1998 年 8 月，由学会主持，理事长旭日干院士任主编的《内蒙古动物志》编撰项目正式立项。2001 起历时 15 年，《内蒙古动物志》六卷全部出版，这套书是对内蒙古动物资源及其研究的历史性总结，为今后深入研究、合理开发利用和有效保护动物资源奠定了坚实基础。2021 年，《内蒙古动物志》开始再版修订工作。

学会自建立以来做了大量动物学科普工作。2001 年至今，先后举办了牛 IVF—ET、鸟类识别与鸟类生态、胚胎移植技术等十多次培训班，极大提高了会员学术水平，受到一致好评。学会积极参与全国及全区青少年科技大赛评审工作，同时在动物学教学、动物学研究优秀论文评比等活动中做了大量工作，为内蒙古自治区的动物学相关知识的普及及动物学人才培养作出了突出贡献。

2015 年以来，内蒙古自治区动物学会各理事单位及会员承担了多项国家和地区重大、重点科研项目，为国家和自治区的经济社会发展及动物保护作出了应有的贡献。

据部分统计资料，内蒙古自治区动物学会理事及会员 6 年来承担国家、省部级以及与企事业合作的科研项目 100 多项，在国家转基因生物新品种培育、内蒙古高原动物资源库与信息平台建设、飞机鸟撞防范、鼠疫防控、家畜育种繁殖等学科前沿课题取得了突破性研究成果，在昆虫、两栖爬行动物、哺乳动物、动物杂交生殖调控、动物新型干细胞诱导与干细胞生物学、医学动物及动物遗传等基础研究领域均获得多项重要成果。2015—2020 年，以内蒙古大学蒙古高原动物遗传资源研究中心为主，在内蒙古及周边地区收集特有、濒危家畜及野生动物遗传资源，目前已经收集保存了该地区以哺乳动物为主家畜、野生动物 2 纲、12 目、29 科、154 品种，库存动物遗传样品量达到 26982 个（剂），初步形成了世界首个"蒙古高原动物遗传资源库与信息平台"，并开展了部分家畜、啮齿类、食肉类、鸟类的细胞学、遗传学、生物信息相关的生命科学基础研究及遗传资源挖掘利用。

三、学会理事会历届理事长、副理事长、秘书长名单

第一届理事会（1978 年 8 月—1990 年 12 月）

理　事　长：廖友桂

副理事长：窦伯菊、李鹏年

秘　书　长：邢莲莲

第二届理事会（1991 年 1 月—1997 年 2 月）

理　事　长：窦伯菊

副理事长：李鹏年

秘　书　长：邢莲莲

第三届理事会（1997 年 3 月—2006 年 12 月）

理　事　长：旭日干

副理事长：邢莲莲（常务）　唐贵明

秘　书　长：杨贵生

第四届理事会（2007 年 1 月—2014 年 12 月）

理　事　长：旭日干

副理事长：邢莲莲（常务）　唐贵明　刘东军　武晓东　李　杰

秘　书　长：杨贵生

第五届理事会（2015 年 1 月—2021 年 8 月）

名誉理事长：邢莲莲

理　事　长：杨贵生

副 理 事 长：刘东军　武晓东　郑明霞　毕俊怀

秘　书　长：郭　砺

副 秘 书 长：李俊兰

第六届理事会（2021 年 9 月—　　）

名誉理事长：杨贵生

理　事　长：刘东军

副 理 事 长：方海涛　付和平　李喜和　张　斌　周好乐　潘艳秋

秘　书　长：李俊兰

副 秘 书 长：梁　浩　袁　帅

四、学会第一届监事会组成人员

监事长：李海军

监　事：梁　斌　刘　慧

山西省动物学会

一、学会简介

山西省动物学会是具有法人资格的学术性、群众性社会团体，是山西省从事动物学教学研究、保护管理、驯养繁殖和科普宣教人员自愿组成的学术机构，是山西省动物学科技人员与社会联系的桥梁和纽带，是壮大山西省动物学科研队伍，推动学科健康发展的重要力量。

学会宗旨是团结山西省动物学科技人员，热爱祖国、热爱人民，遵守国家法律、法规和社会道德风尚，为社会主义经济建设、政治建设、文化建设和构建新时代和谐社会贡献力量。以生态文明建设为中心，爱护动物，保护生态环境，努力营造人与自然和谐相处的局面。工作上接受山西省科学技术协会和中国动物学会的指导，接受山西省民政厅的督导，依法合规开展各项活动。本着严谨的科学态度开展动物学研究工作，坚持实事求是，反对弄虚作假，抵制学术不端行为，为广大动物学工作者营造良好、公平的学术氛围。

山西省动物学会的业务主管部门是山西省科学技术协会，社团登记管理机关为山西省民政厅，办事机构挂靠在山西大学生命科学学院。学会下设秘书处、学术工作委员会、科普宣教委员会。在历届理事会共同努力下，山西省动物学会健康发展，为山西省动物学研究、人才培养、野生动物保护、生态环境保护等方面作出了积极贡献。

二、历史沿革与建设成绩

（一）历史沿革

1980年10月，根据山西省生物学会扩大理事会的决议，提出各专业组分开成立学会，以适应当前形势发展的要求。1982年9月20日在山西大学召开山西省动物学会成立大会，大会由山西大学生物系、山西省生物研究所共同发起，联合山西医学院、山西师范学院，部分中学及山西林业厅等科研院所在原山西省生物学会六个专业组之一的动物专业组的基础上成立，创始人为何锡瑞教授（名誉理事长）。第一届理事会理事长为山西大学生物系王福麟教授，会员人数99人，学会成立后挂靠在山西大学生物系。1987年召开了第二届会员代表大会，王福麟教授连任理事长，本届会员147人。1993年，李长安教授接任第三届动物学会理事长，会员人数202人。1998年，马恩波教授任第四届学会理事长，会员人数216人。2002年，山西省动物学会召开第四届二次理事会，产生了山西省庞泉沟国家级自然保护区、山西省芦芽山国家级自然保护区、山西省历山国家级自然保护区、山西省蟒河国家级自然保护区、太原动物园、太原市林科所、山西省自然保护区管理站7个团体会员单位。2008 年，马恩波教授连任第五届理事会理事长，本届会员 285 人。

（二）建设成绩

山西省动物学会成立以后，在山西省科学技术学会、中国动物学会精心指导下，开展了以下活动。

1. 学术活动

学会成立之初就建立了学术组，每年进行一次学术年会，交流会员的研究成果与动物教学的收获。自 1982 年开始编辑出版《山西省动物学会通讯》《爱鸟月专刊》和《学术论文集》。学会会员多次前往日本、美国、法国、德国进行学术访问，学习国外先进技术。每隔四年，山西省、山东省、河北省、河南省、北京市、天津市、内蒙古自治区联合举办中国动物学会北方七省、自治区、直辖市学术研讨会，进行学术交流活动，增进了会员之间的友谊。

2. 科普宣传

每年五月，山西省动物学会按期举办"爱鸟月"宣传活动，提高广大群众保护鸟类、爱护生态环境的意识。多次组织、指导"青少年生物夏令营""山西省生物科技辅导员训练班"，积极参与"青少年生物百科竞赛""山西省青少年科技创新大赛"工作，为普及生物学知识作出了积极贡献。利用山西大学生命科学学院动物标本馆，面向中小学生开展科普教育活动。自制展板和展品，举办《克隆技术展》《大型蝴蝶科普展》。配合中央电视台、太原电视台等媒体，制作了《假虎骨的识别》、《食蛇与人类疾病》、《宠物与人类疾病》,《神奇的蝴蝶》、《虎殇》、《从 SARS 谈中国的饮食文化》、《山西平陆大天鹅越冬的栖息地》（在中央电视台一台、四台新闻联播播出）、《山西平陆黄土高原上的天鹅家园》（在山西省电视台、运城市电视台新闻频道播出）、《中国地理探奇三湾天鹅湖》（在中央电视台七台国家地理频道播出）、《森林秘密》系列专题片（在中央电视台第七套《科技苑》中播出，并在国际版专辑发行）。为保护山西省野生动物资源多次向省政府和相关部门提出建议，如"关于建立关帝山、芦芽山褐马鸡自然保护区的建议""关于建立蟒河自然保护区的建议"，组织、参与山西省野生动植物科学考察和自然保护区规划工作。1998 年至今，山西省动物学会联合山西省植物学会、山西省野生动物保护协会成立了全国中学生生物学竞赛山西赛区委员会，每年承办全国中学生生物学联赛（山西赛区）活动，取得了良好的社会效益。

3. 社会服务

2006 年至今，结合山西省动物资源信息平台建设，组织学生参加山西历山、蟒河、庞泉沟、芦芽山、夏县太宽河等自然保护区动物标本统一编码、生物学信息采集和数字化工作，并通过网络载体为社会公众服务。相继完成了山西省东方国际、盂县藏山等狩猎场的考察任务，配合山西省林业厅完成了漳流河、运城湿地、紫金山、药林寺冠山、霍山、桑干河等省级自然保护区综合科学考察及总体规划；主持完成了山西省历山、芦芽山、蟒河等国家级自然保护区野生动物调查，万家寨引黄工程对野生动物的影响监测及评价，山西交城、宁武、沁源、夏县等地生物多样性观测，山西临汾、吕梁、朔州、大同等机场鸟类调研，参与制定了《山西省重点保护野生动物名录》，为山西省野生动物保护作出了积极贡献。

4. 人才培养

组织本科生、研究生开展观鸟活动，以理论联系实际的教学方式，提高学生的学习积极性，为山西省动物学教学研究培养科技人才。

三、学会理事会历届理事长、副理事长、秘书长名单

第一届理事会（1982—1987年）

名誉理事长：何锡瑞

理　事　长：王福麟

副理事长：刘作模　邢庆云　张　俊　景宏玉

秘　书　长：张树棠　吕恩余

第二届理事会（1987—1993年）

理　事　长：王福麟

副理事长：刘作模　张　俊　王银兰

秘　书　长：杨懋琛　张树棠

第三届理事会（1993—1998年）

名誉理事长：王福麟

理　事　长：李长安

副理事长：张树棠

秘　书　长：张虎芳

第四届理事会（1998—2008年）

名誉理事长：李长安

理　事　长：马恩波

秘　书　长：郭东龙

第五届理事会（2008—2014年）

理　事　长：马恩波

副理事长：张虎芳　段毅豪

秘　书　长：郭东龙

第六届理事会（2014—　　）

理　事　长：马恩波

副理事长：张虎芳　段毅豪

秘　书　长：郭东龙

河北省动物学会

一、学会简介

河北省动物学会是河北省动物科学工作者的科技群众团体，是党和政府联系动物学科技工作的桥梁和纽带，是发展河北省动物科学事业的重要社会力量。

学会严格遵守国家宪法、法律、法规和国家政策，认真贯彻党的基本路线，充分发扬民主，开展学术上的自由讨论；遵守社会道德风尚，提倡辩证唯物主义；坚持实事求是的科学态度和优良作风，提倡献身、创新、求实、协作的精神。学会的宗旨是团结广大河北省动物学科技工作者，促进动物学科技人才的成长和提高，为社会主义物质文明和精神文明建设服务，为推动我国动物科学的发展和加速实现我国社会主义现代化作出贡献。

学会自成立以来先后选举组成了十届理事会，现有会员 300 余人。根据学会章程，2023 年 6 月学会通过会员代表大会，选举产生了第十届理事会和第一届监事会。学会现靠挂在河北大学生命科学学院。现任名誉理事长为河北大学任国栋教授，理事长为张锋教授，秘书长为张超教授。

二、历史沿革与建设成绩

河北省动物学会于 1980 年由动物学家王所安教授和王恩多教授发起并开始筹建，经省科协批准，于 1981 年 5 月 4 日成立。学会成立后，王所安教授担任学会的首届理事长。与国内其他省级学会相比，河北省动物学会成立较晚。然而，学会在理事长王所安的带领下经历了逐渐成长的过程。特别是王所安教授倡议河北省动物学会联合北京、天津、山东、山西、河南、内蒙古自治区六省、自治区、直辖市的动物学会，定期进行科研和教学研讨，召开会议，为这些省、自治区、直辖市动物学交流建立更广泛的平台，极大促进了我国局部地区动物学科的发展。王所安理事长连任五届，2002 年宋大祥院士接任第 6 届理事长。2006 年 8 月 12 日，经第 6 届理事会第三次会议讨论决定换届改选，曹玉萍教授当选第 7 届理事长。2012 年学会召开会员大会对章程进行修改，并选举任国栋教授为第 8 届理事长。任国栋连任两届理事长。2023 年学会召开会员代表大会，选举张锋教授为第 10 届理事长，同时选举产生了学会的第一届监事会。

河北省动物学会在河北省科学技术协会的领导下，在中国动物学的指导下，面向京、津、冀、豫、鲁、晋、内蒙古等省、自治区、直辖市开展学术活动，组织学术讨论会和科学考察活动；开展教学经验交流，提高教学质量，促进人才培养；普及动物科学知识，传播推广先进技术；对河北省内有关动物学的发展战略、政策和经济建设中的重大决策进行科技咨询，接受委托进行科技项目论证，提供技术咨询和技术服务；向有关组织提供合理化建议，维护动物学科技工作者的合法权益，反映动物学工作者的意见和呼声；促进国际学术交流活动，加强同国外科学技术团体和科学工作者的联系；举办各种培训，不断提高会员的学术水平，积极发现并推荐人才，培养新生力量；认真贯彻、宣传"野生动物保护法"，配合野生动物保护协会积极开展野生动物的保护及宣传活动。

三、学会理事会历届理事长、副理事长、秘书长名单

第一届理事会（1981—1984 年）

理 事 长：王所安

副理事长：王恩多

秘 书 长：柳殿钧

第二届理事会（1984—1988 年）

理 事 长：王所安

副理事长：王恩多　张尔翼

秘 书 长：柳殿钧（1986 年更换为唐葆贞）

第三届理事会（1988—1992 年）

理 事 长：王所安

副理事长：王恩多　王方化

秘 书 长：唐葆贞

第四届理事会（1992—1997 年）

理 事 长：王所安

副理事长：王恩多　王安利　郑源茂

秘 书 长：唐葆贞

第五届理事会（1997—2002 年）

理 事 长：王所安

副理事长：宋大祥　王安利　武明录

秘 书 长：曹玉萍

第六届理事会（2002—2007 年）

理 事 长：宋大祥

副理事长：武明录　吴跃峰　曹玉萍

秘 书 长：曹玉萍

第七届理事会（2007—2012 年）

理 事 长：曹玉萍

副理事长：武明录　吴跃峰　朱明生　任国栋　刘敬泽

秘 书 长：朱明生

第八届理事会（2012—2018 年）

理　事　长：任国栋

副理事长：刘敬泽　吴跃峰　武明录　康现江　谢松

秘　书　长：谢　松

第九届理事会（2018—2023 年）

理　事　长：任国栋

副理事长：吴跃峰　康现江　谢　松　杨振才　张　锋

秘　书　长：张　锋（兼）

第十届理事会（2023—　）

理　事　长：张　锋

副理事长：李　亮　管越强　杨小龙　柳峰松　李东明

秘　书　长：张　超

学会第一届监事会名单（2023—　　）

监事长：谢　松

监　事：吴跃峰　康现江

河南省动物学会

一、学会简介

　　河南省动物学会是动物学教学、科研工作者及动物学爱好者自愿结成的社会团体，依法在河南省民政厅登记的全省性、公益性、学术性组织，是联系动物学科技工作者的桥梁和纽带，是河南省发展动物科学事业的重要社会力量。河南省动物学会在中国科协和河南省科协的领导下开展工作，学会挂靠在河南师范大学生命科学学院。

　　学会现有会员 213 人，学会下设学术、教学、科普、咨询和开发 5 个工作委员会；学会常设办事机构为学会办公室。学会的主要任务：开展有关动物科学学术活动，组织学术讨论会和科学考察活动；普及动物科学知识，传播推广先进技术，组织、举办科技展览和中学生生物学奥林匹克竞赛活动；开展动物科学技术的咨询与推广；组织决策论证，为经济建设服务；认定会员资格，接收新会员。

二、历史沿革与建设成绩

（一）历史沿革

学会于 1980 年 6 月由新乡师范学院（现河南师范大学）、河南农学院（现河南农业大学）、河南医学院（现郑州大学）、开封医学专科学校（现河南大学）、豫北医学专科学校（现新乡医学院）、郑州师范专科学校（现郑州师范学院）及河南省卫生防疫站7家单位联合发起，向河南省科协申请成立河南省动物学会，同年7月10日河南省科协批准学会成立。8月8日由筹建单位共同协商成立了由13人组成的河南省动物学会筹委会，于1981年4月9日在河南省新乡市召开河南省动物学会成立大会，选举产生了由17人组成的第一届理事会，目前已选举产生6届理事会。

学会挂靠在河南师范大学。学会宗旨是团结广大动物学科技工作者，遵守宪法、法律、法规和国家政策，遵守社会公德；坚持民主办会的原则，充分发扬学术民主、学术自由，促进动物科学的繁荣和发展，促进动物学技术的普及和推广。自学会成立以来，促进了动物学科技人才的成长和提高，为推动我国动物科学发展作出了突出贡献。

（二）建设成绩

1. 学术活动

学术交流与研讨是学会的中心工作之一，学会积极组织和开展形式多样的学术活动。自成立以来，主办每年一次的河南省动物学会学术年会，内容包括动物资源保护与利用、动物遗传育种、动物对环境的生理适应、动物行为学、动物分类与系统演化、动物分子生态与适应性进化、现代生物学检测与分析技术等相关领域。特别是1986年纪念秉志先生诞辰100周年学术报告会，介绍了秉志生平事迹及其对我国动物事业的贡献，展览了一些珍贵照片，使会员们受到了很大的教育。

学会主办了中国动物学会北方七省、自治区、直辖市动物学学术研讨会、河南省动物学会第七届学术讨论会、2023年动物学教学、科研专场研讨会等多场会议。承办了中国动物学会第十四届会员代表大会暨学术讨论会，以及第十五、十八届一次理事会扩大会议及秘书长工作会议、中国动物学会两栖爬行动物学分会学术研讨会、中国动物学会主办的全国动物学名词审定讨论会、第十三届中国濒危动物保护论坛、教育部高等学校生物科学类专业教学指导委员会2016年全体委员会议、中国动物学会第十七届理事会第六次学术会议、全国博士后黄河生态保护与创新发展论坛等学术会议。同时学会成员积极参加国内外各种学术会议，2000年8月，河南省动物学会副理事长陈广文副教授与国内6位动物学专家一起出席了在希腊首都雅典召开的第18届国际动物学大会；2018年10月，多名学会成员参加了世界生命科学大会；2019年12月，学会成员参加了在新西兰举办的第11届整合动物学国际研讨会并进行了墙报展示。

2. 科学普及

每年4月学会举办形式多样的"爱鸟周"宣传活动，如张贴爱鸟周公告和科普宣传海报、举办爱鸟周科普展、发放定制宣传品和文创产品等，面向全省各主要地市青少年作爱鸟护鸟的专题报告、普及鸟类知识。例如，陈广文理事长和柴大本理事、徐新杰理事组织有关会员在郑州市动物园举行的"爱鸟周"纪念游园大会开展科普宣传，该活动得到省科协的好评，被列为重点科普项目。副理事长文祯中教授带领南阳师范学院师生在南阳市公园开展了"热爱大自然、保护生物"科普宣传活动，《南阳日报》《南阳晚报》、南阳电视台等多家媒体进行了报导，收到了较好的宣传效果。学会依托河南师范大学生物资源博物馆在全国科普日、全国科技周以及国际博物馆日均开展主题活动。学会成员积极开展形式多样的科普宣传活动，例如副理事长徐新杰作为科普中原百家谈第二十期的特邀专家，作了题为《警惕，小心这些外来入侵物种》的科普讲座；同时受邀在中国科协《科普中国》平台上发表《老虎吃草吗》等 8 篇科普文章。在每年的"禁渔期"内，学会开展了一系列"禁捕退捕千秋业，生态黄河万代兴""保护黄河流域鱼类资源，共建生态和谐美好家园"等为主题的"禁渔期"宣传活动，赵海鹏理事获河南省科技厅河南省科普作品优秀奖。

3. 拔尖人才培养

学会自 1981 年成立以来，已建立了一支高水平的动物学专家队伍。自 1989 年以来，连续组织全国中学生生物学奥林匹克竞赛河南省赛区的初赛和联赛工作，选拔并培训了 207 名优秀选手代表我省参加了 32 届全国中学生生物学竞赛，获全国金牌 106 枚、银牌 20 枚，团体成绩居全国前列。培养的学生连续 10 年代表我国参加国际生物学奥林匹克竞赛，荣获国际金牌 8 枚、银牌 2 枚。

自 2015 年以来，学会成员承担了河南省中学生英才计划——生物学科人才的培养任务，培养英才计划学生 120 余名，有效助推了基础教育拔尖人才的脱颖而出。学会成立至今已培育出众多优秀的动物学从业者，使其成为推动动物学科发展的主力军和储备军，并为中国动物学会吸纳了大批优秀成员，为全国动物学专家更广泛地交流作出了积极贡献。

三、学会理事会历届理事长、副理事长、秘书长名单

第一届理事会（1981—1985 年）

理　事　长：郭田岱

副理事长：王运章　金德璋　史冬元　和振武

秘　书　长：和振武（兼）

第二届理事会（1985—1990 年）

理　事　长：王运章

副理事长：和振武　周伟民

秘　书　长：和振武（兼）

第三届理事会（1990—1996 年）

理　事　长：朱东明

副理事长：周伟民

秘　书　长：和振武

第四届理事会（1996—2001 年）

理　事　长：徐存拴

副理事长：陈广文　莫伟仁

秘　书　长：路纪琪

第五届理事会（2001—2021 年）

名誉理事长：徐存拴

理　事　长：陈广文

副 理 事 长：文祯中　李克勤　乔志刚

秘　书　长：陈晓虹

第六届理事会（2021—　）

名誉理事长：徐存拴　陈广文

理　事　长：董自梅

副 理 事 长：宁黔冀　路纪琪　徐新杰　马金友　林俊堂

秘　书　长：于　飞

辽宁省动物学会

一、学会简介

辽宁省动物学会是由本省从事动物科学研究、教学、管理人员及其他野生动物爱好者自愿结合并依法登记的省级范围内的公益性、学术性、非营利性的法人社会团体。学会挂靠沈阳师范大学生命科学学院。学会的宗旨为：开展国内、国际有关动物学技术合作及学术交流，推动学术创新，促进学科发展；弘扬科学精神，普及动物科学知识，传播科学思想和科学方法，推广先进技术，提高全民科学素质；组织会员参与动物科学相关科技政策、科技发展战略、有关法规的制定工作，提出科技建议，推进决策的科学化、民主化；开展野生动物保护与利用研究及其科技论证、咨询和技术服务，举办科技展览，支持科学研究；接受委托承担项目评估、成果鉴定、技术评价，参与并承担技术标准制定、专业技术资格评审和认证等工作；在会员和动物学科技工作者中开展表彰奖励、科学技术培训和继续教育工作，培养和举荐人才；兴办符合学会章程的社会公益事业。

目前学会会员人数为 544 人，包括大专院校相关教师和学生，保护区、林业系统科研人员和中学生物学教师。

二、历史沿革与建设成绩

辽宁省动物学会由张寿琦、王惠孚、梁传诗、解玉浩、季达明、马忠余、霍凤光、全理华、杨振德、张铎、李志超、施友仁、刘蝉馨、黄沐朋等共同发起，于 1978 年成立。1978 年 12 月 9 日在大连市召开第一次会员代表大会，会议制定并通过了《辽宁省动物学会章程》，选举梁传诗为理事长，王惠孚任秘书长。

辽宁省动物学会成立后，在野生动物科学普及和保护宣传、学术交流等方面作了大量工作，取得了显著的成绩和社会效益。"爱鸟周"保护宣传、"野生动物保护宣传月"活动等已列入学会常年工作计划。多次组织中学生参加辽宁省赛区奥林匹克生物竞赛并取得较好成绩。积极开展技术推广与服务，组织学会专家学者下乡进村，开展野生动物驯养繁殖、经济动物饲养等科学研究和技术服务。自 2010 年首届东北三省动物学研究与保护学术论坛在哈尔滨市举办以来，到 2023 年已成功举办十一届论坛，论坛由辽宁、吉林和黑龙江三省动物学会轮流举办。学会积极组织会员参加全省以及全国性野生动物保护与教育等方面的学术会议，如中国野生动物生态与保护学术会议、中国两栖爬行动物学术会议等。学会建立之初曾编辑出版《辽宁省动物学会会刊》（1980—1986），对培养动物学科技人才做了大量工作，赢得了良好的声誉和影响力。针对辽宁省自然保护区工作实际，学会于 2009 年成立了保护区专业委员会，对组织省内保护区间的管理与研究工作起到了积极作用，专业委员会挂靠大连市蛇岛老铁山自然保护区。

辽宁省动物学会已经走过 40 多年的历程，在中国动物学会和辽宁省科协的直接指导下，在学会理事会成员和全体会员的共同努力下，辽宁省动物学会必将以崭新的面貌和极具活力的形象出现在辽宁省及国内外动物科学的研究、教育、宣传和技术服务领域，为辽宁省乃至中国的野生动物保护事业作出更大的贡献。

三、学会理事会历届理事长、副理事长、秘书长名单

第一届理事会（1978—1984 年）

理 事 长：梁传诗

秘 书 长：王惠孚

第二届理事会（1984—1988 年）

理 事 长：季达明

第三届理事会（1988—1993 年）

理 事 长：季达明

副理事长：张兴旺　陈介康　戴显声

秘 书 长：刘明玉

第四届、第五届理事会（1994—2002 年）

理 事 长：刘明玉

第六届理事会（2002—2007 年）

理 事 长：薛万琦

第七届理事会（2007—2012 年）

理 事 长：李丕鹏

副理事长：那　杰　张春田　王秋雨　胡建民　刘广纯　李庆伟　宋玉双　王喜武　邱英杰
　　　　　李文宽　韩家波　姜德富　姬兰柱　张稷博　刘国平　孙立新　王　黎

秘 书 长：杨宝田

第八届理事会（2012—2017 年）

理 事 长：李丕鹏

副理事长：那　杰　张春田　王秋雨　胡建民　刘广纯　李庆伟　宋玉双　周葆果　邱英杰
　　　　　李文宽　韩家波　姜德富　姬兰柱　张稷博　刘国平　孙立新　王　黎

秘 书 长：杨宝田

第九届理事会（2017—2023 年）

理 事 长：张春田

副理事长：万冬梅　初　冬　李喜升　尚德静　赵　文　胡东宇　关玉辉　冯典兴　宋晓东
　　　　　张树义　郑　国

秘 书 长：佟艳丰

第十届理事会（2023—　　）

理 事 长：佟艳丰

副理事长：万冬梅　初　冬　李喜升　杨　君　杨建成　董维兵　冯典兴　丁　俊　王　伟
　　　　　王　星　郑　国

秘 书 长：姚志远

吉林省动物学会

一、学会简介

　　吉林省动物学会是吉林省动物学工作者自愿结成，并依法登记成立的公益性、学术性、全省性的非营利性法人社会团体，业务主管部门为吉林省科协，学会挂靠在东北师范大学生命科学学院。

　　吉林省动物学会由东北师范大学、吉林大学、中国科学院东北地理与农业生态研究所、吉林农业大学、吉林省水产科学研究院、吉林农业科技学院、东北虎园暨野生动物救护繁育中心、北华大学、通化师范学院等院校和科研机构的专家学者组成。现有会员 400 余人，常务理事 29 位，理事长为东北师范大学冯江教授，秘书长为东北师范大学王海涛教授。

　　学会的宗旨是团结和组织广大动物学科技工作者，按照学会章程和民主办会原则，提倡辩证唯物主义和历史唯物主义，坚持实事求是的科学态度和优良作风，倡导"科教兴国"，积极倡导献身、创新、求实、协作精神，弘扬"尊重知识，尊重人才"的风尚，开展学术上的自由讨论，交流科学研究和教学经验，为促进吉林省动物学科技事业的发展，普及动物学知识，促进动物学科技人才的成长和提高，为全面建设小康社会服务。

二、历史沿革与建设成绩

吉林省动物学会成立于 1965 年，学会前身为吉林省生物学会，创始人为傅桐生教授。学会成立后挂靠在东北师范大学生命科学学院。"文化大革命"期间，学会工作处于停滞状态，换届工作未正常进行。1977 年，学会组织召开了第 2 届会员代表大会，因傅桐生超龄，由赵汝翼接任学会理事长，对会员进行了重新核对登记，重新修订学会章程，学会各项工作逐渐步入正轨。1985 年，张凤岭接任学会第 4 届理事会理事长，学会于 1992 年在吉林省民政厅正式登记注册。1993 年，高玮接任学会第 6 届理事会理事长并连任 4 届。2001 年，学会召开第 8 届会员代表大会，重新修订了吉林省动物学会章程。2009—2022 年，两次修订了吉林省动物学会章程，2009 年至今，冯江任理事长。

在中国动物学会指导下，在吉林省科协领导下，吉林省动物学会扎实推进规范化建设，全面提升学会工作水平，在学术交流、学科竞赛、科普宣传、人才培养、决策咨询等方面开展了系列工作，并取得了一定成绩。

1. 学术交流和学科竞赛

在学会内部，组织和开展形式多样的交流活动，如吉林省生命科学大型联合学术活动、吉林省科协青年科学家论坛等，并组织学会成员参加国内外相关的学术会议。主办和承办多项全国性和地方性的学术会议，如中国动物学会十七届第五次常务理事会会议、第十五届中国鸟类学大会、第一届中国蝙蝠论坛、东北三省动物学研究和保护论坛等。学科竞赛方面，自 20 世纪 90 年代初开始，联合植物学会，每年承办全国中学生生物联赛吉林省赛区的赛事组织工作，并组织学生参加全国竞赛。

2. 科普宣传

借助学科优势和东北师范大学自然博物馆，开展系列科普活动。围绕全国科技活动周和国际生物多样性日，联合央视频、科普中国等多家主流新媒体，举办了"自然博物馆——带你开启生物多样性探索之旅"为主题的直播活动。举办"爱鸟周"及"野生动物保护宣传月"等活动。疫情期间，出版科普图书《揭秘夜空精灵——蝙蝠》，建设在线课程《蝙蝠的故事》，增强了公众对蝙蝠等野生动物的了解与保护意识。面向"三农"开展科普工作，增强农民科技意识，促进科教兴农战略顺利实施。

3. 人才培养

在傅桐生教授的带领下，赵汝翼、路顺奎、高岫、高玮、张凤岭、程济民和宋榆钧等老一辈动物学家出版了《中国动物志　鸟纲　雀形目　文鸟科　雀科》《长白山鸟类》《鸟类分类及生态学》《大连海产软体动物志》等经典著作。目前，以冯江、李子义、王海涛、吴东辉、李志鹏等为核心的科研团队，继承了老一辈的研究领域，同时不断拓展开辟新的研究方向，培养了大批优秀青年人才，江廷磊和李志鹏获得国家优秀青年科学基金资助，2 人获得中国动物学会长隆奖，多人入选吉林省科协青年人才托举工程等，并在 *Science*、*Science Advance*、*PNAS* 等刊物发表论文。学会举办了多期中学骨干教师实验技能培训班和高中生物新课程教师培训班，多次组织省内中学生物教师开展野外实习及标本采集制作，以及教学论文交流和评选工作，为吉林省中学生物教师培训作出了贡献。

4. 决策咨询

学会依据自身学科优势，积极为国家和地方政府提供决策咨询报告。冯江教授提出的"冠状病毒跨种传播的生态学机制是什么"入选中国科协2020年10个重大科学问题，同时，该问题入选《面向未来的科技》（中国科学技术协会主编）一书，该书入选2020年中国好书榜，基于此重大科学问题撰写《科技工作者建议》，获得中央领导批示。构建了东北地区病毒宿主及媒介昆虫的分布地图，提供了公开共享的病原调查基础科学数据库，提出了吉林省疫源疫病防控政策建议，为建立病原监测与预警机制提供理论依据，保障了区域生物安全。学会组织专家开展区域性动物资源调查和监测，为当地政府构建白鹤、中华秋沙鸭等濒危动物保护关键技术指标体系，并提供决策咨询报告，协助省林草局建立集安市蝙蝠自然保护小区。同时，依托专业优势，为电力系统鸟害防控、机场防鸟撞等提供调研报告和技术支撑，服务于国家和地方建设与发展。

三、学会理事会历届理事长、副理事长、秘书长名单

第一届（1965—1977 年）

理 事 长：傅桐生

副理事长：金　岚　赵汝翼　朱传典　蓝书成

秘 书 长：侯文礼

第二届（1977—1981 年）

理 事 长：赵汝翼

副理事长：侯文礼　程继民　金　岚　赵汝翼　朱传典　蓝书成　王凤震　刘　忠　张凤岭

秘 书 长：宋榆钧

第三届（1981—1985 年）

理 事 长：赵汝翼

副理事长：侯文礼　程继民　金　岚　赵汝翼　朱传典　蓝书成　王凤震　刘　忠　张凤岭

秘 书 长：宋榆钧

第四届（1985—1989 年）

理 事 长：张凤岭

副理事长：宋榆钧　高　玮　侯文礼　程继民　金　岚　赵汝翼　朱传典　蓝书成　王凤震　刘　忠　郭文场　朴向根　白庆余

秘 书 长：暴学祥

第五届（1989—1993 年）

理 事 长：张凤岭

副理事长：宋榆钧　高　玮　侯文礼　程继民　金　岚　赵汝翼　朱传典　蓝书成　刘　忠
　　　　　郭文场　朴向根　白庆余

秘 书 长：暴学祥

第六届（1993—1997 年）

理 事 长：高　玮

副理事长：宋榆钧　郭文场　王魁颐　文在根　石贵山　朱传典　刘　忠　暴学祥　白庆余

秘 书 长：杨志杰

第七届（1997—2001 年）

理 事 长：高　玮

副理事长：宋榆钧　郭文场　王魁颐　石贵山　文在根　高久春　暴学祥　吴志刚　高长启
　　　　　刘　忠

秘 书 长：杨志杰

第八届（2001—2005 年）

理 事 长：高　玮

副理事长：宋榆钧　丁之慧　石贵山　任炳忠　暴学祥　王魁颐　杨柏然　吴志刚　高久春
　　　　　徐　莉　高长启

秘 书 长：杨志杰

第九届（2005—2009 年）

理 事 长：高　玮

副理事长：宋榆钧　任炳忠　吴志刚　高久春　高长启　暴学祥　丁之慧　杨柏然　石贵山
　　　　　徐　莉　卢文祥　沈　雁

秘 书 长：杨志杰

第十届（2009—2013 年）

理 事 长：冯　江

副理事长：宋榆钧　高长启　暴学祥　任炳忠　杨志杰　吴志刚　高久春　赵　匠　李迎化
　　　　　王全凯　徐　莉　卢文祥　姜云垒　沈　雁

秘 书 长：王海涛

第十一届（2013—2017年）

理 事 长：冯 江

副理事长：吴志刚　李子义　姜云垒　孟庆繁　李迎化　杨松涛　张克勤　王海涛

秘 书 长：王海涛

第十二届（2017—2022年）

理 事 长：冯 江

副理事长：李子义　姜云垒　孟庆繁　杨松涛　张克勤　张嘉保　吴东辉　王海涛

秘 书 长：王海涛

第十三届（2022— ）

理 事 长：冯 江

副理事长：刘 多　孟庆繁　吴东辉　姜 昊　徐 超　高春山　江廷磊　李志鹏　王海涛

秘 书 长：王海涛

黑龙江省动物学会

一、学会简介

黑龙江省动物学会成立于1978年，是由本省从事野生动物研究、教学及管理人员和中学生物教师以及其他野生动物爱好者自愿结成并依法登记，在全省范围内的公益性、学术性、非营利性的法人社会团体，发展至今已经有会员268名。

学会挂靠东北林业大学，其主要的业务范围为：野生动物保护与利用研究及其科技咨询和技术服务；国内、国际有关野生动物技术合作及学术交流；以提升黑龙江省大中小学生的生物学素养为目标的各种教研活动；承办由中国动物学会主办的全国中学生生物学竞赛活动。

二、历史沿革与建设成绩

（一）历史沿革

黑龙江省动物学会是在萧前柱、马建章、史新柏、马逸清等老一代动物科学家的倡导和努力下成立的，挂靠在东北林业大学。1978年在哈尔滨东北林学院召开了黑龙江省动物学会成立大会暨学术报告会，通过了学会章程，推选出首届黑龙江省动物学会理事会成员及组织机构。萧前柱为首届学会理事长。1982年8月召开了学会第2届会员代表大会暨学术研讨会，选举出新一届理事会，推选马建章为理事长并连任至2016年。2001年，学会在黑龙江省民政厅正式登记注册。1998年、2005年、2010年、2016年、2023年分别召开了第3届、第4届、第5届、第6届、第7届会员代表大会暨学术讨论会，修改了学会章程，推选出理事会成员和组织机构。2023年，学会第7届理事会有理事 52 人、常务理事 17 人，并设有寄生虫专业委员会、中学生物教学研究会两个专业委员会。

（二）建设成绩

黑龙江省动物学会自 1978 年成立以后，在学术交流、资源调查、科技咨询、科普宣传、生物教育等多领域发挥了重要作用，连续多年被黑龙江省科学技术协会评为省级优秀学会。多人被黑龙江省科协授予优秀科技工作者、优秀青年科技工作者和优秀学会工作者等称号。主要开展的工作如下：

1. 学术交流

主动配合中国动物学会及其分会和相关专业委员会，组织学会会员积极参加有关学术会议和学术交流。例如积极组团参加中国动物学会兽类学分会与中国生态学会动物生态专业委员会联合举办的全国野生动物生态与资源保护学术研讨会，中国动物学会鸟类学分会主办的全国鸟类学大会和海峡两岸鸟类学术研讨会、中国动物学会两栖爬行动物学分会、原生动物学分会主办的全国学术研讨会，中国畜牧兽医学会家畜寄生虫学分会主办的学术研讨会等。

2. 社会服务

2010 年由马建章院士倡导，联合吉林省和辽宁省动物学会轮流举办东北三省动物保护与研究学术论坛。东北三省动物保护与研究学术论坛是国内较早举办的区域性动物学专业学术会议，目前该论坛规模不断扩大，内容不断深入和更新，其影响也越来越大，已经形成了品牌效应。它不仅有效地促进了学科交叉、相互促进、共同提高，还为东北地区从事动物学研究与保护的工作者搭建了交流平台，在国内已经具有广泛的影响。截至 2023 年已成功举办了十一届，累计参加人数达 2000 余人，交流论文 1500 余篇，墙报 400 个。论坛取得了良好的效果，为东北三省整体动物学研究开创了新的局面。现已形成了东北地区动物研究与保护的有效交流与合作机制。

3. 科普宣传

学会已经连续 20 年积极主动配合黑龙江省林业厅、哈尔滨市林业局、黑龙江省野生动物保护协会及东北林业大学等单位和部门，做好一年一度的"爱鸟周"和"野生动物保护宣传月"的社会宣传活动。学会的主要领导和相关人员都参与其中进行指导和咨询工作，使此项融社会公益与科普教育为一体的活动的形式和内容更为丰富多彩，得到了有关部门的好评。

自 2006 年至今，学会圆满完成了一年一度的全国中学生生物学联赛黑龙江省赛区的组织及承办工作，累计参加竞赛的高中生总人数近 18 万余人。

4. 国家合作

会员积极参与中国—俄罗斯跨界自然保护区和生物多样性保护工作组的重点任务，即中俄双方共同制订黑龙江流域跨界自然保护区网络建设战略。在工作中系统分析了黑龙江流域生物多样性保护取得的成就和面临的问题，研究中俄跨界自然保护区的管理机制和体制，制订跨界自然保护区网络体系建设的战略目标和主要任务，共同推动中俄黑龙江流域的生物多样性保护工作。

会员积极参加东北亚迁徙鸟类保护组织、丹顶鹤保护国际网络、中国野生动物保护协会鹤类保护联合会、雁鸭类保护网络等区域性动物保护工作网络，在野外监测、栖息地管理、自然保护区建设等多方面展示了黑龙江省动物学者的风采。

学会会员之间和会员单位之间积极合作，共同策划成立了多个科技合作交流平台，立足龙江，辐射全国，构建起了立体交叉的国际化合作交流渠道。自然保护地国家创新联盟，以省内的多家国家级自然保护区为核心，联合全国自然保护区的管理单位、科研单位，将自然保护地的学术合作和管理创新工作推向了全国合作的新境地。野生动物保护与利用国家创新联盟则以省内的野生动物产业单位为核心，广泛联系林草行业内的各野生动物产业精英，为我国的野生动物利用产业立标准、定规范，出谋划策，既是好参谋，也是行业领军企业的孵化器。

学会会员积极为野生动物保护法修订献言献策、参与疫情后时代野生动物产业调研、参与多项自然保护区评审、国家公园论证等工作。多人获得全国优秀科技工作者和黑龙江省优秀科技工作者等荣誉称号。2018 年姜广顺教授荣获斯巴鲁生态保护特殊贡献奖。

三、学会理事会历届理事长、副理事长、秘书长名单

第一届理事会（1978—1989 年）

理　事　长：萧前柱

副理事长：马建章　马逸清　史新柏

秘　书　长：马逸清（兼）　李振营（常务）

第二届理事会（1989—1998 年）

理　事　长：马建章

副理事长：马逸清　李佩珣　史新柏

秘　书　长：高中信

第三届理事会（1998—2005 年）

理　事　长：马建章

副理事长：高中信　马逸清　尚作相　刘昕晨

秘　书　长：陈化鹏

第四届理事会（2005—2010 年）

理　事　长：马建章

副理事长：赵文阁　王进军　尚作相　陶　金

秘　书　长：邹红菲（女）

第五届理事会（2010—2016 年）

理　事　长：马建章

副理事长：赵文阁　王进军　尚作相　陶　金　杨春文

秘　书　长：邹红菲（女）

第六届理事会（2016—2023 年）

名誉理事长：马建章

理　事　长：王进军

副 理 事 长：赵文阁　邹红菲　张明海　刘　丹　李　林

秘　书　长：宗　诚

第七届理事会（2023—　　）

名誉理事长：马建章

理　事　长：邹红菲

副 理 事 长：刘　丹　李　林　宗　诚　金志民

秘　书　长：宗　诚

山东动物学会

一、学会简介

　　山东动物学会是由山东动物学领域科技工作者和相关单位自愿结成并依法登记成立的全省性、学术性、非营利性社会组织，具有社团法人资格，是党和政府联系山东省广大动物学科技工作者的桥梁和纽带，是山东省发展动物学科技事业的重要社会力量。学会认真贯彻党的基本路线和"百花齐放、百家争鸣"的方针，坚持民主办会的原则，充分发扬学术民主，开展学术上的自由讨论。提倡辩证唯物主义和历史唯物主义，坚持实事求是的科学态度和优良学风，弘扬"尊重知识，尊重人才"的风尚，积极倡导"献身、创新、求实、协作"的精神，团结山东省广大动物学科技工作者促进科学技术的繁荣和发展，促进科学技术的普及和推广，促进动物学科科技人才的成长和提高，为社会主义现代化建设服务，为构建社会主义和谐社会服务，维护山东省动物学工作者的合法权益，为会员和动物学工作者服务。学会坚持中国共产党的全面领导，根据中国共产党章程的规定，设立山东动物学会党支部，开展党的活动，为党组织的活动提供必要条件。

二、历史沿革与建设成绩

（一）历史沿革

　　1960 年 9 月，由全国知名动物学工作者黄浙、周才武等倡议并组织发起，山东省科学技术协会批准成立山东动物学会。学会挂靠在山东大学。学会于 1964 年 9 月在济南组织召开了山东省第一届鸟兽资源保护与利用座谈会，参加会议的正式代表与列席代表 80 余人。1965 年，山东动物学会第一次全体会员代表大会在济南召开，与会代表协商选举产生学会第一届理事会理事。1978 年春，在山东省科协的领导下，学会成为山东省首批恢复学术活动的社会团体之一。1979 年 3 月，学会在济南市召开综合性学术会议，参加会议正式代表有 76 人。1982 年，山东动物学会第二次全体会员代表大会在烟台召开，与会代表 70 余人，会议选举了第二届理事会。会议决定 1984 年在烟台举行学术年会。1986 年 10 月，山东动物学会第三次会员代表大会暨学术年会在泰安召开，与会代表 86 人，会议收到学术论文 108 篇。会议选举产生了第三届理事会。1990 年 11 月，学会第四次会员代表大会暨成立 30 周年学术报告会在青岛召开，与会代表 100 余人，选举产生了学会第四届理事会。2000 年 6 月，学会在济南召开第五次全体会员代表大会，会议选举产生了第五届理事会。2014 年 12 月 19—21 日，山东省动物学会第六届会员代表大会暨学术讨论会在曲阜师范大学召开，参会代表近 200 人。本次会议成立了学会第一届监事会，并组建了学会党支部。2019 年 11 月 23—24 日，山东动物学会第七届会员代表大会暨学术年会在济南市召开，共有 198 位代表参会。

（二）建设成绩

1. 学术活动

近年来学会开展了一系列有规模、有影响的学术交流活动，如 2000 年在山东大学承办了中国动物学会兽类学分会学术研讨会，2001 年在山东大学组织了北方七省、自治区、直辖市动物学会学术研讨会暨中国动物学会教学专业委员会会议，2004 年在烟台主办了山东动物学会会员学术会议，2015 年在山东理工大学成功举办山东动物学会成立 55 周年学术讨论会暨"泰山科技论坛"第十八期，2016 年在鲁东大学成功举办山东动物学会学术年会暨中学生物学教育改革与发展论坛，2018 年在山东师范大学成功举办山东动物学会学术年会暨中学生物学教育改革与发展论坛。学会于 2014 年创立了山东动物学会动物学齐鲁新星研究生学术论坛这一学术品牌。

2. 科普活动

1981 年以来，学会每年均与山东省林业厅、山东省野生动物保护协会等有关部门联合举办"爱鸟周"活动、蝴蝶展活动等。学会先后有 10 余名会员加入山东省科普讲师团，积极开展科普进校园活动。先后举办讲座 300 余场，听众达 60000 余人次。

3. 中学生生物学奥林匹克竞赛

自 1992 年以来，学会作为主要单位组织了全国中学生生物学联赛（山东省赛区）活动。学会还先后承办了 4 届全国中学生生物学竞赛活动。

4. 山东省大学生科技节系列活动

自 2016 年以来，与山东植物学会、山东微生物学会、山东省教育科学研究院等联合连续 8 年承办了山东省科协主办的山东省大学生科技节中的 3 项系列活动：山东省大学生生物学教学技能大赛、山东省大学生生物学实验技能大赛、山东省大学生生命科学竞赛等。累计参赛达 3 万余人次，为提高山东省大学生的科学素养和专业技能作出了突出贡献。

三、学会理事会历届理事长、副理事长、秘书长名单

第一届理事会（1965—1982 年）

理 事 长：黄　浙

副理事长：周才武　秦西灿　郭亦寿　黄道农

秘 书 长：卢浩泉

第二届理事会（1982—1986 年）

理 事 长：黄　浙

副理事长：周才武　成庆泰　秦西灿　郭亦寿

秘 书 长：卢浩泉

第三届理事会（1986—1990 年）

名誉理事长：黄　浙

理 事 长：卢浩泉

副理事长：李桂舫　冯静仪　牟吉元　黄世政　王永良

秘 书 长：陈致和

第四届理事会（1990—2000 年）

理 事 长：卢浩泉

副理事长：董金海　冯静仪　牟吉元　张天荫

秘 书 长：陈致和

第五届理事会（2000—2014 年）

理 事 长：陈致和

副理事长：王金星（常务）董金海　张志南　安利国

秘 书 长：王玉志

第六届理事会（2014—2019 年）

理 事 长：王金星

副理事长：安利国　李新正　张洪海　张士璀　李玉春　孙虎山　阙华勇

秘 书 长：王玉志

第七届理事会（2019—　　）

理 事 长：王金星

副理事长：李新正　杨桂文　杨月伟　李玉春　吴家强　孙虎山　张士璀

秘 书 长：王玉志

安徽省动物学会

一、学会简介

安徽省动物学会是安徽动物学界科学技术工作者的学术性社会团体,由从事动物学教学、科学研究、饲养繁殖、保护管理和宣传教育的人员自愿组成的专业性、学术性、非营利性的社会团体,是本省与本学科相关行业和单位人员横向联系的重要纽带,是安徽省科学技术协会和中国动物学会的团体会员,接受安徽省科学技术协会和中国动物学会的业务指导。学会的宗旨是团结和动员安徽省动物学科技工作者,以经济建设为中心,坚持科学技术是第一生产力的思想,弘扬科学精神,发展创新文化,实施科教兴皖战略、人才强省战略、可持续发展战略和创新推动战略,建设创新型安徽。促进科学技术的繁荣和发展,促进科学技术的普及和推广,促进科学技术人才的成长和提高,促进科学技术与经济的结合。遵守国家宪法、法律、法规和国家政策,遵守社会道德风尚,组织、协调和团结本省广大的动物学科技工作者,为经济社会发展服务、为提高全民科学素质服务、为科学技术工作者服务,不断加强自身建设,为推动社会主义经济建设、政治建设、文化建设和社会建设,为促进加快崛起、建设创新型安徽、构建社会主义和谐社会而努力奋斗。学会的业务主管部门是安徽省科学技术协会,社团登记管理机关是安徽省民政厅,办事机构挂靠在安徽大学资源与环境工程学院。学会下设秘书处、学术工作委员会、高校动物学教学工作委员会、科普宣教工作委员会和动物伦理委员会等专业委员会。在历届理事会的带领下,安徽省动物学会在繁荣安徽省的动物学科学研究、动物学人才培养、野生动物资源和保护管理、野生动物繁育、动物学科学普及领域发挥了重要作用。

二、历史沿革与建设成绩

(一)历史沿革

安徽省动物学会是 1964 年从原安徽省生物学会筹委会分出成立的省级学会,第一届委员会主任委员由秦素美教授担任。1966 年"文化大革命"开始,学会的学术活动被迫停止。1978 年学会逐渐恢复工作。1980 年 9 月召开第二次会员代表大会,谢麟阁任第二届理事会理事长。经省科协批准,1987 年 8 月 22 日成立安徽省动物学会动物养殖协会并制定协会章程。1995 年 6 月,在合肥市召开会员代表大会,选举产生第三届理事会,设立了组织工作委员会、咨询工作委员会、学术交流工作委员会和科普工作委员会。2002 年 10 月,在合肥市召开第四次会员代表大会,选举产生第四届理事会。经省科协批准,2003 年成立安徽省中学生生物学奥林匹克竞赛办公室,并挂靠在安徽省动物学会。2003 年 12 月,成立安徽省动物学会学生分会。2008 年召开第五次会员代表大会,选举产生第五届理事会。2008 年 4 月的"爱鸟周"期间,成立了安徽省动物学会观鸟分会(对外称安徽省观鸟会,会徽为灰喜鹊图案)。2014 年召开第六次会员代表大会,选举产生第六届理事会。2019 年 12 月,召开第 7 次会员代表大会,选举产生了第七届理事会、第一届监事会,并组建了学会党委。

（二）建设成绩

1. 学术活动

学会积极组织和开展形式多样的学术活动，主办每年一次的安徽省动物学会学术年会，内容包括动物生态学、动物资源保护与利用、动物遗传育种、动物繁殖、系统进化与协同进化、动物对环境的生理适应、动物行为学、动物分类与系统演化、动物分子生态与适应性进化、现代生物学检测与分析技术等相关领域，来自省内各高校相关研究领域的专家学者及研究生参加会议，共同探讨安徽省动物学的发展战略，并交流研究成果，促进安徽省动物学工作者及相关领域科研人员之间的交流与合作。承办了第十三届全国鸟类学学术研讨会、中国鹤类及栖息地保护学术研讨会暨中国野生动物保护协会鹤类联合保护委员会年度工作会议、中国动物学会灵长类学分会第十七届学术年会、中国自然资源学会成立 40 周年系列纪念活动——"全国湿地生态保护、修复科学创新与实践 2023 年学术年会"等会议。学会会员通过多种形式积极参加国内外学术会议，汇报最新研究成果。

2. 科普宣传

学会在安徽省野生动物保护中发挥着重要作用，配合野生动物保护协会、省林业厅，利用"爱鸟周""安徽湿地日"和科普日等特定时间，积极开展科普活动；学会大量会员参与指导学生参加每年的安徽省大学生生物标本制作大赛；加强青少年动物科学知识普及工作，积极开展中学生夏令营活动；与自然保护区、湿地公园等自然保护区共建一批观鸟与科普教育基地；承担每年的全国中学生生物学联赛（安徽赛区）的组织工作，加强对选拔赛、联赛的组织领导，为参赛同学提供必要的帮助和服务；顶着疫情压力，保质保量承办全国中学生生物学奥林匹克联赛；方杰理事带领的团队代表学会赠予安徽省青少年科技活动中心展出的所有昆虫标本，为青少年普及"昆虫与人类的关系"相关知识。

3. 服务社会

学会为全省自然保护区、湿地公园有关动物栖息地保护的规划论证、监测项目提供技术支持，参与生态文明建设。积极承担安徽省的野生动物资源调查及开展动物学研究、教学和人才培养工作。学会理事长周立志教授等大批会员积极承担安徽省陆生野生动物调查任务，参与野生动物和生态保护的调查研究工作，并相继承担了安徽省野生动物疫源疫病的调查任务，对安徽省动物疫源疫病的潜在宿主查家底。学会大批相关人员参与了长江中下游湿地水鸟同步调查和全国鹤类资源调查，安徽省水鸟、蛇类、野猪、蝙蝠和大别山麝等野生动物专项调查，为相关保护工作的决策提供依据，并提高公众对水鸟及其栖息地的认识，为以水鸟为代表的湿地生态系统保护工作积蓄力量。学会名誉理事长李进华教授等先后承担黄山风景区人—猴关系、昆虫多样性调查项目，为黄山生物多样性保护献力。2020 年，学会联合安徽省野生动植物保护协会发出倡议书"敬畏野生动物，远离疫源疫病"。

4. 人才培养

学会在每年的学术年会中设立研究生论坛专场及墙报，并按照一定的比例分别评出一、二、三等奖，促进学生充分交流，鼓励他们在各自的领域中深入研究。

三、学会理事会历届理事长、副理事长、秘书长名单

第一届（1964—1979 年）

主任委员：秦素美

秘 书 长：谢麟阁

第二届（1980—1995 年）

理 事 长：谢麟阁

副理事长：陈璧辉　樊培芳

秘 书 长：王岐山

第三届（1995—2002 年）

理 事 长：王岐山

副理事长：陈璧辉　陈兴保　胡小龙　王增贤

秘 书 长：韩德民　江　浩

第四届（2002—2008 年）

理 事 长：李进华

副理事长：顾长明　江　浩　吴孝兵　周立志

秘 书 长：周立志（兼）

第五届（2008—2014 年）

理 事 长：李进华

副理事长：顾长明　江　浩　吴孝兵　周立志

秘 书 长：周立志（兼）

第六届（2014—2019 年）

名誉理事长：李进华

理 事 长：周立志

副理事长：聂刘旺　刘大海　邓道贵　王顺昌

秘 书 长：于　敏

第七届（2019—　　）

名誉理事长：李进华

理 事 长：周立志

副理事长：邓道贵　聂刘旺　王顺昌　李文雍

秘 书 长：于　敏

江苏省动物学会

一、学会简介

江苏省动物学会是党和政府联系全省动物学科技工作者的桥梁和纽带，是江苏省发展动物科学事业的重要社会力量。学会最早成立于 1957 年，由江苏省境内动物学科技工作者、教育工作者和相关从业人员及有关单位自愿组成并依法登记的学术性、非营利性社会组织，具有社团法人资格，宗旨是坚持以马克思列宁主义、毛泽东思想、邓小平理论、"三个代表"重要思想、科学发展观为指导，深入贯彻落实习近平新时代中国特色社会主义思想，为江苏省动物学科技工作者服务、为江苏省和全国创新驱动发展服务、为提高全民科学素质服务、为党和政府科学决策服务；团结动员广大动物学科技工作者创新争先，促进动物科学事业的繁荣和发展，促进动物科学技术的普及和推广，促进动物学科技人才的成长和提高；与时俱进，不断强化自身建设，成为党领导下团结联系江苏省内广大动物学工作者的社会团体，为全面建设社会主义现代化国家、全面推进中华民族伟大复兴而努力奋斗。学会的最高决策机构为理事会，具体工作由秘书处负责。

二、历史沿革与建设成绩

（一）历史沿革

江苏省动物学会最早成立于 1957 年，由南京大学陈纳逊、陈义、中国科学院南京地质古生物研究所王钰、南京农学院（今南京农业大学）皱钟林和南京师范学院尤大寿教授等发起成立中国动物学会南京分会，并选举南京大学陈纳逊为理事长。1961 年，在中国动物学会南京分会的基础上成立了江苏省动物学会，并选举产生了第 2 届理事会。1978 年，学会在江苏省扬州市江苏农学院召开学术年会，选举产生第 3 届理事会。1981 年，学会在江苏省南京市召开学术年会，选举产生第 4 届理事会。1985 年，江苏省动物学会和江苏省野生动物保护协会在江苏省南京市联合召开学术年会，选举产生江苏省动物学会第 5 届理事会。1989 年，学会选举产生第 6 届理事会。1994 年，学会选举产生第 7 届理事会。2000 年，学会选举产生第 8 届理事会。2005 年 4 月 22—24 日，在南京市召开会员代表大会暨省动物学会、省野生动物保护协会学术研讨会，选举产生第 9 届理事会。2009 年 9 月 23—26 日，在江苏省泰州市召开会员代表大会暨省动物学会、省野生动物保护协会学术研讨会，选举产生第 10 届理事会。2014 年 11 月 2—3 日，在江苏省南京市召开会员代表大会暨学术研讨会，选举产生第 11 届理事会。2018 年 9 月 22—23 日，在江苏省南京市召开会员代表大会暨学术研讨会，选举产生第 12 届理事会。2023 年 9 月 22—24 日，在江苏省徐州市召开代表大会暨学术研讨会，选举产生第 13 届理事会。

（二）建设成绩

1. 学术活动

自学会成立以来，积极组织和开展形式多样的学术活动，主办了江苏省动物学会学术年会、第八届世界两栖爬行动物学大会、国际鲸豚类研究与保护学术研讨会等会议；承办了中国两栖爬行动物学术研讨会、全国鸟类学大会、东亚水生昆虫学术研讨会、中华白海豚保护国际研讨会、全国野生动物生态与资源保护学术研讨会、全国兽类学学术研讨会、全国生物进化理论委员会学术研讨会等会议。通过这些学术会议，学会会员与国内外专家学者进行了充分的学术交流，提高了学术水平。学会专家学者潜心学术研究，在国内外专业学术期刊发表了众多高水平的学术成果，出版了一系列的教材和科普专著，获得了众多实践技术成果。

2. 科普教育

学会积极开展对外交流和科普宣传工作，组织会员举办"爱鸟周""蝴蝶观测大赛""城市观鸟大赛""南京市科普演讲比赛""野生动物保护宣传月"等大型公益性宣传活动，省内众多专家学者积极投入科普服务社会大众、提高公民科学素养的行动当中，例如2020年11月南京师范大学陈炳耀教授受邀参加央视《科学动物园》节目并做客金陵图书馆参与"江豚公益大讲堂"。南京师范大学生命科学学院师生通过微信公众号（"南师生科人""大话浮游"）等科普平台积极宣传各项主题科普活动，并结合省动物学会官网、江豚保护协会官网等对省内科研人员的重要科研成果与科普资源进行推广宣传，例如撰写科研论文、科普专著、保护建议与政策咨文等，提高了全社会和公民保护环境、保护动物的意识。学会协助南京市红山动物园、南京市江豚水生动物保护协会、南京师范大学珍稀动植物博物馆、江苏大丰麋鹿国家级自然保护区、盐城丹顶鹤自然保护区等单位积极开展科普教育和野生动物救护活动，维护江苏生态文明建设走在全国前列。学会成员也积极促进人才培养，除教学科研外，还成立各类奖促学金，2011年，由江苏省动物学会理事长周开亚教授出资设立"周开亚奖学金"，鼓励青年学生投身于生物学科学研究。

3. 服务社会

学会成员积极参加全国各类自然保护区、湿地公园、县域和沿海湿地等区域的综合科学考察，积极参加省科技厅的科研成果鉴定评估工作及青年科技专家推荐工作，组织动物学科技工作者参与科技战略、规划、布局、政策、法律法规的咨询制定和政治协商、科学决策、民主监督工作，建设高水平科技创新智库。

三、学会理事会历届理事长、副理事长和秘书长名单

第一届理事会（1957—1961年）
理事长：陈纳逊

第二届理事会（1961—1978年）
理事长：陈　义

第三届理事会（1978—1981年）
理事长：朱洪文
秘书长：林金榜

第四届理事会（1981—1985 年）

理事长：朱洪文

秘书长：周宗汉

第五届理事会（1985—1989 年）

理　事　长：周开亚

副理事长：王　浩

秘　书　长：李悦民

第六届理事会（1989—1994 年）

理　事　长：周开亚

副理事长：王　浩

秘　书　长：李悦民

第七届理事会（1994—2000 年）

理　事　长：归　鸿

副理事长：陈建秀　李厚达

秘　书　长：苏翠荣

第八届理事会（2000—2005 年）

理　事　长：苏翠荣

副理事长：陈建秀　李厚达

秘　书　长：王义权　杨　光

第九届理事会（2005—2009 年）

理　事　长：杨　光

副理事长：陈建秀　李厚达

秘　书　长：孙红英

第十届理事会（2009—2014 年）

理　事　长：杨　光

副理事长：高　翔　刘红林　魏万红　唐伯平　徐惠强　吉文林

秘　书　长：孙红英

第十一届理事会（2015—2018 年）

理 事 长：孙红英

副理事长：朱敏生　刘红林　魏万红　唐伯平　刘俊栋

秘 书 长：周长发

第十二届理事会（2018—2023 年）

理 事 长：孙红英

副理事长：陈　帅　刘红林　魏万红　唐伯平　鲁长虎　刘俊栋

秘 书 长：周长发

第十三届理事会（2023—2027 年）

理 事 长：杨　光

副理事长：孙红英　陈　帅　鲁长虎　伍少远　苏　川　张代臻　孙少琛

秘 书 长：徐士霞

浙江省动物学会

一、学会简介

浙江省动物学会是浙江省动物科学工作者自愿组成，依法登记成立的学术性、公益性、非营利性的法人社会团体，是浙江省科学技术协会和中国动物学会的组成部分，是发展我国、我省动物科技事业的重要社会力量。学会的宗旨是团结广大动物学科技工作者，遵守国家法律、法规和国家政策，遵守社会道德风尚，贯彻"百花齐放、百家争鸣"的方针，充分发扬学术民主，开展学术自由讨论，坚持实事求是的科学态度和优良作风，积极倡导"献身、创新、求实、协作"的精神，致力于弘扬"尊重知识"的理念，促进浙江省动物学科技术的繁荣和发展，促进动物学技术的普及和推广，促进动物学科技人才的成长和提高，为推动浙江省动物科学事业的发展和加速实现社会主义现代化作出贡献。学会挂靠单位是浙江大学生命科学学院，现有会员 780 人，下设组织委员会、学术委员会、科普工作委员会、中学生物学教育委员会以及青年委员会。理事单位有浙江自然博物馆、宁波大学、浙江师范大学、杭州师范大学和温州大学。

二、历史沿革与建设成绩

（一）历史沿革

浙江省动物学会前身为中国动物学会杭州分会，成立于中华人民共和国成立前（据考证成立于1945 年）。1951 年 6 月 24 日召开了正式成立大会。1959 年与水产学会合并成立动物水产学会（第五届），但因历史原因学会工作于 1966 年后一度中断。1978 年，动物和水产两学会分立，浙江省动物学会于 1978 年 12 月 22 日在杭州市重新正式成立。1999 年 12 月在杭州市召开浙江省动物学会第九届会员代表大会暨学术讨论会。2004 年 12 月 4 日在温州大学召开浙江省动物学会第十届会员代表大会暨学术讨论会，选举产生了第十届理事会的 30 位理事，举行了第十届理事会第一次全体理事会议，会议由丁平召集和主持，以无记名方式选举了理事长、副理事长、秘书长和常务理事。2009 年 10 月 30 日—11 月 1 日，在金华市浙江师范大学召开浙江省动物学会第十一届会员代表大会暨学术讨论会，选举动物学会第十一届理事会理事、理事长、副理事长、常务理事、秘书长。2013 年 11 月 23—24 日，在宁波大学召开浙江省动物学会第十二届会员代表大会暨学术讨论会，选举第十二届理事会，召开第十二届理事会第一次理事会会议，选举理事长、副理事长、常务理事、秘书长及副秘书长。2018 年 11 月 11—12 日，在宁波召开浙江省动物学会学术研讨会暨浙江省动物学会第十三届会员代表大会，选举产生第十三届理事会，召开第十三届理事会第一次理事会会议，选举理事长、副理事长、常务理事、秘书长及副秘书长。2023 年 9 月 22 日，召开浙江省动物学会第十三届理事会常务理事会议，讨论第十四届会员代表大会召开及理事会换届事宜。第十四届会员代表大会于 2024 年 4 月在浙江省金华市召开。

（二）建设成绩

1. 学术活动

学会成立以来，在历届理事会的共同努力下，坚持开展动物学相关学术活动，多次承办全国及全省的学术会议，组织专科学术讨论会，举办会员学术讨论会。先后承办了第十二届全国鸟类学术研讨会暨第十届海峡两岸鸟类学术研讨会（2013 年 11 月），成功举办了 6 届浙江省动物学会博士与教授论坛（2010 年、2012 年、2014 年、2017 年、2019 年、2022 年），举办了 2 届浙江省动物学青年学术论坛（2018 年、2021 年），与宁波大学海洋学院共同举办水生动物免疫学与抗病育种前沿问题学术委员会暨宁波大学水产学科成立 60 周年系列庆祝活动（2018 年）。承办了第二届中国青蟹产业绿色发展论坛（2020 年），参与主办浙江省科协重点学术活动千岛湖生境片段化与生物多样性保护国际研讨会（2015 年），与兄弟学会发起并举办了多届浙江省生物多样性保护与可持续发展研讨会，组织了海洋生物开发利用与动物安全、浙江省海产品优质与安全生产研讨会、生物多样性与区域生态安全青年学术论坛等专业学术讨论会，参与协办鸟类资源与生态环境——杭州市鸟类动态监测与信息共享学术研讨会（2016 年）、美丽乡村建设中的生态保护——乡村振兴与生态文明建设学术研讨会（2021 年）、恢复湿地生态家园的勃勃生机——湿地生态修复技术研讨会（2022 年）等。

2. 科普宣传

主办浙江省中学生生物学初赛一直是学会的重点工作之一。在培训选手参加全国中学生生物学联赛方面做了很多工作。全国中学生生物学联赛（浙江赛区）由浙江省动物学会与浙江省植物学会负责组织，两会共同组成竞赛委员会，联赛期间多次召开各种研讨协调会议，在总结经验的基础上不断摸索以提高竞赛工作的管理水平和竞赛的竞争力。与此同时，为助力科学文化的普及和科技进步的发展，学会参与举办多种形式的科普活动，如 2018 年第二期渔业专业技术人才知识更新培训班、2017—2018 年 "博物课堂" 系列活动、2018 年《追寻神话之鸟》展览、中国野生生物影像年赛作品杭州展（2021 年、2022 年）、科普讲座等。

3. 服务社会

组织编写《浙江动物志》。《浙江动物志》是浙江省科学技术协会委员会在 1984 年下达的重点科研项目，动物学会受委托组织动物学会成立《浙江动物志》编辑委员会，杭州大学、浙江医科大学、浙江农业大学、浙江师范大学、杭州师范学院、浙江自然博物馆等 15 个单位参加编写，对浙江省的动物资源进行了全面系统的梳理，丛书由蔡堡、江希明、陈士怡担任顾问，董聿茂为主编，诸葛阳、黄美华为副主编，44 人直接参编。《浙江动物志》共分八册，即吸虫类（吴宝华主编）、软体动物（蔡如星主编）、蜘蛛类（陈樟福、张贞华编著）、甲壳类（魏崇德主编）、淡水鱼类（毛节荣主编）、两栖爬行类（黄美华主编）、鸟类（诸葛阳主编）、兽类（诸葛阳主编），共记述了 2201 种和亚种，分隶于 74 目 395 科，绘制墨线图 2363 幅，彩照 255 幅，总计 460 余万字。1991 年上半年全部出版，"动物资源调查及《浙江动物志》的编著"课题获得浙江省 1991 年度科技进步奖一等奖。此外，浙江省动物学会还大力开展动物学科的科学研究。学会组织开展了省内各门类的动物资源科学考察和调查活动，全面掌握了浙江动物资源状况，为动物学分类区系的研究提供了翔实的资料，对浙江省的野生动物管理、自然保护区建设及经济动物饲养等方面起到了极大的促进作用。与此同时，动物学研究队伍迅速壮大，培养了大批学术骨干，省内各领域的动物学研究不断深入，动物学学科得到了重大发展，取得了丰硕的动物学研究成果。编写出版了《动物学》《动物学实验指导》《浙江海滨动物学野外实习指导》《千岛湖鸟类》等教材和著作，对推动浙江乃至全国的动物学教学起到了极大作用；会员主持和承担了"973"项目、"863"项目、国家自然科学基金、省部级基金等不同层面的项目课题，在 *Ecology*、*Oikos*、*Biology of Reproduction*、*Reproduction*、*Journal of Mammalogy*、*Aquaculture* 等专业刊物发表了论文，建立了千岛湖生态学野外科学观测研究站、舟山朱家尖海滨动物学野外实习基地、天目山动物学野外实习基地等教学和科研基地。

三、学会理事会历届理事长、副理事长、秘书长名单

1960 年前（1956—1960 年）历届理事会组成因资料缺乏无从考证，因此届数缺如。

理事长：江希明

秘书长：胡步青

第四届理事会（1979—1983 年）

名誉理事长：蔡　堡　董聿茂

理　事　长：江希明

副 理 事 长：陈士怡

秘　书　长：诸葛阳

第五届理事会（1983—1987 年）

名誉理事长：蔡　堡　董聿茂

理　事　长：江希明

副 理 事 长：诸葛阳　黄美华

秘　书　长：诸葛阳

第六届理事会（1987—1991 年）

名誉理事长：董聿茂　江希明

理　事　长：诸葛阳

副 理 事 长：黄美华　裘明华

秘　书　长：陈永寿

第七届理事会（1991—1995 年）

理　事　长：诸葛阳

副理事长：黄美华　裘明华　姜乃澄

秘　书　长：姜乃澄（兼）

第八届理事会（1995—2000 年）

名誉理事长：诸葛阳

理　事　长：裘明华

副 理 事 长：黄美华　陈永寿　姜乃澄

秘　书　长：姜乃澄（兼）

第九届理事会（2000—2005 年）

名誉理事长：诸葛阳　裘明华

理　事　长：黄美华

副 理 事 长：陈永寿　姜乃澄　刘季科　丁　平

秘　书　长：姜乃澄（兼）

第十届理事会（2005—2009 年）

名誉理事长：诸葛阳　裘明华　黄美华

理　事　长：丁　平

副 理 事 长：姜乃澄　计　翔　李太武　康熙民　叶胜荣

秘　书　长：杨友金

第十一届理事会（2009—2013 年）

名誉理事长：诸葛阳　裘明华　黄美华

理　事　长：丁　平

副理事长：方盛国　计　翔　李太武　康熙民　鲍毅新

秘　书　长：杨万喜

第十二届理事会（2013—2018 年）

理　事　长：杨万喜

副理事长：方盛国　王春琳　陈水华　杜卫国　鲍毅新

秘　书　长：范忠勇

第十三届理事会（2018—2024 年）

理　事　长：杨万喜

副理事长：王春琳　张永普　鲍毅新　陈水华

秘　书　长：林爱福

江西省动物学会

一、学会简介

江西省动物学会是江西省动物科学领域学会工作者和热心学会工作的科技工作者、管理工作者自愿结成的学术性、联合性、专业性的非营利性社会组织，是依法注册登记的地方性社会团体，是江西省科学技术协会的组成部分。学会的宗旨是高举中国特色社会主义伟大旗帜，坚持以邓小平理论、"三个代表"重要思想、科学发展观、习近平新时代中国特色社会主义思想为指导，在"百花齐放、百家争鸣"的方针指导下，开展学会理论与实践的研究，探索学会工作规律，促进学会事业繁荣与发展，促进科学技术的创新和进步，促进科学技术的普及和推广，促进科学技术人才的成长和提高，为建设富裕美丽幸福现代化江西服务。遵守国家宪法、法律、法规和国家政策，践行社会主义核心价值观，遵守社会道德风尚。学会的业务主管单位是江西省科学技术协会，登记管理机关是江西省民政厅，党建领导机关是中共江西省科学技术协会科技社团委员会，办事机构挂靠在南昌大学生命科学学院。学会下设秘书处、学术工作委员会、科普宣教工作委员会和中学奥赛工作委员会等专业委员会。在历届理事会的带领下，江西省动物学会在繁荣江西省动物学科学研究、动物学人才培养、野生动物资源和保护管理、动物学科学普及领域发挥着重要作用。学会接受登记业务主管单位和登记管理机关的业务指导和监督管理。

二、历史沿革与建设成绩

（一）历史沿革

江西省动物学会是 1982 年从原江西省动物学会、植物学会联合会分离成立的省级学会，首届会员代表大会于 1982 年在江西省景德镇市举行，选举产生了第一届理事会，邓宗觉任理事长。1986 年，在江西省南昌市举行第 2 次会员代表大会，选举产生了第二届理事会，林光华任理事长。1990 年，在江西省鹰潭市举行第 3 次会员代表大会，选举产生了第三届理事会，林光华任理事长。1995 年，在江西省横峰县举行第 4 次会员代表大会，选举产生了第四届理事会，设立了寄生虫专业委员会、学术工作委员会、教学工作委员会、科普工作委员会、科技开发工作委员会，林光华任理事长。2000 年 9 月，在江西省共青城举行第 5 次会员代表大会，选举产生了第五届理事会，胡泗才任理事长。2006 年 6 月，在江西省南昌市举行第 6 次会员代表大会，选举产生了第六届理事会，吴小平任理事长。2007 年，经江西省科协批准，与江西省植物学会联合成立中学奥赛工作委员会。2011 年 11 月，在江西省南昌市举行第 7 次会员代表大会，选举产生了第七届理事会，吴小平任理事长。2018 年 11 月，在江西省南昌市举行第 8 次会员代表大会，选举产生了第八届理事会，胡成钰任理事长，并按上级党组织要求，组建了江西省动物学会党支部。

（二）建设成绩

1. 学术活动

学会积极搭建江西省的动物学领域学术平台，组织和开展形式多样的学术活动，主办每两年一次的江西省动物学会学术年会，内容包括动物进化与系统学、动物生态学、动物资源保护与利用、动物遗传育种、动物形态与解剖学、动物生理学、动物行为学、动物分子生态与适应性进化、动物生态毒理学、动物保护与保护生物学、现代生物学检测与分析技术等相关领域，来自省内各高校及研究所的相关研究领域的专家学者及研究生参加会议，该活动促进了江西省动物学科技工作者及相关领域科研人员之间的交流与合作，促进了江西省动物科学领域的科研发展。与南方兄弟省份动物学会联合搭建跨省区的区域性动物学领域学术平台——南方八省区（粤、湘、赣、鄂、桂、琼、港、澳）动物学学术研讨会，该平台活动由最初的粤、湘、鄂三省，逐步发展成南方八省区动物学学术研讨会，每两年举办一次，由八省区动物学会联合主办，各省区动物学会轮流承办，到 2023 年已经举行了 11 届，该活动已经成为我国有较大影响的动物学领域的学术交流活动，为促进南方八省区动物学领域的科学研究事业繁荣起到了重要的推动作用。此外，学会还承办了第八届中国鱼类学学术研讨会、第十四次中国贝类学分会学术研讨会等会议。通过上述学术平台，为学会会员与国内外同行进行充分交流分享提供了有力支持，更好地促进了江西省动物学及相关领域的科技创新发展。

2. 科普宣传

在省科协组织下，在"爱鸟周"和"科普日"等特定时间，学会组织会员积极开展科普活动。与省植物学会联合承担每年的全国中学生生物学联赛（江西赛区）的组织工作，遵循公平、公开、公正的原则，为江西省参赛同学提供良好的联赛氛围，选拔并组织江西省代表队参加全国中学生生物学竞赛，并取得了良好成绩；在南昌大学生命科学学院支持下，与法国领事馆共同举办"中法环境月"活动，该活动围绕环境问题展开跨学科活动，旨在提高公众的环保意识，并加强中法两国关于环境议题的合作。

3. 服务社会

围绕鄱阳湖的动物资源与保护，江西省境内的国家级和省级自然保护区生物多样性保护，学会会员积极参与承担了江西省的野生动物资源调查及开展动物学研究、教学和人才培养工作，为促进江西省生态文明建设作出了贡献。2020 年新冠疫情期间，江西省动物学会与江西省生态学会、水产学会等兄弟学会一道组织专家，围绕"保护野生动物、维护生物安全与生态安全"等进行了认真研讨，并针对江西省野生动物保护面临的问题，提出"完善保护法规，强化协同管理；加强基础研究，加大科技支撑；重视预警监测，筑牢生态安全；提升科学普及，促进公众参与"等对策建议，为相关领导决策提供了参考。

4. 人才培养

学会在每 2 年的学术年会以及南方八省区动物学学术研讨会中，专门设立研究生论坛专场，并按照一定的比例分别评出一、二、三等奖，促进学生充分交流，鼓励他们在各自的领域中深入研究。

三、学会理事会历届理事长、副理事长、秘书长名单

第一届理事会（1982—1986 年）

理　事　长：邓宗觉

副理事长：向　涛

秘　书　长：林光华

第二届理事会（1986—1990 年）

理　事　长：林光华

副理事长：胡人义　傅伟彪

秘　书　长：胡启宇

第三届理事会（1990—1995 年）

理　事　长：林光华

副理事长：胡人义

秘　书　长：胡启宇

第四届理事会（1995—2000 年）

理　事　长：林光华

副理事长：胡人义　胡泗才

秘　书　长：胡启宇

第五届理事会（2000—2006 年）

理　事　长：胡泗才

副理事长：胡人义　洪一江

秘　书　长：吴小平

第六届理事会（2006—2011年）

理 事 长：吴小平

副理事长：严 涛 辜 清 吴志强 洪一江 胡向萍 陈红根 戴年华

秘 书 长：吴志强（兼）

第七届理事会（2011—2018年）

理 事 长：吴小平

副理事长：胡向萍 辜 清 洪一江 陈红根 戴年华 胡业华 纪伟涛 任 军

秘 书 长：胡成钰

第八届理事会（2018— ）

理 事 长：胡成钰

副理事长：胡向萍 洪一江 戴年华 胡业华 任 军 黄族豪 刘亦文

秘 书 长：王尚洪

福建省动物学会

一、学会简介

福建省动物学会是福建省动物科学技术工作者及与本学会专业有关的单位和团体自愿组成的非营利性的学术性群众团体。学会接受业务主管单位福建省科学技术协会、社团登记管理机关福建省民政厅的业务指导和监督管理。福建省动物学会的宗旨是团结带领福建省动物学科技工作者弘扬科学精神，坚持科技创新，发挥科学技术的繁荣和发展；坚持人才强省战略，促进科技人才的成长和提高；坚持服务经济建设中心，促进科学技术是第一生产力的作用；坚持服务社会，促进社会文明和谐发展。福建省动物学会挂靠在福建师范大学生命科学学院，现有会员567名，主要包括省内各高校、研究所及中学从事动物学研究与教学的人员。学会下设秘书处和中学生生物学竞赛委员会，后者由福建省动物学会与福建省植物学会联合组成，专项负责中学生物学奥林匹克知识竞赛工作。在历届理事会的带领下，福建省动物学会在促进福建省动物学研究、人才培养、科学普及、中学生物学竞赛及社会服务等方面作出了积极贡献。

二、历史沿革与建设成绩

（一）历史沿革

福建省动物学会的前身是1961年9月由丁汉波、周贞英、汪德耀、赵修谦等人在福州市发起成立的福建省生物学会。1964年11月，福建省生物学会第二届学术年会在厦门市召开，会上分别成立了福建省动物学会和福建省植物学会，产生了福建省动物学会第一届理事会，制定了福建省动物学会章程。1966 年"文化大革命"开始,学会停止活动。1978 年全国科学大会召开之后,福建省动物学会的工作迅速恢复,并且更加活跃地开展起来。1979 年 12 月、1983 年 4 月在福州市分别召开福建省动物学会第二届和第三届会员代表大会暨学术研讨会,选举产生了第二届和第三届理事会。之后,1987 年、1991 年、1996 年、2001 年、2005 年、2009 年、2013 年、2017 年和 2021 年,福建省动物学会分别在福建省漳州、武夷山、沙县、永安、龙岩、莆田、厦门、泉州和福州召开了第四至第十二届会员代表大会暨学术研讨会,分别产生了历届理事会。

(二)建设成绩

1. 组织建设

福建省动物学会根据上级主管部门的要求与时俱进,及时按程序修订学会章程,以适应新时代的要求。根据学会章程的规定按时进行学会理事会换届工作,把专业水平高、年富力强、乐于公益的人员选进理事会。在福建省科协科技社团党委的领导和关心支持下,学会于 2017 年 10 月成立兼合式党支部,党支部在学会建设中发挥了政治核心、思想引领和组织保障作用。2017 年 11 月成立了第一届监事会,根据章程规定对学会的各项工作开展监督。学会通过组织建设,保证了各项工作都运行在正确的轨道上。2021 年接受并通过业务主管部门福建省科协的省级学会综合能力评价,以评促建,使得学会各项工作不断完善。

2. 学术活动

学术交流是福建省动物学会的核心工作,每年下半年学会在福建省各地各高校轮流举办一年一度的学术研讨会,参加的人数逐年增加,研讨会都会编制供讨论用的论文(摘要)集。研讨会期间,专场举办研究生论坛,对参与论坛的研究生论文演讲进行评比,每次都有数十位研究生代表进行学术报告,报告涉及动物进化与发育、资源与生态及分子机理,既有动物学基础研究、应用基础研究与动物养殖等方面的研究成果,也有动物学教学课程思政的研究。在学术交流中,代表们进行了热烈的讨论,达到了互相学习、共同提高的目的。

3. 科普活动

科普宣传是福建省动物学会的一项重要工作,学会利用全国科普日、"野生动物保护宣传月"、"爱鸟周"等活动,借助各会员所在高校的资源优势,通过开放标本馆、博物馆,分发科普宣传资料,开展野生动物保护、生态环境保护等科普宣传活动。学会会员通过讲座、展览、咨询等不同方式深入学校、社区、乡村开展形式多样的科普宣传,2017—2024 年学会有 3 位专家是福建省科协遴选的闽江科学传播学者。学会利用挂靠单位福建师范大学的生物博物馆每年举办多场"野生动植物保护"科普活动,尤其是在全国科普日活动中,对社会公众开放的科普日活动一天的受众人数最高达数千人,社会影响和效果良好。据统计,最近 5 年学会开展科普活动 90 余场,参加活动的科技人员 130 人次,专家学者 120 人次,受惠人数接近 2 万人。

4. 中学生生物学竞赛

福建省动物学会与福建省植物学会联合组成福建省中学生生物学竞赛委员会,负责举办福建省中学生生物学竞赛,每年参加初赛的中学生近万人,从中挑选省队队员参加全国中学生生物学竞赛。最近 5 年在全国竞赛中,福建省共取得 13 金 33 银 15 铜的成绩,有 5 名选手入选国家集训队。此外,学会的相关专家学者不定期对中学生物学竞赛教练和选手开展培训和指导。

5. 社会服务

在福建省动物学会会员中，最近 5 年先后有 50 余人次作为省市县各级科技特派员，在水产养殖企业和宠物繁育企业进行科技指导，对鳗鱼、花蛤、鲍鱼、对虾、金鱼、棘胸蛙、鹦鹉等动物的饲养繁育以及疾病防治等方面进行指导。相关的会员专家长期从事保护区动物资源调查以及各有关工程项目的环境评估（动物），有的会员作为专家成员为省林业、渔业部门在野生动物保护和生态环境保护方面提供了政策咨询，还有些专家作为科学顾问参与福建东南卫视相关节目录制和科学知识的传播。

三、学会理事会历届理事长、副理事长、秘书长名单

第一届理事会（1964—1979 年）

理　事　长：丁汉波

副理事长：汪德耀　林秀瑛

秘　书　长：张　健

第二届理事会（1979—1983 年）

理　事　长：丁汉波

副理事长：汪德耀　林秀瑛　王华尧　丘书院　罗　克

秘　书　长：张　健

第三届理事会（1983—1987 年）

理　事　长：丁汉波

副理事长：汪溥钦　林秀瑛　王华尧　丘书院　罗　克　张　健

秘　书　长：蔡明章

第四届理事会（1987—1991 年）

理　事　长：张　健

副理事长：尤玉博　王敦清　李复雪　罗克　洪惠馨　梁　佩

秘　书　长：陈寅山

第五届理事会（1991—1996 年）

理　事　长：尤玉博

副理事长：王敦清　李复雪　罗　克　洪惠馨　梁　佩　蔡明章

秘　书　长：陈寅山

第六届理事会（1996—2001年）

理　事　长：蔡明章

副理事长：李复雪　罗　克　方永强　陈寅山

秘　书　长：陈寅山（兼）

第七届理事会（2001—2005年）

理　事　长：陈寅山

副理事长：方永强　陈小麟　王寿昆　陈玉村　杨兆芬

秘　书　长：耿宝荣

第八届理事会（2005—2009年）

理　事　长：陈寅山

副理事长：陈小麟　王寿昆　陈玉村　王艺磊　耿宝荣

秘　书　长：耿宝荣（兼）

第九届理事会（2009—2013年）

理　事　长：陈寅山

副理事长：陈小麟　王寿昆　王艺磊　耿宝荣

秘　书　长：耿宝荣（兼）

第十届理事会（2013—2017年）

理　事　长：耿宝荣

副理事长：陈小麟　王寿昆　王艺磊　张秋金

秘　书　长：张秋金（兼）

第十一届理事会（2017—2021年）

理　事　长：耿宝荣

副理事长：陈小麟　王艺磊　戴聪杰　王正朝

秘　书　长：张秋金

监　事　长：黄　镇

第十二届理事会（2021—　　）

理　事　长：王正朝

副理事长：王艺磊　戴聪杰　张秋金　周晓平

秘　书　长：周晓平（兼）　黄义德

监　事　长：杨宇丰

湖南省动物学会

一、学会简介

湖南省动物学会作为独立的省一级学会于 1992 年 11 月 6 日成立。该学会的前身为 1983 年成立的湖南省生物学会动物学分会，该分会成立的基础则是更早以前的湖南省生物学会动物学组。湖南省动物学会是全省从事动物学科研、教学、生产、管理等各类人员自愿结成的依法登记的学术性、公益性、非营利性的社会团体，接受湖南省科学技术协会和中国动物学会的业务指导。学会宗旨为全面贯彻科学发展观，组织和团结湖南省广大动物学科技工作者，以经济建设为中心，普及动物学知识，推广动物学技术，促进湖南省动物科学事业的繁荣和发展，促进动物学科技人才的成长和提高，为社会主义物质文明、精神文明和和谐社会建设服务。

二、历史沿革与建设成绩

（一）历史沿革

早在 1956 年 5 月，在湖南省科学技术协会指导下，湖南师范学院（今湖南师范大学）、湖南医学院（今中南大学湘雅医学院）、湖南农学院（今湖南农业大学）等院校的生物学工作者联合发起成立了湖南省生物学会，选举董爽秋为理事长，卢惠霖为副理事长。理事会下设学科组，梁启燊为动物学组组长。

1981 年，湖南省生物学会改选理事会，尹长民当选为理事长，胡笃敬、陈青莲当选为副理事长，周青山为秘书长，吴正球为副秘书长，周昌乔、谭天爵为动物学组组长。为加强动物学、植物学等生物学各分支学科的学术活动，更好地与全国学会加强对口交流，湖南省科协批准同意在湖南省生物学会下设立动物学、植物学、植物生理学 3 个分会。

1983 年，湖南省生物学会动物学分会在长沙成立。大会选举尹长民为理事长，王洪全、李正柯、周青山为副理事长，沈猷慧为秘书长。其后，1989 年增选杨海明为副秘书长。

1992 年，湖南省动物学会在长沙市成立。大会选举尹长民为理事长，王洪全、沈猷慧为副理事长，沈猷慧为秘书长（兼），杨海明为副秘书长。

（二）建设成绩

1. 学术活动

湖南省动物学学术年会：学会积极组织和开展形式多样的学术活动，主办每年一次的湖南省动物学会学术年会，来自全省各单位从事动物学基础研究、应用研究的同人共同参与，交流和展示研究成果，促进湖南省动物学工作者及相关领域科研人员之间的交流与合作。

南方多省区动物学学术交流研讨会：湖南省动物学会与南方兄弟省份动物学会联合举办动物学学术交流研讨会，该类会议每两年举办一次，各省区动物学会轮流承办。从最初的南方三省（湘、粤、鄂）动物学会联合举办会议，发展至现在的南方八省区（湘、粤、鄂、赣、桂、琼、港、澳）

联合举办动物学学术交流研讨会。定期召开的区域性的动物学学术交流研讨会进一步扩大了交流、活跃了学术气氛，共同推进了学科发展。

湖南省基础教育分会学术年会：湖南省动物学会与湖南省植物学会联合主办基础教育分会学术年会，来自湖南省各高校的知名专家及各中学的优秀生物教师参加会议并交流教学成果，加强高等教育与基础教育的交流与融合，促进湖南省中学生生物学常规教学与竞赛培训工作，培养高水平中学生物学科师资。

以上三种类型的学术会议设有研究生或中学教师的学术报告评奖，按照一定比例分别评出一等奖、二等奖及优秀奖，旨在鼓励广大研究生和中学教师积极参加学术会议、积极深入扩大交流、以更高水平进行研究或教学。学会本着服务于广大动物学工作者的宗旨，为广大动物学工作者搭建沟通与交流的平台，到2023年已组织了18次学术研讨会、协助组织了11次区域性动物学学术研讨会，团结了广大的动物学工作者，发挥了学会的凝聚力。

2. 科普宣传

湖南省动物学会的挂靠单位——湖南师范大学生命科学学院拥有湖南省规模最大、在国内外具有一定影响的综合性动物标本馆，标本馆被授予"全国青少年科普教育基地"。学会秘书长刘萍为动物标本馆专职科普人员，学会理事长徐湘教授等多位会员均为标本馆兼职科普人员，学会充分利用动物标本馆资源为社会大众进行动物学科学普及。每年均开展"全国科普活动日""科技活动周""社区科普实践活动""生物训练营"等科普活动，收到了良好的科普教育效果。

3. 服务社会

湖南省动物学会积极承担省内外野生动物资源调查工作，学会理事长徐湘教授、常务副理事长杨道德教授、副理事长彭贤锦教授、副理事长莫小阳教授以及大批会员积极承担野生动物调查任务，参与野生动物和生态保护的调查研究工作，涉及蜘蛛、昆虫、鱼类、蛙类、蛇类以及其他大型陆生野生动物类群，为全省自然保护区、国家森林公园等有关动物物种及其栖息地的相关保护工作以及生态系统的可持续发展决策提供依据。此外，湖南省动物学会与湖南省植物学会共同承担每年一次的全国中学生生物学联赛（湖南赛区）的组织工作，加强对选拔赛、联赛的组织领导，确保比赛的公平、公正。中学生生物学奥林匹克竞赛是湖南省传统优势竞赛学科，取得了一系列优异成绩，发现和培养了湖南省生物学科后备人才，有效提高了青少年的科学素质和实践能力，推进青少年科技教育事业发展。

湖南省动物学会自成立以来，经过多年的发展，在促进教学与科研、指导中学生生物学奥林匹克竞赛以及提升学会影响力等诸多方面均取得长足进步。到2023年，学会已发展230名会员、84名理事及28名常务理事。常务理事单位14家，理事单位31家。今后，湖南省动物学会将一如既往恪守"服务"宗旨，进一步吸纳广大优秀的会员朋友，进一步加强与国内外兄弟学会的交流与合作，在交流范围、交流深度上下功夫，为动物学人才培养、动物学科研究水平提升、促进经济建设、生态文明建设等添砖加瓦。

三、学会理事会历届理事长、副理事长、秘书长名单

第一届理事会（湖南省生物学会动物学分会）（1983—1992 年）

理 事 长：尹长民

副理事长：王洪全　李正柯　周青山

秘 书 长：沈猷慧

第一至第二届理事会（1992—1999 年）

理 事 长：尹长民

副理事长：王洪全　沈猷慧

秘 书 长：沈猷慧（兼）

第三届理事会（1999—2003 年）

理 事 长：尹长民

副理事长：王洪全　沈猷慧

秘 书 长：沈猷慧（兼）

第四届理事会（2003—2007 年）

理 事 长：颜亨梅

副理事长：章怀云　彭贤锦　杨海明

秘 书 长：杨海明（兼）

第五届理事会（2007—2011 年）

理 事 长：颜亨梅

副理事长：朱道弘　彭贤锦　王　勇　杨海明

秘 书 长：杨海明（兼）

第六届理事会（2011—2016 年）

理 事 长：颜亨梅

副理事长：朱道弘　彭贤锦　王　勇　杨品红　杨道德　段　巍　杨海明

秘 书 长：杨海明（兼）

第七届理事会（2016—2021 年）

理 事 长：彭贤锦

副理事长：邓学建　朱道弘　杨品红　杨道德　徐　湘

秘 书 长：徐　湘（兼）

第八届理事会（2021— ）

理 事 长：徐 湘

副理事长：杨道德 彭贤锦 杨品红 刘雨芳 向左甫 刘志霄 莫小阳

秘 书 长：刘 萍

湖北省暨武汉动物学会

一、学会简介

湖北省暨武汉动物学会是由湖北省从事动物科学工作者自愿结成的依法登记、省（市）性质的法人代表团体。根据民政部部署，对全国所有社会团体进行清理整顿和重新审批登记，根据文件精神，湖北省暨武汉动物学会的体制在理事会和会员不分解的基础上，对外联系和归口领导改为湖北省动物学会和武汉动物学会，分别归口于湖北省科协和武汉市科协主管。学会前身为武汉区生物学会，成立于 1950 年 7 月 2 日。1956 年 12 月 24 日在武汉科联领导下，召开了中国动物学会武汉分会成立大会，同时撤销原武汉区生物学会。

二、历史沿革与建设成绩

（一）历史沿革

湖北省暨武汉动物学会于 1959 年 6 月在湖北省武汉市正式成立，1964 年在湖北省武汉市武昌饭店举行第 2 届会员代表大会暨学术年会。1966 年学会停止活动，1978 年伍献文理事长在中国科学院水生生物研究所召开学会理事会议，商讨恢复学会活动事宜，并对学会的会员进行重新登记，1979 年湖北省人民政府第一招待所召开了全体会员大会暨学术年会，正式宣布恢复学会活动，选举产生了第 3 届理事会。1983 年在湖北省武汉市洪山宾馆召开选举了第 4 届理事会。1987 年，第 5 届会员代表大会暨学术年会在中国科学院水生生物研究所召开并选举产生了第五届理事会。1990 年在中国科学院水生生物研究所召开第 6 届会员代表大会，选举了第六届理事会。1994 年在中国科学院水生生物研究所召开第 7 届会员代表大会暨学术年会，选举产生了第七届理事会。1998 年第 8 届会员代表大会暨学术讨论会在中国科学院水生生物研究所召开，著名科学家刘建康院士、朱作言院士、沈韫芬院士、曹文宣院士、陈曲侯教授等参加了会议，大会选举产生了新一届理事会。2003 年，第 9 届会员代表大会暨学术讨论会在中国科学院水生生物研究所水生生物标本馆召开，大会代表选举了第九届理事会成员及理事会负责人。2008 年第 10 届会员代表大会暨学术讨论会在江汉大学图书馆报告厅召开，选举产生了第 10 届理事会 70 名理事、20 名常务理事。2014 年第 11 届会员代表大会暨学术研讨会在湖北省武汉市中国科学院水生生物研究所召开，会议选举产生了第 11 届理事会成员及理事会负责人。2022 年第 12 届会员代表大会暨学术研讨会在湖北省武汉市雄楚国际大酒店二楼会议厅召开，会议选举产生了湖北省动物学会第 12 届理事会成员及理事会负责人。

（二）建设成绩

湖北省暨武汉动物学会理事会下设多个专业委员会。第 1 届理事会下设学术研究、教育研究、资源调查 3 个专业委员会，1961 年改组为动物区系、动物生态、实验动物、中学教学 4 个研究委员会。第 2 届理事会下设动物区系、动物生态、实验动物 3 个专业委员会，并根据会员分布和人数，成立了中国科学院水生生物研究所、武汉大学、华中师范学院、武汉医学院、武汉师范学院、中等学校 6 个分会和湖北医学院、省医科院寄生虫病研究所、华中农学院 3 个会员小组。第 3、4、5、6 届理事会下仅设立一个中学生物专业委员会。第 7 届理事会下设学术、科普与教育、动物资源利用与保护、鱼类与水产、寄生虫学 5 个专业委员会。第九届理事会设立 4 个分支机构：科普与教育工作委员会、寄生虫学专业委员会、生物多样性专业委员会、观赏动物分会。第 10 届理事会设立 6 个工作委员会：学术委员会、生物多样性委员会、寄生虫专业委员会、观赏与家养动物专业委员会、教育工作委员会、科学普及委员会。

三、学会理事会历届理事长、副理事长、秘书长名单

第一届理事会（1959—1964 年）

理　事　长：伍献文

副理事长：何定杰　李琼池

秘　书　长：刘浴沂

第二届理事会（1964—1979 年）

理　事　长：伍献文

副理事长：何定杰　李琼池

秘　书　长：刘浴沂

第三届理事会（1979—1983 年）

名誉理事长：伍献文

理　事　长：刘建康

副 理 事 长：李琼池　吴熙载

秘　书　长：陈受忠

第四届理事会（1983—1987 年）

理　事　长：刘建康

副理事长：李琼池　吴熙载

秘　书　长：陈受忠

第五届理事会（1987—1990 年）

理 事 长：陈启鎏

副理事长：熊全沫　陈曲侯

秘 书 长：陈受忠

第六届理事会（1990—1994 年）

理 事 长：陈宜瑜

副理事长：陈曲侯　董元凯　陈受忠

秘 书 长：陈　炜

第七届理事会（1994—1998 年）

理 事 长：陈宜瑜

副理事长：陈　炜　陈曲侯　蒋明森

秘 书 长：陈　炜（兼）

第八届理事会（1998—2003 年）

理 事 长：曹文宣

副理事长：陈　炜等

秘 书 长：陈　炜（兼）

第九届理事会（2003—2008 年）

理 事 长：曹文宣

副理事长：陈炜等 14 位

秘 书 长：何舜平

第十届理事会（2008—2014 年）

理 事 长：曹文宣

副理事长：陈炜等 19 位

秘 书 长：何舜平（兼）

第十一届理事会（2014—2022 年）

名誉理事长：曹文宣

理 事 长：何舜平

副理事长：缪　炜　陈　建　王玉凤　汪　亮　万成炎　艾　燕　董惠芬

秘 书 长：高　欣

第十二届理事会（2022—　）

理 事 长：何舜平

副理事长：缪　炜　王玉凤　吴建阶　吴　华　刘　杰　廖小林　周　蕊　杜　浩　余辉亮

秘 书 长：熊　凡

广东省动物学会

一、学会简介

广东省动物学会正式成立于 1946 年，是我国第一个成立的省级动物学会，由野生动物科研、教学及相关科技工作者自愿组成的学术性及非营利性的社会团体。目前拥有团体会员 50 多家，个人会员 800 多人。秘书处配备专职工作人员负责学会日常事务。

学会致力于团结广大动物学工作者，促进学科发展与繁荣，促进动物学科科学技术的普及与提高，促进动物学科技人才的成长，促进动物学科学技术与经济的结合，为祖国及广东省的社会主义物质文明、精神文明和生态文明建设服务，为加速实现我国社会主义现代化建设作出贡献。

二、历史沿革与建设成绩

（一）历史沿革

1946 年夏，广州院校的动物学工作者张作人、戴辛皆、任国荣、梁伯强、蒲蛰龙、林孔湘、陈兼善、熊大仁等倡议成立广东省动物学会，这样可使学会更专业化和适应中国动物学会系统。当年秋在国立中山大学医学院（今中山二路中山医科大学）礼堂举行成立大会。

1947 年，学术活动因经费问题难于继续开展，动物学会陷入停滞状态。1959 年，省动物学会得到省科委和省科协领导和支持，恢复活动，召开了理事会扩大会议，由熊大仁主持，决议改选理事成立新一届理事会，并定于 10 月 18 日召开会员大会及学术报告会。

在业务主管单位广东省科协和业务指导单位中国动物学会的指导和监督下，广东省动物学会的活动正常化、学会管理日趋规范化、换届及时，2023 年 2 月召开了第 14 届会员代表大会，选举产生以胡慧建为理事长的第 14 届理事会。为适应新时期学会工作的发展要求，此次大会还修改了章程，并设立相关工作组开展各项工作，着力为社会主义经济建设服务。

（二）建设成绩

学会致力于提供学术交流、科技成果评价、人才培养、科普教育宣传、承接政府职能转移、服务科技经济融合和助力脱贫攻坚和乡村振兴等服务。是一家坚持举办学术交流年会的动物类省级学会，目前已发展成粤港澳三地学术交流会（每两年举办一次）。2000 年首次倡议联合南方各省动物学会开展学术交流，至今发展为南方八省区学术交流会（每两年举办一次）。2016 年 11 月 25—28 日和 2022 年 4 月 8—10 日，先后组织了两次规模超过 800 人的全国性会议。2021 年 11 月作为主办单位成功举办了主题为"亚洲鸟类共享同一片蓝天"的亚洲鸟类学联盟成立大会暨首次学术交流研讨会线上线下同时召开，线下在北京、上海、广州设三个会场，北京为主会场，来自 29 个国家的 300 余人参会，涉及 91 所大学和科研机构。

自 2013 年学会取得"承担政府职能转移资质"后，受广东省林业局和各地市林业部门委托，独立承担全省人工繁育国家重点保护陆生野生动物养殖能力评估和事后监督评估职能。

2021 年，获全国中学生生物学竞赛委员会授权，与广东省植物学会共同负责广东省区域内全国中学生生物学联赛、竞赛工作，并成立全国中学生生物学竞赛委员会广东分会。自成立以来，广东省中学生生物学竞赛委员会举办各类交流研讨会、设立省队培养示范学校、成立省队教练组、与高校合作开展培训、与中学签订创新人才培养协议等，积极搭建高质量的沟通协作平台。2021—2022年，实现金牌数逐年增加。2023 年，实现了 2021 年接手竞赛时提出的用三年时间获得举办权的口号，未来我们将在金牌数、国家集训队人数以及国家代表队方向上发力，开展高质量组织与培训，以取得更好成绩。

2022 年，为了充分调动粤港澳三地及全国广大动物学科技工作者的积极性和创造性，促进动物学科科学技术的创新和发展，推动粤港澳三地及全国生态文明建设迈上新台阶，广东省动物学会与香港中文大学生命科学学院和澳门大学磋商后决定设立岭南动植物科学技术奖（下设杰出青年奖、项目奖和岭南动植物保护奖），现已成功评选 2 届，参与人员近 500 人。该奖已获得广东省林业局的认可，获奖人可以此作为林业职称评审的有效业绩，解决了约 2 万名从业人员的职称评审难题。

三、学会理事会历届理事长、副理事长和秘书长名单

第一届理事会（1946—1959 年）

理　事　长：张作人

副理事长：戴辛皆

秘　书　长：熊大仁

第二届理事会（1959—1977 年）

理　事　长：戴辛皆

副理事长：熊大仁　李观韶　潘炯华　黄韵秋

秘　书　长：江静波

第三届理事会（1977—1981 年）

理　事　长：廖翔华

副理事长：潘炯华　秦耀亮　李贵方

秘　书　长：林浩然

第四届理事会（1981—1986 年）

理　事　长：廖翔华

副理事长：潘炯华　梁启燊　邱逸光　陈真然　李贵方

秘 书 长：秦耀亮

第五届理事会（1986—1990 年）

理 事 长：廖翔华

副理事长：潘炯华　陈如作　蔡尚达　陈真然　余素澄

秘 书 长：秦耀亮

第六届理事会（1990—1993 年）

理 事 长：廖翔华

副理事长：陈真然　林浩然　李桂云　张剑英　唐大由　秦耀亮

秘 书 长：袁喜才

第七届理事会（1993—1997 年）

名誉理事长：廖翔华

理 事 长：林浩然

副 理 事 长：陈真然　徐利生　张剑英　欧阳子焯　詹希美　唐大由　曾旭权 *

秘 书 长：袁喜才

第八届理事会（1997—2001 年）

名誉理事长：廖翔华

理 事 长：林浩然

副 理 事 长：陈真然　徐利生　张剑英　欧阳子焯　詹希美　唐大由　邬国民　尹　林

秘 书 长：袁喜才

第九届理事会（2001—2005 年）

名誉理事长：廖翔华

理 事 长：林浩然

副 理 事 长：何建国　唐大由　詹希美　马广智　吴信忠　江海声　罗建仁　曾旭权

秘 书 长：袁喜才

第十届理事会（2005—2009 年）

名誉理事长：廖翔华　孙儒泳

* 1996 年 12 月 16 日经理事会研究，决定增补广东省东莞市虎门绿卡实业发展总公司曾旭权总经理为第七届理事会副理事长。

理　事　长：林浩然

副 理 事 长：何建国　詹希美　林小涛　罗建仁　胡慧建　叶冠锋　马广智

秘　书　长：袁喜才

第十一届（2009—2013 年）

理　　事　　长：林浩然

常务副理事长：何建国

副 理 事 长：詹希美　林小涛　方展强　吴毅　罗建仁　邹发生　叶冠锋

秘　　书　　长：胡慧建

第十二届理事会（2013—2017 年）

名誉理事长：林浩然　方展强　罗建仁

理　事　长：何建国

副 理 事 长：詹希美　林小涛　吴　毅　邹发生　梁晓东　丁雪娟　刘立军　朱国华
　　　　　　　朱新平　胡慧建

秘　书　长：胡慧建

第十三届理事会（2017—2023 年）

名誉理事长：林浩然

理　事　长：何建国

副 理 事 长：董贵信　李学荣　林小涛　吴　毅　吴其锐　吴诗宝　徐　剑　杨廷宝
　　　　　　　邹发生　古河祥　胡慧建

秘　书　长：胡慧建

第十四届理事会（2023—　　）

理　事　长：胡慧建

常务副理事长：郭长军

副 理 事 长：董贵信　邓　利　黄志宏　刘晓春　李学荣　彭红元　任　涛　舒　琥
　　　　　　　吴诗宝　张　强　章跃陵

秘　书　长：刘曦庆

广西动物学会

一、学会简介

广西动物学会是由从事动物学教学、科学研究、饲养繁殖、保护管理和宣传教育的工作者自愿组成的公益性、学术性的法人社会团体，是广西壮族自治区科学技术协会和中国动物学会的团队会员，接受广西壮族自治区科学技术协会和中国动物学会的业务指导。学会宗旨是推动广西动物科学发展，为广西地方社会经济发展服务。学会的业务范围包括开展动物科学学术活动、组织学术讨论会和科学考察活动；开展动物科学教学经验交流，提高教学质量，促进人才培养；普及动物科学知识；接受委托进行科技项目论证、科技成果鉴定，提供技术咨询和技术服务；向有关部门反映动物学科技工作者的合理化建议；促进民间国际动物科学科技合作和学术交流活动，加强同国内外科学技术团体和动物学科科学工作者的联系。学会的业务主管部门是广西壮族自治区科学技术协会，社会团体登记管理机关是广西壮族自治区民政厅，办事机构挂靠在广西师范大学生命科学学院。在历届理事会的带领下，广西动物学会在繁荣广西动物学科学研究、动物学人才培养、野生动物资源和保护管理、野生动物繁育、动物学科普等领域发挥了重要作用。

二、历史沿革与建设成绩

（一）历史沿革

1978年9月，广西壮族自治区科协邀请9位区内动物学科技工作者作为发起人，组成广西动物学会筹备组，同年12月25—28日在桂林市召开第1届会员代表大会及学术交流会。大会产生了以陈伯康为首的第一届理事会，正式成立了广西动物学会。1982年9月在南宁市举行第二届会员代表大会及学术年会，大会通过《广西动物学会会章》，选出第二届理事会理事11人，设立了动物区系与形态学、生态与养殖学、寄生虫学、科普与教学及通讯编辑5个工作组。1986年8月在南宁市召开了第三届代表大会及学术交流会，大会邀请了区科协、广西医学院、区海洋研究所的领导参加学术交流。大会选出第三届理事会理事13人，7人组成常务理事。1990年8月，第四届会员代表大会及学术研讨会在南宁市召开。第四届理事会理事增至17人，常务理事增为9人，还增设了组织和秘书工作组。1994年7月在南宁市召开了第五届会员代表大会及学术报告会。这次大会改革了会员代表产生办法：凡自愿报名参加大会的会员均为会员代表。本次大会选出第五届理事会理事19人。2002年3月，经广西动物学会第五届理事扩大会讨论决定广西师范大学生物系为广西动物学会挂靠单位。2002年10月，在桂林召开第六届会员代表大会及学术报告会，大会选举出12位常务理事，各地区理事代表1人。2007年12月，广西动物学会第七届会员代表大会于广西师范大学召开。大会选举产生了第七届理事会，新一届理事会共由32名理事组成。2011年12月，广西动物学会第八届会员代表大会在广西桂林理工大学召开。大会选举产生了第八届理事会，新一届理事会由45名理事组成。2015年12月，广西动物学会第九届会员代表大会在广西钦州学院召开。大会选举产生了第九届理事会，新一届理事会由 52 名理事组成。2019 年 5 月，广西动物学会第十届会员代表大会在广西南宁师范大学召开。大会选举产生了第十届理事会，新一届理事会由 42 名理事组成。2023 年 5 月，广西动物学会第十一届会员代表大会在广西梧州学院召开。大会选举产生了第十一届理事会，新一届理事会由 45 名理事组成。

（二）建设成绩

1. 学术交流

学会积极组织和开展形式多样的学术活动，每两年主办一次学术年会，内容包括动物生态学、动物资源保护与利用、动物繁殖、动物对环境的生理适应、动物分类与系统演化、动物分子生态与适应性进化等相关领域，来自省内各高校、科研院所、动物园等相关研究领域的专家学者及研究生参加会议，共同探讨广西动物学的发展战略，并交流研究成果，促进广西动物学工作者及相关领域科研人员之间的交流与合作。与中国动物学会兽类学分会、中国动物学会动物生理生态学分会、中国生态学学会动物专业委员会合作，成功举办了首届全国野生动物资源与保护研讨会、中国扶绥国际灵长类研讨会、中国叶猴保护国际论坛、第十届全国野生动物生态与资源保护学术研讨会、第八届南方六省区动物学学术研讨会、第四届全国野生动物监测与保护学术研讨会、第十一届全国动物生理生态学学术研讨会等国际和国内动物学学术研讨会。

2. 科普宣传

学会积极组织和参加各类科普宣传活动，增加人们对野生动物的认识以及提升对野生动物保护意识。编写和出版动物科学普及读物和科普宣传资料，如《广西珍贵动物》《世界动物》《蛇伤防治》等科普读物。举办动物学科技学习班和野生动物养殖培训班，编写和完成《怎样科学办好蚯蚓养殖场》《黑豚高效养殖技术一本通》等多本养殖技术科普书，帮助各地脱贫致富，发展养殖业。每年利用"国际生物多样性日""爱鸟周""全国科普日"等重要节日开展科普活动，活动涵盖科普讲座、科普图片展、科普一条街、参观生物多样性博物馆等多个环节。以学会理事长周岐海教授为主要发起者发起的"益启倡生态·益启学生物·益启来科普"科普进校园活动已覆盖南宁、桂林、柳州、贺州、梧州、百色、防城港等地城乡中小学。参与青少年科技夏令营活动，讲授和辅导动物科学知识和技术。每年组织和参与全国中学生生物竞赛广西代表队的筛选和培训工作，并在全国竞赛中取得了优异的成绩。举办广西珍稀、经济动物和有害动物的展览会，向广西群众宣传和介绍有关保护、利用野生动物和防治有害动物的知识和政策法令。

3. 社会服务

学会理事作为专家或评审委员会成员参与保护区和与野生动物相关的项目结题的评审工作，参与广西多个保护区环评评审工作，作为林业厅野生动物鉴定专家参与对缴获的非法买卖野生动物的物种鉴定工作。同时，学会专家积极承担广西野生动物资源和野生动物疫源疫病的调查工作。在 2020 年暴发新冠疫情初期，学会发出"拒绝非法食用和交易野生动物"的倡议书，并向社会公布，得到"南国早报"等广西主流媒体的报道。

4. 人才培养

在学会举办的学术年会中设立研究生论坛专场及墙报，并按照一定的比例分别评出一、二、三等奖，促进学生充分交流，鼓励他们在各自的领域中深入研究。

三、学会理事会历届理事长、副理事长、秘书长名单

第一届理事会（1978—1981 年）

理　事　长：陈伯康

副理事长：张玉霞　陆含华

秘　　　书：陈亨生（兼）

第二届理事会（1982—1985 年）

理　事　长：陆含华

副理事长：张玉霞　龙组培

秘　书　长：龙国珍

第三届理事会（1986—1990 年）

理　事　长：陆含华

副理事长：龙国珍　李汉华

秘　书　长：龙国珍（兼）

第四届理事会（1990—1994 年）

理　事　长：陆含华

副理事长：龙组培　李汉华　申兰田　龙国珍

秘　书　长：龙国珍（兼）

第五届理事会（1994—2002 年）

理　事　长：龙国珍

副理事长：李汉华　申兰田　陈亨生　何登贤

秘　书　长：周　放

第六届理事会（2002—2007 年）

理　事　长：黄乘明

副理事长：周善义　刘小华　周　放　袁志刚

秘　书　长：袁志刚（兼）

第七届理事会（2007—2011 年）

理　事　长：周善义

副理事长：周　放　刘小华　韦振逸　武正军　周岐海　庾太林

秘　书　长：周岐海（兼）

第八届理事会（2011—2015 年）

理　事　长：周善义

副理事长：周　放　吴志强　刘小华　韦振逸　武正军　周岐海　庾太林

秘　书　长：周岐海（兼）

第九届理事会（2015—2019 年）

理　事　长：武正军

副理事长：吴志强　庾太林　莫运明　石德顺　潘红平　廖永岩　邓维安

秘　书　长：周岐海

第十届理事会（2019—2023 年）

理　事　长：武正军

副理事长：吴志强　庾太林　莫运明　石德顺　廖永岩　邓维安

秘　书　长：周岐海

第十一届理事会（2023—　　）

理　事　长：周岐海

副理事长：贝永建　孟　涛　蒋爱伍　黄亮亮

秘　书　长：陈伟才

四川省动物学会

一、学会简介

四川省动物学会是四川动物学界科学技术工作者的学术性社会团体，由从事动物学教学、科学研究、饲养繁殖、保护管理和宣传教育的人员自愿组成的专业性、学术性、非营利性的社会团体，是四川省与本学科相关行业和单位人员横向联系的重要纽带，是四川省科学技术协会和中国动物学会的团体会员，接受四川省科学技术协会和中国动物学会的业务指导。学会的宗旨是团结和动员四川省动物学科技工作者，以经济建设为中心，坚持科学技术是第一生产力的思想，弘扬科学精神，发展创新文化，实施科教兴国战略、人才强省战略、可持续发展战略和创新推动战略，建设创新型四川。促进科学技术的繁荣和发展，促进科学技术的普及和推广，促进科学技术人才的成长和提高，促进科学技术与经济的结合。遵守国家宪法、法律、法规和国家政策，遵守社会道德风尚，组织、协调和团结四川省广大动物学科技工作者，为经济社会发展服务、为提高全民科学素质服务、为科学技术工作者服务，不断加强自身建设，为推动社会主义经济建设、政治建设、文化建设和社会建设服务，为促进加快崛起、建设创新型四川、构建社会主义和谐社会而努力奋斗。学会的业务主管部门是四川省科学技术协会，社团登记管理机关是四川省民政厅，办事机构挂靠在四川大学生命科学学院。学会下设秘书处、学术工作委员会、高校动物学教学工作委员会、科普宣教工作委员会和动物伦理委员会等专业委员会。在历届理事会的带领下，四川省动物学会在繁荣四川省的动物学科学研究、动物学人才培养、野生动物资源和保护管理、野生动物繁育、动物学科学普及领域发挥了重要作用。

二、历史沿革与建设成绩

（一）历史沿革

四川省动物学会是 1979 年 5 月 20 日在成都市注册成立的省级学会，第一届理事长为著名两栖动物专家胡淑琴，赵尔宓为秘书长。1981 年 12 月，四川省动物学会第二次会员大会暨第三届学术会议上讨论并通过成立了 7 个专委会。1985 年 1 月，四川省动物学会第三次会员大会暨第四届学术会议上专委会增加至 8 个，分别为分类区系专业委员会、实验生物专业委员会、寄生虫专业委员会、实验动物专业委员会、生态与自然保护委员会、驯化与利用专业委员会、教学专业委员会、科学普及科学委员会。2023 年，四川省动物学会有会员 1000 多人，团体会员单位包括中国科学院成都生物研究所两栖爬行动物研究室、四川大学生命科学学院、西华师范大学生命科学学院、四川省疾病预防控制中心、四川省林业厅保护处及野生动物资源调查保护管理站、成都市动物园、中国卧龙大熊猫保护研究中心、成都大熊猫繁育研究基地等。现任理事长为四川大学冉江洪教授。

（二）建设成绩

1. 学术活动

学会积极组织和开展形式多样的学术活动。四川省动物学会第一次会员大会暨第一届学术会议于 1979 年在成都市举行，至 2024 年 3 月，四川省动物学会已召开了第 11 次会员大会暨第十届学术会议。为了促进西南地区动物学工作者的交流，1998 年四川省动物学会在四川省峨眉山市承办了由四川、云南、贵州和重庆四省（市）动物学会联合主办的西南地区首届动物学学术研讨会，本学术研讨会由各动物学会轮流承办，每两年一届。为了适应动物学研究发展的需要，扩大动物学研究者间的交流，在中国动物学会的支持下，四川省动物学会倡议在原西南地区动物学学术研讨会的基础上扩大至整个西部地区，并得到了各省（区、市）动物学会的积极响应和大力支持。2012 年，四川省动物学会在四川省成都市承办了四川、云南、贵州、重庆、陕西、甘肃、宁夏、新疆、青海 9 省（区、市）动物学会联合主办的第一届西部动物学学术研讨会，本学术会议每年举办一次，由各动物学会轮流承办。到 2023 年，西部动物学学术研讨会已成功举办十届，成功打造了中国西部动物学科研工作者交流的学术平台，影响广泛且深远，为深入加强我国西部地区广大动物学工作者的交流与合作，提升西部地区动物学研究和科普宣教水平，推动西部地区生态环境保护和生态安全屏障建设，实践国家生态文明和以国家公园为主体的自然保护地体系建设战略作出了巨大贡献。

四川省动物学会于 1981 年 8 月创刊发行了动物学学术杂志《四川动物》，当年发行 2 期，1982

年定为第一卷，季刊。由四川省老一辈科学家赵尔宓、王酉之、胡锦矗、李桂垣、胡淑琴等共同倡导并经上级批准建立，是国家第一批认定的学术期刊之一，至今已有 40 多年历史。是国内外公开发行的生物科学类（学术性期刊）双月刊。创刊时主编是胡淑琴，编辑部设在四川省寄生虫病防治研究所，其后，由四川大学生物系姜德全担任主编。1984 年，随着四川野生动物保护协会成立，四川省动物学会、四川省野生动物保护协会和四川省寄生虫病防治研究所共同成为《四川动物》杂志的主办单位。经过多年的发展，《四川动物》现为中文核心期刊，双月刊。现主办单位有四川省动物学会、四川省野生动植物保护协会、成都大熊猫繁育研究基金会、四川大学，协办单位有中国卧龙大熊猫保护研究中心、成都大熊猫繁育研究基地、成都动物园、西华师范大学西南野生动植物资源保护教育部重点实验室等单位。现杂志主编为四川大学冉江洪教授，编辑部位于四川大学自然博物馆，网址为 http://www.scdwzz.com。2023 年已发行 6 期共 78 篇论文。作为国内唯一一本由省级学会创办的生物学学术期刊，期刊多年来一直致力于面向广大从事动物学、生物学和野生动物保护方面的科研、教学、管理、医卫等科技工作者、有关院校师生和业余爱好者，主要报道和交流动物学及其分支学科和野生动物保护方面的基础研究、应用基础研究的成果、理论、经验和动态；宣传保护野生动物，为相关领域的发展作出了杰出贡献，影响广泛而深远。截至 2023 年 8 月，刊物系《中文核心期刊要目总览》核心期刊、中国科技核心期刊（中国科技论文统计源期刊），被中国学术期刊综合评价数据库、中国生物学文摘数据库、中文科技期刊数据库（维普资讯网）、中国学术期刊（光盘版）、中国期刊网（中国知网）、万方数据系统（中国数字化期刊群）、中国期刊先知网、中文电子期刊思博网和英国 Zoological Record（动物学记录）文摘数据库收录。作为生物科学领域的重要学术期刊，已连续 7 次入选《中文核心期刊要目总览》（2004 年版、2008 年版、2011 年版、2014 年版、2017 年版、2020 年版和 2023 年版），同时也被编入《2022 年中国科技核心期刊目录（自然科学卷）》，入选《世界期刊影响力指数（WJCI）报告》（2022 版）。

《四川动物》于 2008 年建立官网 www.scdw.com 和 www.scdwzz.com.cn，同时启动网络投审稿系统。作为 OA（公开获取）期刊，一直通过官方网站提供全部论文的全文 PDF，均为免费下载，且于 2015 年开启数字化办刊，首先实现了"中国知网"优先数字出版、国际论文数字对象唯一标识码（DOI 码）检索，同时与北京仁和汇智信息技术有限公司签署合作协议，实现了 HTML 全文浏览，上线微信公众号（公众号名称：四川动物），让所有文章均可在线（电脑端和移动端）免费阅读全文。2022 年，与北大方正电子有限公司签订合同，合作内容包括新建投审稿系统、将原有的 HTML 全文出版提升为 XML 出版，增加智能审校功能，同时构建数字化传播平台——《四川动物》官方网站。2023 年 1 月，所有项目内容均已投入运行。截至 2023 年 8 月 18 日，网站累计浏览量超过 260 万次；微信公众号关注 1453 人，篇均浏览量为 160+。

2. 科普宣传

学会在四川省野生动物保护中发挥着重要作用，配合野生动物保护协会、省林业厅，利用"爱鸟周""四川湿地日"和科普日等特定时间，积极开展科普活动；学会大量会员参与指导学生参加历年的四川省大学生生物标本制作大赛；加强青少年动物科学知识普及工作，积极开展中学生夏令营活动；与自然保护区、湿地公园等自然保护区共建一批观鸟与科普教育基地；承担每年的全国中学生生物学联赛（四川赛区）的组织工作，加强对选拔赛、联赛的组织领导，为参赛同学提供必要的帮助和服务；顶着疫情压力，保质保量承办全国中学生生物学奥林匹克联赛。

3. 服务社会

四川省动物学会及会员为四川省动物资源的普查、动物学研究、动物学知识的普及与传播作出了巨大贡献。在各会员的努力和团结协作下，1980 年，四川人民出版社出版了施白南和赵尔宓主编的《四川资源动物志》（第一卷：总论），1982 年再版。1984 年，四川科学技术出版社出版了胡锦矗和王酉之主编的《四川资源动物志》（第二卷：兽类）。1985 年，四川人民出版社出版了李桂垣主编的《四川资源动物志》（第三卷：鸟类）。在四川省野生动物保护协会的支持下，中国林业出版社陆续出版了《四川鸟类原色图鉴》（李桂垣，1995）、《四川鸟类鉴定手册》（张俊范，1997）、《四川兽类原色图鉴》（王酉之、胡锦矗，1999）、《四川两栖类原色图鉴》（费梁、叶昌媛，2001）、《四川爬行类原色图鉴》（赵尔宓，2003）等专著。2017 年，国家林业局发布《大熊猫种群遗传档案建立技术规程》（岳碧松等，2017）；2020 年，发布《四川省鸟类名录的修订与更新》（阙品甲等，2020）；2021 年，出版《四川山鹧鸪保护遗传学研究——线粒体基因组研究》（张修月等，2021）；开展四川省内濒危物种大熊猫、黑颈鹤、四川雉鹑、绿尾虹雉等动物的调查与保护项目（冉江洪等，2011—2020），这些专著和文献的出版及调查的深入进行，为认识四川省丰富的动物资源、提高动物学研究和动物资源保护与利用水平提供了丰富的基础资料，奠定了坚实基础。

4. 人才培养

在每年的学术年会中设立研究生论坛专场及墙报，并按照一定的比例分别评出一、二、三等奖，促进学生充分交流，鼓励他们在各自的领域中深入研究。

三、学会理事会历届理事长、副理事长、秘书长名单

第一届理事会（1979—1981 年）

理事长：胡淑琴

秘书长：赵尔宓

第二届理事会（1982—1984 年）

理事长：胡淑琴

秘书长：赵尔宓

第三届理事会（1985—1988 年）

理 事 长：赵尔宓

副理事长：李桂垣 裴明华 夏木俊

秘 书 长：胡铁卿

第四届理事会（1988—1992 年）

理　事　长：赵尔宓

副理事长：丁耀华　王西之　刘崇义　冯崇英　李桂垣　胡铁卿　胡锦矗

秘　书　长：王　竞

第五届理事会（1992—1996 年）

理　事　长：赵尔宓

副理事长：丁瑞华　王西之　刘崇义　冯崇英、李桂垣　张安居　胡铁卿　胡锦矗

秘　书　长：王　竞

第六届理事会（1996—2000 年）

名誉理事长：李伯刚

理　事　长：赵尔宓

副理事长：丁瑞华　王西之　李桂垣　刘崇义　安德选　张安居　何光昕　胡铁卿
　　　　　胡锦矗　谢小军

秘　书　长：王　竞

第七届理事会（2000—2004 年）

名誉理事长：李伯刚

理　事　长：王跃招

副理事长：邓祥遂　李光汉　彭　成　田裕中　魏银松　张和民

秘　书　长：曾晓茂

第八届理事会（2004—2011 年）

理　事　长：王跃招

副理事长：邓祥遂　窦丰满　乐　天　刘少英　彭　成　田裕中　魏银松　岳碧松　张和民
　　　　　张志和　周材权

秘　书　长：曾晓茂

第九届理事会（2011—2015 年）

理　事　长：岳碧松

副理事长：蒋小松　李建国　刘建雄　刘少英　唐业忠　王　强　王红宁　王　永　张和民
　　　　　张志和　周材权

秘　书　长：冉江洪

第十届理事会（2015—2022 年）

理 事 长：岳碧松

副理事长：刘建雄 唐业忠 王红宁 王 永 周材权

秘 书 长：冉江洪

第十一届理事会（2022— ）

理 事 长：冉江洪

副理事长：张修月 陈 鹏 李德生 孙治宇 李家堂 杨志松 张晋东

秘 书 长：林玉成

云南省动物学会

一、学会简介

云南省动物学会成立于 1960 年，是由云南省动物学及动物学有关的科学技术工作者自愿结成的学术性社会团体，是本学科相关行业和单位人员横向联系的重要纽带，是云南省科学技术协会和中国动物学会的团体会员，接受云南省科学技术协会和中国动物学会的业务指导。学会的宗旨是遵守宪法、法律、法规和国家政策，践行社会主义核心价值观，遵守社会道德风尚。充分发扬学术民主，倡导献身、创新、求实和协作的精神，贯彻"百花齐放、百家争鸣"的方针。团结云南省广大动物学工作者，促进云南省动物学工作的繁荣和发展，促进云南省动物学科学和技术人才的成长和提高，普及动物学基础知识。学会的业务主管部门是云南省科学技术协会，社团登记管理机关是云南省民政厅，办事机构挂靠在中国科学院昆明动物研究所。学会下设秘书处、实验动物专业委员会和鸟撞防治专业委员会。在历届理事会的带领下，云南省动物学会在云南省的动物学科学研究、动物学人才培养、野生动物资源和保护管理、野生动物繁育、动物学科学普及领域发挥了重要作用。

二、历史沿革与建设成就

（一）历史沿革

云南省动物学会由中国科学院昆明动物研究所潘清华、云南大学生物学系肖承宪、昆明师范学院郭海峰等人发起，1960 年 9 月，经云南省委宣传部批准成立。潘清华任首任理事长，肖承宪、郭海峰任副理事长。后来受"文化大革命"的影响，学会组织被撤销，活动被迫停止。1978 年 9 月 21 日在昆明市召开大会，宣告云南省动物学会恢复组织和活动。1991 年，根据云南省民政厅、省科协关于清理整顿社团的要求，在完成自查、申报等手续后，民政厅于同年 9 月 10 日批准成为具有全省性社团法人资格的学会。云南省动物学会工作恢复后，积极开展活动，到 2024 年历经 12 届理事会，增加了自然保护区、国际组织驻云南办事处等从事动物保护管理工作的人员。根据动物学会分支学科发展的需要，逐步加强了专业学组（委）的建设。从第 6 届理事会开始，先后组建了实验动物专业委员会和鸟撞防治专业委员会。

（二）建设成就

1. 学术活动

学会积极组织和开展相关学术交流和活动，曾主办和联合承办了三届中国西部动物学学术研讨会，内容涉及动物多样性与资源保护利用、动物行为与生理生态、动物遗传与进化、动物繁殖、系统进化与协同进化等相关内容，重点围绕西部地区的动物学研究进展和最新成果进行交流与研讨，增进了云南省动物学工作者及相关领域科研人员之间及学会间的交流合作；承办了多次黑颈鹤保护研讨会，形式多样，包括大会交流、讨论、文艺演出、实地考察等，探讨了高原明星物种研究和保护、保护区管理经验等，为黑颈鹤保护宣传工作提出新思路。此外，学会理事及会员多为动物学专家，参加国内外学术会议，分享经验并学习其他领域知识，近年来参加数十场专业学术会议，如多个地区动物学会议和鹤类保护会议，赴越南参加亚洲鱼类学会年会等会议，响应国家优化学科布局的要求，促进学科交叉融合。

2. 科普宣传

学会切实贯彻科教兴国政策，从动物保护、科研进展等多方面切入，充分利用各平台及渠道向多元化受众进行科普宣传，在云南省野生动物保护中发挥了重要作用。学会走近民众，利用特定时间积极开展科普活动，2020年起云南省动物学会与翠湖公园达成战略合作，共同推进翠湖公园生物文明展厅建设、鸟岛营造、开展环境DNA公众科学采集活动、花鱼蚌3D模型构架等工作；2022年初步形成城市生物多样性科研成果科普化转化工作，"翠湖模式"获得联合国网站的专题报道。2023年推出科技赋能城市生物多样性展览，将生物多样性监测、外来入侵生物防控、AI智能识别等科技创新成果与教育双减结合，作为云南省科学典型案例报中国科协形成专报进行宣传推广。开展"微我心歌——绿孔雀保护音乐会"、迁徙水鸟的保护宣传、秒懂百科12个词条的拍摄等活动，利用生物多样性科普图书开展针对市民的科普推广活动；学会走向学校，受众人群遍布小学至各大高校，为学生举办保护绿孔雀和保护生物多样性的讲座等，启发学生科学观念和研究方法；学会走向社会，接受央视等各大媒体采访，在农业相关成果方面取得了良好的传播和推介效果。此外，学会还组织参与多场培训，包括讲授《走进云南生物多样性》等课程。学会在促进科技合作、普及科学技术知识、传播推广动物学先进技术的路上持续奋进，荣获2020年度及2022年度科学普及先进学会称号。

3. 社会服务

学会为云南省自然保护区、湿地公园有关动物栖息地保护的规划论证、监测项目提供技术支持，参与生态文明建设。积极承担了云南省的生物多样性资源调查及开展动物学研究、教学和人才培养工作。学会理事长杨晓君研究员等大批会员积极承担云南省生物多样性调查任务，参与野生动物和生态保护的调查研究工作，并相继承担国家科技支撑计划课题"重要湿地物种资源监测技术与示范"、国家自然科学基金资助项目"棕颈钩嘴鹛的分类研究"、中国科学院西部之光联合学者资助项目"越冬黑颈鹤与人类经济活动的关系"、中国科学院战略性先导科技专项（A类）项目"高原湿地垫脚石式廊道生态修复技术与示范"等。此外，杨君兴研究员率领的研究团队成功将云南省濒危鱼类物种进行人工培育，并进行野外放流，自2009年成功放流昆明松花水库起，共计放流珍稀特有土著鱼300余万尾，包括滇池金线鲃、软鳍新光唇鱼、短须裂腹鱼等，其中滇池金线鲃放流高达200

万尾以上，为滇池流域的滇池金线鲃种群恢复提供了良好保证。近年增加光唇鱼等本地土著鱼种在多地开展鱼类放流，为生态环境恢复提供了本土鱼种，并为生态农业扶贫工作作出了积极贡献。

4. 政企服务

学会充分发挥理事及会员专业优势，承担完成各类政府学校企业等服务项目，数量大、范围广，切实服务于社会。参加各类项目的承担或评审工作，包括国家林草局昆明勘察设计院、云南省生态环境科学院等单位实施方案评审；参加云南省基础研究计划重点项目验收会，参加省林草局组织的多项项目及保护地调规审查会；参加云南省环保厅、云南省环境评估中心多项环评项目审查。

5. 亮点工作

多名学会会员独立承担青藏第二次科学考察项目，同时参与中国生物多样性监测与研究网络（Sino BON）建设，设立7个专项综合监测中心，提出保护对策和政策建议，进而服务国家生态安全和区域发展战略，推动我国研究和保护工作。2019年，学会成员单位参加美丽中国项目组，旨在将科研服务于社会。2021年，杨君兴研究员向韩正副总理介绍滇池土著水生生物"花—鱼—螺蚌—鸟"的复合生态修复方案，并参与布展COP15展示项目和制作大型纪录片。在77届联大期间，学会科研人员探讨如何在密集的人类居住区及其周围保护和恢复生物多样性，采访视频在联合国网站发布。

6. 人才培养

鼓励研究生积极参与动物学会的学术年会，促进学生充分交流，在各自的领域中深入研究。

三、学会理事会历届理事长、副理事长、秘书长名单

第一届理事会（1960—1979年）

理 事 长：潘清华

副理事长：肖承宪　郭海峰

秘 书 长：丁　明

第二届理事会（1979—1983年）

理 事 长：潘清华

副理事长：杨白仑　郭海峰

秘 书 长：丁　明

第三届理事会（1983—1986年）

理 事 长：潘清华

副理事长：褚新洛　丁　明

秘 书 长：雷吉昌

第四届理事会（1986—1990年）

理 事 长：褚新洛

副理事长：丁　明　杨大同
秘 书 长：雷吉昌

第五届理事会（1990—1992 年）
理 事 长：杨大同
副理事长：李树森　蔡景霞
秘 书 长：雷吉昌

第六届理事会（1992—1995 年）
理 事 长：王应祥
副理事长：李树森　张成桂　蔡景霞
秘 书 长：崔桂华

第七届理事会（1995—1998 年）
理 事 长：王应祥
副理事长：蔡景霞　昝瑞光　张成桂　梁志贤
秘 书 长：崔桂华

第八届理事会（1998—2003 年）
理 事 长：王应祥
副理事长：蔡景霞　昝瑞光
秘 书 长：崔桂华

第九届理事会（2003—2011 年）
理 事 长：季维智
副理事长：杨君兴　郭辉军　周　伟　郝　聪　肖　蘅
秘 书 长：崔桂华

第十届理事会（2011—2015 年）
理 事 长：杨君兴
副理事长：周　伟　肖　蘅　杨晓君
秘 书 长：杨晓君

第十一届理事会（2015—2022 年）
理 事 长：杨君兴

副理事长：周　伟　肖　蘅　杨晓君

秘 书 长：杨晓君

第十二届理事会（2022—　　）

理 事 长：杨晓君

副理事长：范丽仙　蒋学龙　罗永新　肖　蘅　周　伟

秘 书 长：潘晓赋

监 事 长：孔德平

监　　事：王晓爱　王　洁

陕西省动物学会

一、学会简介

陕西省动物学会是由陕西省从事动物学教学和科学研究人员、野生动物饲养繁殖、保护管理和宣传教育工作者自愿组成的专业性、学术性、非营利性的社会团体，是动物学科技工作者横向联系的重要纽带和重要交流平台，接受陕西省科学技术协会和中国动物学会的业务指导。会员单位涉及陕西师范大学、西北大学、陕西省动物研究所、西北农林科技大学、西安交通大学、空军军医大学、延安大学、陕西理工大学、西安文理学院、安康学院、商洛学院、榆林学院、渭南师范学院等单位。学会的宗旨是坚持以马克思列宁主义、毛泽东思想、邓小平理论、"三个代表"重要思想、科学发展观和习近平新时代中国特色社会主义思想为指导，团结和动员陕西省动物学科技工作者，弘扬科学精神，发展创新文化，实施科教兴陕战略、人才强省战略、可持续发展战略和创新推动战略，促进科技创新和科技交流，努力承担政府职能，促进科学技术的普及和推广，促进动物学科技人才的科学素养的提高和业务能力的培养，为经济社会的可持续发展服务。学会的业务主管部门是陕西省科学技术协会，社团登记管理机关是陕西省民政厅，办事机构挂靠在陕西师范大学生命科学学院。在历届理事会的带领下，陕西省动物学会以服务全省动物学科技工作者为宗旨，坚持民主办会的原则，充分利用陕西省动物学工作者人才荟萃、专业齐全、会员单位较多的优势，为动物学工作者提供了学术交流和科研合作的平台，在促进陕西省动物学科的繁荣和发展、动物学人才培养、野生动物资源和保护管理、野生动物繁育、动物学科学普及等方面发挥了重要作用。

二、历史沿革与建设成绩

（一）历史沿革

陕西省动物学会于1952年8月31日成立，当时名为中国动物学会武功分会，西北农学院院长辛树帜、禹瀚为理事。1956年8月29日，按照中央社团登记暂行办法规定，西安市民政局批准陕西省动物学会的立案申请，准予登记备案，学会理事长由辛树帜兼任。1964年，由王振中任理事长，

1959 年 4 月 30 日，陕西省动物学会与农学会等 14 个学会合并为农学会，1962 年 5 月 27 日省动物学会，植物学会合并为省生物学会。1964 年 3 月 20 日，生物学会又分为省动物学会和省植物学会。在"文化大革命"期间停止活动。1978 年恢复活动，并于 1979 年春季召开了会员代表大会，选举了 11 位理事会成员及理事会负责人。1984 年第 4 次会员代表大会选举了第 4 届理事会成员及理事会负责人。学会分别于 1985 年和 1988 年被省科协评为省级学会先进集体。学会除坚持每年举办省级学术会议外，近年来还积极承办了多次有影响力的全国和国际会议，学会每年都获得陕西省科协的表彰和奖励，2021 年和 2022 年连续两年被评为陕西省四星级学会。2024 年 1 月，陕西省动物学会理事会已到第 13 届。

（二）建设成绩

1. 学术交流

为搭建陕西省动物学学术综合交流平台，促进学科之间的交流与融合，培植学术活动精品，打造学会活动品牌，学会自 2000 年创办了陕西省动物学学术综合交流平台——陕西省动物生态学与野生动物资源保护管理研讨会，到 2024 年 7 月已连续举办了 15 届，会议规模、层次、征集论文数量、产生的社会影响等不断增强，提高了学会的影响力，也对陕西省动物学研究起到了积极带动作用。同时学会还积极承办国内外学术会议，特别是 2019 年 8 月中国动物学会第 18 届会员代表大会暨第 24 届学术年会的成功举办，在全国产生了很大的影响。近年来还举办了国际整合动物学学术研讨会、西部动物学学术会议、中国动物行为学学术研讨会、亚太地区整合行为学学术研讨会、中国鸟类学学术研讨会、中国灵长类学学术研讨会、第四次全球变化下动物与植物互作关系专题研讨会、秦岭生态环境保护和高质量发展论坛及乡村振兴论坛等重要的国内外学术会议。

2. 科普宣传

陕西省动物学会以青少年和动物学从业人员为重点对象，以提高动物学从业人员科学素质和公众野生动物保护意识为目标，每年以科技活动月"爱鸟周""全国科普日"等活动为抓手，以提高公众野生动物保护意识和经济动物养殖为重点，积极拓宽科普领域，注重科普实效，开展了科学家进校园、动物保护知识讲座、动物标本展览、动物标本制作培训等形式多样的科普活动，科普工作取得了突出成效。积极开展中学生夏令营活动，在多个秦岭国家级自然保护区、秦岭野生动物园、陕西省自然博物馆、秦岭国家植物园设立科普基地。承担每年的全国中学生生物学联赛（陕西赛区）及全国大学生生命科学竞赛的组织工作，加强对选拔赛、联赛的组织领导，为参赛同学提供必要的帮助和服务。

3. 服务社会

学会会员积极参与生态文明建设。承担多个秦岭国家自然保护区以及青藏高原野生动物资源调查工作，并为全省自然保护区、湿地公园有关动物栖息地保护的规划论证、监测项目提供技术支持；成立学会服务工作站，构建产学研创新体系。陕西省动物学会、陕西省动物研究所与镇巴县人民政府共同承担了陕西省科协"学会助力创新驱动发展计划"——学会服务工作站项目，在镇巴县泰昌农牧有限公司共建了全省首个中草药种植鼠害生态防控技术研究工作站暨学会服务工作站，开展了多次鼠害生态防治技术培训，使学会充分发挥了有害动物防控方面的技术力量，助力区域经济发展和推进乡村产业振兴。由于学会在脱贫攻坚工作方面的出色表现，2019 年被陕西省科协评为"科技助力精准扶贫优秀学会"。

4. 人才培养

在每年的学术年会中设立青年教学科研人员及研究生论坛报告专场，并按照一定的比例分别评出一、二、三等奖，促进青年动物学科技工作者和研究生充分交流，鼓励他们在各自的领域中深入研究。同时积极推举人才，通过学会推荐，多人次相继获得"陕西省最美科技工作者""中国动物学会长隆奖""陕西省自然科学优秀学术论文奖"等。

三、学会理事会历届理事长、副理事长、秘书长名单

第一届理事会（1956—1964 年）

理事长：辛树帜

理　事：王振中　吴养曾　禹瀚

第二届理事会（1964—1979 年）

理 事 长：王振中

副理事长：吴养曾

秘 书 长：王廷正

第三届理事会（1979—1984 年）

理 事 长：王振中

副理事长：吴养曾　王泰清

秘 书 长：王廷正

第四届理事会（1984—1988 年）

理 事 长：王振中

副理事长：何承德　郑生武

秘 书 长：王廷正

第五届理事会（1988—1991 年）

理 事 长：王振中

副理事长：陈服官　何承德　郑生武　吴家炎　许文贤　许树华

秘 书 长：王廷正

第六届理事会（1991—1996 年）

理 事 长：王廷正

副理事长：陈服官　许文贤　郑生武　许树华

秘 书 长：廉振民

第七届理事会（1996—2001 年）

理 事 长：王廷正

副理事长：刘寺峰　唐周怀　沈保成　方树淼　曹永汉　张　涌

秘 书 长：廉振民

第八届理事会（2001—2005 年）

理 事 长：廉振民

副理事长：李保国　吴晓民　严勇敢　曹永汉　张　涌　王万云

秘 书 长：张菊祥

第九届理事会（2005—2010 年）

理 事 长：李保国

副理事长：邰发道（常务）　安书成　刘宏颀　王万云　严勇敢　吴晓民　吴晓平　沈管成

　　　　　张　涌

秘 书 长：张菊祥

第十届理事会（2010—2015 年）

理 事 长：李保国

副理事长：邰发道（常务）　黄　原　刘宏颀　楚龙飞　严勇敢　吴晓民　高云芳　柳建仪

　　　　　安书成

秘 书 长：邰发道

第十一届理事会（2015—2019 年）

理 事 长：邰发道

副理事长：黄　原　高云芳　柳建议　霍科科　王文强　郭松涛　李金钢　王开锋

　　　　　师长宏（后因军队政策退出）

秘 书 长：常　罡

第十二届理事会（2019—2023 年）

理 事 长：邰发道

副理事长：李　刚　高云芳　柳建仪　霍科科　王文强　郭松涛　李金钢　金学林　王开锋

秘 书 长：常　罡

第十三届理事会（2023—　　）

理　事　长：邰发道

副理事长：常　罡　李　钢　叶新平　郭松涛　齐晓光　邱　强　王晓卫　雷　忻　王　琦

　　　　　王立志　吴逸群　卜书海

秘　书　长：贾　蕊

甘肃省动物学会

一、学会简介

甘肃省动物学会原名中国动物学会甘肃省分会，由常麟定和杨浪明等人倡议并积极筹备，于1951 年在兰州市正式成立，是由在甘肃省从事动物学工作的科研、教学或其他部门的科技工作者组成的、依法登记的、具有学术性的社会团体，是甘肃省科学技术协会和中国动物学会的组成部分。学会的宗旨是团结甘肃省广大动物学工作者，促进学科发展与繁荣，促进动物学相关科学技术的普及与提高，促进动物学科技人才的成长，促进动物学科学技术与经济的结合，为甘肃省乃至中国的社会主义物质文明和精神文明建设服务，为加速实现我国社会主义现代化建设作出贡献。

二、历史沿革与建设成绩

（一）历史沿革

甘肃省动物学会 1951 年在兰州正式成立，1955 年在兰州召开了第 2 次会员代表大会暨学术讨论会，选举产生了第 2 届理事会。1966 年学会停止活动，1978 年在全允栩、杨浪明的积极组织下恢复活动。1980 年在兰州召开了第 3 次会员代表大会暨学术讨论会，选举产生了第 3 届理事会。由于理事长杨浪明年事已高，学会工作主要由副理事长全允栩主持。1984 年在兰州召开了第 4 次会员代表大会暨学术讨论会，选举产生了第 4 届理事会。1988 年召开了第 5 次会员代表大会暨学术讨论会，选举产生了第 5 届理事会。1992 年召开了第 6 次会员代表大会暨学术讨论会，选举产生了第 6 届理事会。1996 年在兰州召开了第 7 次会员代表大会暨学术讨论会。会议期间进行了广泛的学术交流，并给在历届理事会中任过职或为学会作出过较大贡献的 8 位会员颁发了荣誉证书，他们是全允栩、王香亭、王士正、陈鉴潮、窦振威、田安顺、罗文英和施伯昌。大会还选举产生了第 7 届理事会。2001 年在兰州召开了第 8 次会员代表大会暨学术讨论会，选举产生了第 8 届理事会，并进行了广泛的学术交流。2005 年召开了第 9 次会员代表大会暨学术年会，选举产生了第 9 届理事会。大会由兰州大学刘廼发等人作了 9 个专题报告，并进行了学术交流。2009 年举行了第 10 次代表大会暨学术讨论会，选举产生了第 10 届理事会，并进行了广泛的学术交流。2013 年召开了第 11 次会员代表大会暨学术讨论会，选举了第 11 届理事会，并进行了广泛的学术交流。2018 年召开了第 12 次会员代表大会暨学术讨论会，选举了第 12 届理事会。2023 年 12 月召开了第 13 次会员代表大会暨学术讨论会，选举了第 13 届理事会。

（二）建设成绩

1. 学术活动

学会积极组织和开展形式多样的学术活动，主办了甘肃省动物学会学术年会、中国西部动物学学术研讨会、西北生态过渡区动物资源研究与保护学术研讨会等会议；承办了全国鸟类学大会、中国两栖爬行动物学术研讨会、全国发育生物学大会、全国污染生态学大会、全国生物安全学术研讨会、西北珍稀动物保护利用学术论坛等会议。通过这些学术会议，学会会员与国内外专家学者进行了充分的学术交流，提高了学术水平。

2. 科普宣传

学会积极开展对外交流和科普宣传工作，每年组织会员举办"爱鸟周""生物科技周""世界环境保护日宣传""野生动物保护宣传月"等大型公益性宣传活动，提高了全社会和公民保护环境、保护动物的意识。学会协助完善了兰州大学、西北师范大学、甘肃农业大学和陇东学院的动物标本馆，增加了标本的数量，不定期对外开放，进行科普知识宣传活动。

3. 服务社会

学会协助甘肃省 18 个自然保护区开展综合科学考察工作，并协助成功申报了国家级自然保护区。学会指导甘肃濒危野生动物保护中心成功繁育了赛加羚羊、野骆驼、普氏野马、梅花鹿等动物。野外救护了大鸨、大天鹅、红隼等。学会成员积极参加省科技厅的科研成果鉴定评估工作及青年科技专家推荐工作，以及兰州大学、西北师范大学、甘肃农业大学等高校动物学专业的博士研究生培养方案的制定工作。学会刘迺发教授曾任中国动物学会鸟类学分会主任委员。

三、学会理事会历届理事长、副理事长、秘书长名单

第一届理事会（1951—1955 年）

理 事 长：常麟定

副理事长：杨浪明　孙丕谋

秘 书 长：王心娥

第二届理事会（1955—1980 年）

理 事 长：杨浪明

副理事长：仝允栩　李家坤

秘 书 长：王心娥

第三届理事会（1980—1984 年）

理 事 长：杨浪明

副理事长：仝允栩　李家坤

秘 书 长：施伯昌

第四届理事会（1984—1988 年）

理 事 长：仝允栩

副理事长：李家坤　李鉴潮　曹和洵

秘 书 长：施伯昌

第五届理事会（1988—1992 年）

名誉理事长：仝允栩　李家坤

理 事 长：王香亭

副 理 事 长：田安顺　姚崇勇　冯孝义

秘 书 长：施伯昌

副 秘 书 长：袁国德

第六届理事会（1992—1996 年）

名誉理事长：王香亭

理 事 长：王子仁

副 理 事 长：姚崇勇　田安顺

秘 书 长：田安顺（兼）

副 秘 书 长：袁国德　张贵林

第七届理事会（1996—2001 年）

理 事 长：刘乃发

副理事长：张绳祖　马崇玉

秘 书 长：张迎梅

第八届理事会（2001—2005 年）

理 事 长：刘迺发

副理事长：马崇玉　宁应之　刘荣堂　杨泽恩

秘 书 长：张迎梅

副秘书长：王建林

第九届理事会（2005—2009 年）

名誉理事：刘迺发　金祖荫　张绳祖　姚崇勇　王子仁　王典群

理 事 长：张迎梅

副理事长：马崇玉　刘荣堂　杨泽恩　俞诗源

秘 书 长：王建林

第十届理事会（2009—2013 年）

名誉理事：刘迺发　金祖荫　张绳祖　姚崇勇　王子仁　王典群

理 事 长：张迎梅

副理事长：俞诗源　马崇玉

秘 书 长：张胜祥

第十一届理事会（2013—2018 年）

名誉理事长：张迎梅

理 事 长：宁应之

副 理 事 长：周天林　张胜祥　张贵林

秘 书 长：黄德军

第十二届理事会（2018—2023 年）

名誉理事长：张迎梅

理 事 长：宁应之

副 理 事 长：周天林　张胜祥　黄德军

秘 书 长：黄德军

第十三届（2023—　　）

名誉理事长：张迎梅　宁应之　周天林

理 事 长：黄德军

副 理 事 长：张胜祥　李建真　苏军虎

秘 书 长：张文雅

青海省动物学会

一、学会简介

青海省动物学会是青海动物科学工作者自愿结成并依法登记的全省性、公益性、学术性、非营利性的社会团体，是发展青海省动物科技事业的重要社会力量，是青海省与本学科相关行业和单位人员横向联系的重要纽带，是青海省科学技术协会和中国动物学会的团体会员，接受青海省科学技术协会和中国动物学会的业务指导。学会的宗旨是团结广大动物学科技工作者，贯彻"百花齐放、百家争鸣"方针，坚持民主办会的原则，充分发扬学术民主，开展学术上的自由讨论。提倡辩证唯物主义和历史唯物主义，坚持实事求是的科学态度和优良学风，弘扬"尊重知识，尊重人才"的风尚，积极倡导"献身、创新、求实、协作"的精神，促进动物学科学技术的繁荣和发展，促进动物学技术的普及和推广，促进动物学科技人才的成长和提高，为社会主义物质文明和精神文明建设服务，为推动青海省动物科学的发展和加速实现我国社会主义现代化作出贡献。学会遵守宪法、法律、法规和国家政策，践行社会主义核心价值观，遵守社会道德风尚。学会的业务主管部门是青海省科学技术协会，社团登记管理机关是青海省民政厅，办事机构挂靠在中国科学院西北高原生物研究所。学会下设秘书处、学术工作委员会、科普宣教工作委员会等专业委员会。在历届理事会的带领下，青海省动物学会在繁荣青海省的动物学科学研究、动物学人才培养、野生动物资源保护与管理、动物学科学普及领域发挥了重要作用。

二、历史沿革与建设成绩

（一）历史沿革

青海省动物学会前身是青海省动植物学会，于 1964 年成立并召开了学术年会，选举产生了第一届理事会，由王忠温任理事长。"文化大革命"期间学会停止活动。1979 年 4 月 3 日，经青海省科委批准，与植物学会分离，成立青海省动物学会。1980 年 2 月，青海省动物学会正式成立，在西宁市召开青海省动物学会成立大会暨学术年会，选举产生了第 2 届理事会，夏武平研究员任理事长。1982 年 10 月，在西宁市召开第 3 次学术年会暨会员代表大会，选举产生了第 3 届理事会及理事会负责人。1986 年 3 月，在西宁市召开第 4 次学术年会暨第 4 届会员代表大会，选举产生了第 4 届理事会及理事会负责人。1990 年 9 月 16—17 日，在西宁市召开了第 5 次学会年会暨第 5 届会员代表大会，产生第 5 届理事会，施银柱任理事长。后因诸多原因，青海省动物学会停止活动。2012 年，在中国动物学会和青海省科协的积极推动及中国科学院西北高原生物研究所的大力支持下，青海省动物学会重新恢复活动，成立了第 6 届理事会。2019 年 1 月 4 日，青海省动物学会在西宁市召开第 7 次会员代表大会，全体会员代表讨论审核并通过了新的《青海省动物学会章程》，选举出学会第 7 届理事会、第一届监事会，并组建了青海省动物学会党支部。

（二）建设成绩

1. 学术活动

自 2012 年学会恢复活动以来，青海省动物学会在青海省科协的领导下，与国际动物学会、中国动物学会、全国各省、自治区、直辖市动物学会开展了广泛的合作交流，先后组织举办了丰富多彩的国际国内会议，包括第一届青海省动物生态与资源保护学术研讨会、第九届整合动物学学术研讨会、第六届全国动物生理生态学学术研讨会、第三届和第十届中国西部动物学学术研讨会、西北珍稀动物保护利用学术论坛等，举办了青藏高原鼠害防治高级研修班、国家公园示范省建设的野生动物监测与管理等培训班，并积极参与国际动物学会、中国动物学会等举办的各项学术交流活动。青海省动物学会先后荣获青海省"先进学会""学术特色型学会"等称号。

2. 科普宣传

学会在青海省野生动物保护和管理中发挥着重要作用，配合野生动物保护协会、省林业和草原局，利用"爱鸟周""湿地日""科学节"和科普日等特定时间，发挥青藏高原生物标本馆、数字三江源国家公园、高原鱼类种质资源馆等科普场馆对外开放，科普讲座、科普视频观看及互动、植物标本制作实践等科普活动；加强青少年动物科学知识普及工作，积极开展中学生夏令营活动；与自然保护区、湿地公园等自然保护区共建一批观鸟与科普教育基地；与青海省自然教育协会合作，开展祁连山国家公园等的自然教育工作。

3. 服务社会

学会为青海省三江源、祁连山国家公园的建设、昆仑山和青海湖国家公园的创建，以及自然保护区、湿地公园有关动物栖息地保护的规划论证、监测项目提供技术支持，参与生态文明建设。积极承担了青海省的珍稀濒危野生动物资源调查及开展动物学研究、教学和人才培养工作。学会理事长张同作研究员等多位理事、会员积极承担青海省陆生野生动物调查任务，参与野生动物和生态保护的调查研究工作。学会大批相关人员参与了青海省藏羚、藏野驴、野牦牛、雪豹、普氏原羚等野生动物普查，为相关保护工作的决策提供了依据，并提高了公众对野生动物保护及其栖息地的认识。

4. 人才培养

青海省动物学会每年组织会员举办、参与国际、国内重要学术会议，并积极推荐学会代表评选"青海省最美科技工作者""全国学雷锋志愿服务'四个100'先进典型""优秀科技创新团队"等，邀请青海省委党校教授宣讲二十大精神等，努力为青海省动物学工作者和爱好者服务，成为科技工作者交流的优秀桥梁与平台。在每年的学术年会中设立研究生论坛专场及墙报，并按照一定的比例分别评出一、二、三等奖，促进学生充分交流，鼓励他们在各自的领域中深入研究。

三、学会理事会历届理事长、副理事长、秘书长名单

第一届理事会（1964—1979 年）

理　事　长：王忠温

第二届理事会（1980—1982 年）

理　事　长：夏武平

理　　　事：樊乃昌　张玉书　刘季科

秘　书　长：李德浩

第三届理事会（1982—1986 年）

名誉理事长：夏武平

理　事　长：李德浩

理　　　事：陈　瑗　刘季科　樊乃昌

秘　书　长：何新桥

第四届理事会（1986—1990 年）

名誉理事长：夏武平

理　事　长：李德浩

副 理 事 长：樊乃昌　武云飞

秘　书　长：王权业

第五届理事会（1990—1994 年）

理　事　长：施银柱

副理事长：杜继曾

秘　书　长：王权业

第六届理事会（2012—2018 年）

理　事　长：张堰铭

副理事长：陈　志　边疆晖　赵　凯　魏登邦　陶元清

秘　书　长：张同作

副秘书长：蔡　平　都玉蓉　曲家鹏

第七届理事会（2019—　　）

理　事　长：张同作

副理事长：边疆晖　祁得林　陈　志　赵　凯　陶元清　魏登邦

秘　书　长：曲家鹏

副秘书长：张良志　都玉蓉　蔡振媛

新疆维吾尔自治区动物学会

一、学会简介

新疆维吾尔自治区动物学会创立于 1963 年 8 月。时至 2023 年，历经 60 年的建设，新疆维吾尔自治区动物学会逐渐成长、发展、壮大，成为边疆联络动物学界最具活力的学术组织之一。学会宗旨是团结新疆广大动物学科技工作者，遵守宪法、法律、法规和国家政策，认真贯彻"百花齐放、百家争鸣"的方针，提倡辩证唯物主义，坚持实事求是的科学态度和优良学风，充分发扬民主，开展学术活动，交流科研成果，促进动物学科学技术的繁荣和发展，推动动物科学普及和推广，促进动物学科技人才成长和提高，为新疆动物科学发展和社会主义建设作出贡献。

二、历史沿革与建设成绩

（一）历史沿革

新疆维吾尔自治区动物学会 1963 年 8 月在乌鲁木齐成立，并产生了第一届理事会，邵达任理事长，王思博任副理事长，马梅苏任秘书长，理事会成员约 10 人，挂靠在新疆医学院。"文化大革命"期间，学会活动停滞。1979 年召开了第二次会员代表大会，选举产生了第二届理事会。这是经历"文化大革命"之后，学会重新恢复活动。新一届理事会马梅荪当选理事长，王思博、肉孜·巴里为副理事长，杨植霖为秘书长。学会分别于 1983 年、1985 年和 1986 年召开了三次会员代表大会，相应产生的第三届（1983 年）、第四届（1985 年）和第五届（1986 年）连续 3 届理事会由王思博担任理事长，秘书长分别由向礼陔（两届）和许设科担任。从第 3 届开始，学会挂靠单位移至新疆大学生物系。1989 年和 1993 年分别召开了第六和第七次会员代表大会，这一时期也是新疆维吾尔自治区动物学会快速发展的时期。第六届和第七届理事会由中国科学院新疆生物土壤沙漠研究所谷景和研究员担任理事长，秘书长分别由许设科、王爱民担任。第八届（1998 年）、第九届（2009 年）、第十届（2009 年）理事会均由新疆大学张富春教授担任理事长，秘书长分别为张大铭、孙素荣（两届）。2013 年 10 月，在新疆维吾尔自治区动物学会成立 50 周年之际，首次在位于塔克拉玛干沙漠边缘的阿拉尔市塔里木大学召开了庆祝大会及学术年会，顺利完成理事会的换届工作。第十一届理事会由马鸣担任理事长，胡红英担任秘书长。2018 年 12 月，学会在乌鲁木齐顺利召开会员代表大会及学术年会，产生的第十二届理事会由杨维康担任理事长，胡红英担任秘书长。依照学会章程，学会于 2023 年 12 月召开第十三次会员代表大会及学术年会，选举产生第十三届理事会，由杨维康担任理事长，李俊任秘书长。

（二）建设成绩

在中国动物学会及自治区科协领导下，学会立足服务地方经济发展，注重自身建设，充分发挥专业及人才优势，积极开展学术交流、科学普及和科技咨询服务社会等工作。具体包括：

1. 学术交流

学会每年以学术年会的形式统筹、举办学术交流活动，促进新疆动物学科发展，加强领域内学术交流，提升学术水平和人才培养质量，更好地服务于新疆社会经济发展及生态文明建设。

2. 科普宣传

学会积极发动会员，利用"科技活动周""全国科普日"等开展科学普及和教育宣传活动，以涉及生物多样性和自然资源保护、特有物种保育、生态安全与修复等为主要内容面向社会受众开展科学知识普及和宣传活动，增强社会公众的生态文明意识，弘扬科学家精神，引导青少年树立"人与自然生命共同体"理念，激发科学探索兴趣，在社会受众中营造崇尚科学、尊重人才和科技创新的社会风尚，展现新时代科学普及和科技惠民的科普服务精神。学会 2020 年和 2022 年的"全国科普日"活动分别获得"优秀组织单位"和"2022 年全国科普日优秀活动"荣誉。

3. 服务社会

学会专家立足学会宗旨，发挥专业优势，积极参与自治区有关单位组织的项目评审评估、科研成果评价、鉴定、涉案野生动物鉴定以及新疆第三次科学考察等工作，加大学会的社会服务力度，推动地方经济和建设发展。

三、学会理事会历届理事长、副理事长及秘书长名单

第一届理事会（1963—1979 年）

理 事 长：邵　达

副理事长：王思博

秘 书 长：马梅荪

第二届理事会（1979—1983 年）

理 事 长：马梅荪

副理事长：王思博　肉孜·巴里

秘 书 长：杨植霖

副秘书长：赵荣枝

第三届理事会（1983—1985 年）

理 事 长：王思博

副理事长：王国英　肉孜·巴里

秘 书 长：向礼陔

副秘书长：梁果栋　杨植霖

第四届理事会（1985—1986 年）

理 事 长：王思博

副理事长：王国英　肉孜·巴里

秘 书 长：向礼陔

副秘书长：梁果栋　杨植霖

第五届理事会（1986—1989 年）

理 事 长：王思博

副理事长：王国英　齐普生　肉孜·巴里　谷景和

秘 书 长：许设科

副秘书长：梁果栋　谢志强

第六届理事会（1989—1993 年）

理 事 长：谷景和

副理事长：齐普生　肉孜·巴里　许设科　王秀玲　周永恒　于　心　范福来

秘 书 长：许设科（兼）

副秘书长：梁果栋　谢志强　段超礼　高行宜

第七届理事会（1993—1998 年）

理 事 长：谷景和

副理事长：齐普生　肉孜·巴里　许设科　王秀玲　周永恒　于　心　范福来　梁果栋
　　　　　高行宜　叶瑞玉　张　鹏　黄人鑫
秘 书 长：王爱民
副秘书长：张大铭　罗宁　赵新春　阿不力米提·阿布都卡迪尔

第八届理事会（1998—2003 年）
理 事 长：张富春
副理事长：王秀玲　肉孜·巴里　谢志强　周永恒　傅春利　原　洪　叶瑞玉
秘 书 长：张大铭

第九届理事会（2003—2009 年）
理 事 长：张富春
副理事长：傅春利　原　洪　蒋　卫　李　都　安尼瓦尔　张居农　郭　焱　马　鸣
秘 书 长：孙素荣
副秘书长：时　磊　杨维康　刘忠渊

第十届理事会（2009—2013 年）
理 事 长：张富春
副理事长：傅春利　蒋　卫　安尼瓦尔　郭　焱　马　鸣　阿不力米提·阿布都卡迪尔
秘 书 长：孙素荣
副秘书长：刘忠渊　时　磊

第十一届理事会（2013—2018 年）
理 事 长：马　鸣
副理事长：蒋　卫　安尼瓦尔　郭　焱　阿不力米提·阿布都卡迪尔　谷连福
　　　　　马合木提·哈力克　杨维康　任道全　廖力夫　季　荣
秘 书 长：胡红英
副秘书长：李　俊　张卫红

第十二届理事会（2019—2023 年）
理 事 长：杨维康
副理事长：谷连福　马合木提·哈力克　季　荣　时　磊　郭　焱
秘 书 长：胡红英
副秘书长：李　俊　徐　峰

第十三届理事会（2023—2027 年）

名誉理事长：张富春　马　鸣

理　事　长：杨维康

副理事长：时　磊　胡红英　任道全　王玉涛　王　晗

秘　书　长：李　俊

海南省动物学会

一、学会简介

海南省动物学会是海南省动物科学工作者自愿结成并依法登记的学术性、公益性、非营利性和全省性的法人社会团体，是海南省科学技术协会的组成部分，是发展海南省动物科技事业的重要社会力量。学会的宗旨是团结广大动物学科技工作者，充分发扬学术民主精神，坚持实事求是的科学态度，开展学术上的自由讨论，积极倡导"献身、创新、求实、协作"的精神，促进海南省动物学学科的繁荣和发展，促进动物学科学技术的普及和推广，促进动物学科技人才的成长和提高，为推动海南省动物科学事业的发展作出贡献。学会接受海南省科学技术协会和社团登记管理机关海南省民政厅的业务指导和监督管理。办事机构挂靠海南师范大学生命科学学院。

二、历史沿革与建设成绩

（一）历史沿革

2014 年 6 月，在中国动物学会的鼓励和支持下，由海南师范大学牵头，邀请海南大学、热带海洋学院等院校机构多位动物学科技工作者作为发起人，经民政厅批准成立海南省动物学会筹备组，开展学会成立各项准备工作。2015 年 1 月，海南省动物学会成立大会暨第一届会员代表大会在海口市召开，会员代表全体审议并通过了海南省动物学会的章程和会费标准，并以无记名投票的方式选举产生了海南省动物学会第一届理事会成员及主要负责人，史海涛任第一届理事会理事长，秘书处设立在海南师范大学，理事会成员共 15 人。2015 年 9 月，学会成立第一个二级分支机构即海南省动物学会观鸟专业委员会（简称海南观鸟会），致力于鸟类监测、观鸟推广和自然教育等本土环境保护工作，审议通过《海南省动物学会分支机构管理办法》，程成担任观鸟会第一届会长。2018 年 10 月，经海南省科协批准，海南省动物学会功能型党支部成立，史海涛任党支部书记，刘磊和李仕宁任委员。

（二）建设成绩

1. 学术交流

海南省动物学会积极组织和开展形式多样的学术活动，自 2015 年成立后先后主办第九届南方六省区（粤、湘、鄂、赣、桂、琼）动物学学术研讨会、第十五届全国野生动物生态与资源保护学术研讨会，承办中国动物学会动物行为学分会第三届学术年会暨全国动物行为学第七次研讨会等多次学会会议，每年均组织会员参加国内外学术会议交流。

2. 科普宣传

海南省动物学会积极发挥会员的专业优势，开展多种科普宣传活动，如与海南师范大学合作海龟保护项目，开展海龟救助救护、海龟保护进校园、海龟保护进社区等，累计救助海龟500多只，培训志愿者900多名，举办科普活动200多场，受众超150万人次，受到央视新闻联播、《参考消息》、《光明日报》等重要媒体的多次报道，具有非常好的社会影响力，大大提升了公众海洋生物多样性的保护意识。学会每年都参与海南省科协组织的"全国科普日"和"科技活动月"等活动。学会分支机构海南观鸟会作为主要组织方，先后承办第三届海南东寨港观鸟节、第四届海南东寨港观鸟节、第五届海南观鸟节暨首届新盈观鸟比赛、2022海南昌江"守护湿地·多彩雨林"观鸟节等多次观鸟大赛，对普及公众参与鸟类保护发挥了很好的推动作用。

3. 社会服务

学会多个专家作为国家林业和草原科技创新领军人才、海南省自然保护区评审专家库专家，在国家湿地公园、海南环岛旅游公路、海南省自然保护区建设等重大工程项目建设过程中建言献策，为林业和市场执法等部门人员进行专业培训，提升专业能力，服务海南生态省和自贸岛建设。承担多项热带雨林动物资源本底调查和监测项目，多次参与海南热带雨林国家公园的规划、设立和建设论证工作，为海南热带雨林国家公园成功入选第一批国家公园发挥重要作用。与三沙市合作开展海龟、海鸟等旗舰物种的资源保护和监测工作，承担"三沙海龟保护区规划"等多个项目，受邀编写《三沙市海龟保护行动计划》。近年来，与海南省生物学会合作，承办全国中学生生物学联赛（海南赛区）的组织工作，加强对选拔赛、联赛的组织领导，为参赛同学提供必要的帮助和服务。

三、学会理事会历届理事长、副理事长、秘书长名单

第一届理事会（2015—2024年）

理　事　长：史海涛

副理事长：刁晓平　林炽贤　梁　伟

秘　书　长：林　柳

第二届理事会（2024—）

理　事　长：汪继超

副理事长：莫燕妮　林　柳　杜　宇　饶晓东　程　成

秘　书　长：王同亮

宁夏生物学会动物学专业委员会

一、学会简介

宁夏生物学会是由宁夏回族自治区生物科学、生物技术工作者和生物教育工作者自愿结成的全

区性、学术性及非营利性社会组织，宁夏生物学会动物学专业委员会是宁夏生物学会的分支机构之一。学会的业务主管单位是宁夏回族自治区科学技术协会，社团登记管理机关是宁夏回族自治区民政厅，学会接受业务主管单位、社团登记管理机关的业务指导和监督管理。学会的活动遵守宪法、法律、法规和国家政策，践行社会主义核心价值观，遵守社会道德风尚。

宁夏生物学会动物学专业委员会由宁夏大学、北方民族大学、宁夏回族自治区水产研究所（有限公司）、银川市动物园、宁夏农林科学院、区内各级自然保护区等院校和科研机构的专家学者组成。现有会员 60 余人，专业委员会主任为宁夏大学张大治教授，秘书长为宁夏大学杨贵军教授。

宁夏生物学会动物学专业委员会遵守宁夏生物学会章程，团结和组织广大动物学科技工作者，积极倡导创新、求实、协作精神，弘扬"尊重知识，尊重人才"的风尚，开展学术交流和科学研究，为促进宁夏动物学科技事业的发展，普及动物学知识，促进动物学科技人才的成长和提高，为全面建设小康社会服务作贡献。

二、历史沿革与建设成绩

宁夏生物学会于 1985 年 8 月成立，动物学专业委员会伴随着宁夏生物学会同年成立。按照宁夏生物学会章程的有关要求，宁夏生物学会动物学专业委员会每 5 年举行一次换届。动物学专业委员会的换届伴随着学会换届同期进行。第一届（1985—1990 年）、第二届（1990—1995 年）专业委员会由张显理担任主任，第三届（1995—2000 年）专业委员会由任青峰担任主任，第四届至第六届（2000—2018 年）专业委员会由于有志担任主任，第七届（2018 年至今）专业委员会由张大治担任主任。

在宁夏回族自治区科协领导下，在中国动物学会指导下，宁夏生物学会动物学专业委员会遵守宁夏生物学会章程，团结和组织广大动物学科技工作者，扎实推进规范化建设，全面提升学会工作水平。学会专业委员会组织承办了系列全国性和地方性学术会议，组织全国中学生生物学联赛宁夏赛区竞赛活动，举办野生动物保护的科普活动，开展野生动物普查、为宁夏各级自然保护区专业技术人员培训以及向相关政府提供决策咨询等，多次受到宁夏科协的好评。

三、历届专业委员会主任委员、副主任委员、秘书长名单

第一届（1985—1990 年）

主　　任：张显理

副主任：于有志　傅景文　张平卿

秘书长：任青峰

第二届（1990—1995 年）

主　　任：张显理

副主任：于有志　傅景文　张平卿　张振汉

秘书长：任青峰

第三届（1995—2000 年）

主　任：任青峰

副主任：于有志　傅景文　白庆生　张振汉

秘书长：于有志

第四届（2000—2005 年）

主　任：于有志

副主任：任青峰　白庆生　傅景文

秘书长：张大治

第五届（2005—2010 年）

主　任：于有志

副主任：张大治　赵红雪　魏智清　李志军

秘书长：杨贵军

第六届（2010—2018 年）

主　任：于有志

副主任：张大治　赵红雪　魏智清　李志军

秘书长：杨贵军

第七届（2018—　）

主　任：张大治

副主任：赵红雪　王建礼　魏智清　李志军

秘书长：杨贵军